U0798012

出 版 说 明

1.《中国国家标准汇编》是一部大型综合性国家标准全集。自 1983 年起，按国家标准顺序号以精装本、平装本两种装帧形式陆续分册汇编出版。它在一定程度上反映了我国建国以来标准化事业发展的基本情况和主要成就，是各级标准化管理机构，工矿企事业单位，农林牧副渔系统，科研、设计、教学等部门必不可少的工具书。

2.《中国国家标准汇编》收入我国每年正式发布的全部国家标准，分为"制定"卷和"修订"卷两种编辑版本。

"制定"卷收入上年度我国发布的、新制定的国家标准，顺延前年度标准编号分成若干分册，封面和书脊上注明"20××年制定"字样及分册号，分册号一直连续。各分册中的标准是按照标准编号顺序连续排列的，如有标准顺序号缺号的，除特殊情况注明外，暂为空号。

"修订"卷收入上年度我国发布的、被修订的国家标准，视篇幅分设若干分册，但与"制定"卷分册号无关联，仅在封面和书脊上注明"20××年修订-1，-2，-3，……"字样。"修订"卷各分册中的标准，仍按标准编号顺序排列(但不连续)；如有遗漏的，均在当年最后一分册中补齐。需提请读者注意的是，个别非顺延前年度标准编号的新制定的国家标准没有收入在"制定"卷中，而是收入在"修订"卷中。

读者配套购买《中国国家标准汇编》"制定"卷和"修订"卷则可收齐上一年度我国制定和修订的全部国家标准。

3. 由于读者需求的变化，自 1996 年起，《中国国家标准汇编》仅出版精装本。

4. 2008 年制修订国家标准共 5946 项。本分册为"2008 年修订-19"，收入新制修订的国家标准 63 项。

中国标准出版社

2009 年 5 月

目　录

ICS 47.020.50
U 04

中华人民共和国国家标准

GB/T 3893—2008/ISO/FDIS 3828:2007
代替 GB/T 3893—1998

造船及海上结构物 甲板机械 术语和符号

Shipbuilding and marine structures—Deck machinery—Vocabulary and symbols

(ISO/FDIS 3828:2007,IDT)

STANDARDS PRESS OF CHINA

2008-03-03 发布　　　　2008-09-01 实施

中华人民共和国国家质量监督检验检疫总局
中国国家标准化管理委员会　发布

前　言

本标准等同采用 ISO/FDIS 3828:2007《造船及海上结构物　甲板机械　术语和符号》(英文版)。

本标准代替 GB/T 3893—1998《造船及海上结构物　甲板机械　术语》。

本标准等同翻译 ISO/FDIS 3828:2007。

为便于使用,本标准做了下列编辑性修改:

——“本国际标准”一词改为“本标准”;

——将文中表格分为三列:术语、定义、符号;

——删除国际标准的前言。

本标准与 GB/T 3893—1998 主要有下列变化:

——标准名称改为《造船及海上结构物　甲板机械　术语和符号》;

——取消了舵机等相关术语;

——增加了工程船舶专用甲板机械相关术语;

——增加了公称规格、吊杆起重机、动臂起重机等术语。

本标准由中国船舶重工集团公司提出。

本标准由全国船用机械标准化技术委员会甲板机械与机舱辅机分技术委员会归口。

本标准起草单位:中国船舶重工集团公司第七〇四研究所、武汉船用机械有限责任公司。

本标准主要起草人:黄燮初、盛伟群、张之良。

本标准所代替标准的历次版本发布情况为:

——GB 3893—1983、GB/T 3893—1998。

造船及海上结构物　甲板机械
术语和符号

1　范围

本标准规定了船舶甲板机械的一般术语以及锚泊、系缆、装卸货物、拖曳、辅助甲板机械和工程船舶专用甲板机械的专业术语。

本标准适用于各类船舶甲板机械的设计、科研、生产、贸易和教学等领域。

2　甲板机械一般术语

序号	术　语	定　义	符　号
2.1	原动机 prime mover	直接作用于甲板机械的电动机、液压马达、蒸汽机或类似的驱动装置。 注：柴油机电力传动装置中，电动机是原动机	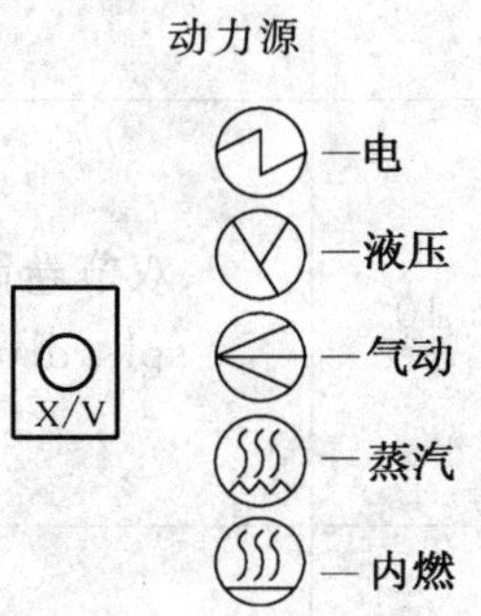 X:速度挡数(如1、2、3等)或 V:无级调速
2.2	无动力驱动 unpowered	除人力外，不使用任何动力	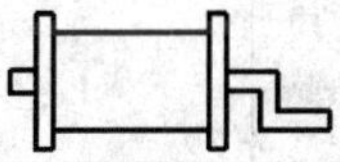
2.3	外部动力驱动 externally powered	用非直接连接原动机的方法驱动	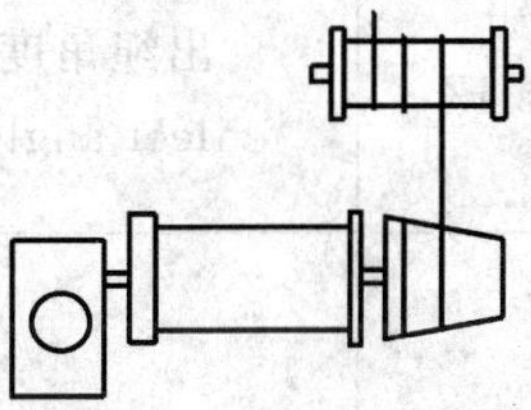
2.4	轻载驱动 lightly powered	仅适用于轻载工况下驱动甲板机械的原动机，如卷绕无拉力的绳索或提升无载吊杆	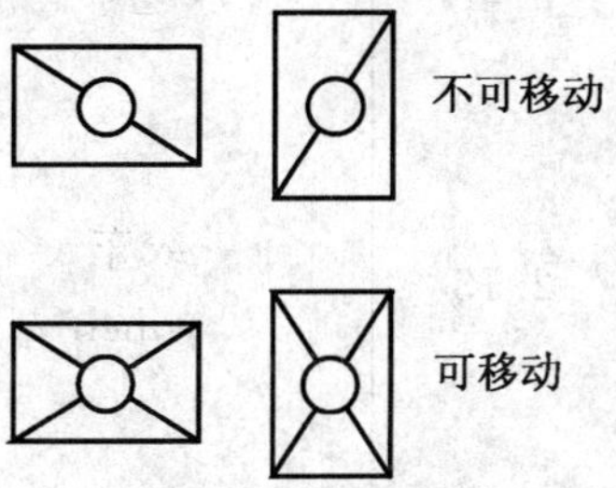
2.5	满载驱动 fully powered	适用于设计满载下驱动甲板机械的原动机	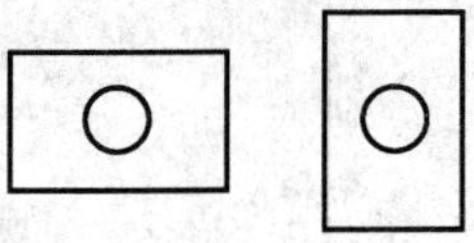

序号	术　语	定　义	符　号
2.6	非自动控制 non-automatic	仅由人工控制	
2.7	遥控 remote control	从机器以外位置进行控制。 注：这种控制可通过无线电、电气、液压、气动或其他连接方式来实现	
2.8	自动控制 automatic	不需要人直接介入的控制	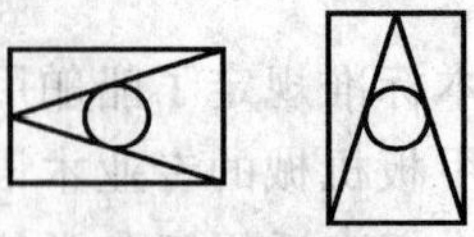
2.9	卷筒 drum	两端具有凸缘的圆筒体。 注：用以在上面固定和储存绳索	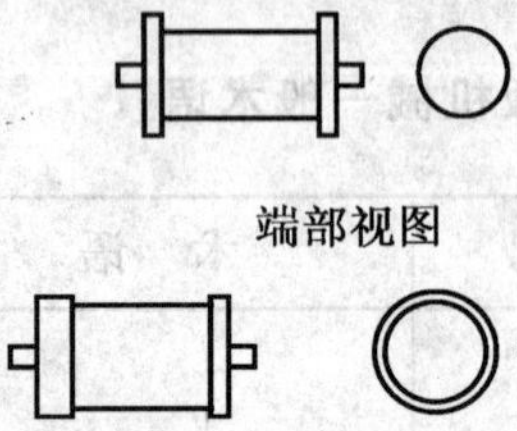
2.10	双节卷筒 split drum	通常沿长度方向某处设隔板而将其分为两节的卷筒。 注：该隔板可开槽或不开槽	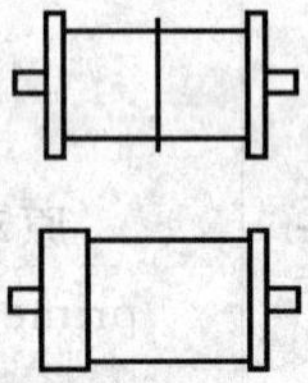
2.11	绞缆筒 warping end	类似于卷筒具有纵向凹面的部件，其固定于轴端用以卷绕绳索但不储存绳索	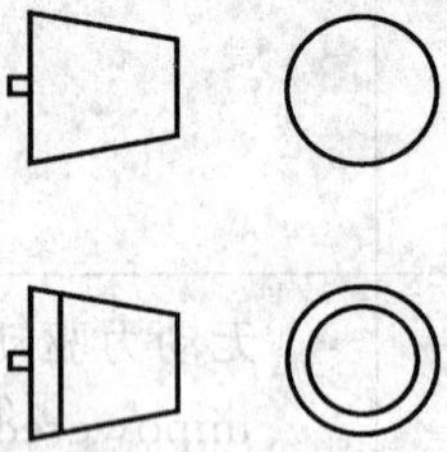
2.12	出绳角度 fleet angle	绳索与绞车卷筒或绞缆筒轴心线的垂直平面（此平面通过绳索离开卷筒或绞缆筒的那一点）之间的夹角	
2.13	绞车 winch	具有一个或数个水平安装的可卷绕受拉力绳索的卷筒和（或仅具有）一或两个绞缆筒的有动力或无动力的机械	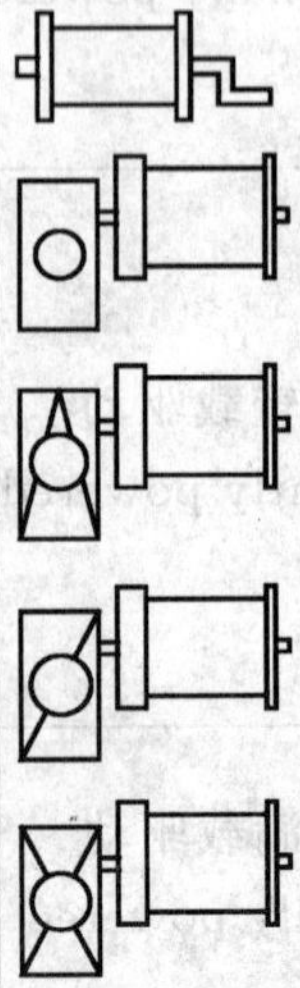

序号	术　语	定　义	符　号
2.14	操纵装置 controller	适当地配置了操纵杆、按钮等的装置	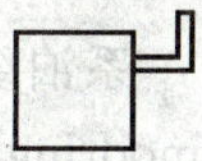
2.15	公称规格 nominal size	表示机械性能的最基本的特性参数，常以某些重要技术指标表示	
2.16	卷筒负载 drum load	在卷筒绕有单层绳索的条件下，绞车以公称速度收绳时，在卷筒出绳处测得的最大绳索拉力(kN)	
2.17	支持负载 holding load	在卷筒最里层的绳索上或锚链轮上，由制动器或其他锁紧装置所能保持的最大静拉力(kN)	
2.18	堵转负载 stalling load	原动机调定在最大转矩，锚链轮或卷筒绕有单层绳索的条件下，锚链轮或卷筒被停止向起锚或收绳方向转动时，在该处测得的最大拉力(kN)	
2.19	样机试验 prototype test	适用于一种新设计的第一台机器的试验	
2.20	单机试验 individual test	适用于制造厂生产的每台机器的试验	
2.21	型式试验 type test	适用于一家制造厂生产的同一设计的一批机器中的一台机器试验	

3　锚泊和系泊术语

序号	术　语	定　义	符　号
3.1	起锚机 windlass	用于抛锚、起锚的一种机械。 注：它有一个或两个安装于水平轴上的锚链轮，每个锚链轮都配备了制动器。锚链轮能与原动机脱开，它也可以装置一个或两个绞缆筒	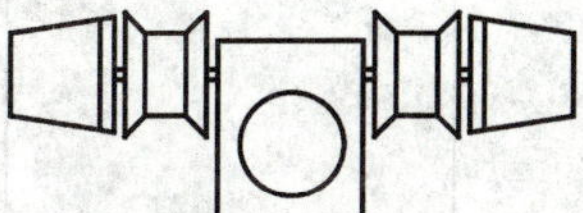
3.2	起锚绞盘 anchor capstan	一种安装在竖直轴上的动力驱动锚链轮。 注：竖直轴可以伸出锚链轮带动一个绞缆筒。锚链轮能与原动机脱开，在运行和用途方面类似于起锚机	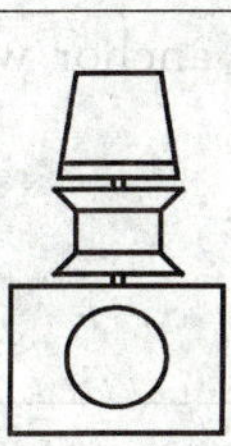
3.3	绞缆绞车 warping winch	仅用来绞缆的绞车，在动力驱动下能卷缆，但不储存绳索	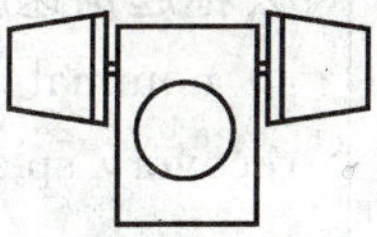

STANDARDS PRESS OF CHINA

序号	术　语	定　义	符　号
3.4	系泊绞车 mooring winch	仅用人工操纵,能保持和收绞、放出受拉力的绳索,并能储存绳索的绞车	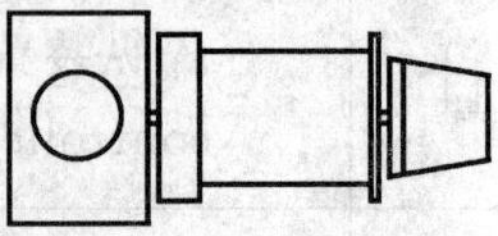
3.5	自动系泊绞车 automatic mooring winch	可在选定极限范围内,具有在无人为直接介入情况下收放缆绳附加能力的系泊绞车	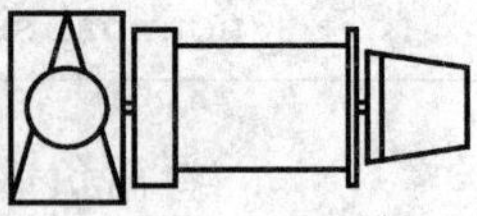
3.6	起锚系泊组合机 combined windlass/mooring winch	具有公用原动机,能单独作起锚机用,或者单独作(自动或非自动)系泊绞车用的机械	锚链轮与机械成一整体 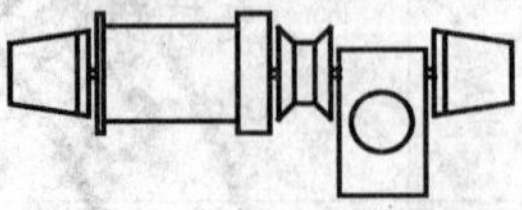  锚链轮附加于绞车 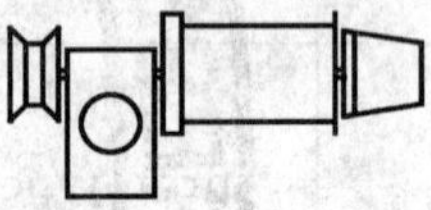 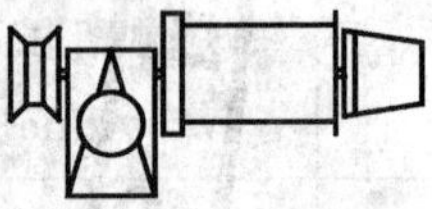
3.7	绞盘 capstan	具有垂直安装的绞缆筒,在动力驱动下能卷绕但不储存绳索的机械	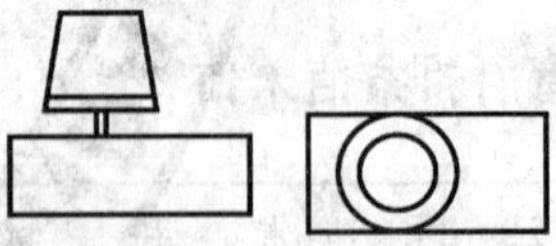
3.8	起锚绞车 anchor winch	用卷筒收放钢丝绳锚索或锚链与钢丝绳组合锚索的起抛锚绞车,具有储存绳索的功能。 注:装置可带或不带绞缆筒	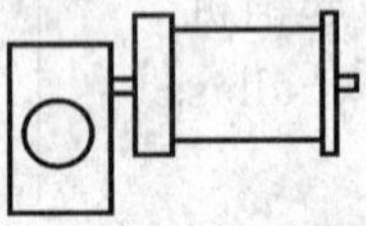 不带绞缆筒 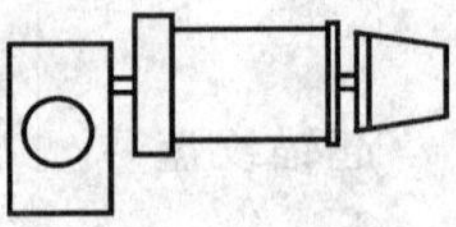 带绞缆筒
3.9	公称起锚速度 nominal recovery speed	当三节锚链浸没在水中而且自由悬挂的情况下,回收两节锚链的平均速度(m/s)	

序号	术　语	定　义	符　号
3.10	公称系缆速度 nominal mooring speed	绞车承受卷筒负载时能保持的最大速度(m/s)	
3.11	轻载速度 light line speed	卷筒卷绕单层绳索,而且绳索上拉力很小时,绞车能保持的最大绳速(m/s)。 注:拉力一般不大于卷筒负载10%	
3.12	爬行速度 creep speed	在卷筒第一层绳索承受卷筒负载下所测得的绞车能保持的最小均匀速度(m/s)	
3.13	回收负载 recovery load	原动机调定在自动控制最大转矩,且卷筒绕有单层绳索的条件下,当卷筒开始向收绳方向转动时,在卷筒出绳处测得的最大绳索拉力(kN)	
3.14	放出负载 rendering load	原动机调定在自动控制最大转矩,且卷筒绕有单层绳索的条件下,当卷筒以相反于施加驱动力矩方向开始放出绳索时,在卷筒出绳处所测得的最大绳索拉力(kN)	
3.15	锚链轮 cable lifter	开有与锚链环啮合深槽的链轮	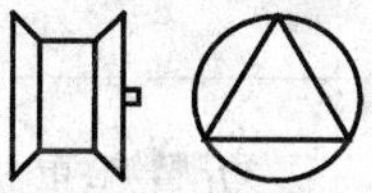

4　货物装卸术语

序号	术　语	定　义	符　号
4.1	吊杆起重机 derrick crane	一种吊货杆可回转和变幅的起重机。 注:吊货杆下端与桅杆下部绞接,上端通过钢丝绳或油缸与桅杆顶相连,桅杆本身依靠顶部和底部支承保持直立状态	
4.2	起货绞车 cargo winch	用以提升和下降货物的绞车	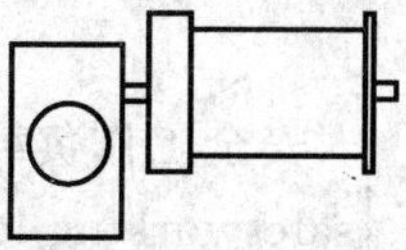
4.3	回转绞车 slewing winch	具有储绳能力,用于回转吊杆并保持其位置的绞车	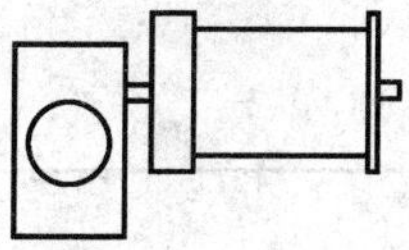

序号	术 语	定 义	符 号
4.4	变幅绞车 span winch	具有储绳能力,用于使承载或非承载的吊杆变幅并保持其位置的绞车	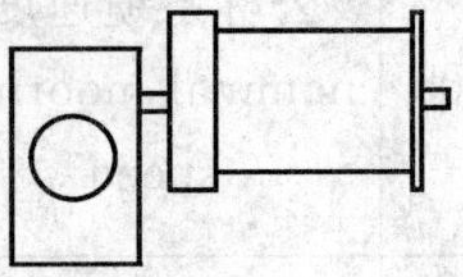
4.5	顶索绞车 topping winch	具有储绳能力,用于非承载吊杆变幅和放下,也用于保持承载吊杆位置的绞车,绞车通常是无动力的	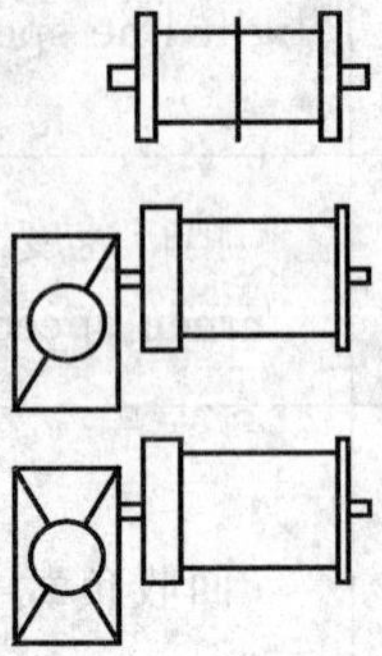
4.6	动臂起重机 jib crane	臂架可通过回转装置进行回转并可在垂直面内调节的起重机	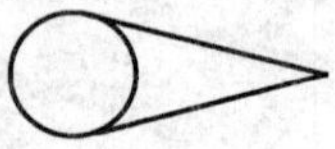
4.7	悬臂起重机 cantilever crane	具有不可变幅的悬臂的起重机。 注:吊重装置固定在悬臂外端或可沿悬臂运动的起重小车上	
4.8	折臂起重机 fold-boom crane	起重机臂架由若干节组成,可以通过曲折臂架而移动吊重位置的起重机	
4.9	伸缩臂起重机 telescopic-boom crane	起重机臂架由若干节组成,每节臂架可以沿着臂架的轴心线方向伸缩而改变臂长,臂架也能变幅的起重机。 注:起重机的伸缩臂架可由关节臂架组合	
4.10	安全工作负载 safe working load	在设计作业工况下,起重系统允许吊起的总起重能力,是货物重量、可分吊具(或属具)质量的总和。 注:对于可变幅的起重机,安全工作负载与变幅能力有关,也与起重机的工作半径有关	

5 拖曳术语

序号	术 语	定 义	符 号
5.1	拖曳绞车 towing winch	具有一个或数个储绳卷筒,能快速收放、系住缆索的绞车	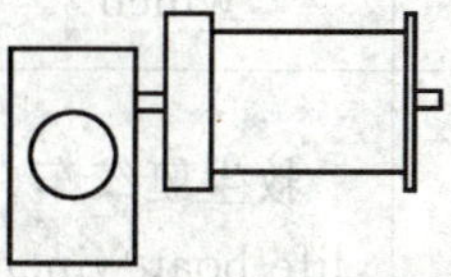
5.2	拖缆系缆绞车 towing bridle winch	具有一个储绳卷筒,可带或不带绞缆筒,用以操纵系索的绞车	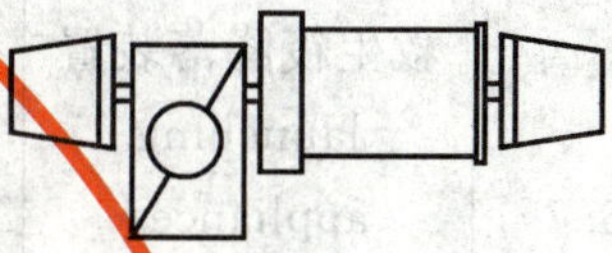
5.3	最大系柱拉力 maximum bollard pull	由船舶在港口拖桩试验所能产生的最大静拉力	
5.4	应急拖曳装置 emergency towing gear	在紧急情况下,将船舶拖离现场的、与拖船联接的装置。 注:装置由卷筒、拖缆、信息索、浮标、储绳箱、信号灯等组成	

6 辅助甲板机械术语

序号	术 语	定 义	符 号
6.1	舷梯绞车 accommodation ladder winch	用来放下、保持、起升舷梯的,具有一个储绳卷筒的绞车	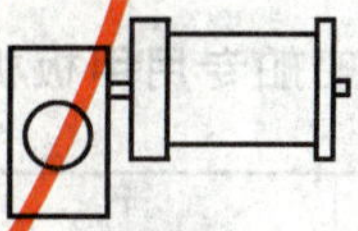
6.2	储绳卷车 rope storage reel	用于储存绳索的轻载功率或无动力的卷筒	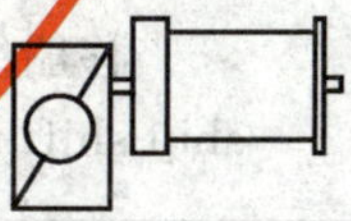 轻载驱动 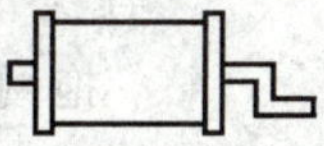 无动力
6.3	驱绳绞车 fibre rope handling gear	具有一个或两个卷筒的动力驱动装置,确保绳索的工作部分只卷绕一层。它可与储绳卷车一起使用	
6.4	舱口盖绞车 hatch cover winch	用于启闭舱口盖的绞车	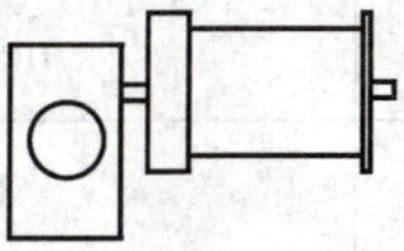

STANDARDS PRESS OF CHINA

序号	术　语	定　义	符　号
6.5	救助艇绞车 rescue-boat winch	用于起升、放下救助艇或救生兼救助艇的绞车	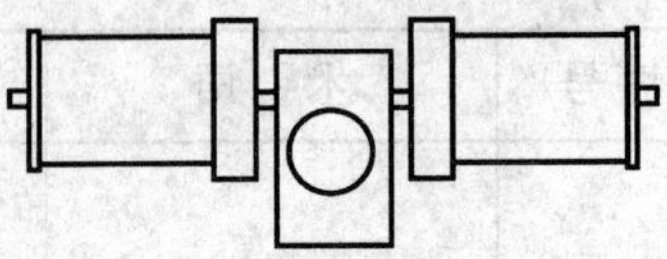
6.6	救生艇绞车 life-boat winch	用于起升、放下救生艇的绞车	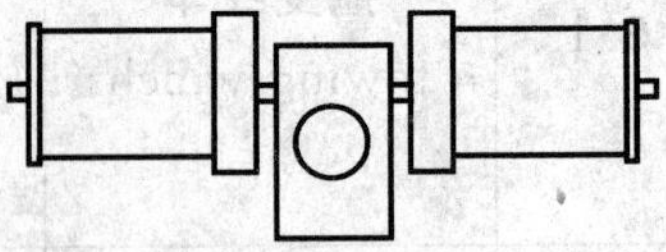
6.7	救生筏降落装置 launching appliances for a davit launched lifeboat	用于起升、放下救生筏的设备	
6.8	工作艇绞车 work-boat winch	用于起升、放下工作艇的绞车	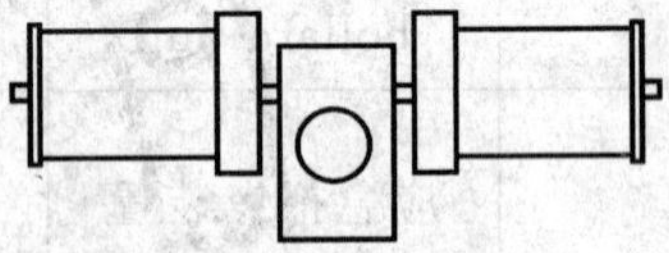
6.9	接岸电缆卷车 on-shore electric cable reel	专门用于收放、储存船用接岸电缆的卷车	
6.10	扭力铰 torque hinge	有动力驱动的铰链	

7　工程船舶专用甲板机械术语

序号	术　语	定　义	符　号
7.1	移船绞车 ship-shifting winch	用于纵向、横向移动或定位工程船的绞车	
7.2	拖网绞车 trawl winch	具有一只或多只卷筒，能单独运转或同时运转来收进或放出拖网绳索的绞车。 注：绞车具有安全监视设备及排绳装置，以保护绳索、渔网及机件，也可以另外装备辅助卷筒及绞缆筒	
7.3	起网机 nets-lifter	借助卷筒与网具间的摩擦力，将网具从水中起到船上、岸上或冰面上的机械	
7.4	布缆机 cable-laying machine	在水下布电缆时，用于夹持和收放电缆的机械	

序号	术 语	定 义	符 号
7.5	挖泥机 dredging shovel	供挖掘、松土、搅碎、提升水底泥石的挖泥船上的专门机械	
7.6	扫海绞车 sweep winch	用于扫海测量船上，供收放和拖曳扫海器具及绳索，进行扫测海底沉积物的绞车	
7.7	水文绞车 hydrographic winch	供收放水文测量仪器，进行水文测量的绞车	
7.8	地质绞车 geological winch	用于深水海底地质取样的绞车	
7.9	深水底栖拖网绞车 deep sea-bed trawl winch	用于深水海底底栖生物拖网调查的绞车	
7.10	脐带绞车 umbilical winch	用于收放特种脐带的绞车。 注：水下装置从水面或水下补给基地获得气体、淡水、电能和联络信号的管束线叫脐带	

ICS 47.020.01
U 04

中华人民共和国国家标准

GB/T 3894—2008/ISO 1964:1987
代替 GB/T 3894.1～3894.5—1983，GB/T 3894.7—1983，GB/T 3894.8—1985

造船　船舶布置图中元件表示法

Shipbuilding—Indication of details on arrangement plans of ships

（ISO 1964:1987，Shipbuilding—Indication of details on the general arrangement plans of ships，IDT）

STANDARDS PRESS OF CHINA

2008-07-30 发布　　2009-02-01 实施

中华人民共和国国家质量监督检验检疫总局
中国国家标准化管理委员会　发布

前　言

本标准等同采用ISO 1964:1987《造船　船舶总布置图中元件表示法》(英文版)。

本标准作了下列编辑性修改:

——“本国际标准”一词改为“本标准”;

——用顿号“、”代替分述的逗号“,”;

——删除国际标准的前言。

本标准自施实之日起代替下列标准:

——GB/T 3894.1—1983《船舶布置图图形符号　舱壁、门、窗及舱壁孔,舱口及舱口盖》;

——GB/T 3894.2—1983《船舶布置图图形符号　舱室家具》;

——GB/T 3894.3—1983《船舶布置图图形符号　生活卫生设备》;

——GB/T 3894.4—1983《船舶布置图图形符号　航行设备、灯具及修理间设备》;

——GB/T 3894.5—1983《船舶布置图图形符号　梯及舷墙》;

——GB/T 3894.7—1983《船舶布置图图形符号　系泊设备》;

——GB/T 3894.8—1985《船舶布置图图形符号　甲板机械》。

本标准与GB/T 3894.1~3894.5—1983、GB/T 3894.7—1983、GB/T 3894.8—1985相比,主要有下列变化:

——标准名称修改为《造船　船舶布置图中元件表示法》;

——修改防火分隔的等级为“A级”、“B级”、“C级”三个等级;

——删除原标准中未采标的符号;

——修改“门”等设备的名称;

——修改“探照灯”等符号;

——新增“左舷灯”的侧视图等符号。

本标准由中国船舶工业集团公司提出。

本标准由全国海洋船标准化技术委员会船舶基础分技术委员会归口。

本标准起草单位:中国船舶工业综合技术经济研究院。

本标准主要起草人:苗宏仁、高学峰。

本标准所代替标准的历次版本发布情况为:

——GB/T 3894.1—1983;

——GB/T 3894.2—1983;

——GB/T 3894.3—1983;

——GB/T 3894.4—1983;

——GB/T 3894.5—1983;

——GB/T 3894.7—1983;

——GB/T 3894.8—1985。

造船　船舶布置图中元件表示法

1　范围

本标准规定了在船舶布置图中用于表示元件的符号。

本标准适用于船舶布置图中元件符号的表示。

本标准中的符号按 1∶100 的比例绘制。若布置图按 1∶50 或 1∶200 的比例绘制，各个符号应按相应比例放大或缩小。

所有符号应按其所表示设备的尺寸和比例来绘制。

在 2.1、3.1 和 4.1 中规定的基本符号应与其他符号组合使用。组合实例见各符号表。

本标准中未提及的各种特殊设备和机器等可用与其实际形状相似的符号表示，且在说明图例上注明编号予以区别。

表中规定的符号分类如下：

a)　舱壁(围壁)和舱壁孔；

b)　舱室家具；

c)　卫生设备；

d)　厨房和洗衣间；

e)　修理间；

f)　航行设备等；

g)　甲板设备；

h)　梯、舷墙等；

i)　舱口和舱口盖。

2　舱壁(围壁)和舱壁孔

2.1　一般符号

舱壁(围壁)和舱壁孔的一般符号见表 1。

表 1　舱壁(围壁)和舱壁孔的一般符号

序号	名称及说明	符　号
2.1.1	A 级防火分隔 fire resisting, class A	A60[a]、A30、A15、A0
2.1.2	B 级防火分隔 fire retarding, class B a)　用不燃材料制造 made of non-combustible material b)　用可燃材料制造 made of combustible material	 B15、B0 B30
2.1.3	C 级防火分隔，用不燃材料制造，但不需要满足有关防止烟火通过以及限制温度上升的要求 fire retarding, class C, made of non-combustible material, but not subject to any requirements relative to the passage of smoke or flame or to the limitation of temperature rise	C

表 1（续）

序号	名称及说明	符　　号
2.1.4	绝缘 insulation	
2.1.5	油密 oiltight	○ ○ ○
ᵃ 字母后面的数字表示限制温升的时间周期，参阅经 1981 年和 1983 年修正的国际海上人命安全公约（1974）规则第 35 条和 1983 年 IMO[1)]的决议 A.517（XIII）。		

2.2 舱壁（围壁）和隔板

舱壁（围壁）和隔板的符号见表 2。

表 2　舱壁（围壁）和隔板的符号

序号	名称及说明	符　　号
2.2.1	金属舱壁或围壁 metal bulkhead or wall	
2.2.2	木质或其他非金属舱壁或围壁 wooden or other non-metal bulkhead or wall	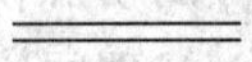
2.2.3	预制隔板（例如多孔板、金属格栅、金属网） pervious partition（such as perforated plate，expanded metal，wire-mesh）	
2.2.4	帘 curtain	
组合实例	a）装有非金属衬板的金属舱壁 metal bulkhead with non-metal lining	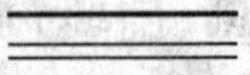
	b）装有金属衬板的金属舱壁 metal bulkhead with metal lining	
	c）温度极限时间为零的防火金属舱壁（无绝缘） fire-resisting metal bulkhead（without insulation）having zero time temperature limitation	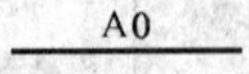
	d）有绝缘的金属舱壁 metal bulkhead with insulation	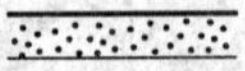

2.3 门

门的符号见表 3。

1）国际海事组织。

表 3 门的符号

序号	名称及说明		符号[a]
2.3.1	铰链门 hinged door	金属 metal	
		非金属 non-metal	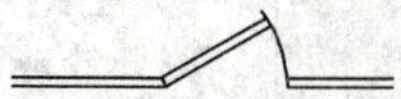
2.3.2	双节铰链门 hinged lower and upper door	金属 metal	
		非金属 non-metal	
2.3.3	自闭铰链门 hinged self-closing door	金属 metal	
		非金属 non-metal	
2.3.4	水平移门 horizontally sliding door	金属 metal	
		非金属 non-metal	
2.3.5	垂直移门 vertically sliding door	金属 metal	
		非金属 non-metal	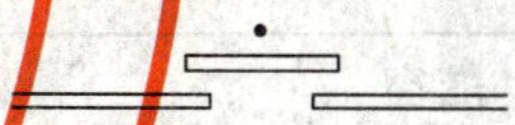
组合实例	a) 温升时限为 15 min 的防火金属水平移门 fire-resisting horizontally sliding metal door, having a 15 min temperature rise limitation		
	b) 有木质衬板金属舱壁上的无衬板铰链木门 hinged wooden door (without lining) in metal bulkhead with wooden lining		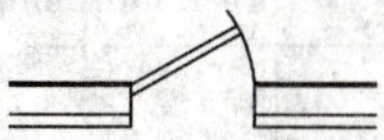
	c) 木壁上的网眼铰链门 hinged mesh door in wooden wall		
	d) 有绝缘舱壁上的隔热金属铰链门 hinged metal door with insulation in bulkhead with insulation		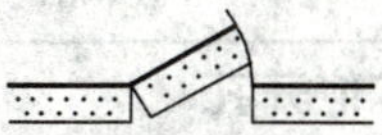

[a] 为绘图简便起见,假定舱壁或围壁与门用同样的材料,其他组合示于实例中。

2.4 窗

窗的符号见表 4。

STANDARDS PRESS OF CHINA

表 4　窗的符号

序号	名称及说明		符号[a]
2.4.1	固定窗 non-opening window		
2.4.2	侧开铰链窗 hinged window, opening at the side	外开 opening to the outside	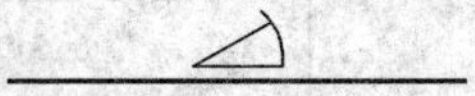
		内开 opening to the inside	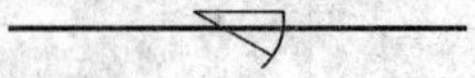
2.4.3	上开或下开铰链窗 hinged window, opening upwards or downwards		
2.4.4	水平移窗 horizontally sliding window		
2.4.5	垂直移窗 vertically sliding window		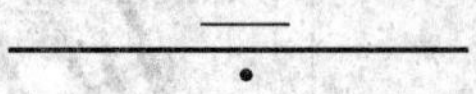
组合实例	a) 有金属衬板的金属舱壁上的上开铰链窗 hinged window, opening upwards, in metal bulkhead with metal lining		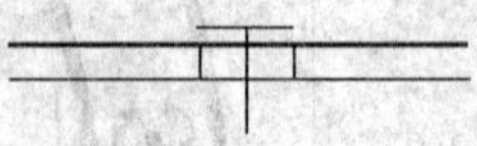
	b) 有金属衬板的舱壁上的双开铰链窗 double hinged window in bulkhead with metal lining		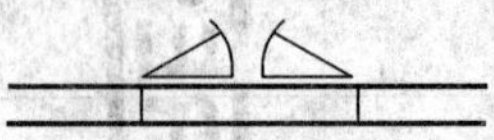

a　为绘图简便起见，假定舱壁或围壁和窗用同样的材料。其他组合示于实例中。围壁的外侧朝向页面的上端，表示窗的平行线应画在围壁外侧。

2.5　舷窗

舷窗的符号见表 5。

表 5　舷窗的符号

序号	名称及说明		符　　号
2.5.1	固定舷窗 non-opening side scuttle		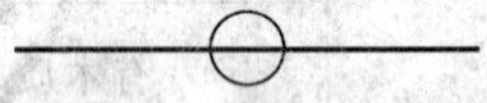
2.5.2	铰链舷窗 hinged side scuttle	上开或下开 opening upwards or downwards	
		侧开 opening sidewards	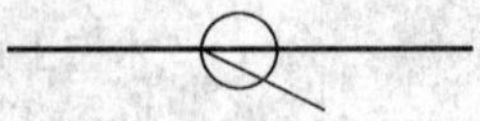
组合实例	有衬板舱壁上的侧开舷窗 sidewards opening scuttle in bulkhead with lining		

2.6　其他开孔

其他开孔的符号见表 6。

表 6　其他开孔的符号

序号	名称及说明	符　　号
2.6.1	(金属)舱壁上的净开孔 clear opening in (metal) bulkhead	

3 舱室家具

3.1 基本部件

基本部件的符号见表 7。

表 7 基本部件的符号

序号	名称及说明	符号
3.1.1	架子 shelf	
3.1.2	多层架子 shelves	
3.1.3	拉出架子 pull-out shelf	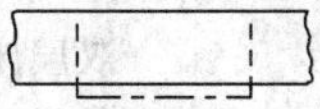
3.1.4	铰链架、铰链座或铰链桌 hinged shelf,seat or table	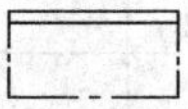
3.1.5	上翻盖板 tip-up lid	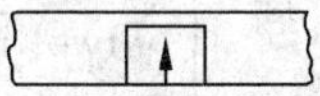
3.1.6	中等高度的碗柜或衣柜中的垂直隔板 vertical partition in medium height cupboard or wardrobe	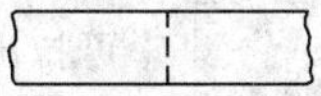
3.1.7	由地板通到天花板的高衣柜中的垂直隔板 vertical partition in high wardrobe extending from floor to deckhead	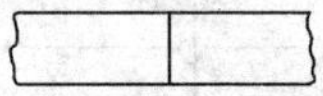
3.1.8	抽屉 drawer	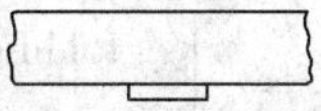
3.1.9	双层抽屉 two drawers	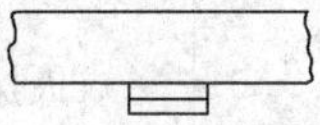
3.1.10	铰链门 hinged door	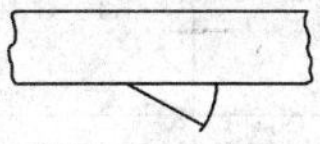
3.1.11	移门 sliding doors	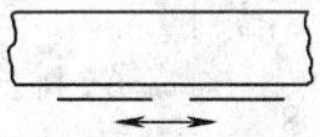
3.1.12	文件架 pigeon-holes	
3.1.13	固定在舱壁、碗柜等上面的镜子 mirror fixed to bulkhead,cupboard,etc	
组合实例	a) 有文件架的写字台 writing desk with pigeon-holes	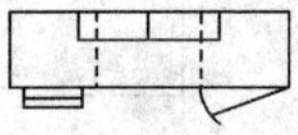
	b) 有储藏柜、抽屉和敞开架的碗柜 cupboard with locker,drawers and open shelf	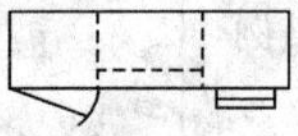
	c) 有镜子的梳妆台 dressing tabel with mirror	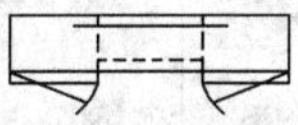
	d) 高衣柜 high wardrobe	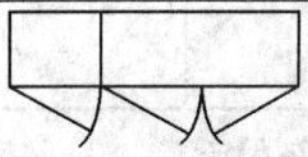
	e) 抽屉和铰链门 drawer and hinged door	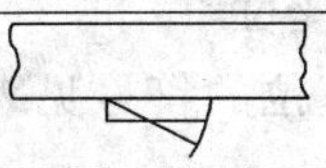
	f) 有翻板的天文钟盒的海图桌和抽屉 chart table and drawers,with chronometer chest having tip-up lid	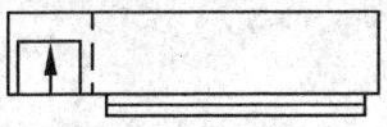

3.2 床铺

床铺的符号见表 8。

表 8 床铺的符号

序号	名称及说明	符 号
3.2.1	单人床 single berth or bed	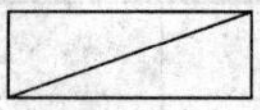
3.2.2	小孩床(仅用较小尺寸来区别) child's bed(distinguished by a smaller size only)	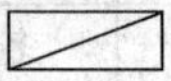
3.2.3	双层床 two-tiered berth	
3.2.4	上铺可折叠的双层床(普尔门式卧铺) two-tiered berth with folding upper berth(pullman berth)	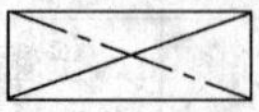
3.2.5	可拉出床 pull-out berth	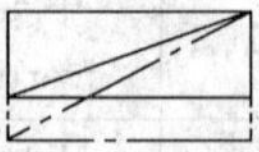
3.2.6	折叠床 folding berth	
3.2.7	双人床 double bed	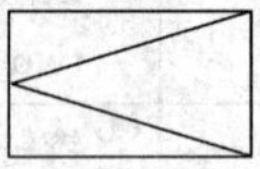
3.2.8	双排床 twin beds	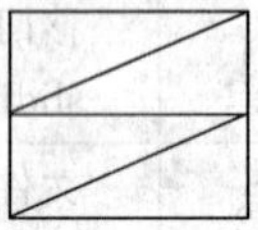
组合实例	a) 有柜和抽屉的单人床 single berth with chest and drawers	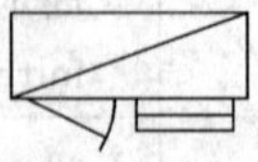
	b) 有床头柜的双排床 twin beds with bedside tables	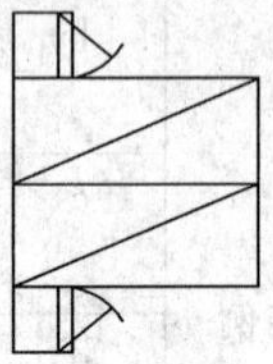

3.3 座位

座位的符号见表 9。

表 9　座位的符号

序号	名称及说明	符　　号
3.3.1	长凳或普通座位 bench or seat in general	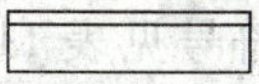
3.3.2	有垫座位或沙发 upholstered seat or sofa	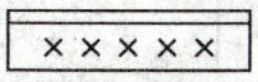
3.3.3	圆凳 stool	
3.3.4	普通座椅 ordinary chair	 或 
3.3.5	有垫扶手椅 upholstered armchair	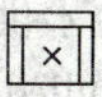 或 
3.3.6	转椅 swivel chair	
组合实例	床-长靠椅 bed-settee	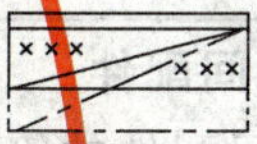

3.4　桌子和其他家具

桌子和其他家具的符号见表 10。

表 10　桌子和其他家具的符号

序号	名称及说明	符　　号
3.4.1	桌子 table	 或 
3.4.2	钢琴 piano	
3.4.3	大钢琴 grand piano	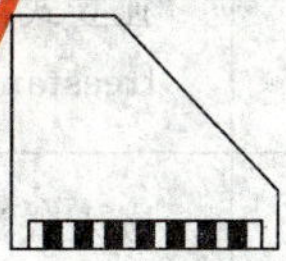
3.4.4	电视机 television set	
3.4.5	电影放映机 motion-picture film projector	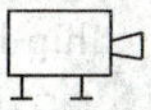
3.4.6	散热器 radiator	
3.4.7	冷饮水装置 cooled drinking-water unit	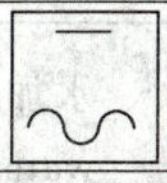
组合实例	a) 可加长的桌子 exending table	
	b) 翻板圆桌 round table; for use tilt upwards	

STANDARDS PRESS OF CHINA

4 卫生设备

4.1 一般符号

一般符号见表 11。

表 11 一般符号

序号	名称及说明	符　号
4.1.1	洗脸盆等的冷热水供应 water supply to basins, etc., hot or cold	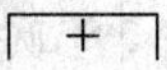
4.1.2	淋浴喷头 shower	
4.1.3	冷水供应 chilled water supply	=
组合实例	洗脸盆等的冷热水供应 hot and cold water supply to basins, etc.	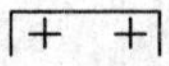

4.2 盥洗间配件

盥洗间配件的符号见表 12。

表 12 盥洗间配件的符号

序号	名称及说明	符　号
4.2.1	盥洗盆 wash basin	
4.2.2	洗涤池、水槽或缸 sink, trough, or tub	
4.2.3	独立式浴缸 freestanding bath-tub	
4.2.4	嵌入式浴缸 built-in bath-tub	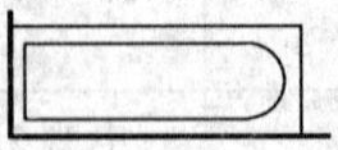
4.2.5	坐浴浴盆 hip-bath	
4.2.6	下身浴盆 bidet	
4.2.7	水加热器 water heater	
4.2.8	泄水板,可从左侧或右侧泄水 draining board, right or left-head draining	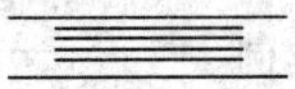

表 12（续）

序号	名称及说明	符　　号
组合实例	a）有冷热水供应的盥洗盆 wash basin with hot and cold water supply	
	b）有淋浴喷头的嵌入式浴缸 built-in bath with shower	
	c）有淋浴喷头的坐浴浴盆（嵌入式） hip-bath（built-in）with shower	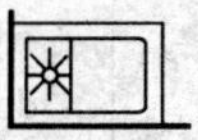
	d）有碗柜和架子的洗涤装置 sink unit incorporating cupboard and shelves	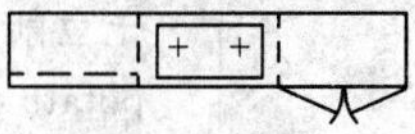
	e）带有泄水板的洗涤装置 sink unit incorporating draining board	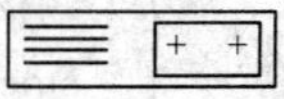

4.3　厕所配件

厕所配件的符号见表 13。

表 13　厕所配件的符号

序号	名称及说明		符　　号
4.3.1	抽水马桶 lavatory		
4.3.2	蹲式便器 asiatic-type lavatory		
4.3.3	小便池 urinal	平背式 flat-back type	
		角式 angular type	

5　厨房和洗衣间

厨房和洗衣间的符号见表 14。

表 14　厨房和洗衣间的符号

序号	名称及说明	符　　号
5.1	燃煤炉灶 coal-burning range	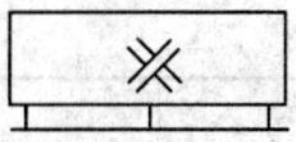
5.2	燃油炉灶 oil-burning range	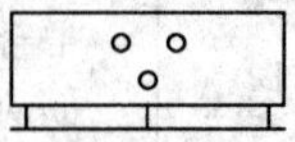
5.3	电炉灶 electric range	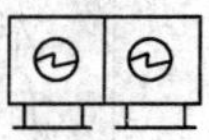
5.4	煤箱 coal box	

表 14(续)

序号	名称及说明	符　号
5.5	砧板 chopping block	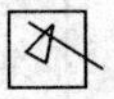
5.6	揉面槽 dough trough	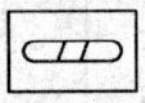
5.7	和面机 dough mixer	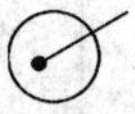
5.8	土豆削皮器 potato peeler	
5.9	汤锅 stockpot	
5.10	面包炉 baker's oven	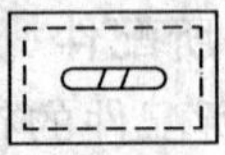
5.11	冰箱(必要时应标出门的位置) refrigerator(appropriate door to be shown where necessary)	
5.12	旋转式干燥器 spin-drier	
5.13	洗衣机 washing-machine	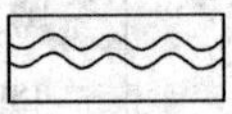
5.14	小型洗衣机 small washing-machine	
5.15	熨衣机 ironing machine	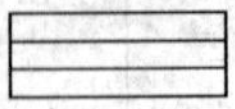
5.16	熨斗 ironing press	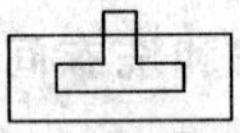

6 修理间设备

修理间设备的符号见表 15。

表 15 修理间设备的符号

序号	名称及说明	符　号
6.1	带台钳的工作台 work-bench with vice	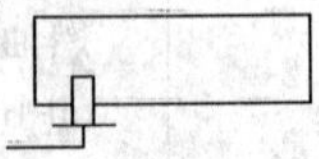
6.2	车床 lathe	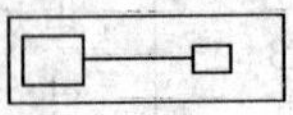
6.3	立式钻床 vertical drilling machine	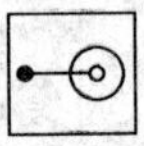

表 15（续）

序号	名称及说明		符　号
6.4	砂轮机 grindstone	手动 hand-operated	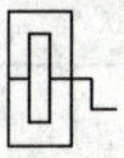
		机动 power-operated	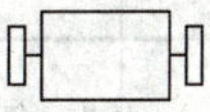
组合实例	a)　带隔板和箱柜的工作台 work-bench with shelves and locker		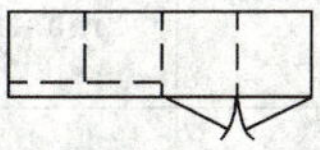
	b)　带翻盖的杂物箱 box for various purposes, with tip-up lid		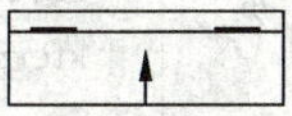
其他设备	修理间中其他设备的表示方法应符合第 1 章的要求		

7　航行设备等

7.1　仪器

仪器的符号见表 16。

表 16　仪器的符号

序号	名称及说明	符　号
7.1.1	操舵仪 steering column	
7.1.2	磁罗经 magnetic compass	
7.1.3	主电罗经 gyro master compass	
7.1.4	分电罗经(从动装置) gyro repeater(slave unit)	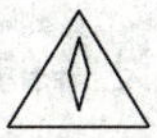
7.1.5	电动传令钟 engine telegraph	
7.1.6	传话管 voice pipe	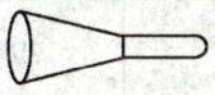
7.1.7	雷达显示器 radar display unit	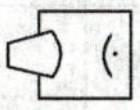
7.1.8	雷达收发两用器 radar transmitter/receiver	
7.1.9	雷达扫描器 radar scanner	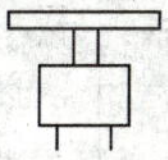
7.1.10	闭路电视摄影机 closed-circuit television camera	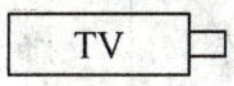

7.2 灯

灯的符号见表 17。

表 17 灯的符号

序号	名称及说明	符号	
		俯视图	侧视图
7.2.1	桅灯 masthead light		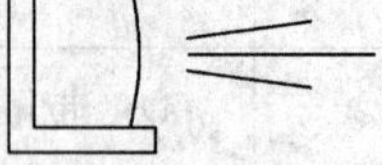
7.2.2	尾灯 stern light		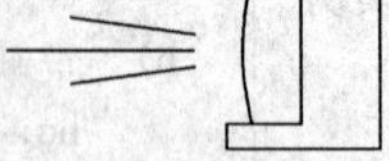
7.2.3	左舷灯 side light,port		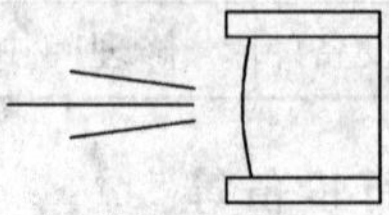
7.2.4	右舷灯 side light,starboard		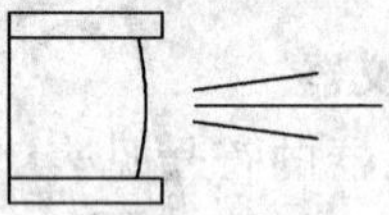
7.2.5	通信灯、应急灯、锚灯和其他环照灯 morse light,emergency light,anchor light and other lights with light angle of 360°		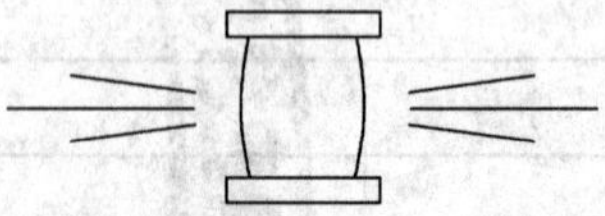
7.2.6	探照灯 floodlight projector		
注：表中符号是根据船首在图纸右边的情况设计的。7.2.1～7.2.5 细化了 IEC 出版物 417 规定的信号灯基本符号(NO5115)。7.2.6 与 IEC 出版物 617-11 中 NO11-15-09 符号一致。			

8 甲板设备

甲板设备的符号见表 18。

表 18 甲板设备的符号

序号	名称及说明	符号	
		俯视图	侧视图
8.1	双柱带缆桩 double bollard	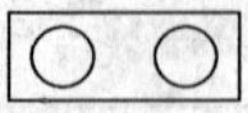	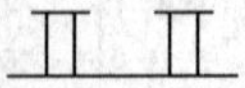
8.2	单十字带缆桩 cruciform bollard	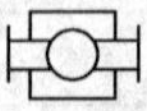	
8.3	导缆钳 fairlead	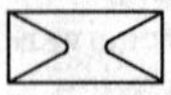	
8.4	闭式导缆器，包括巴拿马导缆器 closed fairlead,including Panama chock		
8.5	独立竖式滚轮 freestanding vertical roller		

表 18（续）

序号	名称及说明		符号 俯视图	符号 侧视图
8.6	单滚轮导缆钳 fairlead with roller			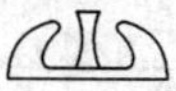
8.7	多滚轮导缆钳 fairlead with rollers		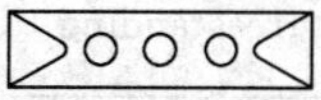	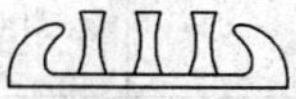
8.8	导缆孔 mooring pipe		—	
8.9	缆绳卷筒 rope reel		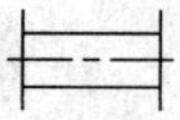	—
8.10	手动缆绳绞车 rope winch, hand-operated		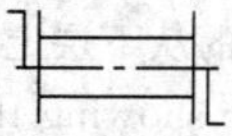	—
8.11	顶牵索绞车 hanger winch or span winch		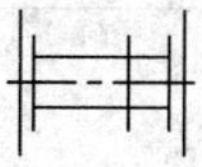	—
8.12	绞车控制器 winch controller			—
8.13	起艇绞车 boat winch	手动 hand-operated	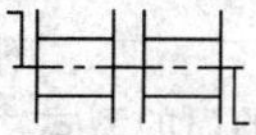	—
		机动 power-operated	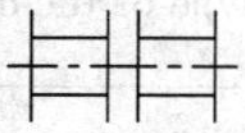	—
8.14	机动绞车和锚机按其实际情况绘制，仅表示出中心线和主要零件即可，例如卷筒等，并说明其驱动方法 power-operated winches and windlasses to be drawn similar to their actual form, indicating only middle lines and the main parts, such as drums, etc., and stating the system of drive		—	—
组合实例	a) 卧式蒸汽锚机 horizontal steam windlass		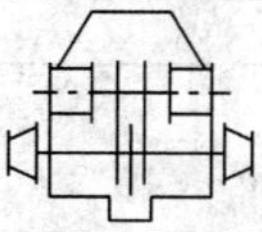	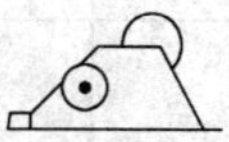
	b) 电动起货绞车 electrical cargo winch		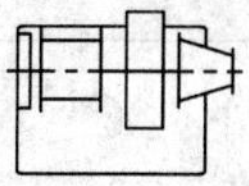	

9 梯、舷墙等

梯、舷墙等的符号见表 19。

表 19　梯、舷墙等的符号

序号	名称及说明	符　号
9.1	向上梯 stairs upwards	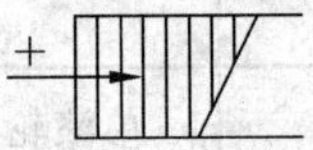
9.1.1	独立的向上梯 stairs upwards,freestanding	
9.1.2	下面有房间的向上梯 stairs upwards with room below	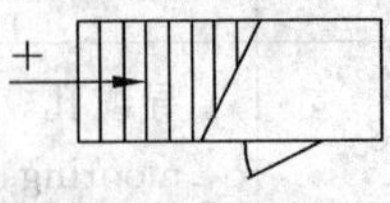
9.2	从下层上来的梯 stairs from below	
9.2.1	表示了甲板开口的从下层上来的梯 stairs from below showing the cut of the desk	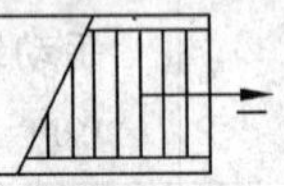
9.3	叠加梯 superimposed stairs	
9.4	自动梯 escalator	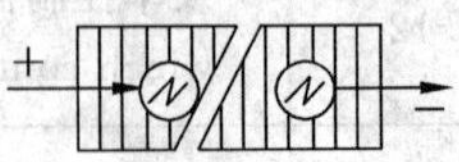
9.5	电梯(表示适当的门的型式) lift(appropriate type of the door to be shown)	
9.6	格栅 grating	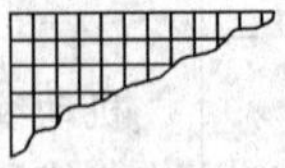
9.7	固定栏杆,符号可表示栏杆数目 fixed railing,symbol to indicate number of rails	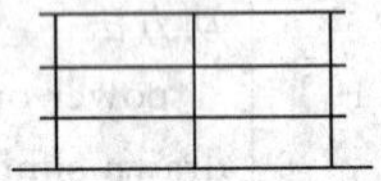
9.8	链条栏杆,符号可表示链条数目 chain railing,symbol to indicate number of chains	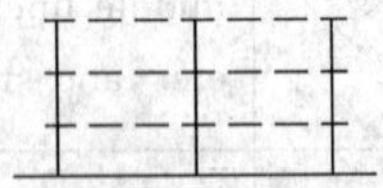
9.9	木质舷墙 wooden bulwark	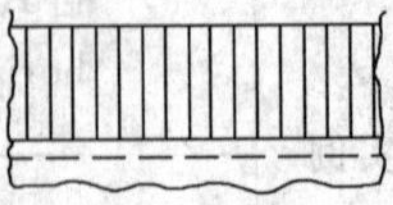
9.10	有出水口的舷墙上 freeing ports in bulwark	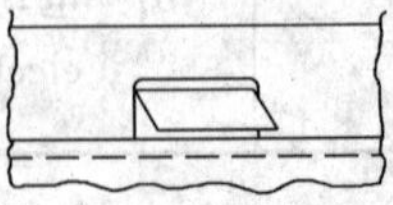

10　舱口和舱口盖

舱口和舱口盖的符号见表 20。

表 20 舱口和舱口盖的符号

序号	名称及说明	符 号
10.1	带盖甲板孔 deck scuttle	
10.2	带盖人孔 man-hole with cover	
10.3	带盖手孔 hand-hole with cover	
10.4	带盖检修舱口 access hatchway with cover	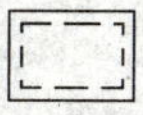
10.5	无盖舱口 hatch without cover	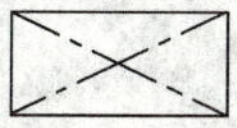
10.6	金属舱口盖 metal hatch cover	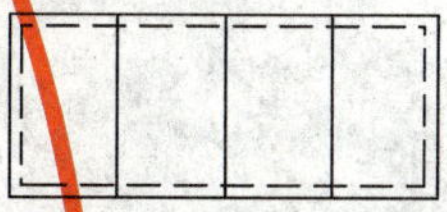
10.7	木质舱口盖 wooden hatch cover	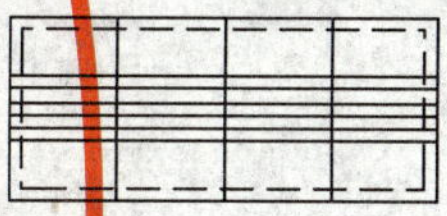
10.8	带(金属或木质)滑动盖的舱口 hatch with sliding cover(metal or wooden)	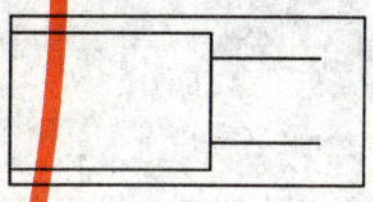
10.9	天窗(按形状表示) skylights(to be represented according to form)	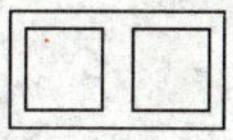
组合实例	端部有门及滑动盖的升高舱口 raised hatch with sliding cover, and hinged end doors	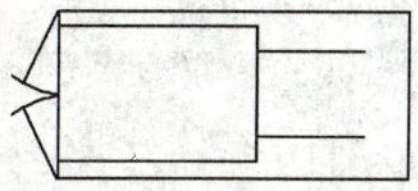

STANDARDS PRESS OF CHINA

ICS 47.020.01
U 04

中华人民共和国国家标准

GB/T 3898—2008
代替 GB/T 3898—1983

航海磁罗经术语

Magnetic compasses for sea navigation—Vocabulary

(ISO 1069:1973,Magnetic compasses and binnacles for sea navigation—Vocabulary,MOD)

2008-08-04 发布

2009-02-01 实施

中华人民共和国国家质量监督检验检疫总局
中国国家标准化管理委员会 发布

前言

本标准修改采用 ISO 1069:1973《航海磁罗经和罗经柜　词汇》(英文版)。

为了便于使用,在采用 ISO 1069:1973 时,本标准做了一些修改,增加了一些物理量的单位和符号。增改的内容已编入正文中,并在它们所涉及的条款的页边空白处用垂直单线标识。在附录 A 中给出了这些增改内容差异的一览表以供参考。

本标准代替 GB/T 3898—1983《航海磁罗经名词、术语》。

本标准与 GB/T 3898—1983 相比,主要有下列变化:

——修订了部分术语、定义的表述方式和内容;

——填补了中文、英文索引;

——增加了“范围”的章节。

本标准的附录 A 为资料性附录。

本标准由中国船舶工业集团公司提出。

本标准由全国海洋船标准化技术委员会船舶基础分技术委员会归口。

本标准起草单位:天津市五原导航仪器厂。

本标准主要起草人:孙庆明、赵文芳、杨先来。

本标准所代替标准的历次版本发布情况为:

——GB/T 3898—1983。

航海磁罗经术语

1 范围

本标准规定了航海磁罗经和罗经柜的术语及定义。

本标准适用于航海磁罗经的科研、设计、制造、教学等领域的应用。

2 磁

2.1 理论定义

2.1.1

磁极 magnetic poles

靠近磁化棒两端的两点,可以认为棒的磁性集中于这两点上。在习惯上棒的指北端用红色标志,棒的指南端用蓝色标志。

2.1.2

永磁 permanent magnetism

a) 磁化磁场移开后,在硬铁中仍能保持恒定的感应磁性。

b) 当船的磁稳定性达到后,仍能多年保持稳定的船磁。

2.1.3

亚永磁 sub-permanent magnetism

a) 磁化磁场移开后,在中性铁中继续保留但随后逐渐消失的感应磁性。

b) 当船长时间保持一个艏向而感应的,在艏向改变后于相当短的时间内就衰减的船磁。

2.1.4

瞬磁(感应磁) transient magnetism(induced magnetism)

a) 软铁在磁场中感应的磁性,但磁场一移开就不再存在的感应磁场。

注:瞬磁的强度和方向取决于材料在磁场中的位置。

b) 随着艏向、倾斜和磁纬的变化而改变的船磁。

2.1.5

磁感受性 magnetic receptivity

用来表征材料在外磁场影响下改变其磁矩的能力的物理量。

2.2 磁性质

2.2.1

磁导率 permeability

μ

在磁场中,磁性材料得到磁性的能力。即磁感应强度 B 与磁场强度 H 的比值。

2.2.2

矫顽力 coercivity

H_c

在反向磁场中,磁体保持永磁的能力。是用使饱和磁化磁体的磁感应强度减低到零时所需要的反向磁场强度来度量。

注:矫顽力单位为安培每米(A/m)。

STANDARDS PRESS OF CHINA

2.2.3

顽磁 remanence

B_r

磁场移开后,饱和磁化的铁磁材料中继续存在的永磁。

注:顽磁单位为特斯拉(T)。

2.2.4

剩磁 residual magnetism

磁化力移开后,铁磁体中保留的磁(感应)。

2.3 地磁

2.3.1

地球的总磁力 total magnetic force of the earth

地球总磁力在某一点的值。

2.3.2

地球的总磁力线 line of total magnetic force of the earth

地磁场中,自由悬挂在重心位置上的磁针,其自行对准的磁轴线。

2.3.3

H

表示某地点地磁力水平分量的符号。当罗经磁性部件仅受地磁场影响时作用于其上的指向力。

2.3.4

Z

表示某地点地磁力的竖直分量的符号。

2.3.5

磁倾角 dip

地球总磁力线的方向与水平面之间在竖直面内的夹角。磁倾角在地磁赤道为零,在地磁两极为90°。当自由悬挂的磁针的指北端低于水平面时,磁倾角为正;当其高于水平面时,磁倾角为负。

2.3.6

磁差 variation

真北(地理北)与磁北之间在水平面上的夹角。当磁北在真北的右面或东面时,则称为偏东(或偏正);当磁北在真北的左面或西面时,则称为偏西(或负)。

2.4 磁性材料

2.4.1

硬铁 hard iron

以具有得到永磁能力为特征的铁磁材料。

2.4.2

中性铁 intermediate iron

以具有得到亚永磁能力为特征的铁磁材料。若按其磁性分类,则介于硬铁和软铁之间。

2.4.3

软铁 soft iron

在磁场中,具有得到瞬磁能力的铁磁材料。但当磁场的强度或方向或者是两者同时改变时,材料的磁状态随之改变。

注:当磁场移开后,软铁中的感应磁性不再保留。

2.4.4

非磁性材料 non-magnetic materials

在磁场中或经受磁化处理时不能得到瞬时或永久磁性的材料。

2.5 关于船舶罗经位置的磁特性

2.5.1

指向力 directive force（H'）

表示在任一艏向，罗经位置总磁力的水平分量（符号）。

2.5.2

平均指向力 mean directive force

在罗经位置的磁子午圈内，总磁力的水平分量的平均值，通过任意偶数的等间隔艏向来求得。它等于 λH 或等于所有艏方向的 $H'\cos\delta$（自差）的平均值。

2.5.3

λ

表示平均指向力与地球总磁力的水平分量比率的符号。

3 船用罗经

3.1 一般定义

3.1.1

罗经 compass

用以寻求一定方位方向并持久地保持该方向的仪器。

3.1.2

磁罗经 magnetic compass

依靠地磁而取得指向性能的罗经。

3.1.3

液体罗经 liquid compass

指向系统浸没在液体中的磁罗经。

3.1.4

干罗经 dry card compass

指向系统不浸没在液体中的磁罗经。

3.1.5

半球罗经 hemispherical compass

具有半球型透明上盖的液体磁罗经。

3.1.6

非周期罗经 aperiodic compass

指向系统偏离其艏向后，不振荡一个全周期就回到其艏向的磁罗经。

3.1.7

标准罗经 standard compass

作为船舶主要导航设备的磁罗经。

3.1.8

操舵罗经 steering compass

操纵船舶时使用的磁罗经。

3.1.9

备用操舵罗经 stand-by steering compass

为操纵船舶提供第二个参考艏向的磁罗经。

3.1.10

应急罗经 emergency compass

在此类似用途的所有其他设备都损坏后,供指挥或操纵船舶使用的磁罗经。

3.1.11

吊挂罗经 overhead compass

悬挂在头顶甲板上,从下面直接观察读数的罗经。

3.1.12

潜望镜罗经 periscopic compass

在低于罗经位置的地方,通过光学装置观察罗经度盘或指示罗经艏向部分度盘的磁罗经。

3.1.13

反射罗经 reflector compass

利用反射系统观察整个或部分度盘的罗经。

3.1.14

投影罗经 projector compass

通过光学系统,将度盘的图像整个或部分地投影到可直接观察屏幕上的罗经。

3.1.15

传送罗经 transmitting compass

将罗经指示信号传送到复示器的磁罗经。

3.1.16

自动操舵罗经 automatic steering compass

用以向自动驾驶仪馈送信号的磁罗经,也可用作标准罗经或操舵罗经。

3.1.17

磁控元件或磁基准单元 magnetic control element or magnetic reference unit

专用以馈送信号给自动驾驶仪、控制偏航报警装置、发送航向给传送罗经或馈送给其他装置的磁性元件。

3.2 组成部分

3.2.1

罗经盆 compass bowl

用非磁性材料制成的用来安放罗经指向系统的容器。

3.2.2

常平架 gimbal

用以支撑罗盆并可任其在纵轴和横轴自由运动的装置。不管船舶如何运动,在其上的罗经都可以保持水平位置。

3.2.3

艏方位标志(或艏基线) lubber mark(or lubber line)

借以读取罗经艏方向的指示标志。它位于罗盆内部通常在常平架纵轴的竖直平面内。

3.2.4

枢轴 pivot

装在罗盆中心,用以支承指向系统同时可以任其自由转动的部件。

3.2.5

定向环　verge ring

用于固定罗盆顶玻璃的环。可以刻上度数。

3.2.6

罗经度盘　compass card

用合适材料制成的装在罗经磁性部件上的刻度圆盘。

3.2.7

罗经磁针　compass needle

用在磁罗经磁性部件中的特殊设计的磁体。

3.2.8

磁性部件　magnetic element

罗经磁针的组合体。

3.2.9

枢轴轴承(度盘支承座)　pivot bearing(card socket)

用天然或合成宝石、陶瓷以及任何类似的硬质材料制成的轴帽。通常装在罗经度盘的中心，并置于罗盆中的枢轴轴尖上。

3.2.10

浮室　float chamber

使浸泡在液体中的指向系统获得一定浮力的空心结构。

3.2.11

指向系统　directional system

由罗经度盘、磁性部件、枢轴轴承和浮室组成的组件。它被自由地支承于轴尖上或由枢轴支承着，在磁场作用下能稳定地对准磁场的方向。

3.2.12

罗经度盘的分度　graduation of the compass card

在罗经度盘外缘的刻线，按度划分，其主点方位做有标志，隅点方位也可以做标志。

3.2.13

(罗经)点　point(of the compass)

在罗经度盘上的方位标志，在整个度盘边缘均匀分布 32 个方位，相邻两点之间的弧是 11°15′。

3.2.14

主点　cardinal point

罗经度盘上的东、南、西、北，分别用大写字母 E、S、W、N 标志。

北方位可选用一个适当的符号表示。

3.2.15

隅点　inter-cardinal points

罗经度盘上的北东、南东、北西、南西，可分别用大写字母 NE、SE、NW、SW 标志。

3.3　罗经试验

3.3.1

试验台　testing stand

用于试验和测定磁罗经误差的仪器或仪器组合体。

3.3.2

对准误差　collimation error

由于度盘南北径向相对于磁性部件磁轴定向的不准确性引起的误差。

3.3.3

偏心误差 eccentricity error

由于枢轴轴承相对于度盘的偏心引起的误差。

3.3.4

分度误差(度盘误差) graduation error(card error)

由于度盘分度的不准确性引起的误差。

3.3.5

指向误差 directional errors

指向系统的误差,是对准误差、偏心误差和分度误差的代数和。

3.3.6

艏基线误差 lubber error

通过常平架纵轴的竖直平面与通过艏基线和转动中心的竖直平面之间的夹角。

3.3.7

摩擦误差 friction error

由于枢轴轴承和枢轴尖之间的摩擦引起的误差。

3.3.8

涡动误差 swirl error

当罗盆转动时,由于浸泡指向系统的液体造成的摩擦和枢轴尖上的摩擦所引起的误差。

3.3.9

感应误差 induction error

指向系统中的磁体对软铁校正器的磁感应引起的误差。

3.3.10

周期 period

指向系统在水平面上完成一个全振荡的时间。

3.3.11

半周期 half-period

当度盘偏转后,最初两次连续通过其原始位置的时间间隔。

3.4 罗经误差及其校正

3.4.1

自差 deviation

安装在船上的磁罗经所指示的罗经北与磁北之间在水平面上的夹角。当罗经北在磁北的右面或东面,称为偏东或正自差,当罗经北在磁北的左面或西面,称为偏西或负自差。

3.4.2

罗经总误差 total compass error

磁差与自差的代数和。

3.4.3

系数 *A* coefficient *A*

沿罗经度盘边缘均匀分布的(不少于)八个艏向上,罗经自差的代数平均值。

3.4.4

系数 *B* coefficient *B*

当罗经艏向为东(或西)时,由船舶永磁纵向分量和船上竖直软铁中的感应磁的纵向分量所引起的半圆自差值。

注:该项自差与罗经艏向的正弦成正比。

3.4.5

系数 *C*　coefficient *C*

当罗经艏向为北(或南)时,由船舶永磁横向分量和船上竖直软铁中的感应磁的横向分量所引起的半圆自差值。

注:该项自差与罗经艏向的余弦成正比。

3.4.6

系数 *D*　coefficient *D*

当罗经艏向为四隅点时,相对于罗经对称分布的船上纵向和横向软铁部分所感应的磁场的水平分量所引起的象限自差值。

注:该项自差与罗经艏向两倍的正弦成正比。

3.4.7

系数 *E*　coefficient *E*

当罗经艏向为四主点时,相对于罗经非对称分布的船上纵向和横向软铁部分所感应的磁场的水平分量所引起的象限自差值。

注:该项自差与罗经艏向两倍的余弦成正比。

3.4.8

系数 *F* 和 *G*　coefficient *F* and *G*

当罗经艏向分别为 030°＋ n×60°(n＝0～5)和 0°＋ n×60°(n＝0～5)时,由水平校正器和垂直校正器磁铁产生的磁场,在指向系统磁针范围内不均匀性引起的六分圆自差值。

注:由前者所引起的自差与罗经艏向三倍的正弦成正比。由后者引起的自差与罗经艏向三倍的余弦成正比。

3.4.9

系数 *H*　coefficient *H*

当罗经艏向为 22°30′＋ n×45°(n＝0～7)时,由指向系统磁体对软铁校正器的磁感应引起的八分圆自差值。

注:该项自差与罗经艏向四倍的正弦成正比。

3.4.10

系数 *K*　coefficient *K*

当罗经艏向为四主、隅点时,由地磁场或指向系统磁体对软铁校正器的磁感应引起的八分圆自差值。

注:该项自差与罗经艏向四倍的余弦成正比。

3.4.11

系数 *J*(倾斜误差系数)　coefficient *J* (heeling error coefficient)

当罗经艏向为北(或南)时,船舶横摇倾斜每一度所引起的罗经自差的变化。

3.4.12

倾斜误差　heeling error

船舶从其正常竖直位置倾斜所引起的自差。

3.4.13

加速误差　acceleration error

由于船舶纵摇和横摇时加速作用所引起的自差。

注:它出现于常平架两轴之间具有摩擦差异时,或度盘对水平轴的惯量不相等时。

3.4.14

罗经校正　compass adjusting

在罗经位置上，应用校正装置抵消船磁影响，减少罗经自差的过程。

3.4.15

罗经测定　compass calibration

在罗经校正后对罗经在不同艏向上的自差的测定和记录。

3.4.16

船舶回旋　swinging ship

为了校正自差和确定剩余自差而进行的船舶操纵过程。

3.4.17

剩余自差　residual deviation

校正后余留的罗经自差。

3.4.18

自差表　deviation table

按着罗经度盘均匀分布的艏向上的剩余自差的记录。根据罗经艏向可以从中读出自差。

3.4.19

自差曲线　deviation curve

连接罗经标定时所记录的剩余自差所形成的曲线，它是绘制在以自差和罗经艏向为坐标的图上。

3.4.20

偏转仪　deflector

用于比较不同艏向时在罗经位置上总磁力的水平分量（指向力 H'）的仪器。

3.4.21

倾斜误差仪　heeling error instrument

用于测量地磁场的磁倾角并且确定倾斜误差校正器位置的仪器。

3.4.22

消磁　degaussing

抵消船舶磁场的过程。

注：船舶用线圈消磁时，罗经位置上合成磁场的变化，通常由装在罗经柜上并连接于船舶消磁设备上的罗经校正线圈来补偿。

3.5　航行（航海用罗经）

3.5.1

艏向　heading

船舶艏艉线在水平面上竖直投影的方向。当按真北、磁北或罗经北测量时，分别称为真艏向，磁艏向或罗经艏向。艏向通常以北为起点，沿罗经度盘顺时针方向测量，以度为单位，用三位数表示。

当罗经度盘用罗经点、主点、隅点来表示时，艏向也可以用这些标志来表示。

3.5.2

航向　course

运动中的船舶力求保持的船首向。

4　其他

4.1

罗经柜　binnacle

支承罗盆的固定座。可以附有遮蔽或支承罗经校正和照明设备的装置。

4.2

弗氏棒　flinders's bar

竖直安装在罗经柜上并靠近罗经的容器中的圆柱形软铁棒，用于抵消船上竖直软铁零件中的感应磁的影响。

4.3

方位读数仪（方位仪、方位圈、方位瞄准器）　azimuth reading device（azimuth instrument，azimuth circle，azimuth sight）

安装在或附于罗盆上的仪器，用来测量天体方位或远距离物体方位。如果罗经的定向环刻有分度线，也可以读出相对于船艏的方位。

4.4

安全距离　safe distance

为消除或大幅度地减少对罗经性能的干扰，罗经与磁或电设备或电感性电路间所必需的最小距离。

4.5

磁屏　magnetic screening

包围磁罗经安装区的磁性材料的罩壳，以大幅度地减弱罗经位置处的磁场。

附 录 A
（资料性附录）
本标准与 ISO 1069:1973 的差异及其原因

本标准与 ISO 1069:1973 的差异及其原因见表 A.1。

表 A.1 本标准与 ISO 1069:1973 的差异及其原因

本标准的章节编号	技术性差异	原因
2.2.1	增加了"磁导率符号 μ"及"即磁感应强度 B 与磁场强度 H 的比值。"	概念更严谨便于使用
2.2.2	增加了"矫顽力符号 H_c"及"注:矫顽力单位为安培每米(A/m)。"	概念更严谨便于使用
2.2.3	增加了"顽磁符号 B_r"及"注:顽磁单位为特斯拉(T)。"	概念更严谨便于使用
2.3.5	"当自由悬挂的磁针的指北端降低时,……"改为"……低于水平面时……" "……当其抬高时,……"改为"……其高于水平面时……"	使得陈述更加严谨,更加明确
3.1.8	删去了"舵工"二字	操纵者不只是舵工
3.2.10	增加英文 chamber	符合我们称谓习惯
3.3.7	去掉句中"宝石"二字	枢轴轴承不只由宝石做成。已由本标准 3.2.9 解释清楚
3.4.4	"当罗经艏向为东时,……"改为"当罗经艏向为东(或西)时,……"	概念更全面,便于使用
3.4.5	"当罗经艏向为北时,……"改为"当罗经艏向为北(或南)时,……"	概念更全面,便于使用
3.4.6	"当罗经艏向为东北时,……"改为"当罗经艏向为四隅点时,……"	原概念不全面
3.4.7	"当罗经艏向为北时,……"改为"当罗经艏向为四主点时,……"	原概念不全面
3.4.8	"当罗经艏向分别为 030°和北时,……"改为"当罗经艏向分别为 $030°+n\times60°(n=0\sim5)$和 $0°+n\times60°(n=0\sim5)$时,……"	原概念不全面
3.4.9	"当罗经艏向为 22°30′(NNE)时,……"改为"当罗经艏向为 $22°30'+n\times45°(n=0\sim7)$时,……"	原概念不全面
3.4.10	"当罗经艏向为北时,……"改为"当罗经艏向为四主、隅点时,……"	原概念不全面
3.4.11	"当罗经艏向为北时,船舶向右弦倾斜每一度所……"改为"当罗经艏向为北(或南)时,船舶横摇倾斜每一度所……"	原概念不全面

中文索引

A

B

C

D

F

STANDARDS PRESS OF CHINA

英 文 索 引

N

O

P

R

S

T

V

STANDARDS PRESS OF CHINA

Z

ICS 61.060
Y 78

GB

中华人民共和国国家标准

GB/T 3903.1—2008
代替 GB/T 3903.1—1994

鞋类 通用试验方法 耐折性能

Footwear—General test methods—Flexing resistance

2008-12-30 发布　　2009-09-01 实施

中华人民共和国国家质量监督检验检疫总局
中国国家标准化管理委员会　发布

前　言

GB/T 3903 的本部分代替 GB/T 3903.1—1994《鞋类通用检验方法　耐折试验方法》。

本部分与 GB/T 3903.1—1994 相比主要变化如下：

——增加了规范性引用文件；

——规定了环境调节和试验用标准温度；

——对标准格式及试验方法的描述进行了修改。

本部分由中国轻工业联合会提出。

本部分由全国制鞋标准化技术委员会归口。

本部分起草单位：中国皮革和制鞋工业研究院、青岛亨达集团有限公司。

本部分主要起草人：戚晓霞、田旺、张伟娟、王吉万、单玉香。

本部分所代替标准的历次版本发布情况为：

——GB 3904—1983；

——GB/T 3903.1—1994。

鞋类　通用试验方法　耐折性能

1　范围

本标准规定了成鞋或鞋底耐折性能的试验方法。

本标准适用于成鞋、鞋底产品或材料(片)。

2　规范性引用文件

下列文件中的条款通过GB/T 3903的本部分的引用而成为本部分的条款。凡是注日期的引用文件，其随后所有的修改单(不包括勘误的内容)或修订版均不适用于本部分，然而，鼓励根据本部分达成协议的各方研究是否可使用这些文件的最新版本。凡是不注日期的引用文件，其最新版本适用于本部分。

GB/T 22049　鞋类　鞋类和鞋类部件环境调节及试验用标准环境(GB/T 22049—2008，ISO 18454:2001，IDT)

3　仪器设备

3.1　耐折试验机

3.1.1　屈挠角度在0°～55°之间可调。

3.1.2　屈挠频率在每分钟100次～300次范围内可调。

3.1.3　具有按预置屈挠次数自动停机的功能。

3.1.4　有对试样鼓风的装置。

3.2　可折试验楦

3.2.1　试验楦的第一跖趾部位至楦底轴线的垂线上装有ϕ5.5 mm×40 mm的钢轴，钢轴相对楦底表面无凹凸现象。

3.2.2　试验楦的最大可折角度不小于50°。

3.3　游标卡尺

准确至0.02 mm。

3.4　割口刀

割口刀示意图见图1。

STANDARDS PRESS OF CHINA

单位为毫米

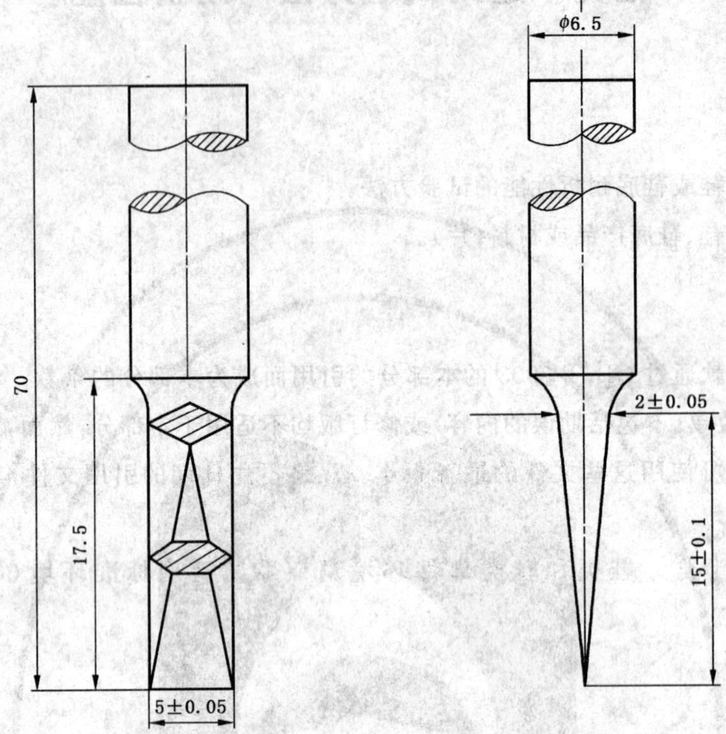

图 1 耐折性能试验割口刀规格示意图

4 取样和环境调节

4.1 每组试样不少于两双(副)成鞋或鞋底或按产品标准要求执行。

4.2 试验前试样应按照 GB/T 22049 的规定,在标准环境的温度条件下放置 4 h。

5 试验方法

5.1 试验原理

将成鞋或鞋底,用割口刀(3.4)割一规定长度的裂口,以一定角度和频率在耐折试验机上进行屈挠试验后,测量鞋底割口扩展后的长度,同时观测帮面、鞋底、帮底(包括围条、底墙)结合部位的变化情况。

注:成鞋或鞋底可不割口而直接进行屈挠试验,割口与否应根据相关产品标准的要求决定。

5.2 试验条件

5.2.1 屈挠试验机屈挠角度为 50°±1°(特殊要求可在 0°～55°之间选择)。

5.2.2 屈挠试验机屈挠频率为每分钟(230±10)次(特殊要求可在每分钟 100 次～300 次范围内选择)。

5.2.3 按照 GB/T 22049 的规定,在标准环境的温度条件下进行试验。

5.3 试验步骤

5.3.1 检查试样,如表面有杂物应用纱布沾酒精擦净。

5.3.2 将试样装配适合规格的可折试验楦(3.2),一般情况,楦号应小于鞋号 5 mm。

5.3.3 将试样夹紧在耐折试验机(3.1)的夹持器中,鞋底面的跖趾屈挠部位与夹持器活动轴轴线重合(若割口,割口部位应在此轴线上)。

5.3.4 调整试验机偏心距,使屈挠角度达到规定角度(5.2.1)。

5.3.5 将试验机处于最小屈挠角度状态,观察鞋后跟的位置,使试样处于不受任何方向弯折的自然状态，否则调整夹持器的倾斜角度，使其处于自然状态之后再将屈挠角度调准。

5.3.6 将试验机置于最大屈挠角度状态，在鞋底面的跖趾屈挠部位的中间部分割 5 mm 长的割口，并要将鞋底割透。

5.3.7 将试验机计数器清零，预置屈挠次数、屈挠频率至规定值，开动鼓风机后开启主机。

5.3.8 试验机工作期间，观察试样的夹持状况，若有松动或屈挠位置发生变化应及时停机进行调整。

5.3.9 试验机按预置次数停机后，使用游标卡尺(3.3)进行测量，并目测试样的变化情况。

5.3.9.1 将试验机置于最大屈挠角度状态，测量鞋底割口扩展后的长度，以及新产生的裂纹的长度及数量。

5.3.9.2 将试样从夹持器中取下，使其处于自然状态，观测帮面、鞋底、帮底(包括围条、底墙)结合部位的变化情况。

6 试验结果

6.1 鞋底割口扩展后的长度、新产生的裂纹的长度、帮底(包括围条、底墙)结合部位的开胶长度，单位以毫米表示，有效数字至小数点后一位。

6.2 帮面(如裂浆、裂面)、鞋底(如新产生的裂纹、涂色龟裂或脱落)、帮底(包括围条、底墙)结合部位(如开胶)的变化情况用文字说明。

6.3 每只鞋(底)的试验结果分别表示。

7 试验报告

试验报告应包括以下内容：

a) GB/T 3903 的本部分编号；

b) 试样的详细描述，包括试样编号、名称、规格、数量、材质等；

c) 试验结果，按第 6 章执行；

d) 对测试部位及其表面处理方法的描述；

e) 试样进行环境调节及试验时的环境条件、时间；

f) 试验人员及试验日期；

g) 与本试验方法的任何偏差。

ICS 61.060
Y 78

GB

中华人民共和国国家标准

GB/T 3903.2—2008
代替 GB/T 3903.2—1994

鞋类　通用试验方法　耐磨性能

Footwear—General test methods—Abrasion resistance

STANDARDS PRESS OF CHINA

2008-12-30 发布　　2009-09-01 实施

中华人民共和国国家质量监督检验检疫总局
中国国家标准化管理委员会　发布

前　言

GB/T 3903 的本部分代替 GB/T 3903.2—1994《鞋类通用检验方法　耐磨试验方法》。

本部分与 GB/T 3903.2—1994 相比主要变化如下：

——标准名称变更为“鞋类　通用试验方法　耐磨性能”；

——增加了第 2 章术语和定义；

——增加了对磨轮孔径要求；

——增加了对试验条件的要求；

——加大了对试样数量要求的灵活性；

——减少了试验机的空转时间。

本部分由中国轻工业联合会提出。

本部分由全国制鞋标准化技术委员会归口。

本部分起草单位：中国皮革和制鞋工业研究院、奥康集团有限公司、国辉（中国）有限公司。

本部分主要起草人：闫宏伟、王振滔、丁国斯、章献忠、刘旗。

本部分所代替标准的历次版本发布情况为：

——GB 3905—1983；

——GB/T 3903.2—1994。

鞋类 通用试验方法 耐磨性能

1 范围

GB/T 3903 的本部分规定了整鞋鞋底和成型底(片)耐磨性能的试验方法。

本部分适用于测定整鞋鞋底和成型底(片)的耐磨性能。

2 术语和定义

下列术语和定义适用于 GB/T 3903 的本部分。

2.1

耐磨性能 abrasion resistance

使用耐磨试验机,用旋转的钢磨轮在外底平整处进行一定时间磨耗后测得的磨痕长度。

3 原理

旋转的磨轮垂直压在试样上,在特定条件下对试样进行磨耗试验,测量试样磨痕长度用来表示试样的耐磨性能。

4 取样和环境调节

4.1 整鞋、鞋底或平整试片均可作为试样。

4.2 每组试样一般不少于两只鞋、底或片。

4.3 试样预处理:处理影响试验结果的表面,要求试样表面平整,面积足够进行磨耗,试样在试验条件下应放置 4 h 以上。

5 仪器设备

5.1 耐磨试验机的要求如下:

5.1.1 磨轮为 $\phi(20\pm0.1)$mm×(4 ± 0.1)mm 的 T12 钢磨轮,孔径(6 ± 0.02)mm,具有 72 个齿,齿角为 $90°\pm5°$,齿尖宽度为(0.2 ± 0.05)mm,齿尖粗糙度 Ra 为 3.2 μm,硬度大于等于 55 HRC,同轴度为 0.03 mm。

5.1.2 磨轮转速在 100 r/min~300 r/min 范围内可调。

5.1.3 磨轮顺时针方向旋转,运转平稳,径向跳动不大于 0.05 mm。

5.1.4 磨轮和试样间的压力在 19.6 N 内可调。

5.1.5 试验时间自动控制,准确至 0.1 min。

5.1.6 天平量程 2 000 g,精确至 5 g。

5.2 游标卡尺,准确至 0.02 mm。

6 试验条件

6.1 施加 4.9 N 的压力(特殊要求可在 0 N~19.6 N 内选择)。

6.2 磨轮转速为(191 ± 5)r/min(特殊要求可在试验机允许范围内另选)。

6.3 试验时间为连续 20 min(特殊要求可另选)。

6.4 环境温度为室温,应避免阳光直接照射。

7 试验步骤

7.1 将试验机各部位调节正常，磨轮空运转 5 min。

7.2 试样紧固在试验机天平左端，鞋底朝上，将鞋底磨耗部位调水平。

7.3 调节磨轮位置使其对准试样平整处。磨轮位置应在试样座支柱左上方。

7.4 将天平两端调平衡（指针指零），然后在天平右端按试验条件要求的压力值增加砝码（如 4.9 N 或加 500 g 砝码），这时试样和磨轮间的接触压力即为规定值。

7.5 调节磨轮高度位置，使天平指针指向零，然后旋紧磨轮轴的紧固手柄。

7.6 将时间选择开关调至需要值。

7.7 开机，调整磨轮转速至规定值，同时将时间显示清零，开始进行试验。

7.8 试验机按规定时间自动停车后，用游标卡尺测量磨痕两边的长度。

7.9 试验过程中如发现有欠硫现象，应立即停止试验，将受污染的磨轮用有机溶剂进行清洗。

8 试验结果

8.1 以磨痕长度表示试验结果，单位为毫米，有效数字至小数点后一位。

8.2 每只试样至少测两处，取两处四个数据的算术平均值。若磨痕为梯形，则长边与短边相差不应大于短边的 10%。

8.3 每只试样每一试验数据对平均值的最大允许偏差为 10%，否则应重新进行试验。

8.4 每只试样的试验结果应分别表示。

9 试验报告

试验报告应包括以下内容：

a) GB/T 3903 的本部分编号；

b) 试样编号、名称、规格、货号、鞋底材料、生产厂或送检单位以及磨耗部位；

c) 试样处理条件；

d) 试验压力、磨轮转速、磨耗时间、试验温度；

e) 试验结果，按第 8 章执行；

f) 试验人员及试验日期；

g) 与本试验方法的任何偏差。

ICS 61.060
Y 78

GB

中华人民共和国国家标准

GB/T 3903.4—2008
代替 GB/T 3903.4—1994

鞋类 通用试验方法 硬度

Footwear—General test methods—Hardness

2008-12-30 发布　　2009-09-01 实施

中华人民共和国国家质量监督检验检疫总局
中国国家标准化管理委员会　发布

前　言

GB/T 3903 的本部分代替 GB/T 3903.4—1994《鞋类通用检验方法　硬度试验方法》。

本部分与 GB/T 3903.4—1994 相比主要变化如下：

——增加了规范性引用文件；

——增加了对环境调节及试验用环境的要求；

——增加了邵尔 D 型硬度计的使用；

——对试验结果一章的表达进行了修改。

本部分由中国轻工业联合会提出。

本部分由全国制鞋标准化技术委员会归口。

本部分起草单位：中国皮革和制鞋工业研究院、意尔康鞋业集团有限公司。

本部分主要起草人：田旺、张伟娟、单志敏、俞捷。

本部分所代替标准的历次版本发布情况为：

——GB/T 3903.2—1994。

鞋类　通用试验方法　硬度

1　范围

GB/T 3903 的本部分规定了鞋类外底与鞋跟硬度的试验方法。

本部分适用于测定成鞋外底、成型底(包括后跟与外底为整体的成型底的后跟)等鞋类外底产品的硬度。

2　规范性引用文件

下列文件中的条款通过 GB/T 3903 的本部分的引用而成为本部分的条款。凡是注日期的引用文件,其随后所有的修改单(不包括勘误的内容)或修订版均不适用于本部分,然而,鼓励根据本部分达成协议的各方研究是否可使用这些文件的最新版本。凡是不注日期的引用文件,其最新版本适用于本部分。

GB/T 22049　鞋类　鞋类和鞋类部件环境调节及试验用标准环境(GB/T 22049—2008,ISO 18454:2001,IDT)

3　试验设备

手持式邵尔 A 型、D 型、W 型的橡塑材料或橡塑微孔材料硬度计。

4　取样和环境调节

4.1　样品数量按产品标准要求执行。一般情况下,一组试样为一双(副)成鞋或鞋底。

4.2　试验前试样按 GB/T 22049 的规定,在标准环境的温度条件下,放置 4 h,并在此环境下进行试验。

5　试验方法

5.1　试验原理

5.1.1　本方法是使用邵尔氏硬度计,测量将规定形状的压针在一定条件下压入试样的深度,并将其转换为硬度值表示出来。

5.1.2　由于测试结果受压针形状和所施压力的影响,所以不同类型硬度计所测试的结果没有简单的对应关系。

5.2　试验条件

5.2.1　按照 GB/T 22049 的规定,在标准温度下进行试验。当不能实现时,试验应在试样从标准环境中取出 15 min 内进行。

5.2.2　测试成鞋时要装楦,测试成型底时要垫楦,测试部位的鞋楦与成鞋或成型底间不得有空隙。

5.3　试验步骤

5.3.1　检查试样,如表面有杂物应用纱布蘸酒精擦净。

5.3.2　选择试样表面的平整处作为测试部位(若产品标准规定了试验部位,则在规定试验部位的平整处)。测试部位应平整(若无平整处,应打磨平整),无缺胶、气泡、机械损伤及杂质,若成鞋或成型底装有勾心时,应避开勾心处。

5.3.3　手持硬度计,压针垂直于试样表面并距离试样边缘不少于 12 mm,平稳、匀速的将压足压在测试部位,压紧后立即读表值。

注:所施加的力应刚好使压足与试样完全接触,并在压足与试样完全接触后 1 s 内读数。

5.3.4 每个测量点只能测一次硬度，每点之间的距离不小于 6 mm。

5.3.5 使用 A 型硬度计，当测量值超出 90°时，推荐使用 D 型硬度计；使用 D 型硬度计，当测量值低于 20°时，推荐使用 A 型硬度计。当 A 型硬度计示值低于 10°时是不准确的，该测量结果不能使用。邵尔 W 型硬度计适用于橡胶、塑料等微孔、泡沫材料硬度的测试。

6 试验结果

6.1 记录使用硬度计型号，以硬度计指针所指示的表值为测定值，单位以“度”表示。

6.2 每组试样的两只鞋(底)分别测试，每只鞋(底)测三点，仲裁检验时测五点，取算术平均值为该只鞋(底)的试验结果。每个测定值与平均值的相对偏差的绝对值应不大于 5%。若超出偏差，应舍掉超差的数值并补测。试验结果取整数位。

6.3 每只鞋(底)的试验结果应分别表示。

7 试验报告

试验报告应包括以下内容：

a) 试验结果，按第 6 章执行；

b) 试样的详细描述，应包括试样编号、名称、规格、数量、试样材质等；

c) 对测试部位及其表面处理方法的描述；

d) 试样处理条件；

e) 试验人员及试验日期；

f) GB/T 3903 的本部分编号；

g) 与本试验方法的任何偏差。

ICS 61.060
Y 78

中华人民共和国国家标准

GB/T 3903.15—2008/ISO 17705:2003

STANDARDS PRESS OF CHINA

鞋类 帮面、衬里和内垫试验方法 隔热性能

Footwear—Test methods for uppers, lining and insocks—Thermal insulation

(ISO 17705:2003, IDT)

2008-06-18 发布　　　　2009-05-01 实施

中华人民共和国国家质量监督检验检疫总局
中国国家标准化管理委员会　发布

前　言

GB/T 3903 的本部分等同采用国际标准 ISO 17705:2003《鞋类　帮面、衬里和内垫试验方法　隔热性能》(英文版)，技术内容完全相同，仅作如下编辑性修改：

a) “本欧洲标准”一词改为“GB/T 3903 的本部分”；

b) 用小数点的“.”代替作为小数点的逗号“,”；

c) 删除国际标准的前言；

d) 删除国际标准的目录；

e) 对于 ISO 17705:2003 中所引用的欧盟标准 EN 12222，本部分直接引用与之相对应的国家标准；

f) 删除国际标准的附录。

本部分由中国轻工业联合会提出。

本部分由全国制鞋标准化技术委员会归口。

本部分起草单位：中国皮革和制鞋工业研究院、中华人民共和国莆田出入境检验检疫局。

本部分主要起草人：张伟娟、田旺、闫宏伟、傅以忠、林伟、唐振华。

鞋类　帮面、衬里和内垫试验方法
隔热性能

1　范围

GB/T 3903 的本部分规定了帮面、衬里和内垫的隔热性能的试验方法，目的是评估其最终用途的适宜性。

本部分适用于各种材料的帮面、衬里和内垫。

2　规范性引用文件

下列文件中的条款通过 GB/T 3903 的本部分的引用而成为本部分的条款。凡是注日期的引用文件，其随后所有的修改单(不包括勘误的内容)或修订版均不适用于本部分，然而，鼓励根据本部分达成协议的各方研究是否可使用这些文件的最新版本。凡是不注日期的引用文件，其最新版本适用于本部分。

GB/T 22049　鞋类　鞋类和鞋类部件环境调节及试验用标准环境(GB/T 22049—2008，ISO 18454:2001,IDT)

3　术语和定义

下列术语和定义适用于 GB/T 3903 的本部分。

3.1

隔热性能　thermal insulation

在静态条件下材料的导热性能。

3.2

帮面　upper

鞋类外表面材料，与成型外底结合，覆盖脚背。对于靴类产品，帮面还包括包裹腿的外面部分。只包括可见的材料，不考虑衬里等不可见材料。

3.3

成型帮面　complete upper assembly

通过适当的方法，对帮面进行缝线、粘合或层压组合装配而成，包括中间材料和所有衬里连同衬料、胶粘剂、覆膜以及补强材料，但不包括主跟和包头。

注：成型帮面包括未绷帮和已绷帮的帮面。

4　试验设备和材料

使用以下设备和材料：

4.1　李氏圆盘(Lees'disc)试验仪，见图 1，包括以下设备：

4.1.1　圆柱形铜块，以下简称 B1 块。

4.1.1.1　直径大约为 75 mm，精度为 0.2 mm。

4.1.1.2　高度大约为 25 mm，精度为 0.2 mm。

4.1.1.3　中心有直径为 2 mm±0.1 mm 的孔。

4.1.1.4　K 型热电偶插在孔中，接头与孔的底端相接触。

4.1.1.5 用高导热性的化合物，其导热性最好大于 0.8 W/(m·℃)，例如在高功率的半导体电子设备和加热槽之间使用一种金属氧化物填充糊类，填充孔的剩余体积。

4.1.2 圆形电子加热器。

4.1.2.1 与 4.1.1 铜块 B1 的直径相同，容许偏差为±0.5 mm。

4.1.2.2 从它的每个圆形表面分散功率，功率密度至少为 400 W/m²。

4.1.2.3 两个与 B1 块相同尺寸的圆柱形铜块和热电偶，使用高导热性的粘性化合物粘合到圆形电子加热器的上下两个表面上，这两个铜块分别称为 B2 块和 B3 块。

4.1.3 第 4 个圆柱形铜块带有热电偶，与 4.1.1 中 B1 块的直径相同，但高度为(8±2)mm。用于测量周边空气的温度，以下简称为 B4 块。

4.1.4 电源连接到加热器(4.1.2)。电源应能提供足够的功率保证加热器的每个圆形表面分散功率密度为 400 W/m²。

4.1.5 测定提供给加热器的功率，精度为±4 mW。

4.1.6 安装加热器和铜块在一起，使空气能在整个装置周围自由流通。

4.1.7 能测量和显示其 4 个圆柱形铜块内热电偶温度的设备，精度为±0.2℃。

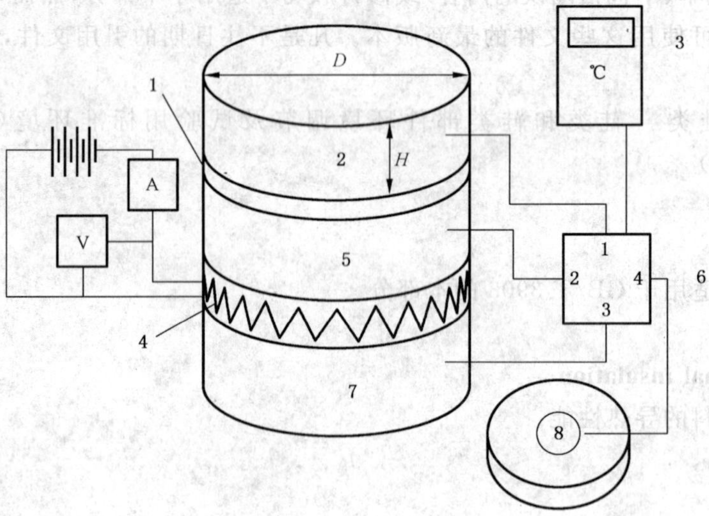

1——试样；
2——B1 块；
3——温度显示仪；
4——加热器；
5——B2 块；
6——开关转换装置；
7——B3 块；
8——B4 块。

图 1 李氏圆盘(Lees'disc)试验仪

4.2 圆形冲模刀或类似的剪切设备，剪切圆形试样，直径与 B1 块相同，容许偏差为±0.5 mm。

4.3 数字测厚仪，能够向试样施加(2.0±0.2)kPa 的压力，测量精度为 0.01 mm。

5 取样和环境调节

5.1 材料在取样前，放置在 GB/T 22049 规定的标准环境中进行环境调节，时间至少 48 h。

5.2 剪切两个圆形试样，直径与 B1 块相同，容许偏差为±0.5 mm。

注：从帮面和衬里材料、成型鞋面或成鞋上进行取样。当衬里材料已永久粘合固定到帮面材料时，从成型鞋面上取样。

6 试验方法

6.1 试验原理

恒定的加热器放在两个相同的金属圆柱体之间，两个圆柱体同轴且水平重叠安放。试样放置在上圆柱体的上表面，第三个相同尺寸的金属块放置在试样上，这样所有圆柱体和试样同轴叠放。接通加热器电源，使3个金属块的温度达到稳定。从测量3个金属块达到温度稳定时的温度、金属圆柱体和试样暴露的表面积和试样的厚度可以计算得出试样的导热性。

6.2 试验步骤

6.2.1 使用测厚仪(4.3)分别测定两个试样的中心位置的厚度 S，单位为mm，精确到0.05 mm。

6.2.2 保证加热器(4.1.2)与铜块同轴安装，B2块在B3块之上，见图1。将这套装置放置于按GB/T 22049规定的标准环境中，空气可在装置周围自由流通。

6.2.3 将一个试样放在B2的上表面，小心地将B1块放置在试样上面。试样在成鞋中与脚接触的一面与B2块接触，这样离加热器最近。调整B1块和试样位置直至两者都与加热器同轴排列(4.1.2)。

6.2.4 接通加热器电源(4.1.4)并调整到提供足够功率对B2块和B3块进行加热，使B2块和B3块的温度稳定在35℃±5℃。

注：一般来讲，电流0.14 A，电压18 V，能维持温度35℃±5℃。

6.2.5 大约间隔30 min，记录4个金属块B1、B2、B3和B4块的温度，精确到0.2℃。

6.2.6 当每个块连续3个温度读数的变化在±0.2℃的范围内时，停止试验。记录4个金属块的温度，单位为摄氏度，分别记为 t_{E_1}、t_{E_2}、t_{E_3} 和 t_{E_4}。将试样和B1块从加热器(4.1.2)上移开，另外一个试样重复6.2.3～6.2.6中的步骤。

7 结果表示

7.1 通过式(1)～式(3)分别计算B1、B2和B3的暴露面积 A_1、A_2、A_3，单位为平方米(m^2)：

$$A_1 = \pi \times D[(0.25 \times D) + H] \quad \cdots\cdots (1)$$

$$A_3 = \pi \times D[(0.25 \times D) + H] \quad \cdots\cdots (2)$$

$$A_2 = H \times \pi \times D \quad \cdots\cdots (3)$$

式中：

A——暴露面积，单位为平方米(m^2)；

D——4.1.1.1和4.1.2.3中金属块的直径，单位为米(m)；

H——4.1.1.2中金属块高度，单位为米(m)。

注：所有的直径和高度的单位都是除以1 000后从毫米转换为米。

7.2 对试样，计算：

7.2.1 试样的暴露面积 A_s 按式(4)计算：

$$A_s = S \times \pi \times D \quad \cdots\cdots (4)$$

式中：

S——6.2.1测量的试样厚度，单位为米(m)；

D——试样的直径(见5.2)，单位为米(m)。

7.2.2 提供给加热器的能量 P 按式(5)计算：

$$P = V \cdot I \quad \cdots\cdots (5)$$

式中：

V——提供给加热器的电压，单位为伏特(V)；

I——提供给加热器的电流，单位为安培(A)。

7.2.3 金属块B1、B2和B3的温度与周围环境温差的计算见式(6)～式(8)，单位为摄氏度(℃)：

STANDARDS PRESS OF CHINA

$$t_1 = t_{E_1} - t_{E_4} \quad \cdots\cdots (6)$$

$$t_2 = t_{E_2} - t_{E_4} \quad \cdots\cdots (7)$$

$$t_3 = t_{E_3} - t_{E_4} \quad \cdots\cdots (8)$$

7.2.4 试样的平均温度 t_s 按式(9)计算，单位为℃：

$$t_s = 0.5 \times (t_1 + t_2) \quad \cdots\cdots (9)$$

7.2.5 试样的热传导性 K 按式(10)计算，单位为 W/m·℃：

$$K = P \cdot S \cdot (A_s \cdot t_s + 2 \cdot A_1 \cdot t_1) / [(A_1 \cdot t_1 + A_s \cdot t_s + A_2 \cdot t_2 + A_3 \cdot t_3) \cdot 0.5 \cdot \pi \cdot D^2 \cdot (t_2 - t_1)] \quad \cdots\cdots (10)$$

7.3 计算两个试样热传导性值的算术平均值 K_a，见式(11)，结果保留三位有效数字。

7.4 通过热传导性的算术平均值计算试样的平均隔热性能 R，单位为 $m^2 \cdot ℃/W$。通过式(11)进行计算：

$$R = S_a / K_a \quad \cdots\cdots (11)$$

式中：

S_a——两个试样厚度的算术平均值，单位为米(m)；

K_a——两个试样热传导性的算术平均值，单位为瓦每米摄氏度(W/m·℃)。

8 试验报告

试验报告应包括以下部分：

a) 7.3 中计算得出的导热性的算术平均值；

b) 7.4 中计算得出的隔热性能的算术平均值；

c) 材料的详细描述包括商业信息(货号等)；

d) 试样上任何现有的衬里或加固物的描述；

e) 本试验方法的标准编号；

f) 试样受到的压强(B1 块的质量除以试样受 B1 压力的面积得出)；

g) 试验日期；

h) 与本试验方法的任何偏差。

ICS 61.060
Y 78

中华人民共和国国家标准

GB/T 3903.16—2008/ISO 17704:2004

鞋类　帮面、衬里和内垫试验方法 耐磨性能

Footwear—Test methods for uppers, linings and insocks—Abrasion resistance

(ISO 17704:2004, IDT)

2008-06-18 发布　　2009-05-01 实施

中华人民共和国国家质量监督检验检疫总局
中国国家标准化管理委员会　发布

前　言

GB/T 3903 的本部分等同采用国际标准 ISO 17704:2004《鞋类　帮面、衬里和内垫试验方法　耐磨性能》(英文版),技术内容完全相同,仅作如下编辑性修改:

a) “本欧洲标准”一词改为“本部分”;

b) 用小数点“.”代替作为小数点的逗号“,”;

c) 删除国际标准的前言;

d) 删除国际标准的目录;

e) 对于 ISO 17704:2004 中所引用的欧盟标准,本部分直接引用与之相对应的国家标准;

f) 统一表题;

g) 将转速单位“rad/s”换算为“r/min”,“rev/min”表达方式也相应改为“r/min”;

h) 将参考文献中的国际标准,改为与之相对应的国家标准。

本部分的附录 A 为规范性附录。

本部分由中国轻工业联合会提出。

本部分由全国制鞋标准化技术委员会归口。

本部分起草单位:康奈集团有限公司、中国皮革和制鞋工业研究院。

本部分主要起草人:郑秀康、戴金清、张伟娟。

鞋类　帮面、衬里和内垫试验方法
耐磨性能

1　范围

GB/T 3903的本部分规定了测定帮面、衬里和内垫耐磨性能(耐干、湿擦)的试验方法,目的是评估其最终用途的适宜性。

本部分适用于各种材料的帮面、衬里和内垫。

2　规范性引用文件

下列文件中的条款通过GB/T 3903的本部分的引用而成为本部分的条款。凡是注日期的引用文件,其随后所有的修改单(不包括勘误的内容)或修订版均不适用于本部分,然而,鼓励根据本部分达成协议的各方研究是否可使用这些文件的最新版本。凡是不注日期的引用文件,其最新版本适用于本部分。

GB/T 22049　鞋类　鞋类和鞋类部件环境调节及试验用标准环境(GB/T 22049—2008,ISO 18454:2001,IDT)

3　术语和定义

下列术语和定义适用于GB/T 3903的本部分。

3.1

帮面、衬里和内垫的耐磨强度　abrasion resistance of uppers,linings and insocks

使用马丁代尔(Martindale)耐磨仪,用磨料摩擦帮面、衬里和内垫,测试其耐磨性能。

4　试验设备和材料

使用以下设备和材料:

4.1　耐磨试验仪(马丁代尔耐磨仪),有一个或多个测试台,每个测试台包括以下部分:

4.1.1　圆形磨头,带有夹环,将试样周边固定,使试样凸出的圆形平面面积为645 mm^2±5 mm^2。

4.1.2　水平磨台,保证有边长为88 mm的方形试验区。一般情况下,磨台为圆形,最小直径为125 mm。

4.1.3　磨头(4.1.1)的凸出平面与磨台(4.1.2)接触,磨头能够在磨台平面内自由旋转。

4.1.4　磨头(4.1.1)和磨台(4.1.2)之间相对运动的轨迹利萨如图形面积为(60 mm±1 mm)×(60 mm±1 mm)(见图1)。每个利萨如图形要求磨头有16个椭圆形的运动(旋转),试验仪的运行速率为47.8 r/min±3.8 r/min[1)]。

注:当运行速率为47.8 r/min±3.8 r/min时,试验仪的外轴旋转速率为48 r/min±2 r/min。

4.1.5　磨头(4.1.1)和磨台(4.1.2)之间保持恒定压力为12 kPa±0.2 kPa。磨头和相关配件的质量为795 g±5 g。

4.1.6　对于每个利萨如图形,磨台(4.1.2)表面和磨头(4.1.1)之间的平行度在±0.05 mm内。磨头上的刻度计用以验证磨台的平行度。

1)　5 rad/s±0.4 rad/s (1 rad≈0.16 r/min,1 rad≈9.55 r/min)

STANDARDS PRESS OF CHINA

图 1 利萨如图形

4.1.7 磨头(4.1.1)和磨台圆周的平行度不应超过 0.05 mm。通过磨头的底平面边缘处插入厚度不超过 0.05 mm 的测量仪来测量。

4.1.8 记数装置,记录摩擦次数,以旋转次数[16 转[2] (100 rad)/循环]来计算。

4.2 在试验中使用四个杂织毛纱纺、平织织布作为试验中的摩擦织物,其大小能完全覆盖磨台(4.1.2)。织物应符合表 1 要求。

表 1 织物要求

特性参数	经纱	纬纱
纱线线密度/(tex/2)	R63±2	R74±2
单位长度纱线根数/mm	1.7±0.1	1.3±0.1
单纱捻度(捻/m“Z 向”)	540±20	500±20
两根纱合并后的捻度(捻/m“S 向”)	450±20	350±20
纤维直径/μm	27.5±2	29±2
单位面积的最小质量/(g/m^2)	190	

摩擦织物的两个表面没有必要具有相同的摩擦性能,但应标注推荐使用的一面,通常为相对比较光滑的一面。应对摩擦织物的存放加以控制,保证在试验中使用同一表面。

4.3 砂纸,推荐粒度为 36。

4.4 将合适尺寸的重物压到磨台的整个表面上,使其夹持的磨料保持平整,此重物对磨台施加 2 kPa±0.2 kPa 的压力。

4.5 使用冲模刀等取样工具进行取样,所取试样能牢固固定在磨头(4.1.1)上。取样工具的尺寸取决于磨头的夹持系统。

4.6 四个桌毛毡,单位面积质量为 575 g/m^2～800 g/m^2,厚度为 2 mm～3.5 mm。

毛毡的两面都可以使用。毛毡能重复使用直到两个表面都褪色,或者厚度减少到 2mm,但在湿试验中使用的毛毡只能在湿试验中重复使用。

4.7 聚氨酯泡沫塑料,厚度为(3±1)mm,密度为(30±3)kg/m^3,按附录 A 测定其压痕硬度为 5.8 kPa±0.8 kPa,用于测试单位面积质量小于 500 g/m^2 的材料。

2) 1 rad≈0.16 r/min

4.8 喷水管,胶管一端连接在冷水龙头上,保持适当的水压,另一端受控制。

5 取样和环境调节

5.1 对于每个干试验和湿试验,每组试样不得少于2个,试样能牢固固定在磨头(4.1.1)上。

5.2 从材料的不同位置上取样,保证试样与材料边缘的距离不少于50 mm。

注:可从帮面材料、成型帮面或成鞋上取样。

5.3 从机织面料上取样时,应保证任何两个试样的经线或者纬线不同。

5.4 从具有图案的织布上取样,每个图案都应进行试验,这样每个干试验和湿试验可能需要两个以上的试样。

注:评定试样的任何损坏或者脱色时,需要从试验材料上取参考试样。

6 试验方法

6.1 试验原理

在恒定压力下用标准摩擦织物和标准砂纸摩擦四个圆形试样,两个试样做干擦试验,另外两个试样做湿擦试验。磨料和试样之间的相对运动是一个复杂的循环模式(利萨如图形),产生所有方向上的摩擦。完成规定摩擦次数后停止试验,评定试样损坏程度。

6.2 试验步骤

6.2.1 试验开始前将试样在GB/T 22049规定的环境下进行环境调节,时间至少24 h,并在此环境下进行试验。湿试验不需要在试验前进行环境调节。

6.2.2 对于湿试验,用喷水管在磨料(4.2和4.3)和桌毛毡(4.6)上来回喷洒,直到颜色均匀变深,达到饱和。注意喷水管不要向固定在耐磨试验仪的部件喷射。

6.2.3 使用夹环将试样固定在磨头(4.1.1)上,将要进行摩擦的表面向外。

6.2.4 如果试验材料的单位质量小于500 g/m^2,需要在每个磨头夹环中放入一个相同尺寸的聚氨酯泡沫塑料(4.7)作为试样的补强物。

6.2.5 将试样夹持在磨头上,不应出现松弛、褶皱或扭曲现象。

6.2.6 将相应的干或湿的桌毛毡放置到磨台上。

6.2.7 将相应干或湿的摩擦织物或砂纸放置在桌毛毡上,要进行试验的表面向上。

6.2.8 用于加压的物体(4.4)放在摩擦织物或砂纸上,然后将摩擦织物或砂纸固定,不能产生褶皱。

6.2.9 其他的测试台重复6.2.1~6.2.7的步骤。

6.2.10 将磨头装在耐磨试验仪上,试样与磨料相接触。

6.2.11 对磨头施加垂直向下的力,使试样和磨料之间的压力为12 kPa±0.2 kPa。

6.2.12 开动耐磨试验仪直到第一个检查阶段,见表2。

表2 推荐检查和磨料再回湿阶段

旋转次数/次	检查试样	再回湿摩擦物
1 600	是	否
3 200	是	否
6 400	是	是
12 800	是	是
25 600	是	是
38 400	否	是
51 200	是	否

6.2.13 将磨头(4.1.1)取下,在光线充足不直射的条件下检查试样的受损程度。如有可能,对比每个

试样与未经试验的参考材料。记录任何发生的损伤、织物表面起球和变色，使用以下描述：无、十分轻微、轻微、中等、严重、几乎完全和完全。记录试样是否出现磨透或表面层已磨掉，在起毛织物或类似材料的情况下，记录是否产生斑块或脱色。

6.2.14 将磨头放置到原来的位置，重新开动机器。

6.2.15 在每个检查阶段停止机器和重复6.2.13的步骤。

6.2.16 按表2所示的回湿阶段，将磨料和桌毛毡再回湿。摩擦织布或砂纸和毛毡仍固定在磨台上，缓慢倒30 g的水到其表面上，用指尖轻轻将水抹开。当停止吸水即表面上有多余的水出现时停止倒水。将重物(见4.4)放置到磨料上10 s±2 s，然后移去。

7 试验报告

试验报告应包括以下部分：

a) 对每个试样：

——使用摩擦织物(4.2)或砂纸(4.3)摩擦；

——干擦或湿擦；

——总摩擦旋转次数；

——在试验结束时记录磨损数量、类型和程度；如需要，记录试验过程中检查阶段的试验结果。

b) 材料的描述，包括商业信息(货号等)。

c) 本试验方法的标准编号。

d) 试验日期。

e) 与本试验方法的任何偏差。

附 录 A
（规范性附录）
泡沫压痕硬度的测量方法

A.1 试验设备

A.1.1 一套砝码(10个)，质量为50 g±0.01 g。

A.1.2 已知质量(大约为50 g)的轻质量平底托盘，物体放在托盘上。

A.1.3 测厚仪，压脚直径为35 mm±1 mm，施加向下的压力为2.0 kPa±0.2 kPa。

A.1.4 试验秒表，单位为s。

A.2 步骤

A.2.1 取两个正方形的泡沫，尺寸大约为50 mm×50 mm。

A.2.2 将一个泡沫放在另一个泡沫上，然后将两者放在测厚仪的底座上。

A.2.3 降低压脚，立即记录厚度，以T表示，单位为mm。

A.2.4 将平底托盘(A.1.2)放在测厚仪的定重上，立即记录泡沫的厚度，单位为mm。

A.2.5 将第一个砝码(50 g)放在平底托盘上，立即记时。

A.2.6 在30 s±1 s后，记录泡沫厚度读数，单位为mm。

A.2.7 重复A.2.5和A.2.6的步骤直到所有的砝码都加上。

A.2.8 以所加的质量为横坐标(注意加上平底托盘本身的质量，A.1.2)，单位为g，以泡沫的厚度为纵坐标，单位为mm，作图，在厚度T的60%处划一条水平线，将曲线分成两部分。

A.2.9 在同样的点上再做一条垂直线，在图上读出相应的所加质量。

A.2.10 用式(A.1)计算此时的压强p：

$$p=\frac{w\times 9.81}{a} \qquad \cdots\cdots\cdots\cdots (A.1)$$

式中：

w——A.2.9中读出的质量，单位为克(g)；

a——测厚仪压脚的面积，单位为平方毫米(mm^2)。

STANDARDS PRESS OF CHINA

参 考 文 献

GB/T 22050—2008 鞋类 样品和试样的取样位置、准备及环境调节时间

ICS 61.060
Y 78

中华人民共和国国家标准

GB/T 3903.17—2008/ISO 17702:2003

鞋类　帮面试验方法　防水性能

Footwear—Test methods for uppers—Water resistance

(ISO 17702:2003,IDT)

2008-06-18 发布　　2009-05-01 实施

中华人民共和国国家质量监督检验检疫总局
中国国家标准化管理委员会　发布

前　言

GB/T 3903 的本部分等同采用国际标准 ISO 17702:2003《鞋类　帮面试验方法　防水性能》(英文版)，技术内容完全相同，仅作如下编辑性修改：

a) “本欧洲标准”一词改为“GB/T 3903 的本部分”；

b) 用小数点的“.”代替作为小数点的逗号“,”；

c) 删除国际标准的前言；

d) 删除国际标准的目录；

e) 对于 ISO 17702:2003 中所引用的欧盟标准，本部分直接引用与之相对应的国家标准；

f) 删除国际标准的附录。

本部分由中国轻工业联合会提出。

本部分由全国制鞋标准化技术委员会归口。

本部分起草单位：中华人民共和国莆田出入境检验检疫局、中国皮革和制鞋工业研究院。

本部分主要起草人：傅以忠、唐振华、黄秋兰、林伟、张伟娟、闫宏伟、陈钊钰。

鞋类　帮面试验方法　防水性能

1　范围

GB/T 3903 的本部分规定了测定鞋类帮面材料屈挠时防水性能的试验方法，目的是评估其最终用途的适宜性。

本部分适用于各种材料的鞋类帮面。

2　规范性引用文件

下列文件中的条款通过 GB/T 3903 的本部分的引用而成为本部分的条款。凡是注日期的引用文件，其随后所有的修改单(不包括勘误的内容)或修订版均不适用于本部分，然而，鼓励根据本部分达成协议的各方研究是否可使用这些文件的最新版本。凡是不注日期的引用文件，其最新版本适用于本部分。

GB/T 6682—1992　分析实验室用水　规格和试验方法(neq ISO 3696:1987)

GB/T 22049　鞋类　鞋类和鞋类部件环境调节及试验用标准环境(GB/T 22049—2008，ISO 18454:2001，IDT)

GB/T 22050　鞋类　样品和试样的取样位置、准备及环境调节时间(GB/T 22050—2008，ISO 17709:2004，IDT)

3　术语和定义

下列术语和定义适用于 GB/T 3903 的本部分。

3.1

防水性能　water resistance

鞋类帮面材料屈挠时(动态)的防水性能。

3.2

帮面　upper

鞋类外表面材料，与成型外底结合，覆盖脚背。对于靴类产品，帮面还包括包裹腿的外面部分。只包括可见的材料，不考虑衬里等不可见材料。

3.3

成型帮面　complete upper assembly

通过适当的方法，对帮面进行缝线、粘合或层压组合装配而成，包括中间材料和所有衬里连同衬料、胶粘剂、覆膜以及补强材料，但不包括主跟和包头。

注：成型帮面包括未绷帮和已绷帮的帮面。

4　试验设备和材料

4.1　试验设备包括：

4.1.1　一对或多对用以夹持试样的圆柱体，直径为 30.0 mm±0.5 mm，每对圆柱体的轴水平且同轴安装。

4.1.2　每对圆柱体(4.1.1)最大相对分开距离为 40 mm±0.5 mm。

4.1.3　每对圆柱体的往复运动速率为 50 次/min±1 次/min，行程可以为 2.0 mm±0.1 mm、3.0 mm±0.2 mm、4.0 mm±0.4 mm 或 6.0 mm±0.6 mm。

4.1.4 内径可在30 mm～40 mm之间可调的夹环，安装在每个圆柱体端头上，用以夹持试样。

4.1.5 在圆柱体周围放置定量的水(4.9)，且最高水位能调节到圆柱体轴线上方5 mm处。

4.2 冲模刀，或其他剪切工具，能够用于取(75 mm±2 mm)×(60 mm±1 mm)的长方形试样。

4.3 测定试样硬度的设备：

4.3.1 两个直径为30.0 mm±0.5 mm的圆柱体，同轴安装且最大间距为40.0 mm±0.5 mm。

4.3.2 两个圆柱体(4.3.1)可移动到一起。

4.3.3 能够测量两个圆柱体(4.3.1)缩小的间距，精确到0.5 mm。

4.3.4 能够测定圆柱体(4.3.1)移动所需要的轴向力，精确到5 N。

4.3.5 内径可以在30 mm～40 mm之间调节的夹环，安装到每个圆柱体(4.3.1)端头上。

4.4 标准实验室天平，精确到10 mg。

4.5 砂纸，粒度180。

4.6 柔软的吸水性好的无绒材料。

4.7 计时器，在5 s的期间中，精确到秒。

4.8 钟表，在24 h的期间中，精确到分。

4.9 蒸馏水或去离子水，符合GB/T 6682—1992中3级要求。

5 取样和环境调节

5.1 按4.2的要求取两个试样，一个试样纵向为材料方向(GB/T 22050中规定的帮面*X*-轴、皮革背脊线方向和其他材料的机器制造方向为材料方向)，另外一个试样与其垂直。

对于非皮革材料，可在整个可用宽度和长度上剪切取样，对于编织结构材料，保证任两个试样不应有同样的经线或纬线。

5.2 每个试样上标注出材料的方向。

5.3 除非另有规定，用砂纸(4.5)轻轻打磨每个试样的外表面，直到试样中心出现轻微磨损(擦痕或擦伤)痕迹达到试样面积的50%左右，以去除试样表面涂饰层。

注：表面有非常薄的涂饰层，耐磨性能较低，这样的处理可能在一些地方会完全脱落，而较厚和耐磨性能较高的涂饰层则仅仅会引起擦伤和失色而已。

5.4 在试验前将试样放置在GB/T 22049规定的标准环境中，时间至少24 h。

注：可从帮面材料、成型帮面或成鞋上进行取样。

6 试验方法

6.1 试验原理

将一个矩形的试样弯曲成半圆形槽，两端分别固定在两个圆柱体对的端头上，槽外侧浸入水中，圆柱体以恒定速率和规定行程进行往复运动，使槽状试样反复弯曲。记录水渗透试样所用时间。同时测定试样的吸水率和渗水量。

6.2 试验步骤

6.2.1 硬度：试验中如果没有指定行程(4.1.3)，应依据材料的硬度来确定行程。

6.2.1.1 调节设备(4.3)，使得每对圆柱体的分开距离达到最大。

6.2.1.2 沿着试样长边弯折试样形成一个槽，不应有皱褶。将两个夹环(4.3.5)宽松地夹持在试样的两个末端。在圆柱体(4.3.1)之间没有褶皱地弯折试样，外表面向外，短边与圆柱体的轴平行，试样的长边叠压在每个圆柱体的一端上大约10 mm。

试样在圆柱体之间形成凹槽，上面敞开，底部闭合。

6.2.1.3 将夹环(4.3.5)沿着试样移动，直到内边缘与圆柱体相对面边缘对齐。将一个夹环紧固，保证试样不松弛，然后再将另外一个夹环紧固。

6.2.1.4 在 5 s±2 s 后，将圆柱体相对移近 2.0 mm±0.1 mm，观察试样，保证中心部位向上弯折，否则，当夹环相互移近的时候，在夹环之间的试样下面的中心位置施加轻微的力使试样中间向上弯折。

6.2.1.5 圆柱体立即以相同的速度回到原始位置。

6.2.1.6 重复 6.2.1.4 和 6.2.1.5 的试验步骤，当圆柱体之间相互移近 2.0 mm±0.1 mm 时，记录圆柱体间的力 F_1，精确到 5 N。

6.2.1.7 重复 6.2.1.4～6.2.1.6 的试验步骤，当圆柱体之间相互移近 4.0 mm±0.2 mm，记录此时圆柱体间的力 F_2，精确到 5 N。

6.2.1.8 按 7.1.1 计算，如果 F_1 和 F_2 的算术平均值 F_a 大于 100 N，则行程 X 为 2.0 mm±0.1 mm。相当于试验长度的 5% 。

6.2.1.9 如果 F_a 在 50 N～100 N 之间，行程 X 为 3.0 mm±0.2 mm，相当于试验长度的 7.5%。

6.2.1.10 如果 F_a 小于 50 N，重复步骤 6.2.1.4～6.2.1.6，但圆柱体之间相互移近 6.0 mm±0.6 mm，记录此时圆柱体间的力 F_3，精确到 5 N。

6.2.1.11 如果按照 7.1.2 步骤计算出 F_1、F_2 和 F_3 的算术平均值 F_b 大于 20 N，则行程 X 为 4.0 mm±0.4 mm，相当于试验长度的 10%。

6.2.1.12 如果 F_b 小于 20 N，行程 X 为 6.0 mm±0.6 mm，相当于试验长度的 15%。

6.2.1.13 第二个试样重复 6.2.1.1～6.2.1.12 的试验步骤，当进行以下试验时，使用较高的 X 值。

6.2.2 初始渗透：如果需要测定试样吸收水量或渗透水量，进行 6.2.3～6.2.4 步骤。

6.2.2.1 设置机器(4.1)调节行程(圆柱体之间的相互移动)为 6.2.1 中测定的行程 X。

6.2.2.2 调节机器(4.1)圆柱体(4.1.1)处于最大分离距离。

注：如果水从试样侧面渗透，采用合适的方法(PUR、氯丁橡胶、蜡、凡士林等)将边缘密封后重新试验。

6.2.2.3 沿着长边弯曲试样形成一个槽，不能有折痕。将夹环(4.1.4)宽松地放置在试样的两个末端。不能有折痕，在圆柱体(4.1.1)之间没有褶皱地弯折试样，外表面向外，短边与圆柱体的轴平行，试样的长边叠压在每个圆柱体上大约 10 mm。

试样在圆柱体间形成一个槽，顶端开口，底部闭合。

6.2.2.4 将夹环沿着试样滑动直到内边缘与圆柱体相对面的边缘对齐。

6.2.2.5 紧固一个夹环，保证试样没有松弛，然后将另一夹环紧固。

6.2.2.6 慢慢将圆柱体相互移近，观察试样，确保中心部位向上弯折，否则，当夹环相互移近的时候，在夹环之间的试样下面的中间位置施加轻微的力使试样中间向上弯折。

6.2.2.7 如果试验仪器不止一对圆柱体，其他试样重复 6.2.2.2～6.2.2.6 步骤进行试验。

6.2.2.8 将圆柱体相互移动到最小间距，将容器(4.1.5)装满水(4.9)，调节水位直到比试样中心向上弯折的部位(6.2.2.6)略高，在这个过程中建议将一片吸水材料(4.6)放在试样形成的槽内，防止水溅到试样内，当水位调节完之后将吸水材料移出。

6.2.2.9 立即启动试验仪器，记录钟表(4.8)显示时间，记为 t_0，单位为分。

6.2.2.10 目测试样内面是否有水渗透的迹象，通常是在中心弯折部位的两端会出现初始渗透，一般在材料的表面有潮湿斑点或有小水珠渗出。

6.2.2.11 忽略水从圆柱体和试样之间渗透。此时需要紧固夹环减少这种渗透，继续试验直到发生有效的渗透。如果从夹环中渗出的水量足够多而影响到试验，应停止仪器，用吸水棉纸抹去渗入的水分。

6.2.2.12 重复 6.2.2.10 和 6.2.2.11 的试验步骤，继续观察试样大约 15 min 或直到试样显现有初始水渗透的迹象，在观察过程中不能将仪器关闭。

6.2.2.13 如果在 15 min 后没有发生渗透，记录 15 min 后无渗透，然后继续观察(如 6.2.2.10 和 6.2.2.11 所述)，如果材料还没出现渗水现象，逐步地增长观察的间隔时间，如从间隔几分钟到 15 min 或更长时间。

6.2.2.14 当第一次发生有效的水渗透时，记录钟表(4.8)显示时间，记为 t_1，单位为分。如果渗透在两次相邻观察之间发生，记录渗透之前最后一次观察的时间 t_1，单位为分；和渗透之后第一次观察的时间 t_2，单位为分。

6.2.2.15 继续试验直到所有的试样都发生有效水渗透。

6.2.2.16 如果 24 h 后还没产生渗水现象，停止试验。

6.2.2.17 记录下每个试样出现水渗透的时间 t_1，单位为分；如果渗透是发生在两次相邻观察之间，记录 t_1 和 t_2，单位为分。

6.2.3 吸水率：如果需要测定规定时间 t_3 内试样吸收的水量，按以下步骤进行试验。

6.2.3.1 使用天平(4.4)对已进行环境调节(5.4)后的试样称量，记此质量为 m_0，精确到 0.01 g。

6.2.3.2 然后按 6.2.2 的步骤进行试验。

6.2.3.3 达到规定时间 t_3，单位为分，从仪器上取下试样。

6.2.3.4 用一片吸水材料(4.6)轻轻地吸掉在试样表面额外的水分。

6.2.3.5 用天平(4.4)称量试样，记此质量为 m_1，精确到 0.01 g。

6.2.4 渗水量：如果需要测定规定时间 t_4 内透过试样的水量，按以下步骤进行试验。

6.2.4.1 用天平(4.4)称量一片吸水材料(4.6)，记录此质量为 m_2，精确到 0.01 g。

6.2.4.2 然后按 6.2.2 步骤进行试验。

6.2.4.3 当初始渗透产生后将这片吸水材料(6.2.4.1)放到试样的槽内。

6.2.4.4 继续试验直至达到规定的总时间，从时间 t_0 到规定时间 t_4。

6.2.4.5 从试样槽内取出吸水材料并用它吸掉试样内部透过的额外的水分。

6.2.4.6 称量从 6.2.4.5 中取出的吸水材料，记录此质量为 m_3，精确到 0.01 g。

7 结果表示

7.1 硬度

7.1.1 使用式(1)计算 6.2.1.6 和 6.2.1.7 记录的圆柱体间的两个力的算术平均值：

$$F_a = \frac{F_1 + F_2}{2} \qquad \cdots\cdots(1)$$

式中：

F_1——6.2.1.6 中记录的圆柱体间力值，单位为牛顿(N)；

F_2——6.2.1.7 中记录的圆柱体间力值，单位为牛顿(N)。

7.1.2 使用式(2)计算 6.2.1.6、6.2.1.7 和 6.2.1.10 中记录的圆柱体间的三个力值的算术平均值：

$$F_b = \frac{F_1 + F_2 + F_3}{3} \qquad \cdots\cdots(2)$$

式中：

F_1——步骤 6.2.1.6 中记录的圆柱体间力值，单位为牛顿(N)；

F_2——步骤 6.2.1.7 中记录的圆柱体间力值，单位为牛顿(N)；

F_3——步骤 6.2.1.10 中记录的圆柱体间力值，单位为牛顿(N)。

7.2 吸水率

对于每个试样，使用式(3)计算其在时间 t_3 内吸收水分的质量与试样原始质量的百分比 W_A：

$$W_A = \frac{m_1 - m_0}{m_0} \times 100 \qquad \cdots\cdots(3)$$

式中：

m_0——6.2.3.1 中测定的质量，单位为克(g)；

m_1——6.2.3.5 中测定的质量，单位为克(g)。

7.3 渗水量

使用式(4)计算每个试样在时间 t_4 内透水量 m_T，单位为克：

$$m_T = m_3 - m_2 \quad \cdots\cdots (4)$$

式中：

m_3——6.2.4.1 中测定的质量，单位为克(g)；

m_2——6.2.4.6 中测定的质量，单位为克(g)。

8 试验报告

试验报告应包括以下内容：

a) 对于每个试样的试验报告：

——试验方向；

——6.2.2.14 中记录初始水分渗透发生的时间；

——如有需要：

7.2 中计算的在规定时间 t_3 内的吸水率；

7.3 中计算的在规定时间 t_4 内的透水量，单位为克(g)。

b) 材料的描述，包括商业信息(货号等)和行程。

c) 本试验方法的标准编号。

d) 试验日期。

e) 与本试验方法的任何偏差，如没有打磨(5.3)。

STANDARDS PRESS OF CHINA

ICS 61.060
Y 78

中华人民共和国国家标准

GB/T 3903.18—2008/ISO 17703:2003

鞋类 帮面试验方法 高温性能

Footwear—Test methods for uppers—High temperature behaviour

(ISO 17703:2003,IDT)

2008-06-18 发布 2009-05-01 实施

中华人民共和国国家质量监督检验检疫总局
中国国家标准化管理委员会 发布

前言

GB/T 3903 的本部分等同采用国际标准 ISO 17703:2003《鞋类　帮面试验方法　高温性能》(英文版),技术内容完全一致,仅作如下编辑性修改:

a) "本欧洲标准"一词改为"GB/T 3903 的本部分";

b) 用小数点"."代替作为小数点的逗号",";

c) 删除国际标准的前言;

d) 删除国际标准的目录;

e) 对于 ISO 17703:2003 中所引用的欧盟标准 EN 12222,本部分直接引用与之相对应的国家标准;

f) 因为 EN 13522 已正式出版,标准编号为 EN 13522:2001,相应的国际标准编号为 ISO 17706:2003,因此在第 2 章中将 prEN 13522 改为 ISO 17706;

g) 删除国际标准的附录;

h) 删去国际标准的参考文献。

本部分由中国轻工业联合会提出。

本部分由全国制鞋标准化技术委员会归口。

本部分起草单位:中国皮革和制鞋工业研究院、中华人民共和国莆田出入境检验检疫局。

本部分主要起草人:张伟娟、闫宏伟、田旺、林伟、唐振华、傅以忠。

鞋类　帮面试验方法　高温性能

1　范围

GB/T 3903 的本部分规定了帮面或成型帮面在高温作用下抗张强度变化率的试验方法，目的是评估其最终用途的适宜性。

本部分适用于各种材料的鞋类帮面。

2　规范性引用文件

下列文件中的条款通过 GB/T 3903 的本部分的引用而成为本部分的条款。凡是注日期的引用文件，其随后所有的修改单(不包括勘误的内容)或修订版均不适用于本部分，然而，鼓励根据本部分达成协议的各方研究是否可使用这些文件的最新版本。凡是不注日期的引用文件，其最新版本适用于本部分。

GB/T 22049　鞋类　鞋类和鞋类部件环境调节和试验用标准环境(GB/T 22049—2008，ISO 18454:2001，IDT)

ISO 17706　鞋类　帮面试验方法　抗张强度和伸长率

3　术语和定义

下列术语和定义适用于 GB/T 3903 的本部分。

3.1

高温性能　high temperature behaviour

在高温作用下材料抗张强度的变化率，特别适用于硫化鞋类所用材料。

3.2

帮面　upper

鞋类外表面材料，与成型外底结合，覆盖脚背。对于靴类产品，帮面还包括包裹腿的外面部分。只包括可见的材料，不考虑衬里等不可见材料。

3.3

成型帮面　complete upper assembly

通过适当的方法，对帮面进行缝线、粘合或层压组合装配而成，包括中间材料和所有衬里连同衬料、胶粘剂、覆膜以及补强材料，但不包括主跟和包头。

注：成型帮面包括未绷帮和已绷帮的帮面。

4　试验设备和材料

使用以下设备和材料：

4.1　快速作用的压盘

4.1.1　在 160 mm×25 mm 面积上能施加 1 000 kPa±50 kPa 的压强。

4.1.2　压盘的上下表面为光滑的金属平面。

4.1.3　上下压盘能够保持按表 1 规定的温度。

表 1 模拟模压橡胶的压盘温度和受压时间的建议

应用范围	上压盘温度/℃	下压盘温度/℃	受压时间/min
未加热的楦	105±5	85±5	12.0±0.5
加热过的楦	180±5	110±5	8.0±0.5

4.2 温度计

测定压盘表面的温度，精确到1℃。

注：表面安装热电偶和温度数显计是合适的。

5 取样和环境调节

按 ISO 17706 的规定取样。

注：可从帮面材料、成型帮面或成鞋上取样。当衬里材料牢固粘合到帮面材料上时，从成型帮面上取样。

6 试验方法

6.1 试验原理

试样放置在两个热且硬的平面间加压至规定时间，按 ISO 17706 的规定测定在高温影响下试样的抗张强度和伸长率的变化率。

6.2 步骤

6.2.1 按表 1 规定的要求调节压盘(4.1.2)的温度。

6.2.2 将一个试样放置在压盘中(4.1)，在成鞋中靠近足部的面朝下。立即合上压盘，向矩形材料施加 1 000 kPa±50 kPa 的压强至表 1 规定的时间。

6.2.3 其他试样重复 6.2.2 步骤。

6.2.4 将试样放置在 GB/T 22049 规定的标准环境中，时间至少 72 h。

6.2.5 按 ISO 17706 规定的试验步骤测定试样的平均抗张强度和断裂伸长率。

7 结果表示

抗张强度和断裂伸长率的变化率 A 按式(1)进行计算：

$$A = \frac{\overline{x_a} - \overline{x_0}}{\overline{x_0}} \times 100\% \qquad (1)$$

式中：

$\overline{x_0}$——热处理前的拉伸性能平均值；

$\overline{x_a}$——热处理后的拉伸性能平均值。

8 试验报告

试验报告包括以下内容：

a) 对于每个试验采用热处理的条件：

——压盘温度，单位为℃；受压时间，单位为 min；

——按 6.2.5 的规定，测定的试样每个试验方向热处理前后的平均抗张强度，单位为 N/mm；平均断裂伸长率，以%表示；以及两项性能的变化率。

b) 材料的描述，包括商业信息(货号等)。

c) 衬里或其他补强材料的描述。

d) 本试验方法的标准编号。

e) 试验日期。

f) 与本试验方法的任何偏差。

ICS 61.060
Y 78

中华人民共和国国家标准

GB/T 3903.19—2008/ISO 22775:2004

鞋类　金属附件试验方法　耐腐蚀性

Footwear—Test methods for accessories: Metallic accessories—Corrosion resistance

(ISO 22775:2004,IDT)

2008-06-18 发布　　2009-05-01 实施

中华人民共和国国家质量监督检验检疫总局
中国国家标准化管理委员会　发布

前　言

GB/T 3903的本部分等同采用国际标准ISO 22775:2004《鞋类　金属附件试验方法　耐腐蚀性》(英文版),技术内容完全一致,仅作如下编辑性修改:

a) “本欧洲标准”一词改为“GB/T 3903的本部分”;

b) 删除国际标准的前言;

c) 删除国际标准的目录;

d) 将浓度单位“g/dm^3”改为“g/L”。

本部分由中国轻工业联合会提出。

本部分由全国制鞋标准化技术委员会归口。

本部分起草单位:中国皮革和制鞋工业研究院、康奈集团有限公司。

本部分主要起草人:张伟娟、戴金清。

鞋类　金属附件试验方法　耐腐蚀性

警告:使用GB/T 3903的本部分的人员应有正规实验室工作的实践经验。本部分并未指出所有可能的安全问题。使用者有责任采取适当的安全和健康措施,并保证符合有关法规规定的条件。

1　范围

GB/T 3903的本部分规定了金属表面由于空气而引起感官上的改变(方法1:硫化氢锈蚀试验),或者是由于盐水作用而引起的腐蚀(方法2:盐水腐蚀试验)倾向的试验方法。

本部分适用于各类鞋类金属附件。

2　术语和定义

下列术语和定义适用于GB/T 3903的本部分。

2.1

耐腐蚀性　corrosion resistance

金属表面不会由于空气或盐水作用而发生改变的性能。

3　试验原理

3.1　方法1

试样在含低浓度的硫化氢气体的潮湿空气中放置1 h后,感官评定此试样颜色改变程度。

3.2　方法2

将细棉布条在氯化钠溶液中浸泡至饱和,然后缠绕在试样上,将其放在密封袋中在室温下放置24 h。感官评定试样的腐蚀程度和细棉布的受污染程度。

4　试验设备、材料和试剂

4.1　方法1

4.1.1　基普发生器或其他硫化氢气体源。

安全须知:由于硫化氢气体具有剧毒性,此设备应由专业人员操作使用。

4.1.2　通风设备:通风橱。

4.1.3　玻璃容器,能够密封,有足够空间放置试样。

4.1.4　玻璃试管,其容量约为玻璃容器(4.1.3)体积的千分之一。

4.1.5　将试样悬挂在玻璃容器(4.1.3)中,气体能在试样的周围自由流动。

注:对于小试样,用缝纫线悬挂即可;对于大试样则要求在试样下面使用塑料支持物。

4.2　方法2

4.2.1　可以密封的聚乙烯(PE)袋,能放置细棉布(4.2.2)和试样。

4.2.2　退浆和漂白的半成品细棉布,面积大约为试样表面面积的5倍。

注:细棉布为细支平织纺织品。

4.2.3　氯化钠溶液,浓度为30 g/L,其用量以能充分浸透细棉布(4.2.2)为宜。

5 试验样品

5.1 方法1和方法2都需要两个试样，一个暴露在反应物中，另一个作为参考试样，以比较暴露试样在感官上的任何损坏和颜色的改变。如果两种方法都要进行，可以使用同一参考试样。

如果每个试验只有一个试样，将此试样剪切成两部分(见注)。将认为耐腐蚀性最差的部分暴露在反应物中。如果不能剪切试样，在试验前记录试样的瑕疵、痕迹和整体外观等细节。

注：允许对认为在完整部件中耐腐蚀和锈蚀最差的部位进行试验，如果：

——方法1：完整部件相对于容器(4.1.3)来说太大；

——方法2：完整部件相对于袋子(4.2.1)来说太大。

5.2 从部件上剪切合适尺寸的试样。剪切部位应为部件中耐腐蚀性最差的部位。

5.3 将部件中要暴露在反应物中的剪切边缘用环氧树脂密封，在试验前树脂至少进行24 h的硬化。

6 环境调节

试验前试样不需要进行环境调节，试验也不需要在标准环境中进行。

7 试验步骤

7.1 方法1

7.1.1 玻璃试管(4.1.4)装满水，然后将水倒入玻璃容器(4.1.3)中。

7.1.2 将玻璃容器密封，至少放置1 h，使玻璃容器内的湿度升高后稳定。

7.1.3 打开玻璃容器，放入一个试样，使用缝纫线或者是塑料支持物(4.1.5)来悬挂或支持试样，使之不与容器壁或水接触。

7.1.4 干燥玻璃试管，使之充满硫化氢气体(4.1.1)，密封玻璃试管。

安全须知：硫化氢气体是剧毒气体，气味难闻。特别注意不要吸入此气体，试验应在通风橱中进行。

7.1.5 玻璃试管的密封塞打开的同时将试管放入玻璃容器中。立即将玻璃容器密封。

7.1.6 在60 min±5 min后将试样从容器中取出。

7.1.7 两个试样，一个暴露在硫化氢气体中，一个没有。将两者并排放在光线充足但不直接照射的地方。

7.1.8 从各个角度比较两个试样在感官上的不同，按8.1的规定对两者的差异进行定级。

注1：感官评定经处理和未经处理的试样。

注2：在本试验中评定试样的任何损坏(或改变)是十分主观的过程。因此尽可能地知道材料的预计用途并在最终的试验报告中详细描述试样所发生的损坏。强烈推荐由多人(最少三人)进行评定工作。

注3：在本试验中镀镍材料性能可能表现相对较差。如果试样变化均匀，则忽略其颜色变化。

7.2 方法2

7.2.1 在室温下用氯化钠溶液(4.2.3)将细棉布(4.2.2)浸泡至饱和。

7.2.2 用浸泡过的细棉布轻轻包裹试样，以保证细棉布和试样的接触面积最大。

7.2.3 将细棉布包裹的试样放入袋(4.2.1)中。袋封闭时不用将袋中的空气赶出，以使袋有一定程度的膨胀。

7.2.4 将袋在室温下放置24 h±1 h。把细棉布包裹的试样从袋中取出，取下试样上的细棉布。

7.2.5 用流动的自来水对试样和细棉布进行充分洗涤，然后将两者干燥。

7.2.6 把细棉布和两个试样(一个在氯化钠溶液中，一个没有)并排放在光线充足不直射的地方。

7.2.7 从各个角度比较两个试样在感官上的不同(见7.1.8中的注)，按8.2规定对两者的差异进行定级。同时记录细棉布的任何受污染情况。强烈推荐由多人(最少三人)进行评定工作。

8 计算和试验结果表达

8.1 方法1

比较暴露在硫化氢气体中的试样和参考试样的差异,采用以下等级:

5——没有改变;

4——发生均匀的轻微改变;

3——发生弱斑状改变;

2——明显改变;

1——严重改变。

8.2 方法2

比较在氯化钠溶液中的试样和参考试样的差异,采用以下等级:

5——没有改变;

4——发生均匀的轻微改变;

3——发生弱斑状改变或轻微腐蚀;

2——明显改变或明显腐蚀;

1——严重改变(颜色改变或腐蚀)。

9 试验报告

试验报告应包括以下部分:

a) 本部分编号;

b) 使用的试验方法[方法1(硫化氢锈蚀试验)或方法2(氯化钠溶液腐蚀试验)];

c) 对试样及其成分的详细描述,包括货号、颜色、材质等;

d) 按8.1或8.2规定给试样的颜色改变或腐蚀的定级和进行评定的人数;

e) 对于方法2,细棉布的任何受污染情况;

f) 与本试验的任何偏差和可能影响到试验结果的情况;

g) 试验日期。

STANDARDS PRESS OF CHINA

ICS 61.060
Y 78

中华人民共和国国家标准

GB/T 3903.20—2008/ISO 22777:2004

鞋类　粘扣带试验方法
反复开合前后的剥离强度

Footwear—Test methods for accessories: Touch and close fasteners—Peel strength before and after repeated closing

(ISO 22777:2004,IDT)

2008-06-18 发布　　2009-05-01 实施

中华人民共和国国家质量监督检验检疫总局
中国国家标准化管理委员会　发布

前　言

GB/T 3903的本部分等同采用国际标准ISO 22777:2004《鞋类　粘扣带试验方法　反复开合前后的剥离强度》(英文版),技术内容完全相同,仅作如下编辑性修改:

a) "本欧洲标准"一词改为"GB/T 3903的本部分";

b) 用小数点"."代替作为小数点的逗号",";

c) 删除国际标准的前言;

d) 删除国际标准的目录;

e) 对于ISO 22777:2004中所引用的欧盟标准,本部分直接引用与之相对应的国家标准;

f) 删除国际标准的附录。

本标准由中国轻工业联合会提出。

本标准由全国制鞋标准化技术委员会归口。

本标准起草单位:中华人民共和国莆田出入境检验检疫局、中国皮革和制鞋工业研究院。

本标准主要起草人:林伟、傅以忠、陈学灿、唐振华、张伟娟、闫宏伟、田旺。

鞋类　粘扣带试验方法
反复开合前后的剥离强度

1　范围

GB/T 3903 的本部分规定了粘扣带反复开合前后剥离强度的试验方法。

本部分适用于各种鞋类粘扣带。

2　规范性引用文件

下列文件中的条款通过 GB/T 3903 的本部分的引用而成为本部分的条款。凡是注日期的引用文件，其随后所有的修改单(不包括勘误的内容)或修订版均不适用于本部分，然而，鼓励根据本部分达成协议的各方研究是否可使用这些文件的最新版本。凡是不注日期的引用文件，其最新版本适用于本部分。

GB/T 16825.1—2002　静力单轴试验机的检验　第1部分:拉力和(或)压力试验机测力系统的检验与校准(ISO 7500-1:1999,IDT)

GB/T 22049　鞋类　鞋类和鞋类部件环境调节及试验用标准环境(GB/T 22049—2008,ISO 18454:2001,IDT)

EN 12240　粘扣带　带子全宽及有效宽度和有效粘合宽度的测量

3　术语和定义

下列术语和定义适用于 GB/T 3903 的本部分。

3.1

剥离强度　peel strength

在规定试验条件下，从一端将粘合粘扣带分开，单位有效宽度所需的力。

3.2

有效宽度　effective width

垂直粘扣带长边的宽度，不包括基边。

4　试验原理

4.1　剥离强度

在规定条件下将粘扣带的钩面和圈面压在一起，用拉力试验机从粘扣带任一端沿着长度方向剥开所需的平均力值，然后将粘扣带钩面或圈面进行 180°的反转，重复此步骤。

4.2　反复开合后的剥离强度

使用机器对粘扣带进行规定次数的开合，然后按 4.1 测量粘扣带的剥离强度。

5　试验设备

5.1　拉力机

符合 GB/T 16825.1 中 2 级的要求，最大示值相对误差大于 2%。满足以下要求:

5.1.1　夹具钳的移动速度为(100±10)mm/min。

5.1.2　试验过程中连续记录力。

5.2 滚筒

滚筒(见图1),直径为(100±5)mm,能够对试样每毫米宽度施加(1.0±0.1)N的力,使粘扣带在标准压力下粘合。

单位为毫米

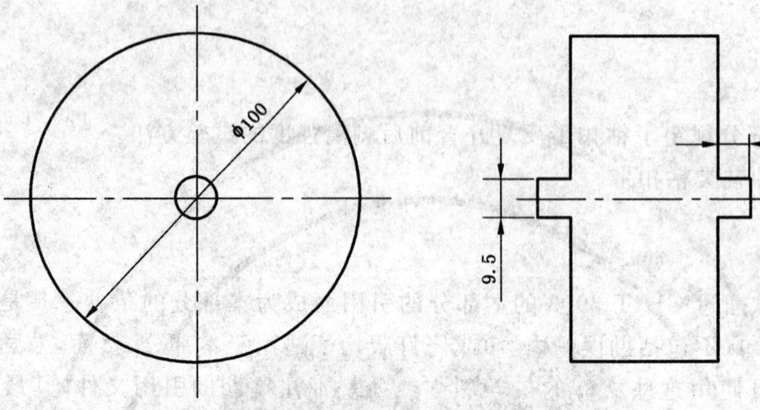

图1 滚筒

5.3 叉

带手柄的叉(见图2),用其移动滚筒(5.2),不会向滚筒施加任何额外向下的力(见图3)。

单位为毫米

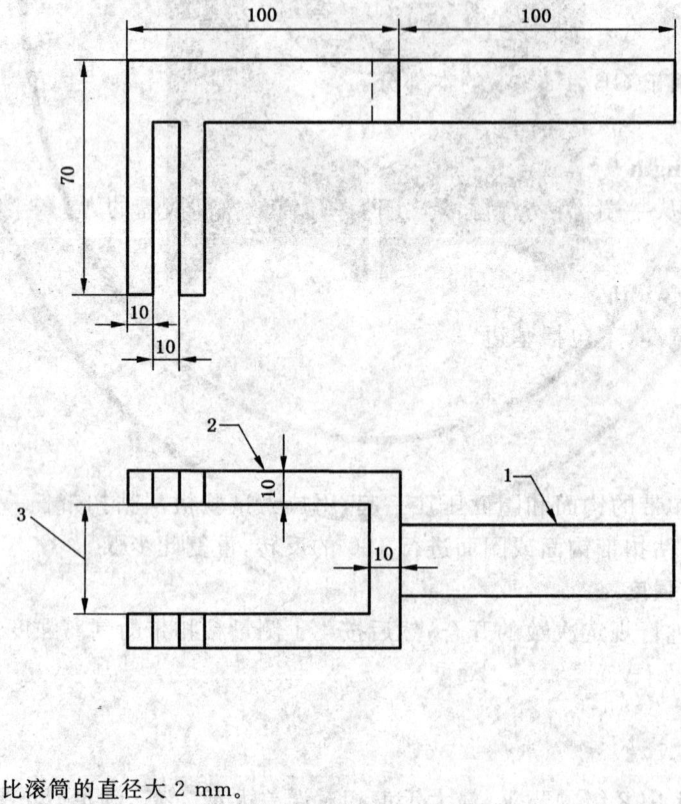

1——手柄;

2——叉形支架;

3——叉间的间距,比滚筒的直径大2 mm。

图2 具有手柄的叉

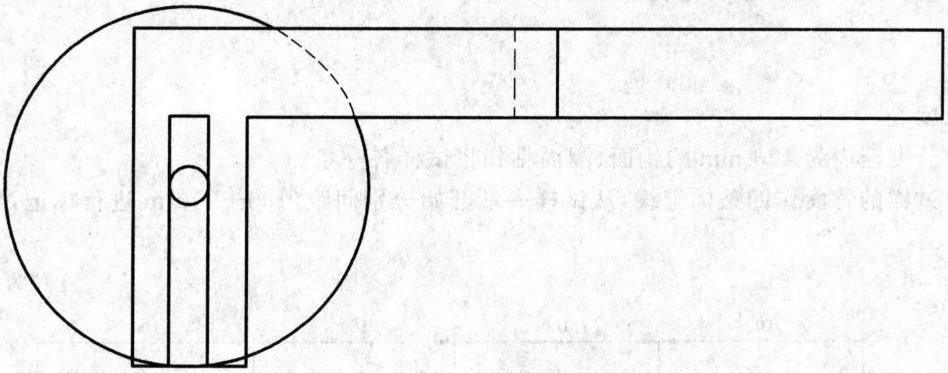

图 3　碾压粘扣带的装置

5.4　粘扣带反复开合试验机

5.4.1　两个宽度至少为 70 mm 的圆形转轮，一个直径为(160.0±0.5)mm，另一个直径为(162.5±0.5)mm，每个转轮在其宽度方向上有一长度为(55±2)mm 的切槽，用以固定粘扣带。两个转轮相互挨靠安装，且轴线相互平行。

5.4.2　小直径转轮的旋转速率为(60±5)r/min，每(30±5)s 反转。大直径转轮通过试样与小直径转轮的物理接触受到驱动，从而自由旋转。

5.4.3　两个转轮对试样每毫米宽度上施加(1.0±0.1)N 的力(见图 4)。

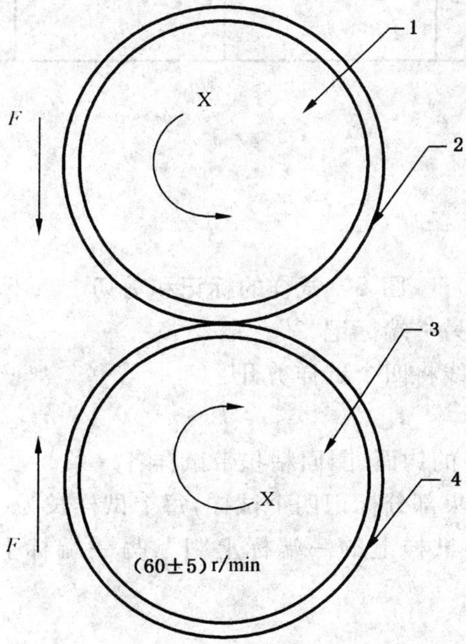

1——从动轮(直径为 162.5 mm±0.5 mm)；

2——钩面；

3——主动轮(直径为 160 mm±0.5 mm)；

4——圈面；

F——转轮间作用力＝1 N×每 1 mm 有效宽度；

X——转轮。

图 4　粘扣带反复开合试验机

5.4.4 不计旋转方向，记录小转轮旋转总转数。

6 试样

6.1 剥离强度

6.1.1 切取长度至少为 420 mm 的钩面、圈面粘扣带试样各一条。

6.1.2 每个试样的背面作四条标记线，从试样一端开始分别间距(100±5)mm 进行标记，见图 5，确定四个试样。

单位为毫米

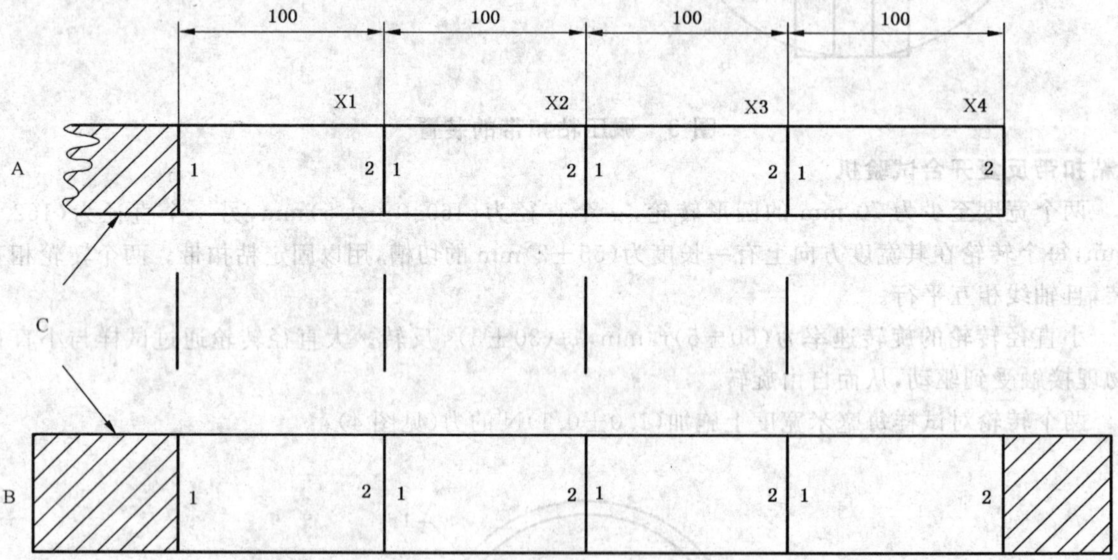

A——钩面粘扣带；
B——圈面粘扣带；
C——剩余粘扣带；
X——试样。

图 5 试样的标记和剪切

6.1.3 每个试样的一端标记“1”，另一端标记“2”。

6.1.4 沿着 6.1.2 中所作的标记线将四个试样剪开。

6.2 反复开合后的剥离强度

6.2.1 切取长度为(540±10)mm 的钩面、圈面粘扣带试样各一条。

6.2.2 在钩面和圈面粘扣带的中央部分标记四个试样，每个试样长为(100±5)mm。

6.2.3 在每个长度为 100 mm 的试样上的一端标上“1”，另一端标上“2”。不要在此步骤中将试样剪开。

7 环境调节

试验前，将试样放置在 GB/T 22049 规定的条件下进行环境调节，时间至少为 24h。试样的粘合和试验也在此环境下进行。

8 试验方法

8.1 剥离强度

8.1.1 按 EN 12240 的规定测量钩面粘扣带和圈面粘扣带(6.1.1)的有效宽度(3.2)，精确到 0.5 mm，取两个宽度值中较小值作为粘合粘扣带的宽度。

8.1.2　将从圈面粘扣带上切取的四个试样放在水平面上，绒毛朝上。

8.1.3　将从钩面上切取的四个试样逐个轻放在圈面粘扣带试样上(见图 6)，使：

——两个粘扣带粘合在一起，钩面和圈面粘扣带标记“1”端(见 6.1.3)粘合：A 型粘合；

——两个粘扣带粘合在一起，钩面粘扣带标记“1”和圈面粘扣带标记“2” 端(见 6.1.3)粘合：B 型粘合。

A——A 型；

B——B 型；

C——钩面；

D——圈面。

注：* 表示从此端剥离。

图 6　剥离粘合粘扣带类型

8.1.4　使粘扣带粘合牢固。

8.1.4.1　调节滚筒装置(5.2)使其向粘扣带有效宽度(粘扣带的有效宽度按 8.1.1 测量，单位为 mm)上施加力，单位为 N，数值为 1.0 N±0.1 N。

8.1.4.2　用滚筒(5.2)横压整个粘合粘扣带(8.1.3)。

8.1.4.3　将粘扣带反转，重复 8.1.4.2 步骤。

8.1.4.4　重复 8.1.4.2 和 8.1.4.3 步骤 4 次，这样粘扣带被滚筒总共横压 10 次。

8.1.5　将一个 A 型粘合试样和一个 B 型粘合试样从钩面上标“1”端进行部分剥离(8.1.3)，将剩余的 A 型和 B 型粘合试样从钩面上标“2”端进行部分剥离(8.1.3)。在所有的剥离中，剥离的长度不得超过 40 mm。

8.1.6　将粘合试样的已剥离自由两端分别夹持到拉力试验机(5.1)的上下夹具钳上，保证试样长边与机器的轴线平行。

8.1.7　启动拉力试验机的记录系统。

8.1.8　开动拉力试验机，夹具钳的移动速度为(100±10)mm/min，使剥离长度至少 50 mm。

8.1.9　关闭记录系统(5.1.3)。

8.1.10　另外 3 组试样重复 8.1.6～8.1.9 步骤。

8.1.11　同一试样按 8.1.2～8.1.10 的试验步骤重复试验三次，4 个粘合粘扣带每个产生 3 个试验结果。共产生 12 个结果。

8.1.12　由记录系统的 12 个力值曲线图测定剥离力的平均值，单位为 N。

注：剥离力的平均值可以通过视觉从力-位移图上比较其面积的大小得出。在剥离力曲线图上画一条水平线，线和力-位移图形的上曲线所构成的面积与线与下曲线所构成的面积相等，此线就是平均剥离力。

STANDARDS PRESS OF CHINA

8.2 反复开合后的剥离强度

8.2.1 按 8.1.1 测定粘扣带的有效宽度。

8.2.2 将圈面粘扣带(6.2.1)缠绕在直径较小的转轮(5.4.1)上,背面挨着轮,粘扣带的自由端塞入转轮的切槽中固定。

8.2.3 将钩面粘扣带(6.2.1)缠绕在直径较大的转轮(5.4.1)上,背面挨着轮,粘扣带的自由端塞入转轮的切槽中固定。

8.2.4 将两个转轮放在一起,钩面和圈面粘扣带粘合,转轮间对粘扣带的有效宽度(单位为 mm)施加作用力,单位为 N,数值为 1.0 N±0.1 N。

8.2.5 小转轮的转动速率为(60±5) r/min,转数为 5 000 r。

8.2.6 把钩面、圈面粘扣带从转轮上取下,按图 5 所示将粘合扣带剪切成 4 个试样。

8.2.7 进行 8.1.2～8.1.12 的试验步骤,测出粘合粘扣带在反复开合后的剥离强度。

9 计算和试验结果表达

9.1 剥离强度

9.1.1 8.1.12 中得到的 12 个平均剥离力,单位为 N,每个平均剥离力除以 8.1.1 中测量的粘扣带的有效宽度,得到每个试样的平均剥离强度,单位为 N/mm。

9.1.2 计算 3 个平均剥离强度的算术平均值,单位为 N/mm,作为四个粘合试样(见 8.1.11)中每个组合粘合粘扣带的平均剥离强度。

9.2 反复开合后的剥离强度

重复 9.1.1～9.1.2 的试验,计算反复开合后的剥离强度。

10 试验报告

试验报告应包括如下内容:

a) 本部分编号;

b) 粘扣带的详细描述,包括货号、颜色及材质等;

c) 9.1.2 中得到的最小平均剥离强度值;

d) 与本试验方法的任何偏差和任何影响试验结果的因素;

e) 试验日期。

ICS 61.060
Y 78

中华人民共和国国家标准

GB/T 3903.21—2008/ISO 22776:2004

鞋类 粘扣带试验方法 反复开合前后的剪切强度

Footwear—Test methods for accessories: Touch and close fasteners—Shear strength before and after repeated closing

(ISO 22776:2004,IDT)

2008-06-18 发布 2009-05-01 实施

中华人民共和国国家质量监督检验检疫总局
中国国家标准化管理委员会 发布

前　言

GB/T 3903 的本部分等同采用国际标准 ISO 22776:2004《鞋类　粘扣带试验方法　反复开合前后的剪切强度》(英文版),技术内容完全相同,仅作如下编辑性修改:

a) “本欧洲标准”一词改为“本部分”;

b) 用小数点“.”代替作为小数点的逗号“,”;

c) 删除国际标准的前言;

d) 删除国际标准的目录;

e) 对于 ISO 22776:2004 中所引用的欧盟标准,本部分直接引用与之相对应的国家标准;

f) 删除国际标准的附录 A。

本部分由中国轻工业联合会提出。

本部分由全国制鞋标准化技术委员会归口。

本部分起草单位:中华人民共和国莆田出入境检验检疫局、中国皮革和制鞋工业研究院。

本部分主要起草人:唐振华、陈勤建、柯家骥、林伟、张伟娟、田旺、陈钊钰。

鞋类　粘扣带试验方法　反复开合前后的剪切强度

1　范围

GB/T 3903 的本部分规定了测定粘扣带反复开合前后剪切强度的试验方法。

本部分适用于各种鞋类粘扣带。

2　规范性引用文件

下列文件中的条款通过 GB/T 3903 的本部分的引用而成为本部分的条款。凡是注日期的引用文件，其随后所有的修改单(不包括勘误的内容)或修订版均不适用于本部分，然而，鼓励根据本部分达成协议的各方研究是否可使用这些文件的最新版本。凡是不注日期的引用文件，其最新版本适用于本部分。

GB/T 16825.1—2002　静力单轴试验机的检验　第1部分：拉力和(或)压力试验机测力系统的检验与校准(ISO 7500-1:1999，IDT)

GB/T 22049　鞋类　鞋类和鞋类部件环境调节及试验用标准环境(GB/T 22049—2008，ISO 18454:2001，IDT)

EN 12240　粘扣带　带子全宽及有效宽度和有效粘合宽度的测量

3　术语和定义

下列术语和定义适用于 GB/T 3903 的本部分。

3.1

纵向剪切强度　longitudinal shear strength

在规定试验条件下，将粘扣带规定粘合区域的每单位有效面积纵向拉开所用的最大力。

3.2

有效宽度　effective width

垂直于粘扣带长边的宽度，不包括基边。

3.3

粘合区域的有效面积　effective area of a closure

粘扣带粘合区域的有效宽度和有效长度的乘积。

4　试验原理

4.1　剪切强度

在粘扣带的粘合区域平面，沿着与粘扣带长边平行的方向，以恒定速度将粘扣带拉开的剪切强度。

4.2　反复开合后的剪切强度

使用机器对粘扣带进行规定次数的开合，然后按 4.1 测定粘扣带的剪切强度。

5　试验设备

5.1　拉力试验机

符合 GB/T 16825.1 中 2 级的要求，最大示值相对误差大于 2%。满足以下要求：

5.1.1　夹具钳的移动速度为(100±10)mm/min。

5.1.2　试验过程中连续记录力。

5.2　滚筒

滚筒(见图1),直径为(100±5)mm,能够对试样每毫米宽度施加(1.0±0.1)N的力,使粘扣带在标准压力下粘合。

单位为毫米

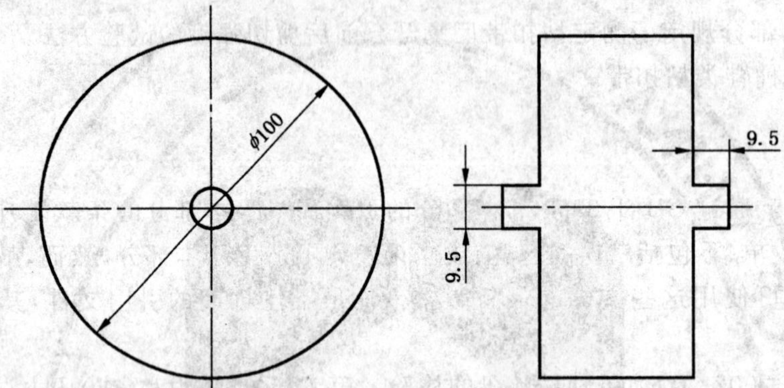

图1　滚筒

5.3　叉

带手柄的叉(见图2),操纵和移动滚筒(5.2),不会向滚筒施加任何额外向下的力(见图3)。

单位为毫米

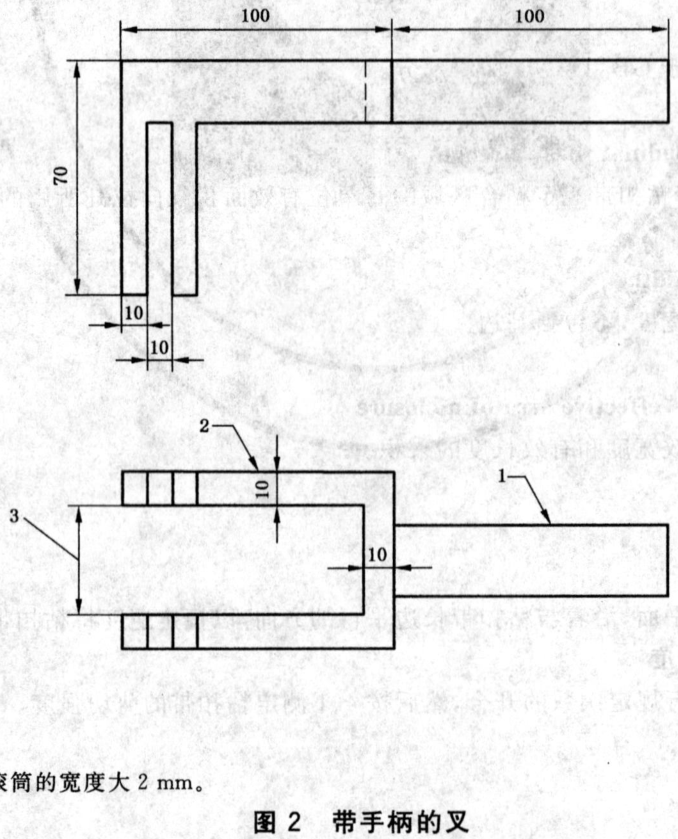

1——手柄;

2——叉形支架;

3——叉齿间距,比滚筒的宽度大2 mm。

图2　带手柄的叉

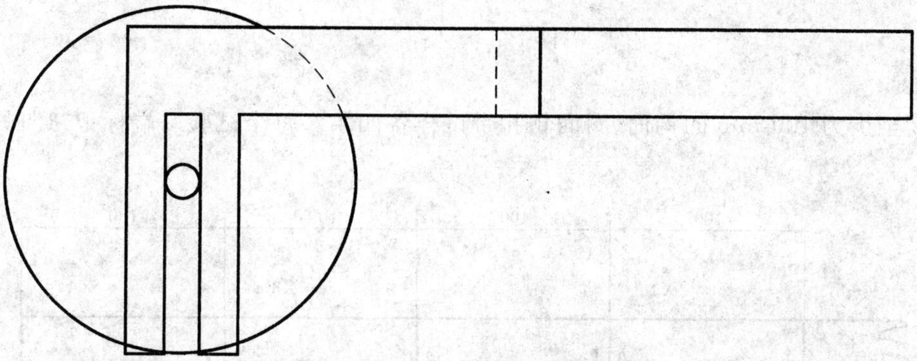

图 3 粘扣带粘合的滚动机械装置

5.4 粘扣带反复开合试验机

5.4.1 两个宽度至少为 70 mm 的圆形转轮，一个直径为(160.0±0.5)mm，另一个直径为(162.5±0.5)mm，每个转轮在其宽度方向上有一长度为(55±2)mm 的切槽，用以固定粘扣带。两个转轮相互挨靠安装，且轴线相互平行。

5.4.2 小直径转轮的旋转速率为(60±5)r/min，每(30±5)s 反转。大直径转轮通过试样与小直径转轮的物理接触受到驱动，从而带动其自然旋转。

5.4.3 两个转轮对试样每毫米宽度施加(1.0±0.1)N 的力(见图 4)。

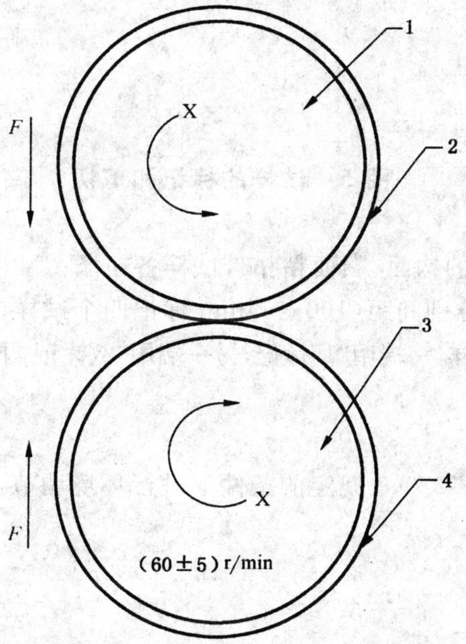

1——从动轮(直径为 162.5 mm±0.5 mm)；
2——钩面；
3——主动轮(直径为 160 mm±0.5mm)；
4——圈面；
F——转轮间作用力=1 N×每 1 mm 有效宽度；
X——转轮。

图 4 粘扣带反复开合试验机

5.4.4 不计旋转方向，记录小转轮旋转总转数。

6 试样

6.1 剪切强度

切取长度至少为 100 mm 的钩面、圈面粘扣带试样各四条。每个试验一端标记“1”，另一端标记“2”（见图 5）。

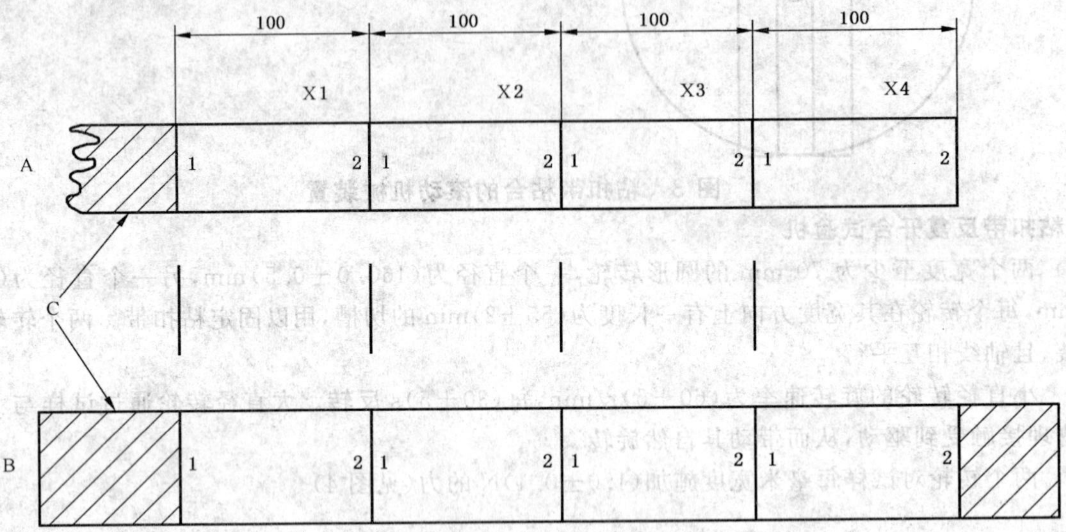

A——钩面粘扣带；

B——圈面粘扣带；

C——剩余粘扣带；

X——试样。

图 5 试样的标记和剪切

6.2 反复开合后的剪切强度

6.2.1 切取长度(540±10)mm 的钩面、圈面粘扣带试样各一条。

6.2.2 在每个粘扣带中央部分分别间距(100±5)mm 标记四个试样。

6.2.3 标记每个 100 mm 长的试样，一端用“1”标记，另一端用“2”标记，不要在本步骤将试样剪开。

7 试样的环境调节

试验前，将试样放置在 GB/T 22049 规定的条件下进行环境调节，时间至少为 24 h。试样的粘合和试验也在此环境下进行。

8 试验方法

8.1 剪切强度

8.1.1 按 EN 12240 的规定测量钩面粘扣带和圈面粘扣带(6.1)的有效宽度(3.2)，精确到 0.5 mm，记为 W_e，取两个宽度值中较小值作为粘合粘扣带的宽度。

8.1.2 粘合(粘合方式见图 6)粘扣带(6.1)如下：

8.1.2.1 选择粘合交迭长度 L_0，要求如下：

——50 mm，纺织钩面和纺织圈面粘扣带粘合(见图 6)；

——20 mm，纺织或蘑菇状编织钩面粘扣带和编织圈面粘扣带粘合；

——20 mm，塑料钩面粘扣带和编织圈面粘扣带粘合；

——50 mm，上面没有列出的其他粘扣带。如果在试验过程中任一粘扣带断裂，粘合交迭长度应缩小到 20 mm。

8.1.2.2 把钩面粘扣带放在一平面上,绒毛朝上,然后用手使用最小的压力将圈面粘扣带绒面向下放在钩面粘扣带上,粘合交迭长度和整体宽度组成粘合区域。

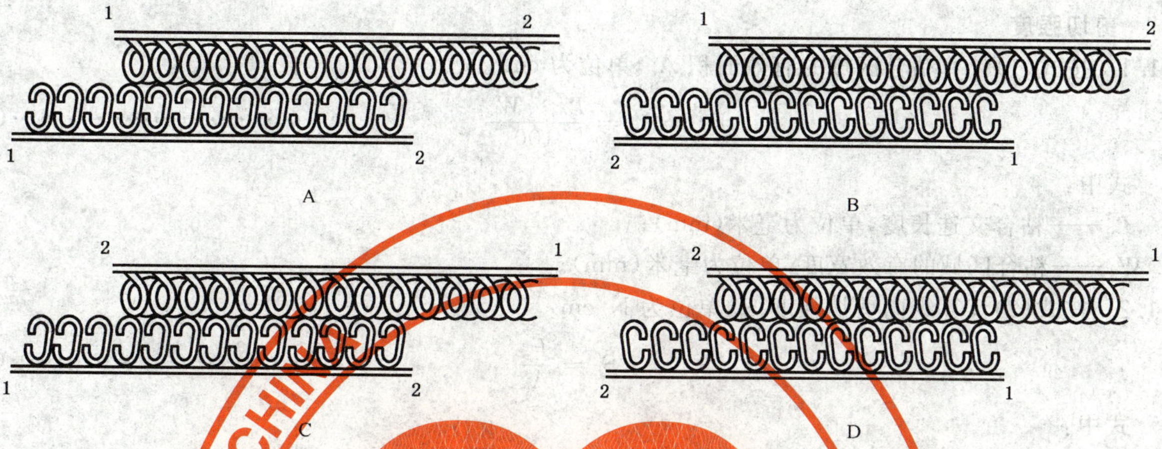

A——类型 A;
B——类型 B;
C——类型 C;
D——类型 D。

图 6 纵向剪切强度试验粘合交迭形式

8.1.3 移动滚筒沿着粘扣带的一个方向横向运动,速度大约为 200 mm/s,然后立即反向运动,再将粘合粘扣带反转。

注:粘扣带反转时使其弯曲程度降到最低。

8.1.4 重复此步骤,直到滚筒在粘合粘扣带的每个方向上都横向运动 5 次,总共 10 次。

注意:在这个过程中滚筒的重心不能偏离粘扣带的中心线,滚筒要覆盖粘合粘扣带的整个宽度范围。

8.1.5 试验按如下进行:

8.1.5.1 开动拉力试验机(5.1),使夹具钳相距 100 mm。

8.1.5.2 将粘合的粘扣带(8.1)安装到拉力机的夹具钳(5.1)中,粘扣带的钩面自由端固定到上夹具钳中,圈面的自由端固定到下夹具钳中。注意试样的夹持,让施加力能够均匀分布在粘合区域的整个宽度上。

8.1.5.3 开动拉力机,夹具钳移动速度为(100±10)mm/min,直到所有粘合区域都被分开或一个粘扣带断裂。记录将粘合粘扣带分开所需的最大力,记为 F_i。如果粘扣带断裂,记录断裂类型。

如果发生断裂,此时应考虑将断裂力作为粘合区域的剪切力。

8.2 反复开合后的剪切强度

8.2.1 按 8.1.1 测定粘扣带的有效宽度。

8.2.2 将圈面粘扣带(6.2)缠绕在直径较小的轮上(5.4.1),背面挨着轮。将粘扣带的自由端塞入轮中的切槽中。

8.2.3 将钩面粘扣带(6.2)缠绕在直径较大的轮上(5.4.1),背面挨着轮。将粘扣带的自由端塞入轮中的切槽中。

8.2.4 将两个轮放在一起,圈面和钩面粘扣带粘合在一起,两个轮对粘扣带有效宽度(单位为 mm)施加力,单位为 N,数值上等于或小于 1 N。

8.2.5 小轮的转动速率为(60±5)r/min,转动 5000 r。

8.2.6 将绒面和齿面粘扣带从轮中取出,把每个粘扣带剪切成 4 个试样,如图 5 所示。

STANDARDS PRESS OF CHINA

8.2.7 进行8.1.1～8.1.4的试验步骤，测定粘扣带在反复开合后的剪切强度。

9 试验结果计算和表达

9.1 剪切强度

9.1.1 按式(1)计算粘合区域的有效面积 A_e，单位为 cm^2。

$$A_e = \frac{L_0 \times W_e}{100} \quad \cdots\cdots(1)$$

式中：

L_0——粘合交迭长度，单位为毫米(mm)；

W_e——粘合区域的有效宽度，单位为毫米(mm)。

9.1.2 按式(2)计算纵向剪切强度 S_i，单位为 N/cm^2。

$$S_i = \frac{F_i}{A_e} \quad \cdots\cdots(2)$$

式中：

F_i——剪切粘合区域的所需的最大力，单位为牛顿(N)；

A_e——粘合区域的有效面积，单位为平方厘米(cm^2)。

9.1.3 记录4个粘合区域的纵向剪切强度的最大和最小值，单位为 N/cm^2。计算4个粘合区域的纵向剪切强度的算术平均值，单位为 N/cm^2。

9.2 反复开合后的剪切强度

在粘扣带反复开合后，重复9.1.1～9.1.3的计算步骤。

10 试验报告

试验报告包括以下内容：

a) 本部分编号；

b) 对粘扣带的详细描述，包括货号、颜色和材质等；

c) 粘合交迭长度(包括反复开合前后的试样)；

d) 4个粘合区域的纵向剪切强度的最大和最小值，4个粘合区域的纵向剪切强度的算术平均值(包括反复开合前后的试样)；

e) 断裂类型(包括反复开合前后的试样)；

f) 与本试验方法的任何偏差和任何影响到本试验结果的情况；

g) 试验日期。

ICS 61.060
Y 78

GB

中华人民共和国国家标准

GB/T 3903.22—2008/ISO 22654:2002

鞋类　外底试验方法
抗张强度和伸长率

Footwear—Test methods for outsoles—
Tensile strength and elongation

(ISO 22654:2002, IDT)

2008-06-18 发布　　　　2009-05-01 实施

中华人民共和国国家质量监督检验检疫总局
中国国家标准化管理委员会　发布

前　言

GB/T 3903的本部分等同采用国际标准ISO 22654:2002《鞋类　外底试验方法　抗张强度和伸长率》(英文版),技术内容完全相同,仅作如下编辑性修改:

a) “本欧洲标准”一词改为“GB/T 3903的本部分”;

b) 用小数点符号“.”代替小数点符号“,”;

c) 删除国际标准的前言;

d) 删除国际标准的目录;

e) 对于ISO 22654:2002中所引用的欧盟标准,本部分直接引用与之相对应的国家标准;

f) 4.3中“拉力试验机符合EN 10002-2的要求,精度为B级”改为“拉力试验机应符合GB/T 16825.1的要求,精度为2级”;

g) 删除国际标准的附录A。

本部分由中国轻工业联合会提出。

本部分由全国制鞋标准化技术委员会归口。

本部分起草单位:中国皮革和制鞋工业研究院、广东省东莞市质量计量监督检测所、成都卡美多鞋业有限公司。

本部分主要起草人:戚晓霞、欧海龙、田旺、冯永刚、刘鹰。

鞋类　外底试验方法 抗张强度和伸长率

1　范围

GB/T 3903的本部分规定了测定鞋类外底抗张强度和伸长率的试验方法。

本部分适用于各种鞋类外底。

2　规范性引用文件

下列文件中的条款通过GB/T 3903的本部分的引用而成为本部分的条款。凡是注日期的引用文件，其随后所有的修改单(不包括勘误的内容)或修订版均不适用于本部分，然而，鼓励根据本部分达成协议的各方研究是否可使用这些文件的最新版本。凡是不注日期的引用文件，其最新版本适用于本部分。

GB/T 16825.1　静力单轴试验机的检验　第1部分：拉力和(或)压力试验机测力系统的检验与校准(GB/T 16825.1—2002,ISO 7500-1:1999,IDT)

GB/T 22049　鞋类　鞋类和鞋类部件环境调节及试验用标准环境(GB/T 22049—2008,ISO 18454:2001,IDT)

GB/T 22050　鞋类　样品和试样的取样位置、准备及环境调节时间(GB/T 22050—2008,ISO 17709:2004,IDT)

ISO 4661-1　硫化橡胶或热塑性橡胶　样品和试样制备　第1部分：物理试验

3　术语和定义

下列术语和定义适用于GB/T 3903的本部分。

3.1

抗张强度　tensile strength

最大力值时的拉伸应力。

3.2

断裂伸长率　elongation at break

试样被拉断时试验长度所增加的长度与原长度的比值。

3.3

规定伸长率的应力　stress at a given elongation

试样达到规定伸长率时所需的应力。

4　设备和材料

应用以下设备和材料：

4.1　刀模和裁刀

使用的刀模和裁刀应符合ISO 4661-1的规定。

制备哑铃状试样的刀模应符合图1和表1的要求。刀模窄部的平行度不应超过0.05 mm。

STANDARDS PRESS OF CHINA

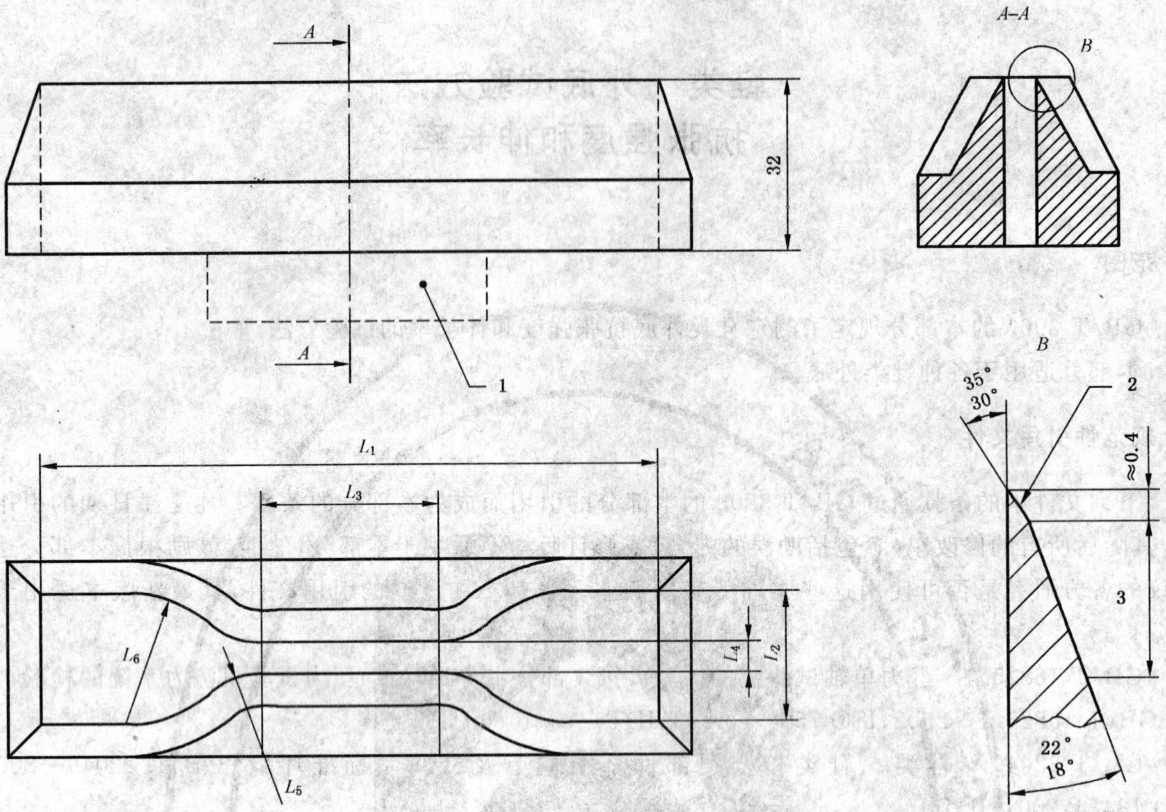

1——与机器装配的型式；

2——抛光；

3——6 mm(研磨)。

注：L_1 到 L_6 各尺寸见表 1。

图 1 哑铃状刀模

表 1 制备哑铃状试样的刀模尺寸

单位为毫米

尺寸	Ⅰ型	Ⅱ型
L_1 总长度(最短)	115	75
L_2 端部宽度	25.0±1.0	12.5±1.0
L_3 窄部长度	33.0±2.0	25.0±1.0
L_4 窄部宽度	$6.0^{+0.4}_{0.0}$	4.0±0.1
L_5 外倒角半径	14.0±1.0	8.0±0.5
L_6 内倒角半径	25.0±2.0	12.5±1.0

4.2 测厚仪

测厚仪有稳固的平台，其压脚具有定重负荷，能施加 10 kPa±3 kPa 的压强。

测厚仪圆形平面压脚的直径为 10.0 mm±0.1 mm。

测厚仪刻度表的分度为 0.01 mm。

4.3 拉力试验机

拉力试验机应符合 GB/T 16825.1 的要求，精度为 2 级，移动速度恒定为 100 mm/min±10 mm/min，能自动记录力值。

5 取样和环境调节

按 GB/T 22050 进行取样。

试验前按 GB/T 22049 对所有试样进行环境调节，时间至少 24 h。

试样厚度应为：

——聚合材料和弹性材料的高密度外底，厚度为 2.0 mm±0.2 mm；

——发泡微孔外底，厚度为 4.0 mm±0.2 mm；

——皮革外底，厚度为外底厚度。

每组试验的试样数量至少为 3 个。应使用合适的剖层机来获得均匀一致的厚度（规格如上）。如果可行，应保留样品光滑的原始“表皮”。这导致 3 种可能的试样类型：

——有 2 个原始“表皮”的样品：S2；

——有 1 个原始“表皮”的样品：S1；

——没有原始“表皮”的样品：S0。

最后的结果应基于同一类型的试样，并在报告中说明。

6 试验方法

6.1 标记试样

如果采用非接触式的测量器，用合适的划线器在试样上划出两条参考标线，以此确定试样的试验长度，如表 2 所示。在试样的窄部标记两条与试样中心等距且和试样轴线垂直的参考标线，如图 2 所示。标记时，试样应处于未拉紧状态。

表 2 哑铃状试样的试验长度

单位为毫米

试样类型	Ⅰ型	Ⅱ型
试验长度 L	25.0±0.5	20.0±0.5

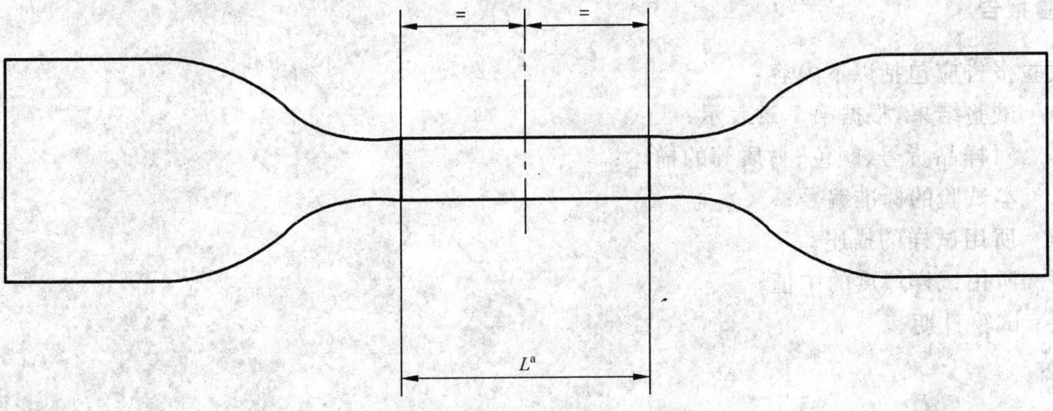

a 试验长度 L 见表 2。

图 2 哑铃状试样的形状

6.2 试样测量

用测厚仪测量试样试验长度（见表 2）的中点和两端的厚度。用三次测量的平均值计算横截面的面积。

6.3 试验步骤

把试样固定在拉力试验机的夹具钳中，保证试样端部的平行部位对称夹紧，使拉力在横截面上为均匀分布。如果有必要，安装测量器。

开动试验机，连续监控两条参考标线间长度的增量和抗张力变化情况。

注：目测时，注意避免因视差而引起的误差。

7 试验结果表达

按式(1)计算抗张强度 S_{tb},单位为兆帕(MPa)。

$$S_{tb}=\frac{F_b}{W\times t} \quad \cdots\cdots(1)$$

式中：

F_b——试样断裂时记录的力值,单位为牛顿(N)；

W——刀模窄部的宽度,单位为毫米(mm)；

t——试样在试验长度内的厚度,单位为毫米(mm)。

按式(2)计算断裂伸长率 E_b,以百分比的形式表示：

$$E_b=\frac{100(L_b-L_0)}{L_0} \quad \cdots\cdots(2)$$

式中：

L_b——试样断裂时的试验长度,单位为毫米(mm)；

L_0——试样的原始试验长度,单位为毫米(mm)。

按式(3)计算规定伸长率下的应力 S_e,单位为兆帕(MPa)。

$$S_e=\frac{F_e}{W\times t} \quad \cdots\cdots(3)$$

式中：

F_e——试样达到规定伸长率时记录的力值,单位为牛顿(N)；

W——刀模窄部的宽度,单位为毫米(mm)；

t——试样在试验长度内的厚度,单位为毫米(mm)。

在所有情况下,均应报告试样所测性能的平均值。

8 试验报告

试验报告应包括以下内容：

a) 试验结果,根据第7章表示；

b) 对样品货号、颜色、材质等的描述；

c) 本试验的标准编号；

d) 所用试样的描述；

e) 所用试样厚度的中值；

f) 试验日期。

参 考 文 献

ISO 37 硫化橡胶或热塑性橡胶 拉力 应变特性的测定

ICS 61.060
Y 78

中华人民共和国国家标准

GB/T 3903.23—2008/ISO 19958:2004

鞋类　鞋跟和跟面试验方法
跟面结合力

Footwear—Test methods for heels and top pieces—
Top piece retention strength

(ISO 19958:2004，IDT)

2008-06-18 发布　　　　2009-05-01 实施

中华人民共和国国家质量监督检验检疫总局
中国国家标准化管理委员会　发布

前　言

GB/T 3903 的本部分等同采用国际标准 ISO 19958:2004《鞋类　鞋跟和跟面试验方法　跟面结合力》(英文版),技术内容完全相同,仅作如下编辑性修改:

a) “本欧洲标准”一词改为“GB/T 3903 的本部分”;

b) 删除国际标准的前言;

c) 删除国际标准的目录;

d) 对于 ISO 19958:2004 中所引用的国际标准,本部分直接引用与之相对应的国家标准;

e) 4.1 中“符合 EN 7500-1 中 2 级要求”改为“符合 GB/T 16825.1 中 2 级要求”。

本部分由中国轻工业联合会提出。

本部分由全国制鞋标准化技术委员会归口。

本部分起草单位:中国皮革和制鞋工业研究院、珂卡芙鞋业有限公司。

本部分主要起草人:戚晓霞、陈钊钰、施国冬。

鞋类 鞋跟和跟面试验方法 跟面结合力

1 范围

GB/T 3903 的本部分规定了测定从鞋跟上将跟面分离所需力的试验方法。

本部分适用于从成鞋上取下的带有跟面的鞋跟、带跟面的单独鞋跟、在一些情况下鞋跟与可插入的单独的跟面。

本部分不适用于钢销加固的细跟和堆跟。

2 规范性引用文件

下列文件中的条款通过 GB/T 3903 的本部分的引用而成为本部分的条款。凡是注日期的引用文件，其随后所有的修改单(不包括勘误的内容)或修订版均不适用于本部分，然而，鼓励根据本部分达成协议的各方研究是否可使用这些文件的最新版本。凡是不注日期的引用文件，其最新版本适用于本部分。

GB/T 16825.1—2002 静力单轴试验机的检验 第1部分：拉力和(或)压力试验机测力系统的检验与校准(ISO 7500-1:1999,IDT)

3 术语和定义

下列术语和定义适用于 GB/T 3903 的本部分。

3.1

跟面结合力 top piece retention strength

将跟面从鞋跟上拔出所需要的最大力，单位为牛顿。

4 试验设备和材料

使用以下试验设备和材料。

4.1 拉力试验机

符合 GB/T 16825.1—2002 中 2 级要求，力值范围为 0～1 000 N，恒定的加载速度为 15 N/s±5 N/s。

如果拉力机的移动速度能设定到规定的加载速度，则可以使用移动速度恒定的拉力试验机。此类试验机在加载时，负荷钳会产生明显的位移(比如摆捶式试验机)。或者如果跟面是使用一根或多根在试验力的范围内具有良好弹性的可延长绳连接到试验机的夹具钳上，并且调节移动速度能得到规定的加载速度时，也可以使用负荷钳位移很小的移动速度恒定的试验机。

4.2 钻

装有合适尺寸的螺旋钻头(见 5.2.1.4 和 5.2.1.5)。

4.3 螺钉

细跟时尺寸为 M_4 和 M_3，长度为 40 mm 或更长，钉头上焊有一个小金属环或圈。如果用矮跟进行试验，则螺钉的长度不应超过 20 mm。

4.4 杆

直径为 2 mm，长度适当。也可以是一根或多根结实的延长绳，比如，尼龙鞋带。

STANDARDS PRESS OF CHINA

5 取样和环境调节

5.1 总则

试样的形状根据鞋跟的高度而变化。对于中高跟,试样形状见图 1,鞋跟用一根延长绳或杆固定。对于跟高低于 20 mm 的鞋跟,延长绳可能会妨碍跟面上的螺钉。在这种情况下,应使用图 2 所示的连接装置。

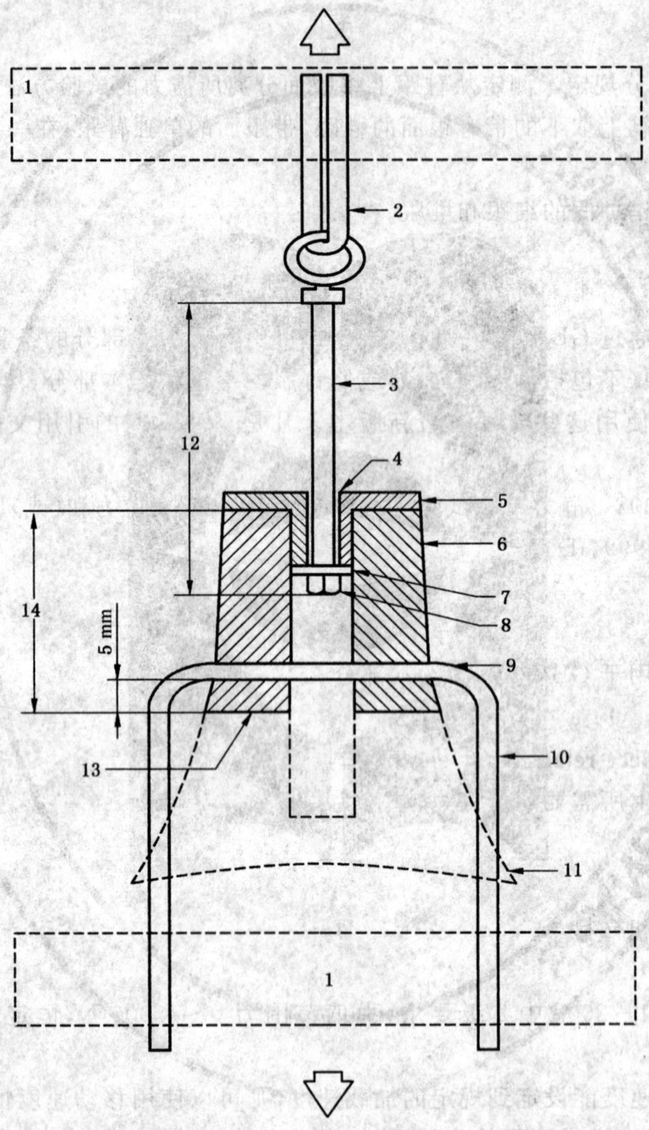

1——夹具钳;
2——连接到上夹具钳中的杆;
3——螺钉;
4——螺钉用跟面钻孔;
5——跟面;
6——鞋跟;
7——垫圈;
8——螺母;
9——杆或绳用钻孔;
10——连接到下夹具钳中的杆或绳;
11——剪切掉试验中不需要的鞋跟部分;
12——至少 40 mm 长;
13——沿着此线剪切鞋跟;
14——大约 30 mm 长。

图 1 中高鞋跟试验时的试验装置和鞋跟内部侧视图

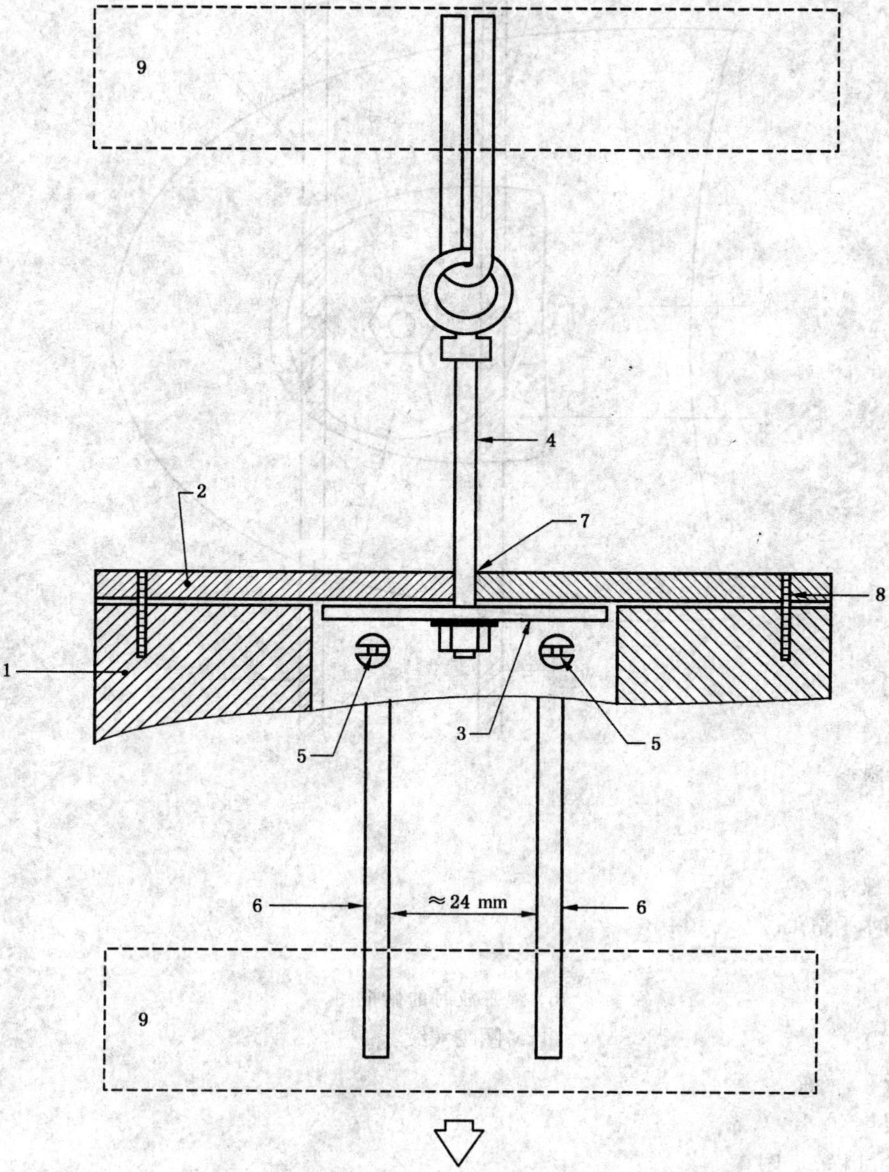

1——塑料鞋跟；

2——跟面；

3——垫圈；

4——螺钉和螺母；

5——绳 F 用水平钻孔；

6——绳；

7——螺钉 D 用钻孔；

8——将跟面固定到鞋跟上的附件，在生产成鞋或鞋跟时安装；

9——夹具钳。

a）试验装配和鞋在鞋跟/包头方向的鞋跟和跟面的侧视图

图 2　矮跟试验

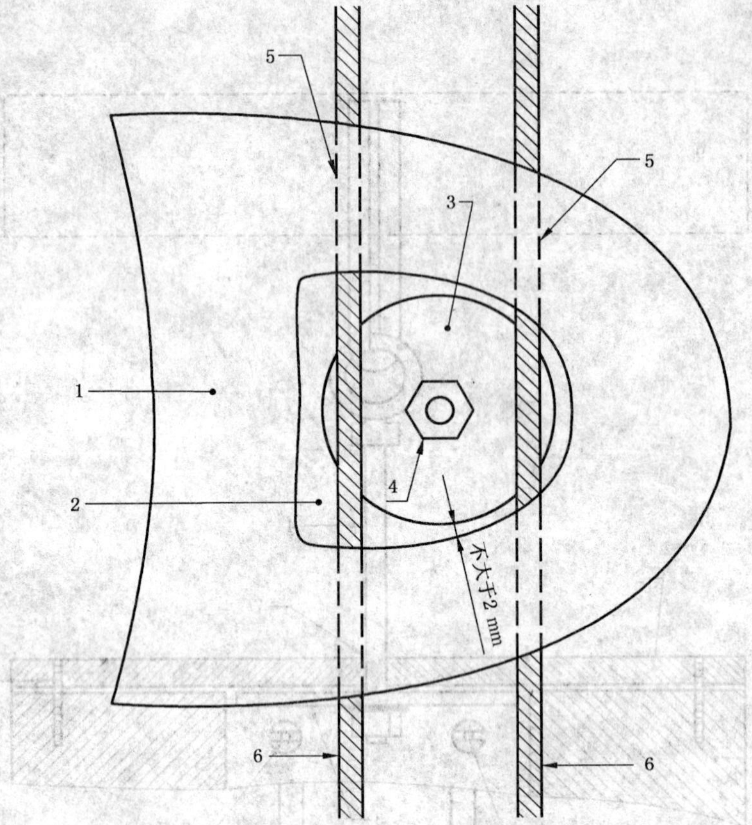

1——塑料鞋跟；

2——跟面；

3——垫圈；

4——螺钉和螺母；

5——绳F用水平钻孔；

6——绳。

b) 绳平放时的俯视图

图2（续）

5.2 试验准备

5.2.1 中高跟

5.2.1.1 准备试样，见图1。

5.2.1.2 如果在实验室中能采用与生产中相同的工艺将跟面与鞋跟固定，可取单独的鞋跟和跟面作为试样。插入式跟面能通过气压完全插入鞋跟，有些插入式跟面要用短钉插入跟面中的成型孔再与鞋跟结合。这也可以在实验室中通过锤打或气压的方式插入，但要使用正确的鞋钉。另外如果实验室用钉与生产用钉相同，跟面也可以使用钉跟机固定到鞋跟上。

跟面的固定可以在5.2.1.3、5.2.1.4和5.2.1.5的准备步骤之前或之后进行。

5.2.1.3 为了在试验操作中能够接触到鞋跟内腔及其内表面或跟面销，在距跟面大约30 mm处，平行于跟面剪切鞋跟的上部分。对于成鞋上的鞋跟，可以直接剪切鞋跟，也可以先拔去鞋跟钉将鞋跟从成鞋上分离后再剪切鞋跟。对于矮跟，只要确保有足够空间放置螺钉(6.2.2)，切面可以与跟面距离20 mm。否则按5.2.2矮跟的试样制备步骤进行制备。在鞋跟有"自动锁紧"("autolock")型跟面结合的情况下，鞋跟没有足够高度的内腔，有必要沿着鞋跟的中心线从剪切面到"自动锁紧"("autolock")孔或鞋跟下部的凹槽钻孔，孔的直径不应小于10 mm。

5.2.1.4 在跟面的中心位置垂直钻孔，所钻孔刚好容纳4.3所述类型的螺钉。

5.2.1.5 距鞋跟剪切面大约 5 mm 处水平从鞋跟的一边到另一边钻孔，见图 1，孔的直径刚好容纳如 4.4 中所述的杆或绳，所钻孔与跟口平行，通过跟面的垂直中心线。

5.2.2 矮跟

5.2.2.1 准备试样，见图 2。当从成鞋上取样时，先拔掉鞋跟钉将鞋跟取下。

5.2.2.2 将鞋跟内腔上的凸起物剪掉，注意不要损坏跟面。

5.2.2.3 从跟面的中心位置垂直钻孔，孔的直径刚好容纳如 4.3 中所述螺钉。

5.2.2.4 从鞋跟的一面到另一面水平钻两个孔，直径刚好容纳 4.4 中所描述的延长绳。孔与跟口平行，距鞋跟/跟面的接触面大约 6 mm，每个孔的中心距跟面的中心线大约 12 mm。

6 试验方法

6.1 试验原理

在跟面的中心位置施加与跟面垂直的持续增长的力，将跟面拔下。首先在跟面上钻孔安装螺钉，螺钉连接到拉力试验机的一个夹具钳上，然后剪切鞋跟进行钻孔以连接到另一个夹具钳上。一般取几个相同的鞋跟进行试验，分别记录各鞋跟的测试结果，最后结果通常取几个结果中的最低值，而非平均值。

6.2 试验步骤

6.2.1 当使用移动速度恒定的拉力试验机时，进行 6.2.2～6.2.5 中规定的前期准备试验，调节移动速度，直到力的施加速度为 15 N/s±5 N/s。对于加载速度恒定的拉力试验机，只需调节到规定值。

6.2.2 如图 1 所示，从跟面外部将螺钉穿过跟面上预先钻好的孔，垫上垫圈并拧上螺母，使螺钉的端头刚刚露出螺母，如果继续拧螺母，螺钉的端头可能会妨碍穿入水平孔中的杆或延长绳。使用的垫圈应尽可能同鞋跟内腔一样大，垫圈与鞋跟内壁之间的最小间隙不应超过 2 mm。

6.2.3 将螺钉连接到拉力试验机的上夹具钳中，可以通过以下方法进行：弯曲成 U 型的焊条穿过螺钉上的环后，焊条的两端夹在拉力机的夹具钳中。

6.2.4 对于中高跟，将杆或绳水平穿过鞋跟中的孔后两端对称地夹在拉力试验机的下夹具钳中（如果使用焊条，可以弯曲焊条，将其两个端头夹持在夹具钳中）。

对于矮跟，在两个水平孔中穿入两根同样的绳后将四个端头对称夹持在夹具钳中，使鞋跟保持水平，试验时也应使鞋跟保持水平（建议使用绳，在矮跟情况下绳比焊条更合适，因为焊条不容易弯曲和夹持，从而鞋跟不容易保持水平）。

6.2.5 开动机器，记录跟面从鞋跟上拔出时的最大力值。对于许多大跟面的矮跟，当一部分跟面被拉出时会出现一个初始峰。记录此值和跟面完全被拉出的最大力值（一些情况下，初始峰力值就是最大力值）。

6.2.6 另五个鞋跟试样重复相同的试验步骤。

7 试验结果表达

对每个鞋跟试样，取将跟面完全从鞋跟分离的最大力值和初始峰力值（如果有），单位为 N。同时描述相应于这些记录力值的跟面和鞋跟破坏的类型和位置。

8 试验报告

试验报告应包括以下内容：

a） 试验结果，按第 7 章表达；

b） 详细描述试样，包括商业货号、颜色、材质等；

c） 本试验方法的标准编号；

d） 试验日期。

ICS 61.060
Y 78

GB

中华人民共和国国家标准

GB/T 3903.24—2008/ISO 19957:2004

鞋类　鞋跟试验方法　持钉力

Footwear—Test methods for heels—Heel pin holding strength

(ISO 19957:2004,IDT)

2008-06-18 发布　　　　2009-05-01 实施

中华人民共和国国家质量监督检验检疫总局
中国国家标准化管理委员会　发布

前　言

GB/T 3903 的本部分等同采用国际标准 ISO 19957:2004(E)《鞋类　鞋跟试验方法　持钉力》及 Cor.1:2005(E),技术内容完全相同,仅作如下编辑性修改:

a) “本欧洲标准”一词改为“GB/T 3903 的本部分”;

b) 用小数点符号“.”代替小数点符号“,”;

c) 删除国际标准的前言;

d) 删除国际标准的目录;

e) 把 ISO 19957:2004 的技术勘误 Cor.1:2005(E)并入本部分中,并用双实线在右侧标记出;

f) 对于 ISO 19957:2004 中所引用的欧盟标准,本部分直接引用与之相对应的国家标准;

g) 4.1 中“符合 EN 7500-1 中 2 级要求”改为“符合 GB/T 16825.1 中 2 级要求”;

h) 为了便于使用,增加附录 A,对标准鞋跟钉的结构及尺寸要求进行了图示。

本部分的附录 A 为资料性附录。

本部分由中国轻工业联合会提出。

本部分由全国制鞋标准化技术委员会归口。

本部分起草单位:中国皮革和制鞋工业研究院、巨康鞋业有限公司。

本部分主要起草人:戚晓霞、陈钊钰、黄秀庄。

鞋类　鞋跟试验方法　持钉力

1　范围

GB/T 3903 的本部分规定了将鞋跟钉从鞋跟中拉出所需力的测定方法。本试验方法使用标准钉和规定的插入方法来测定鞋跟材料的持钉力，本试验方法也可对工业生产的鞋跟钉进行评定。

本部分适用于所有塑料和木制女鞋鞋跟。

不适用于由若干层纤维板或皮革制成的鞋跟和塑料制成的男鞋矮跟的测试。

2　规范性引用文件

下列文件中的条款通过 GB/T 3903 的本部分的引用而成为本部分的条款。凡是注日期的引用文件，其随后所有的修改单(不包括勘误的内容)或修订版均不适用于本部分，然而，鼓励根据本部分达成协议的各方研究是否可使用这些文件的最新版本。凡是不注日期的引用文件，其最新版本适用于本部分。

GB/T 16825.1　静力单轴试验机的检验　第 1 部分：拉力和(或)压力试验机测力系统的检验与校准(GB/T 16825.1—2002，ISO 7500-1:1999，IDT)

3　术语和定义

下列术语和定义适用于 GB/T 3903 的本部分。

3.1

鞋跟持钉力　heel pin holding strength

将标准鞋跟钉从鞋跟材料中拔出所需要的力，除以鞋跟钉在材料中钉入的有效长度，单位为 N/mm。

4　试验设备和材料

使用以下试验设备和材料。

4.1　拉力试验机

符合 GB/T 16825.1 中 2 级要求，力值范围为 0～2 000 N，夹具钳的移动速度为 40 mm/min±10 mm/min。

4.2　小夹具或带槽挂钩：通过可屈挠连接器将其连接到拉力试验机的一个夹具钳上。

4.3　工业用钉跟机。

4.4　标准鞋跟钉(见图 1)，尺寸如下：

a)　长度：18 mm±0.5 mm；

b)　锯齿形钉身直径：最小 1.9 mm；

c)　完整的矩齿形螺纹(矩齿形边与钉轴几乎呈直角)：最少 13 个；

d)　从钉头起第一个矩齿形到钉尖之间的距离：最小 12 mm。

STANDARDS PRESS OF CHINA

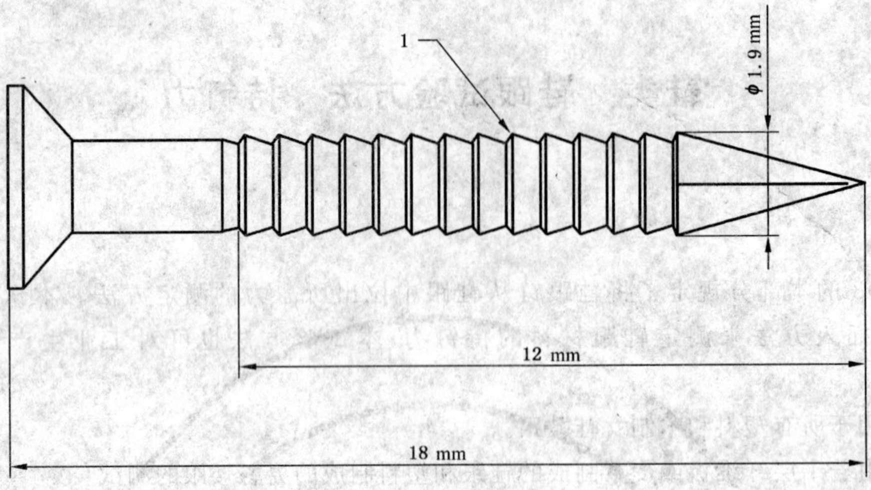

1——至少13个完整的矩齿形螺纹。

图1　标准鞋跟钉

4.5　金属杆。

5　取样和环境调节

5.1　试样数量

为了评定鞋跟材料的持钉力，准备3个鞋跟，每个鞋跟上带有6个已钉入的鞋跟钉，或当鞋跟不能钉6个鞋跟钉时，准备4个鞋跟，每个鞋跟上带有4个已钉入的鞋跟钉。如对已固定到成鞋上的鞋跟进行试验，条件允许时，同样准备3个鞋跟，每个有6个鞋跟钉，或4个鞋跟，每个鞋跟有4个鞋跟钉。

5.2　准备

5.2.1　测定鞋跟材料的持钉力

对每个鞋跟，从2 mm厚的内底前部用纤维板剪切3个直径为45 mm的圆盘。这3个圆盘代替跟部的单层内底，因为在钉入鞋跟钉后更容易移去。

钉跟机上使用支架，钉入6个钉，每排3个共两排(或4个钉，每排2个共两排)。每排中相邻的鞋跟钉相距10 mm。

开动机器，钉入标准鞋跟钉。装上带有6个(或4个)标准鞋跟钉的支架，将叠在一起的3个纤维板中心对称地放置在鞋跟支架上，将鞋跟跟面向上放在纤维板上。

调整机器将鞋跟固定好，钉上鞋跟钉。如果鞋跟钉没有完全透过纤维板，舍去此鞋跟，另取鞋跟重新进行试验。

使用刀或钳子仔细将纤维板逐个移去。当纤维板不够柔软，钳子不压在其他钉上就不能将纤维板拉出时，可以剪切纤维板，以方便取下。

去掉所有的纤维板后，鞋跟钉未钉入鞋跟的长度(包括钉头)应该为5 mm～8 mm。如果长度在此范围之外，舍去此鞋跟，另取一个新鞋跟并且调整机器得到鞋跟钉需要穿透的深度。

5.2.2　整鞋试验

剪切跟座和腰窝部位的帮面，使之与内底相齐，裁断跟口之前的外底。当跟座的纤维板既厚又硬，不能一次将其移去时，可以在边缘处对其剖层，将其一层一层移去。

注：如果鞋跟不是木制的，必要时可以润湿跟座的纤维板帮助剥离。如果鞋跟钉使用了垫圈，可以将其保留而不会影响测试结果。

5.2.3　固定到拉力试验机

对于实验室准备的鞋跟和从成鞋上制备的鞋跟，从鞋跟一侧到另一侧水平钻孔，位置如图2(有6个鞋跟钉的鞋跟的图示)所示，孔的大小能容纳直径为2 mm的杆。当鞋跟后部弧度很大时，为了保证在孔和鞋跟后部之间的鞋跟材料足够结实使试验能够进行，有必要使孔的位置与跟座的距离保持

15 mm～20 mm(而不是图 2 中的 20 mm～25 mm)。在这种情况下,记录孔与跟座之间的距离。当有 4 个鞋跟钉时,在一排中两个鞋跟钉中间与跟座垂直线上钻孔。如果鞋跟用金属销加固,应保证钻孔时避开金属销,特殊情况也可以略微移动钻孔位置。

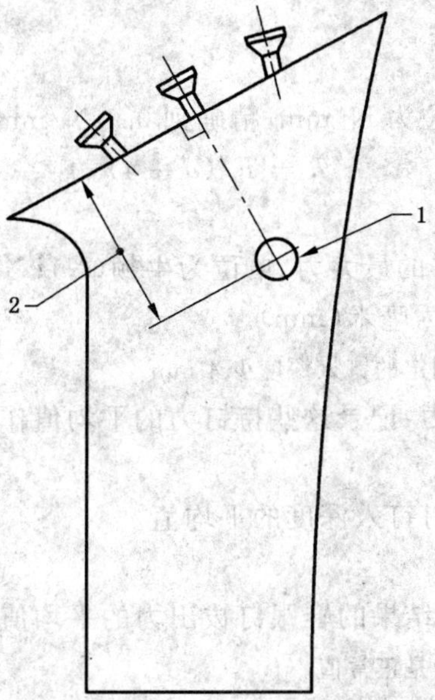

1——刚好容纳 ϕ2 mm 杆的钻孔;

2——距离为 20 mm～25 mm。

图 2 准备的鞋跟

6 试验方法

6.1 试验原理

鞋跟钉钉头和鞋跟分别固定在拉力试验机的两个夹具钳中,施加拉力的方向与钉轴平行,记录将鞋跟钉拔出所需要的最大力。

6.2 试验步骤

6.2.1 将金属杆(4.5)穿入鞋跟上的钻孔,然后将杆的两端对称夹持到拉力试验机(4.1)的夹具钳中,固定鞋跟。要求金属杆材料有足够的拉伸强度,在试验进行时不会断裂。

注:实际操作中,在钻孔中插入刚性杆,在杆的两端连接可屈挠连接器,将连接器夹持到拉力试验机的夹具钳中,或在孔中插入直径为 2 mm 的焊条,将两个端头向下弯曲,夹持在拉力试验机的夹具钳中。

6.2.2 将小夹具或带槽挂钩(4.2)与鞋跟钉钉头固定,然后用可屈挠连接器将其连接到拉力试验机的夹具钳上,保证所施加拉力的方向与钉轴平行。

6.2.3 开动机器,移动速度为 40 mm/min±10 mm/min,记录将鞋跟钉从鞋跟拔出所需要的最大力。标记鞋跟上鞋跟钉的位置并且记录相应的试验结果,以便在检查所有的试验时两者对应。对鞋跟中的另外 5 个(或 3 个)鞋跟钉进行试验,另外 2 个(或 3 个)鞋跟以同样的方式进行试验。

6.2.4 通过插入细丝的方法测定每个孔的深度。夹住细丝与鞋跟表面相齐的位置,将细丝从孔中抽出,测定细丝在孔中的长度,精确到 0.5 mm。记录此长度作为鞋跟钉钉入的深度,记为 d(7.1)。

6.2.5 沿着鞋跟/鞋头的中心线将每个鞋跟垂直切开,可以看到鞋跟钉孔尖周围的塑料。如果鞋跟用金属销加固,将鞋跟垂直剪切两次,两个切面在销的两侧。

6.2.6 检查钉孔。在钉钉入后如果鞋跟的内腔变形,则认为钉靠近内腔壁(比如,钉如果与内腔壁离得很近,虽然没有钉入内腔中,但在内腔内壁有凸起)。如果鞋跟钉钉在鞋跟内腔中或与内腔壁靠近,这种情况下认为鞋跟钉没有正确钉入。

如果没有得到与正确钉入的12个鞋跟钉相对应的12个有效试验结果，则再取鞋跟重新试验，直到得到至少12个有效试验结果。

7 试验结果表达

7.1 鞋跟材料的持钉力

通过式(1)计算鞋跟持钉力，单位为N/mm，精确到0.1 N/mm。

$$h = F/(d-4) \qquad \cdots\cdots(1)$$

式中：

F——从鞋跟中拔出鞋跟钉所需的最大力，单位为牛顿(N)；

d——鞋跟钉钉入的深度，单位为毫米(mm)。

注：锯齿形螺纹的有效长度认为比测定的钉入深度少4 mm。

计算所有有效试验结果的持钉力，记录这些持钉力的平均值作为鞋跟材料的持钉力。

7.2 鞋跟钉钉入的平均深度

计算所有有效试验结果的鞋跟钉钉入深度的平均值。

7.3 工业生产中的带钉鞋跟

如果有需要，计算所有有效试验结果的鞋跟钉拔出力的平均值，记录此值为“鞋跟钉平均拔出力”。

注：当鞋跟正确安装时此值可以认为是正常值。

列出鞋跟钉的类型、所有未正确钉入的鞋跟钉的拔出力，以及对未正确钉入类型的评论。并且将这些拔出力与正常结果相比较，其结果能够评判鞋跟钉的正确钉入对鞋跟结合力的影响。

8 试验报告

8.1 关于持钉力的试验报告，应包括以下内容：

a) 持钉力，根据7.1表达；

b) 钉入平均深度，根据7.2表达；

c) 试验材料；

d) 本试验方法的标准号。

8.2 评定工业生产中的带钉鞋跟，试验报告应包括以下内容：

a) 鞋跟钉拔出力的平均值，根据7.3表达；

b) 鞋跟钉钉入的平均深度，根据7.2表达；

c) 试验批号；

d) 鞋跟钉的类型；

e) 对于非正确钉入的钉，记录每个鞋跟钉的拔出力和非正确钉入类型，如7.3所述；

f) 与图2所示钻孔与跟座距离20 mm～25 mm(5.2.3)相比较，孔的位置较近时，说明鞋跟中钻孔的位置。

附 录 A
（资料性附录）
标准鞋跟钉的结构及尺寸要求

A.1 标准鞋跟钉的结构及尺寸要求见图 A.1。

单位为毫米

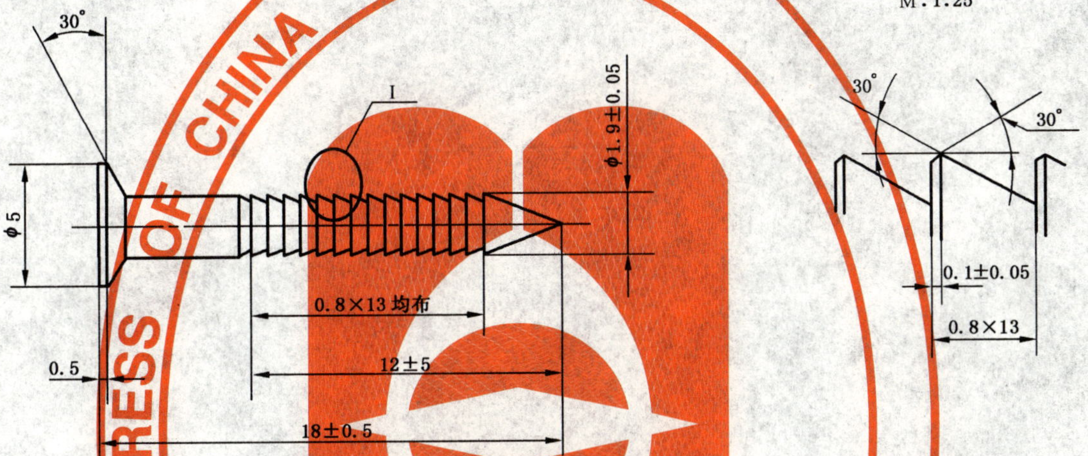

图 A.1 标准鞋跟钉的结构及尺寸要求

STANDARDS PRESS OF CHINA

ICS 61.060
Y 78

中华人民共和国国家标准

GB/T 3903.25—2008/ISO 22650:2002

鞋类　整鞋试验方法　鞋跟结合强度

Footwear—Test methods for whole shoe—Heel attachment

(ISO 22650:2002,IDT)

2008-06-18 发布　　2009-05-01 实施

中华人民共和国国家质量监督检验检疫总局
中国国家标准化管理委员会　发布

前　言

GB/T 3903 的本部分等同采用国际标准 ISO 22650:2002《鞋类　整鞋试验方法　鞋跟结合强度》(英文版),技术内容完全相同,仅作如下编辑性修改:

a) “本欧洲标准”一词改为“GB/T 3903 的本部分”;

b) 删除国际标准的前言;

c) 删除国际标准的目录;

d) 对于 ISO 22650:2002 中所引用的欧盟标准,本部分直接引用与之相对应的国际标准;

e) 删除第 2 章中与标准无关的引用文件 ISO 18454;

f) 4.1 中“拉力试验机符合 EN 10002-2 的要求,精度为 B 级”改为“拉力试验机符合 GB/T 16825.1中的要求,精度为 2 级”;

g) 删除 ISO 22650:2002 的附录 A《第 2 章中引用的欧盟标准等同国际标准的列表》。

本部分由中国轻工业联合会提出。

本部分由全国制鞋标准化技术委员会归口。

本部分起草单位:中国皮革和制鞋工业研究院、浙江红蜻蜓鞋业股份有限公司。

本部分主要起草人:戚晓霞、陈钊钰、汪建斌。

鞋类　整鞋试验方法　鞋跟结合强度

1　范围

GB/T 3903 的本部分规定了鞋类的鞋跟结合强度的测定方法，可取得三个相关的穿用性能：

——正常行走时鞋后部的硬度；

——向鞋跟施加力而引起鞋后部的永久性形变；

——分离鞋跟所需要的力。

本部分适用于中高跟女鞋。

2　规范性引用文件

下列文件中的条款通过 GB/T 3903 的本部分的引用而成为本部分的条款。凡是注日期的引用文件，其随后所有的修改单（不包括勘误的内容）或修订版均不适用于本部分，然而，鼓励根据本部分达成协议的各方研究是否可使用这些文件的最新版本。凡是不注日期的引用文件，其最新版本适用于本部分。

GB/T 16825.1　静力单轴试验机的检验　第 1 部分：拉力和（或）压力试验机测力系统的检验与校准(GB/T 16825.1—2002，ISO 7500-1:1999，IDT)

3　术语和定义

下列术语和定义适用于 GB/T 3903 的本部分。

3.1

鞋跟结合强度　heel attachment strength

在试验条件下，将鞋跟从外底与内底装配体上分离所需要的最大力，单位为 N。

3.2

硬度　rigidity

在试验条件下，200 N 的作用力使鞋后部发生的形变量。

3.3

永久形变　permanent deformation

在试验条件下，400 N 的作用力使鞋后部发生的永久形变性。

4　试验设备和材料

应用以下设备和材料：

4.1　拉力试验机

拉力试验机符合 GB/T 16825.1 中的要求，精度为 2 级，移动速度为 100 mm/min±10 mm/min。低惯性并能自动记录力值的拉力试验机。

4.2　鞋跟固定装置

将鞋跟尖固定到拉力试验机上夹具钳的装置。在试验过程中鞋跟能转动。对于矮粗鞋跟和较细鞋跟采用不同的固定装置，如下所述。

4.2.1　矮粗跟的夹具

如图 1 所示。夹具的一端为 G 杆，直径是 6 mm。G 杆可以前后移动，并且能穿过鞋跟上预先钻好的直径为 6 mm 或 7 mm 的孔（如图 3 所示）。位于夹具另一端的 H 块上有一个直径为 13 mm 的孔，通过这个孔 H 块可以直接与拉力试验机连接，代替上夹具。或者，当所使用的拉力试验机的夹具不可移动时，用一个能夹在拉力试验机夹具上的部件代替 H 块。

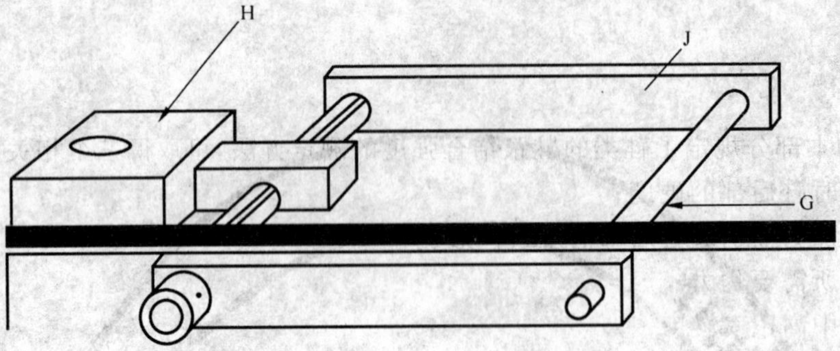

注：G 杆能插入矮粗鞋跟钻的孔中，或当较细的鞋跟进行试验时，能移去 G 杆换上图 2 所示的设备。

图 1　连接拉力试验机和鞋跟的Ⅰ型夹具

4.2.2　较细鞋跟的夹具

设备如图 2 所示，包括 U 形的 A 部分，夹持住鞋跟前部（跟口），B 部分和 C 部分夹持鞋跟的后曲面。

使用四个螺钉 D 调节 B 部分和 A 部分的距离使其适合鞋跟的尺寸，C 部分安装在两个 B 部分之间，它能将靠近鞋跟面的大部分鞋跟锥面套住。两个螺钉 E 突出的尖端伸入到鞋跟中，阻止夹具滑落。夹具深 20 mm。在 A 部分的每个端头有两个插销 F，直径为 6 mm，中心点距 A 部分的夹持面 10 mm。插销能保证夹具安装到图 1 中所示的连接设备中，取代 G 杆。

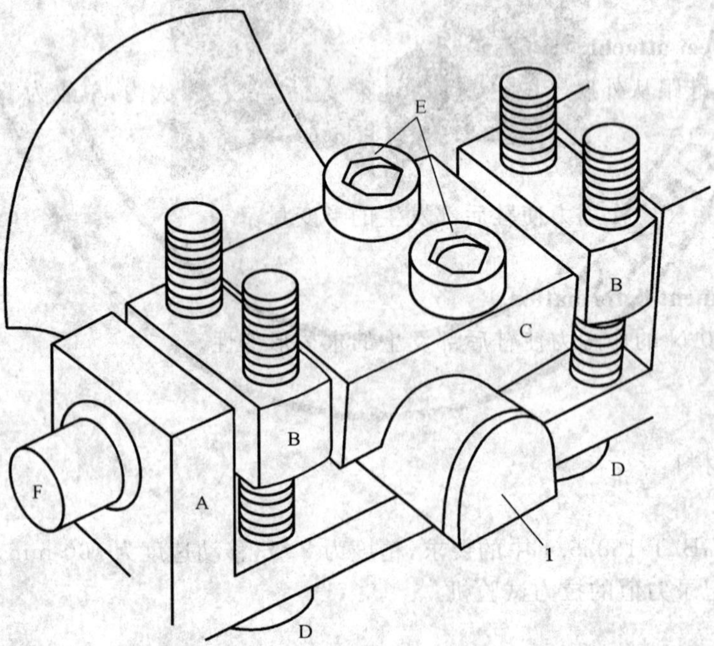

1——跟面。

注：本夹具能安装到图 1 所示的连接设备中，取代 G 杆。

图 2　固定细鞋跟的Ⅱ型夹具

4.3 刻度仪

能够测定100 mm的距离。在测量鞋跟的移动距离时使用。

5 取样和环境调节

通常在试验前不需要对鞋类进行环境调节。

将鞋前部的帮面剪切掉，与内底相齐，这样鞋底更容易夹持到拉力试验机的夹具钳中。当鞋帮面在腰窝部位有较长的补强材料时，保留腰窝处的帮面。保留鞋跟试样的跟面、包鞋跟材料和卷跟皮。如果是使用过的鞋跟，应保证其完整性。如果鞋跟没有跟面，仍可以进行试验。

对于不能安装到图2所示夹具中的矮粗鞋跟，在鞋跟上钻6 mm或7 mm直径的孔，位置如图3所示，与跟口和鞋跟/跟面的接触面平行，中心距离跟口和跟面均10 mm。为了提高钻孔位置的精确性，宜从鞋跟的两侧钻孔。

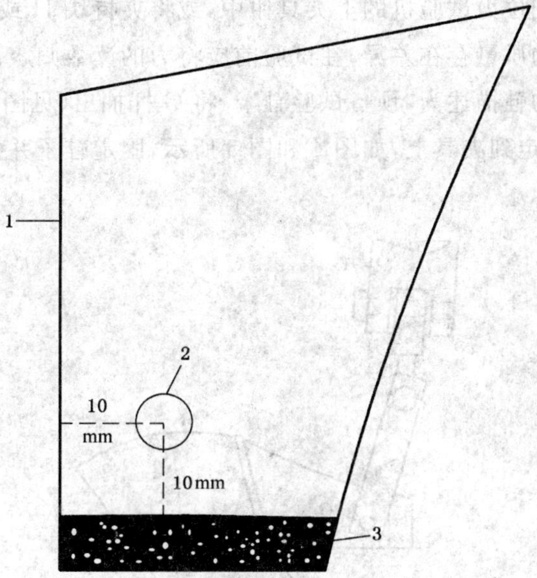

1——跟口；

2——6 mm或7 mm的孔；

3——跟面。

图3 G杆(见图1)穿到矮粗鞋跟的水平孔

每组试样不得少于3个。

将鞋跟固定到Ⅱ型夹具(见图2)上的操作步骤如下：把螺钉E拧松，直到它们的端头不再伸出C部分。拧松螺钉D，直到在A部分和C部分之间有足够的空间插入鞋跟。将鞋跟的位置调正，跟口接触A部分，鞋跟与跟面的接触面与A部分的边相齐(见图2)。如果跟口明显呈曲面，最好将与夹具的上端接触的鞋跟上部磨掉一些。将四个螺钉均匀拧紧直到C部分与鞋跟的后部相吻合。在一些情况下，为了使C部分与鞋跟更好地吻合，事先磨去鞋跟后部的曲面部分。这样能有效阻止很尖的鞋跟在试验中滑落。将两个螺钉E拧紧，直到它们的端头钻入鞋跟，阻止夹具被拉掉。这样鞋跟就可固定在夹具上，如图2所示。

6 试验方法

6.1 试验原理

将鞋的前部夹持到拉力试验机的一个夹具钳中，以规定的方法将鞋跟固定到试验机的另一个夹具钳中，夹具钳以一定的速度分开。可以使用实验室中有合适固定装置的拉力试验机。

测定以下 3 个性能：

a) 在拉力为 200 N 时的鞋跟相对于鞋前部的移动距离；

注：200 N 比正常行走中向鞋跟后部施加的力大 2 倍～3 倍，但认为在此试验中产生的形变是判断穿用时鞋后部是否有足够硬度的有效方法。

b) 拉力为 400 N 时产生的永久形变性；

c) 将鞋跟完全分离所需要的力，并记录断裂的情况。

6.2 步骤

将图 1 所示的装置安装到拉力试验机的上夹具钳中，或将夹持块 H 或相似物夹持到夹具钳中。由于固定装置的质量与夹具钳的质量存在差异，在试验前应将力的读数归零。

将事先钻孔的矮粗鞋跟的鞋描述为"预备试验鞋"。将 G 杆抽出(见图 1)，插入鞋跟和第 2 根横棒 J 中，矮粗鞋跟通过这种方式固定到夹具上，如图 4 和图 5 所示，固定鞋子并使鞋底面向操作者。

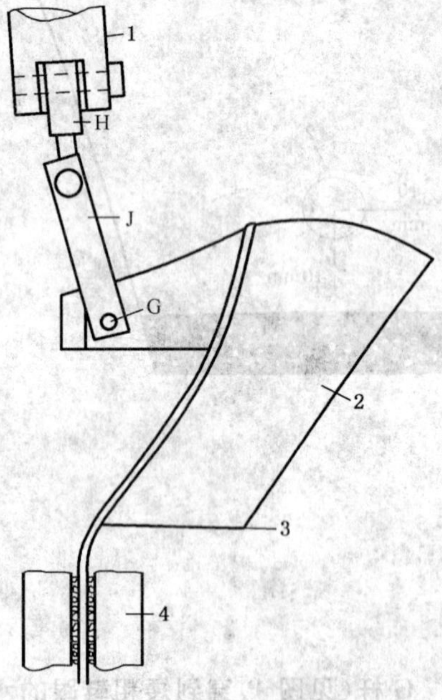

1——上夹具钳；

2——剩余的后部帮面；

3——剪切掉前部帮面后的剪切面；

4——下夹具钳。

图 4 使用图 1 所示的固定设备将矮粗跟的鞋夹持在拉力试验机中的侧视图

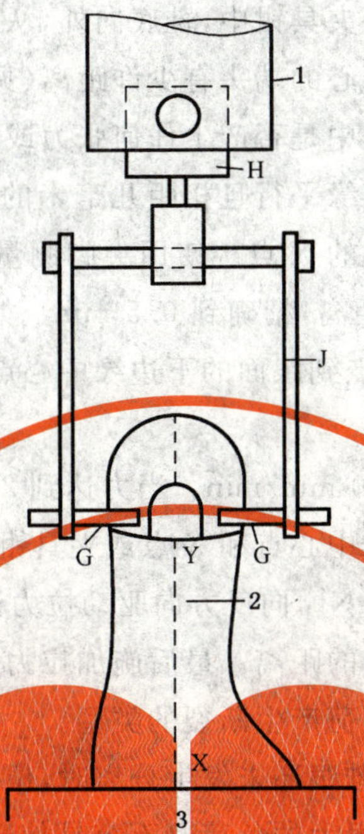

1——上夹具钳；

2——后部的中心线；

3——下夹具钳。

注：此图给出了后部的中心线怎样同机器的轴线一致。X 和 Y 点标记鞋跟的变形性。

图 5　使用图 1 所示的固定设备将矮粗跟的鞋夹持在拉力试验机中的正视图

对于较细的鞋跟，安装到图 2 所示的夹具上，从连接设备上取下 G 杆，将夹具插入其位置上，如图 6 所示。

1——跟面；

2——跟口。

图 6　图 2 所示固定细跟的夹具和插入图 1 所示连接设备中的 J 部分中的侧视图

STANDARDS PRESS OF CHINA

将鞋的前部固定到拉力试验机的下夹具钳中，鞋底向外，从前面看鞋后部的纵向轴应与拉力试验机轴吻合。夹持鞋前部的夹具钳边缘与勾心的端头有少许距离(见图5)。(注意：夹具钳不在鞋前部的中心夹持。)检查负荷测量系统在夹持过程中是否产生任何张力或压缩力。如果有，应消除。

在鞋底上画一条与下夹具钳的上边缘平行且相距几毫米的直线。标记此线的中心点，拉力试验机的纵向轴通过此点。此标记点为图5中的X点。使用尖脚测量仪测定和记录鞋底上的X点和跟面的下边缘中心点(图5中的Y点)之间的距离，精确到0.5 mm。如果不能测定鞋底上的参考标记点之间的距离，可以测定下夹具钳上边缘中心点到跟面的下边缘中心点之间的距离。如果没有跟面，取鞋跟的下边缘中点。

开动机器，速率为100 mm/min±10 mm/min。当力达到200 N时停止机器，在不移去力的情况下立即重新测定和记录跟面(鞋跟)下边缘中心点和X点或夹具钳边缘中点之间的距离。

继续鞋跟的形变直到拉力达到400 N。向反方向驱动拉力试验机直到力回零。重新测定并记录跟面下边缘中心点和夹具钳边缘中点之间的距离。最后施加拉力使后部重新形变直到鞋跟脱落或发生另外的断裂。记录最大负荷和相应于此负荷产生断裂的类型。

如果勾心脆弱或安装位置不正，在鞋跟还未发生分离时，位于鞋跟前部的鞋后部有可能已经发生严重变形。当发生这种情况时，即使施加很大的负荷也不容易使鞋跟发生分离，因而测定不到最大力值，这种类型的鞋一般在400 N时会有很大程度的永久形变，但这种永久形变不是有效的试验结果。所以通常在力值达到1 000 N后没有必要继续试验，以试图将鞋跟分离或出现另外类型的断裂。

7 试验结果表达

计算在力值为200 N时鞋后部的变形，在200 N的作用力下测定的X与Y之间的距离减去相同测量点之间的原始距离，单位为mm。

计算在力值为400 N时鞋后部的永久形变，在施加400 N作用力后撤消作用力使之回零，然后测定X与Y之间的距离减去相同测量点之间的原始距离，单位为mm。

记录鞋跟发生分离或出现其他断裂时的最大力值，作为鞋跟结合牢度，并记录与最大力值对应的断裂方式。

测量并记录鞋跟的高度，即鞋跟后部中线上端点至跟面的垂直距离(当鞋没有跟面时，假定有6 mm厚的跟面)。

8 试验报告

试验报告应包括以下内容：

a) 鞋跟结合牢度；

b) 硬度(在200 N作用力下鞋后部的形变)；

c) 形变(在400 N作用力下鞋后部的永久形变)；

d) 详细描述试样，包括商业货号、颜色、材质等；

e) 与本部分试验步骤的任何偏差；

f) 试验日期。

ICS 61.060
Y 78

中华人民共和国国家标准

GB/T 3903.26—2008/ISO 20863:2004

鞋类　主跟和包头试验方法　粘合性能

Footwear—Test methods for stiffeners and toepuffs—Bondability

(ISO 20863:2004,IDT)

2008-12-30 发布　　2009-09-01 实施

中华人民共和国国家质量监督检验检疫总局
中国国家标准化管理委员会　发布

前　言

GB/T 3903 的本部分等同采用国际标准 ISO 20863:2004《鞋类　主跟和包头试验方法　粘合性能》(英文版)。

为便于使用,本部分做了下列编辑性修改:

a) 删除国际标准的前言;

b) 删除国际标准的目录;

c) 用小数点“.”代替作为小数点的逗号“,”;

d) 对于 ISO 20863:2004 中所引用的国际标准,本部分直接引用与之相对应的国家标准;

e) 删除国际标准的规范性附录 A。

本部分由中国轻工业联合会提出。

本部分由全国制鞋标准化技术委员会归口。

本部分起草单位:中国皮革和制鞋工业研究院、青岛亨达集团有限公司。

本部分主要起草人:闫宏伟、戚晓霞、单存礼、刘泽顺。

鞋类 主跟和包头试验方法 粘合性能

1 范围

GB/T 3903 的本部分规定了测定热熔型和溶剂型材料的主跟和包头与帮面和衬里材料粘合性能的试验方法。

本部分适用于鞋用主跟和包头。

2 规范性引用文件

下列文件中的条款通过 GB/T 3903 的本部分的引用而成为本部分的条款。凡是注日期的引用文件，其随后所有的修改单(不包括勘误的内容)或修订版均不适用于本部分，然而，鼓励根据本部分达成协议的各方研究是否可使用这些文件的最新版本。凡是不注日期的引用文件，其最新版本适用于本部分。

GB/T 6682—2008 分析实验室用水规格和试验方法(ISO 3696:1987,MOD)

GB/T 16825.1—2008 静力单轴试验机的检验 第1部分:拉力和(或)压力试验机 测力系统的检验与校准(ISO 7500-1:2004,IDT)

GB/T 22049 鞋类 鞋类和鞋类部件环境调节及试验用标准环境(GB/T 22049—2008,ISO 18454:2001,IDT)

ISO 4048 皮革 化学试验 二氯甲烷萃取物的测定(ISO 4048:1977)

3 术语和定义

下列术语和定义适用于 GB/T 3903 的本部分。

3.1

粘合性能 bondability

一种材料通过加压和(或)加热以及使用均匀粘合剂的方法能与自身或其他材料粘合的能力。

4 仪器设备和材料

4.1 拉力试验机

夹具钳的移动速度为 100 mm/min±10 mm/min，施加适宜的力的范围(通常低于 100 N)符合 GB/T 16825.1—2008 中 2 级要求，采用位移来记录所施加的力。

4.2 冲模刀

或者是其他取样设备，能取大小为(150 mm±10 mm)×(30 mm±2 mm)的长方形试样。

4.3 压模

4.3.1 加热板:能将预先加热的温度保持在±5 ℃的范围之内。

4.3.2 施加压力 245 kPa±5 kPa(245 kPa 为 2.5 kg/cm^2)。

4.4 皮革参照物

纯铬鞣剖层革(厚度为 1.5 mm～1.7 mm)，其油脂含量为 4%，脂肪酸含量为 1%，按 ISO 4048 进行测定。

4.5 无纺布

每平方米的质量为 150 g±20 g。

STANDARDS PRESS OF CHINA

4.6 蒸馏水

或去离子水应符合 GB/T 6682—2008 中三级水的要求。

5 取样和环境调节

5.1 方法 1:热熔型材料

5.1.1 从样品上剪切足够数量的试样,尺寸为(150 mm±10 mm)×(30 mm±2 mm),从无纺布和皮革参照物(4.4)或要使用的材料上剪切与试样相同大小的条状物。

5.1.2 制作“皮革—样品—无纺布”的“组合试样”。在“组合试样”的短边处,皮革和样品之间放一个纸条,使 20 mm 的长度保持未粘合状态,这样产生的皮革、样品(和无纺布)这两个端头可分别固定在拉力机的两个夹具钳中。

注:要进行试验的材料表面应与标准皮革相接触,即鞋中材料与帮面相接触。

5.1.3 如果制作工艺没有规定应用条件,继续进行 5.1.4~5.1.5 步骤。

5.1.4 将“组合试样”放置在两个温度为 70 ℃±5 ℃压模之间,施加 245 kPa±5 kPa 压力 10 s。

5.1.5 对另外的试样重复 5.1.2 和 5.1.4 的步骤,两个压模的温度分别设定为 90 ℃±5 ℃、110 ℃±5 ℃、130 ℃±5 ℃和 150 ℃±5 ℃。

5.1.6 按 GB/T 22049 规定对“组合试样”进行 24 h 的环境调节。

5.2 方法 2:溶剂型材料

5.2.1 从样品上剪切至少两条试样,尺寸为(150 mm±10 mm)×(30 mm±2 mm),从无纺布和皮革参照物(4.4)或要使用的材料上剪切与试样相同大小的条状物。

5.2.2 使用丙酮或其他溶剂(4.6)将试样均匀润湿,使其活化,然后放置 2.5 min±0.5 min。

5.2.3 制作“皮革—样品—无纺布”的“组合试样”。在“组合试样”的短边处,皮革和样品之间放一个纸条,使 20 mm 的长度保持未粘合状态,这样产生的皮革、样品(和无纺布)这两个端头可分别固定在拉力机的两个夹具钳中。

5.2.4 如果制作工艺没有规定应用条件,将组合试样放在两个压模之间,压模加热到 50 ℃±2 ℃,施加 245 kPa±5 kPa(245 kPa 为 2.5 kg/cm^2)的压力,时间为 10 s。

5.2.5 按 GB/T 22049 规定对“组合试样”进行 24 h 的环境调节。

6 试验方法

6.1 将“组合试样”中的皮革参照物固定在拉力机的一个夹具钳中,样品和无纺布端头固定在另一个夹具钳中。

6.2 启动拉力机,夹具钳的移动速度为 100 mm/min±10 mm/min。

6.3 当分离了试样一半长度时停止试验。

6.4 其他试样重复 6.1~6.3 的步骤。

6.5 试样仍粘合的部分浸泡到蒸馏水中,时间为 16 h。

6.6 将试样从水中取出,将湿的试样重新固定到拉力机的两个夹具钳中,分离剩余的部分。

6.7 其他试样重复 6.6 中的步骤。

7 试验结果

7.1 干粘合强度

7.1.1 计算从 6.3~ 6.4 中得出的每个试样的平均拉力值(图 1),单位为牛顿。

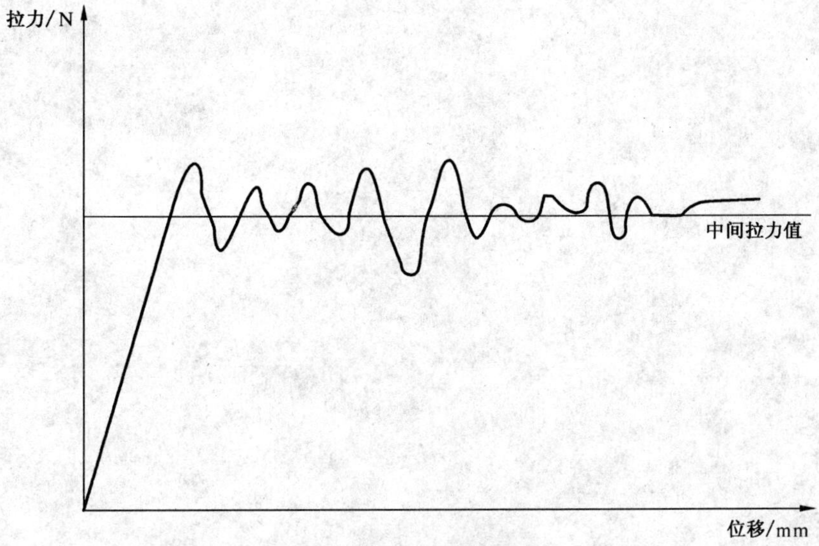

图 1 拉力-位移图示例

7.1.2 每个试样的平均拉力值除以试样的宽度，得出干粘合强度，单位为牛顿/毫米。

7.2 湿粘合强度

7.2.1 计算从 6.6～6.7 中得出的每个湿试样的平均拉力值，单位为牛顿。

7.2.2 每个试样的平均拉力值除以试样的宽度，得出湿粘合力，单位为牛顿/毫米。

8 试验报告

试验报告应包括以下内容：

a) GB/T 3903 的本部分编号；

b) 描述试样的性质，包括货号、型号、颜色、材质等；

c) 平均干粘合强度或如 7.1 中每个试验温度时的平均值；

d) 平均湿粘合强度或如 7.2 中每个试验温度时的平均值；

e) 试验日期；

f) 与本试验方法的任何偏差。

ICS 61.060
Y 78

GB

中华人民共和国国家标准

GB/T 3903.27—2008/ISO 20864:2004

鞋类　主跟和包头试验方法　机械性能

Footwear—Test methods for stiffeners and toepuffs—
Mechanical characteristics

(ISO 20864:2004,IDT)

STANDARDS PRESS OF CHINA

2008-12-30 发布　　2009-09-01 实施

中华人民共和国国家质量监督检验检疫总局
中国国家标准化管理委员会　发布

前　言

GB/T 3903的本部分等同采用国际标准ISO 20864:2004《鞋类　主跟和包头试验方法　机械性能》(英文版)。

为便于使用,本部分做了下列编辑性修改:

a) 删除国际标准的前言;

b) 删除国际标准的目录;

c) 用小数点“.”代替作为小数点的逗号“,”;

d) 对于ISO 20864:2004中所引用的国际标准,本部分直接引用与之相对应的国家标准;

e) 删除国际标准的附录。

本部分由中国轻工业联合会提出。

本部分由全国制鞋标准化技术委员会归口。

本部分起草单位:中国皮革和制鞋工业研究院、青岛亨达集团有限公司。

本部分主要起草人:闫宏伟、李桂芬、张伟娟、王吉万、单玉萍。

鞋类　主跟和包头试验方法　机械性能

1　范围

GB/T 3903 的本部分规定了测定丘形试样的定型性和耐压能力的试验方法。

本部分适用于鞋用主跟和包头，这些方法如下：

——方法 1：适用于热熔型材料；

——方法 2：适用于溶剂型材料；

——方法 3：适用于非热塑性纤维板。

注：本试验方法是丘形试样的定型性和耐压能力两个性质的测定方法，也可单独使用此方法测定其中一种性质。

2　规范性引用文件

下列文件中的条款通过 GB/T 3903 的本部分的引用而成为本部分的条款。凡是注日期的引用文件，其随后所有的修改单（不包括勘误的内容）或修订版均不适用于本部分，然而，鼓励根据本部分达成协议的各方研究是否可使用这些文件的最新版本。凡是不注日期的引用文件，其最新版本适用于本部分。

GB/T 16825.1—2008　静力单轴试验机的检验　第 1 部分：拉力和（或）压力试验机　测力系统的检验与校准（ISO 7500-1:2004，IDT）

GB/T 22049　鞋类　鞋类和鞋类部件环境调节及试验用标准环境（GB/T 22049—2008，ISO 18454:2001，IDT）

3　术语和定义

下列术语和定义适用于 GB/T 3903 的本部分。

3.1

定型性　shape retention

对试样施加几次负荷后，材料保持原始形状（丘形）的能力。

3.2

耐压能力　compression strength

在规定范围内使试样变形所需的力。

4　仪器设备和材料

4.1　方法 1 和方法 2 使用的仪器设备和材料

4.1.1　丘形成型工具（见图 1），由耐热和耐溶剂的硬性材料制成，包括以下部分。

4.1.1.1　丘形帽的活塞，直径为 47.5 mm±0.5 mm，曲率半径为 35.0 mm±0.5 mm，丘形帽的高度为 9.3 mm±0.2 mm。

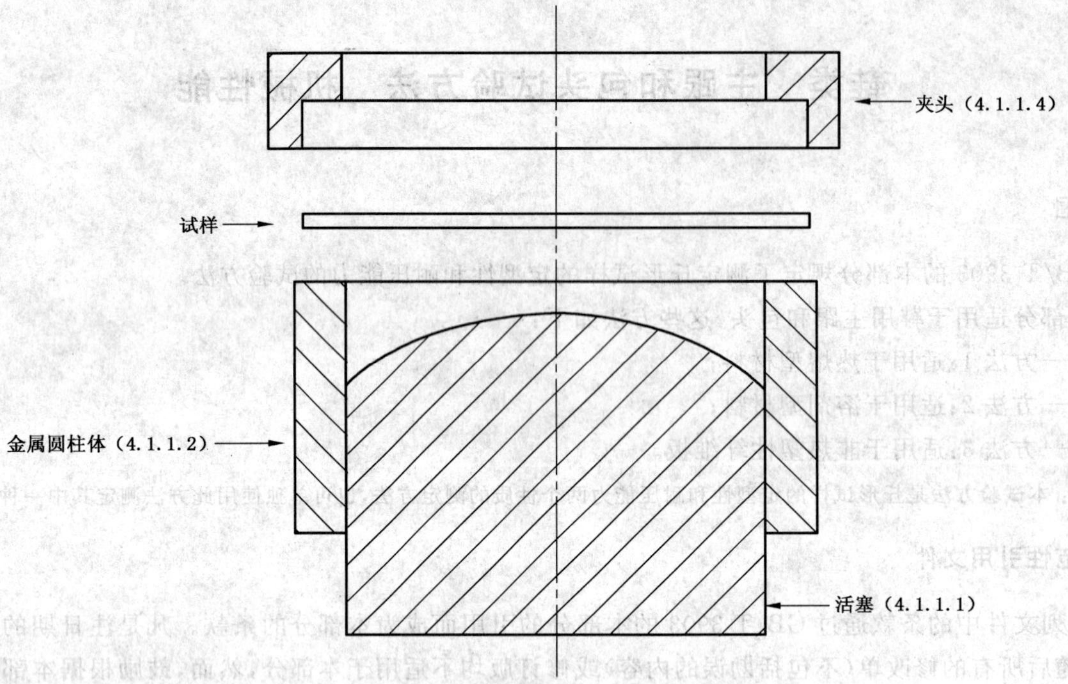

图 1　丘形成型工具

4.1.1.2　金属圆柱体包括：

——内部直径小于 48 mm，但尺寸足够大，活塞(4.1.1.1)可以在圆柱体内自由移动；

——长度至少为 25 mm；

——圆柱体一端有法兰，能按规定固定夹头(4.1.1.4)。

4.1.1.3　将活塞固定到圆柱体上，使丘形帽的边缘与法兰的外表面相平。

4.1.1.4　夹头包括：

——内径不超过 48 mm，但尺寸足够大，使活塞(4.1.1.1)能够在其中自由的移动；

——外径和任何表面式样的设计应能保证试样在试验过程中不会滑动；

——能够将夹头紧固在圆柱体(4.1.1.2)法兰上。

4.1.1.5　设备，如冲压机，将活塞(4.1.1.1)压入金属圆柱体(4.1.1.2)中。

4.1.2　取样设备，如冲模刀，取安装到丘形成型工具(4.1.1)中的圆形试样。

4.1.3　聚乙烯片材。

4.1.4　取样设备，如冲模刀，将聚乙烯材料剪切成圆环，其尺寸大小能够安装到丘形成型工具(4.1.1)中为宜。

4.1.5　电扇。

4.2　方法 1(只针对方法 1)使用的仪器设备和材料

4.2.1　具有鼓风装置的烘箱，温度控制在 80 ℃±5 ℃。

4.2.2　耐高温手套。

4.3　方法 2(只针对方法 2)使用的仪器设备和材料

4.3.1　丙酮或者材料生产商指明的其他溶剂。

4.3.2　硅胶成分的脱模剂，喷雾形式。

4.4　方法 3 使用的仪器设备和材料

4.4.1　两部分的金属模(见图 2)包括：

——下面金属块有一个球形凹面，直径为 47.5 mm±0.5 mm，深度为 9.3 mm±0.2 mm，曲率半径为 35.0 mm±0.5 mm；

——上面金属块有一个向下的球形凸面，与球形凹面的球半径相同，球凸面与球凹面相吻合；
——将金属模的两部分固定在一起的机械装置。

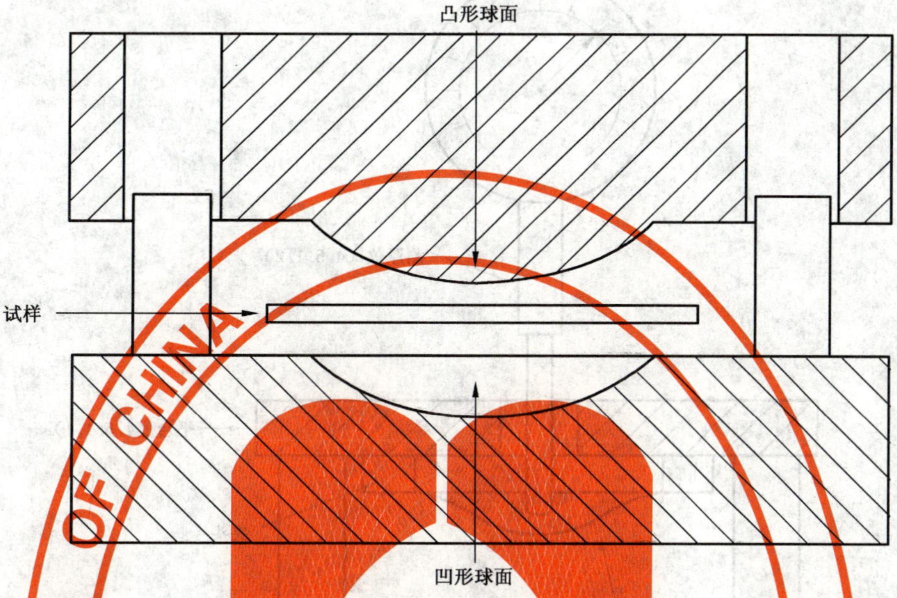

图 2　两部分的金属模

4.4.2　能对金属模施加 120 kN±10 kN 作用力的液压机。
4.4.3　取样设备，如冲模刀，取合适尺寸的圆形试样使之符合金属模。
4.4.4　能持续供应水蒸气的设备，如能够保持沸腾状态的电水壶。
4.4.5　皮带，或者类似设备，将试样夹持在水蒸气下。

4.5　所有方法使用的仪器设备和材料

4.5.1　高度测量仪(见图 3)，包括：
4.5.1.1　一个平台，包括：
——符合 4.1.1.4 要求的夹头，安装在平台的底面；
——平台的支撑物，使平台：
- 水平；
- 夹头处于最底位置；
- 在平台下面至少有 20 mm 的间隙。

平台上有一个孔，此孔在夹头的中央部位，直径比夹头小，但能使测厚仪(4.5.1.2)的芯轴自由移动。

4.5.1.2　测厚仪要求如下：
——芯轴，底面为球形，球半径为 1.5 mm±0.2 mm；
——向芯轴施加 0.55 N±0.10 N 的力；
——读数能够精确到 0.05 mm；
——安装测厚仪，使芯轴能垂直穿过平台(4.5.1.1)上的孔。

4.5.2　平面装置，能将平台(4.5.1.1)上的孔从底面盖上。当放置在孔上时，此装置能与平台底面相齐。金属圆柱体比较适合。

4.5.3　拉力机要求如下：
4.5.3.1　移动速度为 50 mm/min±5 mm/min。
4.5.3.2　选定与试验材料相应的施加力范围，通常小于：
——200 N，对于包头材料；
——500 N，对于主跟材料。

4.5.3.3 符合 GB/T 16825.1—2008 中 2 级要求。

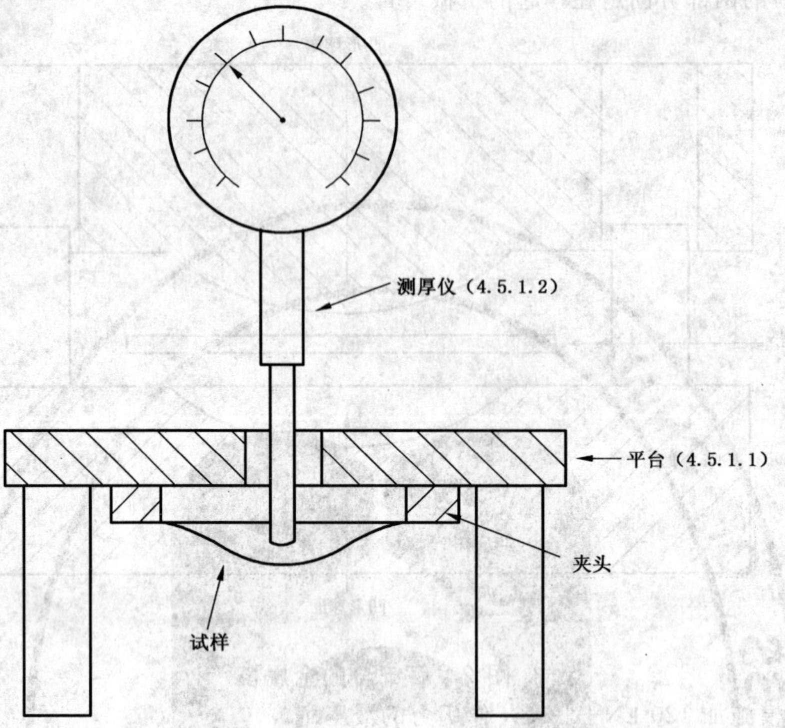

图 3 高度测定仪

4.5.4 压缩笼(见图 4),同拉力机一同使用,包括:

4.5.4.1 垂直安装的柱塞,底面是圆形的,直径为 19.0 mm±2.5 mm。

4.5.4.2 丘形试样能在柱塞中心下的平台上固定。

4.5.4.3 柱塞和平台之间有至少 20 mm 的间隙。

注:如果有合适的仪器,可不使用压缩笼,直接对试样进行压缩。

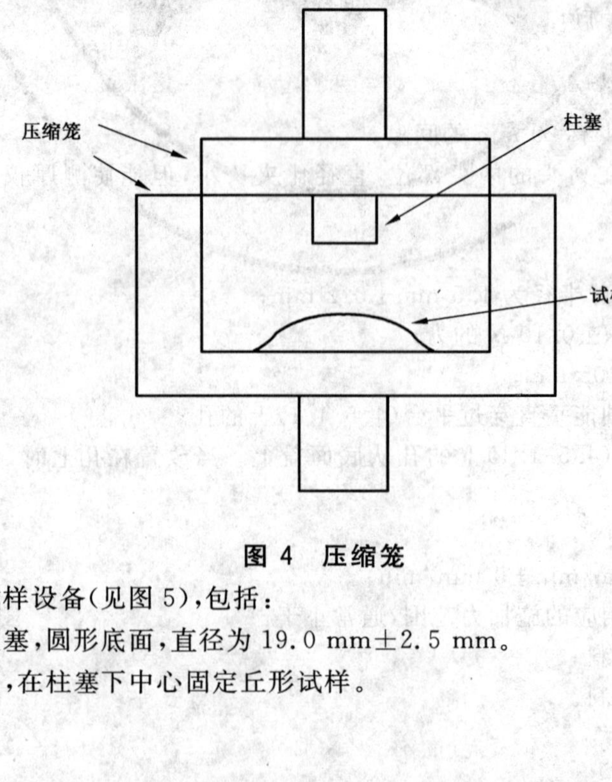

图 4 压缩笼

4.5.5 手工压缩丘形试样设备(见图 5),包括:

4.5.5.1 垂直安装的柱塞,圆形底面,直径为 19.0 mm±2.5 mm。

4.5.5.2 刚性底座平台,在柱塞下中心固定丘形试样。

4.5.5.3 平台和柱塞之间至少有 20 mm 的距离。

4.5.6 蒸馏水或去离子水。

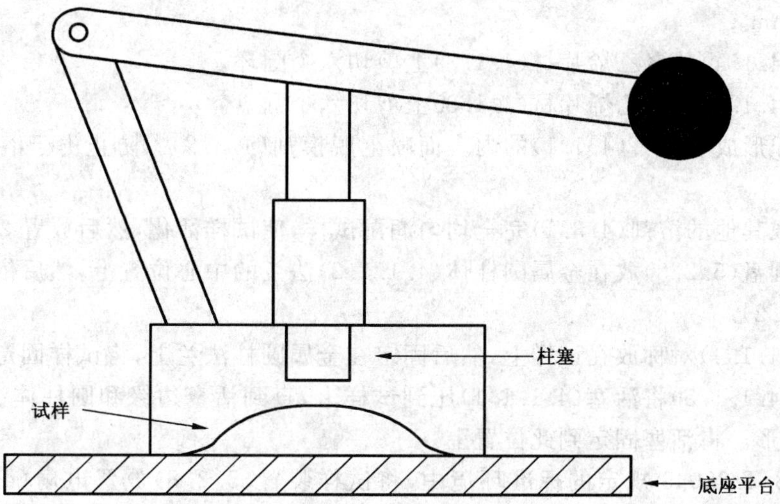

图 5 手工压缩丘形试样设备

5 取样和环境调节

5.1 方法 1

5.1.1 使用设备(4.1.2)剪切六个合适直径的圆形试样。对于片材试样,试样的任何部分与边缘的距离不得少于 50 mm。

5.1.2 如果试样只有一个表面有粘合剂,使用设备(4.1.4)从聚乙烯片材(4.1.3)上剪切六个圆环。

5.1.3 如果试样两个表面均有粘合剂,使用设备(4.1.2)从聚乙烯材料上剪切六个圆盘。另外重复 5.1.2步骤,剪切六个聚乙烯圆环。

5.1.4 如果试样表面均无粘合剂,将试样放在金属圆柱体(4.1.1.2)法兰的中心位置上。

5.1.5 如果试样只有一面有粘合剂,将试样放在金属圆柱体(4.1.1.2)法兰的中心位置上,有粘合剂的表面向上。将聚乙烯环(5.1.2)放在试样上,然后再用夹头紧固。

5.1.6 如果试样两个表面都有粘合剂,将圆形聚乙烯材料(5.1.3)放在金属圆柱体法兰的中心位置上,然后将一个试样和聚乙烯环依次放在圆盘上。

5.1.7 将夹头(4.1.1.4)对称放在试样上,然后将夹头固定在金属圆柱体法兰上,使试样牢固安装。

5.1.8 将紧固的试样装置放入烘箱(4.2.1)中使试样活化,烘箱的温度为生产者规定的温度,如果没有规定,烘箱温度设定为 80 ℃±5 ℃,时间为 2 min±0.5 min。用耐高温手套(4.2.2)将试样装置从烘箱中取出,然后在 30 s 内将试样成型为丘形试样。

5.1.9 使用设备(4.1.1.5)将活塞(4.1.1.1)压到试样上,直到活塞边缘与圆柱体法兰的外边缘相齐。试样被定型成丘形。将活塞固定在此位置上。

5.1.10 试验前在符合 GB/T 22049 规定的标准环境中,将试样装置(5.1.9)放置在电扇前,时间至少为 1.5 h。

5.1.11 将活塞缓慢拔出,如果拔出太快,会吸出试样。将试样从丘形模具中取出。从此步骤开始注意不要使试样变形。

5.1.12 在试验前将试样放在按 GB/T 22049 规定的标准环境中,时间至少 24 h,试验也在此环境下进行。

5.1.13 剩余的试样重复 5.1.1～5.1.12 的步骤。或如果可以得到合适的设备,六个试样可以同时进行。

5.2 方法2

5.2.1 使用设备(4.1.2)剪切六个合适尺寸的圆形试样。如果是片材材料,所取任何试样与材料边缘距离不得少于50 mm。

5.2.2 使用设备(4.1.4)从聚乙烯片材(4.1.3)上剪切六个圆环。

5.2.3 使用设备(4.1.2)从聚乙烯片材(4.1.3)上剪切六个圆盘。

5.2.4 在活塞和丘形成型模具(4.1.1)的内表面喷上脱模剂(4.3.2)。防止由于溶剂和聚乙烯材料污染丘形成型模具。

5.2.5 使用丙酮或其他的溶剂(4.3.1)完全均匀润湿试样,使试样活化,然后放置2.5 min±0.5 min。

5.2.6 将聚乙烯圆盘(5.2.3)放在金属圆柱体(4.1.1.2)法兰的中心位置上,然后依次放上已活化的试样和聚乙烯环(5.2.2)。

5.2.7 将夹头(4.1.1.4)对称放在试样上,然后固定在金属圆柱法兰上,将试样固定。

5.2.8 使用设备(4.1.1.5)将活塞(4.1.1.1)压到试样上,直到活塞边缘和圆柱体法兰的外表面相平。试样此时定型成丘形。将活塞固定到此位置上。

5.2.9 在符合GB/T 22049规定的标准环境中,将试样装置(5.2.8)放置电扇(4.1.5)前,时间至少24 h。

5.2.10 将活塞缓慢拔出,如果拔出太快,将吸出试样。将试样从丘形成型模具中取出,从此步骤开始注意不要使丘形试样变形。

5.2.11 在试验前将试样放置在按GB/T 22049规定的标准环境中,时间至少24 h,试验也在此环境下进行。

5.2.12 剩余的试样重复5.2.1~5.2.11的步骤。或如果有合适的设备,六个试样可以同时进行。

5.3 方法3

5.3.1 如果有要求,将试样放置在按GB/T 22049规定的标准环境中,时间至少为24 h。

5.3.2 使用设备(4.4.3)剪切六个合适直径的圆形试样。对于片材,所取任何试样与材料的边缘距离不得少于50 mm。

5.3.3 使用设备(4.4.5)夹持住试样,将其固定在从设备(4.4.4)出来的大约50 ℃的水蒸气中,保持6 min。在水蒸气中翻转试样,使之均匀加热和加湿。

5.3.4 立即将试样(5.3.3)放置在模具(4.4.1)的下半部分,试样对称放置在球形凹面上。

5.3.5 安装模具的上半部分,将此装置放置在液压机里(4.4.2)。

5.3.6 对此装置施加的力为:

——对于皮板样品,100 kN±10 kN;

——对于混合纤维板,120 kN±10 kN。

5.3.7 保持此力3.0 min±0.1 min,然后将模具从液压机中取出,再将试样从模具中取出。

5.3.8 在试验前将试样放置在按GB/T 22049规定的标准环境中,至少放置24 h,试验也在此环境下进行。

5.3.9 剩余试样重复5.3.1~5.3.8的步骤。

6 试验步骤(所有的方法)

6.1 定型性

6.1.1 干试验

6.1.1.1 支撑平台(4.5.1.1),夹头在平台下面。

6.1.1.2 将设备(4.5.2)固定到平台,从下表面覆盖平台上的孔。

6.1.1.3 将测厚仪(4.5.1.2)的芯轴缓慢穿入平台上的孔中,直到与设备(4.5.2)的上表面接触。

6.1.1.4 当测厚仪芯轴向设备(4.5.2)施加负荷时间为5 s±1 s时,记录测厚仪上的读数,准确到

0.05 mm，读数记为 X。

注1：如果可以得到可靠和恒定的平台底面的高度值，6.1.1.1～6.1.1.5 步骤可以省去，可重复使用 X 值。

注2：如果有需要，按 QB/T 2709 规定测定未定型的试样的厚度。

6.1.1.5　将设备从平台上移去。

6.1.1.6　使用夹头将试样固定到平台上。

6.1.1.7　支撑平台，丘形试样进行反转。

6.1.1.8　将测厚仪的芯轴缓慢穿过平台上的孔，直到与丘形试样的内表面相接触。

6.1.1.9　在测厚仪的芯轴向试样施加负荷 5 s±1 s 后，记录测厚仪上的读数，此读数记为 Y，准确到 0.05 mm。

6.1.1.10　将试样从平台上移去，按 7.1.1 和 7.1.2 步骤测定定型性。

6.1.1.11　对另外两个试样重复 6.1.1.6～6.1.1.10 的步骤，根据 7.1.3 测定定型性。

6.1.2　**湿试验**

6.1.2.1　将剩余三个试样放入蒸馏水或去离子水(4.5.6)中，温度为 23 ℃±2 ℃，时间大约为 16 h。

6.1.2.2　按 6.1.1.1～6.1.1.11 的步骤测定定型性。

6.2　**试样的倒塌负荷**

6.2.1　**干试验**

6.2.1.1　将压缩笼(4.5.4)安装到拉力机上(4.5.3)。

6.2.1.2　将试样对称放在柱塞下，启动机器，移动速度为 50 mm/min±5 mm/min。

6.2.1.3　当力达到最大值时，立即停止机器，记录此值，记为 F_1，单位为牛顿。

6.2.1.4　拉力机的夹具钳回到原始位置，移去试样。

6.2.1.5　对另两个试样重复 6.2.1.2～6.2.1.4 的步骤，按 7.2.1 测定最初倒塌负荷。

6.2.1.6　手工将试样任何变形部分复原，将其对称放在压缩设备(4.5.5)的柱塞中心位置下。

6.2.1.7　使用设备(4.5.5)来使试样倒塌，保证试样的丘形顶接触到底座平台(4.5.5.2)。

6.2.1.8　再重复 6.2.1.6 和 6.2.1.7 的步骤七次。

6.2.1.9　对另外两个试样重复 6.2.1.6 和 6.2.1.7 的步骤，按 6.2.1.1～6.2.1.5 测定另外两个试样负荷的最大值，分别记为 F_2 和 F_3。

6.2.1.10　按 7.2.2 测定第 10 次倒塌负荷。

6.2.2　**湿试验**

6.2.2.1　同 6.1.2.1 的操作。

6.2.2.2　按 6.2.1.1～6.2.1.10 测定试样倒塌负荷。

6.3　**10 次倒塌之后的定型性**

6.3.1　**干试验**

手工将试样任何变形部位复原，进行 6.1.1.1～6.1.1.11 步骤，按 7.3 测定定型性。

6.3.2　**湿试验**

进行 6.1.2.1 步骤，按 6.3.1 测定定型性。

7　试验结果表达

7.1　定型性

7.1.1　按式(1)计算试样的高度：

$$H_2 = Y - X \qquad (1)$$

式中：

H_2——试样高度，单位为毫米(mm)；

Y——6.1.1.9 中的记录值，单位为毫米(mm)；

X——6.1.1.4 中的记录值，单位为毫米(mm)。

7.1.2 按式(2)计算试样的定型性：

$$S = \frac{H_2^2}{H_1^2} \times 100 \qquad \cdots\cdots(2)$$

式中：

S——试样定型性，以百分数表示，精确到1%；

H_1——相应成型模具的高度，为丘形帽活塞(4.1.1.1)或球形金属模具(4.4.1)，单位为毫米(mm)。

7.1.3 计算定型性的算术平均值，以百分数表示，精确到1%，记录此值作为最初试样的定型性。

7.2 倒塌负荷

7.2.1 计算三个试样第一次负荷最大值 F 的算术平均值，单位为牛顿，记录此值作为第一次倒塌负荷。

7.2.2 计算负荷最大值 F 的算术平均值，单位为牛顿，记录此值作为第10次倒塌负荷。

7.3 10次倒塌后的定型性

计算三个试样定型性的算术平均值，以百分数表示，精确到1%。记录此值作为10次倒塌后的定型性。

7.4 回弹性

按式(3)计算试样材料的回弹性，以百分数表示，精确到1%。

回弹性＝(第10次干倒塌负荷/第一次干倒塌负荷)×100 ……………………(3)

7.5 抗湿性

按式(4)计算试验材料的抗湿性，以百分数表示，精确到1%。

抗湿性＝(第一次湿倒塌负荷/第一次干倒塌负荷)×100 ……………………(4)

8 试验报告

试验报告应包括以下内容：

a) 干试验和湿试验：

——在7.1.3中计算的最初定型性；

——在7.2.1中计算的第一次倒塌负荷；

——在7.2.2中计算的第10次倒塌负荷；

——在7.3中计算的第10次倒塌后的定型性。

b) 在7.4中计算的试样材料的回弹性。

c) 在7.5中计算的试样材料的抗湿性。

d) 试样的详细描述，包括货号、颜色、材质等。

e) GB/T 3903的本部分编号。

f) 试验日期。

g) 与本试验方法的任何偏差。

参 考 文 献

QB/T 2709—2005 皮革 物理和机械试验 厚度的测定

ICS 61.060
Y 78

中华人民共和国国家标准

GB/T 3903.28—2008/ISO 20865:2002

鞋类 外底试验方法 压缩能

Footwear—Test methods for outsoles—Compression energy

(ISO 20865:2002, IDT)

STANDARDS PRESS OF CHINA

2008-12-30 发布 2009-09-01 实施

中华人民共和国国家质量监督检验检疫总局
中国国家标准化管理委员会 发布

前　言

GB/T 3903 的本部分等同采用国际标准 ISO 20865:2002《鞋类　外底试验方法　压缩能》(英文版)。

为便于使用,本部分做了下列编辑性修改:

a) “本国际标准”一词改为“本部分”;

b) 删除国际标准的前言;

c) 删除国际标准的目录;

d) 用小数点“.”代替作为小数点的逗号“,”;

e) 对于 ISO 20865:2002 中所引用的国际标准,本部分直接引用与之相对应的国家标准;

f) 删除国际标准的附录。

本部分由中国轻工业联合会提出。

本部分由全国制鞋标准化技术委员会归口。

本部分起草单位:中国皮革和制鞋工业研究院、上海回力鞋业有限公司、中华人民共和国莆田出入境检验检疫局。

本部分主要起草人:闫宏伟、田旺、马燕红、林伟。

鞋类　外底试验方法　压缩能

1　范围

GB/T 3903 的本部分规定了测定外底压缩能的试验方法。

本部分适用于各种鞋类用外底。

2　规范性引用文件

下列文件中的条款通过本标准的引用而成为 GB/T 3903 的本部分的条款。凡是注日期的引用文件，其随后所有的修改单(不包括勘误的内容)或修订版均不适用于本部分，然而，鼓励根据本部分达成协议的各方研究是否可使用这些文件的最新版本。凡是不注日期的引用文件，其最新版本适用于本部分。

GB/T 17200　橡胶塑料拉力、压力和弯曲试验机(恒速驱动)技术规范(GB/T 17200—2008，ISO 5893:2002，IDT)

GB/T 22049　鞋类　鞋类和鞋类部件环境调节及试验用标准环境(GB/T 22049—2008，ISO 18454:2001，IDT)

GB/T 22050　鞋类　样品和试样的取样位置、准备及环境调节时间(GB/T 22050—2008，ISO 17709:2004，IDT)

3　术语和定义

下列术语和定义适用 GB/T 3903 的本部分。

3.1

压缩能　compression energy

在 5 000 N 的恒定力作用下，材料的压缩变形相对应的能量，单位为焦耳。

4　设备和材料

4.1　拉力试验机

拉力试验机符合 GB/T 17200 的要求，精度为 B 级，移动速度为 10 mm/min±2 mm/min。低惯性机器应有自动力记录设备。

4.2　试验冲压机

为聚乙烯制的标准鞋楦的后部。鞋楦在与底边缘垂直且与后部轴线成 90° 的平面上被剖开(见图 1)。压头的长度与鞋号的关系见表 1。

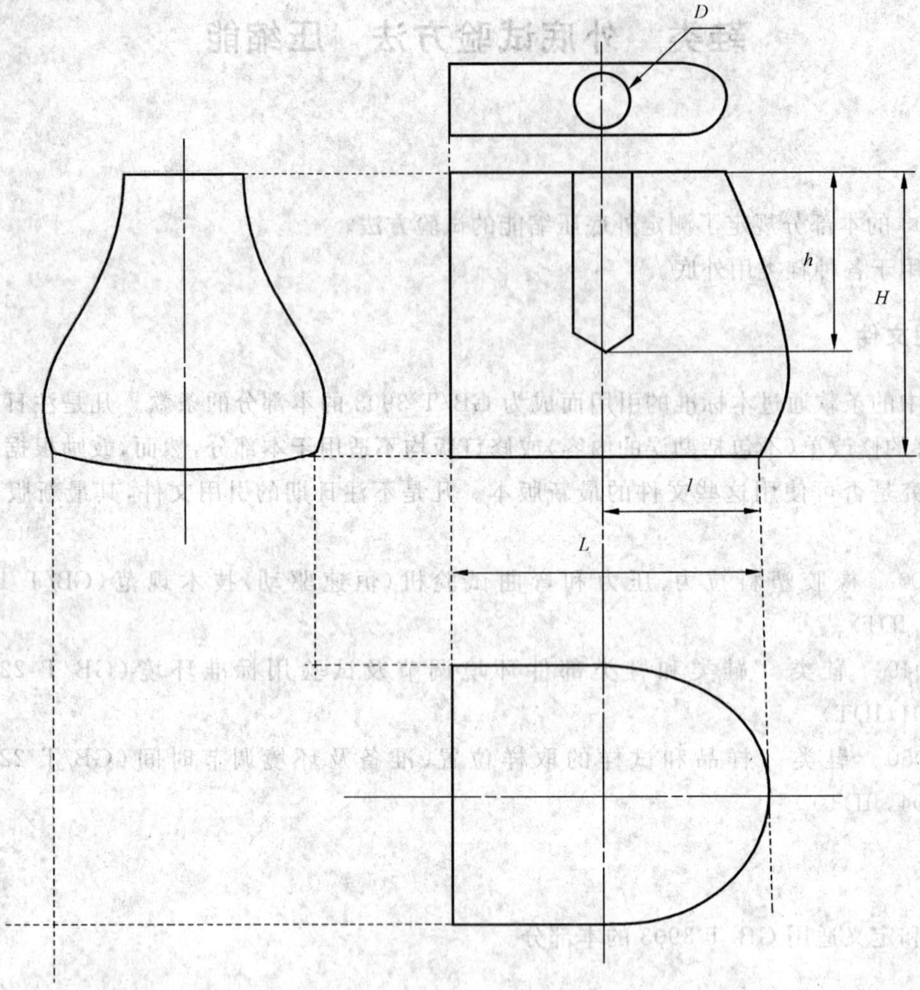

图 1 压缩能试验用压头

表 1 鞋类测量总表

鞋号			尺寸				
世界鞋号/mm	法国鞋号	英国鞋号	L/mm	l/mm	H/mm	h/mm	D/mm
235	36	3	65.0±1	32.5±1	60±1	40±1	14±0.5
245	37/38	4/5	67.5±1	33.7±1	60±1	40±1	14±0.5
255	39/40	6	70.1±1	35.0±1	60±1	40±1	14±0.5
265	41/42	7/7,5/8	72.5±1	36.2±1	60±1	40±1	14±0.5
275	43/44	9/10	75.5±1	37.7±1	60±1	40±1	14±0.5
285	45 以上	11 以上	77.5±1	38.5±1	60±1	40±1	14±0.5

5 取样和环境调节

试样的取样符合 GB/T 22050 的要求。所有的试样在试验前在 GB/T 22049 规定的环境下进行环境调节。

环境调节至少需要 24 h,至少需要两个试样。

6 试验方法

将带有后跟的外底放在钢制平台上,试验压头放置到外底内部的鞋跟中心部位上,以速率 10 mm/min±3 mm/min 运行,直至达到 5 000 N 的压力。

7 试验结果

对每个试验做出负荷-压缩曲线(见图 2),测定压缩能量 E,按式(1)进行计算:

$$E=\int F \cdot \mathrm{d}s \qquad \cdots\cdots(1)$$

式中:

E——压缩能量,单位为焦耳(J),精确到整数位;

F——应用力,单位为牛顿(N);

s——变形量,单位为米(m)。

试验结果为试样的平均值。

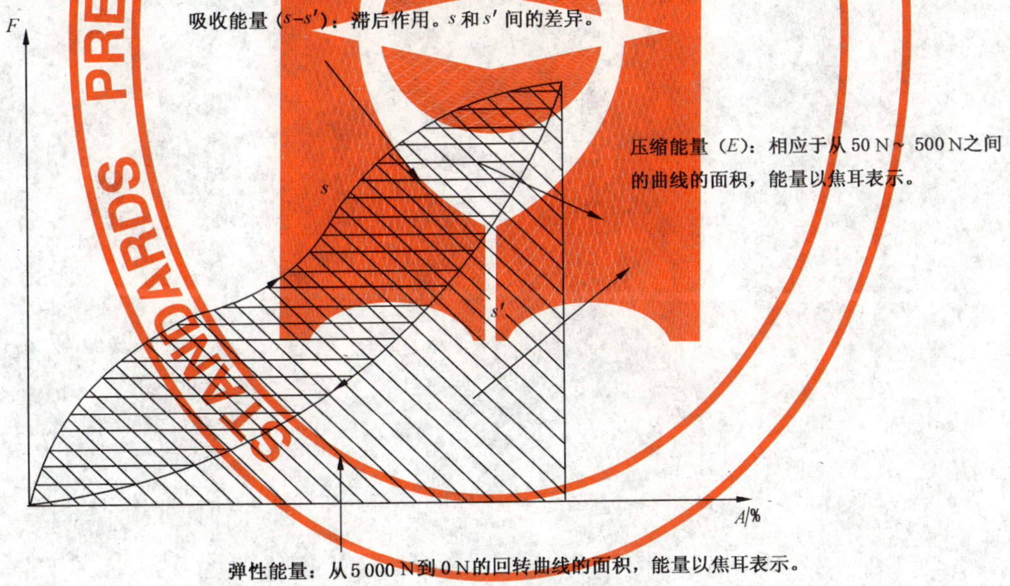

图 2 负荷-压缩曲线

8 试验报告

试验报告应包括以下内容:

a) 试验结果按第 7 章执行;

b) 样品的详细描述;

c) GB/T 3903 的本部分编号;

d) 试验日期。

STANDARDS PRESS OF CHINA

参 考 文 献

[1] EN 344:1997 专用安全、防护和职业用鞋靴的要求和试验方法

ICS 61.060
Y 78

中华人民共和国国家标准

GB/T 3903.29—2008/ISO 20875:2001

鞋类 外底试验方法 剖层撕裂力和层间剥离强度

Footwear—Test methods for outsoles—
Split tear strength and delamination resistance

(ISO 20875:2001,IDT)

2008-12-30 发布 2009-09-01 实施

中华人民共和国国家质量监督检验检疫总局
中国国家标准化管理委员会 发布

前　言

GB/T 3903 的本部分等同采用国际标准 ISO 20875:2001《鞋类　外底试验方法　剖层撕裂力和层间剥离强度》(英文版)。

为便于使用,本部分做了下列编辑性修改:

a）“本国际标准”一词改为“本部分”;

b）用小数点“.”代替作为小数点的逗号“,”;

c）删除国际标准的前言;

d）删除国际标准的目录;

e）对于 ISO 20875:2001 中所引用的国际标准,本部分直接引用与之相对应的国家标准。

本部分由中国轻工业联合会提出。

本部分由全国制鞋标准化技术委员会归口。

本部分起草单位:中国皮革和制鞋工业研究院、中华人民共和国晋江出入境检验检疫局、浙江红蜻蜓鞋业股份有限公司。

本部分主要起草人:张伟娟、闫宏伟、陈斌、罗志刚。

鞋类　外底试验方法
剖层撕裂力和层间剥离强度

1　范围

GB/T 3903的本部分规定了外底的剖层撕裂力和层间剥离强度的测定方法。

本部分适用于各种鞋类用外底。

2　规范性引用文件

下列文件中的条款通过GB/T 3903的本部分的引用而成为本部分的条款。凡是注日期的引用文件，其随后所有的修改单(不包括勘误的内容)或修订版均不适用于本部分，然而，鼓励根据本部分达成协议的各方研究是否可使用这些文件的最新版本。凡是不注日期的引用文件，其最新版本适用于本部分。

GB/T 16825.1—2008　静力单轴试验机的检验　第1部分：拉力和(或)压力试验机　测力系统的检验与校准(ISO 7500-1:2004,IDT)

GB/T 22049　鞋类　鞋类和鞋类部件环境调节及试验用标准环境(GB/T 22049—2008,ISO 18454:2001,IDT)

GB/T 22050　鞋类　样品和试样的取样位置、准备及环境调节时间(GB/T 22050—2008,ISO 17709:2004, IDT)

3　术语和定义

下列术语和定义适用于GB/T 3903的本部分。

3.1

层间剥离强度　delamination resistance

如果外底由多层的粘合层组成，将粘合层或连接面分离所需的中间力，除以试样的宽度。

3.2

剖层撕裂力　split tear strength

将试样上的粘合层剥开，将其拉伸所需要的中间力。

4　试验设备和材料

4.1　拉力试验机

拉力试验机应符合GB/T 16825.1—2008中2级要求，移动速度为100 mm/min±10 mm/min。低惯性仪器有自动记录力的设备。

4.2　剖层支架和剖层(片皮)(带)刀

用来做预切口，见图1。

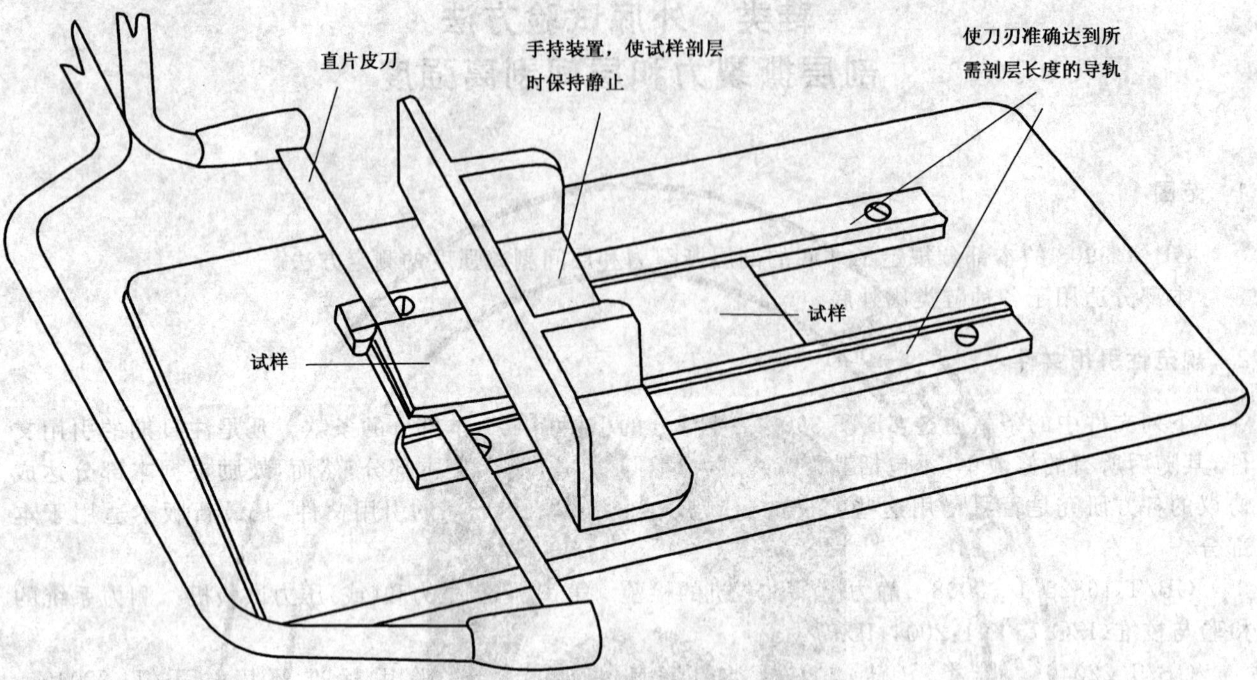

图 1　刀和剖层支架的示例

5　取样和环境调节

试样长度至少为 75 mm，宽度至少为 25 mm±0.2 mm。

按 GB/T 22050 的规定取样。所有试样在试验前按 GB/T 22049 进行环境调节，至少为 24 h。

每组试样不得少于三个。

6　试验方法

使用剖层支架和剖层刀(4.2)，在试样一端的上、下表面的中间位置进行剖层，剖层的长度大约为 15 mm。对于多层外底，在粘合层之间插入一个加热过的刀，剖层长度为 10 mm。将已分开的两层向后翻转，分别插入和夹持到机器的夹具钳中。开动机器，夹具钳的移动速度为 100 mm/min，试验过程中记录力值的轨迹，见图 2。

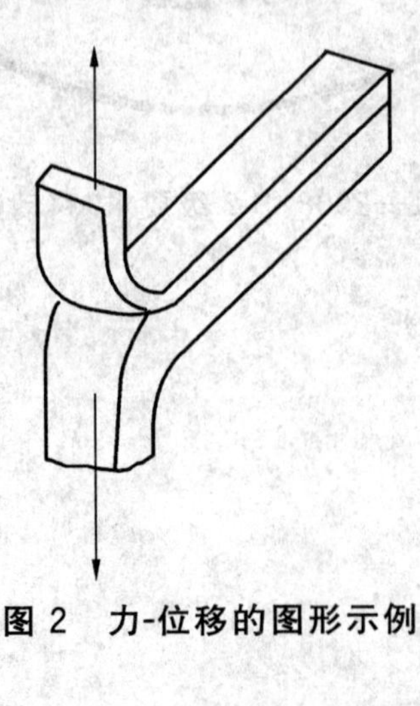

图 2　力-位移的图形示例

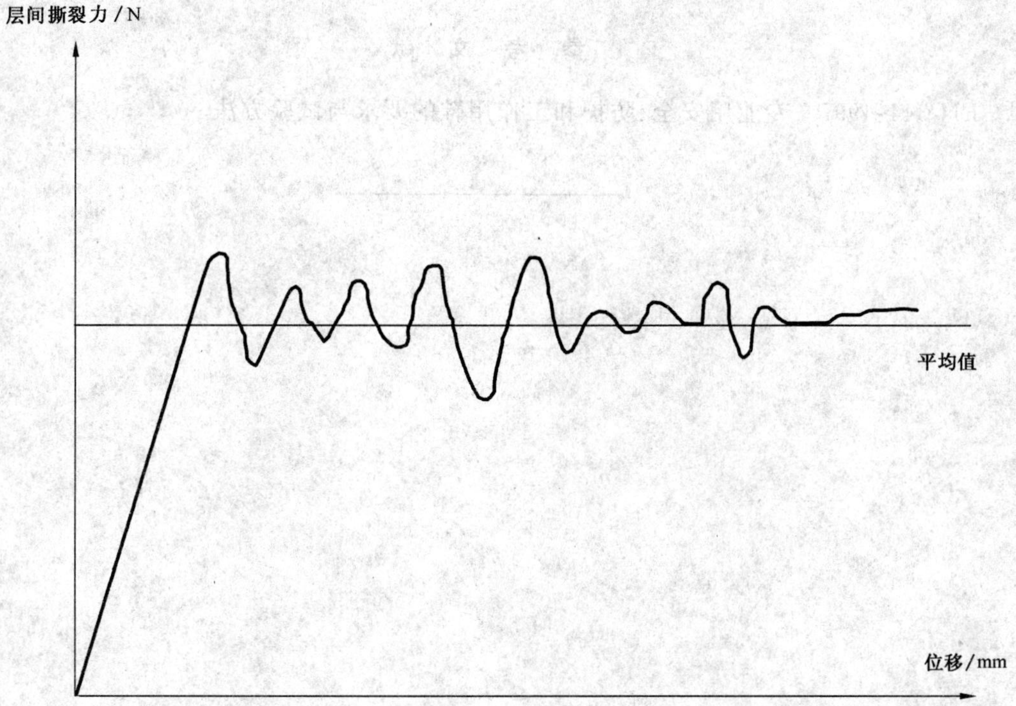

图 2（续）

7 试验结果

按式(1)计算层间剥离强度：

$$D_s = \frac{F}{d} \quad \cdots\cdots(1)$$

式中：

D_s——层间剥离强度，单位为牛顿每毫米(N/mm)；

F——平均力值，单位为牛顿(N)；

d——试样宽度，单位为毫米(mm)。

试验结果为三个试验值的平均值。

8 试验报告

试验报告应包括以下内容：

a) 试验结果，按第7章执行；

b) 试样的详细描述，包括鞋号、颜色和材质等；

c) GB/T 3903 的本部分编号；

d) 试验日期；

e) 与本试验方法的任何偏差。

参 考 文 献

［1］ EN 344:1997 专业用安全、防护和工作用鞋的要求与试验方法

ICS 61.060
Y 78

中华人民共和国国家标准

GB/T 3903.30—2008/ISO 20869:2001

鞋类　外底、内底、衬里和内垫试验方法 水溶物含量

Footwear—Test methods for outsoles, insoles, lining and insocks—Water soluble content

(ISO 20869:2001,IDT)

2008-12-30 发布　　2009-09-01 实施

中华人民共和国国家质量监督检验检疫总局
中国国家标准化管理委员会　发布

前　言

GB/T 3903 的本部分等同采用国际标准 ISO 20869:2001《鞋类　外底、内底、衬里和内垫试验方法　水溶物含量》(英文版)。

为便于使用,本部分做了下列编辑性修改:

a) “本国际标准”一词改为“本部分”;

b) 用小数点“.”代替作为小数点的逗号“,”;

c) 删除国际标准的前言;

d) 删除国际标准的目录;

e) 对于 ISO 20869:2001 中所引用的国际标准,本部分直接引用与之相对应的国家标准;

f) 删除国际标准的附录 A。

本部分由中国轻工业联合会提出。

本部分由全国制鞋标准化技术委员会归口。

本部分起草单位:中国皮革和制鞋工业研究院、莆田艾力艾鞋服有限公司。

本部分主要起草人:张伟娟、李桂芬、章金銮。

鞋类 外底、内底、衬里和内垫试验方法 水溶物含量

1 范围

GB/T 3903 的本部分规定了测定外底、内底、衬里和内垫中水溶物质含量的试验方法。

本部分适用于各种鞋类用外底、内底、衬里和内垫。

2 规范性引用文件

下列文件中的条款通过本标准的引用而成为 GB/T 3903 的本部分的条款。凡是注日期的引用文件，其随后所有的修改单(不包括勘误的内容)或修订版均不适用于本部分，然而，鼓励根据本部分达成协议的各方研究是否可使用这些文件的最新版本。凡是不注日期的引用文件，其最新版本适用于本部分。

GB/T 22049 鞋类 鞋类和鞋类部件环境调节及试验用标准环境(GB/T 22049—2008，ISO 18454:2001，IDT)

GB/T 22050 鞋类 样品和试样的取样位置、准备及环境调节时间(GB/T 22050—2008，ISO 17709:2004，IDT)

3 术语和定义

下列术语和定义适用于 GB/T 3903 的本部分。

3.1

水溶性物质 water soluble matter

在规定条件下材料中溶解于水的所有物质之和。

3.2

水溶性无机物质 water soluble inorganic substances

水溶性物质中的硫酸灰分。

3.3

水溶性有机物质 water soluble organic substances

水溶性物质减去水溶性无机物质。

4 仪器设备和材料

4.1 650 mL～750 mL 广口烧瓶和与之配套的玻璃塞或橡皮塞。

4.2 凹槽过滤器(直径为 185 mm)。

4.3 500 mL 量筒。

4.4 50 mL 移液管。

4.5 平底、容积为 50 mL 的石英、铂或者瓷制的蒸发皿，合适的干燥器。

4.6 漏斗和 300 mL 的锥形烧瓶。

4.7 蒸馏水。

4.8 振荡器，转速为(50±10)r/min。

4.9 温度计。

4.10 实验天平,精确到 0.1 mg。

4.11 分析天平。

4.12 烘箱,温度可设在 102 ℃±10 ℃的范围内。

4.13 水浴装置。

4.14 硫酸,1 mol/L。

4.15 马弗炉,可控温度为 800 ℃±10 ℃。

5 取样和环境调节

试样按 GB/T 22050 规定取样。

材料研磨后,用二氯甲烷在索氏抽提器中至少回流萃取 30 次。按 GB/T 22049 的要求对材料进行 24 h 的环境调节。至少需要两个试样。

6 试验方法

6.1 在水中振荡

将已进行环境调节和用二氯甲烷萃取过的 10 g 磨碎材料同 500 mL 的蒸馏水一起放置于广口烧瓶中,温度为 23 ℃±2 ℃,进行机械振荡,振荡频率为(50±10)r/min,时间为 2 h。

6.2 过滤

用槽状过滤器过滤烧瓶中的物质,直至溶液清透。倒掉最初的 50 mL 的过滤物质。测定随后 50 mL 过滤物质中有机物质和无机物质的含量。

6.3 水溶性物质总含量

将蒸发皿加热到 800 ℃±10 ℃,在 102 ℃±2 ℃的温度下大约干燥 2 h,在干燥器中冷却,迅速称量。准确量取 50 mL 滤液置于此蒸发皿中,在水浴锅中蒸发至干。然后置于干燥器中,在小干燥器中只允许放置一个蒸发皿,在大干燥器中最多放置两个蒸发皿。重复干燥过程直到每次质量的减少量小于 2 mg,但总时间不能超过 8 h。

6.4 水溶性物质的硫酸灰分含量

用几滴 1 mol/L 的硫酸将 6.3 所得的蒸发皿中的残留物质充分浸湿,用低火焰使之冒烟,直到看不到硫酸烟。最好是在马弗炉中用 800 ℃±10 ℃的温度加热 15 min,加热至红。在干燥器中冷却,迅速称量,重复加酸、加热和称量步骤直到残留物质的质量稳定。

注:如果水溶性无机物质的含量小于 2.0%,则应使用 100 mL 或 200 mL 整数体积的滤液。

7 试验结果

7.1 总水溶性物质的含量按式(1)进行计算。

$$w_1 = \frac{m_1 \times 10 \times 100}{m} \qquad \cdots\cdots\cdots\cdots(1)$$

式中:

w_1——总水溶性物质的含量,%;

m_1——干残留物质的质量,单位为克(g);

m——材料的原始质量,单位为克(g)。

7.2 水溶性物质的硫酸灰分含量按式(2)进行计算。

$$w_2 = \frac{m_2 \times 10 \times 100}{m} \qquad \cdots\cdots\cdots\cdots(2)$$

式中:

w_2——水溶性物质的硫酸灰分含量,%;

m_2——燃烧后获得的硫酸灰分的质量,单位为克(g);

m——材料的原始质量,单位为克(g)。

7.3 水溶性有机物质含量为总水溶性物质减去水溶性无机物质含量的值。取两次试验的平均值。

8 试验报告

试验报告应包括以下内容:

a) 试验结果,按第7章执行,保留一位小数;

b) 试样的详细描述;

c) GB/T 3903的本部分编号;

d) 试验日期。

STANDARDS PRESS OF CHINA

ICS 61.060
Y 78

中华人民共和国国家标准

GB/T 3903.31—2008/ISO 20868:2001

鞋类　内底试验方法　耐磨性能

Footwear—Test methods for insoles—Abrasion resistance

(ISO 20868:2001,IDT)

2008-12-30 发布　　2009-09-01 实施

中华人民共和国国家质量监督检验检疫总局
中国国家标准化管理委员会　发布

前　言

GB/T 3903的本部分等同采用国际标准ISO 20868:2001《鞋类　内底试验方法　耐磨性能》(英文版)。

为便于使用,本部分做了下列编辑性修改:

a) 删除国际标准的前言;

b) 删除国际标准的目录;

c) 用小数点“.”代替作为小数点的逗号“,”;

d) 对于ISO 20868:2001中所引用的国际标准,本部分直接引用与之相对应的国家标准;

e) 删除国际标准的资料性附录A。

本部分由中国轻工业联合会提出。

本部分由全国制鞋标准化技术委员会归口。

本部分起草单位:青岛亨达集团有限公司、中国皮革和制鞋工业研究院。

本部分主要起草人:单存礼、单玉萍、闫宏伟、田旺。

鞋类　内底试验方法　耐磨性能

1　范围

GB/T 3903 的本部分规定了测定内底耐磨性能的试验方法。

本部分适用于任何鞋类用内底。

2　规范性引用文件

下列文件中的条款通过 GB/T 3903 的本部分的引用而成为本部分的条款。凡是注日期的引用文件，其随后所有的修改单(不包括勘误的内容)或修订版均不适用于本部分，然而，鼓励根据本部分达成协议的各方研究是否可使用这些文件的最新版本。凡是不注日期的引用文件，其最新版本适用于本部分。

GB/T 22049　鞋类　鞋类和鞋类部件环境调节及试验用标准环境(GB/T 22049—2008，ISO 18454:2001，IDT)

GB/T 22050　鞋类　样品和试样的取样位置、准备及环境调节时间(GB/T 22050—2008，ISO 17709:2004，IDT)

3　术语和定义

下列术语和定义适用于 GB/T 3903 的本部分。

3.1

耐磨性能　abrasion resistance

纱布覆盖的湿白色毛毡垫在一定负荷下摩擦内底，完成规定次数的往复运动后，内底的耐磨耗性能。

4　仪器设备和材料

4.1　试样装载器，有一金属平台和能固定试样的夹具，当试样被夹持时，试样在摩擦方向保持轻微张力，未夹持部分的试样长度为 80 mm。

4.2　摩擦头，质量为 500 g±10 g，可拆换，能牢固固定，底座尺寸为(15 mm±0.5 mm)×(15 mm±0.5 mm)。有能将毛毡垫(4.4)固定到底座的设备，此设备质量为 500 g±10 g。有达到满负荷(总质量为 1 kg±0.1 kg)时能够将摩擦头平放在试样上的设备。

4.3　驱动试样装载器往复运动的设备，运动位移为 35 mm±1 mm，频率为 40 r/min±2 r/ min。

注：以下条件可供选择，但不是设备的主要部分：

——使摩擦头与摩擦方向保持垂直角度运动的设备，一个试样上可以摩擦两个或三个轨道；

——预先设定摩擦次数。

4.4　毛毡垫，由毛毡片制成，尺寸为 15 mm×15 mm，从符合以下规定的纯白色毛毡垫中取样：

a)　单位面积质量为 1 750 g/m^2 ±100 g/m^2；

b)　平均吸水量为 1.0 mL±0.1 mL；

c)　将 5 g 研磨碎的毛毡制品放在 100 mL 蒸馏水的聚乙烯瓶中振荡 2 h，萃取物的 pH 值为 5.5～7.0。

4.5　纱布，纱布尺寸足够大，能覆盖毛毡垫，将纱布固定到摩擦头上，纱布要求见表 1：

表 1 纱布要求

特性参数	经纱	纬纱
纱线线密度/(tex/2)	R63	R74
单位长度纱线根数/(根/cm)	17	12
单纱捻度("Z 向")/(捻/m)	540±20	500±20
两根纱合并后的捻度("S 向")/(捻/m)	450±20	350±20
纤维直径/μm	27.5±2.0	29.0±2.0
单位面积的最小质量/(g/m²)	195	
油脂含量/%	0.9±0.2	

4.6 蒸馏水。

5 取样和环境调节

从鞋类内底、成型内底或者所提供的材料上取尺寸最少为 120 mm×20 mm 的长方形试样。

如果试样是从鞋上或是成型材料上取样，应按 GB/T 22050 的取样要求进行取样。

试验前，试样和毛毡垫按 GB/T 22049 要求进行 24 h 的环境调节。

每组试样不得少于三个。

6 试验方法

对环境调节后的毛毡垫进行称量。

对每个试样，将四片毛毡垫(4.4)和四张纱布(4.5)放在蒸馏水中，加热至沸腾，继续加热使水保持轻沸状态直到毛毡垫和纱布沉入水中，慢慢倒出热水，换成冷蒸馏水。冷却毛毡垫和纱布至室温。

使用前，从水中取出一个毛毡垫和纱布，在烧杯的边缘挤压或擦拭使其不再滴水。

通过称量确定每片毛毡垫的吸水量为 1.0 mL±0.1 mL。

注：使用前，毛毡垫和纱布在水中的浸泡时间不应超过 24 h。

将试样固定在 4.1、4.2 和 4.3 的设备上，用轻微的张力使其保持平整。

将一片湿毛毡垫固定到摩擦头上，用一张长方形湿纱布覆盖在湿毛毡垫上，并将湿纱布用橡皮带或圈固定到摩擦头上，将摩擦头放在离试样边缘 5 mm 处，将 500 g 的重物放在摩擦头上。覆盖毛毡垫区域的纱布不应有任何褶皱。

摩擦 100 次后，将摩擦头升起，检查试验部位的摩擦情况。

换上新的毛毡垫和纱布，再摩擦 100 次。

每摩擦 100 次更换一次毛毡垫和纱布，与相应的"参考试样"[1)] 中的"可接受"程度相比，试样的磨损程度与之相等或比之更严重时，或摩擦 400 次后，达到两者任一条件时结束试验。

7 试验结果

通过将试样和与试样同一种材料的"参考试样"进行对比，感官检查试样的摩擦表面，评估试样的磨损程度。

取三个试样中磨损程度最大的作为试验结果。

8 试验报告

试验报告应包括以下内容：

---

1) 从秘书处 CEN/TC 161 可以得到关于合适的参考试样的有关信息。

a) 试验结果,按第 7 章执行;
b) 试样性质的详细描述等;
c) 如有需要,描述取样过程;
d) GB/T 3903 的本部分编号;
e) 与本试验方法的任何偏差;
f) 试验日期。

参 考 文 献

[1] EN 344:1997 专业用鞋类的安全性、保护性和职业性的试验方法和要求

ICS 61.060
Y 78

GB

中华人民共和国国家标准

GB/T 3903.32—2008/ISO 20876:2001

鞋类 内底试验方法 缝线撕破力

Footwear—Test methods for insoles—Resistance to stitch tear

(ISO 20876:2001,IDT)

STANDARDS PRESS OF CHINA

2008-12-30 发布　　　　2009-09-01 实施

中华人民共和国国家质量监督检验检疫总局
中国国家标准化管理委员会　发布

前　言

GB/T 3903 的本部分等同采用国际标准 ISO 20876:2001《鞋类　内底试验方法　缝线撕破力》(英文版)。

为便于使用，本部分做了下列编辑性修改：

a) “本国际标准”一词改为“本部分”；

b) 用小数点“.”代替作为小数点的逗号“,”；

c) 删除国际标准的前言；

d) 删除国际标准的目录；

e) 对于 ISO 20876:2001 中所引用的国际标准，本部分直接引用与之相对应的国家标准；

f) 删除国际标准的资料性附录。

本部分由中国轻工业联合会提出。

本部分由全国制鞋标准化技术委员会归口。

本部分起草单位：浙江经纬公证检验行有限公司、中国皮革和制鞋工业研究院、桐乡市三峰鞋业有限公司、嘉兴市皮毛和制鞋工业研究所。

本部分主要起草人：张伟娟、闫宏伟、茅明华、王兴强、庄莉、朱建平。

鞋类　内底试验方法　缝线撕破力

1　范围

GB/T 3903 的本部分规定了评定内底固定缝线或金属附件能力的测定方法。

本部分适用于各种鞋类用内底。本方法可用于判断内底材料总体质量，包括内底用粘合剂固定的情况。

2　规范性引用文件

下列文件中的条款通过 GB/T 3903 的本部分的引用而成为本部分的条款。凡是注日期的引用文件，其随后所有的修改单(不包括勘误的内容)或修订版均不适用于本部分，然而，鼓励根据本部分达成协议的各方研究是否可使用这些文件的最新版本。凡是不注日期的引用文件，其最新版本适用于本部分。

GB/T 16825.1—2008　静力单轴试验机的检验　第1部分：拉力和(或)压力试验机　测力系统的检验与校准(ISO 7500-1:2004，IDT)

GB/T 22049　鞋类　鞋类和鞋类部件环境调节及试验用标准环境(GB/T 22049—2008，ISO 18454:2001，IDT)

GB/T 22050　鞋类　样品和试样的取样位置、准备及环境调节时间(GB/T 22050—2008，ISO 17709:2004，IDT)

3　术语和定义

下列术语和定义适用于 GB/T 3903 的本部分。

3.1

缝线撕破力　resistance to stitch tear

将规定尺寸的金属圈从内底材料中拉出需要的力。

4　仪器设备和材料

4.1　钻，装有螺旋形钻头，钻头直径为 1.60 mm±0.01 mm。

4.2　钻模，保证试样上每对孔的中心间距为 8.0 mm±0.2 mm(见图1)。

4.3　钢丝，长度为 150 mm，直径为 0.90 mm±0.01 mm(20SWG)。将其沿着直径为 7 mm 的芯轴弯曲，通过对钢丝的两端施加 1.5 kN～2 kN 的力制成有两个平行、长度相等的臂的 U 形钢丝，U 形钢丝的弧度与芯轴一致。

注：只要通过芯轴将钢丝的不规则部分除去，即可重复使用变形的钢丝。

4.4　拉力试验机，拉力试验机符合 GB/T 16825.1—2008 的 2 级要求，移动速度为 100 mm/min±20 mm/min。能自动记录力值或有指示最大力值的指针。

4.5　拉力试验机的附件，包括以下两个部分：

a)　上夹具钳，包括一个安装试样用钢性托盘，托盘上有一个长方形的孔，尺寸为(12.0 mm±0.5 mm)×(6.0 mm±0.5 mm)，能够连接到测量力系统上，力的作用方向通过孔的中心，并垂直于托盘；

b)　下夹具钳，能将钢丝圈连接到驱动系统，由两个相距 8 mm 的导向孔将钢圈的两个臂平行夹持，在试验过程中两臂与施加力的方向线等距离平行。

设计此连接，目的是保证在试验过程中钢圈从托盘上孔的中心位置拉出时，钢圈形成的平面与孔的长边相平行。

4.6 数字测厚仪，测厚仪有稳固的平台，圆形平面压脚其直径为 10.0 mm，具有定量，能施加 49 kPa±5 kPa 的压强。刻度准确到 0.01 mm。

5 取样和环境调节

从鞋内底、成型内底或者是从提供的材料上，剪切两个长方形试样，尺寸大约为 75 mm×25 mm，两个试样的取样方向相互垂直，同时标记两个试样的方向。

如果试样从鞋或从成型材料上取样，按 GB/T 22050 的规定取样。

按 GB/T 22049 的规定，试样进行环境调节，至少为 24 h。

6 试验方法

6.1 使用测厚仪测量与试样 75 mm 边长平行的中心线上等距离的三个点的厚度(单位为毫米)。

6.2 使用直径 1.6 mm 螺旋钻头的钻(4.1)，从每个试样的正面钻孔，在与 75 mm 边长平行的中心线上打三对孔。使用钻模(4.2)保证每对孔的中心间距为 8.0 mm±0.2 mm。在试样中心位置钻一对孔，然后在这对孔和试样的端头的中间打另外两对孔，见图 1。

单位为毫米

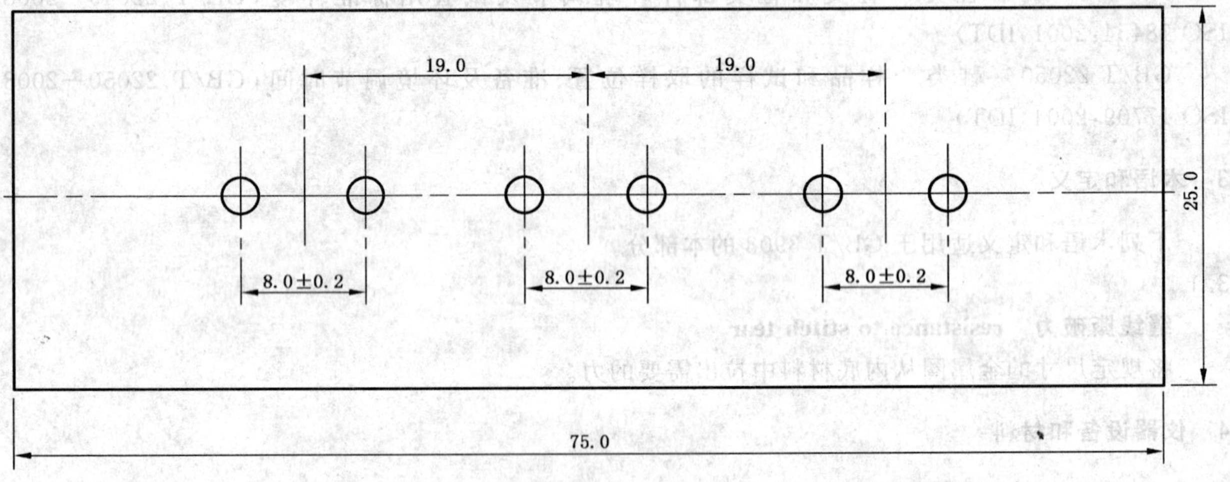

图 1 试样

6.3 将金属圈的两臂(4.3)从试样正面穿到一对孔中。

保持圈的两臂平行，将其从试样支持托盘上的孔[4.5a)]和下夹钳中的向导孔(距离 8 mm)中[4.5b)]穿出。将两臂的端头固定夹紧。

开动拉力试验机(4.4)直到内底材料破裂。

记录施加力的最大值(N)。如果记录施加力中包括了附件质量，修正此值，得出施加到试样上的力。

6.4 试样上的另外两对孔重复试验。第二个试样重复相同的试验步骤。

7 试验结果

7.1 对于每个试样，计算三个最大值的平均值，作为该取样方向上的缝线撕破力，单位为牛顿，精确到 0.1 N。

7.2 对于每个试样，计算三个厚度值的平均值。

8 试验报告

试验报告应包括以下内容：

a) 每个取样方向上的缝线力，根据 7.1 表达；

b) 每个试样的厚度，根据 7.2 表达；

c) 详细描述试样的性质，包括鞋号、颜色和材质等；

d) 相关的抽样过程的描述；

e) GB/T 3903 的本部分编号；

f) 与本试验方法的任何偏差；

g) 试验日期。

STANDARDS PRESS OF CHINA

ICS 61.060
Y 78

中华人民共和国国家标准

GB/T 3903.33—2008/ISO 22649:2003

鞋类　内底和内垫试验方法 吸水率和解吸率

Footwear—Test methods for insoles and insocks—Water absorption and desorption

(ISO 22649:2003,IDT)

2008-12-30 发布　　2009-09-01 实施

中华人民共和国国家质量监督检验检疫总局
中国国家标准化管理委员会　发布

前　言

GB/T 3903 的本部分等同采用国际标准 ISO 22649:2003《鞋类　内底和内垫试验方法　吸水率和解吸率》(英文版)。

为便于使用,本部分做了下列编辑性修改:

a) “本国际标准”一词改为“本部分”;

b) 用小数点“.”代替作为小数点的逗号“,”;

c) 删除国际标准的前言;

d) 删除国际标准的目录;

e) 对于 ISO 22649:2003 中所引用的国际标准,本部分直接引用与之相对应的国家标准;

f) 删除国际标准的附录。

本部分由中国轻工业联合会提出。

本部分由全国制鞋标准化技术委员会归口。

本部分起草单位:中国皮革和制鞋工业研究院、青岛亨达集团有限公司、成都质检院、浙江红蜻蜓鞋业股份有限公司。

本部分主要起草人:田旺、李桂芬、单存礼、单玉萍、张永泽、黄彬、罗志刚。

鞋类 内底和内垫试验方法 吸水率和解吸率

1 范围

GB/T 3903 的本部分规定了测定内底和内垫的吸水率和解吸率的两种试验方法。

本部分适用于任何鞋类用内底和内垫。

两种测定方法如下：

——方法 A：测定内底和内垫的静态吸水率和解吸率；

——方法 B：测定内底和内垫的动态吸水率和解吸率。

2 规范性引用文件

下列文件中的条款通过 GB/T 3903 的本部分的引用而成为本部分的条款。凡是注日期的引用文件，其随后所有的修改单(不包括勘误的内容)或修订版均不适用于本部分，然而，鼓励根据本部分达成协议的各方研究是否可使用这些文件的最新版本。凡是不注日期的引用文件，其最新版本适用于本部分。

GB/T 22049 鞋类 鞋类和鞋类部件环境调节及试验用标准环境(GB/T 22049—2008，ISO 18454:2001，IDT)

GB/T 22050 鞋类 样品和试样的取样位置、准备及环境调节时间(GB/T 22050—2008，ISO 17709:2004，IDT)

3 术语和定义

下列术语和定义适用于 GB/T 3903 的本部分。

3.1

吸水率 water absorption

在规定时间内，试样吸收水分后单位面积质量的增加。

3.2

解吸率 water desorption

相对于试样的吸水质量，试样质量损失的百分比。

4 仪器设备和材料

4.1 方法 A

4.1.1 天平，精确到 0.01 g。

4.1.2 方形刀，剪切试样为(50 mm±1 mm)×(50 mm±1 mm)。刀模的刀刃有大约 5°向外的导角，这样取样时刀就不会损伤试样的边缘。

4.1.3 过滤纸。

4.1.4 蒸馏水。

4.1.5 烧杯或容器，平底、体积合适。

4.1.6 游标卡尺，精确到 0.2 mm。

STANDARDS PRESS OF CHINA

4.2 方法B

4.2.1 设备(如图1)包括:

4.2.1.1 铜制滚筒(A),直径为120 mm±1 mm,宽度为50 mm±1 mm,放置在试样(B)上。

4.2.1.2 平台(C),上表面粗糙,有足够的孔眼使水能流过平台,从而使平台表面保持湿润。平台(C)的上表面用棉纱布覆盖。

4.2.1.3 夹具(D),夹持试样(B)短边,使其在平台(C)上保持水平。

4.2.1.4 夹具(E),将试样另一短边固定到滚筒上,被夹持的短边与滚筒的轴平行。夹具通过弱弹簧进行固定,使试样保持轻微张力。

4.2.1.5 水的提供(F),从平台(C)中流出,能导出多余的水。

4.2.1.6 移动滚筒的轴,沿着 *X-X* 轴往复运动,位移为50 mm±2 mm,中心点为试样的中点,速率为每分钟(20±1)次。轴的运动带动滚筒在试样上往复运动,试样的弯曲程度与滚筒的形状一致。

4.2.1.7 施加80 N±5 N的力到平台、试样和滚筒上。

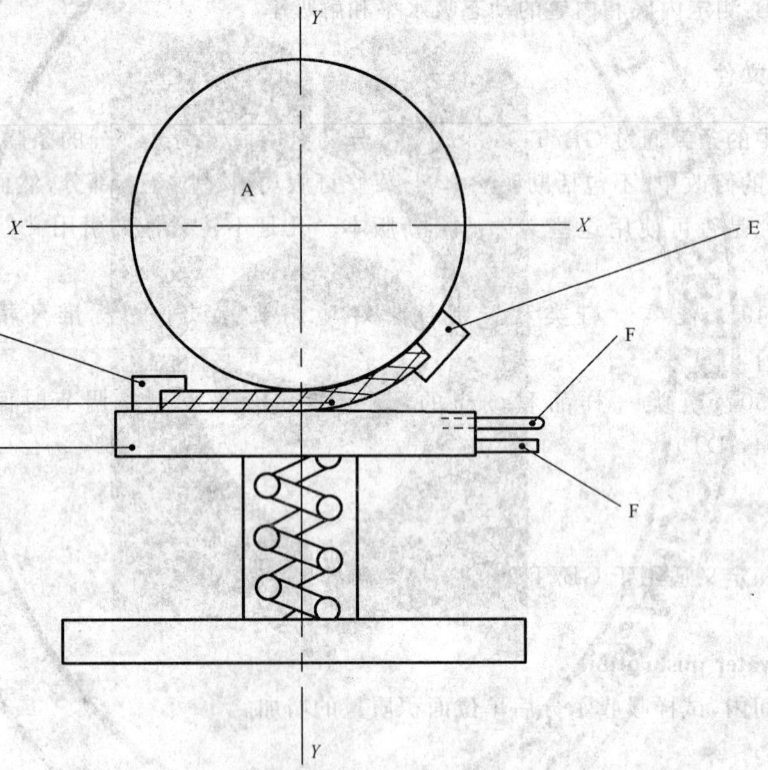

图1 测定吸水率和解吸率设备

4.2.2 模具刀,取尺寸为(110 mm±1 mm)×(40 mm±1 mm)的试样。

4.2.3 天平,准确到0.001 g。

4.2.4 秒表,准确到1 s。

4.2.5 硅脂。

5 取样和环境调节

5.1 方法A

使用4.1.2中所述的方形刀,从鞋内底或内垫、成型内底或内垫所提供的材料上剪切试样,尺寸为(50 mm±1 mm)×(50 mm±1 mm)。试样从鞋或成型试样上取样,应按GB/T 22050的规定进行取样。

按GB/T 22049的规定,至少进行24 h环境调节。

每组试样不得少于两个。

5.2 方法B

5.2.1 如果从鞋上取样，应从内底前部沿纵向方向进行取样。如果从片材上取样，则应沿相互垂直的两个主方向进行取样。

5.2.2 试样为(110 mm±1 mm)×(40 mm±1 mm)的条状试样，试验前应按GB/T 22049的规定进行至少24 h的环境调节。

5.2.3 用少量的硅脂涂在试样边上，以阻止水从试样边上渗入到试样中。

6 试验方法

6.1 方法A

6.1.1 测定吸水率

测定试样的长度和宽度，单位为毫米，精确到0.2 mm。计算其面积，记为A，以平方米表示。

称量试样，精确到0.01 g，记为m_0。

将试样放置在蒸馏水中，按GB/T 22049的规定进行6 h环境调节。将试样取出，用过滤纸吸掉多余的水分，使试样不再滴水，再称量，记为m_F。

试验温度应为20 ℃±2 ℃。

6.1.2 测定解吸率

在6.1.1步骤完成之后，按GB/T 22049的规定对试样进行16 h的环境调节，再称量，记为m_R。

6.2 方法B

6.2.1 原理

试样放置在湿平台上，在一定压力下重复弯曲(类似鞋类穿着期间内底的弯曲运动)。

6.2.2 吸水率的测定

6.2.2.1 称量试样，准确至0.001 g(m_0)。

6.2.2.2 将棉纱布放在平台(C)上。

6.2.2.3 将试样放在试验设备上，与脚接触的表面向下放置在覆盖棉纱布的平台(C)上。将两个短边分别固定在平台和滚筒上，施加80 N±5 N的力。

6.2.2.4 将进水阀门打开，调节平台上的水速为7.5 mL/min。

6.2.2.5 启动仪器，记录试验开始时间。

6.2.2.6 在合适的时间(15 min)后，仪器运行停止前的1 min停止供水。

6.2.2.7 将试样取出，称量，精确到0.001 g。

6.2.2.8 将试样重新放到试验设备上，打开进水阀门，继续试验。

6.2.2.9 继续进行定期称量，直至8 h的试验时间。在仪器停止前1 min停止供水。取出试样再次称量，记录此时质量(m_f)。如果试样在8 h的试验时间之前取出，将其放置在一个塑料袋中，完成规定时间。按6.2.3规定进行干燥(16 h)。

注：如果材料在8 h的试验时间之前达到饱和，则可以停止试验(根据ISO 20344:2004中7.2.4，当间隔15 min连续两次称量之差在20 mg以内时，可认为材料达到饱和)。

6.2.3 测定水的解吸率

按GB/T 22049中规定对试样进行16 h的环境调节，对试样重新称量，精确到0.001 g，记为m_R。

7 试验结果

7.1 方法A

7.1.1 吸水率

按式(1)计算吸水率。

$$C_A = \frac{m_F - m_0}{S} \quad \cdots\cdots(1)$$

式中：

C_A——试样吸水率，单位为克每平方米(g/m^2)；

m_F——湿态下试样的最终质量，单位为克(g)；

m_0——干态下试样的原始质量，单位为克(g)；

S——试样的面积，单位为平方米(m^2)。

结果准确至 1 g/m^2。

结果为两次试验结果的平均值。

7.1.2 解吸率

按式(2)计算解吸率。

$$W_D = \frac{(m_F - m_R) \times 100}{m_F - m_0} \quad \cdots\cdots (2)$$

式中：

W_D——试样解吸率，以%表示；

m_F——试样的最终质量，单位为克(g)；

m_R——试样在环境调节后的质量，单位为克(g)；

m_0——试样的原始质量，单位为克(g)。

结果精确到1%。

7.2 方法 B

7.2.1 吸水率

按式(3)计算吸水率。

$$W_A = \frac{m_F - m_0}{S} \quad \cdots\cdots (3)$$

式中：

W_A——试样吸水率，单位为克每平方米(g/m^2)；

m_F——湿态下试样的最终质量，单位为克(g)；

m_0——干态下试样的原始质量，单位为克(g)；

S——试样的面积，单位为平方米(m^2)。

结果精确到 1 g/m^2。

结果为两次试验结果的平均值。

7.2.2 解吸率

按式(4)计算解吸率。

$$W_D = \frac{(m_F - m_R) \times 100}{m_F - m_0} \quad \cdots\cdots (4)$$

式中：

W_D——试样解吸率，以%表示；

m_F——试样的最终质量，单位为克(g)；

m_R——试样在环境调节后的质量，单位为克(g)；

m_0——试样的原始质量，单位为克(g)。

结果精确到1%。

8 试验报告

8.1 方法 A

试验报告应包括以下内容：

a) 吸水率和解吸率的结果，按 7.1.1 和 7.1.2 执行；

b) 样品的材质和详细描述；

c) 相关的取样过程的描述；

d) GB/T 3903 的本部分编号；

e) 与本试验方法的任何偏差；

f) 试验日期。

8.2 **方法 B**

试验报告应包括以下内容：

a) 吸水率和解吸率的结果,按 7.2.1 和 7.2.2 执行；

b) 样品的材质和详细描述；

c) 相关的取样过程的描述；

d) GB/T 3903 的本部分编号；

e) 与本试验方法的任何偏差；

f) 试验日期。

STANDARDS PRESS OF CHINA

参 考 文 献

[1] EN 344:1997 专业用安全、防护和职业用鞋的要求和试验方法
[2] ISO 20344:2004 个人防护器具 鞋类测试方法(2005 年勘误)

ICS 61.060
Y 78

GB

中华人民共和国国家标准

GB/T 3903.34—2008/ISO 18896:2006

鞋类　勾心试验方法　纵向刚度

Footwear—Test methods for shanks—Longitudinal stiffness

(ISO 18896:2006,IDT)

2008-12-30 发布　　2009-09-01 实施

中华人民共和国国家质量监督检验检疫总局
中国国家标准化管理委员会　发布

前　言

GB/T 3903 的本部分等同采用国际标准 ISO 18896:2006《鞋类　勾心试验方法　纵向刚度》(英文版)。

为便于使用,本部分做了下列编辑性修改:

a) “本国际标准”一词改为“本部分”;

b) 删除国际标准的前言;

c) 删除国际标准的目录;

d) 对于 ISO 18896:2006 中所引用的国际标准,本部分直接引用与之相对应的国家标准;

e) 删除国际标准的资料性附录 A。

本部分由中国轻工业联合会提出。

本部分由全国制鞋标准化技术委员会归口。

本部分起草单位:中国皮革和制鞋工业研究院、昆山龙鹰金属制品有限公司。

本标准主要起草人:严怀道、田旺、徐根生。

鞋类　勾心试验方法　纵向刚度

1　范围

GB/T 3903 的本部分规定了评估用于加固鞋类腰窝部位的勾心的纵向刚度试验方法。

本部分适用于各种鞋类用勾心。

2　规范性引用文件

下列文件中的条款通过 GB/T 3903 的本部分引用而成为本部分的条款。凡是注日期的引用文件，其随后所有的修改单(不包括勘误的内容)或修订版均不适用于本部分，然而，鼓励根据本部分达成协议的各方研究是否可使用这些文件的最新版本。凡是不注日期的引用文件，其最新版本适用于本部分。

GB/T 22049　鞋类　鞋类和鞋类部件环境调节及试验用标准环境(GB/T 22049—2008，ISO 18454:2001，IDT)

3　术语和定义

下列术语和定义适用于 GB/T 3903 的本部分。

3.1

纵向刚度　longitudinal stiffness

在一定负荷和规定条件下测定勾心的形变长度。

4　仪器设备和材料

4.1　测定勾心纵向刚度的试验仪满足：

a)　夹具钳夹持带筋的勾心后端(位于跟部位置)而不损坏筋，夹持长度为 32 mm±1 mm，夹具钳的角度调整到向勾心施加力的部分保持水平；

b)　向勾心的前端施加向下的力，分别为 2 N、4 N、6 N 和 8 N，允差为±5%；

c)　在施加力的点上，测定勾心的垂直形变长度，允差为±0.025 mm。

4.2　秒表，准确至±0.1 s。

4.3　游标卡尺和(或)不锈钢尺，准确至±0.5 mm。

5　取样和环境调节

样品应为完整勾心。

每种类型勾心至少需要三个试样。

试验前在 GB/T 22049 规定的环境条件下进行环境调节，时间为 48 h。

试验在 GB/T 22049 规定的环境条件进行，当不能实现时，试样在从标准环境中取出 15 min 内进行试验。

6　试验方法

6.1　夹持住勾心的后端，在勾心的前端施加压力，使勾心像悬臂一样弯曲。测量其弯曲的程度，计算勾心的屈挠刚度，此值作为勾心刚度，它取决于勾心金属材质和横截面而不是长度。

6.2　勾心的背面向上(通常是带筋的一面)，将勾心后端放置夹具钳的中心部位[4.1a)]，夹持长度为 32 mm，勾心的尾端与夹具钳的末端相齐，勾心的纵向轴与夹具钳的边缘相垂直。将夹具钳拧紧固定勾心。

6.3　调整夹具钳的角度，使勾心前端的负荷点水平。

6.4　将微位移测量装置放置在其位置上，如果有需要，进行调整。

6.5　向勾心的头部均匀缓和地施加向下 2 N 的力，施加力的中心点离勾心的头部端面 6 mm。

注：对于高跟鞋的勾心，施加力的中心点可以距勾心头部端面 11 mm。

6.6　5 s 后在负荷点测量勾心垂直形变长度，记为 a_1，精确到 0.01 mm。

6.7　将 2 N 力移去，施加 4 N 的力。施加第一个力与第二个力的间隔时间为 10 s。

6.8　在 5 s 后测量形变长度，记为 a_2，同 6.6。

6.9　分别施加 6 N 和 8 N 的力，重复 6.7 和 6.8 的步骤，分别记为 a_3 和 a_4。通过检查 a_4-a_3、a_3-a_2、a_2-a_1 的值大致相同来判断这些读数的准确性。

6.10　将力从勾心上移去，使用 4.3 的仪器测量从夹具钳的前端面到施加力的中心点的力臂，单位为毫米。

6.11　另两根勾心按 6.2～6.10 的步骤进行试验。

7　试验结果

7.1　按式(1)计算纵向刚度。

$$S=\frac{FL^3}{3a} \qquad \cdots\cdots(1)$$

式中：

S——纵向刚度，单位为千牛·平方毫米(kN·mm^2)；

F——负荷，单位为牛顿(N)；

L——力臂，单位为毫米(mm)；

a——形变长度，单位为毫米(mm)。

F 为 2 N 时，按式(2)得到最为精确的 a 值。

$$a=\frac{1}{10}(3a_4+a_3-a_2-3a_1) \qquad \cdots\cdots(2)$$

式中：

a——每 2 N 重力产生的形变长度，单位为毫米(mm)；

a_4——施加 8 N 的力时产生的形变长度，单位为毫米(mm)；

a_3——施加 6 N 的力时产生的形变长度，单位为毫米(mm)；

a_2——施加 4 N 的力时产生的形变长度，单位为毫米(mm)；

a_1——施加 2 N 的力时产生的形变长度，单位为毫米(mm)。

7.2　分别计算三个勾心 S 值，并计算平均值，单位为千牛·平方毫米，试验结果取整数。

8　试验报告

试验报告应包括以下内容：

a)　试验结果，按第 7 章执行；

b)　GB/T 3903 的本部分编号；

c)　勾心的详细描述，包括商业货号、颜色、材质等；

d)　如果试样数量不是三个，记录试样的数量；

e)　与本试验方法的任何偏差。

ICS 61.060
Y 78

中华人民共和国国家标准

GB/T 3903.35—2008/ISO 18895:2006

鞋类 勾心试验方法 抗疲劳性

Footwear—Test methods for shanks—Fatigue resistance

(ISO 18895:2006,IDT)

2008-12-30 发布　　2009-09-01 实施

中华人民共和国国家质量监督检验检疫总局
中 国 国 家 标 准 化 管 理 委 员 会　发布

前　言

GB/T 3903 的本部分等同采用国际标准 ISO 18895:2006《鞋类　勾心试验方法　抗疲劳性》(英文版)。

为便于使用,本部分做了下列编辑性修改:

a) "本国际标准"一词改为"本部分";

b) 用小数点的"."代替作为小数点的逗号",";

c) 删除国际标准的前言;

d) 删除国际标准的目录;

e) 对于 ISO 18895:2006 中所引用的国际标准,本部分直接引用与之相对应的国家标准;

f) 删除国际标准的附录。

本部分由中国轻工业联合会提出。

本部分由全国制鞋标准化技术委员会归口。

本部分起草单位:中国皮革和制鞋工业研究院、昆山龙鹰金属制品有限公司。

本部分主要起草人:严怀道、田旺、徐根生。

鞋类　勾心试验方法　抗疲劳性

1　范围

GB/T 3903 的本部分规定了评估用于加固鞋类腰窝部位的勾心抗疲劳性的试验方法。

本部分适用于各种鞋类用勾心。

2　规范性引用文件

下列文件中的条款通过 GB/T 3903 的本部分的引用而成为本部分的条款。凡是注日期的引用文件，其随后所有的修改单(不包括勘误的内容)或修订版均不适用于本部分，然而，鼓励根据本部分达成协议的各方研究是否可使用这些文件的最新版本。凡是不注日期的引用文件，其最新版本适用于本部分。

GB/T 22049　鞋类　鞋类和鞋类部件环境调节及试验用标准环境(GB/T 22049—2008，ISO 18454:2001，IDT)

3　术语和定义

下列术语和定义适用于 GB/T 3903 的本部分。

3.1

抗疲劳性　fatigue resistance

在规定条件下，勾心对重复交变负荷的抵抗能力。

4　设备和材料

使用抗疲劳试验机来测定勾心的抗疲劳性。对多工作位的试验机，每个工作位包括 a)～d)的部件：

a)　下夹具钳：固定，有硬钢平面，高度为 32 mm±2 mm，宽度能牢固夹住勾心为宜。

b)　上夹具钳：可以调节，有硬钢平面，能对勾心实施 49 N±2 N 的力，此力垂直于下夹具钳的平面，速率为 4 r/s。施加的力使勾心做往复运动，前后往复运动一次构成一个完整循环。上、下夹具钳的示意图见图 1。

c)　记录试样断裂时循环次数的计数装置。

d)　控制夹具钳[见 a)和 b)]其夹持力为 4 900 N·mm±50 N·mm 的装置。

注：可以使用扭矩扳手。

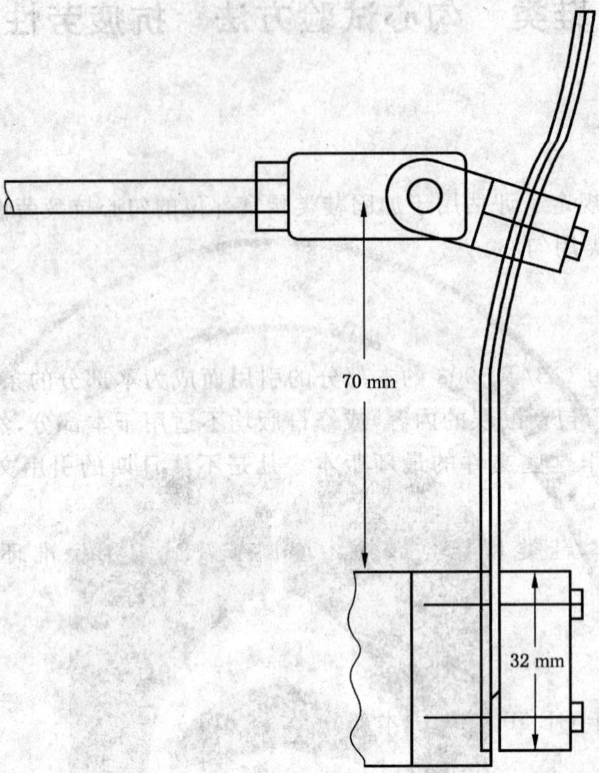

图 1 上、下夹具钳

5 取样和环境调节

试样为完整勾心。

每种类型勾心至少需要四个试样。

试验前在 GB/T 22049 规定的环境条件下进行环境调节，时间为 48 h。

试验在 GB/T 22049 规定的环境条件进行，当不能实现时，试样在从标准环境中取出 15 min 内进行试验。

6 试验方法

用夹具钳夹持勾心后端，如勾心在鞋内一样，向勾心施加交变力使其弯曲，以勾心断裂时的循环次数作为疲劳寿命。

将勾心后端对称放入下夹具钳[4a)]，勾心后端端面与夹具钳下端相齐，勾心夹持长度为 32 mm，试样与下夹具钳施加的夹持力垂直。

按 4d)使用的设备将下夹具钳拧紧[4a)]，保证下夹具钳上端施加的力矩是 4 900 N·mm，力矩不需要施加到夹具钳的下端，但应保证下端夹紧，夹具钳的端面保持平行。

用上夹具钳夹持试样前端，使下夹具钳的上端面和上夹具钳的中心距离为 70 mm±2 mm。拧紧上夹具钳，保证施加的总力矩为 4 900 N·mm±50 N·mm。

7 试验结果

启动试验仪器，记录每个试样断裂时的总循环次数。

记录每个试样断裂时的循环次数，计算四个试验结果的算术平均值。

8 试验报告

试验报告应包括以下内容：

a) 试验结果，按第7章执行；

b) GB/T 3903的本部分编号；

c) 试样的详细描述，包括商业货号、颜色、材质等；

d) 如果试样数量不是四个，记录试样的数量；

e) 与本试验方法的任何偏差；

f) 试验日期。

ICS 61.060
Y 78

中华人民共和国国家标准

GB/T 3903.36—2008/ISO 22774:2004

鞋类 鞋带试验方法 耐磨性能

Footwear—Test methods for accessories: shoe laces—Abrasion resistance

(ISO 22774:2004, IDT)

2008-12-30 发布　　　　2009-09-01 实施

中华人民共和国国家质量监督检验检疫总局
中国国家标准化管理委员会　发布

前　言

GB/T 3903 的本部分等同采用国际标准 ISO 22774:2004《鞋类　鞋带试验方法　耐磨性能》(英文版)。

为便于使用,本部分做了下列编辑性修改:

a) "本国际标准"一词改为"本部分";

b) 用小数点"."代替作为小数点的逗号",";

c) 删除国际标准的前言;

d) 删除国际标准的目录;

e) 对于 ISO 22774:2004 中所引用的国际标准,本部分直接引用与之相对应的国家标准;

f) 删除国际标准的附录。

本部分由中国轻工业联合会提出。

本部分由全国制鞋标准化技术委员会归口。

本部分起草单位:中国皮革和制鞋工业研究院、福建省鞋服质量检测中心、福建泉州匹克体育用品有限公司、莆田市标龙设备设计中心。

本部分主要起草人:戚晓霞、闫宏伟、尤永谊、戴建辉、陈元水。

鞋类　鞋带试验方法　耐磨性能

1　范围

GB/T 3903 的本部分规定了测定鞋带反复摩擦的耐磨强度的三个试验方法。

——方法 1:鞋带与鞋带的摩擦;

——方法 2:鞋带与标准鞋眼的摩擦;

——方法 3:鞋带与鞋眼(从鞋上剪切)的摩擦。

本部分适用于各种鞋类用鞋带。

2　规范性引用文件

下列文件中的条款通过本标准的引用而成为 GB/T 3903 的本部分的条款。凡是注日期的引用文件,其随后所有的修改单(不包括勘误的内容)或修订版均不适用于本部分,然而,鼓励根据本部分达成协议的各方研究是否可使用这些文件的最新版本。凡是不注日期的引用文件,其最新版本适用于本部分。

GB/T 22049　鞋类　鞋类和鞋类部件环境调节及试验用标准环境(GB/T 22049—2008,ISO 18454:2001,IDT)

3　术语和定义

下列术语和定义适用于 GB/T 3903 的本部分。

3.1

鞋带耐磨性能　abrasion resistance of shoe laces

鞋带与相似鞋带或鞋眼之间进行反复摩擦时,鞋带的耐摩擦能力。

3.2

断裂时的循环次数　number of cycles to failure

试样断裂时往复摩擦次数的算术平均值。

3.3

断裂类型　type of failure

较短鞋带或较长鞋带的断裂,连同各自的磨损情况一并描述。

4　试验原理

鞋带穿过环孔,环孔由以下形成:

——用垫圈固定一个相似的鞋带环孔(方法 1);

——鞋眼(方法 2 和方法 3)。

环孔以精确的角度固定,鞋带与环孔的固定接触点穿过环孔。鞋带在标准张力下夹持,鞋带在线圈中做往复运动直到断裂。

5　试验设备和材料

5.1　一般情况

5.1.1　有一个或多个工作位的试验机器(见图 1):

注：在本试验中可以使用少于六个工作位的试验机器。在这种情况下，重复试验直到六个试样都进行了试验(见8.1.6)。

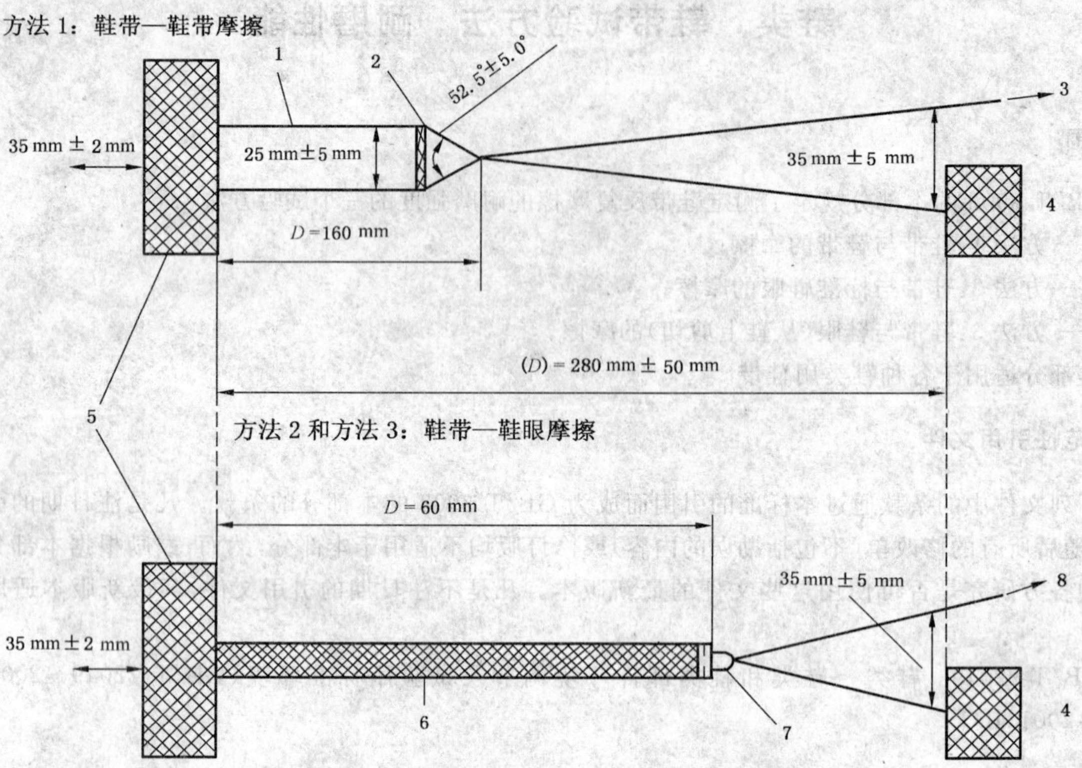

1——鞋带环孔；
2——垫圈；
3——拉力(2.45 N±0.03 N)；
4——静止夹具钳；
5——可移动夹具钳；
6——金属条；
7——鞋眼；
8——拉力(2.45N±0.03N)。

图 1　鞋带摩擦的平面图

5.1.2　可移动夹具钳，能牢固固定：

——鞋带的两端(方法 1)；

——金属条的一端(见 5.1.8)(方法 2 和方法 3)。

5.1.3　静止夹具钳在与可移动夹具钳同一水平面上固定，夹持鞋带一端。当静止夹具钳和可移动夹具钳相距最短时，静止夹具钳与可移动夹具钳的距离为 280 mm±50 mm。最短距离用 D 表示。

5.1.4　在与静止夹具钳(5.1.3)同一水平面上相距 35 mm±5 mm 的地方用拉力设备将鞋带固定，施加 2.45 N±0.03 N 的力，见图 1。将鞋带穿过一个滑轮后，在鞋带较低的垂直部分的末端悬挂 250g±3g 重物来施加拉力。

5.1.5　可移动夹具钳(5.1.2)进行往复运动，移动距离为 35 mm±2 mm，以 60 r/min±6 r/min 的速率回到原始点。

5.1.6　计数器，当鞋带或鞋眼断裂时记录摩擦次数。

5.1.7　对于方法 1：

——坚硬的垫圈，宽度为 25 mm±5 mm。夹持可移动夹具钳中的鞋带环孔的两个端头（见图 1），在拉力的作用下，环孔的端头与垫圈形成一个以垫圈为底边的等腰三角形，鞋带边之间的夹角为 52.5°±5.0°；

——为了将垫圈放置在合适的位置，使用夹角为 52.5° 的样板。

5.1.8 对于方法 2，一个宽度大约为 25 mm 的金属条，厚度大约为 1 mm 和长度大约为 D=60 mm。金属条的一端固定在可移动夹具钳（5.1.2）中，另一端固定鞋眼。

5.2 标准鞋眼

具有以下性质（方法 2）：

——结构：可见（标准/扁平）类型；

——金属类型：铜；

——内孔的公称直径：4.5 mm；

——整体公称长度：5.5 mm。

5.3 六个鞋眼（方法 2 和方法 3）

5.3.1 方法 2

安装板：坚硬纤维板，厚度 3.0 mm±0.5 mm。鞋眼固定到直径为 5.0 mm±0.2 mm 的孔中（剪切带有鞋眼的纤维板使能安装到机器中），将其固定到金属条上（图 1）。

5.3.2 方法 3

从鞋上剪切包括鞋眼的样品，将其固定到金属条上（图 1）。

6 取样

6.1 方法 1

6.1.1 剪切六个鞋带试样，长度至少为 2×（D−160）mm。

如果有足够的成品鞋带，分别从独立鞋带上剪切试样。

6.1.2 剪切六个鞋带，每个长度为 500 mm±10 mm。

如果有足够的成品鞋带，分别从独立鞋带上剪切试样。

对于一些设备，只要鞋带试样（6.1.1）能够与鞋带试样（6.1.2）相互摩擦，可以使用 100 mm 的短鞋带，将鞋带首尾连接起来使之变长进行试验。

6.2 方法 2 和方法 3

剪切六个鞋带，每个长度为 300 mm±10 mm。

如果有足够的成品鞋带，分别从独立鞋带上剪切试样。

对于一些设备，只要鞋带试样能够与鞋眼（5.3）相互摩擦，可以使用 100 mm 的短鞋带，将鞋带首尾连接起来使之变长进行试验。

7 环境调节

将试样和试样夹持器放置在按 GB/T 22049 规定的标准环境下，时间至少 48 h，并在此环境下进行试验。

8 试验步骤

8.1 方法 1

8.1.1 将鞋带（6.1.1）的两端都固定在可移动夹具钳（5.1.2）中，使之形成一个长度大约为 2×（D=160）mm 的环孔。

8.1.2 将鞋带(6.1.2)的一端固定在相应的静止夹具钳(5.1.3)中。

8.1.3 将鞋带(6.1.2)另一自由端穿过由鞋带(6.1.1)形成的环孔(8.1.1)中。

8.1.4 对鞋带(6.1.2)自由端施加 2.45 N±0.03 N 的拉力。

8.1.5 将垫圈(5.1.7)安装到由鞋带(6.1.1)形成的环孔中,向与鞋带(6.1.2)接触点方向滑动,直到样板(5.1.7)显示鞋带(6.1.1)形成环孔的顶角角度为 52.5°±5.0°(图 1)。

8.1.6 另外五双鞋带(6.1.1 和 6.1.2)重复 8.1.1 和 8.1.5 的步骤,对于少于六个工作位的仪器,重复 8.1.1~8.1.4 的步骤直到六双试样都进行试验。

8.1.7 将计数器(5.1.6)回零,开动机器(5.1)。

8.1.8 当所有的鞋带(8.1.6)都断裂时停止机器。

8.1.9 记录每个鞋带断裂时的循环次数和断裂类型(3.3)。

8.2 方法 2

8.2.1 将鞋眼(5.3.2)(包括标准鞋眼)固定到每个金属条(5.1.8)的端头上,保证试验用鞋眼和金属条的相对位置与成鞋上鞋眼和鞋眼护条的相对位置一致。

8.2.2 将金属条的另一端夹持在可移动夹具钳(5.1.2)上,鞋眼与可移动夹具钳的距离大约为D—60 mm。

8.2.3 对六个试样(6.2)中的每个试样进行 8.1.2~8.1.4 的步骤,所不同的是将它们穿到鞋眼(5.3)中而不是将其穿到鞋带环孔中。对于少于六个工作位的仪器,见 8.1.6。

8.2.4 进行 8.1.7~8.1.8 的步骤。

8.2.5 对于每个鞋带试样,记录断裂时的次数、断裂类型(3.3)和鞋眼的受损情况。

8.3 方法 3

8.3.1 将鞋眼(5.3.2)(包括从鞋上剪切的样品)固定到金属条的端头上(5.1.8),保证试验用鞋眼和金属条的相对位置与成鞋上鞋眼和鞋眼护条的相对位置一致。

8.3.2 将金属条的另一端夹持到可移动夹具钳(5.1.2)中,鞋眼与可移动夹具钳的距离大约为D—60 mm。

8.3.3 六个鞋带试样(6.2)进行 8.1.2~8.1.4 的步骤,所不同的是将它们穿到鞋眼(5.3)中而不是将其穿到鞋带环孔中。对于少于六个工作位的仪器,见 8.1.6。

8.3.4 进行 8.1.7~8.1.8 的步骤。

8.3.5 对于每个鞋带试样,记录断裂时的次数、断裂类型(3.3)和鞋眼的受损情况。

9 计算和试验结果

计算六个试样中每个试样断裂时的摩擦次数(8.1.9、8.2.5 和 8.3.5 中记录值)的算术平均值。

10 试验报告

试验报告应包括以下内容:

a) GB/T 3903 的本部分编号。

b) 使用的试验方法[方法 1:鞋带与鞋带的摩擦;或方法 2:鞋带和标准鞋眼的摩擦;或方法 3:鞋带与鞋眼(从鞋上剪切)的摩擦]。

c) 详细描述:

  1) 鞋带(方法 1);

  2) 鞋带和标准鞋眼(方法 2);

  3) 鞋带和从鞋上剪切的鞋眼(方法 3)。

d) 断裂时摩擦次数的算术平均值(第9章)。

e) 断裂时的摩擦次数。

f) 断裂类型。

g) 与本试验方法的任何偏差和任何影响到试验结果的情况。

h) 试验日期。

ICS 61.060
Y 78

中华人民共和国国家标准

GB/T 3903.37—2008/ISO 22653:2003

鞋类　衬里和内垫试验方法 静摩擦力

Footwear—Test methods for insoles and insocks—Static friction

(ISO 22653:2003,IDT)

2008-12-30 发布　　　　2009-09-01 实施

中华人民共和国国家质量监督检验检疫总局
中国国家标准化管理委员会　发布

STANDARDS PRESS OF CHINA

前　言

GB/T 3903的本部分等同采用国际标准ISO 22653:2003《鞋类　衬里和内垫试验方法　静摩擦力》(英文版)。

为便于使用，本部分做了下列编辑性修改：

a) "本国际标准"一词改为"本部分"；

b) 用小数点"."代替作为小数点的逗号","；

c) 删除国际标准的前言；

d) 删除国际标准的目录；

e) 对于ISO 20865:2002中所引用的国际标准，本部分直接引用与之相对应的国家标准；

f) 删除国际标准的附录；

g) 将国际标准中的单位改为我国的法定计量单位。

本部分的附录A为资料性附录。

本部分由中国轻工业联合会提出。

本部分由全国制鞋标准化技术委员会归口。

本部分起草单位：莆田市华丰鞋业有限公司、中国皮革和制鞋工业研究院、中华人民共和国晋江出入境检验检疫局。

本部分主要起草人：蔡金辉、田旺、陈斌。

鞋类　衬里和内垫试验方法
静摩擦力

1　范围

GB/T 3903 的本部分规定了测定评定衬里和内垫的摩擦性能的两种试验方法。

本部分适用于各种鞋类用衬里和内垫。

2　规范性引用文件

下列文件中的条款通过 GB/T 3903 的本部分的引用而成为本部分的条款。凡是注日期的引用文件,其随后所有的修改单(不包括勘误的内容)或修订版均不适用于本部分,然而,鼓励根据本部分达成协议的各方研究是否可使用这些文件的最新版本。凡是不注日期的引用文件,其最新版本适用于本部分。

GB/T 22049　鞋类　鞋类和鞋类部件的环境调节及试验用标准环境(GB/T 22049—2008,ISO 18454:2001,IDT)

3　术语和定义

下列术语和定义适用于 GB/T 3903 的本部分。

3.1

静摩擦系数(μ_S)　coefficient of static friction

引起两个静止物体接触面切线方向分离所需要的力与作用在其接触面的垂直力的比值。

3.2

动摩擦系数(μ_K)　coefficient of kinetic friction

保持接触面之间的稳定速度所需要的力与作用在其接触面上的垂直力的比值。

3.3

表面阻力的动态角度(D_K)　kinetic angle of surface drag

倾斜表面的角度,在此角度下,滑动试验装置在标准力值作用下能沿倾斜表面滑下。

3.4

表面阻力的静态角度(D_S)　static angle of surface drag

倾斜表面的角度,在此角度下,滑动装置能依靠自身的质量和动量滑下。

4　仪器设备和材料

4.1　方法 A

4.1.1　滑动装置

长度为 150 mm±1 mm,宽度为 100 mm±1 mm,质量为 700 g±15 g。衬里和内垫(5.1.1)固定在此滑动装置上,试样支撑物为泡沫橡胶或者塑料材料,厚度为 3 mm 和中等表面密度。滑动装置的表面光滑平整或经过抛光。滑动装置的边缘应光滑洁净。

当放置在水平试验台上时,滑动装置的滑动面与水平台平行,且确保滑动面与水平台完全贴服,滑动过程中不应发生任何形变。

4.1.2　驱动装置

用来驱动滑动装置或水平试验台,保持两者的相对运动速率稳定在 800 mm/min±100 mm/min。

4.1.3 平台

刚性结构，光滑或抛光的表面，将对比材料（5.1.2）固定在平台上，固定时拉伸对比材料到刚好消除皱纹和没产生非永久性形变的程度。

平台的长度能允许试验中表面的相对移动大约有400 mm的距离，宽度能允许与滑动装置的边缘和障碍物的任何边缘大约有50 mm的距离。

4.1.4 测量设备

以应变计的形式，连有自动记录力设备，准确测定起始运动所需要的力和之后保持稳定速率所需要的力。记录的反应时间小于0.25 s。

4.2 方法B

4.2.1 测定表面阻力静态角度的设备

4.2.1.1 刚性平台

长度不小于300 mm和宽度不小于100 mm，用铰链与带有调整安装水平用螺丝的基板连接在一起。刚性平台应有水平仪，测定倾斜表面角度，精度为±0.5°。

4.2.1.2 毛织物[1)]

大约250 mm长，100 mm宽，长边为横向，用轻微的张力固定到平台上（4.2.1.1）。

注：当不使用时将毛织物覆盖；应间隔或当被污染的时候替换。

4.2.1.3 试样装载器

由金属制成，在装载器上部对称打孔，调节装载器和夹紧螺钉的总质量为300 g。试样装载器尺寸如图1所示。

单位为毫米

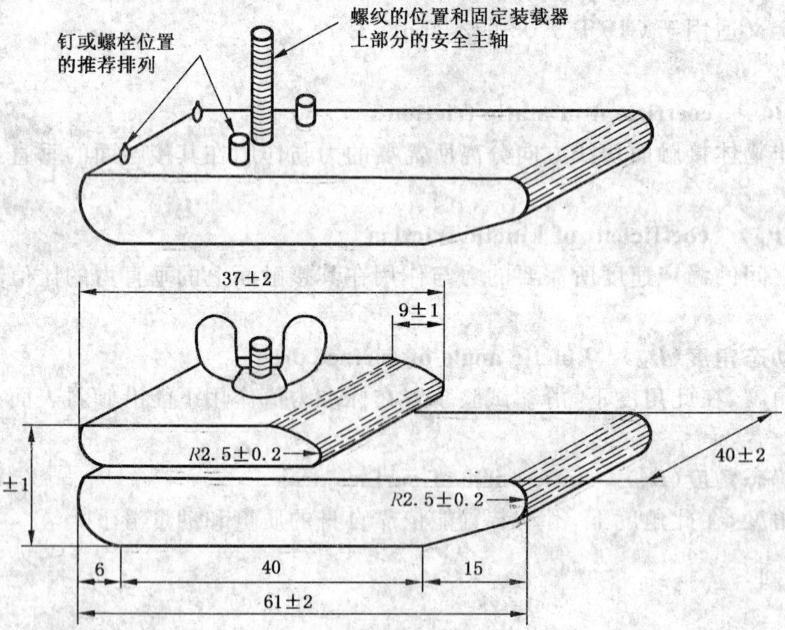

图1 试样装载器

1) 推荐毛织物的物理性能如下：

纤维含量：90%毛，10%棉；

编织：3/1破斜纹；

涂饰和其他细节：毛纺；

单位质量：至少650 g/m²；

单位长度线数：纬线至少14.6/cm，经线至少11.0/ cm；

断裂强度：纬线至少355 N/50 mm，经线至少325 N/50 mm；

尺寸的变化：最大2.0%。

4.2.1.4　**电力马达**

以 15°/min±2°/min 的速率使平台的平面机械倾斜。

4.2.1.5　**微型开关**

包括与电力马达(4.2.1.4)对应的一系列电路，在平台(4.2.1.1)的上端安装，这样起动杆可以被停放在毛织物上的试样装载器(4.2.1.3)的后端按下。在距开关接触的起始位置 4.5 mm±0.5 mm 处有制动装置。

按下微型开关起动杆的力应在 40 mN～80 mN 之间。

设备装置图见图 2。

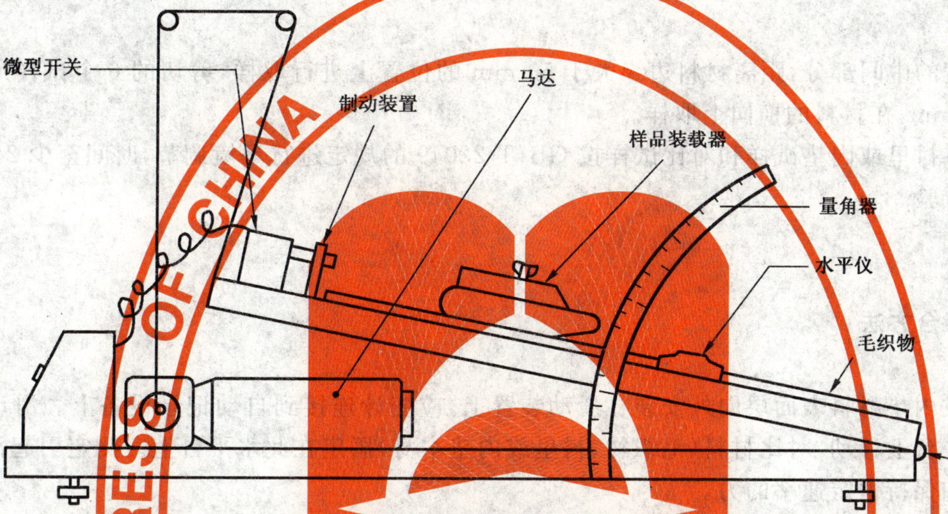

图 2　设备装置图

4.2.2　**测量表面阻力动态角度(D_K)的设备**

合适的设备见图 3。

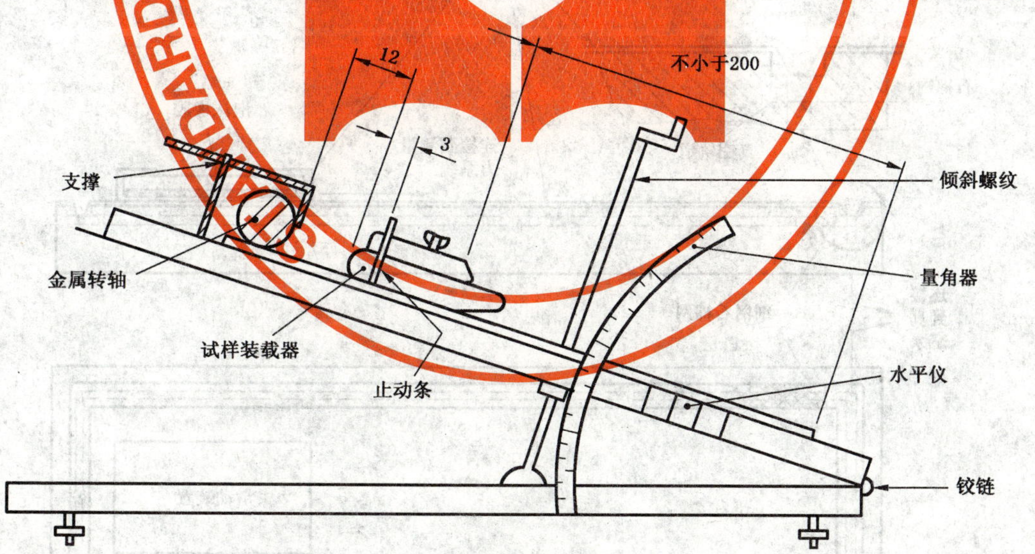

图 3　测量表面阻力动态角度的设备图

刚性平台(4.2.1.1)和试样装载器(4.2.1.3)符合试验要求。按规定倾斜刚性平台到规定的倾斜角度，精确到±0.5°。能对试样装载器的背面施加大约 3 N 的力使之达到最初的滑动(见 6.2.2.2)。

注：能通过合适尺寸和合适质量的金属圆柱体实现试样装载器背面施加的 3 N 的推动力。然而由于平台倾斜角度的不同，推动力也不同，需要调整此方法。

STANDARDS PRESS OF CHINA

5 取样和环境调节

5.1 方法 A

5.1.1 分别在衬里或内垫材料的纵向和横向上取样，两个衬里或内垫试样的尺寸为 250 mm×100 mm。

5.1.2 从要进行试验的衬里或内垫材料上或从毛织物上剪切两个对比试样，尺寸不少于 550 mm×200 mm。

在试验前将衬里或内垫试样和对比试样按 GB/T 22049 的规定进行环境调节，时间至少 24 h，并在此环境下进行试验。

5.2 方法 B

在材料宽度的中间部分，距离材料边缘大于 50 mm 的位置上进行取样，剪切的 6 个试样尺寸为宽 50 mm、长 120 mm，在材料的横向上取样。

在试验前将衬里或内垫试样和对比试样按 GB/T 22049 的规定进行环境调节，时间至少 24 h，并在此环境下进行试验。

6 试验方法

6.1 方法 A：平台方法

6.1.1 原理

矩形衬里或内垫材料表面层向外安装在滑动装置上，应变计连接到自动记录设备上。滑动装置在牢固安装的水平台上移动，对比材料(毛织物、衬里或内垫本身)固定在此水平台上。测定引起滑动装置最初运动的力和保持恒定速率的力。

6.1.2 试验步骤

测定衬里或内垫试样(5.1.1)的质量，单位为千克。将试样安装在滑动装置(4.1.1)上，要求试样的表面层向外(图 4)。

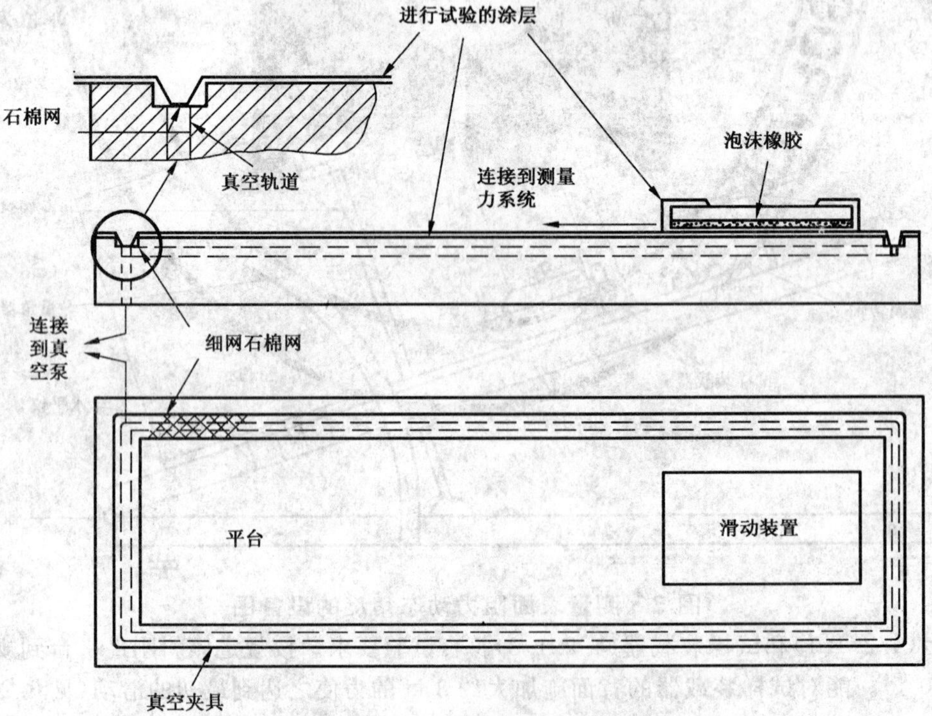

图 4 平台试验设备的简图

保证试样不被过度拉伸,但应有足够的张力使试样在试验中不会产生影响到试验结果的皱纹或褶皱。

用相同的方法将对比试样(5.1.2)安装到平台上(4.1.3)。

保证两个表面平整和没有异物。

在没有施加任何额外的向下力的情况下,将滑动装置放在平台上,保证自动记录设备(4.1.4)回零,图表的速度大约为600 mm/min。

测定和记录试验环境的温度和湿度。

开动驱动装置(4.1.2)。

注:对比试样完全覆盖平台,推荐使用胶带将对比试样重叠固定在平台边缘上。或者对比物在真空轨道上牢固固定。或如果对比试样是薄的单面涂层纺织物,可用真空吸引进行固定,如图4所示。

6.2 方法B:倾斜平面方法

6.2.1 原理

安装有衬里或内垫试样的滑动装置放在毛织物的平台上,能升起此平台与水平面成一定的角度。倾斜平面的角度逐渐增加,直到滑动装置能沿着倾斜平面滑下。测定倾斜平面的倾斜角度和记录此角度作为表面阻力的角度。

6.2.2 试验步骤

6.2.2.1 方式1:测定表面阻力的静态角度(D_S)

调节平台到量角器的位置,使用平台上调节螺丝调节平台到0°的位置,使其保持水平。将试样包裹在装载器上,使用轻微的张力夹紧试样。将试样装载器放在平台上,试样与毛织物接触,装载器的背面与制动装置紧靠,将微型开关打开。开动马达。当平台的倾角足够使得试样和装载器沿着毛织物滑下时,释放微型开关的起动杆,停止马达。记录平台的倾角,精确到0.5°。

另外两个试样重复此步骤。

6.2.2.2 方式2:测定表面阻力的动态角度(D_K)

将衬里或内垫试样包裹在装载器上,使用轻微的张力夹紧试样。将试样装载器放在平台上,试样与毛织物接触,和装载器的背面与制动装置紧靠。将平台上升到比D_S小5°的角度,用大约3 N的力推动装载器的背面,记录装载器是否沿着平台自由下滑200 mm。如果装载器不能自由滑动,倾斜角度应增加1°,重复此操作直到装载器能自由滑动200 mm。

另两个试样重复此步骤。

7 试验结果

7.1 方法A

7.1.1 静摩擦系数(μ_S)

从自动记录图中测定试验表面最初运动所需要的最大力。

按式(1)计算静摩擦系数。

$$\mu_S = \frac{F}{m} \qquad \cdots\cdots(1)$$

式中:

μ_S——静摩擦系数;

F——试验表面最初运动所需要的最大力,单位为牛顿(N);

m——滑动装置和衬里或内垫试样的质量,单位为千克(kg)。

7.1.2 动摩擦系数(μ_K)

从自动记录图的中间50%(即将图表等分成四部分时,取中间的第二部分和第三部分)区域测定力轨迹的最大值和最小值,计算平均值S,见图5。

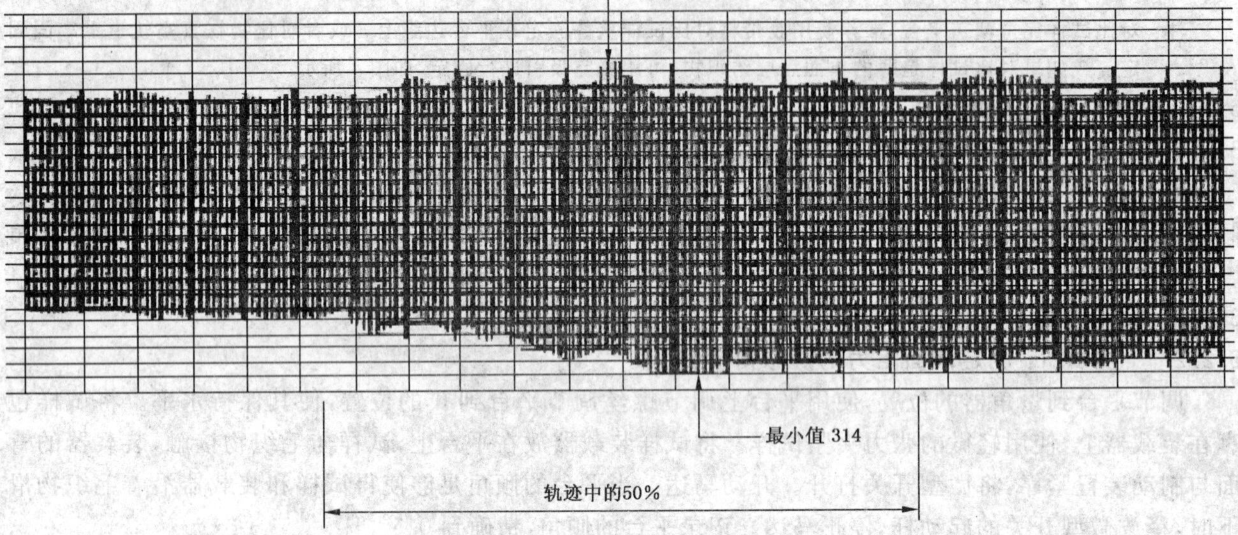

图 5 μ_K 试验值的自动记录轨迹

按式(2)计算动摩擦系数的平均值。

$$\mu_K = \frac{S}{m} \quad \cdots\cdots(2)$$

式中：

μ_K——动摩擦系数；

S——两个试验表面之间保持相对恒定速率所需要的力，单位为牛顿(N)；

m——滑动装置和衬里或内垫试样的质量，单位为千克(kg)。

7.1.3 动摩擦力变化的百分比(V_K)(见图 6 和图 7)

将自动记录曲线长度平均分成 10 份，记录在自动记录曲线上的最大值和最小值(单位为牛顿)。

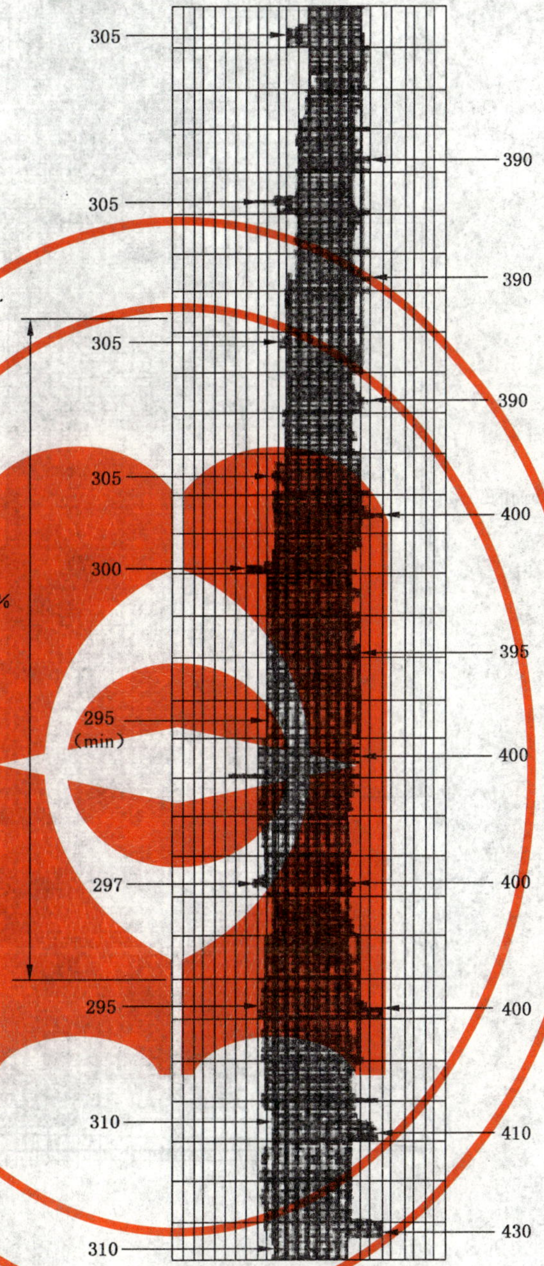

$$平均值=\frac{400+295}{2}\times 9.8\times 10^{-3}=3.4055(N)$$

注：本标准完全采用了 ISO 22653:2003 中图 6 的数据，但其中力的单位为克是错误的，应在原数据的基础上乘 9.8×10^{-3} 转为牛顿。

图 6 涂层纺织物和毛织物摩擦试验和测定 V_K 试验值的自动记录曲线图

STANDARDS PRESS OF CHINA

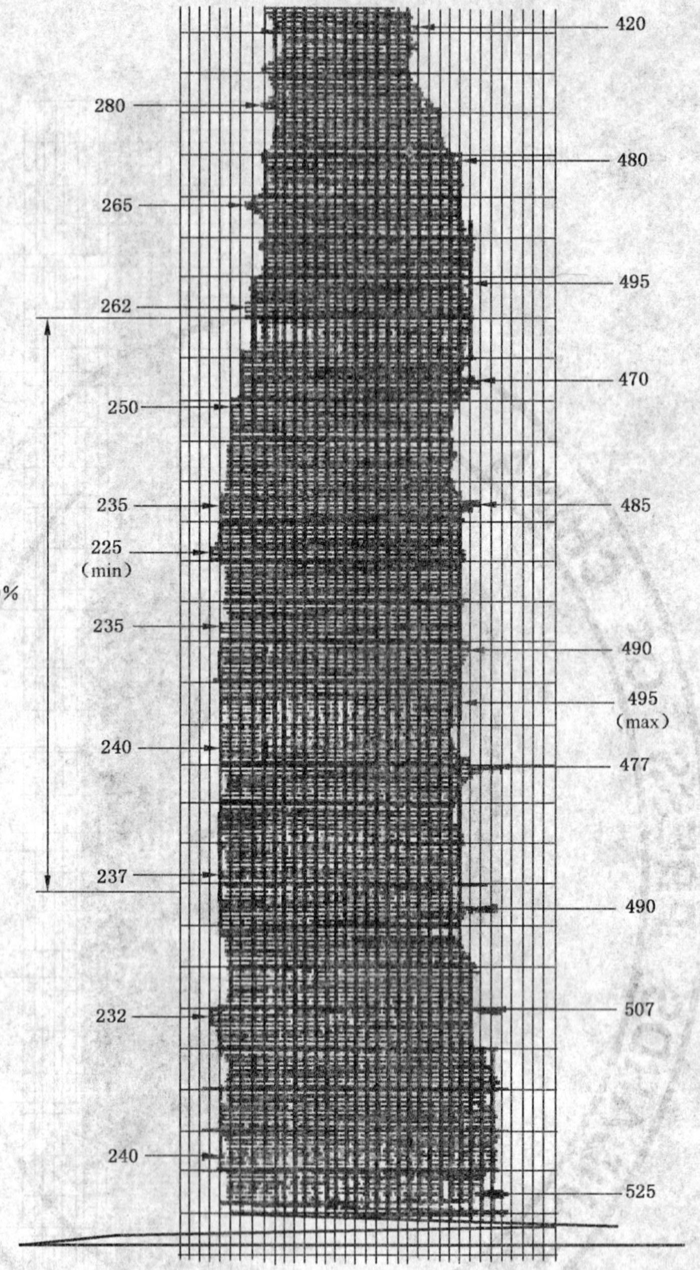

$$平均值=\frac{495+225}{2}\times 9.8\times 10^{-3}=3.528(N)$$

注：本标准完全采用了 ISO 22653:2003 中图 7 的数据，但其中力的单位为克是错误的，应在原数据的基础上乘 9.8×10^{-3} 转为牛顿。

图 7　涂层表面和涂层表面摩擦试验和测定 V_K 试验值的自动记录曲线图

按式(3)计算动摩擦变化的百分比(V_K)：

$$V_K=\frac{\sqrt{\frac{(F_n-S)^2+(S-f_n)^2}{20}}}{S}\times 100 \quad \cdots\cdots(3)$$

式中：

F_n——在 F_1、F_2、F_3、……、F_{10} 处的动摩擦力的最大值，单位为牛顿(N)；

f_n——在 f_1、f_2、f_3、……、f_{10} 处的动摩擦力的最小值，单位为牛顿(N)；

S——保持两个试验表面的恒定相对速率所需要力的平均值，单位为牛顿(N)(见7.1.2)。

V_K 的百分比提供了动摩擦力值与平均动摩擦力值的波动程度。

附录A中给出了不同自动记录曲线图中相应 V_K 值的示例。

7.2 方法B

7.2.1 表面牵引的静态角度

计算在6.2.2.1中得出的倾斜角度的平均值，此值作为表面牵引静态角度(D_S)。

7.2.2 表面牵引的动态角度

计算在6.2.2.2中得出的倾斜角度的平均值，此值作为表面牵引动态角度(D_K)。

通过方法B，给出的结果不以绝对摩擦系数表示，是以倾斜平台的倾斜角度表示。实验室之间的试验表明表面阻力角度为30°时大致相应的摩擦系数为0.9，见图8和图9。

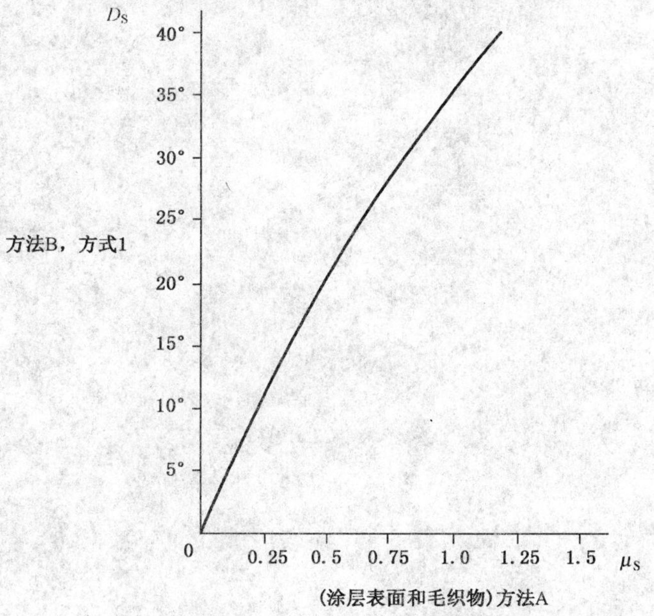

图8 同一材料使用方法A和方法B方式1的摩擦试验结果的图形化表示形式

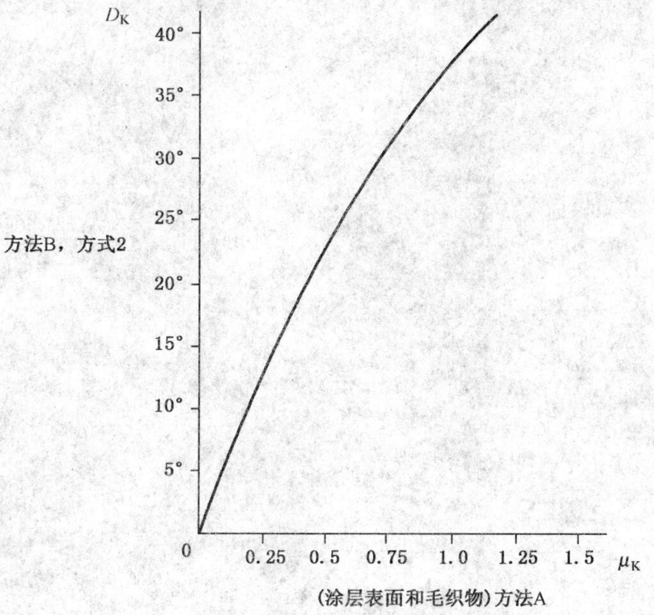

图9 同一材料使用方法A和方法B方式2的摩擦试验结果的图形化表示形式

8 试验报告

试验报告应包括以下内容：

a) 试验结果，按第7章执行；

b) 样品的详细描述，包括货号、颜色、材质等；

c) 描述相关的取样过程；

d) GB/T 3903的本部分编号；

e) 与本试验方法的任何偏差；

f) 试验日期。

附 录 A
（资料性附录）
涂层纺织物摩擦试验的自动记录曲线和测定动摩擦变化的示例

A.1 涂层纺织物和毛织物

在实验室间的试验中，滑动装置的质量为 682.7 g，涂层纺织物试样的质量为 24 g。

自动记录曲线中摩擦力的最大值和最小值分别为 $400\times9.8\times10^{-3}$ N 和 $295\times9.8\times10^{-3}$ N。

因此动摩擦力的平均值(S)为 $347.5\times9.8\times10^{-3}$ N。

注：本标准完全采用了 ISO 22653:2003 中附录 A 的数据，但其中力的单位为克是错误的，应在原数据的基础上乘 9.8×10^{-3} 即可转为牛顿。

通过以下计算得出 μ_K：

$$\mu_K=\frac{347.5}{(682.7+24)}=0.507$$

F 的值分别为 430、410、400、400、400、395、400、390、390、390($\times9.8\times10^{-3}$ N)。

f 的值分别为 310、310、295、297、295、300、305、305、305、305($\times9.8\times10^{-3}$ N)。

通过以下运算计算 V_K。

$(F_n-S)^2$		$(S-f_n)^2$
$(430-347.5)^2=6\ 806.25$		$1\ 406.25=(347.5-310)^2$
$(410-347.5)^2=3\ 906.25$		$1\ 406.25=(347.5-310)^2$
$(400-347.5)^2=2\ 756.25$		$2\ 756.25=(347.5-295)^2$
$(400-347.5)^2=2\ 756.25$		$2\ 550.25=(347.5-297)^2$
$(400-347.5)^2=2\ 756.25$		$2\ 756.25=(347.5-295)^2$
$(395-347.5)^2=2\ 256.25$		$2\ 256.25=(347.5-300)^2$
$(400-347.5)^2=2\ 756.25$		$1\ 806.25=(347.5-305)^2$
$(390-347.5)^2=1\ 806.25$		$1\ 806.25=(347.5-305)^2$
$(390-347.5)^2=1\ 806.25$		$1\ 806.25=(347.5-305)^2$
$(390-347.5)^2=1\ 806.25$		$1\ 806.25=(347.5-305)^2$
(29 412.5)	+	(20 356.5)
	=49 769	

这样：

$$V_K=\frac{\sqrt{\frac{49\ 769}{20}}}{347.5}\times100=14.35\%$$

即：对于此涂层纺织物，动摩擦值与平均值之间的波动程度为 14.35%。

A.2 涂层表面与涂层表面

在第 A.1 章中使用的是同一涂层纺织物对涂层和涂层进行试验。图 7 中给出了自动记录曲线。滑动装置的质量和涂层纺织物的质量相同，即$(682.7+2.4)\times9.8\times10^{-3}(N)=685.1\times9.8\times10^{-3}$(N)。

注：本标准完全采用了 ISO 22653:2003 中附录 A 的数据，但其中力的单位为克是错误的，应在原数据的基础上乘 9.8×10^{-3} 即可转为牛顿。

STANDARDS PRESS OF CHINA

从自动记录曲线的中间50%区域找出的最大值和最小值，分别为 $495\times9.8\times10^{-3}$ N 和 $225\times9.8\times10^{-3}$ N。动摩擦力的平均值应为 $360\times9.8\times10^{-3}$ N。通过以下计算得出 μ_K 值：

$$\mu_K=\frac{360}{685.1}=0.525$$

F 的值分别为 525、507、490、477、490、485、470、485、470、495、480、420（$\times9.8\times10^{-3}$ N）。

f 的值分别为 240、232、237、240、235、235、250、262、265、280（$\times9.8\times10^{-3}$ N）。

通过以下运算计算 V_K。

$(F_n-S)^2$		$(S-f_n)^2$
$(525-360)^2=27\,225$		$14\,400=(360-240)^2$
$(507-360)^2=21\,609$		$16\,384=(360-232)^2$
$(490-360)^2=16\,900$		$15\,129=(360-237)^2$
$(477-360)^2=13\,689$		$14\,400=(360-240)^2$
$(490-360)^2=16\,900$		$15\,625=(360-235)^2$
$(485-360)^2=15\,625$		$15\,625=(360-235)^2$
$(470-360)^2=12\,100$		$12\,100=(360-250)^2$
$(495-360)^2=18\,225$		$9\,604=(360-262)^2$
$(480-360)^2=14\,400$		$9\,025=(360-265)^2$
$(420-360)^2=3\,600$		$6\,400=(360-280)^2$
160 273	+	128 692
	=288 965	

这样：

$$V_K=\frac{\sqrt{\frac{288\,965}{20}}}{360}\times100=33\%$$

即：动摩擦值与平均值之间的波动程度为33%。

注：在第A.1章和第A.2章中使用的是相同的涂层纺织物。

尽管 μ_K 的值相似，因为不同对比物，V_K 的值大大不同。

ICS 61.060
Y 78

中华人民共和国国家标准

GB/T 3903.38—2008/ISO 17693:2004

鞋类　帮面试验方法　可绷帮性

Footwear—Test methods for uppers—Resistance to damage on lasting

(ISO 17693:2004, IDT)

2008-12-30 发布　　2009-09-01 实施

中华人民共和国国家质量监督检验检疫总局
中国国家标准化管理委员会　发布

前言

GB/T 3903 的本部分等同采用国际标准 ISO 17693:2004《鞋类　帮面试验方法　可绷帮性》(英文版)。

为便于使用,本部分做了下列编辑性修改:

a) “本国际标准”一词改为“本部分”;

b) 用小数点“.”代替作为小数点的逗号“,”;

c) 删除国际标准的前言;

d) 删除国际标准的目录;

e) 对于 ISO 17693:2004 中所引用的国际标准,本部分直接引用与之相对应的国家标准和行业标准。

本部分由中国轻工业联合会提出。

本部分由全国制鞋标准化技术委员会归口。

本部分起草单位:中国皮革和制鞋工业研究院、莆田市标龙设备设计中心。

本部分主要起草人:张伟娟、闫宏伟、陈元水、陈淑娟。

鞋类　帮面试验方法　可绷帮性

1　范围

GB/T 3903 的本部分规定了测定帮面或成型帮面可绷帮性的试验方法，目的是评定最终用途的适宜性。

本部分适用于各种鞋类用帮面。

2　规范性引用文件

下列文件中的条款通过 GB/T 3903 的本部分的引用而成为本部分的条款。凡是注日期的引用文件，其随后所有的修改单(不包括勘误的内容)或修订版均不适用于本部分，然而，鼓励根据本部分达成协议的各方研究是否可使用这些文件的最新版本。凡是不注日期的引用文件，其最新版本适用于本部分。

GB/T 22049　鞋类　鞋类和鞋类部件环境调节及试验用标准环境(GB/T 22049—2008，ISO 18454:2001，IDT)

ISO 2418　皮革　化学、物理、机械和色牢度试验　取样部位

3　术语和定义

下列术语和定义适用于 GB/T 3903 的本部分。

3.1

可绷帮性　resistance to damage on lasting

从所有方向同时拉伸鞋类用帮面材料时材料不被损坏的能力。

3.2

帮面　upper

鞋类外表面材料与成型外底结合，覆盖脚背。对于靴类产品，帮面还包括包裹腿的外面部分。只包括可见的材料，不考虑衬里等不可见材料。

3.3

成型帮面　complete upper assembly

通过适当的方法，对帮面进行缝线、粘合或层压组合装配而成，包括中间材料和所有衬里连同衬料、胶粘剂、覆膜以及补强材料，但不包括主跟和包头。

注：成型帮面包括未绷帮和已绷帮的帮面。

4　仪器设备和材料

4.1　可绷帮性试验仪(见图 1 和图 2)，包括：

4.1.1　夹头：能夹持试样周边，使试样中间自由的圆形区域的直径为 25.0 mm±0.5 mm。夹头的设计应保证试样在试验中不会滑落，并且夹持试样时试样的中间区域不会受到拉伸或压缩。

单位为毫米

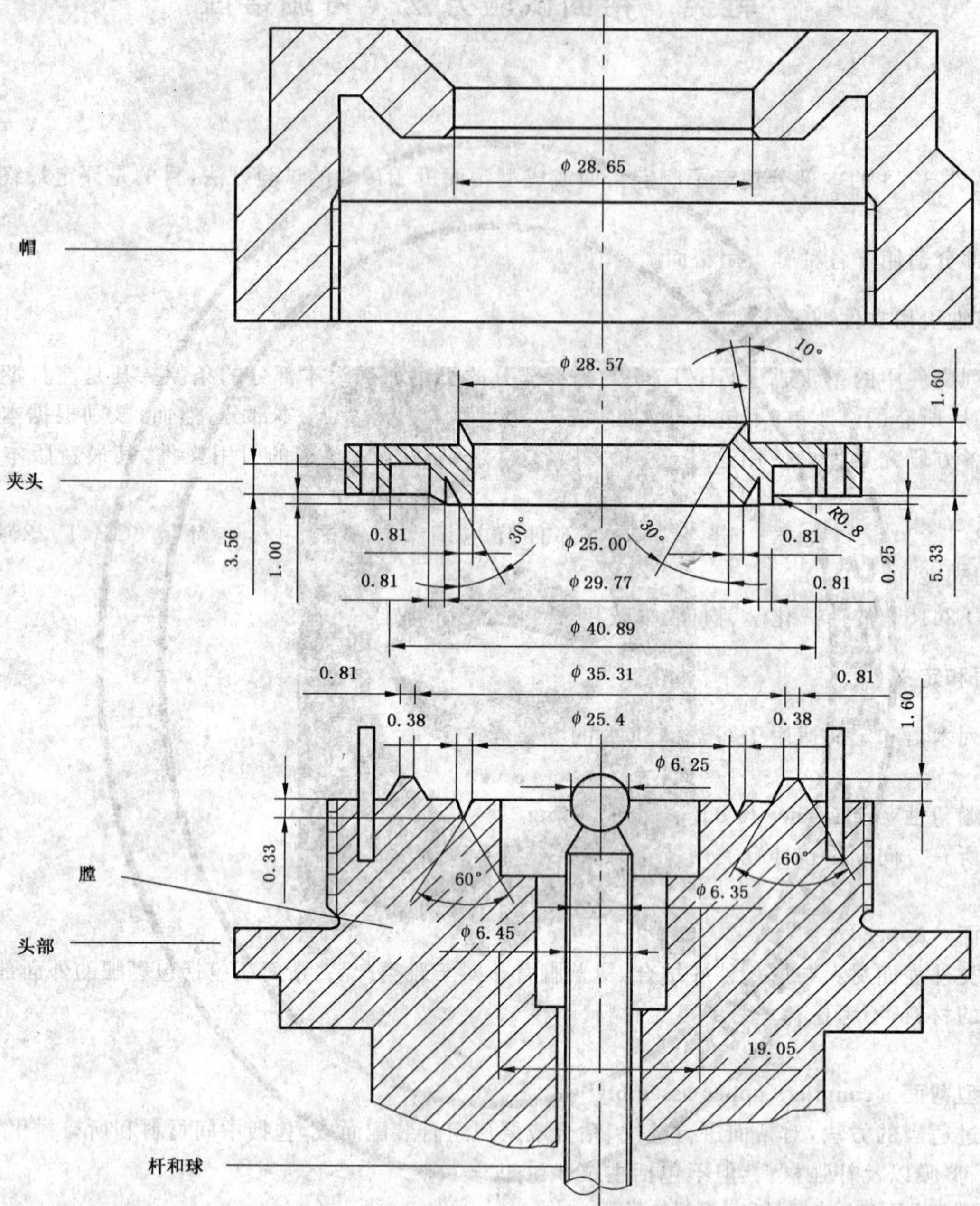

注：所有尺寸的允差为±0.025 mm。

图1 夹具的结构尺寸图

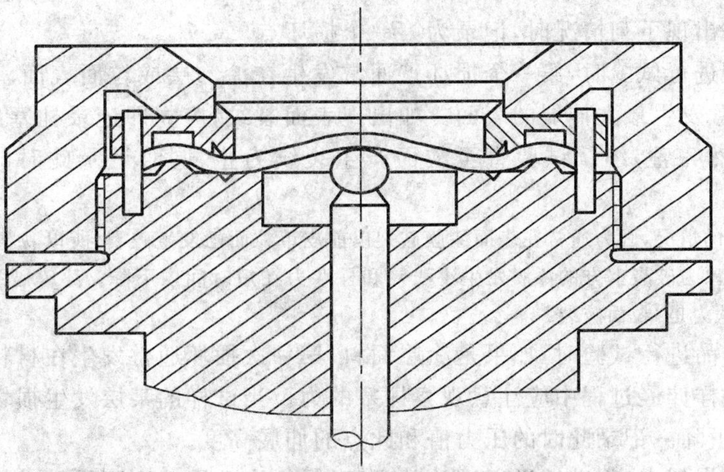

图 2　已放入试样的夹具剖面图

4.1.2　可移动柱塞，端头有直径 6.25 mm±0.05 mm 的球。

4.1.3　柱塞与试样夹具的相对运动速度为 0.20 mm/s±0.05 mm/s。

4.1.4　能够监测伸展高度（柱塞从零点开始的位移），精确到±0.05 mm。

4.1.5　能够监测柱塞上的力，范围 0 N～800 N，精确到±10 N。

4.2　冲模刀或相似的设备，用于取样。

5　取样和环境调节

5.1　试样应足够大，能牢固夹持在试验仪（4.1）中，保证在试验中不会脱落。

对于皮革试样，按 ISO 2418 的规定从整张皮或半张皮的臀部取样。

对于非皮革试样，从片材可用的整个宽度和长度上随机裁取三个试样。对于机织结构的材料，任意两个试样不应有相同的经线或纬线。

5.2　对于从帮面上剪切的试样，不应包括缝线或穿孔、打眼和任何影响到试样厚度均匀性的部位。而且，试样不能从成鞋帮面上在绷帮时试样已受到拉伸形变处进行剪切，尤其是鞋尖和后帮部位。当衬里材料已永久粘合在帮面材料上时，应从成型帮面上取样。

对特殊类型的鞋，尤其是童鞋，当从帮面上无法裁取足够大的试样时，试样的尺寸也不能减小。若出现这种情况，则应对原材料进行试验。

5.3　试验前将试样置于按 GB/T 22049 规定的标准环境中 24 h，在此环境下进行试验。

6　试验方法

6.1　试验原理

夹持圆形试样的边缘，使柱塞上的金属球对试样的背面施加作用力，试样将逐渐伸展。试样伸展到一定高度时，材料表面会产生裂纹或材料层会发生永久性物理损坏，此时测定柱塞的位移。此伸展高度认为是第一个损坏点。

当试样继续伸展时，材料通常会破裂，记录此伸展高度。在整个试验过程中，监测柱塞的位移和柱塞施加的力，以及产生力和伸展高度的关系图。

6.2　试验步骤

6.2.1　保证试验仪的柱塞回到零位或使试样发生最小伸展位置。

6.2.2　将试样牢固夹持，柱塞末端的金属球作用在试样的背面（即当带有粒面的皮革进行试验时，柱塞末端的金属球应压在皮革的肉面上），试样保持平整。

6.2.3　对于厚的试样，夹持力应足够大；对于薄的试样，注意不要将夹头夹入试样内。

6.2.4　推动柱塞，速度为 0.20 mm/s±0.05 mm/s。

6.2.5　柱塞伸展试样出现下列情况时，记录为第一个损坏点。

6.2.5.1　对皮革试样进行试验时，第一个损坏点通常发生在涂饰层或粒面表面。因此在试验期间，应持续观察试样中心位置发生最大伸展的表面。如出现表面裂纹，应立即记录柱塞施加的力值和试样的伸展高度。若粒面依然完整，继续试验直至粒面产生裂纹为止，同时记录此时的伸展高度和施加的力值。

注：漆皮是一个特殊的情况，因为通常在表面漆膜破裂以前皮革粒面已发生破裂，所以观察漆皮需要特别注意。粒面破裂的两个迹象为破裂上方的漆膜发生小浅穴和柱塞力在短时间内下降。漆膜破裂时，不管粒面是否产生可见裂纹，均被认为是“粒面破裂”。

6.2.5.2　对非皮革样品进行试验时，如果是涂层面料，第一次损坏通常发生在材料内部，而在表面看不出任何损坏，因此在试样伸展过程中应注意观察柱塞的力。当试样的某层发生损坏时，柱塞施加的力会在瞬间停止升高甚至下降。记录此时的压力值和此点的伸展高度。

6.2.6　如果需要测定崩裂点，应继续进行试验并观察试样，当金属球刚刚露出试样时，记录此时的伸展高度和作用力。

6.2.7　拉回柱塞，移去试样。

6.2.8　检查夹具在试样上留下的痕迹。如果试样上有明显模糊的夹环印迹或被夹持边缘出现撕裂，则说明试验中试样发生了滑落，应舍去此次试验结果，另取新试样重新进行试验。

6.2.9　对其他试样重复上述试验步骤。

7　试验结果

计算以下阶段的三个试样位移和压力的算术平均值：

a)　第一个损坏点(6.2.5)；

b)　裂面(皮革)，如果没有在第一个损坏点发生；

c)　如有需要，测定崩裂点(6.2.6)。

伸展高度准确至 0.1 mm，测定的压力准确至 10 N。

8　试验报告

试验报告应包括以下内容：

a)　试验结果，按第 7 章执行；

b)　如果对成鞋或帮面进行试验，应描述鞋的样式，包括商业货号等；

c)　材料的描述，可能的情况下包括商业信息；

d)　试样的描述(帮面或成型帮面)；

e)　GB/T 3903 的本部分编号；

f)　试验日期；

g)　与本试验方法的任何偏差。

ICS 61.060
Y 78

中华人民共和国国家标准

GB/T 3903.39—2008/ISO 17698:2003

鞋类　帮面试验方法　层间剥离强度

Footwear—Test methods for uppers—Delamination resistance

(ISO 17698:2003,IDT)

STANDARDS PRESS OF CHINA

2008-12-30 发布　　　　2009-09-01 实施

中华人民共和国国家质量监督检验检疫总局
中国国家标准化管理委员会　发布

前　言

GB/T 3903 的本部分等同采用国际标准 ISO 17698:2003《鞋类　帮面试验方法　层间剥离强度》(英文版)。

为便于使用,本部分做了下列编辑性修改:

a) “本国际标准”一词改为“本部分”;

b) 用小数点“.”代替作为小数点的逗号“,”;

c) 删除国际标准的前言;

d) 删除国际标准的目录;

e) 对于 ISO 17698:2003 中所引用的国际标准,本部分直接引用与之相对应的国家标准;

f) 删除国际标准的附录。

本部分由中国轻工业联合会提出。

本部分由全国制鞋标准化技术委员会归口。

本部分起草单位:中国皮革和制鞋工业研究院、福建制鞋行业技术开发(莆田)基地。

本部分主要起草人:严怀道、张伟娟、王德春。

鞋类 帮面试验方法 层间剥离强度

1 范围

GB/T 3903 的本部分规定了帮面剥离强度的试验方法，目的是为了评定最终产品的适宜性。

本部分适用于各种鞋类用帮面。

2 规范性引用文件

下列文件中的条款通过 GB/T 3903 的本部分的引用而成为本部分的条款。凡是注日期的引用文件，其随后所有的修改单(不包括勘误的内容)或修订版均不适用于本部分，然而，鼓励根据本部分达成协议的各方研究是否可使用这些文件的最新版本。凡是不注日期的引用文件，其最新版本适用于本部分。

GB/T 3903.7 鞋类通用试验方法 老化处理(GB/T 3903.7—2005，ISO 20870:2001，IDT)

GB/T 6682 分析实验室用水规格和试验方法(GB/T 6682—2008，ISO 3696:1987，MOD)

GB/T 16825.1—2008 静力单轴试验机的检验 第1部分:拉力和(或)压力试验机 测力系统的检验与校准(ISO 7500-1:2004，IDT)

GB/T 22049 鞋类 鞋类和鞋类部件环境调节及试验用标准环境(GB/T 22049—2008，ISO 18454:2001，IDT)

GB/T 22050 鞋类 样品和试样的取样位置、准备及环境调节时间(GB/T 22050—2008，ISO 17709:2004，IDT)

3 术语和定义

下列术语和定义适用于 GB/T 3903 的本部分。

3.1

层间剥离强度 delamination resistance

涂层与底基材料之间的粘合强度。

4 试验设备和材料

4.1 拉力试验机，夹具钳的移动速度为 100 mm/min±10 mm/min，与试样相应的力值范围(对于聚氨酯涂层的织物试样)通常为 0 N～200 N，测量力的精度应符合 GB/T 16825.1—2008 中的 2 级要求。

4.2 自动记录仪，能持续记录力值。

4.3 快速平板压机，能在 50 mm×70 mm 的面积上施加 550 kPa±50 kPa 的压力。

4.4 橡胶板，厚度至少为 10 mm，硬度为 40 IRHD±10 IRHD。

4.5 辐射加热器，能在 15 s 内将树脂橡胶上的干燥胶膜加热到 80 ℃～90 ℃。通常将胶膜放置在离 3 kW加热器约 100 mm～150 mm 的位置，加热面积为 0.06 m^2。宜采用在制鞋生产中使用的外底和帮面的活化设备。

4.6 热敏笔或测温枪，检查胶膜温度在 80 ℃～90 ℃的设备。宜使用融化温度为 83 ℃的热敏笔或红外线测温枪。

4.7 树脂橡胶，厚度为 3.5 mm±0.2 mm，硬度为 95 IRHD±2 IRHD，表面剥离强度大于待测试样。

4.8 溶剂型聚氨酯粘合剂，在树脂橡胶和试样涂层上有很好的粘合性。

4.9 胶粘处理剂，如卤化剂，用于鞋靴生产或橡胶制品，可有效增加粘合牢度。

4.10 切割设备，如冲刀或剪刀，能裁取大小为(50 mm±1 mm)×(70 mm±1 mm)的长方形试样。另外，如果对水解试样进行试验，需要另一个剪切工具裁取边长为70 mm±1 mm的正方形试样。

4.11 剪切工具，如锐利刀或圆盘刀，可从粘合材料上取样。此设备不应过分压缩或在取样时将试样边缘部位分层，所以不宜使用冲刀。

4.12 如果测定湿粘合性能，使用符合GB/T 6682—2008中3级要求的蒸馏水或去离子水。

4.13 计时器，量程30 s，准确至0.5 s。

5 取样

5.1 对于干试验，在片材或帮面的背面标记六个长方形(70 mm±1 mm)×(50 mm±1 mm)：两个的长边与片材方向平行(机器方向或背脊线方向)或帮面在X轴方向(如GB/T 22050中定义)，另外四个的长边与上述方向垂直。

5.2 对于湿试验，在材料或帮面的背面再标记两个长方形(70 mm±1 mm)×(50 mm±1 mm)，将50 mm的边与干试验中粘合强度最低(如果已知)的方向一致，或者再准备六个如5.1所示的长方形。

5.3 在材料上做进一步标记，将5.1和5.2中的标记的长方形材料等分为两块，(35 mm±0.5 mm)×(50 mm±1 mm)。在每个小长方形试样上标记机器方向或X轴方向。使用箭头标记方向并保证箭头指向同一方向。对于帮面，箭头应指向鞋尖部位。

5.4 对于水解试验，需要再标记两个正方形，边长为70 mm±1 mm，边与X轴平行。按5.3标记X轴方向的箭头。

注：由于润湿或水解处理能使标记印迹掉色，建议使用切角的方法进行标记。

5.5 从片材或帮面上取5.1和5.2中标记的长方形和5.4中标记的正方形，每种材料随后剪切成两个(30 mm±0.5 mm)×(50 mm±1 mm)的试样，见图1。在与树脂橡胶粘合后，每片材料随后剪切成两个层间剥离试样。有些类型的鞋可能无法剪切成规定的尺寸，在这种情况下，应从样块上裁取一个试样，尺寸可缩小至(40 mm±1 mm)×(50 mm±1 mm)，同时不再按5.3的要求做进一步的裁切。

5.6 按照5.5中的有关尺寸在树脂橡胶上给每块样块下裁(50 mm±1 mm)×(70 mm±1 mm)长方形树脂橡胶(4.7)。若辐射加热器(4.5)在使用前需要调试，则需另外多下裁1块～2块树脂橡胶。

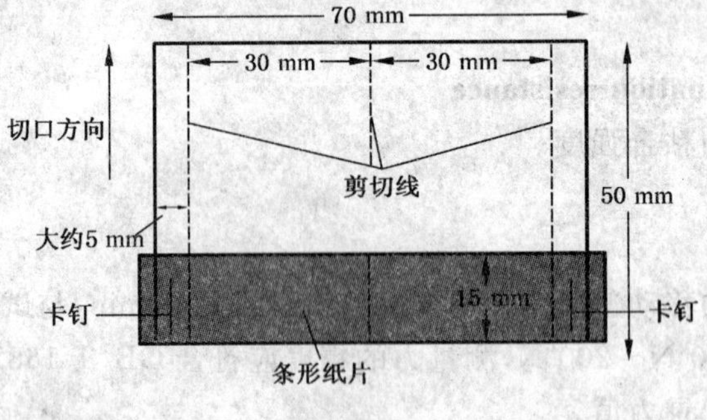

图1 试样装配图

注：样品可以从帮面用材料、成型帮面或成鞋上取样。

6 试验方法

6.1 试验原理

试样的涂层与树脂橡胶块间用强粘合力的粘合剂粘合。在涂饰层仍与橡胶粘合的状态下，使用拉力试验机测定将试样从树脂橡胶上剥离所需要的力。也可以对湿试样和水解试样进行试样。

6.2 试验步骤

6.2.1 将一个条形纸片(75 mm±5 mm)×(15 mm±3 mm)放置在5.5中剪切的每片材料长边的涂饰层面。将纸条用卡钉(或类似设备)固定两个端头，卡钉的位置如图1所示。从干试验的四块试样中(标记箭头指向其长边)取两块试样，纸片放置的方向与其箭头所指方向一致，在另外两块试样上，纸片沿对边放置。

6.2.2　如果可以使用处理剂(4.9)，应按照供应商的使用说明将其涂在从5.6中剪切下来的树脂橡胶的整个背面。

6.2.3　按照使用要求让橡胶完全干燥。

6.2.4　按供应商的使用说明在每个树脂橡胶的整个背面刷上聚氨酯粘合剂(4.8)。

6.2.5　在每片材料上包括纸条上涂抹粘合剂。

6.2.6　粘合剂至少干燥1 h。

6.2.7　如果使用辐射加热器将粘合层加热到80 ℃～90 ℃之间所用的时间未知，使用5.6中额外剪切的两个橡胶测定所需要时间和检测粘合层(4.6)的温度。如果时间大于15 s，则增加辐射加热器的温度或缩小加热器和树脂橡胶之间的距离，直到时间小于15 s。记录将粘合层加热到规定温度 T_a 所需要的时间，精确到1 s。

6.2.8　粘合装配的准备

6.2.8.1　将一个涂有粘合剂的树脂橡胶放在辐射加热器中，粘合层表面面向加热源，加热到 T_a(在数秒内)。

6.2.8.2　快速仔细地将一个帮面材料的粘合层表面与树脂橡胶的粘合层表面接触，使两个表面的边缘对齐(以下称为试验装配)。

立即将试验装配放置到快速平板压机(4.3)上，并使树脂橡胶一面朝向橡胶板(4.4)。向装置施加550 kPa±50 kPa的压力，时间为15 s±1 s。

操作的关键点是：将树脂橡胶从6.2.8.1中的加热器取出到放置试样至6.2.8.3中的平板压机之间的时间不应超过7 s。

6.2.9　将粘合装配放置在GB/T 22049规定的标准环境中，时间至少24 h。

6.2.10　使用剪切工具(4.11)在装配上平行于50 mm的边长切口，试样的中间部分的宽度为30.0 mm±0.5 mm，长度为50 mm±1 mm，两侧为废条，宽度大约为5 mm，见图1。

6.2.11　打开每个试样的未粘合区域，注意不要破坏粘合线，沿中心对称地将其夹持到拉力试验机(4.1)中，未粘合的树脂橡胶和帮面材料分别夹在拉力机的两个夹具钳中(图2)。

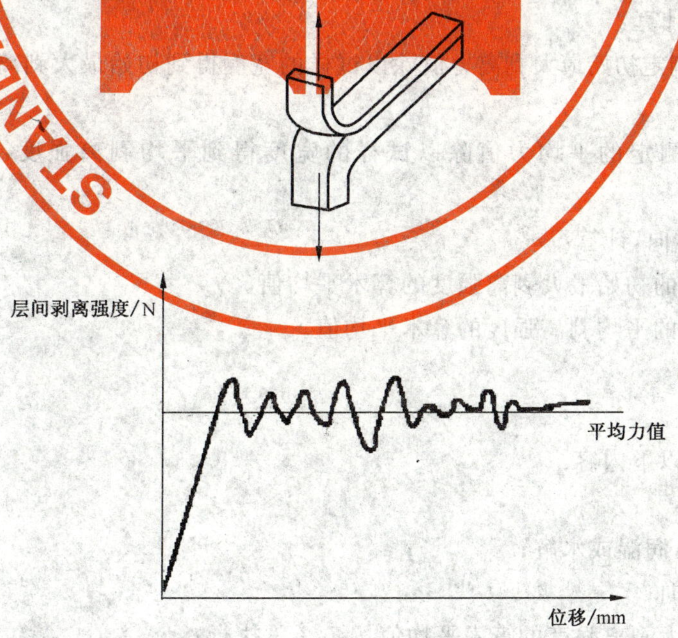

图2　力-位移示意图

STANDARDS PRESS OF CHINA

6.2.12 启动拉力试验机，夹具钳的分离速度为100 mm/min±10 mm/min，记录分离类型，如：

a) 底基织物层的粘合破坏；

b) 底基织物层破坏；

c) 底基织物的深度破坏；

d) 微孔凝结涂层与顶层涂饰层之间的粘合破坏；

e) 微孔或凝结涂层之间的破坏；

f) 在微孔或凝结层和底基织物之间的分离。

如果分离发生在表面涂层和树脂橡胶之间，应立即停止试验(但不需将试样从拉力机上取出)，用锋利的割刀小心沿紧贴涂层面的分离点割开，以便分离发生在涂层与支撑材料之间。

6.2.13 在拉力试验机力的轨迹与夹具钳运动关系曲线图上测定：

6.2.13.1 涂层破坏的初始最大力值，单位为牛顿。

6.2.13.2 将涂层从底基上分离所需要的平均力值(在初始最大力值后的所有力值的平均值)(图2)，单位为牛顿。

6.2.14 其他试样重复6.2.11～6.2.13的试验步骤。

6.2.15 对于湿试样：

6.2.15.1 选择按7.1.1计算得出干试验中最小的剥离强度的试样，将其浸入水温为23 ℃±2 ℃的水(见4.12)中，时间为6.0 h±0.5 h。

6.2.15.2 将各试样从水中取出，轻轻地将表面多余的水擦去，立即进行6.2.11～6.2.13的试验步骤。

6.2.16 如果对已水解试样进行试验：

6.2.16.1 按GB/T 3903.7的试验步骤用已水解材料制备两个试样。

6.2.16.2 从每个水解材料上剪切两个长方形试样(70 mm±1 mm)×(50 mm±1 mm)，50 mm的边长与按7.1.2中计算的干试验中的最低的剥离强度的方向一致。

6.2.16.3 对于另外两个水解试样重复6.2.1～6.2.13的试验步骤。

7 试验结果

7.1 对于每个试样，计算：

7.1.1 6.2.13.1中测定初始最大剥离力值除以试样的宽度得到初始最大剥离强度，单位为牛顿/毫米，准确至0.1 N/mm。

7.1.2 6.2.13.2中测定的平均力值除以试样的宽度得到平均剥离强度，单位为牛顿/毫米，准确至0.1 N/mm。

7.2 对于每个剥离方向，计算：

7.2.1 7.1.1中计算的初始最大剥离强度的算术平均值。

7.2.2 7.1.2中计算的平均剥离强度的算术平均值。

8 试验报告

试验报告应包括以下内容：

a) 试样的类型：

——预处理，润湿或水解；

——剥离方向；

——初始最大剥离强度的算术平均值按7.2.1执行；

——平均剥离强度的算术平均值按7.2.2执行；

b) 如果对成鞋或帮面进行试验,应描述鞋样式,包括商业货号;
c) 材料的描述,如果可能,包括商业参考信息;
d) GB/T 3903 的本部分编号;
e) 试验日期;
f) 与本试验方法的任何偏差。

ICS 61.060
Y 78

中华人民共和国国家标准

GB/T 3903.40—2008/ISO 17695:2004

鞋类 帮面试验方法 形变性

Footwear—Test methods for uppers—Deformability

(ISO 17695:2004,IDT)

2008-12-30 发布 2009-09-01 实施

中华人民共和国国家质量监督检验检疫总局
中国国家标准化管理委员会 发布

STANDARDS PRESS OF CHINA

前　言

GB/T 3903的本部分等同采用国际标准ISO 17695:2004《鞋类　帮面试验方法　形变性》(英文版)。

为便于使用,本部分做了下列编辑性修改:

a) “本国际标准”一词改为“本部分”;

b) 用小数点“.”代替作为小数点的逗号“,”;

c) 删除国际标准的前言;

d) 删除国际标准的目录;

e) 对于ISO 17695:2002中所引用的国际标准,本部分直接引用与之相对应的国家标准。

本部分由中国轻工业联合会提出。

本部分由全国制鞋标准化技术委员会归口。

本部分起草单位:中国皮革和制鞋工业研究院、国辉(中国)有限公司、浙江红蜻蜓鞋业股份有限公司。

本部分主要起草人:张伟娟、丁国斯、刘旗、罗志刚。

鞋类 帮面试验方法 形变性

1 范围

GB/T 3903的本部分规定了帮面或成型帮面的形变性测定方法，目的是评定其最终产品的适用性。

本部分适用于各种鞋类用帮面。

2 规范性引用文件

下列文件中的条款通过GB/T 3903的本部分的引用而成为本部分的条款。凡是注日期的引用文件，其随后所有的修改单(不包括勘误的内容)或修订版均不适用于本部分，然而，鼓励根据本部分达成协议的各方研究是否可使用这些文件的最新版本。凡是不注日期的引用文件，其最新版本适用于本部分。

GB/T 22049 鞋类 鞋类和鞋类部件环境调节及试验用标准环境(GB/T 22049—2008，ISO 18454:2001，IDT)

QB/T 2706 皮革 化学、物理、机械和色牢度试验 取样部位(QB/T 2706—2005，ISO 2418:2003，MOD)

3 术语和定义

下列术语和定义适用于GB/T 3903的本部分。

3.1

形变性 deformability

帮面材料的多向模量性质。

3.2

帮面 upper

作为鞋类外表面的材料，与成型外底结合，覆盖脚背。对于靴类产品，帮面还包括包裹腿的外面部分。只包括可见的材料，不考虑衬里等材料。

3.3

成型帮面 complete upper assembly

缝合后的成帮，与衬料和鞋里做适当的结合，组合装配成帮套。所用材料包括衬料、胶粘剂、覆膜、海绵以及补强材料，但不包括主跟和内包头。

注：成型帮面包括未绷帮和已绷帮的帮面。

4 仪器设备和材料

4.1 试验设备(见图1和图2)。

4.1.1 夹头：能夹持试样周边，使试样中间自由的圆形区域的直径为25.0 mm±0.5 mm。夹头的设计应保证试样在试验中不会滑落，并且夹持试样时试样的中间区域不会受到拉伸或压缩。

单位为毫米

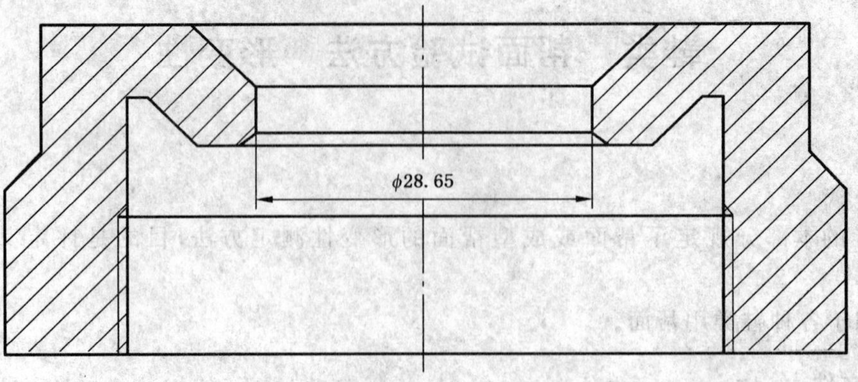

a) 帽

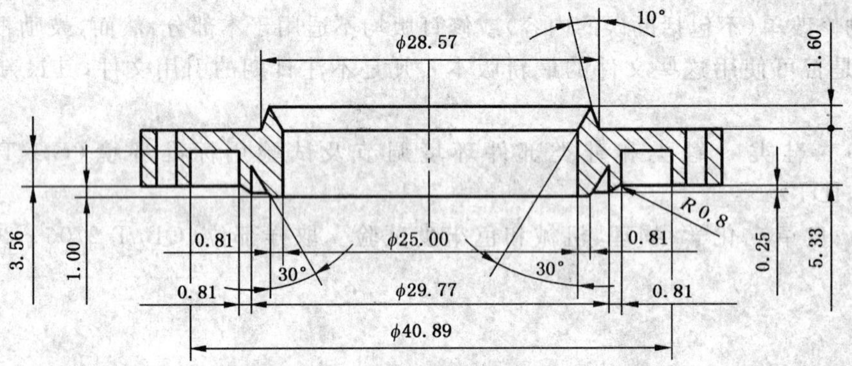

b) 夹头

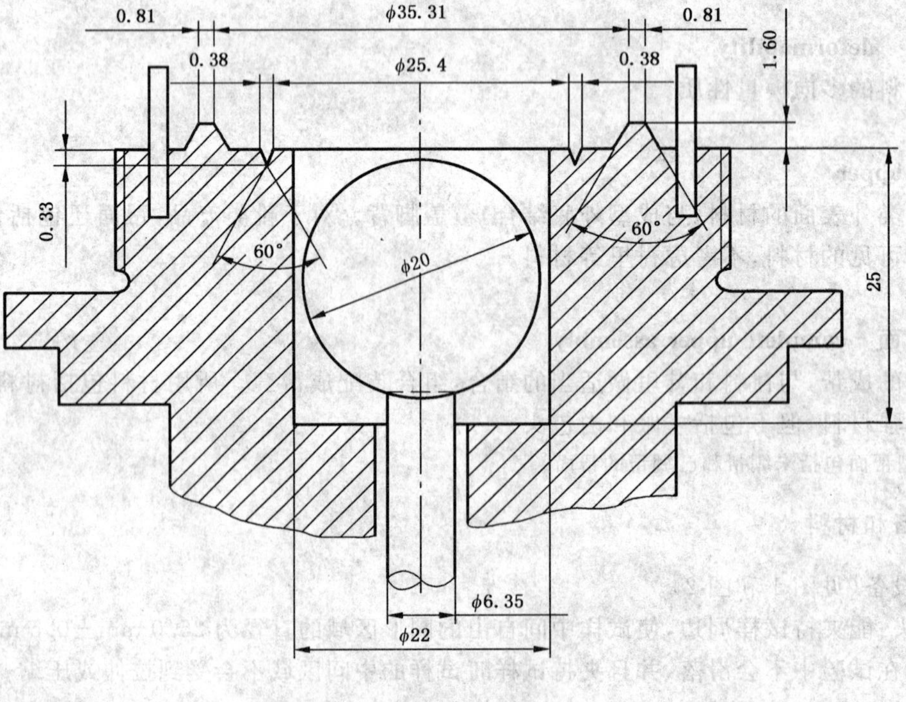

c) 头部(球形或半球形帽)

注：所有尺寸的允差为±0.025 mm。

图 1　夹头和头部细节

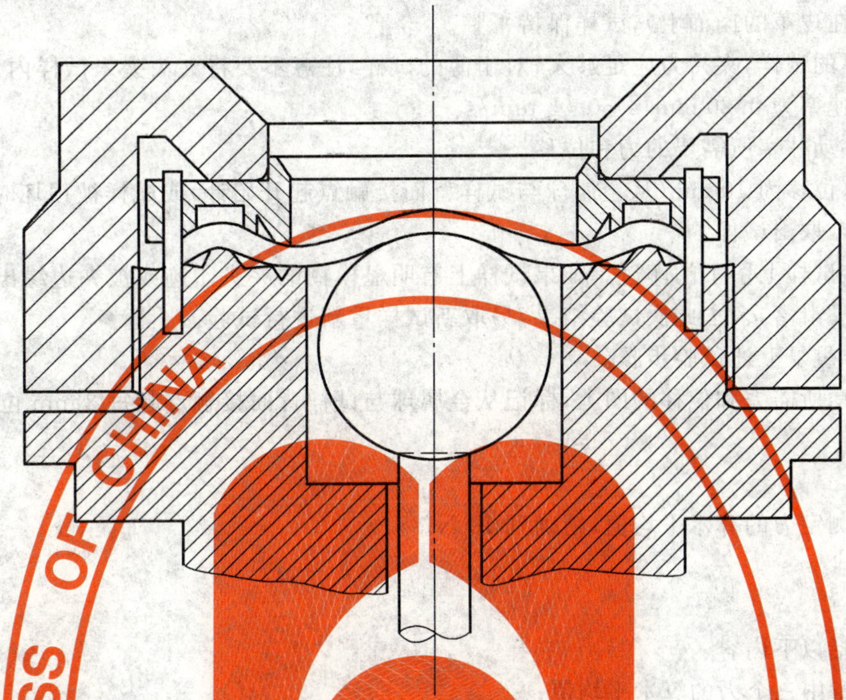

图 2　已放入试样的夹头剖面图

4.1.2　可移动柱塞，端头有直径 20.0 mm±0.2 mm 的球。

4.1.3　柱塞与试样夹头的相对运动速度为 0.20 mm/s±0.05 mm/s。

4.1.4　持续记录柱塞的位移，精确到±0.05 mm。

4.1.5　在 0 N～800 N 的范围内持续记录柱塞上的力，精确到±10 N。

4.2　冲模刀或相似的设备，用于取样。

5　取样和环境调节

5.1　试样应足够大，能牢固夹持在试验仪(4.1)中，保证在试验中不会脱落。

对于皮革试样，按 QB/T 2706 的规定从整张皮或半张皮的臀部取样。

对于非皮革试样，从片材可用的整个宽度和长度上随机裁取三个试样。对于机织结构的材料，任意两个试样不应有相同的经线或纬线。

5.2　对于从帮面上剪切的试样，不应包括缝线或穿孔、打眼和任何影响到试样厚度均匀性的部位。而且，试样不能从成鞋帮面上在绷帮时试样已受到拉伸形变处进行剪切，尤其是鞋尖和后帮部位。当衬里材料已永久粘合在帮面材料上时，应从成型帮面上取样。

对特殊类型的鞋，尤其是童鞋，从鞋帮面上无法裁取足够大的试样时，试样的尺寸也不能减小。若出现这种情况，则应对原材料进行试验。

5.3　试验前将试样置于按 GB/T 22049 规定的标准环境中 24 h，在此环境下进行试验。

6　试验方法

6.1　试验原理

夹持圆形试样的边缘，柱塞上的金属球对试样的背面用力，逐渐使试样形变。在试验中持续记录球的位移和将球移动所需要的力。

6.2　试验步骤

6.2.1　保证试验机的柱塞回到零位或使试样发生最小形变位置。

STANDARDS PRESS OF CHINA

6.2.2 将试样牢固夹持，柱塞末端的金属球作用在试样的背面(即当带有粒面的皮革进行试验时，柱塞末端的金属球应压在皮革的肉面上)，试样保持平整。

6.2.3 对于一些厚的试样，夹持力应足够大；对于薄的试样，注意不要将夹头夹入试样内。

6.2.4 推动柱塞，速率为 0.20 mm/s±0.05 mm/s。

6.2.5 持续记录移动柱塞所需要的力和位移。

6.2.6 当柱塞的总位移为 10 mm(从金属球与试样背面接触点起开始计)或试样被损坏时停止试验。

6.2.7 将柱塞回零，取出试样。

6.2.8 检查夹头在试样上留下的印迹。如果试样上有明显模糊的夹头印迹或被夹边缘出现撕裂，则说明试验中试样发生了滑落，舍去此次试验结果，另取新试样重新进行试验。

6.2.9 对其他试样重复上述试验步骤。

6.2.10 从柱塞移动所需力和位移的图上，标记从金属球与试样背面接触点起每 2 mm 位移时的力。

7 试验结果

计算三个试样测定力的算术平均值，精确到 10 N。

8 试验报告

试验报告应包括以下内容：

a) 计算第 7 章中三个力的算术平均值；
b) 如果对成鞋或帮面进行试验，应描述鞋的样式，包括商业货号等；
c) 材料的描述，如果可能，包括商业信息；
d) 试样的描述(帮面或成型鞋面)；
e) GB/T 3903 的本部分编号；
f) 试验日期；
g) 与本试验方法的任何偏差。

ICS 61.060
Y 78

中华人民共和国国家标准

GB/T 3903.41—2008/ISO 17694:2003

鞋类 帮面和衬里试验方法 耐折性能

Footwear—Test methods for uppers and lining—Flex resistance

(ISO 17694:2003, IDT)

2008-12-30 发布 2009-09-01 实施

中华人民共和国国家质量监督检验检疫总局
中国国家标准化管理委员会 发布

前　言

GB/T 3903 的本部分等同采用国际标准 ISO 17694:2003《鞋类　帮面和衬里试验方法　耐折性能》(英文版)。

为便于使用，本部分做了下列编辑性修改：

a) “本国际标准”一词改为“本部分”；

b) 用小数点“.”代替作为小数点的逗号“,”；

c) 删除国际标准的前言；

d) 删除国际标准的目录；

e) 对于 ISO 17694:2003 中所引用的国际标准，本部分直接引用与之相对应的国家标准；

f) 删除国际标准的附录。

本部分由中国轻工业联合会提出。

本部分由全国制鞋标准化技术委员会归口。

本部分起草单位：莆田市产品质量监督检验所、中国皮革和制鞋工业研究院、福建省莆田市双驰体育用品有限公司、莆田市标龙设备设计中心。

本部分主要起草人：黄德义、闫宏伟、张伟娟、陈钊钰、陈文彪、陈建锋。

鞋类　帮面和衬里试验方法　耐折性能

1　范围

GB/T 3903 的本部分规定了测定帮面和衬里耐折性能的试验方法，目的是评估最终用途的适宜性。

本部分适用于各种鞋类用帮面和衬里。

2　规范性引用文件

下列文件中的条款通过 GB/T 3903 的本部分的引用而成为本部分的条款。凡是注日期的引用文件，其随后所有的修改单(不包括勘误的内容)或修订版均不适用于本部分，然而，鼓励根据本部分达成协议的各方研究是否可使用这些文件的最新版本。凡是不注日期的引用文件，其最新版本适用于本部分。

GB/T 6682—2008　分析实验室用水规格和试验方法(ISO 3696:1987，MOD)

GB/T 22049　鞋类　鞋类和鞋类部件环境调节及试验用标准环境(GB/T 22049—2008，ISO 18454:2001，IDT)

GB/T 22050　鞋类　样品和试样的取样位置、准备及环境调节(GB/T 22050—2008，ISO 17709:2004，IDT)

3　术语和定义

下列术语和定义适用于 GB/T 3903 的本部分。

3.1

耐折性能　flex resistance

材料的抗折裂能力和在折痕处的其他不合格情况。

4　试验设备和材料

4.1　试验设备包括：

4.1.1　至少四对夹具钳。上夹具钳由一对平板组成，见图 1。下夹具钳固定，与上夹具钳在同一垂直面上。

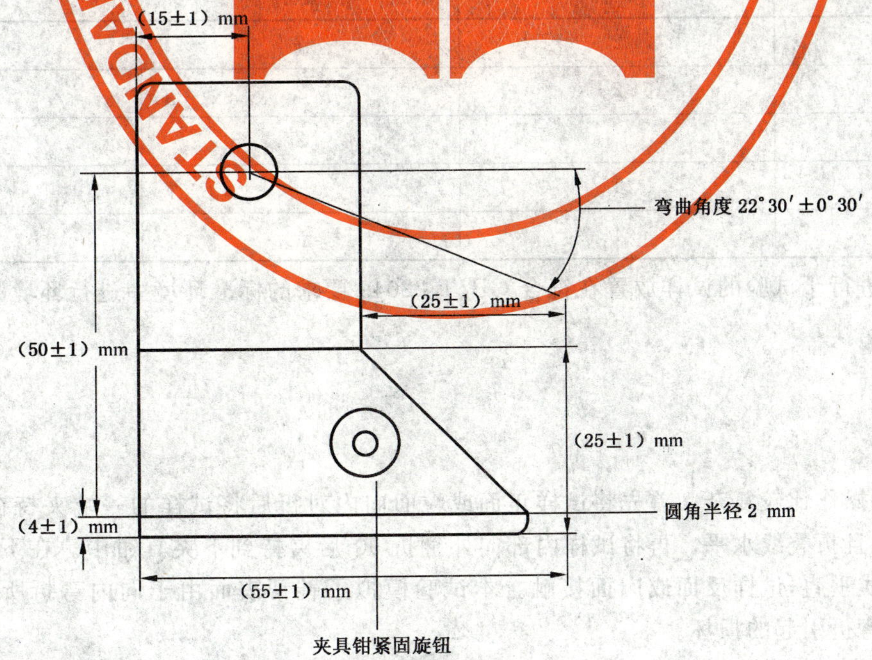

图 1　上夹具钳尺寸

STANDARDS PRESS OF CHINA

4.1.2 上夹具钳进行往复摆动，摆动角度为22°30′±0°30′。摆动速率为100 r/min±5 r/min。

当上夹具钳在水平位置时，上下夹具钳之间的距离为25 mm±1 mm。

4.1.3 计数器，记录摆动总次数。

4.2 对于低温耐折试验，冷柜至少能保持内部空气温度在－5 ℃±2 ℃，且冷柜内空间足够大能放置试验设备。如有需要，可将温度降至－30 ℃。

4.3 冲模刀，尺寸(70 mm±1 mm)×(45 mm±1 mm)，或使用类似的工具进行取样。

4.4 对于湿样，需要以下仪器和材料：

4.4.1 移液管，容量大于1 cm^3(mL)。

4.4.2 洁净、平整、防水的坚硬平面板，尺寸大于71 mm×65 mm。

4.4.3 玻璃棒或刮板。

4.4.4 蒸馏水或去离子水，应符合GB/T 6682—2008中的三级水的要求。

4.5 光学放大器或立体显微镜，放大倍数约为10倍。

5 取样和环境调节

5.1 取规定数量的长方形试样(见表1)，尺寸为(70 mm±1 mm)×(45 mm±1 mm)。将试样等分为两组，一组试样长边平行于材料方向(皮革为背脊线方向，非皮革材料为经线方向或机器压出方向)，另一组试样垂直于材料方向。对于从帮面上取样，材料方向为GB/T 22050中定义的X轴方向。

对于帮面，从前帮的中心位置取样，确保试样的中心为成鞋弯曲程度最大的位置。

对于片材，在可用的整个宽度和长度上取样。对于机织织物，避免任意两个试样有相同的经线或纬线。

对一些类型的鞋特别是童鞋，可能无法从鞋上取足够大尺寸的试样。此时试样的大小可以略微缩小，但建议使用原材料进行测试。如有必要可以在试样上进行凿孔、缝线(或其他设计特征)等与鞋前部相类似的操作。

表1 试验环境和试样数量

材料类型	试验环境		
	干样	湿样	低温
粒面革	2	2	—
修面革	2	2	2
绒面革	—	2	—
涂层织物	4	—	4
织物	4	—	—

5.2 将所有要进行干试验的试样放置在符合GB/T 22049要求的标准环境中进行环境调节，时间至少24 h。

6 试验方法

6.1 试验原理

试样的夹持操作比较复杂。首先将试样正面或粒面向内对折后将试样的一端夹持在上夹具钳中，确保试样面接触且折叠线水平。再将试样内部向外翻折90°后夹持到下夹具钳中。在下夹具钳中试样同样折叠，折叠线垂直，试样反面或肉面接触。本试验模拟了鞋帮表面由于向内弯折所造成的帮面损坏，不模拟向外弯折引起的损坏。

在试验过程中，夹具钳以恒定速率摆动，试样反复弯折。在室温下，可以进行干或湿试验，或零度以下时进行干试验。达到规定摆动次数后，停止试验，目测试样的损坏或盐析情况。

6.2 试验步骤

6.2.1 在试样背面使用箭头标记材料方向，并确定需要的试验条件。

注：试验中衬里正面朝下，帮面正面朝上。

6.2.2 在符合 GB/T 22049 要求的标准环境中进行试验。

6.2.3 将湿试验的试样放置在平面上(见 4.4.2)，试样反面向上。用移液管吸取 1 cm^3 水到试样的背面，用玻璃棒(见 4.4.3)将水均匀渗入到材料中，浸润区域距试样边缘约 5 mm。通常材料吸收水的时间在 1 min 和 2 min 之间。当用皮革试样进行试验时，正常情况下四个试样中两个要进行湿试验。

6.2.4 如果要进行低温试验，应保证耐折试验仪周围空气的温度符合规定温度(通常 −5 ℃±2 ℃)，且试样放置在低温环境中 10 min±1 min 后开始试验。因此将试样安装到耐折试验仪上的时间不应超过 11 min。

6.2.5 每个试样按以下步骤进行试验：

6.2.5.1 调节试验仪，使上夹具钳处于水平位置，即，上夹具钳处于屈挠的最大位置。

6.2.5.2 将上夹具钳的两个夹板松开，分开距离大约为试验材料厚度的两倍。

6.2.5.3 将试样的正面或粒面向内对折，试样两个较长的边对齐。将对折后试样的一端夹持在上夹具钳的两个夹板中，折叠线水平且靠在夹具钳底边上[见图 2a)]。

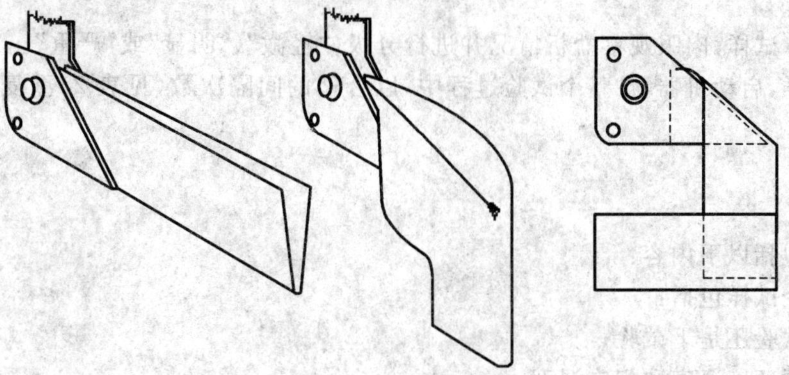

a)　　b)　　c)

图 2 试样的安装

6.2.5.4 旋紧上夹具钳，固定试样。

6.2.5.5 沿着上夹具钳将试样反转折叠，使试样的反面或肉面接触[见图 2b)]。

6.2.5.6 使试样弯曲 90°，将试样的另一端(折叠使试样的反面或肉面接触)插入下夹具钳中[见图 2c)]。旋紧下夹具钳，将试样固定，确保试样处于紧绷状态，且在上夹具钳附近试样不松垂。

6.2.6 启动机器，到第一个检查阶段使机器停止，见表 2。

表 2 合适的检查阶段

试验次数/次	干样	湿样	低温
1 000	—	检查	检查
2 000	—	检查	检查
5 000	—	检查	检查
10 000	检查	检查	检查
25 000	检查	—	—
50 000	检查	—	—
100 000	检查	—	—

6.2.7 除常规的检查阶段外，湿样应在每 6 000 次后从机器上移去检查，将试样按 6.2.3 步骤再润湿前，评估盐析情况。

在每个试验中的检查阶段取决于试验的总时间和材料预期的性能。

6.2.8 停止试验，移去试样，使用肉眼和光学放大镜(4.5)来评估屈挠损坏程度。检查试样在折叠和平展状态有无任何损坏。检查每个试样向内的折痕(即接近上夹具钳边的中间折叠部分)，记录损坏情况。如果试样被夹持部位的损坏是由于夹具钳对试样的磨损所造成的，则不在记录范围之内。

6.2.9 对于表面有涂层的材料，记录：

a) 试样折叠处是否有较轻或较重的折痕；

b) 折叠处裂纹的数量；

c) 描述最深裂缝的深度：

——裂缝深入表面涂层但未穿透；

——裂缝穿透了表面涂层，并且暴露出下面一层，记录该层的颜色是否与表层不同；

——裂缝穿透了表面涂层，并且暴露出了材料的底基层。

d) 是否有表面涂层的脱落或是分层现象。

6.2.10 对于纺织品，记录纱线的断裂数量，并说明纱线是经线还是纬线断裂，以及损坏发生在折叠的外侧或里侧。

6.2.11 评估皮革试样，肉眼观察盐析情况并进行分级，“轻微”、“明显”或“严重”。

6.2.12 更换试样，启动机器，在整个试验过程中，以合适的间隔次数(见表 2)重复 6.2.8～6.2.12 的步骤。

7 试验报告

试验报告应包括以下内容：

a) 对于每个试样包括：

——湿试验还是干试验；

——周围环境温度和相应湿度；

——试验方向和试样表面朝上还是朝下；

——每个检查阶段的屈挠损坏程度或盐析程度和弯折次数；

——试验总弯折次数。

b) 如果测试成鞋或成型帮面，描述鞋的类型，包括商业货号等。

c) 材料的描述，包括商业信息。

d) GB/T 3903 的本部分编号。

e) 试验日期。

f) 与本试验方法的任何偏差。

ICS 61.060
Y 78

中华人民共和国国家标准

GB/T 3903.42—2008/ISO 17701:2003

STANDARDS PRESS OF CHINA

鞋类 帮面、衬里和内垫试验方法 颜色迁移性

Footwear—Test methods for uppers, lining and insocks—Colour migration

(ISO 17701:2003, IDT)

2008-12-30 发布　　　　2009-09-01 实施

中华人民共和国国家质量监督检验检疫总局
中国国家标准化管理委员会　发布

前　　言

GB/T 3903 的本部分等同采用国际标准 ISO 17701:2003《鞋类　帮面、衬里和内垫试验方法　颜色迁移性》(英文版)。

为便于使用,本部分做了下列编辑性修改:

a) "本国际标准"一词改为"本部分";

b) 用小数点"."代替作为小数点的逗号",";

c) 删除国际标准的前言;

d) 删除国际标准的目录;

e) 对于 ISO 17701:2003 中所引用的国际标准,本部分直接引用与之相对应的国家标准;

f) 删除国际标准的附录。

本部分由中国轻工业联合会提出。

本部分由全国制鞋标准化技术委员会归口。

本部分起草单位:中国皮革和制鞋工业研究院、福建制鞋行业技术开发(莆田)基地、莆田艾力艾鞋服有限公司。

本部分主要起草人:张伟娟、王德春、章金銮。

鞋类　帮面、衬里和内垫试验方法　颜色迁移性

1　范围

GB/T 3903 的本部分规定了当紧密接触存放时一种材料引起另外材料颜色迁移导致互染现象的测定方法。

本部分适用于所有紧密接触的物质和粘合物质时用的粘合剂。

2　规范性引用文件

下列文件中的条款通过 GB/T 3903 的本部分的引用而成为本部分的条款。凡是注日期的引用文件，其随后所有的修改单(不包括勘误的内容)或修订版均不适用于本部分，然而，鼓励根据本部分达成协议的各方研究是否可使用这些文件的最新版本。凡是不注日期的引用文件，其最新版本适用于本部分。

GB/T 250　纺织品　色牢度试验　评定变色用灰色样卡(GB/T 250—2008，ISO 105-A02:1993，IDT)

GB/T 251　纺织品　色牢度试验　评定粘色用灰色样卡(GB/T 251—2008，ISO 105-A03:1993，IDT)

GB/T 6151　纺织品　色牢度试验　试验通则(GB/T 6151—1997，eqv ISO 105-A01:1994)

GB/T 22049　鞋类　鞋类和鞋类部件环境调节及试验用标准环境(GB/T 22049—2008，ISO 18454:2001，IDT)

3　术语和定义

下列术语和定义适用于 GB/T 3903 的本部分。

3.1

颜色迁移性　colour migration

存储过程中颜色从一种材料迁移到另一种材料时发生的变化。

4　仪器设备和材料

4.1　两个光滑的玻璃板：尺寸至少为 52 mm×42 mm，质量为 50 g±5 g。

4.2　重物：尺寸足够大，连同玻璃板一起对面积为 2 000 mm^2 ± 180 mm^2 的试样施加 5.2 kPa±0.5 kPa(通常质量为 1 000 g±10 g)的压力。

4.3　黑暗的试验环境，温度为 60 ℃±2 ℃。

注：没有玻璃门或玻璃板的烘箱适用。

4.4　五级九档的灰色样卡：评估变色和沾色程度，分别符合 GB/T 250 和 GB/T 251 的要求。

4.5　秒表：4 h 内的时间误差在 1 min 内。

4.6　人工光源条件：符合 GB/T 6151 的要求，或者来自北面的日光。

5　取样和环境调节

5.1　环境条件

试验前试样放置在 GB/T 22049 规定的标准环境中进行环境调节，时间为 24 h。

5.2 颜色迁移性试验

从两个材料中颜色较深的材料上取尺寸为(50 mm±2 mm)×(40 mm±2 mm)的试样,从颜色较浅的材料上取尺寸为(60 mm±2 mm)×(50 mm±2 mm)的试样;或者,当对一种材料测试粘合能力时,取尺寸为(50 mm±2 mm)×(40 mm±2 mm)的试样;或测试压合板中粘合剂效果时,从进行压合的每种材料上取尺寸为(50 mm±2 mm)×(40 mm±2 mm)的试样。

如果没有足够大的材料,可以使用较小的试样和相应减少重物的质量使之少于1 000 g±10 g,来保持接触压力为5.2 kPa±0.5 kPa。

5.3 粘合效果的测定

5.3.1 使用要进行试验的粘合剂,涂在试样表面的中央位置,与生产中要使用粘合剂的区域相同,所涂区域面积大约是试样的75%。粘合剂用量与生产时用量相同。

5.3.2 测定使用湿胶粘剂的压合板中的粘合剂效果时,用手压两个放置在一起的材料,使其粘合,并使粘合剂在室温下干燥。

5.3.3 测定使用干的粘合膜粘合的压合板中的粘合剂效果时,使用与生产工艺类似的方法将两个材料进行粘合。

5.4 外底等部件的试验

5.4.1 通过合适的方法,从外底或另外部件上取厚度均匀的试样。

5.4.2 从外底材料和第二个试验材料(5.2)上剪切试样。

注:可以从制鞋材料、成型帮面或成鞋上取样。

6 试验方法

6.1 试验原理

将两个不同的材料紧密接触,或将涂着粘合剂等物质的单一材料,放置在两个玻璃板之间。此套装置放置在黑暗中,在高温条件下放置规定时间,然后试样与未经试验的参考试样相比,检查有无脱色。脱色现象表明在正常应用条件下也有可能发生脱色。

6.2 步骤

6.2.1 没有使用粘合剂的两个接触材料的评估:

6.2.1.1 将两个试样中较大的试样对称放置在玻璃板(4.1)上,接触面向上。

6.2.1.2 将另一个试样中心对称地放置在第一个试样上,接触面向下。

6.2.1.3 将另一个玻璃板(4.1)中心对称地放置在最上面的试样上。

6.2.2 对涂有粘合剂的单一材料和压合板,将试样放置在两个玻璃板之间。

6.2.3 将重物(4.2)对称地放置在上面的玻璃板(4.1)上。

6.2.4 将装置(6.2.1或6.2.2)放置在温度为60 ℃±2 ℃的黑暗环境(4.3)中,开始计时。

6.2.5 在240 min±5 min后将装置从试验环境中取出。

6.2.6 对于两个接触材料:将两个材料分开,与未经试验的材料相比,比较它们相接触的表面,注意比较两个试样相同的表面。按6.2.8进行评估。

6.2.7 对于涂有粘合剂的单一材料和压合板,将试样取出,试样没有涂粘合剂的表面与未经试验的试样进行比较,根据6.2.8评估。

6.2.8 人工光源,符合GB/T 6151的规定,或来自北面的日光。

6.2.8.1 通过比较经过试验和未经试验的材料,评估有无脱色(褪色),并使用灰色样卡对变色进行定级。

6.2.8.2 通过比较经过试验和未经试验的材料,评估颜色迁移程度,并使用灰色样卡对沾色进行定级。

6.2.8.3 在所有的情况下,评价对比最明显的区域。

6.2.8.4 记录从6.2.8.1～6.2.8.2中得出的数字定级,以及颜色、亮度和颜色均匀性等术语描述的颜色变化或颜色迁移。

6.2.9 重复从6.2.1开始的步骤，但要将试样装置在24 h±1 h之后从试验环境中取出。

6.2.10 重复6.2.9的步骤，直到变色或沾色的程度比灰色样卡的级别2-3更严重时，或试验的总时间达到7 d。

7 试验报告

试验报告应包括以下内容：

a) 对于每个试验，描述从6.2.8中得出的每个试样的任何变色或沾色，以及相应的累计接触时间；

b) 描述进行试验的材料或试样，包括商业信息(样式、货号等)；

c) GB/T 3903的本部分编号；

d) 试验日期；

e) 分析日期；

f) 与本试验方法的任何偏差。

STANDARDS PRESS OF CHINA

ICS 61.060
Y 78

中华人民共和国国家标准

GB/T 3903.43—2008/ISO 17697:2003

鞋类　帮面、衬里和内垫试验方法 缝合强度

Footwear—Test methods for uppers, lining and insocks—Seam strength

(ISO 17697:2003, IDT)

2008-12-30 发布　　2009-09-01 实施

中华人民共和国国家质量监督检验检疫总局
中国国家标准化管理委员会　发布

前　言

GB/T 3903 的本部分等同采用国际标准 ISO 17697:2003《鞋类　帮面、衬里和内垫试验方法　缝合强度》(英文版)。

为便于使用，本部分做了下列编辑性修改：

a) “本国际标准”一词改为“本部分”；

b) 用小数点“.”代替作为小数点的逗号“,”；

c) 删除国际标准的前言；

d) 删除国际标准的目录；

e) 对于 ISO 17697:2003 中所引用的国际标准，本部分直接引用与之相对应的国家标准；

f) 删除国际标准的附录。

本部分由中国轻工业联合会提出。

本部分由全国制鞋标准化技术委员会归口。

本部分起草单位：中国皮革和制鞋工业研究院、福建省莆田市双驰体育用品有限公司。

本部分主要起草人：张伟娟、李桂芬、陈文彪。

鞋类　帮面、衬里和内垫试验方法
缝合强度

STANDARDS PRESS OF CHINA

1　范围

GB/T 3903的本部分规定了测定帮面、衬里或内垫的缝合强度的两种试验方法，目的是评估其最终产品的适宜性。

本部分适用于各种鞋类用帮面、衬里和内垫。

两种试验方法为：

——方法A：针孔。测定将一排针从帮面材料上拉出所需要的力，施加力的方向与针列垂直。

——方法B：缝线。测定帮面和衬里材料缝线的撕裂力。本方法适用于从鞋上剪切下来的缝线部位或制成模拟缝合试样。

2　规范性引用文件

下列文件中的条款通过GB/T 3903的本部分的引用而成为本部分的条款。凡是注日期的引用文件，其随后所有的修改单（不包括勘误的内容）或修订版均不适用于本部分，然而，鼓励根据本部分达成协议的各方研究是否可使用这些文件的最新版本。凡是不注日期的引用文件，其最新版本适用于本部分。

GB/T 16825.1—2008　静力单轴试验机的检验　第1部分：拉力和（或）压力试验机　测力系统的检验与校准（ISO 7500-1:2004，IDT）

GB/T 22049　鞋类　鞋类和鞋类部件环境调节及试验用标准环境（GB/T 22049—2008，ISO 18454:2001，IDT）

GB/T 22050　鞋类　样品和试样的取样位置、准备及环境调节时间（GB/T 22050—2008，ISO 17709:2004，IDT）

3　术语和定义

下列术语和定义适用于GB/T 3903的本部分。

3.1

缝合强度　seam strength

在规定条件下，使用拉力试验机测定缝线缝合的断裂强度。

3.2

帮面　upper

鞋类外表面材料，与成型外底结合，覆盖脚背。对于靴类产品，帮面还包括包裹腿的外面部分。只包括可见的材料，不考虑衬里等不可见材料。

3.3

成型帮面　complete upper assembly

通过适当的方法，对帮面进行缝线、粘合或层压组合装配而成，包括中间材料和所有衬里连同衬料、胶粘剂、覆膜以及补强材料，但不包括主跟和包头。

注：成型帮面包括未绷帮和已绷帮的帮面。

4　仪器设备和材料

4.1　方法A

4.1.1　拉力试验机，夹具钳的移动速度为100 mm/min±10 mm/min，与试样相适应的力值范围（对鞋

帮面材料通常小于 500 N),符合 GB/T 16825.1—2008 的 2 级要求。

4.1.2 针列夹具,用来夹持针,见图 1,包括以下部分:

4.1.2.1 两块矩形硬质板,每块板的宽度至少为 30 mm,厚度最大为 6 mm。每块板上均钻有 17 个孔,其直径为 1.1 mm±0.1 mm。孔等距排列,距离最远的两个孔心相距为 26.5 mm±0.5 mm。孔列与板的一边平行并保持大约 5 mm 的距离。

4.1.2.2 隔板,宽度与钻孔板的宽度大致相等,厚度为 3.5 mm±0.5 mm。

4.1.2.3 隔板固定到一个钻孔板上,隔板端头与钻孔板上的孔的直线距离可以调节到 3.0 mm±0.1 mm 和 6.0 mm±0.2 mm。隔板和钻孔板组成底板。

4.1.2.4 另外一块钻孔板固定到隔板另一面上,作为面板,两块钻孔板上的孔对齐。

板离孔较远的一端固定到拉力试验机的夹具钳上,孔形成的直线与拉力机轴线垂直。

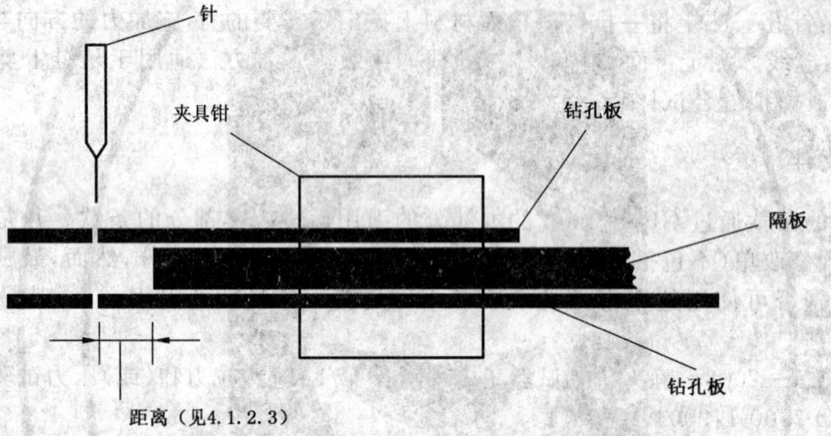

图 1 针列夹具

4.1.3 17 个针,90 号圆头针,16×1。

4.1.4 冲模刀或其他可取 T 型试样的刀具。T 型试样的规格尺寸如图 2 所示。

单位为毫米

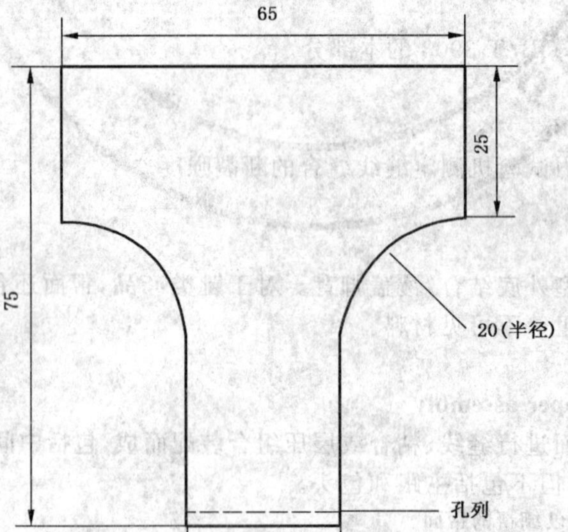

图 2 试样

4.2 方法B

4.2.1 拉力试验机，夹具钳的移动速度为100 mm/min±10 mm/min，与试样相应的力值范围（通常为0 kN～2 kN），符合GB/T 16825.1—2008中2级的要求。

4.2.2 小型锋利刀或剪刀，用来取样。

4.2.3 如果用从成型帮面上取缝合样进行试验，选用取尺寸为（50 mm±2 mm）×（50 mm±2 mm）试样的冲模刀。

4.2.4 如果用模拟缝合试样进行试验，使用缝纫机和其他辅助工具。

5 取样和环境调节

5.1 方法A

5.1.1 将鞋、片材或帮面放置在符合GB/T 22049要求的标准环境中进行环境调节，时间至少为24 h，试验也在此环境中进行。

5.1.2 取尺寸如图2所示的6个试样。其中三个试样的T型底边与材料的方向平行[皮革为背脊线方向，非皮革试样为织边（经线）或机器方向]。另外三个试样与之垂直。

当衬里材料与帮面材料永久粘合在一起时，从成型帮面材料上取样。

在原材料上取样时，从片材中长宽可用的范围内取样，对于编织材料的取样，应避免两个试样有相同的经线或纬线。

从帮面上取样时，不应包括任何穿孔的区域，其中三个试样的T型底边与帮面的 *X* 轴方向平行（按GB/T 22050中规定），另外三个试样与 *X* 轴垂直。

当从某些类型的鞋靴上取样时，鞋靴的尺寸可能无法满足试样的规格要求（尤其是童鞋）。此时，试样的尺寸不能缩小。若不能从鞋帮上取得合适尺寸的试样时，对原材料进行试验。

5.1.3 在每个试样上标记方向。

5.2 方法B

5.2.1 将鞋、片材或帮面放置在符合GB/T 22049要求的标准环境中进行环境调节，时间至少为24 h，试验也在此环境中进行。

5.2.2 从成鞋或帮面上取样

5.2.2.1 可能情况下，用刀（4.2.2）从帮面上取两个长方形的试样，尺寸为（90±10）mm×（50±2）mm，包括所有衬里材料，缝线应在试样的中间位置，见图3。

5.2.2.2 如果鞋帮面太小不能取样时，试样的尺寸可以降低，但中间部分的宽度不应小于10 mm，见5.2.2.3和图3。

5.2.2.3 在距缝线3 mm处进行切口，切口与试样的长边平行，并直到材料的短边末端，两个切口使试样的中间宽度为25 mm±0.5 mm，两个边的宽度为12.5 mm±0.5 mm，见图3。

单位为毫米

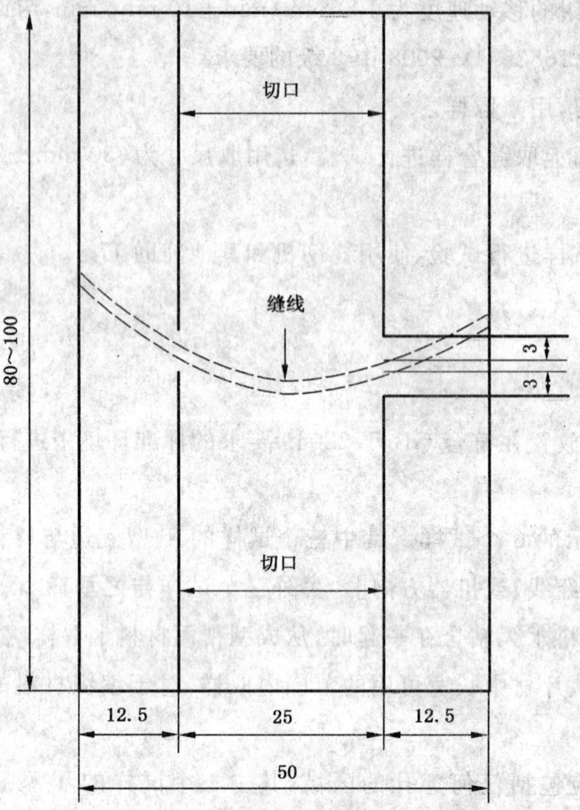

图 3 从鞋上剪切试样

5.2.3 制备模拟缝合样

5.2.3.1 使用小型锋利刀、剪刀(4.2.2)或冲模刀(4.2.3)取样，缝合样中所用每个材料的尺寸为(50 mm±2 mm)×(50 mm±2 mm)。材料的数量与缝合结构相关。可能由两片相同或不同的帮面材料缝合而成，也可能包含一种或多种衬里材料，也可能包括补强带。取足够数量的试样以保证能完成每个方向所需的三个缝合样。如有需要，试样在缝合前应被片削打磨。

试验方向为横向或纵向，应与缝线的方向垂直。试验方向的数量取决于帮面的结构。在试验中按横向和纵向分开即可，但在某些情况下，试样可以从横向、纵向和斜线方向取样。

在非皮革材料上取样时，需从片材长宽均可用的范围内取样。对于编织结构的材料，应避免两个试样有相同的经线和纬线。

5.2.3.2 在每个试验方向上使用缝纫机(4.2.4)缝合正方形材料，每个试验方向缝合三条线。缝线类型、针的规格和类型、针码密度的选择应以成鞋为依据。如无法得知上述资料时可参考表1数据。调节缝制机器线的松紧，使缝线在合适的位置。

表 1 缝线结构指南

项目		帮面			衬里
		皮革	涂层织物	纺织品	
针	公制尺寸(UK)	100(16)	100(16)	100(16)	100(16)
	类型	扁锥形针或其他	圆针，三角形针或特窄型扁锥针	圆针，三角形针或特窄型扁锥针	与帮面一致

表 1（续）

项目		帮面			衬里
		皮革	涂层织物	纺织品	
线	类型	聚酰胺，聚酯或短纤维纱	聚酰胺，聚酯或短纤维纱	聚酰胺，聚酯或短纤维纱	聚酰胺，聚酯或短纤维纱
	标签号（ticket n°）	36 或 40	36 或 40	36 或 40	36 或 40
	细度/tex	85 或 75	—	—	—
每 25 mm 的缝线		14～16	14～16	14～16	14～16
缝线	类型	搭接缝或包缝	搭接缝或包缝	搭接缝或包缝	—
	距边/mm	2	3	3	与帮面一致
衬垫物余量/mm		9	9	9	—

5.2.3.3 从每片试样上的缝线迹到距离材料边缘的 3 mm 点处起作平行于试样长边的切割线，使得试样中间部分的宽度为 25 mm±0.5 mm，而其两边的宽度为 12.5 mm±0.5 mm，见图 4。

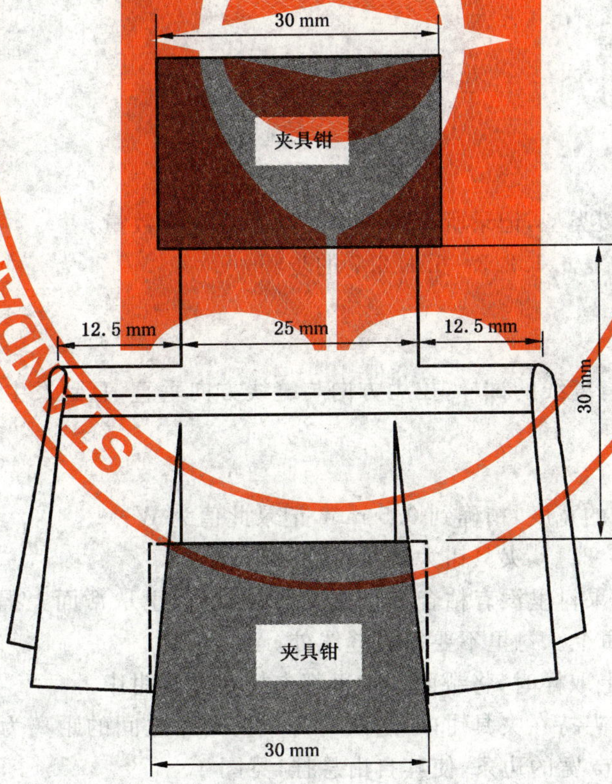

图 4 试样的夹持

6 试验方法

6.1 方法 A

6.1.1 试验原理

将一排针笔直地插透 T 型试样，针列平行于试样的底边且距离固定。通过垂直作用在针列上的外力，拉伸试样。记录最大拉力并除以试样的宽度，得出垂直于针孔的缝合强度。

6.1.2 试验步骤

6.1.2.1 调整针列夹具(4.1.2)的位置，使隔板边缘与其他两块板上的孔列中心线之间的距离为：

——弹性和疏松的织品：6.0 mm±0.2 mm；

——其他所有材料：3.0 mm±0.1 mm。

6.1.2.2 将 17 个针(4.1.3)分别插入面板的 17 个孔中(4.1.2.1)。插入时，针头不超过面板里层，每根针的针槽孔对着隔板。

6.1.2.3 将一个试样放置在针列夹具中，T 型底边与隔板相接，且板的中心孔在试样宽度的中心线上。

6.1.2.4 将 17 根缝针插透试样和另一块板上的孔眼，直到针柄不能插进为止。注意当针插入试样时，保证试样的位置与针夹具的相对位置保持不变。

6.1.2.5 将针列具对称夹持在拉力试验机的夹具钳中，针列与拉力机的轴线垂直。拉力机的另一个夹具钳对称地夹持试样，夹持长度至少为 20 mm。

6.1.2.6 将拉力试验机的测力系统归零，开动拉力试验机，夹具钳的移动速度为 100 mm/min±10 mm/min。

6.1.2.7 在试验过程中，记录试样的断裂类型和施加到夹具钳上的最大拉力，单位为牛顿，精确到 1 N：

a) 沿着针列的方向撕裂；

b) 平行于针列方向脱纱；

c) 从各针孔处断裂；

d) 针孔处以外断裂。

有时试样可能有多种断裂类型，记录所有的断裂类型和其相应数量。

6.1.2.8 对另外五个试样重复 6.1.2.3～6.1.2.7 的步骤。

6.2 方法 B

6.2.1 试验原理

拉力试验机逐渐拉伸含有缝线的试样，拉力方向与缝线方向垂直，直到发生断裂。得出断裂强度和断裂类型。

6.2.2 试验步骤

6.2.2.1 测定试样中间部分的宽度，精确到 0.5 mm，记录此值为 W。

6.2.2.2 调整拉力试验机(4.2.1)，夹具钳大约相距 30 mm：

a) 从帮面上取样时，如果衬里没有粘合在帮面反面时，将衬里从帮面上揭下，然后将帮面夹持在拉力试验机的夹具钳上。衬里不要揭过缝线处。

b) 从粘合衬里的帮面上取样时，将帮面和衬里都夹持在夹具钳中。

6.2.2.3 将试样的中间部分夹持在夹具钳中，缝线与每个夹具钳之间的距离为 15 mm，且与夹具钳的边缘平行。不要夹持 12.5 mm 宽的边条，使其自由悬挂，见图 4。

6.2.2.4 开动拉力试验机，夹具钳的移动速度为 100 mm/min±10 mm/min。

6.2.2.5 当试样断裂时记录此时的力(断裂力)，单位为牛顿，精确到 1 N。

6.2.2.6 标注断裂类型：

a) 缝线处材料断裂；

b) 缝线被拉出；

c) 缝线断裂；

d) 远离缝线处的材料断裂。

6.2.2.7 另外的试样重复6.2.2.3～6.2.2.5中的步骤。

7 试验结果

7.1 方法A

7.1.1 计算6.1.2.7中记录横向和纵向的三个试样的最大值的算术平均值。

7.1.2 对每个试验方向：最大力值的算术平均值(7.1.1)除以试样的宽度(25 mm)，得出垂直于针孔的缝合强度值，单位为牛顿/毫米。

7.2 方法B

7.2.1 每个试样计算缝合强度：断裂力(6.2.2.5)除以试样的宽度W(6.2.2.1)，单位为牛顿/毫米，精确到1 N/mm。

7.2.2 对于制成的缝合试样，计算每个试验方向缝合强度的算术平均值(5.2.3.1)。

8 试验报告

8.1 方法A

试验报告应包括以下内容：

a) 材料在每个方向上的缝合强度，按7.1.2执行；

b) 发生的断裂类型，按6.1.2.7执行；

c) 若试样为成鞋或成型帮面，描述试验鞋的样式，包括商业货号；

d) 材料的描述，如有可能包括商业信息；

e) 所有衬里或补强材料的描述；

f) GB/T 3903的本部分编号；

g) 试验日期；

h) 与本试验方法的任何偏差。

8.2 方法B

试验报告应包括以下内容：

a) 从成鞋上取的缝合样的缝合强度，按7.2.1执行；

b) 对于模拟的缝合试样缝合强度，按7.2.2执行；

c) 发生的一种或多种断裂类型，按6.2.2.6执行；

d) 对于从鞋上剪切下来的缝线，鞋的缝线结构和商业货号的一般描述；

e) 对于制成的缝线，详细描述缝线结构，包括缝线类型、材料类型(包括商业信息)、缝线尺寸和任何打磨或加固物的细节；

f) GB/T 3903的本部分编号；

g) 试验日期；

h) 与本试验方法的任何偏差。

ICS 71.040.30
G 60

中华人民共和国国家标准

GB/T 3914—2008
代替 GB/T 3914—1983

化学试剂 阳极溶出伏安法通则

Chemical reagent—The general rules of anodic stripping voltammetry

STANDARDS PRESS OF CHINA

2008-05-15 发布

2008-11-01 实施

中华人民共和国国家质量监督检验检疫总局
中国国家标准化管理委员会
发布

前言

本标准代替 GB/T 3914—1983《化学试剂——阳极溶出伏安法通则》，与 GB/T 3914—1983 相比主要变化如下：

——修改了范围(1983 年版的第 1 章，本版的第 1 章)；

——增加了规范性引用文件(本版的第 2 章)；

——增加了术语和定义一章的内容(1983 年版的第 2 章，本版的第 3 章)；

——增加了工作电极的种类及使用方法(1983 年版的 4.2，本版的 6.2、附录 A)；

——修改了测定条件的选择一章的内容(1983 年版的 6.3，本版的 7.1)；

——修改了测定方法一章的内容(1983 年版的第 6 章，本版的 7.2)；

——修改了附录 A 的内容(1983 年版的附录 A，本版的附录 A)；

——取消了附录 B、附录 C(1983 年版的附录 B、附录 C)。

本标准的附录 A 为资料性附录。

本标准由中国石油和化学工业协会提出。

本标准由全国化学标准化技术委员会化学试剂分会(SAC/TC 63/SC 3)归口。

本标准起草单位：北京化学试剂研究所。

本标准主要起草人：韩宝英、强京林、王玉华。

本标准于 1983 年首次发布。

化学试剂
阳极溶出伏安法通则

1 范围

本标准规定了用阳极溶出伏安法测定化学试剂产品中杂质铅、铜、锌、镉、硒等时，对仪器的要求和测定方法。

本标准适用于化学试剂产品中杂质铅、铜、锌、镉、硒等的测定。

2 规范性引用文件

下列文件中的条款通过本标准的引用而成为本标准的条款。凡是注日期的引用文件，其随后所有的修改单(不包括勘误的内容)或修订版均不适用于本标准，然而，鼓励根据本标准达成协议的各方研究是否可使用这些文件的最新版本。凡是不注日期的引用文件，其最新版本适用于本标准。

GB/T 602 化学试剂 杂质测定用标准溶液的制备(GB/T 602—2002,ISO 6353-1:1982,NEQ)

GB/T 603 化学试剂 试验方法中所用制剂及制品的制备(GB/T 603—2002,ISO 6353-1:1982,NEQ)

GB/T 6682 分析实验室用水规格和试验方法(GB/T 6682—2008,ISO 3696:1987,MOD)

3 术语和定义

下列术语和定义适用于本标准。

3.1

工作电极的基体和膜 working electrode of support and film

工作电极的基体是用具有良好导电性能的惰性材料制成的具有一定形状和一定表面积的固体物质，可以把作为工作电极使用的金属以薄膜的形态固定在其一定的表面积上。固定的方法有涂、预电解电镀和同位镀膜等方法。

3.2

同位镀膜法 electro film on equivalent potential

在欲测定的样品溶液中加入一定浓度的作为膜的金属化合物，在测定的预电解时，在基体上形成很薄的膜，此膜作为工作电极把欲测物预电解富集在其上，解脱时从基体上完全回到溶液中。

3.3

支持电解质溶液 supporting electrolyte solution

溶解样品以进行阳极溶出伏安法测定的溶剂。

3.4

预电解 pre-electrolysis

在确定的电位和搅拌条件下，规定一定时间，把部分欲测物电解富集到膜电极上。

3.5

溶出扫描测定 determination of stripping and sweep

在预电解后，停搅拌一定时间，采用电位由负向正，按一定的扫描速率作线性改变电位的测定。此测定是把预电解富集到膜电极上的欲测物溶出，记录其溶出伏安曲线。

3.6

解脱 rest

溶出扫描测定后，为除去残存在膜电极上的欲测物，须加一定电压，在一定时间进行溶出，使膜电极净化，为下一次测定作准备的操作。

同位镀膜法时，解脱是从电极基体上把膜除去。

3.7

非化学计量法 method of non-chemical measurement

前述"3.4"和"3.5"都不是把欲测物质通过定量的电化学反应全部"电解"和"溶出"。只是作了欲测物的"一部分"，通过把此部分与同样操作的标准作比较，计算出欲测物的含量，这类方法称为非化学计量法。

3.8

金属互化物 intermetallic compound

预电解还原到汞膜电极上的两种金属，当其浓度乘积超过其在汞中的溶度积时，即会脱离汞沉出，这种金属间的化合物称为金属互化物。

4 方法原理

化学试剂产品中所含杂质锌、镉、铅、铜、硒等可以在适当的支持电解质溶液中，用膜电极作工作电极，以银-氯化银电极作参比电极，加以适当的预电解电位，经过一定时间的预电解富集，还原到膜电极上。然后，在较短的时间(与预电解富集时间比较)内作反向(指电位向正方向)溶出扫描测定，记录其溶出伏安曲线。根据其溶出峰电位和峰高，用标准加入法定量计算被测物的含量。

5 试剂和材料

本标准除另有规定外，所用标准溶液、制剂及制品，均按 GB/T 602、GB/T 603 的规定制备，实验用水应符合 GB/T 6682 中二级水规格。

用于配制支持电解质溶液和镀膜的试剂宜使用高纯级试剂。氮气应使用高纯氮气。

6 仪器

6.1 仪器性能

电压幅度：+2 V～−2 V；

扫描速率：在速率为 10 mV/s～100 mV/s 范围内有四档以上；

灵敏度：在 10 μA/mV～0.25 μA/mV 范围内有五档以上；

斜率补偿：≥10 mV(在 1 V 测定)；

电压表刻度：≤0.1 V；

稳定性：仪器连续使用 4 h，电压表读数改变不大于 0.03 V。

6.2 电极

6.2.1 工作电极

工作电极包括银基汞膜电极和玻碳基电极，电极的处理参见附录 A。

6.2.2 参比电极

参比电极为银-氯化银电极，用氯化钾溶液[$c(KCl)=1$ mol/L]作盐桥。

6.2.3 对电极

对电极用铂电极或玻碳电极。

6.3 电解池

电解池宜使用石英或聚苯乙烯、聚乙烯材料制作。

6.4 记录仪

用函数记录仪或长图记录仪，其记录笔全行程的时间为0.5 s或1 s。

7 测定

7.1 测定条件的选择

7.1.1 支持电解质溶液

在支持电解质溶液中应有不干扰测定的强电解质，其浓度为0.1 mol/L；支持电解质溶液的pH值应保持恒定，既具有一定的缓冲能力。使用玻碳基电极时应有镀膜用的试剂。

必要时在支持电解质溶液中加入配位试剂，以克服干扰；加入能克服金属互化物干扰的试剂。

7.1.2 采用的电极

在测定产品中的铅、铜、锌、镉杂质时采用汞膜电极作工作电极，测定硒时采用玻碳基金膜电极作工作电极。采用银-氯化银电极作参比电极。

7.1.3 预电解电位及时间

7.1.3.1 预电解电位

7.1.3.1.1 用汞膜电极

所选用的预电解电位不能使支持电解质溶液及样品等发生电解反应。例如用盐酸溶液[c(HCl)=0.1 mol/L]作支持电解质溶液时，其预电解电位应正于−1.3 V；用氨-乙酸铵的弱碱性溶液作支持电解质溶液时，预电解电位应正于−1.7 V。

所选定的预电解电位应比欲测杂质在该测定条件下的溶出峰电位负0.2 V以上。

7.1.3.1.2 用金膜电极

所选定的预电解电位，样品本身不能有电化学反应。测硒时一般用−0.1 V。

7.1.3.2 预电解富集时间

预电解富集时间不少于1 min，不多于10 min，在测定过程中此值应保持恒定。

7.1.4 扫描电位范围及扫描速率

7.1.4.1 扫描电位范围

扫描电位范围应包括所有欲测物的溶出峰。

使用汞膜电极时的扫描电位范围下限为−0.05 V。

使用金膜电极测硒时的扫描电位范围下限为+1.3 V。

7.1.4.2 扫描速率

扫描速率可选择20 mV/s～60 mV/s间，在测定过程中此值应保持不变。

7.1.5 解脱电位

用银基汞膜和金膜电极时，同7.1.4.1的扫描电位范围下限。用玻碳基汞膜电极时为+0.5 V。

7.1.6 峰高的要求

每次加入标准溶液后形成的峰高比前一次增长8 mm以上。

7.2 测定方法

量取规定量的电解质溶液，置于电解池中，通氮气除氧10 min，在溶液上保持氮气气氛。插入电极，接通电极电源，按规定的预电解电位和搅拌速度，作预电解富集规定的时间。停止搅拌60 s，按规定的扫描电位范围和扫描速率进行溶出扫描，记录溶出伏安曲线。在规定的电位和搅拌速度下解脱，此记录峰高值为空白值。在此电解液中，按产品标准的规定，分别加入样品及标准溶液(可分三等份三次加入)，从“接通电极电源”开始重复上述操作分别测定。必要时做空白试验。

以加入标准溶液的累计量(μg)为横坐标，以相应的峰高减空白峰高(mm)为纵坐标，绘制标准加入法工作曲线图，外推与横坐标的交点m_x即为样品中杂质含量，见图1。

STANDARDS PRESS OF CHINA

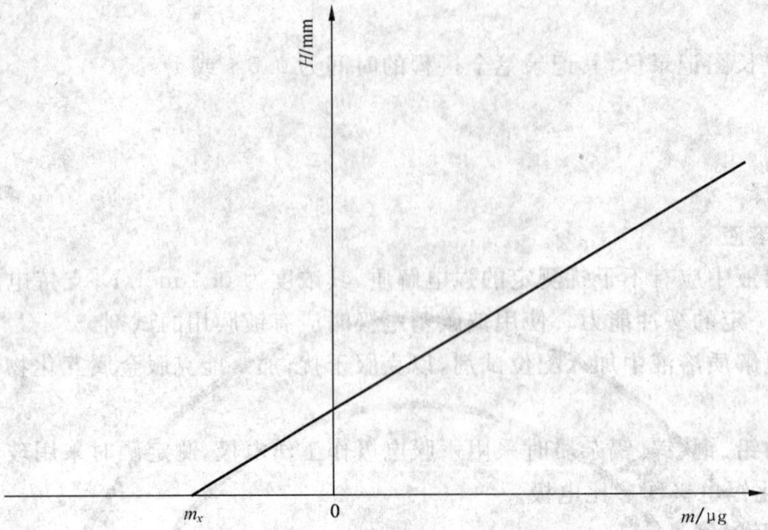

图 1 标准加入法工作曲线

7.3 计算

样品中被测杂质的质量分数 w，数值以%表示，按式(1)计算：

$$w=\frac{m_x \times 10^{-6}}{m_1} \times 100 \quad \cdots\cdots(1)$$

式中：

m_x——从图中外推得被测杂质质量的数值，单位为微克(μg)；

m_1——样品质量的数值，单位为克(g)。

因加入标准溶液使电解液体积增加，故应对溶出峰高进行校正。校正后溶出峰的峰高 $H_{校}$ 以毫米(mm)计，按式(2)计算：

$$H_{校}=H \times \frac{V_0+V_x}{V_0} \quad \cdots\cdots(2)$$

式中：

H——实测溶出峰的峰高，单位为毫米(mm)；

V_0——电解液原体积的数值，单位为毫升(mL)；

V_x——加入标准溶液体积的数值，单位为毫升(mL)。

8 精密度

8.1 方法的精密度

一般在测定次数不少于 11 次的情况下，相对标准偏差应不大于 20%。在制定产品标准时，应符合精密度的要求。

8.2 方法的回收率

要求方法测定的回收率在 80%～120%范围内。

9 安全事项

9.1 汞膜电极在涂汞、使用和溶解汞的操作中，注意不要把汞遗漏到实验室。不连续使用汞膜电极时，应把电极上的汞溶解除净后保存。

实验室要有排风设备。

实验室应定期检测汞在空气中的含量，要应符合国家规定的标准。

对长期从事此项工作的人员要定期进行体格检验。

9.2 使用高压氮气钢瓶应按高压钢瓶安全操作规定操作。

附 录 A
（资料性附录）
工作电极的处理

A.1 银基汞膜电极

A.1.1 银基

电极的基体为长 10 mm～16 mm，直径为 2 mm 的银圆柱状，采用高纯银经过镀银、渗氢、封闭、净化等处理成灰色的银柱。

A.1.2 涂汞

把银基的底部沾 3 mg～5 mg 的汞，汞自然上升，涂成汞膜。涂好后把电极悬放在水中，备用。

若银基不清洁，汞不能自然上升，这样的电极不能用，需要用硝酸溶液(1+1)把电极上的汞溶解，用水洗涤银基，晾干后再涂。

A.1.3 除去汞膜

把银基汞膜电极放到硝酸溶液(1+1)中浸泡约 30 s，取出，用水洗，晾干。

应注意在稀硝酸中浸泡时间不能长，以免造成银基的溶解。

A.1.4 银基变形

银基使用一段时间后，会因反复除去汞膜而导致银基溶解，使其变细。若已明显变细，应弃之。

A.2 玻碳基汞膜电极

玻碳基电极的基体为长 5 mm，直径为 3 mm 玻碳材质的圆柱状，把其一端抛光成镜面状，作为镀膜的基体。镀膜时要求此镜面状表面的光洁性。

A.2.1 玻碳基的净化

净化已抛光的表面。一般用洁净的滤纸沾水擦，再用水洗，晾干。若效果不理想(指测定时不出溶出峰)可以用下述方法进一步处理。

A.2.1.1 用化学试剂净化

先用氨水溶液(10%)洗，再用乙醇洗，最后用水洗，晾干。

A.2.1.2 电化学处理

在测定条件规定的支持电解质溶液中，用规定的解脱电位，通电 2 min～5 min，取出，用水洗，晾干。

A.2.2 同位镀汞和解脱

将浓度为 1 mg/mL 的氯化汞溶液加到支持电解质溶液中，使其浓度范围为 10 mg/L～40 mg/L。按标准规定的条件作预处理富集镀汞，解脱电位用+0.5 V。

A.3 玻碳基金膜电极

本标准只规定用同位镀金法。

A.3.1 玻碳基的净化

同 A.2.1。

A.3.2 同位镀金和解脱

将质量浓度为 0.1 mg/mL(以 Au^{3+} 计)的氯化金溶液加到支持电解质溶液中，使其质量浓度为 2 mg/L～8 mg/L。按规定的预电解富集条件镀金；按规定的解脱条件作金的解脱。

ICS 59.080.01
W 04

中华人民共和国国家标准

GB/T 3920—2008
代替 GB/T 3920—1997

纺织品 色牢度试验 耐摩擦色牢度

Textiles—Tests for colour fastness—Colour fastness to rubbing

(ISO 105-X12:2001,MOD)

2008-08-06 发布 2009-06-01 实施

中华人民共和国国家质量监督检验检疫总局
中国国家标准化管理委员会 发布

STANDARDS PRESS OF CHINA

前言

本标准修改采用 ISO 105-X12:2001《纺织品　色牢度试验　X12 部分:耐摩擦色牢度》(英文版)。

本标准根据 ISO 105-X12:2001 重新起草。本标准与 ISO 105-X12:2001 的主要差异如下:

1. 在规范性引用文件中,引用了与所引用国际标准对应的我国标准,其中 GB/T 7565 替代了 ISO 105-F09;
2. 删除了 4.1.2 关于 AATCC 仪器的注;
3. 在 4.3 的注中增加了建议的耐水细砂纸规格;
4. 删除了调湿时具体温度和湿度的规定,直接引用了与此温湿度相同的 GB/T 6529 的规定;
5. 将 4.4 中校验试验调整为注的内容;
6. 在 6.1 中对颜色面积小且聚集在一起的试样增加了"可参照本条款规定";
7. 增加了 6.3 的注 2;
8. 第 8 章中增加了 d)条。

本标准代替 GB/T 3920—1997《纺织品　色牢度试验　耐摩擦色牢度》,本标准与 GB/T 3920—1997 的主要变化如下:

1. 规范性引用文件增加了 GB/T 6529 和 ISO 105-X16;
2. 增加了摩擦布尺寸、圆形摩擦头尺寸以及摩擦头压力的允差;
3. 长方形摩擦头尺寸由"19 mm×25 mm"改为"19 mm×25.4 mm";
4. 摩擦头的动程由"100 mm"改为"(104±3)mm";
5. 试样尺寸由"不小于 50 mm×200 mm"改为"不小于 50 mm×140 mm";
6. 增加了剪取与织物经向或纬向成一定角度的可选试样;
7. 增加了对小面积印花试样的描述;
8. 增加了"耐水细砂纸,或不锈钢丝直径为 1 mm,网孔宽约为 20 mm 的金属网"的使用;
9. 摩擦布的含水率由"95%～105%"改为"95%～100%";
10. 将可调节的轧液装置的使用改为注的内容;
11. 增加了对试样调湿的程序。

本标准由中国纺织工业协会提出。

本标准由全国纺织品标准化技术委员会基础分会(SAC/TC 209/SC 1)归口。

本标准起草单位:江苏梦兰集团有限公司、中纺标(北京)检验认证中心有限公司、杭州天堂伞业集团有限公司。

本标准主要起草人:斯颖、陈建华、张其平、赵纯圭。

本标准所代替标准的历次版本发布情况为:

——GB/T 3920—1983、GB/T 3920—1997。

纺织品　色牢度试验　耐摩擦色牢度

1　范围

本标准规定了各类纺织品耐摩擦沾色牢度的试验方法。

本标准适用于由各类纤维制成的，经染色或印花的纱线、织物和纺织制品，包括纺织地毯和其他绒类织物。

每一样品可做两个试验，一个使用干摩擦布，一个使用湿摩擦布。

2　规范性引用文件

下列文件中的条款通过本标准的引用而成为本标准的条款。凡是注日期的引用文件，其随后所有的修改单(不包括勘误的内容)或修订版均不适用于本部分，然而，鼓励根据本标准达成协议的各方研究是否可使用这些文件的最新版本。凡是不注日期的引用文件，其最新版本适用于本标准。

GB/T 251　纺织品　色牢度试验　评定沾色用灰色样卡(GB/T 251—2008，ISO 105-A03:1993，IDT)

GB/T 6151　纺织品　色牢度试验通则(GB/T 6151—1997，eqv ISO 105-A01:1994)

GB/T 6529　纺织品　调湿和试验用标准大气(GB/T 6529—2008，ISO 139:2005，MOD)

GB/T 7568.2　纺织品　色牢度试验　标准贴衬织物　第2部分：棉和粘胶纤维(GB/T 7568.2—2008，ISO/DIS 105-F02:2008，MOD)

ISO 105-X16　纺织品　色牢度试验　X16部分：耐摩擦色牢度　小面积

3　原理

将纺织试样分别与一块干摩擦布和一块湿摩擦布摩擦，评定摩擦布沾色程度。耐摩擦色牢度试验仪通过两个可选尺寸的摩擦头提供了两种组合试验条件：一种用于绒类织物；一种用于单色织物或大面积印花织物。

4　设备和材料

4.1　耐摩擦色牢度试验仪，具有两种可选尺寸的摩擦头作往复直线摩擦运动。

4.1.1　用于绒类织物(包括纺织地毯)：长方形摩擦表面的摩擦头尺寸为19 mm×25.4 mm。摩擦头施以向下的压力为(9±0.2)N，直线往复动程为(104±3)mm。

注：使用直径为(16±0.1)mm的摩擦头对绒类织物试验，在评定对摩擦布的沾色程度时可能会遇到困难，这是由于摩擦布在摩擦圆形区域周边部位会产生沾色严重的现象，即产生晕轮。对绒类织物试验时，使用4.1.1所述的摩擦头会消除晕轮现象。对绒毛较长的织物，即使使用长方形摩擦头评定沾色时也可能会遇到困难。

4.1.2　用于其他纺织品：摩擦头由一个直径为(16±0.1)mm的圆柱体构成，施以向下的压力为(9±0.2)N，直线往复动程为(104±3)mm。

4.2　棉摩擦布，符合GB/T 7568.2的规定，剪成(50 mm±2 mm)×(50 mm±2 mm)的正方形用于4.1.2的摩擦头，剪成(25 mm±2 mm)×(100 mm±2 mm)的长方形用于4.1.1的摩擦头。

4.3　耐水细砂纸，或不锈钢丝直径为1 mm、网孔宽约为20 mm的金属网。

注：宜注意到使用的金属网或砂纸的特性，在其上放置纺织试样试验时，可能会在试样上留下印迹，这会造成错误评级。对纺织织物可优先选用砂纸进行试验，选用600目氧化铝耐水细砂纸已被证明对测试是合适的。

4.4　评定沾色用灰卡，符合GB/T 251。

注：需定期对试验操作和设备进行校验，并做好记录。一般使用内部已知试样，做三次干摩擦试验。

5 试样

5.1 若被测纺织品是织物或地毯，需准备两组尺寸不小于 50 mm×140 mm 的试样，分别用于干摩擦试验和湿摩擦试验。每组各两块试样，其中一块试样的长度方向平行于经纱(或纵向)，另一块试样的长度方向平行于纬纱(或横向)。若要求更高精度的测试结果，则可额外增加试样数量。

另一种剪取试样的可选方法，是使试样的长度方向与织物的经向和纬向成一定角度。若地毯试样的绒毛层易于辨别，剪取试样时绒毛的顺向与试样长度方向一致。

5.2 若被测纺织品是纱线，将其编织成织物，试样尺寸不小于 50 mm×140 mm。或沿纸板的长度方向将纱线平行缠绕于与试样尺寸相同的纸板上，并使纱线在纸板上均匀地铺成一层。

5.3 在试验前，将试样和摩擦布放置在 GB/T 6529 规定的标准大气下调湿至少 4 h。对于棉或羊毛等织物可能需要更长的调湿时间。

5.4 为得到最佳的试验结果，宜在 GB/T 6529 规定的标准大气下进行试验。

6 程序

6.1 通则

用夹紧装置将试样固定在试验仪平台上，使试样的长度方向与摩擦头的运行方向一致。在试验仪平台和试样之间，放置一块金属网或砂纸，以助于减小试样在摩擦过程中的移动。对第 5 章制备的试样按照 6.2 和 6.3 规定的程序进行试验。

当测试有多种颜色的纺织品时，宜注意取样的位置，若使用 4.1.2 所述的仪器，则使所有颜色均被摩擦到。如果颜色的面积足够大，可制备多个试样，对单个颜色分别评定；如果颜色面积小且聚集在一起，可参照本条款规定，也可选用 ISO 105-X16 中旋转式装置的试验仪进行试验。

6.2 干摩擦

将调湿后的摩擦布(见 4.2 和 5.3)平放在摩擦头上，使摩擦布的经向与摩擦头的运行方向一致。运行速度为每秒 1 个往复摩擦循环，共摩擦 10 个循环。在干燥试样上摩擦的动程为(104±3)mm，施加的向下压力为(9±0.2)N(见 4.1.1 和 4.1.2)。取下摩擦布，按 5.3 对其调湿，并去除摩擦布上可能影响评级的任何多余纤维。

6.3 湿摩擦

称量调湿后的摩擦布，将其完全浸入蒸馏水中，重新称量摩擦布以确保摩擦布的含水率达到 95%～100%。然后按 6.2 进行操作。

注 1：当摩擦布的含水率可能严重影响评级时，可以采用其他含水率。例如常采用的含水率为(65±5)%。

注 2：用可调节的轧液装置或其他适宜装置调节摩擦布的含水率。

6.4 干燥

将湿摩擦布晾干。

7 评定

7.1 评定时，在每个被评摩擦布的背面放置三层摩擦布(4.2)。

7.2 在适宜的光源下，用评定沾色用灰色样卡(4.4)评定摩擦布的沾色级数(见 GB/T 6151)。

8 试验报告

试验报告应包括下列内容：

a) 本标准的编号，即 GB/T 3920—2008；

b) 试验所用摩擦头；

c） 试验是干摩擦还是湿摩擦，若为湿摩擦，则注明含水率；

d） 使用的金属网，或耐水细砂纸及其规格；

e） 对试样和摩擦布的调湿时间；

f） 试样的长度方向，即经向、纬向或斜向；

g） 每一个试样的沾色级数。

ICS 59.080.01
W 04

中华人民共和国国家标准

GB/T 3921—2008
代替 GB/T 3921.1～3921.5—1997

纺织品　色牢度试验　耐皂洗色牢度

Textiles—Tests for colour fastness—
Colour fastness to washing with soap or soap and soda

(ISO 105-C10:2006,MOD)

2008-04-29 发布　　　　2008-12-01 实施

中华人民共和国国家质量监督检验检疫总局
中国国家标准化管理委员会　发布

前　言

本标准修改采用ISO 105-C10:2006《纺织品　色牢度试验　C10部分:耐皂液或肥皂和苏打液洗涤色牢度》。

本标准与ISO 105-C10:2006的主要差异如下:

1. 规范性引用文件中的国际标准替换为相应的国家标准;

2. 表1中增加了符合GB/T 13765的麻标准贴衬织物;

3. 改进了7.3中洗涤后对组合试样的清洗方法。

本标准代替GB/T 3921.1—1997《纺织品　色牢度试验　耐洗色牢度:试验1》、GB/T 3921.2—1997《纺织品　色牢度试验　耐洗色牢度:试验2》、GB/T 3921.3—1997《纺织品　色牢度试验　耐洗色牢度:试验3》、GB/T 3921.4—1997《纺织品　色牢度试验　耐洗色牢度:试验4》、GB/T 3921.5—1997《纺织品　色牢度试验　耐洗色牢度:试验5》。

本标准与GB/T 3921.1～3921.5—1997相比,主要变化如下:

1. 将原标准的的5个部分整合为一项标准;

2. 规范性引用文件中增加了仪器评级的行业标准和醋纤贴衬织物的国际标准;

3. 增加了机械搅拌装置和加热皂液装置的建议;

4. 增加了不同试验方法采用的多纤维贴衬织物的规定;

5. 修改了60℃和95℃试验时第二块单纤维贴衬织物的选取方法;

6. 修改了洗涤后对组合试样的清洗方法;

7. 增加了仪器评定试样变色或贴衬沾色的可选方法。

本标准由中国纺织工业协会提出。

本标准由全国纺织品标准化技术委员会基础分委会(SAC/TC 209/SC 1)归口。

本标准主要起草单位:纺织工业标准化研究所、北京出入境检验检疫局。

本标准主要起草人:斯颖、于枫。

本标准所代替标准的历次版本发布情况为:

——GB 3921—1983、GB/T 3921.1—1997、GB/T 3921.2—1997、GB/T 3921.3—1997、GB/T 3921.4—1997、GB/T 3921.5—1997。

纺织品　色牢度试验　耐皂洗色牢度

1　范围

本标准规定了测定常规家庭用所有类型的纺织品耐洗涤色牢度的方法，包括从缓和到剧烈不同洗涤程序的5种试验。

本标准仅用于测定洗涤对纺织品色牢度的影响，并不反映综合洗熨程序的结果。

2　规范性引用文件

下列文件中的条款通过本标准的引用而成为本标准的条款。凡是注日期的引用文件，其随后所有的修改单(不包括勘误的内容)或修订版均不适用于本标准，然而，鼓励根据本标准达成协议的各方研究是否可使用这些文件的最新版本。凡是不注日期的引用文件，其最新版本适用于本标准。

GB 250　评定变色用灰色样卡(GB 250—1995,ISO 105-A02:1993,IDT)

GB 251　评定沾色用灰色样卡(GB 251—1995,ISO 105-A03:1993,IDT)

GB/T 6151　纺织品　色牢度试验通则(GB/T 6151—1997,ISO 105-A01:1994,EQV)

GB/T 6682　分析实验室用水规格和试验方法(GB/T 6682—1992,ISO 3696:1987,NEQ)

GB 7565　纺织品　色牢度试验　棉和粘纤标准贴衬织物规格(GB/T 7565—1987,ISO 105-F02:1982,NEQ)

GB/T 7568.1　纺织品　色牢度试验　毛标准贴衬织物规格(GB/T 7568.1—2002,ISO 105-F01:2001,MOD)

GB/T 7568.4　纺织品　色牢度试验　聚酯标准贴衬织物规格(GB/T 7568.4—2002,ISO 105-F04:2001,MOD)

GB/T 7568.5　纺织品　色牢度试验　聚丙烯腈标准贴衬织物规格(GB/T 7568.5—2002,ISO 105-F05:2001,MOD)

GB/T 7568.6　纺织品　色牢度试验　丝标准贴衬织物规格(GB/T 7568.6—2002,ISO 105-F06:2000,MOD)

GB/T 8424.1　纺织品　色牢度试验　表面颜色的测定通则(GB/T 8424.1—2001,ISO 105-J01:1997,EQV)

GB/T 8424.3　纺织品　色牢度试验　色差的计算(GB/T 8424.3—2001,ISO 105-J03:1995,EQV)

GB 11403　纺织品　色牢度试验　聚酰胺标准贴衬织物规格(GB 11403—1989,ISO 105-F03:1984,NEQ)

GB 11404　纺织品　色牢度试验　多纤维标准贴衬织物规格(GB 11404—1989,ISO/DIS 105-F10:1988,NEQ)

GB/T 13765　纺织品　色牢度试验　亚麻和苎麻标准贴衬织物规格

FZ/T 01023　贴衬织物沾色程度的仪器评级方法(FZ/T 01023—1993,ISO 105-A04:1989,NEQ)

FZ/T 01024　试样变色程度的仪器评级方法(FZ/T 01024—1993,ISO 105-A05:1992,NEQ)

ISO 105-F07　纺织品　色牢度试验　第F07部分:再生醋酸纤维贴衬织物规范

3　原理

纺织品试样与一块或两块规定的标准贴衬织物缝合在一起，置于皂液或肥皂和无水碳酸钠混合液中,在规定时间和温度条件下进行机械搅动,再经清洗和干燥。以原样作为参照样,用灰色样卡或仪器评定试样变色和贴衬织物沾色。

4 设备

4.1 合适的机械洗涤装置,由装有一根旋转轴杆的水浴锅构成。旋转轴呈放射形支承着多只容量为(550±50)mL 的不锈钢容器,直径为(75±5)mm,高为(125±10)mm,从轴中心到容器底部的距离为(45±10)mm。轴和容器的转速为(40±2)r/min。水浴温度由恒温器控制,使试验溶液保持在规定温度±2℃内。

能获得与4.1规定设备同样结果的其他机械装置也可用于本试验。要意识到沾污的可能性(见7.2的注)。

4.2 天平,精确至±0.01 g。

4.3 机械搅拌器,最小转速 16.667 s^{-1}(1 000 r/min),确保容器内物质充分散开,防止沉淀。

4.4 耐腐蚀的不锈钢珠,直径约为 6 mm。

4.5 加热皂液的装置,如加热板。

5 试剂和材料

5.1 肥皂,以干重计,所含水分不超过5%,并符合下列要求:

游离碱(以 Na_2CO_3 计)	≤0.3%
游离碱(以 NaOH 计)	≤0.1%
总脂肪物	≥850 g/kg
制备肥皂混合脂肪酸冻点	≤30℃
碘值	≤50

肥皂不应含荧光增白剂。

5.2 无水碳酸钠(Na_2CO_3)。

5.3 皂液,条件为A和B的试验,每升水(5.4)中含5 g肥皂(5.1),条件为C、D和E的试验,每升水(5.4)中含5 g肥皂(5.1)和2 g碳酸钠(5.2)。

建议用搅拌器将肥皂充分地分散溶解在温度为(25±5)℃的三级水中,搅拌时间(10±1)min。

5.4 三级水,符合GB/T 6682。

5.5 贴衬织物(见GB/T 6151),按5.5.1或5.5.2选用。

5.5.1 多纤维贴衬织物,符合GB/T 11404,根据试验温度选用:

——含羊毛和醋纤的多纤维贴衬织物(用于40℃和50℃的试验,某些情况下也可用于60℃的试验,需在试验报告中注明)。

——不含羊毛和醋纤的多纤维贴衬织物(用于某些60℃的试验和所有95℃的试验)。

5.5.2 两块单纤维贴衬织物,符合GB/T 7565、GB/T 7568.1、GB/T 7568.4~7568.6、GB/T 11403、GB/T 13765、ISO 105-F07。

第一块与试样的同类纤维制成,第二块由表1规定的纤维制成。如试样为混纺或交织品,则第一块由主要含量的纤维制成,第二块由次要含量的纤维制成。或另作规定。

表1 单纤维贴衬织物

第一块	第二块	
	40℃和50℃的试验	60℃和95℃的试验
棉	羊毛	粘纤
羊毛	棉	—

表 1(续)

第一块	第二块	
	40℃和50℃的试验	60℃和95℃的试验
丝	棉	—
麻	羊毛	粘纤
粘纤	羊毛	棉
醋纤	粘纤	粘纤
聚酰胺	羊毛或棉	棉
聚酯	羊毛或棉	棉
聚丙烯腈	羊毛或棉	棉

5.6 一块染不上色的织物(如聚丙烯),需要时用。

5.7 灰色样卡,用于评定变色和沾色,符合 GB 250 和 GB 251;或光谱测色仪,依据 GB/T 8424.1、FZ/T 01023 和 FZ/T 01024 评定变色和沾色。

6 试样

6.1 若试样为织物,按以下方法之一制备组合试样:

a) 取 100 mm×40 mm 试样一块,正面与一块 100 mm×40 mm 多纤维贴衬织物(5.5.1)相接触,沿一短边缝合。

b) 取 100 mm×40 mm 试样一块,夹于两块 100 mm×40 mm 单纤维贴衬织物(5.5.2)之间,沿一短边缝合。

6.2 可以将纱线编织成织物,按照织物的方式进行试验。当试样为纱线或散纤维时,取纱线或散纤维的质量约等于贴衬织物总质量的一半,并按以下方法之一制备组合试样:

a) 夹于一块 100 mm×40 mm 多纤维贴衬织物及一块 100 mm×40 mm 染不上色的织物(5.6)之间,沿四边缝合(见 GB/T 6151)。

b) 夹于两块 100 mm×40 mm 规定的单纤维贴衬织物之间,沿四边缝合。

6.3 用天平(4.2)测定组合试样的质量,单位为 g,以便于精确浴比。

7 操作程序

7.1 按照所采用的试验方法来制备皂液(5.3)。

7.2 将组合试样以及规定数量的不锈钢珠(4.4)放在容器内,依据表 2 注入预热至试验温度±2℃的需要量的皂液,浴比为 50∶1,盖上容器,立即依据表 2 中规定的温度和时间进行操作,并开始计时。

表 2 试验条件

试验方法编号	温度/℃	时 间	钢珠数量	碳酸钠
A(1)	40	30 min	0	—
B(2)	50	45 min	0	—
C(3)	60	30 min	0	+
D(4)	95	30 min	10	+
E(5)	95	4 h	10	+

注意宜将含荧光增白剂和不含荧光增白剂的试验所用容器清楚地区分开。

注:其他试验所用洗涤剂和商业洗涤剂中的荧光增白剂可能会沾污容器(4.1)。如果在后来使用不含荧光增白剂的洗涤剂的试验中,使用这种沾污的容器,可能会影响到试样色牢度的级数。

7.3 对所有试验，洗涤结束后取出组合试样。分别放在三级水(5.4)中清洗两次，然后在流动水中冲洗至干净。

7.4 对所有方法，用手挤去组合试样上过量的水分。

如果需要，留一个短边上的缝线，去除其余缝线，展开组合试样。

7.5 将试样放在两张滤纸之间并挤压除去多余水分，再将其悬挂在不超过60℃的空气中干燥，试样与贴衬仅由一条缝线连接。

7.6 用灰色样卡或仪器，对比原始试样，评定试样的变色和贴衬织物的沾色。见GB 250，GB 251，GB/T 8424.3，FZ/T 01023，FZ/T 01024。

8 试验报告

试验报告包括下列内容：

a) 本标准的编号(GB/T 3921—2008)；

b) 试样的详细描述；

c) 使用表2中的试验方法编号；

d) 使用灰卡或仪器评定的试样变色级数；

e) 如用单纤维贴衬织物，所用的每种贴衬织物的沾色级数；

f) 如用多纤维贴衬织物，其型号和每种纤维的沾色级数；

g) 任何偏离本标准的细节及试验中的异常现象。

ICS 17.220.20
N 25

GB

中华人民共和国国家标准

GB/T 3927—2008/IEC 60523:1997
代替 GB/T 3927—1983

直流电位差计

Direct-current potentiometers

(IEC 60523:1997,IDT)

STANDARDS PRESS OF CHINA

2008-08-06 发布　　　　2009-03-01 实施

中华人民共和国国家质量监督检验检疫总局
中国国家标准化管理委员会　发布

前言

本标准等同采用国际电工委员会标准 IEC 60523:1997《直流电位差计》(英文版),其技术内容和结构与 IEC 60523:1997 完全相同。

本标准从实施之日起代替 GB/T 3927—1983《直流电位差计》。

本标准与 GB/T 3927—1983 相比,主要修改如下:

——对信息及标志内容,删去了原试验电压标志,增加了污染等级标志等要求。

本标准的附录 A、附录 B 均为规范性附录。

本标准由中国机械工业联合会提出。

本标准由全国电工仪器仪表标准化技术委员会(SAC/TC 104)归口。

本标准负责起草单位:上海仪器仪表研究所。

本标准参加起草单位:上海正阳仪表厂、上海兰斯汀仪表研究所。

本标准主要起草人:张银福、董亚峰、孙晓虹。

本标准所代替标准的历次版本发布情况为:

——GB/T 3927—1983。

直流电位差计

1 范围

本标准适用于准确度等级为0.000 1～0.1[1 ppm～1 000 ppm(百万分之几),1×10^{-6}～1×10^{-3}(科学标记法 scientific notation)]的直流电位差计,并适用于上述电位差计的内附辅助设备。

本标准不适用于自动获得零平衡的电位差计,不适用于那些借平衡检测器刻度获得部分指示值的电位差计,也不适用于与电位差计一起使用的外部辅助设备。

2 术语和定义

下列术语和定义适用于本标准。

2.1 直流电位差计(以下简称电位差计) D.C potentiometer

一个测量电压的仪器,它用一个已知电压与被测电压相平衡,该已知电压可以由固定电流流过可调电阻或由可调电流流过固定电阻来获得,或由它们的组合而获得

2.2 测量盘 measuring dials

用来确定被测量数值的标度盘。如果有的话,还应乘上相应的量程因数。

2.3 有效量程 effective range

对于某一规定量程因数,电位差计在规定的准确度下能够测量的标度盘示值范围。

2.4 量程变换器 range-changing device

一个可将有效量程乘上一个被称为“量程因数”的系数(如0.1)的装置。

2.5 电位差计的标准化 standardization of a potentiometer

为保证电位差计测量时的准确示值所必须的调整。

2.6 标度盘示值 dial setting

电位差计标准化后,当确定被测量电压时,电位差计平衡后测量盘的示值。如必要的话,需再乘上量程因数。

2.7 辅助设备 auxiliary equipment

能保证使电位差计按规定而准确安全地工作所必须的附加设备。它可以是,也可以不是电位差计整体的一部分。

2.8 分辨力 resolution

相当于最低值测量盘的一个步进电压或最小分度电压。

2.9 线路绝缘电压(标称线路电压) circuit insulation voltage(nominal circuit voltage)

可施加于电位差计线路而对接触电位差计不至成为危险的最高对地电压。

2.9a 畸变因数(一个量的总谐波) distortion factor (total harmonic of a quantity)

$$比:\frac{谐波分量的方均根值^{1)}}{非正弦量的方均根值}$$

2.10 一个量的纹波含量 ripple content (of a quantity)

$$比:\frac{波动分量的方均根值}{直流分量值}$$

2.11 泄漏电流屏蔽(线路) leakage current screen (circuit)

防止漏电流影响测量结果的一个导电通路。

1) 除基波外。

2.12 **静电屏蔽 electrostatic screen**

一个导电的外壳或涂层，使所包围的空间不受外界的静电影响。

2.13 **测量端 measuring terminals**

连接被测电压线路的端钮。

2.14 **测量线路 measuring circuit**

与(或能够与)测量端导电连接的电位差计内部线路。

2.15 **被测量线路选择器开关 measured quantity circuit selector switch**

可选择各测量端组接到测量线路的开关。

2.16 **电位差计的残余电动势 residual e.m.f of a potentiometer**

当电位差计工作而其测量盘都置于零时，由于电位差计自身的缘故，出现在测量端上的开路电压。

2.17 **增量线性度 incremental linearity**

电位差计的综合线性度由以下两方面表示：

——表示同一值的任何两个不同的测量盘示值所产生的电压恒定性；

——任一测量盘的两个相邻示值之间产生的电压增量的恒定性。

2.18 **影响量 influence quantity**

除被测量外，易于引起标度盘示值发生不希望变化的量。

2.19 **共模电压 common mode voltage**

分别或共同(按规定)地存在于某一测量端(称为共模电压参考端)与接地端，或泄漏电流屏蔽端，或静电屏蔽端之间的电压。

2.20 **影响量引起的改变量 variation with influence quantity**

当某一影响量依次取两个不同规定值时，同一个被测量两次测量值之间的差。

2.21 **参比条件 reference conditions**

使电位差计满足有关基本误差的规定条件。

2.22 **参比值 reference value**

一个影响量的规定单值，在其规定的允差内，电位差计满足有关基本误差的要求。

2.23 **参比范围 reference range**

影响量的规定数值范围，在此规定范围内，电位差计满足有关基本误差的要求。

2.24 **标称使用范围 nominal range of use**

引起的改变量不超过规定极限时，各影响量值能取的规定范围。

2.25 **影响量的极限值 limiting values of an influence quantity**

不使电位差计受到损坏或造成永久性变化，以致不再满足其准确度等级要求的一个影响量可取的最大值。

2.26 **基准值 fiducial value**

为了规定电位差计的准确度供各有效量程作参比的一个单值。

除非制造单位另有规定，有效量程的基准值规定为该量程中最大的10的整数幂。

例如：电位差计最大标度盘示值为1.8 V，量程因数为1，0.1和0.01，则各有效量程的基准值分别为1.0 V，0.1 V和0.01 V。

2.27 **误差 error**

由标度盘示值减去被测量的真值所得到的差值。

由于真值不能由测量来确定，所以就用在规定的测试条件下和规定的时间内所得到的值来代替，该值可溯源至国家测量标准或由国家测量标准或用户与制造单位一致同意的测量标准导出。

注：不附于电位差计内的任何辅助设备的误差均不包括在电位差计误差内。

2.28 基本误差 intrinsic error

在参比条件下确定的误差。

2.29 准确度 accuracy

电位差计的准确度由基本误差极限和由影响量引起的改变量极限来限定。

2.30 准确度等级 accuracy class

电位差计的等级，凡符合本标准全部要求的所有电位差计，都可用相同的数字表示其准确度。

2.31 等级指数 class index

标志准确度等级的数字。

3 分级

本标准规定的电位差计，按照2.30定义的准确度等级作如下分级：

a) 0.000 1 0.000 2 0.000 5 0.001 0.002 0.005 0.01 0.02 0.05 0.1

b) 1 ppm 2 ppm 5 ppm 10 ppm 20 ppm 50 ppm 100 ppm 200 ppm 500 ppm 1 000 ppm

c) 1×10^{-6} 2×10^{-6} 5×10^{-6} 1×10^{-5} 2×10^{-5} 5×10^{-5} 1×10^{-4} 2×10^{-4} 5×10^{-4} 1×10^{-3}

电位差计的等级指数可用：

a) 以百分数表示；

b) 以ppm表示；

c) 以科学标记法表示。

如果电位差计有几个测量量程，各量程可以有各自的等级指数。

4 基本误差的极限

如果遵守制造单位所规定的使用、运输和贮藏条件，电位差计从交货检定日或制造单位(或负责任的供货者)与用户商定的另一日起在一年内，应满足其各自准确度等级规定的相应的基本误差极限。

注：对于电位差计，与时间有关的稳定性是一个基本特性，这里仅规定为一年，但经验证明，由老化作用而引起的变化率随时间而减小。

4.1 基本误差的允许极限

电位差计误差的允许极限由两部分组成：

——与基准值有关的常数项；

——与标度盘示值成比例的可变项。

由二项式分别给出正、负两个极限值。

$$E_{\lim}=\pm\frac{c}{100}\left(\frac{U_n}{10}+x\right) \quad\cdots\cdots(1)$$

式中：

$E_{\lim}$——误差的允许极限值，单位为伏(V)；

U_n——基准值，单位为伏(V)；

x——标度盘示值，单位为伏(V)；

c——等级指数，以百分数表示。

当等级指数 c 用ppm表示时，应使用下列公式：

$$E_{\lim}=\pm\frac{c}{1\,000\,000}\left(\frac{U_n}{10}+x\right) \quad\cdots\cdots(2)$$

当等级指数 c 用科学标记法表示时，应使用下列公式：

STANDARDS PRESS OF CHINA

$$E_{\lim}=\pm c(\frac{U_n}{10}+x) \quad\quad (3)$$

4.2 增量线性度

4.2.1 对应于同一被测量值所获得的任意两个标度盘示值误差的差值，应不超过基本误差允许极限的一半。

4.2.2 任何一个测量盘的任意两个相邻的标度盘示值误差的差值，应不超过与该示值符号相同的基本误差的允许极限平均值的一半。

4.3 分辨力

分辨力不应有值超过：

$$0.5\frac{c}{100}U_n$$ （等级指数 c 用百分数表示）

或

$$0.5\frac{c}{1\ 000\ 0000}U_n$$ （等级指数 c 用 ppm 表示）

或：

$$0.5cU_n$$ （等级指数 c 用科学标记法表示）。

4.4 量程变换器

如果在改变量程时，电位差计需重新标准化，制造单位应予指明。

4.5 电位差计的标准化独立线路

如果电位差计在任何量程上不用测量盘，而是用独立线路进行标准化时，由这种标准化引入的附加误差应不超过允许基本误差的一半。

5 基本误差的确定条件

5.1 各有关影响量的参比值，如表 1 所示。

5.2 任何测量前，应有足够的时间使电位差计达到稳定状态，并在影响量的参比值下达到均衡。

5.3 泄漏电流屏蔽和静电屏蔽(如果有的话)应按制造单位的指示连接。

表 1 影响量的参比条件和允差

影 响 量	参比条件(除非制造单位另有指明)	等 级 指 数			供测试目的用的允差[a]
		%	ppm	科学标记法	
周围温度	标明值[b]	0.000 1～0.001 0.002～0.01 0.02～0.1	1～10 20～100 200～1 000	1×10^{-6}～1×10^{-5} 2×10^{-5}～1×10^{-4} 2×10^{-4}～1×10^{-3}	±0.5 ℃ ±1 ℃ ±2 ℃
相对湿度	40%～60%	所有等级			
位置	任意	所有等级			
纹波含量[c]	小于 0.1%	所有等级			
共模电压	零	所有等级			基准值的±0.1%
测量前接到辅助电源的时间[d]	至少 5 分钟	所有等级			
辅助电源的电压(如必要时)	标称值或标称范围	所有等级			标称值的±5%

表 1(续)

影响量	参比条件(除非制造单位另有指明)	等级指数			供测试目的用的允差[a]
		%	ppm	科学标记法	
辅助电源的频率(如必要时)	标称值或标称范围	所有等级			标称值的±1%
辅助电源的畸变(如必要时)	零	所有等级			畸变因数不超过5%
外界磁场	完全不存在	所有等级			大地磁场强度值

[a] 对参比范围或标称范围,不允许有允差。

[b] 制造单位在标明温度时,根据IEC 60160应从20 ℃、23 ℃和27 ℃中选择。

[c] 这涉及有关的外部直流电源的纹波含量,外部电压参考源(如有的话)的纹波以及迭加在被测量上的纹波。

[d] 直流电源变化的影响不予考虑,它们一般在标准化过程中被排除。

6 允许的改变量

6.1 改变量的极限

当电位差计在表1给出的参比条件下而单个影响量按照6.2变化时,改变量应不超过表2和6.3的规定值。

表2 标称使用范围的极限和允许的改变量

影响量	等级指数			标称使用范围极限(除非制造单位另有指明)	允许改变量[a]
	%	ppm	科学标记法		
周围温度	0.000 1～0.001 0.002～0.01 0.02～0.1	1～10 20～100 200～1 000	$1\times10^{-6}\sim1\times10^{-5}$ $2\times10^{-5}\sim1\times10^{-4}$ $2\times10^{-4}\sim1\times10^{-3}$	参比值±2 ℃ 参比值±5 ℃ 参比值±10 ℃	20 50 100
相对湿度	所有等级			25%和75%	30
直流共模电压	所有等级			±10 V[b]	50
辅助电源电压(如必要时)	所有等级			参比值的±10%或参比范围的下限－10%和参比范围的上限＋10%	50
辅助电源频率(如必要时)	所有等级			参比值的±5%或参比范围的下限－5%和参比范围的上限＋5%	50
辅助电源畸变(如必要时)	所有等级			畸变因数不超过10%	50
外界磁场	所有等级			零和由制造单位规定的值	50

[a] 以允许基本误差的百分数表示。

[b] 从施加被测量的两个端钮之间看过去的电阻,即为外电路电阻,应不超过10 kΩ。

6.2 改变量的确定条件

6.2.1 应对各个影响量来确定改变量，在各次测定期间，所有其他影响量均应保持在其参比条件下。

6.2.2 改变量评定如下：

6.2.2.1 当对电位差计指定一个参比值时，影响量应在该值和表2给出的标称使用范围极限内的任意值之间变化。

6.2.2.2 当对电位差计指定一个参比范围和标称使用范围时，影响量应在参比范围的各个极限和与之相邻的标称使用范围部分内的任意值之间变化。

6.3 共模电压影响下的确定

共模电压的影响取决于被测量的外部电路的电阻。

共模电压的影响可按下述方法确定：

——附录A中给出的直接法；

——附录B中给出的间接法。

如果电位差计的外壳是用绝缘材料制成的，可用一个导电的支撑板代替接地端钮。

确定共模电压的影响试验仅按制造单位与用户之间的协议进行。

6.4 由外界磁场影响引起的改变量

当在制造单位规定的标称使用范围内(见表2)测定的改变量应不超过表2中所规定的极限，可以采用IEC 60051-9[2)]中3.5条所描述的仪器，或由制造单位与用户双方协议，可以使用在电位差计不存在的试验条件下，能产生均匀磁场的其他装置。

线圈内的电流应依次是各个方向的直流电流和电源频率(45 Hz～65 Hz)的交流电流。

注：这项试验的目的是确定使用变压器器件的(例如电流比较仪式电位差计)直流电位差计对外界磁场的充分抑制效果。但是，应该注意完全由电阻器构成的电位差计在交流磁场内工作时，在电路中可能产生显著的交流电流。这种交流电流通过以下途径能产生直流误差：

a) 与指零仪工作的互相作用；

b) 在电路中的整流势迭层上(例如开关触点上的氧化铜或标准电池的化学界面)产生直流误差电压。

因此在使用电位差计时，应采取适当的预防措施，以避免误差发生。

7 附加的电气和机械要求

7.1 电压试验和其他安全要求

电压试验和其他安全方面的要求包含在IEC 61010-1《测量控制和实验室用电气设备的安全要求第一部分通用要求(1990)》内，可予参阅。

7.2 功能绝缘试验

7.2.1 本试验的目的在于确定当测量一个具有高达10 kΩ的源电阻或具有10 kΩ或更大的对地电阻的电压时，电位差计的内部泄漏不会显著降低测量准确度。

7.2.2 在直流500 V±10%的电压下，从不作任何连接的任意二点间测得的绝缘电阻值应不低于表3中给出值。

测试应在施加电压后1 min～2 min之间进行。

表3 绝缘电阻的最小值

等级指数			绝缘电阻的最小值
%	ppm	科学标记法	
0.000 1～0.001	1～10	$1\times10^{-6}\sim1\times10^{-5}$	10 GΩ
0.002～0.01	20～100	$2\times10^{-5}\sim1\times10^{-4}$	1 GΩ
0.02～0.1	200～1 000	$2\times10^{-4}\sim1\times10^{-3}$	100 MΩ

2) IEC 60523的原文为：“在IEC 60051号出版物一文的6.3.4条中描述的仪器。”

7.2.3 如果在 500 V 电压下测量绝缘电阻值,2 min 后在等于或高于绝缘的要求值上不稳定时,可以使用较低的试验电压,另外也可采用间接法测定绝缘电阻。

7.2.4 如果不能获得要求的绝缘电阻时,制造单位应说明可能获得的最小绝缘电阻值和设计电位差计使之工作所依据的最大源电阻。

7.3 被测量线路的选择开关

被测量线路的选择开关(如有的话)应这样安排,使所有未被选择的被测量线路完全被隔离。开关动作时,几个被测量线路即使是在瞬间也不应该连接到一起。

7.4 电位差计的调节

如果为建立正确工作或对电位差计进行标准调节时,它们在操作时应平滑和连续并应具有微调,以便使电位差计电流能以小于或等于相应等级指数 10%的分辨力进行调节。

7.5 贮存、运输和使用的温度极限

除非制造单位另有规定,电位差计应能在−10 ℃～50 ℃的环境温度中经受暴露而不损坏,恢复到参比条件后,电位差计应满足本标准的要求。

注 1:如电位差计装在机架或试验台上,应注意确保其工作所需的通风不受阻挡。

注 2:如果电位差计有内附标准电池或其他会因温度变化而损坏的器件时,制造单位可以规定其他温度值。

8 资料、标志和符号

8.1 资料

8.1.1 制造单位应给出下列资料:

a) 制造单位(或能负责任的供货者)的名称或商标;

b) 制造单位(或能负责任的供货者)给出的型号;

c) 顺序号;

d) 有效量程、分辨力和测量的量程因数;

e) 等级指数;

f) 如果与表 1 和表 2 给出的不同时,温度的参比值和标称使用范围;

g) 如必要时,应给出参比位置和位置的标称使用范围;

h) 如必要时,应给出辅助设备的主要参数,特别是电压参考源和电流源设备的主要参数;

ha) 辅助电源的标称电压或电压的标称范围(如有的话);

hb) 辅助电源的标称频率或频率的标称范围(如有的话);

i) 电位差计的标准化和使用步骤;

ia) 如果绝缘电阻值小于表 3(见 7.2.4)规定值和适用于正确工作的最大源电阻;

j) 线路图、元件值和可替换部件的清单;

k) 影响量如果与表 1 和表 2 给出的不同时,则应给出其他影响的参比值(范围)和标称使用范围[见 f)和 g)]。

8.1.2 如果检定证书是由制造单位或负责任的供货者与用户之间协商供给的话,应包括下列内容:

m) 检定值及其不确定度;

n) 检定日期;

o) 检定单位名称;

p) 测量类别;

q) 污染等级。

8.2 标志、符号及其位置

标志和符号应清晰易读和不易擦掉。

应使用表 4 中规定的符号。

STANDARDS PRESS OF CHINA

8.2.1 下列内容应在铭牌或外壳上标出：

——a)、b)、c)；

——e)使用 E-5、E-7 或 E-8 的符号；

——g)使用 D-1～D-6 的符号；

——p)使用与 IEC 61010-1 第 2 次修订中 5.1.5 中相应的符号。

另外还应作出下列标志：

——“直流电位差计”或用其他文种表达的这一术语。

——必要时，符号 F-33 表示在另给的文件中给出的一些其他必要的内容。

——如果标出参比值或参比范围时，应在字下划线以便辨认。

8.2.2 所有端钮应标出极性(如果必要时)、功能和电源特性。

特别是在下列端钮的附近应作出标志以便识别：

——测量端钮；

——连接辅助设备的端钮；

——接地端钮，如有的话(用符号 F-31)；

——泄漏电流屏蔽(线路)端钮，如有的话；

——静电屏蔽端钮，如有的话。

8.2.2a 辅助电源的接线图应标在辅助电源连接器附近或辅助电源软线进入口附近。

8.2.3 在铭牌或外壳上，或在另给的文件中给出下列内容：

——d)、f)、k)、q)。

8.3 文件

8.3.1 文件应说明：

a)、b)、c)、h)、ha)、hb)、i)、ia)、j)；

d)、f)、k)，如在铭牌上或外壳上没有标出时(见 8.2.3)。

8.3.2 当按 8.1.2 提供检定证书时，应说明：

a)、b)、c)、m)、n)、o)。

8.4 电位差计的标志示例

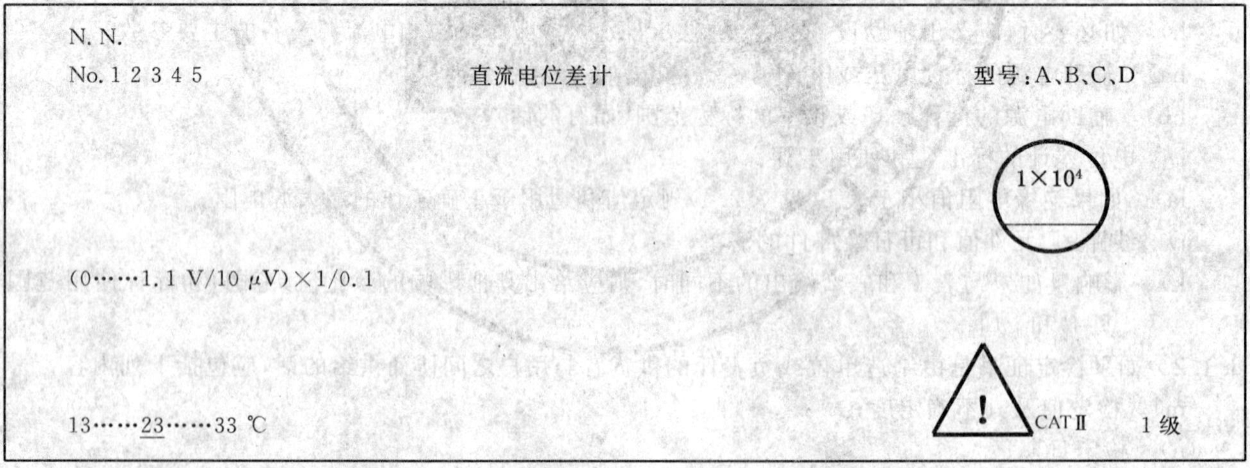

在此例中，标志提供下列内容：

a) 直流电位差计，型号为 A、B、C、D，编号为 12345，由 N. N. 制造。

b) 等级指数：1×10^{-4}。

c) 量程因数为 1 时：

有效量程为(0……1.1 V)×1，分辨力为 10 μV；

量程因数为 0.1 时：

有效量程为(0……0.11 V)×0.1,分辨力为 1 μV。

d) 温度的参比值:23 ℃,

标称使用范围从 13 ℃～33 ℃,

因为这些值与表 1 和表 2 的规定值不同,所以要标明。

e) 更详细的内容在另给的文件中给出。

f) 测量类别为Ⅱ。

g) 污染等级:1 级。

表 4 标志电位差计用的符号(这些符号大多数摘自 IEC 60051 中的表Ⅺ)

序号	项目	符号
A	主要单位及其倍数和分倍数	
A-2	安培	A
A-3	毫安	mA
A-4	微安	μA
A-5	千伏	kV
A-6	伏特	V
A-7	毫伏	mV
A-8	微伏	μV
A-16	千赫	kHz
A-17	赫兹	Hz
A-18	兆欧	MΩ
A-19	千欧	kΩ
A-20	欧姆	Ω
A-21	毫欧	mΩ
A-24	摄氏温度	℃
A-25	千兆欧	GΩ
C	安全(见 IEC 61010-1)	
D	使用的位置	
D-1	电位差计使用时与其支撑面垂直	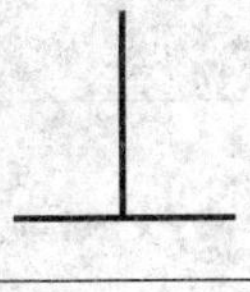
D-2	电位差计使用时与其支撑面水平	

表 4（续）

序　　号	项　　目	符　　号
D-3	电位差计使用时使支撑面与 水平面成一倾斜角度(例如 60°)	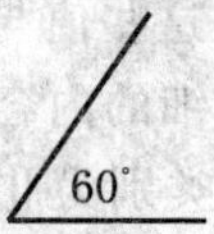
D-4	电位差计按 D-1 使用时的示例 标称使用范围 80°……100°	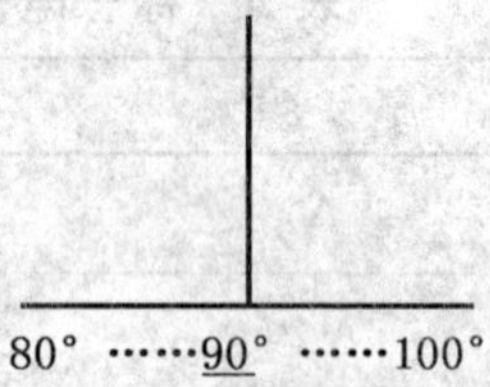
D-5	电位差计按 D-2 使用时的示例 标称使用范围－1°……＋1°	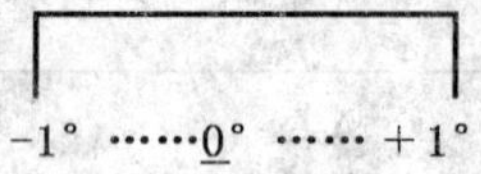
D-6	电位差计按 D-3 使用时的示例 标称使用范围 45°……75°	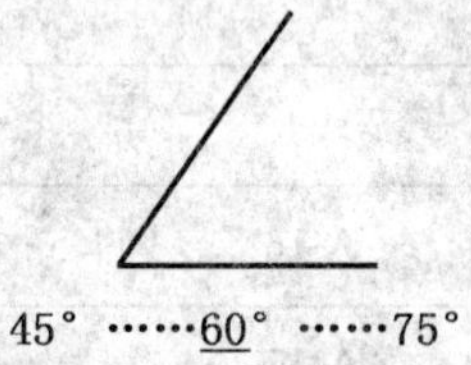
E	准确度等级	
E-5	以基准值比率用科学标记法表示 误差的等级指数(例如 1×10^{-4})	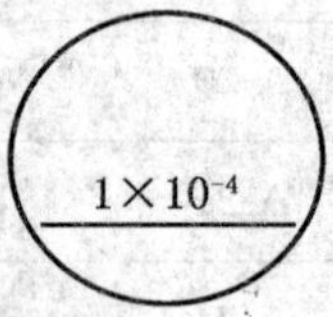
E-7	当允许误差部分与基准值成比例， 部分与标度盘示值成比例时， 以百分数表示误差的等级指数(例如 0.01)	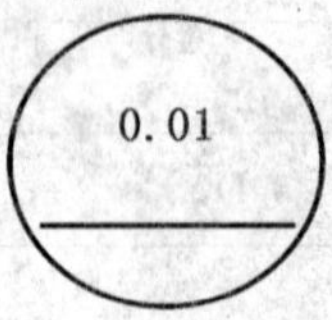
E-8	当允许误差部分与基准值成比例， 部分与标度盘示值成比例时， 以百万分数表示误差的等级指数 (例如 100 ppm)	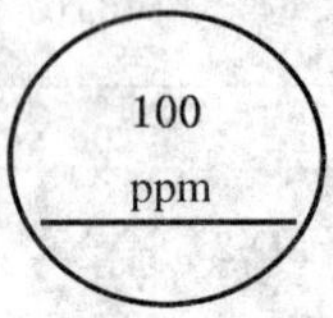

表 4（续）

序　　号	项　　目	符　　号
F	一般符号	
F-27	静电屏蔽	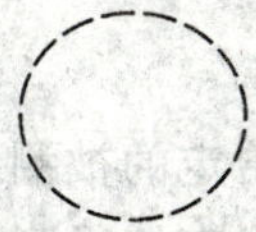
F-31	接地端	
F-33	参见另给的文件	

STANDARDS PRESS OF CHINA

附 录 A
（规范性附录）
共模电压影响的确定
直 接 法

对一个给定的被测量，当将一个共模电压施加于测量端的一个端钮时，根据所引起的标度盘示值的变化就可以直接得到共模电压的影响。

如果电位差计的外壳是导电的，则在每个测量端与外壳之间施加规定的共模电压值。如果电位差计的外壳是绝缘材料制成的，则在各测量端钮与导电的支撑板之间施加规定的共模电压值。

为了使辅助设备的泄漏电阻不致影响试验结果，就应采取一切防护措施。辅助设备是指不附在电位差计内的，例如：标准电池、指零仪、电源。

以及外部测量线路，都应仔细地同电位差计外壳（或同导电的底板）绝缘。

当一定要使用有辅助交流电源的外部设备或测量线路时，必须做好防护措施，以免同交流电路耦合而影响试验结果。

当电位差计本身具有泄漏电流屏蔽时，应按制造单位规定连接。

反之，在没有制造单位的声明时，静电屏蔽（若有的话）应与外壳和地连接。

共模电压影响的确定应按下述情况执行：

a） 使用外部测量线路，其阻值基本为零；

b） 使用约为 10 kΩ 外部测量线路，共模电压依次施加到二个测量端钮上。

进行试验时至少使用三个被测量，以使之扩展到整个有效量程，每次试验都要使用二种极性的共模电压。

在所有其他试验条件保持不变的情况下，按上述试验测得的值与未加共模电压时所测得的值之差即为改变量。

改变量应不超过表 2 给出的值。

附 录 B
（规范性附录）
共模电压影响的确定
间接法（迭加法）

迭加法通常比附录A中所述的直接法更切合实际。

间接法是在平衡状态下以极普通的迭加原理为依据的。在这种情况下，不对电位差计内部测量线路通电就能确定共模电压影响。

短路直流电源的连接端钮，当辅助电源是在电位差计内部时，必须首先从内部断开其线路。

电位差计的指零仪应按正常状态使用，当指零仪外接时，应按正常的方法接到电位差计的端钮，但必须采取必要的防护措施，以便保证指零仪与电位差计的外壳（或与放置电位差计的导电板）之间有足够的绝缘，必要时也要与直流电源保持足够的绝缘。总之应采取一切防护措施，以免试验设备和外部辅助设备的泄漏电阻影响试验结果。

如果电位差计在内部测量线路与指零仪的一端之间，或与外部测量线路的一端之间有一内附开关，则在进行试验时应闭合该开关。

用共模电压的规定值，做如下两次试验：

——测量线路的两端钮短路，在这两端钮与电位差计外壳（或放置电位差计的导电板）之间施加共模电压；

——在测量线路的两端钮之间接10 kΩ的电阻，共模电压依次施加于一个端钮，然后再加到另一端钮。

上述两项试验都要使用两种极性的共模电压，并且至少使用到遍及整个有效量程的三个标度盘示值。

相对于未加共模电压时由指零仪测得值的改变量，应不超过表2给出的值。

参 考 文 献

[1] IEC 60027 《Letter symbols to be used in electrical technology》.

[2] IEC 60160 《Standard atmospheric conditions for test purposes》.

[3] IEC 61010:1990《Safety requirements for electrical equipment for measurement control, and laboratory use—Part 1: General requirements》.

[4] GB/T 7676.1～7676.9—1998 (idt IEC 60051-1～60051-9)直接作用模拟指示电测量仪表及其附件.

ICS 17.220.20
N 28

中华人民共和国国家标准

GB/T 3928—2008/IEC 60524:1997
代替 GB/T 3928—1983

直流电阻分压箱

D.C. resistive volt ratio boxes

(IEC 60524:1997,IDT)

STANDARDS PRESS OF CHINA

2008-08-06 发布　　2009-03-01 实施

中华人民共和国国家质量监督检验检疫总局
中国国家标准化管理委员会　发布

前　言

本标准等同采用国际电工委员会标准 IEC 60524:1997《直流电阻分压箱》(英文版),其技术内容和结构与 IEC 60524:1997 完全相同。

本标准自实施之日起代替 GB/T 3928—1983《直流电阻分压箱》。

本标准与 GB/T 3928—1983 相比,主要修改如下:

——对信息及标志内容,删去了原试验电压标志,增加了污染等级要求。

本标准的附录 A 为规范性附录。

本标准由中国机械工业联合会提出。

本标准由全国电工仪器仪表标准化技术委员会(SAC/TC 104)归口。

本标准负责起草单位:上海仪器仪表研究所。

本标准参加起草单位:上海正阳仪表厂、上海兰斯汀仪表研究所。

本标准主要起草人:张银福、董亚峰。

本标准所代替标准的历次版本发布情况为:

——GB/T 3928—1983。

直流电阻分压箱

1 范围

本标准适用于具有固定比率，额定输入电压高达 1.5 kV 和等级指数为 0.1[1 000 ppm(百万分之几)]或更好的直流电阻分压箱。

本标准适用于内附的或有制造单位(或负责任的供货者)提供的作为分压箱主要部件的所有设备。

本标准不适用于辅助设备。

2 术语和定义

下列术语和定义适用于本标准。

2.1

直流电阻分压箱(以下简称“分压箱”) D.C. resistive volt ratio box (hereinafter designated “VRB”)

一个由具有固定比率以提供输出电压等于输入电压的预定分数的电阻网络组成的装置。

分压箱可以有一个或几个比率，在后一种情况，可能是几个输入[图 1a)]或几个输出[图 1b)]。

注：它被经常用来作为直流电位差计的量程倍增器。

图 1

2.2

额定电压 rated voltage(s)

出现在分压箱牌号中的电压值。

2.3

标称电压比 nominal voltage ratio

额定输入电压和额定输出电压之比。

2.4

实际电压比 true voltage ratio

施加的输入电压与开路输出电压之比。

2.5

线路绝缘电压(标称线路电压) circuit insulation voltage (nominal circuit voltage)

可施加于分压箱电路而对接触分压箱不至成为危险的最高对地电压，即构成分压箱从绝缘观点考虑的那个电压。

注：辅助电路(如有的话)可以有不同的线路绝缘电压(标称线路电压)值。

2.6

辅助设备 auxiliary equipment

使分压箱能准确安全地工作并用于测量电压所必须的附加设备。

2.7

泄漏电流屏蔽(线路)　leakage current screen (circuit)

一个防止泄漏电流影响测量结果的导电通路。

2.8

静电屏蔽　electrostatic screen

一个导电的外壳或涂层,使它所包围的空间不受外界静电的影响。

2.9

纹波含量　ripple content

按直流分量的百分数表示的直流电源纹波含量为:

$$\frac{\text{波动分量的方均根电压}}{\text{直流电压}} \times 100$$

2.10

共模电压　common mode voltage

分别或共同(按照规定)地存在于输入-输出公共端和接地端、泄漏电流屏蔽端或静电屏蔽端之间的电压。

2.11

影响量　influence quantity

一种易于引起分压箱电压比发生不希望变化的量。

2.12

影响量引起的改变量　variation with influence quantity

当一个影响量依次取两个不同的规定值时,对同一个电压比所测得的两个值之差。

2.13

参比条件　reference condition

使分压箱满足有关基本误差要求的规定条件。

2.14

参比值　reference value

影响量的一个规定单值,在其规定的允差内,分压箱满足有关基本误差的要求。

2.15

参比范围　reference range

一影响量的规定数值范围,在此范围内,分压箱满足有关基本误差的要求。

2.16

标称使用范围　nominal range of use

引起改变量不超出规定极限的条件下,各影响量值可能取的规定范围。

2.17

影响量的极限值　limiting values of an influence quantity

使分压箱不受到损坏或不产生使其不再满足其准确度等级要求这类永久性变化的一个影响量可取的最大值。

2.18

基准值　fiducial value

为了规定分压箱的准确度被用来参比的值。

各比率的基准值是其标称电压比。

2.19

误差　error

由标称电压比减去实际电压比所得到的差值。

2.20

以基准值比率表示的误差　error expressed as a proportion of the fiducial value

误差除以基准值所得的商。

它可以百分数或百万分之几表示。

2.21

基本误差　intrinsic error

在参比条件下确定的误差。

2.22

准确度　accuracy

分压箱的准确度由基本误差的极限和影响量引起的改变量极限来限定。

2.23

准确度等级　accuracy class

分压箱的等级，凡符合本标准全部要求的所有分压箱，都可用相同的数字来表示其准确度。

2.24

等级指数　class index

标志准确度等级的数字。

2.25

寄生电压　parasitic voltage

在不加输入电压时或移去输入电压后的即刻，出现在输出端的不希望有的电压。

注：寄生电压可以是：

——直流(由于热电、电化或类似的原因引起)；

——交流或脉冲(例如：由辅助设备引起)。

3　分级

本标准规定的分压箱是按照 2.23 定义的准确度等级分级为：

a)　0.000 1，0.000 2，0.000 5，0.001，0.002，0.005，0.01，0.02，0.05，0.1；

b)　1 ppm，2 ppm，5 ppm，10 ppm，20 ppm，50 ppm，100 ppm，200 ppm，500 ppm，1 000 ppm。

分压箱的等级指数可以用 a)以百分数表示或用 b)以 ppm 表示或二者都用。

4　基本误差的极限

如果遵守制造单位规定的使用、运输和贮存条件，分压箱从交货时的检定日起或由制造单位(或负责的供货者)与用户商定的另一日起，在一年内应符合各自准确度等级规定的相应基本误差极限。

注：对分压箱来说，与时间有关的比率稳定性是一个基本的特性，在此仅规定为一年，但经验证明，由老化作用所引起的比率变化率随时间而减小。

4.1　基本误差的允许极限

当分压箱处于表 2 所示的参比条件时，分压箱的基本误差应不超过表 1 给出的与其准确度等级相关的极限值。

表 1　以基准值比率表示的基本误差极限

%	等级指数	0.000 1	0.000 2	0.000 5	0.001	0.002	0.005	0.01	0.02	0.05	0.1
	误差的极限	±0.000 1	±0.000 2	±0.000 5	±0.001	±0.002	±0.005	±0.01	±0.02	±0.05	±0.1
ppm	等级指数	1	2	5	10	20	50	100	200	500	1 000
	误差的极限	±1	±2	±5	±10	±20	±50	±100	±200	±500	±1 000

STANDARDS PRESS OF CHINA

4.2 多比率分压箱

具有几个可供选择电压比率的分压箱，对所有比率都应满足4.1的要求。

除非另有规定外，所有可供选择的电压比率应具有相同的等级指数。

4.3 直流寄生电压

当分压箱在任何额定电压下使用时，如果按照制造单位的说明书操作，由直流寄生电压引起的误差应不超过相应的等级指数值的0.2倍。

注：当试验性质适当，则可以通过改变输入电压的极性并取两次测量的平均值来减小直流寄生电压的影响。

5 确定基本误差的条件

5.1 各个影响量的相应参比条件示于表2。

5.2 在进行任何测量以前，应有足够的时间使分压箱达到稳定状态并在影响量的参比值下取得均衡。

表2 影响量的参比条件和允差

影响量	参比条件(除非制造单位另有说明)	等级指数		供测试目的用的允差[a]
		%	ppm	
周围温度	20 ℃[b]	0.000 1～0.001 0.002～0.01 0.02～0.1	1～10 20～100 200～1 000	±0.5 ℃ ±1 ℃ ±2 ℃
相对湿度	40%～60%	所有等级		
位置	任何	所有等级		
输入电压	额定值	所有等级		±1%
输入电压的纹波含量	小于0.1%	所有等级		
共模电压	0	所有等级		规定最大共模电压的1%

[a] 对参比范围，不允许有允差。

[b] 如果有另外规定温度的话，可从IEC 60160号出版物中选择，即23 ℃或27 ℃。

5.3 制造单位应规定出在测量之前施加输入电压所必须的持续时间。在缺少任何这类说明的情况下，该时间应为零。

5.4 泄漏电流屏蔽(线路)，如有的话，应按照制造单位的使用说明书的规定使用。如果有与泄漏电流屏蔽分开的静电屏蔽应将其接地，如果外壳是导电的也应该接地。

6 允许的改变量

6.1 改变量的极限

当分压箱处于表2给出的参比条件下而单个影响量按照6.2变化时，改变量应不超过表3和6.3所规定的值。

表3 标称使用范围极限和允许的改变量

影响量	等级指数		标称使用范围极限(除非制造单位另有说明)	允许改变量[a]
	%	ppm		
周围温度[b]	0.000 1～0.001 0.002～0.01 0.02～0.1	1～10 20～100 200～1 000	参比值±2 ℃ 参比值±5 ℃ 参比值±10 ℃	20 50 100
相对湿度	0.000 1～0.1	1～1 000	25%和75%	30
输入电压	0.000 1～0.1	1～1 000	额定电压的0.1倍和1.1倍	50

表 3(续)

影响量	等级指数		标称使用范围极限(除非制造单位另有说明)	允许改变量[a]
	%	ppm		
输入电压的纹波含量	0.000 1~0.001 0.002~0.01 0.02~0.1	1~10 20~100 200~1 000	1% 2% 5%	10 10 10
直流共模电压	0.000 1~0.1	1~1 000	零和最大规定共模电压的100%	30

[a] 以等级指数的百分数表示。

[b] 对具有自动温度控制的分压箱,制造单位应规定周围温度的标称使用范围极限,但不规定分压箱的内部温度。

6.2 确定改变量的条件

6.2.1 应对各个影响量确定改变量,在每次测定期间,所有其他影响量都应保持在其参比条件下。

6.2.2 评价改变量如下:

6.2.2.1 当对分压箱指定一参比值时,影响量应在该值与表3给出的标称使用范围极限内的任意值之间变化。

6.2.2.2 当对分压箱指定一参比范围和标称使用范围时,影响量应在参比范围的各个极限和与之相邻的标称使用范围部分内的任意值之间变化。

6.3 由共模电压引起的改变量(见附录A)

测定共模电压影响的试验仅按制造单位和用户的协议进行。

7 附加的电气和机械要求

7.1 自热的影响

7.1.1 在参比条件下,当分压箱在额定电压下连续通电时,从施加该电压的瞬时起到整个施加这一电压的任何期间内(除非制造单位规定必要的预先通电时间,见5.3),分压箱对每个比率都应符合其相应的准确度等级的要求。

7.1.2 自热的影响应该从额定电压作用时的1 min前和30 min后的电压比率之差来确定,此差值应不超过相应等级指数值的一半。

7.2 电压试验及其他安全要求

电压试验和其他安全方面的要求包含在IEC 61010-1:1990《测量、控制和实验室用电气设备的安全 第1部分:通用要求》中,可予参阅。

7.3 绝缘电阻试验

在直流500 V±10%或在线路绝缘电压(标称线路电压)±10%(取两电压中较大的一个)下,从不作任何连接的任意两点间测得的直流绝缘电阻应不小于表4中给出的值。

测试应在施加电压后的1 min~2 min之间进行。

表4 最小绝缘电阻

等级指数		绝缘电阻的最小值[a]
%	ppm	
0.000 1~0.001	1~10	100 GΩ
0.002~0.01	20~100	10 GΩ
0.02~0.1	200~1 000	1 GΩ

[a] 这些绝缘电阻值也许还不能够完全保持分压箱规定的准确度。

7.4 贮存、运输和使用时的温度极限

除非制造单位另有规定，分压箱应能在－10 ℃～＋50 ℃的环境温度中经受暴露而不损坏，回复到参比条件后，分压箱应满足本标准的要求。

注 1：如果分压箱装在机架或试验台上，应注意保证其工作所需的通风不受阻挡。

注 2：0.000 1～0.001(1～10 ppm)级分压箱暴露在 5 ℃以下时，可能导致损坏。

8 资料、标志和符号

8.1 资料

8.1.1 制造单位应给出以下资料：

a) 制造单位(或负责任的供货者)的名称或商标。

b) 制造单位(或负责任的供货者)给出的型号。

c) 序号。

d) 等级指数。

e) 标称电压比。

f) 如果与表 2 和表 3 给出的温度有所不同，则应给出温度的参比值和标称使用范围。

g) 额定电压(U_n)。

h) 如果与表 3 给出的电压不同时，则应给出电压的标称使用范围。

i) 下列形式的电阻：

——对图 1a)所示类型的分压箱，用跨接在输出端的标称电阻除以标称输出电压(例如 1 000 Ω/V)；

——对图 1b)所示类型的分压箱，跨接在输入端的标称电阻；

——当分压箱不是如图 1a)或图 1b)所示的形式时(例如分压箱有泄漏电流电路)，全部有关的电阻值(或电阻/标称电压值)都应给予说明。

k) 如果有必要的话，应给出参比位置及其标称使用范围。

l) 如果有必要的话，应给出辅助设备的基本参数。

m) 电路图、元件值和可更换的零部件清单。

n) 如果影响量与表 2 和表 3 给出的不同时，则应给出其他影响量[见 f)和 k)]的参比值(范围)和标称使用范围。

r) 测量类别。

s) 污染等级。

8.1.2 如果检定证书是由制造单位(或能负责任的供货者)与用户之间的协议提供时，它应包括下列内容：

o) 检定的电压比及其不确定度；

p) 检定日期；

q) 检定单位名称。

8.2 标记、符号及位置

标记及符号应该清晰易读，不易擦去；应该使用表 5 中规定的符号。

8.2.1 下列内容应标在铭牌或外壳上

——a)、b)、c)；

——d)使用符号 E-1 或 E-6；

——e)、f)、g)、h)、i)；

——k)使用符号 D-1～D-6；

——r)使用与 IEC 61010-1 第二次修订中 5.1.5 中相应的符号；

——s)与 IEC 61010-1 中相应的污染等级。

另外还应作出下列标志：

——“分压箱”或用其他文种书写的这一名称。

——如必要时，符号 F-33 表示在另给的文件中还给出一些其他必要的内容。

——如果标出参比值和参比范围，应在这些数据下面划线以资识别。

8.2.2 下列端钮的附近应作标志以便识别：

——输入和输出端钮(用额定电压)；

——连接辅助设备的端钮(电源类型和额定电压)；

——接地端钮(如有的话，使用符号 F-31)；

——泄漏电流屏蔽(线路)端钮(如有的话)；

——静电屏蔽端钮(如有的话)。

8.2.3 其他内容可在铭牌或外壳上或在单独的文件里给出。

8.3 文件

8.3.1 文件应说明：

——操作方法；

——适合于制订符合本标准性能要求的步骤；

——如有必要的话，介绍常规维修。

8.3.2 文件还应说明 a)、b)、c)、i)、k)、m)、n)。

8.3.3 当按 8.1.2 中指出的提供检定证书时，应说明 a)、b)、c)、o)、p)、q)。

8.4 分压箱的标志示例

8.4.1 图 1a)型式的分压箱

N. N.

分压箱

型号：A. B. C. D

No. 1 2 3 4 5

0.02(或 200 ppm)

1 500 V/150 V/15 V:1.5 V

(0.4……1.0……1.4)U_n

15 ℃……20℃……25 ℃

1 000 Ω/V

80°……90°……100°

CAT Ⅱ　　1

在此例中标志提供下列内容：

a) 分压箱，型号 A、B、C、D，序号 1 2 3 4 5，由 N. N. 制造。

b) 等级指数为 0.02 或 200 ppm。

c) 标称电压比为 1 000、100 和 10。

d) 电压的参比值和标称使用范围：

当比率是 1 000、100、10；

额定电压(U_n)是 1 500 V、150 V、15 V；

而标称使用范围是从 600 V、60 V、6 V 到 2 100 V、210 V、21 V。

e) 即使参比温度与表 2 给出的相同，由于温度的标称使用范围与表 3 给出的不同，所以这个范围值与参比温度都必须标出。

f) “1 000 Ω/V”意味着跨接在输出端的电阻为 1 500 Ω，同样跨接在 1 500 V 输入端的总电阻为

STANDARDS PRESS OF CHINA

1.5 MΩ。

g) 位置符号(符号 D-4)指出参比位置与支撑面垂直并具有与垂直线成 10°的标称使用范围。

h) 测量类别:CATⅡ。

i) 污染等级:1 级。

8.4.2 图 1b)型式的分压箱

P. Q.　　　　分压箱

型号:X、Y、Z

No. 6 7 8 9

0.1(或 1 000 ppm)

1 000 V:1 V/2 V/5 V

1 MΩ

CATⅡ　　1

在此例中标志提供下列内容:

a) 分压箱,型号 X、Y、Z,序号 6 7 8 9,由 P. Q. 制造;

b) 等级指数为 0.1 或 1 000 ppm;

c) 标称电压比为 1 000、500 和 200;

d) 因为没有标出参比电压和标称电压使用范围,则适用表 3 的规定,从而对所有电压来说,参比值为 1 000 V,标称使用范围从 1 100 V～100 V;

e) 由于没有标出参比温度和标称温度使用范围,则适用表 2 和表 3 的规定,即当参比温度为 20 ℃时,标称使用范围从 10 ℃～30 ℃;

f) 跨接在输入端的电阻为 1 MΩ;

g) 测量类别:CATⅡ;

h) 其他基本参数在单独的文件中给出;

i) 无位置符号表示该分压箱可在任意位置使用;

j) 污染等级:1 级。

表 5　标志分压箱的符号(这些符号大部分摘自 IEC 51 的表Ⅺ)

序　号	项　目	符　号
A	主要单位及其倍数和分倍数	
A-2	安培	A
A-3	毫安	mA
A-4	微安	μA
A-5	千伏	kV
A-6	伏特	V
A-7	毫伏	mV
A-8	微伏	μV
A-16	千赫	kHz
A-17	赫兹	Hz

表 5（续）

序　号	项　目	符　号
A-18	兆欧	MΩ
A-19	千欧	kΩ
A-20	欧姆	Ω
A-21	毫欧	mΩ
A-24	摄氏温度	℃
A-25	千兆欧	GΩ
C	安全(见 IEC 61010-1)	
D	使用的位置	
D-1	分压箱使用时与其支撑面垂直	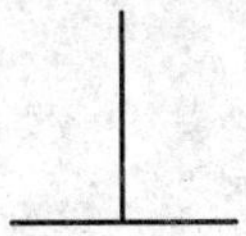
D-2	分压箱使用时与其支撑面水平	
D-3	分压箱使用时使支撑面与 水平面成一倾斜角度(例如 60°)	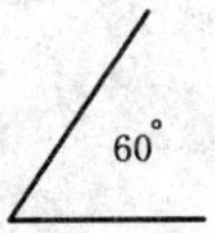
D-4	分压箱按 D-1 使用时的示例 标称使用范围 80°……100°	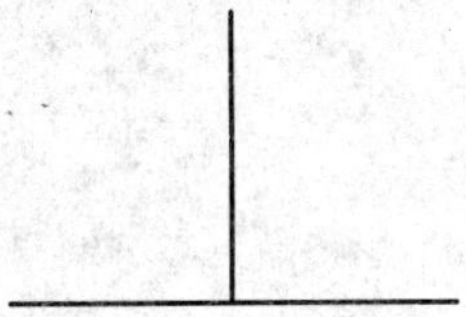 80°……90°……100°
D-5	分压箱按 D-2 使用时的示例 标称使用范围－1°……＋1°	 －1°……0°……＋1°
D-6	分压箱按 D-3 使用时的示例 标称使用范围 45°……75°	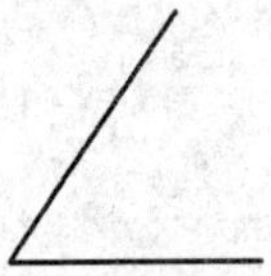 45°……60°……75°
E	准确度等级	
E-1	以基准值百分数表示 误差的等级指数(例如 0.01)	0.01
E-6	以基准值的百万分之几表示 误差的等级指数(例如 100 ppm)	100 ppm
F	一般符号	
F-27	静电屏蔽	

表 5（续）

序　　号	项　　目	符　　号
F-31	接地端	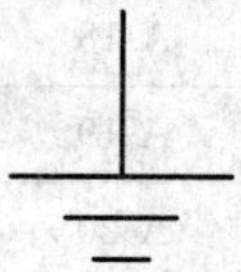
F-33	参见另给的文件	
F-41	泄漏电流屏蔽	在考虑中

附 录 A
(规范性附录)
共模电压影响的测定(见图 A.1)

将分压箱接到它的额定输入电压(电源)上,此电压施加于最高量程输入端钮。

输出端钮连接到一个直流电位差计。

电位差计外壳以及电位差计和分压箱的公共端钮都要接地。

将分压箱外壳(以及分压箱的那些在正常状态下接地的其他部件)与地绝缘并连接到直流共模电压源的一个极性端,此电源的另一端则接地。

如分压箱有泄漏电流屏蔽(线路)则按正常使用状态连接。

共模电压源由短路线置换时的电位差计读数和共模电压为规定值时的电位差计读数之间的差值即为共模电压引起的改变量,应在共模电压源的两种极性情况下测试。

取二种极性下测得的较大的差值作为共模电压引起的改变量。

注:当分压箱包括辅助设备时,在试验期间辅助设备和分压箱外壳之间的电压应维持和正常工作时一样。这需要采取特殊措施。例如用一只隔离变压器等。

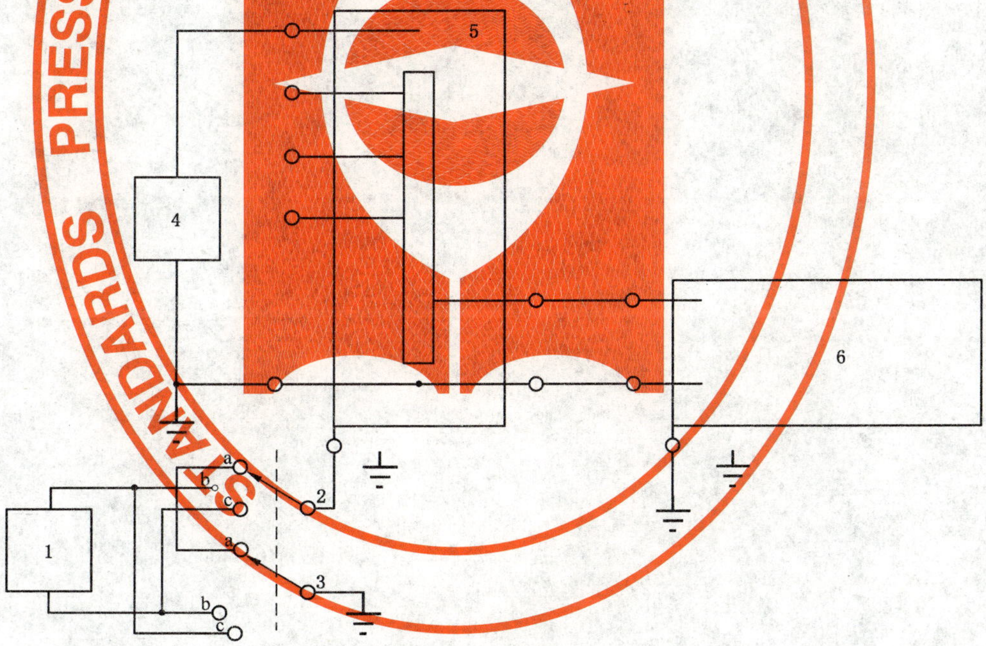

1——直流共模电压源;

2、3——二刀三掷开关;

4——直流额定输入电压源;

5——在测试中的分压箱;

6——直流电位差计;

a——断开和短路电路;

b——正向共模电压;

c——反向共模电压。

图 A.1 共模电压影响测试电路

参 考 文 献

[1] IEC 60027 Letter symbols to be used in electrical technology.

[2] IEC 60160 Standard atmospheric conditions for test purposes.

[3] IEC 61010:1990 Safety requirements for electrical equipment for measurement control, and laboratory use—Part 1:General requirements.

[4] GB/T 7676.1～7676.9—1998 (idt IEC 60051-1～60051-9)直接作用模拟指示电测量仪表及其附件.

ICS 17.220.20
N 25

中华人民共和国国家标准

GB/T 3930—2008/IEC 60564:1997
代替 GB/T 3930—1983

测量电阻用直流电桥

D. C. bridge for measuring resistance

(IEC 60564:1997,IDT)

2008-08-19 发布

2009-03-01 实施

中华人民共和国国家质量监督检验检疫总局
中国国家标准化管理委员会 发布

前　言

本标准等同采用国际电工委员会标准 IEC 60564:1997《测量电阻用直流电桥》(英文版),其技术内容和结构与 IEC 60564:1997 完全相同。

本标准从实施之日起代替 GB/T 3930—1983《测量电阻用直流电桥》。

本标准与 GB/T 3930—1983 相比,主要修改如下:

——原标准 8.2 绝缘电阻最小值应不小于 5 MΩ,改为应不小于 20 MΩ。

——对信息及标志内容,删去了原试验电压标志,增加了污染等级标志等要求。

本标准由中国机械工业联合会提出。

本标准由全国电工仪器仪表标准化技术委员会(SAC/TC 104)归口。

本标准负责起草单位:上海仪器仪表研究所。

本标准参加起草单位:上海正阳仪表厂、上海兰斯汀仪表研究所。

本标准主要起草人:张银福、董亚峰、孙晓虹。

本标准所代替标准的历次版本发布情况为:

——GB/T 3930—1983。

测量电阻用直流电桥

1 范围

本标准适用于测量电阻用的直流电桥，也适用于电桥的内附辅助设备。

本标准不适用于电桥比较器[1)]、自动平衡电桥以及那些借指零仪刻度来获得部分示值的电桥，也不适用于和电桥一起使用的外部辅助设备。

2 术语和定义

下列术语和定义适用于本标准。

2.1

测量电阻用的直流电桥（下称“电桥”） D. C. bridge for measuring resistance (hereinafter designated “bridge”)

至少含三个电阻臂的组合体，加上测试电阻器，就构成一个电桥网络，电桥工作时还需要一个直流电源和一个指零仪，这些可以内附，也可以不内附。电桥平衡时各电阻器的阻值之间存在一个可计算的关系。

注：测量电阻用的直流电桥可以用来测量带或不带泄漏电流屏蔽（线路）的两端式或四端式电阻器，相应地把它称为具有或不具有泄漏电流屏蔽（线路）的两端式电桥或四端式电桥。

2.2

测试电阻器 test resistor

待测的电阻器。

2.3

两端式电阻器 two-terminal resistor

每端只有一个电流—电位兼用端钮的电阻器。

2.4

四端式电阻器 four-terminal resistor

每端各有两个端钮的电阻器，其中一个用来接入载流回路，另一个用来连接电位测量电路。

注：设无电流从电位端钮流出，则电阻值就定义为两个电位端钮间的电位差与流过电流端钮的电流之比。

2.5

具有泄漏屏蔽（线路）的电阻器 resistor with leakage current-screen circuit

具有一个连接于隔离端钮（通常叫做"防护端钮"）的泄漏电流屏蔽（线路）的电阻器。

注：泄漏电流屏蔽（线路）的电阻器可用一个由接在每对端钮间的三个等效电阻组成的△网络来表示，三个电阻中的处于两个主端钮间的电阻就是待测定的主等效电阻。△网络中的另外两个电阻通常就是绝缘（泄漏）电阻，对阻值非常高的主等效电阻，它们的阻值可以和主等效电阻同数量级或较之更低。主等效电阻可以看作是两端式电阻器，或者看作是四端式电阻器。

2.6

十进电阻器 resistance decade

一种多值电阻器，它通常靠一个转换装置能以相等的步进值递增选择组合的电阻值。每个步进值相当于十进位阻值的一个增量，例如 0.1 Ω、1 Ω 或 10 Ω。

注：一个十进电阻器通常可选择 10、11 或 12 个电阻值（包括零）。

1） 电桥比较器是用来比较两个电阻器的装置，例如：有两个臂的可调比率组。

STANDARDS PRESS OF CHINA

2.7

量程变换器　range-changing device

一个转换开关或类似的装置，靠它可将有效量程乘上一个被称为“量程因数”或“量程倍率”的系数（例如：0.1）。

2.8

测量盘　measuring dials

据以确定测试电阻器阻值的读数盘，如果有量程变换器，还应考虑变换器的置数。

2.9

连接电阻（电位）　connecting resistance(potential)

对于四端式电桥，这是连接电桥电位端到测试电阻器相应电位端的导线的电阻，再加上测试电阻器内部的电位导线的电阻。

2.10

跨线电阻（电流）　link resistance(current)

对四端式电桥来说，这是连接电桥电流端到测试电阻器相应电流端的导线的电阻，再加上测试电阻器内部的电流导线的电阻。

2.11

辅助设备　auxiliary equipment

能使电桥按规定准确而又安全地工作所必须的附加设备。它可以是也可以不是电桥整体的一部分。

2.12

纹波含量　ripple content

按电源平均值的百分数表示的直流电源纹波含量为：

$$\frac{\text{波动分量的方均根值}}{\text{电源平均值}} \times 100$$

2.13

泄漏电流屏蔽（线路）　leakage current screen(circuit)

防止泄漏电流影响测试结果的导电通路。

注：泄漏电流屏蔽（线路）的接线端钮常称为“防护端”。

2.14

静电屏蔽　electrostatic screen

一个导电的外壳或涂层，用来保护它所包围的空间不受外界静电的影响。

2.15

测量端　measuring terminal

作为连接测试电阻器用的端钮。

2.16

测量线路　measuring circuit

与（或能够与）测量端钮导电连接的电桥内部线路。

2.17

有效量程　effective range

对于一个给定的量程系数，电桥能以规定准确度进行测量的最低与最高电阻值之间的阻值范围。

2.18

总有效量程　overall effective range

使用所有量程系数都能以规定的准确度进行测量的总电阻值范围。

2.19

标度盘示值　dial setting

调节电桥平衡后的测量盘置数。当确定测试电阻器阻值时，如果适用，则乘上量程系数。

2.20

分辨力　resolution

对于只具有非连续读数的测量盘来说，分辨力是指在任何一个给定量程上相应于最低值测量盘一个步进的电阻值。对于测量盘中有一个是连续可调盘的电桥来说，分辨力是指在任何一个给定量程上相应于最低值测量盘任何置数范围内的最小分度的电阻值。

注：在连续可调的非线性测量盘情况下，分辨力可以随测量盘置数的变化而变化。

2.21

影响量　influence quantity

除被测量外，易于引起标度盘示值发生不希望变化的量。

2.22

参比条件　reference condition

使电桥满足有关基本误差要求一些规定的条件。

2.23

参比值　reference value

一个影响量的规定单值，在其给定的允差内，电桥满足有关基本误差的要求。

2.24

参比范围　reference range

一个影响量数值的规定范围，在此范围内，电桥满足有关基本误差的要求。

2.25

影响量引起的改变量　variation with influence quantily

当一个影响量依次取两个不同的规定值时，对一个定值测试电阻器两次测得的标度盘示值之差。

2.26

标称使用范围　nominal range of use

引起改变量不超过规定的极限值时的各个影响量的规定取值范围。

2.27

影响量的极限值　limiting values of influence quantity

不使电桥受到损坏或造成永久性变化以致不再满足其准确度等级要求的某一影响量可取的最大值。

2.28

基准值　fiducial value

为了规定电桥的准确度供各有效量程参比的一个单值。

除非制造单位另有规定，一个给定的有效量程的基准值即为该量程内最大的10的整数幂。

2.29

误差　error

标度盘的示值减去被测量的真值所得到的值。

注1：由于不能从测量中确定真值，所以，用在规定的测试条件下和指定时间内所获得的值来代替真值，此值溯源至国家测量标准或制造单位与用户商定的一个测量标准。

注2：不附在电桥内的任何辅助设备所引起的误差不包括在电桥误差之内。

2.30

基本误差　intrinsic error

在参比条件下确定的误差。

2.31

准确度　accuracy

电桥的准确度是按基本误差极限和由影响量引起的改变量极限来定义。

2.32

准确度等级　accuracy class

电桥的等级。凡符合本标准全部要求的所有电桥，都可用同一个数字来表示其准确度。

2.33

等级指数　class index

标明准确度等级的数字。

3　分级

本标准所说明的电桥可分级为：

3.1　按照电桥测量的是带或不带有泄漏电流屏蔽(线路)的两端式电阻器或四端式电阻器的阻值来分级。

注：某些电桥可有测量多种型式的电阻器值的能力。

3.2　按照2.32所定义的电桥准确度等级分级如下：

a b	0.001 10 ppm	0.002 20 ppm	0.005 50 ppm	0.01 100 ppm	0.02 200 ppm	0.05 500 ppm	0.1 1 000 ppm
a b	0.2 2 000 ppm	0.5 5 000 ppm	1 10 000 ppm	2 20 000 ppm	5 50 000 ppm	10 100 000 ppm	

电桥的等级指数可用a，以百分数表示，和/或用b，以ppm来表示。假若一个电桥有几个测量量程，每个量程可以有各自的等级指数。

注：除测量很高阻值的电桥外，一般不使用准确度等级指数2～10[(20 000 ppm～100 000 ppm)]。

4　稳定性

如果制造单位所规定的使用、运输及贮藏条件得到遵守，从交货时的检定日期起或制造单位(或负责的供货者)与用户商定的另一日期起的一年内，电桥应符合各自的准确度等级规定的有关基本误差的极限。

注：对电桥来说，随时间的稳定性是一个基本性能，这里仅规定为一年，可是经验表明，由老化作用所引起的变化率通常随时间而减小。

5　基本误差的允许极限

电桥基本误差的允许极限由两部分组成：

——与基准值有关的常数项；

——与标度盘示值成比例的可变项。

5.1　下列两项公式的正值及负值分别给出误差的两个极限值：

$$E_{\mathrm{lim}} = \pm \frac{c}{100}\left(\frac{R_{\mathrm{n}}}{K} + x\right) \qquad \cdots\cdots(1)$$

式中：

E_{lim}——误差的允许极限值，单位为欧姆(Ω)；

R_{n}——基准值，单位为欧姆(Ω)；

x——标度盘示值，单位为欧姆(Ω)；

c——用百分数表示的等级指数；

K——10(如果制造单位不另规定一个更高的值的话)。

当等级指数 c 用百万分之几(ppm)表示时,应使用下式:

$$E_{\lim}=\pm\frac{c}{1\ 000\ 000}\left(\frac{R_n}{K}+x\right) \quad \cdots\cdots(2)$$

5.2 测量四端式电阻器阻值用的电桥应符合5.1的要求。如果为了满足这些要求,(电位端)连接电阻及(电流端)跨线电阻必须有一个规定的数值或数值范围,制造单位应对每个有效量程的这些数值作适当的说明。

6 确定基本误差时的条件

6.1 与各个影响量有关的参比值示于表1。

表1 影响量的参比条件和允差

影响量	参比条件[a]	等级指数		供测试目的用的允差[b]
		%	ppm	
周围温度	20 ℃[c]	0.001～0.002 0.005～0.05 0.1～10	10～20 50～500 1 000～100 000	±0.2 ℃ ±0.5 ℃ ±1.0 ℃
相对湿度	40%～60%	—	—	—
位置	任 意	—	—	—
电桥电源电压或电流	额定值	—	—	±10%
电桥电源的纹波含量	<0.1%	—	—	—
电桥电源的持续施加时间	任 意	—	—	—

[a] 除非制造单位另有指明。

[b] 对参比范围不允许有允差。

[c] 如果要指定另一温度,则根据IEC 60160号出版物《供测试目的的标准大气条件》,应该是23 ℃或27 ℃。

6.2 在进行任何测量之前,应有足够的时间使电桥达到稳定状态并使电桥在影响量的参比值下取得平衡。

6.3 如果有泄漏电流屏蔽(线路)及静电屏蔽的话,应按照制造单位的指示来连接。

6.4 应相继在直流电源的两种极性情况下进行测试。如果两次测量结果的差值不超过相应于等级指数值的20%,这个差值就被认为是可忽略的。当差值超过这个数值时,则误差就取为等于正负极性下所得误差的平均值。

注:测试电阻器不应该是一个电动势源,否则,如果它是一个电动势源,在确定电桥误差时应该考虑到它。

7 允许的改变量

7.1 改变量的极限

当电桥处于表1给定的参比条件下而单一影响量按照7.2的要求变化时,改变量不应超过表2中规定的数值。

7.2 确定改变量时的条件

应对各个影响量确定改变量。每次测试期间,所有其他影响量都应保持在它们的参比条件下。

评价改变量如下:

a) 当给电桥指定一个参比值时,影响量应该在该值和表2给出的标称使用范围极限的任何数值之间变动。

b） 当给电桥指定一个参比范围和一个标称使用范围时，影响量可在各个参比范围极限值和与之相邻的标称使用范围部分内的任意值之间变动。

表 2 标称使用范围极限及允许的改变量

影响量	等级指数		标称使用范围极限[a]	允许改变量[b]
	%	ppm		
周围温度	0.001～0.002 0.005～0.05 0.1～10	10～20 50～500 1 000～100 000	参比值±2 ℃ 参比值±5 ℃ 参比值±10 ℃	100
相对湿度	—	—	25%和 75%	20
电桥电源电压或电流	—	—	额定值$^{+15\%}_{-75\%}$	10

[a] 除非制造单位另有说明。
[b] 用允许基本误差的百分数表示。

8 附加的电气与机械要求

8.1 电压试验和其他安全方面的要求

电压试验和其他安全方面的要求包含在 IEC 61010-1《测量、控制和实验室用电气设备的安全 第一部分：通用要求》(1990)内，可予参阅。

8.2 绝缘电阻

制造单位应规定出在 500 V±50 V 的试验电压下，从电桥线路任何一个易于触及的端钮和其他不打算和电桥线路连接的任何可触及点之间测得的最低直流绝缘电阻值。

这个值不应小于 20 MΩ。绝缘电阻的测量应在施加测试电压 1 min～2 min 之间进行。

8.2.1 除 8.2.2 指出的情况外，任何一个端钮和外壳或大地连接后所造成的改变量都不应超过基本误差允许极限的 10%。进行此项测试时，如果外壳是导电的，应接地，如果外壳是绝缘材料制作的应将电桥放在导电的平板上，平板则应接地。

8.2.2 如果在接地方面有所限制的话，制造单位应说明哪些端钮可以接地或接外壳，或哪些端钮必须接地或接外壳，还应说明哪些端钮制造单位已经接外壳了。

8.2.3 如果测试电阻器的屏蔽与电桥的泄漏电流屏蔽(线路)连接以避免测试电阻器的泄漏电流的话，制造单位应说明造成不大于基本误差允许极限 10% 的改变量的最小泄漏电阻值。在这种条件下，8.2.1的要求通常不再适用。

8.3 影响量极限值施加的时限

如果影响量的极限值是随施加的时间长短而定的话，制造单位应说明此事实，并说明允许影响量施加多长时间。

8.4 贮存、运输、及使用的极限温度

如果制造单位没有另作规定的话，电桥应能在－10 ℃～＋50 ℃的环境温度下经受暴露而不损坏，在回复到参比条件后，电桥应满足本标准的要求。

注 1：如果电桥安装在机架或试验台上，应确保电桥工作所需的通风不受阻碍。

注 2：应按照制造单位的指示来运输及贮存电桥，设法使之避免冲击，连续振动及宽范围的温度波动，以防电桥性能发生变化。

9 资料、标志和符号

9.1 资料

9.1.1 制造单位应给出下列资料：

a) 制造单位或能负责的供货者的名字和商标；

b) 制造单位设定的型号(如有的话)；

c) 编号；

d) 有效量程、分辨力及量程系数，对 0.5～10[(5 000～100 000 ppm)]等级的电桥，制造单位也可以不给出前者而只给出总的有效量程；

e) 各量程的准确度等级或者(当给出总的有效量程时)只一个准确度等级；

f) 当 K 值不为 10 时的其他 K 值(见 5.1)；

g) 温度的参比值和标称使用范围，如果它们与表 1 及表 2 所列的有所不同时；

h) 参比位置及位置的标称使用范围(如有必要时)；

i) 其他影响量(见 g)及 h)项)的参比值(范围)及标称使用范围，如果与表 1 及表 2 给出的有所不同时；

j) 影响量极限值的持续施加时间(需要时)(见 8.3)；

k) 辅助设备的主要性能(有必要时)；

m) 运输贮存及使用的温度极限及其他要求(需要时)(见 8.4)；

n) 线路图、元件值及可更换的零部件清单；

o) 电桥使用步骤；

p) 电位端连接电阻及电流端跨线电阻的阻值或阻值范围(见 5.2)；

q) 直流绝缘电阻的阻值(见 8.2)；

u) 共模电压；

v) 测量类别；

w) 污染等级。

9.1.2 如果按照制造单位或能负责的供货者与用户之间的协议提供检定证书，此证书应包含下列内容：

r) 检定值及其不确定度；

s) 检定日期；

t) 检定单位名称。

9.2 标志符号和它们的位置

标志及符号应清晰易读，不易擦去。国际单位及前缀应该用 IEC 60027《电气术语中使用的字母符号》内所给出的符号表示。有必要时，应使用表 3 所规定的符号。

9.2.1 下列内容应标明在铭牌或外壳上：

a)、b)、c)；

e) 使用符号 E—7 或 E—8；

h) 使用符号 D—1 至 D—6；

v) 使用与 IEC 61010-1 第二次修订中 5.1.5 中相应的符号；

w) 使用与 IEC 61010-1 中相应的符号。

此外，还应作出下列标志："直流电阻电桥"或用其他文种书写的这一名称。

必要时，符号 F—33 表示在另给的文件中还给出一些其他必要的内容。

如果标出参比值和参比范围，应在这些数据下面划线以便识别。

9.2.2 所有端钮都应作出标志以表明极性(需要时)、功能及电源等。特别是下列端钮近处应加标志以便识别：

——测量端；

——连接辅助设备的端钮；

——接地端，如有的话(用符号 F—31 表示)；

——泄漏电流屏蔽(线路)端,如有的话;

——静电屏蔽端,如有的话。

9.2.3 应在铭牌上或外壳上或另给的文件内给出下列内容:

——d)、g)、i)。

9.3 文件的提供

9.3.1 提供的文件应说明:

——a)、b)、c)、f)、j)、k)、m)、n)、o)、p)、q);

——d)、g)、i)(如果这些未在铭牌上或外壳上标明)(见 9.2.3)。

9.3.2 在 9.1.2 中所提到检定证书(当提供给用户时)应说明:

——a)、b)、c)、r)、s)、t)。

9.4 电桥的标志示例

9.4.1 按照有效量程来说明电桥

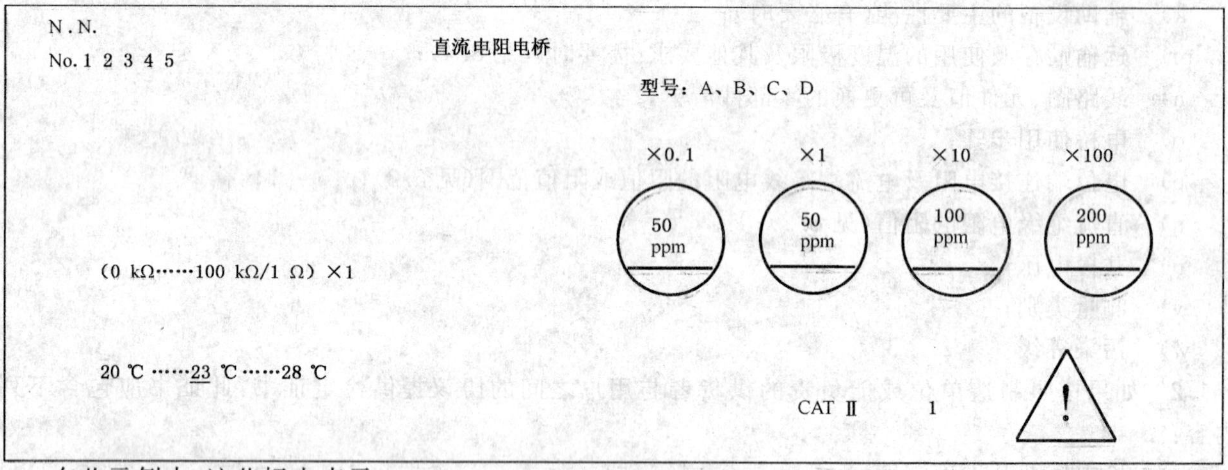

在此示例中,这些标志表示:

a) 直流电阻电桥,型号为 ABCD,编号为 12345,由 N. N. 制造;

b) 使用×1 量程系数时的有效量程为 0 kΩ～100 kΩ,分辨力为 1 Ω,量程系数为×0.1、×1、×10 及×100 时的相应等级指数为 50 ppm、50 ppm、100 ppm、200 ppm;

c) 温度的参比值是 23 ℃,标称使用范围是 20 ℃～28 ℃(因为这些值与表 1 和表 2 的规定值不同,所以要标出);

d) 测量类别为Ⅱ;

e) 无位置符号表示该电桥可在任意位置使用;

f) 污染等级:1 级。

共模电压的数值应在单独的文件中给出。

9.4.2 按照总有效量程来说明电桥

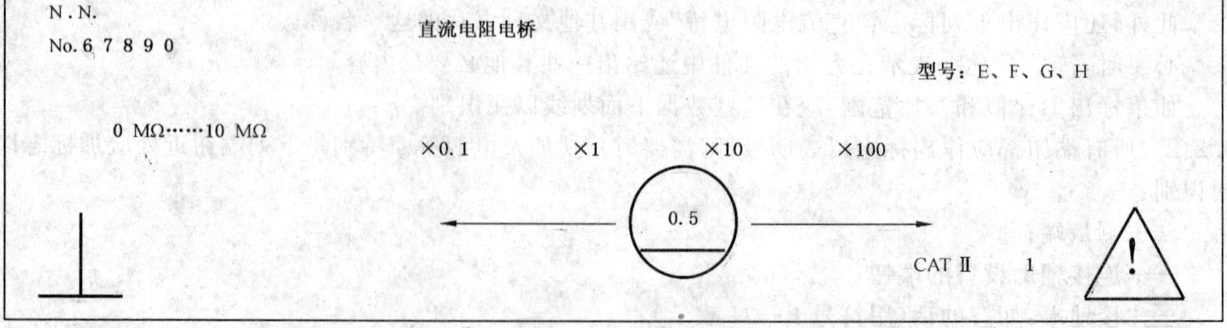

在此示例中，这些标志表示：

a) 直流电阻电桥，型号为 EFGH，编号 67890，制造单位 N. N.；

b) 总有效量程为 0 MΩ～10 MΩ，分辨力极限值小于基本误差的允许极限值。量程倍率为×0.1、×1、×10 及×100，各量程的等级指数均是 0.5；

c) 使用电桥时支撑面垂直；

d) 测量类别为Ⅱ；

e) 污染等级：1 级。

共模电压的数值应在单独的文件中给出。

表 3 标志电桥用的符号(这些符号大多数摘自 IEC 51 中的表Ⅺ)

序　号	项　目	符　号
C	安全(见 IEC 61010-1)	
D	使用的位置	
D—1	支撑面垂直使用电桥	
D—2	支撑面水平时使用电桥	
D—3	使用电桥时使支撑面与水平面成倾斜角(例如 60°)	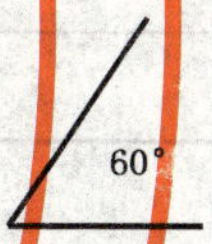
D—4	电桥按 D—1 使用示例 标称使用范围 80°～+100°	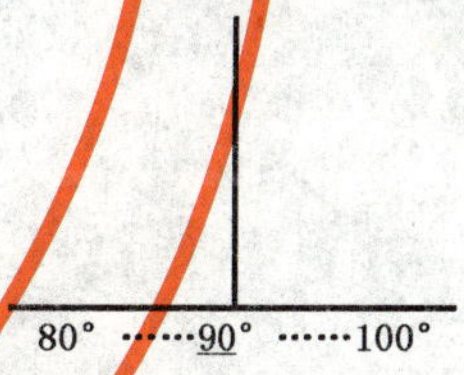
D—5	电桥按 D—2 使用示例 标称使用范围－1°～+1°	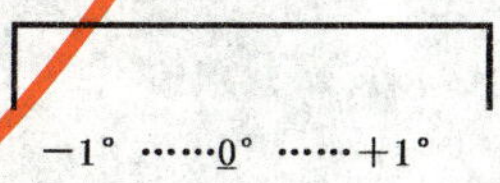
D—6	电桥按 D—3 使用示例 标称使用范围 45°～75°	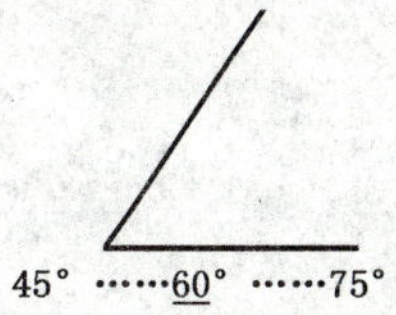
E	准确度等级	
E—7	当允许误差部分地和基准值成比例，部分地和标度盘读数成比例时，用百分数表示误差的等级指数(例如 0.01)	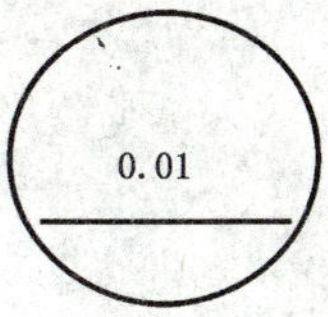

STANDARDS PRESS OF CHINA

表 3（续）

序　号	项　目	符　号
E—8	当允许误差部分地和基准值成比例，部分地和标度盘读数成比例时，用百万分之几表示误差的等级指数(例如 100 ppm)	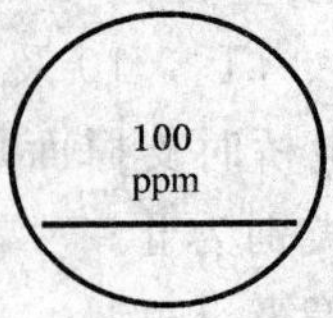
F	一般符号	
F—27	静电屏蔽	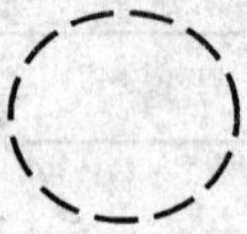
F—31	接地端	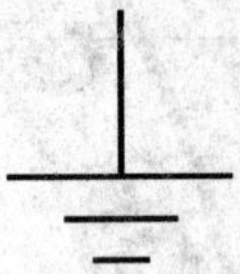
F—33	参见另给的文件	
F—41	泄漏电流屏蔽	（在考虑中）

参 考 文 献

[1] IEC 60027 Letter symbols to be used in electrical technology.

[2] IEC 60160 Standard atmospheric conditions for test purposes.

[3] IEC 61010:1990 Safety requirements for electrical equipment for measurement control, and laboratory use—Part1: General requirements.

[4] GB/T 7676.1～7676.9—1998 (IEC 60051-1～60051-9, IDT) 直接作用模拟指示电测量仪表及其附件.

ICS 77.150.30
H 62

中华人民共和国国家标准

GB/T 3952—2008
代替 GB/T 3952—1998

电工用铜线坯

Copper drawing stock for electrical purpose

STANDARDS PRESS OF CHINA

2008-03-31 发布 2008-09-01 实施

中华人民共和国国家质量监督检验检疫总局
中国国家标准化管理委员会 发布

前言

本标准修改采用美国 ASTM B49—1998《电气用铜线杆盘条》及英国 BS 6926—1988《电工用铜 高导铜线坯》标准。

本标准是对 GB/T 3952—1998《电工用铜线坯》的修订。与原标准相比,本标准主要变化如下:

——加严了 T1、T2 牌号铜线坯中的氧含量的限量,并根据国内实际修改了 TU2 牌号铜线坯的氧含量,T3 牌号铜线坯规定为用紫杂铜生产的连铸连轧和上引法铜线坯;

——将原标准中的正反 10 转扭转试验改为扭断试验并增加了相应的等级规定,以明确对试验结果的界定,同时加严了热态 T2、TU2 牌号伸长率指标;

——增加了与体积电阻率对应的质量电阻率指标;

——增加了对连铸连轧铜线坯的铜粉量、上引无氧铜线坯的氢脆、紫杂铜火法精炼高导电率铜线坯的退火性能要求,并规定了相应的检验方法;

——增加了附录 A,铜线坯铜粉量的测定方法;

——增加了附录 B,无氧铜线坯氢脆试验方法;

——增加了附录 C,退火性能试验方法。

本标准的附录 A、附录 B、附录 C 为资料性附录。

本标准由中国有色金属工业协会提出。

本标准由全国有色金属标准化技术委员会归口。

本标准由云南铜业股份有限公司、中国有色金属工业标准计量质量研究所负责起草。

本标准由铜陵有色金属集团控股有限公司、江西铜业集团公司、国际铜业协会(中国)参加起草。

本标准主要起草人:卢宝仁、李刚、李东林、丁士启、吴予才、张邦琪、刘婉容、危利民、李保娣、孙宁。

本标准所代替标准的历次版本发布情况为:

——GB/T 3952.1—1989,GB/T 3952.2—1989,GB/T 3952.3—1989,GB/T 3954.1—1989,GB/T 3952—1998。

电工用铜线坯

1 范围

本标准规定了电工用铜线坯的要求、试验方法、检验规则及标志、包装、运输和贮存。

本标准适用于直径为6.0 mm～35.0 mm，供进一步拉制线材或其他电工用铜导体的圆形截面铜线坯。

2 规范性引用文件

下列文件中的条款通过本标准的引用而成为本标准的条款。凡是注日期的引用文件，其随后所有的修改单(不包括勘误的内容)或修订版均不适用于本标准，然而，鼓励根据本标准达成协议的各方研究是否可使用这些文件的最新版本。凡是不注日期的引用文件，其最新版本适用于本标准。

GB/T 230.1 金属洛氏硬度试验 第1部分：试验方法(A、B、C、D、E、F、G、H、K、N、T标尺)

GB/T 238—2002 金属材料 线材 反复弯曲试验方法

GB/T 467 阴极铜

GB/T 3048.2 电线电缆电性能试验方法 金属导体材料电阻率试验

GB/T 4909.2 裸电线试验方法 尺寸测量

GB/T 4909.3 裸电线试验方法 拉力试验

GB/T 4909.4 裸电线试验方法 扭转试验

GB/T 5121(所有部分) 铜及铜合金化学分析方法

3 要求

3.1 产品分类

3.1.1 牌号、状态、规格

铜线坯的牌号、状态、规格应符合表1的规定。

表1 牌号、状态、规格

牌 号	状 态	直径/mm
T1,T2,T3	热(R)	6.0～35.0
TU1,TU2	热(R)	
	硬(Y)	6.0～12.0

3.1.2 标记示例

标记示例按牌号、状态、直径和标准编号的顺序表示，标记示例如下：

示例1：牌号为T1、热态、直径为8.0 mm的铜线坯标记为：

铜线坯 T1 R ϕ8.0 GB/T 3952—2008

示例2：牌号为TU2、硬态、直径为10.0 mm的铜线坯标记为：

铜线坯 TU2 Y ϕ10.0 GB/T 3952—2008

3.2 化学成分

3.2.1 T1、TU1牌号铜线坯的化学成分应符合表2的规定。

3.2.2 T2、TU2牌号铜线坯的化学成分应符合表3的规定。

3.2.3 T3牌号铜线坯的化学成分应符合表4所的规定。

表 2　T1、TU1 牌号铜线坯的化学成分

<table>
<tr><th>元素组</th><th>杂质元素</th><th>质量分数/%,不大于</th><th colspan="2">元素组总质量分数/%,不大于</th></tr>
<tr><td rowspan="3">1</td><td>Se</td><td>0.000 2</td><td rowspan="3">0.000 30</td><td rowspan="3">0.000 3</td></tr>
<tr><td>Te</td><td>0.000 2</td></tr>
<tr><td>Bi</td><td>0.000 2</td></tr>
<tr><td rowspan="6">2</td><td>Cr</td><td>—</td><td colspan="2" rowspan="6">0.001 5</td></tr>
<tr><td>Mn</td><td>—</td></tr>
<tr><td>Sb</td><td>0.000 4</td></tr>
<tr><td>Cd</td><td>—</td></tr>
<tr><td>As</td><td>0.000 5</td></tr>
<tr><td>P</td><td>—</td></tr>
<tr><td>3</td><td>Pb</td><td>0.000 5</td><td colspan="2">0.000 5</td></tr>
<tr><td>4</td><td>S</td><td>0.001 5</td><td colspan="2">0.001 5</td></tr>
<tr><td rowspan="6">5</td><td>Sn</td><td>—</td><td colspan="2" rowspan="6">0.002 0</td></tr>
<tr><td>Ni</td><td>—</td></tr>
<tr><td>Fe</td><td>0.001 0</td></tr>
<tr><td>Si</td><td>—</td></tr>
<tr><td>Zn</td><td>—</td></tr>
<tr><td>Co</td><td>—</td></tr>
<tr><td>6</td><td>Ag</td><td>0.002 5</td><td colspan="2">0.002 5</td></tr>
<tr><td colspan="2">杂质元素总质量分数/%</td><td colspan="3">0.006 5</td></tr>
<tr><td colspan="5">注：T1 的氧含量应不大于 0.040%；TU1 的氧含量应不大于 0.001 0%。</td></tr>
</table>

表 3　T2、TU2 牌号铜线坯的化学成分

<table>
<tr><th colspan="11">质量分数/%</th></tr>
<tr><th rowspan="2">Cu+Ag
不小于</th><th colspan="10">杂质元素，不大于</th></tr>
<tr><th>As</th><th>Sb</th><th>Bi</th><th>Fe</th><th>Pb</th><th>Sn</th><th>Ni</th><th>Zn</th><th>S</th><th>P</th></tr>
<tr><td>99.95</td><td>0.001 5</td><td>0.001 5</td><td>0.000 6</td><td>0.002 5</td><td>0.002</td><td>0.001</td><td>0.002</td><td>0.002</td><td>0.002 5</td><td>0.001</td></tr>
<tr><td colspan="11">注：T2 的氧含量应不大于 0.045%；TU2 的氧含量应不大于 0.002 0%。</td></tr>
</table>

表 4　T3 牌号铜线坯的化学成分

<table>
<tr><th colspan="14">质量分数/%</th></tr>
<tr><th rowspan="2">Cu+Ag
不小于</th><th colspan="13">杂质元素，不大于</th></tr>
<tr><th>As</th><th>Sb</th><th>Bi</th><th>Fe</th><th>Pb</th><th>Sn</th><th>Ni</th><th>Zn</th><th>S</th><th>P</th><th>Cd</th><th>Mn</th><th>杂质总量</th></tr>
<tr><td>99.90</td><td>—</td><td>—</td><td>0.002 5</td><td>—</td><td>0.005</td><td>—</td><td>—</td><td>—</td><td>—</td><td>—</td><td>—</td><td>—</td><td>0.05</td></tr>
<tr><td colspan="14">注 1：T3 的氧含量应不大于 0.05%。
注 2：杂质总量为表中所列杂质元素实测值之和。</td></tr>
</table>

3.3　尺寸及其允许偏差

3.3.1　铜线坯的直径及其允许偏差应符合表 5 的规定。

表 5 直径及其允许偏差

单位为毫米

公称直径	6.0～6.35	＞6.35～12.0	＞12.0～19.0	＞19.0～25.0	＞25.0～35.0
允许偏差	+0.5 −0.25	±0.4	±0.5	±0.6	±0.8

3.3.2 铜线坯应成卷供应，每卷应为连续一根，不允许焊接。最小卷重应不低于 1 t，但允许双方协商确定交货重量。

3.4 表面质量

3.4.1 铜线坯应圆整，尺寸均匀（符合 3.3.1 的规定），并且不需经酸洗和扒皮，直接使用。

3.4.2 铜线坯表面不应有铍边、飞边、裂纹、夹杂物及其他影响使用的缺陷。

3.5 力学性能

铜线坯的力学性能应符合表 6 的规定；硬态铜线坯充分退火后应能满足表 6 中相应牌号热态产品的伸长率要求。

表 6 抗拉强度和伸长率

牌　号	状　态	直径/mm	抗拉强度/(N/mm²) 不小于	伸长率/% 不小于
T1、TU1	R	6.0～35	—	40
T2、TU2			—	37
T3			—	35
TU1 、TU2	Y	6.0～7.0	370	2.0
		＞7.0～8.0	345	2.2
		＞8.0～9.0	335	2.4
		＞9.0～10.0	325	2.8
		＞10.0～11.0	315	3.2
		＞11.0～12.0	290	3.6

3.6 扭转性能

3.6.1 直径为 6.0 mm～10.0 mm 的（热态）电工用铜线坯应进行扭断试验，不同牌号的铜线坯扭转性能应符合表 7 的规定。

表 7 铜线坯的扭转性能

牌　号	状　态	正转转数	反转至断裂的转数，不少于
T1、TU1	R	25	25
T2、TU2		25	20
T3		25	17

3.7 电性能

3.7.1 采用 4.6.3 规定制备的试样，铜线坯的电阻率应符合表 8 的规定。

表 8 电阻率

牌　号	状　态	质量电阻率 $\rho_{20°}$ Ω·g/m²，不大于	体积电阻率 $\rho_{20°}$ Ω·mm²/m，不大于
T1、TU1	R	0.151 76	0.017 07
T2、TU2、T3		0.153 28	0.017 24
TU1	Y	0.155 75	0.017 50
TU2		0.157 98	0.017 77

STANDARDS PRESS OF CHINA

3.7.2 采用4.6.2规定制备的试样，铜线坯的电阻率应符合表8中相应牌号热态产品的规定。

3.8 铜线坯的其他要求

3.8.1 铜粉量

用连铸连轧法生产的低氧光亮铜线坯，若用户有要求，并在合同中注明，参照附录A的方法进行铜粉量测试（仅适用于ϕ8 mm）。对于电磁线用铜线坯，铜粉量应不大于12 mg/300 mm；其他用铜线坯应不大于24 mg/300 mm。

3.8.2 氢脆

用上引法生产的无氧铜线坯，用于非常规的电线电缆、电磁线等有特殊要求的领域（对氧含量有严格的限制），若用户有要求，并在合同中注明，需要作氢脆试验。氢脆试验参照附录B的方法进行，TU1牌号的产品应能经受住最少10次反复弯曲而不会断裂成两段；TU2牌号的产品应能经受住最少8次反复弯曲而不会断裂成两段。

3.8.3 退火性能

若用户对用紫杂铜火法精炼生产的T3牌号铜线坯的退火性能有要求，并在合同中注明，可参照附录C的方法进行退火性能试验，并在供货质量证明书中注明该批产品的退火性能。所测试的洛氏硬度（F级）如果小于60 HRF，则认为是完全退火的（M），60 HRF～70 HRF是中等退火的（1/2硬，Y2），高于70 HRF则属于低退火的（3/4硬，Y1）。

4 试验方法

4.1 化学成分仲裁分析方法

铜线坯的化学成分分析方法按GB/T 5121的规定进行。

4.2 尺寸测量方法

铜线坯的尺寸测量方法按GB/T 4909.2的规定进行。

4.3 表面质量检查方法

铜线坯的表面质量用目视检查。

4.4 力学性能检验方法

铜线坯的室温拉伸试验按GB/T 4909.3的规定进行。

4.5 扭转性能检验方法

4.5.1 扭断试验按GB/T 4909.4的规定进行。

4.5.2 试样应从经过3.4.1和3.4.2检查合格的铜线坯上取样。试样原始标距长度为300 mm，扭转速度应不大于30 r/min；绕试样轴线方向按表7中的规定的转数正转，然后反向转至断裂。

4.6 电性能试验方法

4.6.1 铜线坯电阻率测试方法按GB/T 3048.2的规定进行。

4.6.2 电阻率试验应按下述方法制备试样：试样经清洗并加工至直径为2 mm，去油污，经500℃～550℃保护性气氛中退火30 min，然后在同一保护性气氛中快速冷却或在空气中快速转移到水中冷却。

4.6.3 电阻率试验也可在经清洗但未经进一步加工和退火的铜线坯试样上直接进行，若体积电阻率测试方法重现性不好或偏差过大，可采用质量电阻率测试方法。

4.6.4 仲裁试验取样按4.6.2进行。

4.7 铜粉量试验

铜线坯铜粉量的试验参照附录A的方法进行，或按供需双方协商确定的方法进行。

4.8 氢脆试验

无氧铜线坯氢脆试验方法参照附录B的方法进行，或按供需双方协商确定的方法进行。

4.9 退火性能试验

铜线坯的退火性能试验参照附录C的方法进行，或按供需双方协商确定的方法进行。

5 检验规则

5.1 检查和验收

5.1.1 铜线坯应由供方质量监督部门进行检验，保证产品质量符合本标准或订货单（或合同）的规定，并填写质量证明书。

5.1.2 需方可对收到的产品按本标准的规定进行检验，如检验结果与本标准的规定不符时，应在收到产品之日起30天内向供方提出，由供需双方协商解决。如需仲裁，仲裁取样由供需双方共同进行。

5.2 组批

铜线坯应成批提交验收，每批应由同一牌号、状态和规格的铜线坯组成。

5.3 检验项目

5.3.1 每批铜线坯应进行化学成分、尺寸偏差、力学性能、扭转性能、电性能和表面质量的检验。

5.3.2 当用户要求并在合同中注明时，可进行铜粉量、氢脆及退火性能的检验。

5.4 仲裁取样与制样

5.4.1 取样方法和取样数量

根据不同的检验项目，每批铜线坯应采用表9规定的按卷数或重量两种方法计算取样数量，以取样数量多者确定为最终取样方法，并以此方法确定出取样数量，从该批铜线坯中随机抽取相应数量的样品。

表9 取样方法和取样数量

检验项目		取样方法和取样数量	要求的章条号	试验方法的章条号
化学成分	氧含量	每5卷或20 t取一个样	3.2	4.1
	其他元素含量	每15卷或30 t取一个样	3.2	4.1
尺寸偏差		逐卷检查	3.3	4.2
表面质量		逐卷检查	3.4	4.3
力学性能		逐卷检查	3.5	4.4
扭转性能		逐卷检查	3.6	4.5
电性能		每15卷或30 t取一个样	3.7	4.6
铜粉量		每15卷或30 t取一个样	3.8.1	4.7
氢脆			3.8.2	4.8
退火性能			3.8.3	4.9

5.4.2 制样

化学成分分析用试样制备，首先应去掉样品表皮，采用机加工方式将样品制备成屑样。加工过程中不得使用润滑剂，且应保持材料不被氧化。将该批各个样品制成的屑样取等量合并成一个大样，大样的总量不得少于600 g；将大样充分混匀，用磁铁除净加工时带入的铁。用缩分法等分成四份，一份留供方，一份交需方，一份供仲裁分析用，一份备用。

5.5 检验结果的判定

5.5.1 化学成分、电性能不合格时，判该批为不合格品；力学性能、扭转性能、表面质量和尺寸偏差不合格时，判该卷为不合格品。

5.5.2 铜粉量、氢脆、退火性能与本标准或合同中达成的协议不符时，应从该批产品（包括原检验不合格的那卷产品）中另取双倍数量的试样进行重复试验。重复试验结果全部合格，则该批产品符合合同协议规定要求，若重复试验结果仍有试样不合格，则判该批产品不合格或逐卷检验，合格者组批交货。

6 质量证明书及标志、包装、运输、贮存

6.1 质量证明书

每批铜线坯应附有产品质量证明书，注明：

a) 生产厂名称；
b) 产品名称；
c) 产品牌号、状态、规格；
d) 批号；
e) 净重和件数；
f) 各项检验结果和技术监督部门印记（若合同中对铜粉量、氢脆、退火性能有要求时，应包括在其中）；
g) 本标准编号；
h) 出厂日期。

6.2 标志

在每卷检验合格的铜线坯上应附有以下内容的标签：

a) 生产厂名称；
b) 产品商标；
c) 产品牌号、状态、规格；
d) 净重；
e) 批号；
f) 生产日期；
g) 生产厂技术监督部门的检印。

6.3 包装

6.3.1 铜线坯应成卷包装，捆扎良好。

6.3.2 应有防潮、防污染及防机械损伤措施。

6.3.3 允许双方协议规定包装方法。

6.4 运输及贮存

在存放、搬运和运输过程中，应注意保护铜线坯免受机械损伤，防止铜线坯受潮及受到腐蚀物质的侵蚀。

7 订货单（或合同）内容

7.1 产品名称；

7.2 牌号、状态、规格；

7.3 重量；

7.4 本标准编号；

7.5 铜粉量、氢脆、退火性能检测要求；

7.6 其他。

附　录　A
（资料性附录）
电工用铜线坯　铜粉量测定　干刷法

A.1　范围

本附录规定了连铸连轧电工用铜线坯表面铜粉量的测定方法。

本附录仅适用于 φ8 mm 连铸连轧电工用铜线坯表面铜粉量的测定。

A.2　试样的制备

A.2.1　剪切一段 350 mm～400 mm 长，经表面质量检验合格的铜线坯样品，轻轻校直，用无水乙醇或其他有机溶剂认真清洗干净铜线坯表面的保护蜡涂层和残留乳化液，用透明胶带把样品两端头各 25 mm～50 mm 长的部分缠绕起来，使两胶带间的铜线坯间距为 300 mm。

A.2.2　用天平对缠有胶带的铜线坯样品进行称重并加以记录（单位为 g，精确到小数点后 4 位）。

A.3　试验

A.3.1　把样品插入扭转试验机，两夹头的夹持部分为透明胶带缠绕的两端头，对样品进行 10/10 的正反扭转（扭转速度为 30 r/min），完成后用软刷子轻轻刷擦样品，彻底清除干净样品间距上的所有粉粒。

A.3.2　从试验机上取出样品，应避免污染，若胶带已脱落，应从夹头中取下胶带，胶带上若有铜粉应保留。

A.3.3　若称重铜线坯有困难时，也可在扭转试验机夹头下方放置一个略长于 300 mm 洁净的瓷盘，让扭转试验中脱落的铜粉粒全部落入洁净的瓷盘，扭转完成后，用软刷子轻轻刷擦样品，彻底清除干净样品间距上的所有粉粒，使之全部落入洁净的瓷盘内。

A.4　计算

A.4.1　在天平上称量步骤 A.3.2 所得缠有胶带并经刷擦干净的样品重量，进行记录。

A.4.2　用步骤 A.2.2 所得的重量减去步骤 A.4.1 所得的重量记录下差值来判定。

A.4.3　也可用 A.3.3 步骤瓷盘收集的铜粉单独称重来判定。

A.4.4　推荐用相同的方法测试 3 次取平均值作为最终测试值。

评价方法：

≤5 mg/300 mm	优质
5 mg～13 mg/300 mm	良好
＞13 mg～24 mg/300 mm	合格
＞24 mg/300 mm	劣质

STANDARDS PRESS OF CHINA

附　录　B
（资料性附录）
无氧铜线坯氢脆试验方法

B.1　范围

本附录规定了无氧铜线坯氢脆试验方法。

本附录规定的测定反映氢脆敏感性的试验只能在无氧铜上进行。

B.2　试样的制取

B.2.1　将经3.4.2检验合格的无氧铜线坯试样拉成直径为2.0 mm的丝，然后在850℃±25℃温度条件下并且在氢含量不小于10%的气氛中退火30 min，同时在同样的气氛中快速冷却，或者不暴露在空气中，最后在水中淬火。

B.2.2　试样的截取按GB/T 238—2002中5.1～5.4的要求进行。

B.3　试验仪器

B.3.1　试验仪器按GB/T 238—2002中4.1～4.3.2制造。

B.4　试验步骤

B.4.1　试验步骤按GB/T 238—2002中6.1～6.8进行。

B.4.2　弯曲试验是将试样从起始位置向右（左）弯曲90°，然后返回至起始位置作为第一次弯曲。再向与第一次弯曲相反的方向，向左（右）弯曲90°返回至起始位置作为第二次弯曲，依次连续反复弯曲。

B.5　对TU1铜线坯拉制的试样应能经受住最少10次反复弯曲而不会断裂成两段；对TU2铜线坯拉制的试样应能经受住最少8次反复弯曲而不会断裂成两段。

附 录 C
（资料性附录）
铜线坯的退火性能试验方法

C.1 范围

本附录规定了铜线坯的退火性能试验方法。

本附录适用于铜线坯退火性能的检验。

C.2 试样的制备

C.2.1 在一批铜线坯产品中，每 30 t 从线卷的端头切取经 3.4.2 检验合格的适当长度的线坯样品。

C.2.2 样品在冷轧设备上冷轧成扁平断面，厚度为原线坯直径的 30％，不要求轧边。

C.2.3 把冷轧后的扁试样放在恒温槽中，在 275℃±1℃ 的温度条件下加热 15 min，然后在环境温度条件下快速放入水中进行水淬（也可按合同协议采用其他温度和时间）。

C.3 硬度试验

C.3.1 经热处理后的样品洛氏硬度试验方法，按 GB/T 230.1 的规定进行。

C.3.2 洛氏硬度的标尺采用 F 标尺[压头为“1/16”（1.587 5 mm）的钢球，总试验力为 588.4 N，测量硬度范围为 60 HRF～100 HRF]。

C.3.3 测试应沿退火试样的中心线进行，并按标准规定的测试次数计算平均值。

ICS 77.150.10
H 61

中华人民共和国国家标准

GB/T 3954—2008
代替 GB/T 3954—2001

电工圆铝杆

Aluminium and aluminium alloys rod for electrical purpose

2008-06-09 发布　　　　2008-12-01 实施

中华人民共和国国家质量监督检验检疫总局
中国国家标准化管理委员会　发布

前言

本标准参照采用美国 ASTM B 233-1997《电工用 1350 拉制线坯》、欧盟标准 EN 1715.2-1997《铝及铝合金拉丝——第 1 部分：应用于电气方面特殊要求》和德国标准 DIN 40501.5-1980《电工用连铸连轧铝线材 E-A1 供货技术条件、尺寸》。

本标准代替 GB/T 3954—2001《电工圆铝杆》。

本标准与 GB/T 3954—2001 相比，主要变化如下：

——对品种进一步细化；

——增加了材料牌号为 1B97、1B95、1B93、1B90 的电工圆铝杆 B 和 B2 两个型号；

——增加了材料牌号为 6101、6201 的电工圆铝杆 C、D 两个型号；

——对各材料牌号产品的状态进行了规定；

——化学成分要求引用 GB/T 3190 中有关规定；

——规定了不同材料牌号、不同状态下电工圆铝杆的力学性能和电性能。

本标准由中国有色金属工业协会提出。

本标准由全国有色金属标准化技术委员会归口。

本标准负责起草单位：包头铝业股份有限公司、中国铝业股份有限公司贵州分公司。

本标准参加起草单位：云南铝业股份有限公司、青铜峡铝业集团有限公司、四川启明星铝业有限责任公司、山西阳泉铝业股份有限公司、福建南平铝业股份有限公司、杭州飞祥电子线缆实业有限公司。

本标准主要起草人：董建雄、赵洪生、罗忠臣、沈清华、曾萍、张泽勇、董仕毅、贾冬妮、李勇。

本标准所代替标准的历次版本发布情况为：

——GB/T 3954—1983；GB/T 3954—2001。

电 工 圆 铝 杆

1 范围

本标准规定了电工圆铝杆的要求、试验方法、检验规则、标志、包装、运输、贮存及订货单内容。

本标准适用于拉制电线电缆导电线芯用圆铝线、型铝线和其他电工用铝导体的连铸连轧电工圆铝杆。

2 规范性引用文件

下列文件中的条款通过本标准的引用而成为本标准的条款。凡是注日期的引用文件，其随后所有的修改单(不包括勘误的内容)或修订版均不适用本标准，然而，鼓励根据本标准达成协议的各方研究是否可使用这些文件的最新版本。凡是不注日期的引用文件，其最新版本适用于本标准。

GB/T 3048.2 电线电缆电性能试验方法 金属导体材料电阻率试验

GB/T 3190 变形铝及铝合金化学成分

GB/T 4909.2 裸电线试验方法 尺寸测量

GB/T 4909..3 裸电线试验方法 拉力试验

GB/T 7999 铝及铝合金光电直读发射光谱分析方法

GB/T 8170 数值修约规则

GB/T 17432 变形铝及铝合金化学成分分析取样方法

GB/T 20975(所有部分) 铝及铝合金化学分析方法

YS/T 309—1998 重熔用铝稀土合金锭

3 要求

3.1 材料牌号、型号和典型直径

电工圆铝杆的材料牌号、型号和典型直径见表1。

表 1

<table>
<tr><th>材料牌号</th><th>型号</th><th>典型直径/mm</th></tr>
<tr><td rowspan="2">1B97
1B95
1B93
1B90</td><td>B</td><td rowspan="8">7.5
9.5
12.0
15.0
19.0
24.0</td></tr>
<tr><td>B2</td></tr>
<tr><td rowspan="2">1A60</td><td>A</td></tr>
<tr><td>A2、A4、A6、A8</td></tr>
<tr><td rowspan="2">1R50</td><td>RE-A</td></tr>
<tr><td>RE-A2、RE-A4、RE-A6、RE-A8</td></tr>
<tr><td>6101</td><td>C</td></tr>
<tr><td>6201</td><td>D</td></tr>
<tr><td colspan="3">注：供方需要其他牌号可由供需双方协商并在合同中注明。</td></tr>
</table>

3.2 标记示例

标记示例按型号、直径、材料牌号、标准编号顺序进行。示例：

型号 B，直径 9.5 mm，材料牌号 1B95 的电工圆铝杆记为：

B　ϕ9.5　1B95　GB/T 3954—2008。

型号 A2，直径 9.5 mm，材料牌号 1E50 标记为：

A2　ϕ9.5　1A60　GB/T 3954—2008。

型号 D，直径 9.5 mm，材料牌号 6201 的合金电工圆铝杆标记为：

D　ϕ9.5　6201　GB/T 3954—2008。

3.3 化学成分

3.3.1 化学成分不作为验收指标，如需方对化学成分有要求时，应在合同中注明。化学成分应符合 GB/T 3190 的规定。

3.3.2 分析数值的判定采用修约比较法，修约数位应与 GB/T 3190 和合同中所规定元素极限值数位一致，数值修约规则按 GB/T 8170 的有关规定进行。

3.4 尺寸偏差

电工圆铝杆的直径偏差和不圆度应符合表 2 的规定。

表 2

单位为毫米

直　径	偏差、标称直径 %	不圆度[a] 不大于
7.0～9.0	±5	0.6
>9.0～11.0	±5	0.9
>11.0～14.0	±5	0.9
>14.0～17.0	±5	1.0
>17.0～22.0	±5	1.0
>22.0～25.0	±5	1.2

[a] 不圆度为电工圆铝杆垂直于轴线的同一截面上测得的最大和最小直径之差。

3.5 力学性能和电性能

电工圆铝杆的力学性能和电性能应符合表 3 的规定。

表 3

材料牌号	型　号	状　态	抗拉强度/ MPa	伸长率/% 不小于	电阻率(20℃)/(nΩ·m) 不大于
1B97 1B95 1B93 1B90	B	O	35～65	35	27.15
	B2	H14	60～90	15	27.25
1A60	A	O	60～90	25	27.55
	A2	H12	80～110	13	27.85
	A4	H13	95～115	11	28.01
	A6	H14	110～130	8	28.01
	A8	H16	120～150	6	28.01

表 3（续）

材料牌号	型　号	状　态	抗拉强度/MPa	伸长率/% 不小于	电阻率(20℃)/(nΩ·m) 不大于
1R50	RE-A	O	60～90	25	27.55
	RE-A2	H12	80～110	13	27.85
	RE-A4	H13	95～115	11	28.01
	RE-A6	H14	110～130	8	28.01
	RE-A8	H16	120～150	6	28.01
6101	C[a]	T4	150～200	10	35.00
6201	D[a]	T4	160～220	10	36.00

a 自然时效 7 天以上检测。

3.6 表面质量

电工圆铝杆表面应清洁，不应有擢边、错圆、裂纹、夹杂物、扭结等缺陷及其他影响使用的缺陷，允许有轻微的机械擦伤、斑疤、麻坑、起皮或飞边等。

3.7 卷重

3.7.1 电工圆铝杆应成卷供货，大卷大于 1 000 kg，小卷 300 kg～1 000 kg。

3.7.2 电工圆铝杆大卷每卷不超过 2 根，小卷每卷应为 1 根，除另有协议外，圆铝杆不允许焊接或扭接。

3.7.3 需方有特殊要求时由供需双方协商并在合同中注明。

4 试验方法

4.1 化学成分分析方法

化学成分按 GB/T 20975 或 GB/T 7999 的规定进行；仲裁分析方法按 GB/T 20975 规定进行，其中稀土总量的测定按 YS/T 309—1998 中附录 A 和附录 B 的规定进行。

4.2 尺寸偏差检验方法

直径偏差和不圆度的测量按 GB/T 4909.2 的规定进行。

4.3 力学性能检验方法

抗拉强度及伸长率的测量按 GB/T 4909.3 的规定进行。

4.4 电阻率检验方法

电阻率试验按 GB/T 3048.2 的规定进行。

4.5 表面质量

表面质量用目视检查。

5 检验规则

5.1 检查和验收

5.1.1 电工圆铝杆由供方技术监督部门进行检验，保证产品质量符合本标准（或订货合同）的规定，并填写质量证明书。

5.1.2 需方应对收到的产品按本标准的规定进行检验，如检验结果与本标准及订货合同的规定不符时，应以书面形式向供方提出，由供需双方协商解决。属于表面质量的异议，应在收到产品之日起十日内提出；属于化学成分及其他性能的异议，应在收到产品之日起一个月内提出。如需仲裁，供需双方在需方共同进行仲裁取样。

STANDARDS PRESS OF CHINA

5.2 组批

电工圆铝杆应成批提交检验，每批应由同一熔次、同一材料牌号、同一型号和同一直径的产品组成。每批不大于 20 t。

5.3 检验项目

每批电工圆铝杆均应进行化学成分、尺寸偏差、力学性能、电性能及表面质量的检验。

5.4 取样

电工圆铝杆的取样应符合表 4 的规定。

表 4

检验项目	取样位置	取样数量	要求的章条号	检验或试验方法的章条号
化学成分	任意部位	每熔次 1 个试样[a]	3.3	4.1
尺寸偏差	头部或尾部	逐卷检验，每卷取 1 个长度不小于 1 m 的试样	3.4	4.2
力学性能	任意部位	大卷逐卷、小卷每 2 卷取 1 个长度不小于 1 m 的试样	3.5	4.3
电性能	任意部位	大卷逐卷、小卷每 2 卷取 1 个长度不小于 1 m 的试样	3.5	4.4
表面质量	逐卷检验		3.6	4.5
[a] 从成品上取样时，应每批取 1 个。				

5.5 检验结果的判定

5.5.1 若供需双方合同约定化学成分为验收指标，则如果化学成分不合格，则判该批产品不合格。

5.5.2 抗拉强度、伸长率及电阻率中有任何一项指标不合格，对于大卷，则从不合格试样所代表的卷上再取 2 个试样进行重复试验，如仍有试样不合格，则判该卷不合格；对于小卷，则从不合格试样所代表的卷上再取 2 个试样进行重复试验，如仍有试样不合格，则判该 2 卷不合格。但经供需双方商议可进行逐卷检验，合格者交货。

5.5.3 尺寸偏差不合格时，判该卷不合格。

5.5.4 表面质量不合格时，判该卷不合格，但允许供方切除不合格部分重新检验，合格者交货。

6 标志、包装、运输、贮存

6.1 标志

在检查合格的每卷电工圆铝杆上应附有标签，其上标明：供方名称、产品名称、直径、型号、出厂批号及日期、标准编号。

6.2 包装

电工圆铝杆应成卷包装，并捆扎良好。允许按双方协商规定包装。

6.3 运输、贮存

在搬运、运输和贮存中应注意防雨、防潮、防腐蚀，运输、贮存的场所应清洁，保护电工圆铝杆表面免受机械损伤和污染。

6.4 质量证明书

每批产品应附有质量证明书，注明：

a) 供方名称；

b) 产品名称、材料牌号；

c) 型号；

d) 直径；

e) 出厂批号；

f） 净重和件数；

g） 检验结果和技术监督部门印记；

h） 本标准编号；

i） 出厂日期。

7 合同(或订货单)内容

本标准所列产品的订货单(或合同)应包括下列内容：

a） 产品名称；

b） 材料牌号；

c） 数量(重量)；

d） 直径；

e） 型号；

f） 卷重；

g） 本标准编号；

h） 化学成分、包装方式等其他特殊要求。

ICS 29.060.01
K 13

中华人民共和国国家标准

GB/T 3956—2008/IEC 60228:2004
代替 GB/T 3956—1997

电缆的导体

Conductors of insulated cables

(IEC 60228:2004,IDT)

STANDARDS PRESS OF CHINA

2008-12-30 发布　　2009-10-01 实施

中华人民共和国国家质量监督检验检疫总局
中国国家标准化管理委员会　发布

前 言

本标准等同采用 IEC 60228:2004《电缆的导体》第 3 版(英文版)。

为便于使用,本标准做了下列编辑性修改:

——将“本国际标准”一词改为“本标准”;

——用小数点‘.’代替作为小数点的逗号“,”;

——删除了 IEC 60228:2004 标准的前言和引言。

本标准代替 GB/T 3956—1997《电缆的导体》。

本标准与 GB/T 3956—1997 相比,主要差异如下:

——导体截面范围由 2 000 mm^2 向上扩展至 2 500 mm^2(前版第 1 章,本标准第 1 章);

——增加了术语和定义(本标准第 2 章);

——增加了实心铝导体和绞合铝导体单线的抗拉强度要求(本标准 4.2 和 4.3);

——单芯和多芯电缆用第 1 种实心导体和第 2 种绞合导体的截面范围分别向上扩展至 1 000 mm^2 和 2 500 mm^2(前版表 1 和表 2,本标准表 1 和表 2);

——增加了实心铝合金导体的电阻要求(本标准 5.1.1 和 5.1.2);

——非紧压绞合铝导体截面范围要求变化(前版 5.2.1,本标准 5.2.1);

——增加了紧压绞合圆形和成型铝合金导体截面范围要求(本标准 5.3.1);

——取消前版标准的第 6 章;

——增加了电阻的测量的内容(本标准附录 A);

——增加了温度校正系数的精确公式的内容(本标准附录 B)。

本标准的附录 A 为规范性附录,附录 B 和附录 C 为资料性附录。

本标准由中国电器工业协会提出。

本标准由全国电线电缆标准化技术委员会(SAC/TC 213)归口。

本标准起草单位:上海电缆研究所、天津塑力线缆集团有限公司、特变电工山东鲁能泰山电缆有限公司、青岛汉缆股份有限公司、远东控股集团有限公司、福建省南平南线电缆有限公司、无锡江南电缆有限公司。

本标准主要起草人:徐晓峰、韩长武、胥玉民、赵新院、汪传斌、林奇庆、刘军。

本标准所代替标准的历次版本发布情况为:

——GB/T 3956—1983、GB/T 3956—1997;

——GB/T 3957—1983。

电缆的导体

1 范围

本标准规定了标称截面积 0.5 mm^2～2 500 mm^2 的电力电缆和软线用的导体。对单线的数量和尺寸以及电阻值的要求也包括在内。这些导体包括固定敷设的电缆中的实心和绞合的铜、铝和铝合金导体，以及柔软铜导体。

本标准不适用于通信用途的导体。

本标准适用于特定设计的电缆，只要该种类型电缆在本标准中作了规定。

除非指明特定条款中的例外，本标准涉及电缆成品的导体，而不是为电缆挤出而制造或提供的导体。

本标准包括的资料性附录提供了补充信息，包括电阻测量的温度校正系数(附录 B)和圆形导体的尺寸范围(附录 C)。

2 术语和定义

以下术语和定义适用于本标准。

2.1

金属镀层 metal-coated

镀有合适金属的薄层，如锡或锡合金。

2.2

标称截面积 nominal cross-sectional area

确定导体特定尺寸的数值，但并不受直接测量影响。

注：本标准中导体的每个特定尺寸应符合最大电阻值的要求。

3 分类

导体共分四种：第 1 种、第 2 种、第 5 种和第 6 种。第 1 种和第 2 种导体用于固定敷设的电缆中。第 5 种和第 6 种导体用于软电缆和软线中，也可用于固定敷设。

——第 1 种：实心导体；

——第 2 种：绞合导体；

——第 5 种：软导体；

——第 6 种：比第 5 种更柔软的导体。

4 材料

4.1 引言

导体应包含以下类型之一：

——不镀金属或镀金属的退火铜线；

——铝或铝合金线。

4.2 实心铝导体

圆形或成型实心铝导体应由铝制成，且成品的抗拉强度满足以下要求：

标称截面积/ mm²	抗拉强度/ (N/mm²)
10,16	100～165
25,35	60～130
50	60～110
≥70	60～90

注:以上数值不适用于铝合金导体。

4.3 绞合圆形和绞合成型铝导体

绞合铝导体应由铝材制成,且单线的抗拉强度满足以下要求:

标称截面积/ mm²	抗拉强度/ (N/mm²)
10	≤200
≥16	125～205

注 1:以上数值不适用于铝合金导体。

注 2:这一数据只是对绞合前单线的检验结果,而不是来自绞合导体的单线。

5 实心导体和绞合导体

5.1 实心导体(第 1 种)

5.1.1 结构

a) 实心导体(第 1 种)应由第 4 章规定的材料之一构成;

b) 实心铜导体应为圆形截面;

注:标称截面积 25 mm² 及以上的实心铜导体用于特殊类型的电缆,如矿物绝缘电缆,而非一般用途。

c) 截面积 10 mm²～35 mm² 的实心铝导体和实心铝合金导体应是圆形截面。对于单芯电缆,更大尺寸的导体应是圆形截面;而对多芯电缆,可以是圆形或成型截面。

5.1.2 电阻

按第 7 章测量时,每根导体 20 ℃时的电阻值不应超过表 1 中规定的最大值。

注:对于具有与铝导体相同标称截面积的实心铝合金导体,表 1 中给出的电阻值可乘以 1.162 的系数,除非制造方和买方另有规定。

5.2 非紧压绞合圆形导体(第 2 种)

5.2.1 结构

a) 非紧压绞合圆形导体(第 2 种)应由第 4 章规定的材料之一构成;

b) 绞合铝导体或铝合金导体的截面积不应小于 10 mm²;

c) 每根导体的单线应具有相同的标称直径;

d) 每根导体的单线数量不应小于表 2 规定的相应的最小值。

5.2.2 电阻

按第 7 章测定的 20 ℃时每种导体的电阻值不应超过表 2 规定的最大值。

5.3 紧压绞合圆形导体和绞合成型导体(第 2 种)

5.3.1 结构

a) 紧压绞合圆形导体和绞合成型导体(第 2 种)应由第 4 章规定的材料之一构成。紧压绞合圆形铝导体或铝合金导体的标称截面积不应小于 10 mm²。绞合成型的铜导体、铝导体或铝合金导体的标称截面积不应小于 25 mm²。

b) 同一导体内不同单线的直径之比应不大于 2。

c) 每种导体内的单线数量应不少于表 2 给出的相应最小值。

注：这一要求适用于紧压前由圆形单线组成的导体，而非预制成型的单线组成的导体。

5.3.2 电阻

按第 7 章测定的 20 ℃时每种导体的电阻值不应超过表 2 规定的对应值。

6 软导体(第 5 种和第 6 种)

6.1 结构

a) 软导体(第 5 种和第 6 种)应由不镀金属或镀金属的退火铜线构成；

b) 每根导体中的单线应具有相同的标称直径；

c) 每种导体中的单线直径不应超过表 3 或表 4 规定的相应的最大值。

6.2 电阻

按第 7 章测定的 20 ℃时每种导体的电阻值不应超过表 3 或表 4 规定的相应的最大值。

7 符合第 5 章和第 6 章要求的检验

按照 5.1.1、5.2.1、5.3.1 和 6.1 的要求，应用可行的检查和测量方法对电缆成品进行检验。

按照 5.1.2、5.2.2、5.3.2 和 6.2 的要求，应按附录 A 进行测量，并按表 A.1 的温度校正系数进行修正。

表 1 单芯和多芯电缆用第 1 种实心导体

标称截面积/mm²	20 ℃时导体最大电阻/(Ω/km)		
	圆形退火铜导体		铝导体和铝合金导体，圆形或成型[c]
	不镀金属	镀金属	
0.5	36.0	36.7	—
0.75	24.5	24.8	—
1.0	18.1	18.2	—
1.5	12.1	12.2	—
2.5	7.41	7.56	—
4	4.61	4.70	—
6	3.08	3.11	—
10	1.83	1.84	3.08[a]
16	1.15	1.16	1.91[a]
25	0.727[b]	—	1.20[a]
35	0.524[b]	—	0.868[a]
50	0.387[b]	—	0.641
70	0.268[b]	—	0.443
95	0.193[b]	—	0.320[d]
120	0.153[b]	—	0.253[d]
150	0.124[b]	—	0.206[d]
185	0.101[b]	—	0.164[d]
240	0.0775[b]	—	0.125[d]
300	0.0620[b]	—	0.100[d]
400	0.0465[b]	—	0.077 8

STANDARDS PRESS OF CHINA

表 1(续)

标称截面积/mm²	20 ℃时导体最大电阻/(Ω/km)		
	圆形退火铜导体		铝导体和铝合金导体,圆形或成型[c]
	不镀金属	镀金属	
500	—	—	0.0605
630	—	—	0.0469
800	—	—	0.0367
1 000	—	—	0.0291
1 200	—	—	0.0247

[a] 仅适用于截面积 10 mm² ~35 mm² 的圆形铝导体;见 5.1.1 c)。

[b] 见 5.1.1 b) 注。

[c] 见 5.1.2 注。

[d] 对于单芯电缆,四根扇形成型导体可以组合成一根圆形导体。该组合导体的最大电阻值应为单根构件导体的 25%。

表 2 单芯和多芯电缆用第 2 种绞合导体

标称截面积/mm²	导体的最少单线数量						20 ℃时导体最大电阻/(Ω/km)		
	圆形		紧压圆形		成型		退火铜导体		铝或铝合金导体[c]
	铜	铝	铜	铝	铜	铝	不镀金属单线	镀金属单线	
0.5	7	—	—	—	—	—	36.0	36.7	—
0.75	7	—	—	—	—	—	24.5	24.8	—
1.0	7	—	—	—	—	—	18.1	18.2	—
1.5	7	—	6	—	—	—	12.1	12.2	—
2.5	7	—	6	—	—	—	7.41	7.56	—
4	7	—	6	—	—	—	4.61	4.70	—
6	7	—	6	—	—	—	3.08	3.11	—
10	7	7	6	6	—	—	1.83	1.84	3.08
16	7	7	6	6	—	—	1.15	1.16	1.91
25	7	7	6	6	6	6	0.727	0.734	1.20
35	7	7	6	6	6	6	0.524	0.529	0.868
50	19	19	6	6	6	6	0.387	0.391	0.641
70	19	19	12	12	12	12	0.268	0.270	0.443
95	19	19	15	15	15	15	0.193	0.195	0.320
120	37	37	18	15	18	15	0.153	0.154	0.253
150	37	37	18	15	18	15	0.124	0.126	0.206
185	37	37	30	30	30	30	0.099 1	0.100	0.164
240	37	37	34	30	34	30	0.075 4	0.076 2	0.125
300	61	61	34	30	34	30	0.060 1	0.060 7	0.100
400	61	61	53	53	53	53	0.047 0	0.047 5	0.077 8
500	61	61	53	53	53	53	0.036 6	0.036 9	0.060 5
630	91	91	53	53	53	53	0.028 3	0.028 6	0.046 9
800	91	91	53	53	—	—	0.022 1	0.022 4	0.036 7
1 000	91	91	53	53	—	—	0.017 6	0.017 7	0.029 1

表 2（续）

<table>
<tr><th rowspan="3">标称截面积/
mm²</th><th colspan="6">导体的最少单线数量</th><th colspan="3">20 ℃时导体最大电阻/(Ω/km)</th></tr>
<tr><th colspan="2">圆形</th><th colspan="2">紧压圆形</th><th colspan="2">成型</th><th colspan="2">退火铜导体</th><th rowspan="2">铝或铝合金导体[c]</th></tr>
<tr><th>铜</th><th>铝</th><th>铜</th><th>铝</th><th>铜</th><th>铝</th><th>不镀金属单线</th><th>镀金属单线</th></tr>
<tr><td>1 200</td><td colspan="6">b</td><td>0.015 1</td><td>0.015 1</td><td>0.024 7</td></tr>
<tr><td>1 400[a]</td><td colspan="6">b</td><td>0.012 9</td><td>0.012 9</td><td>0.021 2</td></tr>
<tr><td>1 600</td><td colspan="6">b</td><td>0.011 3</td><td>0.011 3</td><td>0.018 6</td></tr>
<tr><td>1 800[a]</td><td colspan="6">b</td><td>0.010 1</td><td>0.010 1</td><td>0.016 5</td></tr>
<tr><td>2 000</td><td colspan="6">b</td><td>0.009 0</td><td>0.009 0</td><td>0.014 9</td></tr>
<tr><td>2 500</td><td colspan="6">b</td><td>0.007 2</td><td>0.007 2</td><td>0.012 7</td></tr>
<tr><td colspan="10">a 这些尺寸不推荐。其他不推荐的尺寸针对某些特定应用，但未包含进本标准范围内。
b 这些尺寸的最小单线数量未作规定。这些尺寸可以由 4、5 或 6 个均等部分(Milliken)构成。
c 对于具有与铝导体标称截面积的相同的绞合铝合金导体，其电阻值宜由制造方与买方商定。</td></tr>
</table>

表 3　单芯和多芯电缆用第 5 种软铜导体

标称截面积/mm²	导体内最大单线直径/mm	20 ℃时导体最大电阻/(Ω/km)	
		不镀金属单线	镀金属单线
0.5	0.21	39.0	40.1
0.75	0.21	26.0	26.7
1.0	0.21	19.5	20.0
1.5	0.26	13.3	13.7
2.5	0.26	7.98	8.21
4	0.31	4.95	5.09
6	0.31	3.30	3.39
10	0.41	1.91	1.95
16	0.41	1.21	1.24
25	0.41	0.780	0.795
35	0.41	0.554	0.565
50	0.41	0.386	0.393
70	0.51	0.272	0.277
95	0.51	0.206	0.210
120	0.51	0.161	0.164
150	0.51	0.129	0.132
185	0.51	0.106	0.108
240	0.51	0.080 1	0.081 7
300	0.51	0.064 1	0.065 4
400	0.51	0.048 6	0.049 5
500	0.61	0.038 4	0.039 1
630	0.61	0.028 7	0.029 2

表 4　单芯和多芯电缆用第 6 种软铜导体

标称截面积/mm²	导体内最大单线直径/mm	20 ℃时导体最大电阻/(Ω/km)	
		不镀金属单线	镀金属单线
0.5	0.16	39.0	40.1
0.75	0.16	26.0	26.7
1.0	0.16	19.5	20.0
1.5	0.16	13.3	13.7
2.5	0.16	7.98	8.21
4	0.16	4.95	5.09
6	0.21	3.30	3.39
10	0.21	1.91	1.95
16	0.21	1.21	1.24
25	0.21	0.780	0.795
35	0.21	0.554	0.565
50	0.31	0.386	0.393
70	0.31	0.272	0.277
95	0.31	0.206	0.210
120	0.31	0.161	0.164
150	0.31	0.129	0.132
185	0.41	0.106	0.108
240	0.41	0.080 1	0.081 7
300	0.41	0.064 1	0.065 4

附　录　A
（规范性附录）
电阻的测量

电缆应在试验场地放置足够长的时间，以确保使用提供的校正系数时，导体温度已经达到精确测定电阻值允许的水平。

导体直流电阻的测量在整根电缆长度或软线上，或者在长度至少为 1 m 的电缆样品或软线上和室温下进行，并记录测量时的温度。通过表 A.1 提供的校正系数修正测量电阻值。

依据整根电缆的长度，而非单独的线芯或单线长度，计算每公里长度电缆的电阻值。

如果必要，应采用下列公式将电阻值修正到 20 ℃时和 1 km 长度的电阻值。

$$R_{20} = R_t \times k_t \times \frac{1\,000}{L}$$

式中：

k_t——表 A.1 提供的温度校正系数；

R_{20}——20 ℃时导体电阻，Ω/km；

R_t——导体测量电阻值，Ω；

L——电缆长度，m。

STANDARDS PRESS OF CHINA

表 A.1　导体电阻值的温度校正系数 k_t，校正 t ℃至 20 ℃时的测量电阻值

1	2	1	2
测量时导体温度 t/℃	校正系数 k_t 对所有导体	测量时导体温度 t/℃	校正系数 k_t 对所有导体
0	1.087	17	1.012
1	1.082	18	1.008
2	1.078	19	1.004
3	1.073	20	1.000
4	1.068	21	0.996
5	1.064	22	0.992
6	1.059	23	0.988
7	1.055	24	0.984
8	1.050	25	0.980
9	1.046	26	0.977
10	1.042	27	0.973
11	1.037	28	0.969
12	1.033	29	0.965
13	1.029	30	0.962
14	1.025	31	0.958
15	1.020	32	0.954
16	1.016	33	0.951

表 A.1（续）

1	2	1	2
测量时导体温度 t/℃	校正系数 k_t 对所有导体	测量时导体温度 t/℃	校正系数 k_t 对所有导体
34	0.947	38	0.933
35	0.943	39	0.929
36	0.940	40	0.926
37	0.936		

注：校正系数 k_t 值是根据 20 ℃时电阻-温度系数 0.004/K 计算的。

温度校正系数的值在第 2 列中规定。它为近似值，但给出了足以达到在测量导体温度和电缆或软线长度的精度范围内的实际值。

若要求铜和铝的温度校正系数的更精确数值，可参考附录 B。然而这些不应作为符合本标准电阻评价的试验要求。

附 录 B
（资料性附录）
温度校正系数的精确公式

a） 退火铜导体：不镀金属或镀金属

$$k_{t,Cu} = \frac{254.5}{234.5+t} = \frac{1}{1+0.003\,93(t-20)}$$

b） 铝导体

$$k_{t,Al} = \frac{248}{228+t} = \frac{1}{1+0.004\,03(t-20)}$$

注：对于铝合金，可对制造商提出参考。

在以上所有情形中，t 指测量时的导体温度，单位℃。

附 录 C
（资料性附录）
圆形导体的尺寸范围导则

C.1 目标

本附录旨在为电缆和电缆连接器的制造商提供指导，以帮助确保导体与连接器的尺寸相匹配。它为包括在本标准内的以下类型导体的尺寸范围提供导则。

a) 铜、铝和铝合金的实心圆形导体（第1种）；

b) 铜、铝和铝合金的圆形和紧压圆形绞合导体（第2种）；

c) 软铜导体（第5种和第6种）。

C.2 圆形铜导体的尺寸范围

圆形铜导体的直径应不超过表C.1给出的值。

如果要求第1种圆形铜导体的最小直径，可参照表C.3中实心圆形铝导体或铝合金导体的最小直径。

C.3 铜、铝和铝合金的紧压绞合圆形导体尺寸范围

铜、铝和铝合金的紧压绞合圆形导体的尺寸范围应不超过表C.2给出的最大值，且不小于其最小值。

对于非紧压绞合圆形铝导体或铝合金导体的例外情况，最大直径应不超过表C.1中第3列给出的铜导体的相应数值。

C.4 实心圆形铝导体的尺寸范围

实心圆形铝导体和铝合金导体应不超过表C.3给出的最大值，且不小于其最小值。

表C.1 圆形铜导体的最大直径——实心、非紧压绞合和软导体

截面积/mm²	固定敷设用电缆导体最大直径/mm		软导体（第5种和第6种）最大直径/mm
	实心导体（第1种）	绞合导体（第2种）	
0.5	0.9	1.1	1.1
0.75	1.0	1.2	1.3
1.0	1.2	1.4	1.5
1.5	1.5	1.7	1.8
2.5	1.9	2.2	2.4
4	2.4	2.7	3.0
6	2.9	3.3	3.9
10	3.7	4.2	5.1
16	4.6	5.3	6.3
25[a]	5.7	6.6	7.8
35[a]	6.7	7.9	9.2
50[a]	7.8	9.1	11.0

表 C.1(续)

截面积/ mm^2	固定敷设用电缆导体最大直径/mm		软导体(第 5 种和第 6 种)最大直径/mm
	实心导体(第 1 种)	绞合导体(第 2 种)	
70[a]	9.4	11.0	13.1
95[a]	11.0	12.9	15.1
120[a]	12.4	14.5	17.0
150[a]	13.8	16.2	19.0
185	15.4	18.0	21.0
240	17.6	20.6	24.0
300	19.8	23.1	27.0
400	22.2	26.1	31.0
500	—	29.2	35.0
630	—	33.2	39.0
800	—	37.6	—
1 000	—	42.2	—

注：软导体的数值对第 5 种和第 6 种导体均适用。

[a] 见 5.1.1 b)。

表 C.2 铜、铝和铝合金的紧压绞合圆形导体的最大和最小直径

截面积/ mm^2	紧压绞合圆形导体(第 2 种)	
	最小直径/mm	最大直径/mm
10	3.6	4.0
16	4.6	5.2
25	5.6	6.5
35	6.6	7.5
50	7.7	8.6
70	9.3	10.2
95	11.0	12.0
120	12.3	13.5
150	13.7	15.0
185	15.3	16.8
240	17.6	19.2
300	19.7	21.6
400	22.3	24.6
500	25.3	27.6
630	28.7	32.5

注 1：由于紧压技术通常未确定，截面积 630 mm^2 以上铝导体的尺寸范围未作规定。

注 2：对 1.5 mm^2～6 mm^2 范围的紧压铜导体，未给出数值。

STANDARDS PRESS OF CHINA

表 C.3 实心圆形铝导体的最小和最大直径

截面积/ mm^2	实心导体(第 1 种)	
	最小直径/ mm	最大直径/ mm
10	3.4	3.7
16	4.1	4.6
25	5.2	5.7
35	6.1	6.7
50	7.2	7.8
70	8.7	9.4
95	10.3	11.0
120	11.6	12.4
150	12.9	13.8
185	14.5	15.4
240	16.7	17.6
300	18.8	19.8
400	21.2	22.2
500	24.0	25.1
630	27.3	28.4
800	30.9	32.1
1 000	34.8	36.0
1 200	37.8	39.0

ICS 71.060.50
G 12

中华人民共和国国家标准

GB/T 3959—2008
代替 GB/T 3959—1994

工业无水氯化铝

Anhydrous aluminium chloride for industrial use

2008-05-14 发布　　　　2008-10-01 实施

中华人民共和国国家质量监督检验检疫总局
中国国家标准化管理委员会　发布

前　言

请注意本标准的某些内容有可能涉及专利。本标准的发布机构不应承担识别这些专利的责任。

本标准代替 GB/T 3959—1994《工业无水氯化铝》。

本标准与 GB/T 3959—1994 相比主要变化如下：

——要求中提高了三个等级的氯化铝含量的指标(1994 年版 3.2,本版 4.2)；

——要求中提高了优等品、合格品的铁含量的指标(1994 年版 3.2,本版 4.2)；

——要求中提高了一等品、合格品的重金属含量的指标(1994 年版 3.2,本版 4.2)；

——试验方法中将氯化铝含量的测定方法改为硝酸银电位滴定法(1994 年版 4.1,本版 5.4)；

本标准的附录 A 为资料性附录。

本标准由中国石油和化学工业协会提出。

本标准由全国化学标准化技术委员会无机化工分会(SAC/TC 63/SC 1)归口。

本标准主要起草单位：天津化工研究设计院、苏州久创化工有限公司。

本标准主要起草人：刘幽若、高鹏、戈国华、万凯。

本标准所代替标准的历次版本发布情况：GB/T 3959—1994。

工业无水氯化铝

1 范围

本标准规定了工业无水氯化铝的要求，试验方法，检验规则，标志、标签，包装、运输、贮存。

本标准适用于工业无水氯化铝。该产品主要用作有机化学工业的催化剂。

2 规范性引用文件

下列文件中的条款通过本标准的引用而成为本标准的条款。凡是注日期的引用文件，其随后所有的修改单(不包括勘误的内容)或修订版本均不适用于本标准，然而，鼓励根据本标准达成协议的各方研究是否可使用这些文件的最新版本。凡是不注日期的引用文件，其最新版本适用于本标准。

GB 190—1990 危险货物包装标志

GB/T 191—2008 包装储运图示标志(ISO 780:1997，MOD)

GB/T 1250 极限数值的表示方法和判定方法

GB/T 3049—2006 化工产品中铁含量测定的通用方法 邻菲啰啉分光光度法(ISO 6685:1982，EQV)

GB/T 6678 化工产品采样总则

GB/T 6682—1992 分析实验室用水规格和试验方法(neq ISO 3696:1987)

GB 15258—1999 化学品安全标签编写规定

HG/T 3696.1 无机化工产品 化学分析用标准滴定溶液的制备

HG/T 3696.2 无机化工产品 化学分析用杂质标准溶液的制备

HG/T 3696.3 无机化工产品 化学分析用制剂及制品的制备

3 分子式、分子量

3.1 分子式：$AlCl_3$

3.2 相对分子质量：133.34(按 2005 年国际相对原子质量)

4 要求

4.1 外观：本品为淡黄色、黄色或略带灰色的颗粒或粉末，不应有大于 10 mm 的块状物。

4.2 工业无水氯化铝应符合表 1 要求。

表 1 要求

项目		指标		
		优等品	一等品	合格品
氯化铝($AlCl_3$)w/%	≥	99.2	98.8	98.5
铁(以 $FeCl_3$ 计)w/%	≤	0.04	0.05	0.08
水不溶物 w/%	≤	0.05	0.10	0.30
重金属(以 Pb 计)w/%	≤	0.006	0.02	0.04
游离铝 w/%	≤	0.010	—	—

5 试验方法

5.1 安全提示

本试验方法中使用的部分试剂具有毒性或腐蚀性，操作时须小心谨慎！如溅到皮肤上应立即用水冲洗，严重者应立即治疗。

5.2 一般规定

本标准所用试剂和水，在没有注明其他要求时，均指分析纯试剂和 GB/T 6682—1992 中规定的三级水。

试验中所需标准滴定溶液、杂质标准溶液、制剂及制品，在没有注明其他要求时，均按 HG/T 3696.1、HG/T 3696.2、HG/T 3696.3 之规定制备。

5.3 外观判别

在自然光下用目视法判定聚乙烯塑料袋中产品的外观。

5.4 氯化铝含量的测定

5.4.1 方法提要

在酸性条件下，加入溴酚蓝指示液，以银电极作为指示电极，双盐桥饱和甘汞电极作参比电极，以硝酸银标准滴定溶液滴定。

5.4.2 试剂和溶液

5.4.2.1 95%乙醇；

5.4.2.2 氢氧化钠溶液：200 g/L；

5.4.2.3 硝酸银标准滴定溶液：$c(AgNO_3)\approx 0.1$ mol/L；

5.4.2.4 溴酚蓝指示液：0.1%乙醇溶液。

5.4.3 仪器、设备

5.4.3.1 电位计：精度为 2 mV/格，量程为 −500 mV～+500 mV。

5.4.3.2 参比电极：双液接型饱和甘汞电极，内充饱和氯化钾溶液，滴定时外套管内盛饱和硝酸钾溶液和甘汞电极相连接。

5.4.3.3 测量电极：银电极或 0.5 mm 银丝（含银 99.9%，与电位计连接时要用屏蔽线）。

5.4.3.4 微量滴定管：分度值为 0.02 mL 或 0.01 mL。

5.4.4 分析步骤

5.4.4.1 试验溶液的制备

用内径约 15 mm 的带盖的称量瓶迅速称取约 2 g 试样，精确至 0.000 2 g。将称量瓶小心放入装有 80 mL 水的 200 mL 带磨口塞的量筒（或其他相当的容器）中，立即盖紧磨口塞，轻轻摇动，使称量瓶盖打开。待试样全部溶解、氯化氢气体完全被水吸收后，将溶液全部转移到 500 mL 容量瓶中，用水稀释至刻度，摇匀。此溶液为试验溶液 A，用于氯化铝含量、氯化铁含量的测定。

5.4.4.2 测定

用移液管移取 25 mL 试验溶液 A，置于 100 mL 烧杯中。加 1 滴溴酚蓝指示液，用氢氧化钠溶液调节溶液的颜色恰呈黄色，加乙醇至溶液总体积约为 40 mL。放入电磁搅拌子，将烧杯置于电磁搅拌器上，开动搅拌器，把测量电极和参比电极插入溶液中，连接电位计接线，调整电位计零点，记录起始电位值。用硝酸银标准滴定溶液滴定。滴定初期预加入一定量的硝酸银标准滴定溶液，近终点时，再按 0.1 mL的量逐次加入（必要时可适当增加），记录每次加入硝酸银后的总体积及相应的电位值 E，计算出连续增加的电位值 $\Delta_1 E$ 和 $\Delta_1 E$ 之间的差值 $\Delta_2 E$。$\Delta_1 E$ 的最大值即为滴定终点，终点后再继续记录一个电位值 E。

数据记录格式及滴定终点时所消耗的标准滴定溶液的体积(V)的计算见附录A。

5.4.5 结果计算

氯化铝含量以三氯化铝($AlCl_3$)的质量分数w_1计,数值以%表示,按式(1)计算:

$$w_1=\frac{VcM/1\,000}{m\times25/500}\times100-0.822\times w_2 \quad\cdots\cdots(1)$$

式中:

V——测定中消耗的硝酸银标准滴定溶液体积的数值,单位为毫升(mL);

c——硝酸银标准滴定溶液浓度的准确数值,单位为摩尔每升(mol/L);

m——试料质量的数值,单位为克(g);

M——三氯化铝($1/3AlCl_3$)摩尔质量的数值,单位为克每摩尔(g/mol)(M=44.45);

w_2——4.5测得的铁(以$FeCl_3$计)的质量分数,数值以%表示;

0.822——氯化铁换算为氯化铝的系数。

取平行测定结果的算术平均值为测定结果,两次平行测定结果的绝对差值不大于0.2%。

5.5 铁含量的测定

5.5.1 方法提要

同GB/T 3049—2006第3章。

5.5.2 试剂和溶液

5.5.2.1 95%乙醇;

5.5.2.2 盐酸溶液:1+1;

5.5.2.3 酚酞指示液:1 g/L;

5.5.2.4 氨水。

其他同GB/T 3049—2006第4章。

5.5.3 仪器、设备

5.5.3.1 分光光度计:带有2 cm的吸收池。

5.5.4 分析步骤

5.5.4.1 工作曲线的绘制

按GB/T 3049—2006中6.3的规定,用2 cm吸收池及相应的铁标准溶液用量,绘制工作曲线。

5.5.4.2 测定

用移液管移取50 mL试验溶液A,置于100 mL烧杯中。再移取相同体积的水,置于另一100 mL烧杯中。以下按GB/T 3049—2006中6.4的规定,自"……必要时,加水至约60 mL……"开始进行操作。

5.5.5 结果计算

铁含量以三氯化铁($FeCl_3$)的质量分数w_2计,数值以%表示,按式(2)计算:

$$w_2=\frac{[(m_2-m_1)/1\,000]\times2.90}{m\times50/500}\times100 \quad\cdots\cdots(2)$$

式中:

m_2——从工作曲线上查出的试验溶液的铁的质量的数值,单位为毫克(mg);

m_1——从工作曲线上查出的空白试验溶液的铁的质量的数值,单位为毫克(mg);

m——试料的质量的数值,单位为克(g)。

2.90——铁换算成氯化铁的系数。

取平行测定结果的算术平均值为测定结果,两次平行测定结果的绝对差值,优等品、一等品不大于0.01%,合格品不大于0.02%。

5.6 水不溶物含量的测定

5.6.1 方法提要

将试样溶于水，过滤、洗涤，将残渣干燥、称量。

5.6.2 仪器、设备

玻璃砂坩埚：滤板孔径为 5 μm～15 μm。

5.6.3 分析步骤

称取约 10 g 试样，精确至 0.01 g。置于干燥的 400 mL 烧杯中，盖上表面皿。缓慢加入 100 mL 水溶解（在通风橱中操作）。用已于 105℃～110℃下干燥至质量恒定的玻璃砂坩埚过滤，用水洗涤至无氯离子为止（用硝酸银溶液检验）。将带有水不溶物的玻璃砂坩埚于 105℃～110℃下干燥至质量恒定。

5.6.4 结果计算

水不溶物含量以质量分数 w_3 计，数值以%表示，按式(3)计算：

$$w_3 = \frac{m_2 - m_1}{m} \times 100 \qquad \cdots\cdots(3)$$

式中：

m_2——玻璃砂坩埚与水不溶物的质量的数值，单位为克(g)；

m_1——玻璃砂坩埚的质量的数值，单位为克(g)；

m——试料质量的数值，单位为克(g)。

取平行测定结果的算术平均值为测定结果，两次平行测定结果的绝对差值优等品、一等品不大于 0.005%，合格品不大于 0.01%。

5.7 重金属含量的测定

5.7.1 方法提要

在微酸性介质中，重金属离子与硫化氢反应，生成硫化物沉淀，形成暗色的悬浮液。与标准比色溶液比较。

5.7.2 试剂和溶液

5.7.2.1 抗坏血酸；

5.7.2.2 乙酸-乙酸钠缓冲溶液：pH≈3；

5.7.2.3 饱和硫化氢水：此溶液现用现配。

5.7.2.4 铅标准溶液：1 mL 溶液含铅(Pb)0.03 mg；

配制：用移液管移取 3.0 mL 按 HG/T 3696.2 配制的铅标准溶液，置于 100 mL 容量瓶中，用水稀释至刻度，摇匀。此溶液有效期为 1 个月。

5.7.3 分析步骤

5.7.3.1 试验溶液的制备

称取 2.50 g±0.01 g(优等品)或 0.50 g±0.01 g(一等品和合格品)试样，小心溶解，必要时过滤。全部转移到 50 mL 容量瓶中，用水稀释至刻度，摇匀。

5.7.3.2 测定

吸取 30 mL 试验溶液，置于 50 mL 比色管中。加 0.1 g 抗坏血酸，5 mL 缓冲溶液，10 mL 饱和硫化氢水，用水稀释至刻度，摇匀。于暗处放置 10 min。在白色背景下观察，所呈棕色不得深于标准比色溶液。

标准比色溶液是取 3.00 mL(优等品)、2.00 mL(一等品)、4.00 mL(合格品)铅标准溶液，置于 50 mL 比色管中，加水至体积为 25 mL，与试验溶液同时同样处理。

5.8 游离铝含量的测定

5.8.1 方法提要

在三氯化铁存在下，在硫磷混酸介质中，以二苯胺磺酸钠为指示剂，用重铬酸钾标准滴定溶液滴定。

5.8.2 **试剂和溶液**

5.8.2.1 磷酸;

5.8.2.2 硫酸溶液:1+3;

5.8.2.3 三氯化铁溶液:100 g/L;

5.8.2.4 重铬酸钾标准滴定溶液:$c[1/6K_2Cr_2O_7]\approx0.01$ mol/L;

5.8.2.5 二苯胺磺酸钠指示液:2.5 g/L。

5.8.3 **分析步骤**

将冰浴放在电磁搅拌器上。量取 50 mL 三氯化铁溶液,置于盛有 100 mL 水的 400 mL 烧杯中,放入搅拌子,插入温度计。将烧杯置于冰浴中,开动搅拌使溶液冷至 20℃以下。

称取约 10 g 试样,精确至 0.01 g。缓慢地(每次少量)加入到冷的三氯化铁溶液中,保持温度不超过 25℃。试料全溶后,将烧杯从冰浴中取出。加入 4.5 mL 硫酸溶液,混匀。再加入 4.5 mL~5.0 mL 磷酸,混匀。加入 6 滴~7 滴二苯胺磺酸钠指示液,用重铬酸钾标准滴定溶液滴定至溶液变为紫色即为终点。

空白试验是除不加试样,其他操作和加入的试剂量与试验溶液相同。

5.8.4 **结果计算**

游离铝含量以铝(Al)的质量分数 w_4 计,数值以%表示,按式(4)计算:

$$w_4=\frac{(V-V_0)cM}{m\times1\,000}\times100 \qquad\qquad (4)$$

式中:

V——滴定试验溶液所消耗的重铬酸钾标准滴定溶液体积的数值,单位为毫升(mL);

V_0——滴定空白试验溶液所消耗的重铬酸钾标准滴定溶液体积的数值,单位为毫升(mL);

c——重铬酸钾标准滴定溶液浓度的准确数值,单位为摩尔每升(mol/L);

m——试料质量的数值,单位为克(g);

M——铝(1/3Al)的摩尔质量的数值,单位为克每摩尔(g/mol)(M=8.994)。

取平行测定结果的算术平均值为测定结果,两次平行测定结果的绝对差值不大于 0.002%。

6 检验规则

6.1 本标准采用型式检验和出厂检验。

6.1.1 型式检验:要求中规定的所有指标项目为型式检验项目,在正常情况下每三个月至少进行一次型式检验。有下列情况之一时,必须进行型式检验:

a) 更新关键生产工艺;

b) 主要原料有变化;

c) 停产又恢复生产;

d) 与上次型式检验有较大差异;

e) 合同规定。

6.1.2 出厂检验:氯化铝含量、铁含量、游离铝含量为出厂检验项目,应逐批检验。

6.2 生产企业用相同材料,基本相同的生产条件,连续生产或同一班组生产的同一级别的工业无水氯化铝为一批,每批产品不超过 30 t。

6.3 按 GB/T 6678 的规定确定采样单元数。采样时,将采样器自包装袋的中心垂直插入至料层深度的 2/3 处采样。每件所取样品不少于 50 g。取样总量不少于 200 g。立即装入两个清洁干燥的广口瓶中,蜡封。瓶上粘贴标签,注明生产厂名、产品名称、级别、批号、采样日期和采样者姓名。一瓶用于检验,另一瓶保存一个月备查。

6.4 工业无水氯化铝应由生产厂的质量监督检验部门按本标准的规定进行检验。生产厂应保证所有

STANDARDS PRESS OF CHINA

出厂的工业无水氯化铝产品都符合本标准要求。

6.5 使用单位有权按照本标准的规定，对所收到的工业无水氯化铝产品进行验收。验收应在货到之日算起的15天内进行。

6.6 检验结果如有指标不符合本标准要求时，应重新自两倍量的包装中采样复验。复验的结果即使只有一项指标不符合本标准要求时，则整批产品为不合格。

6.7 本标准采用GB/T 1250规定的修约值比较法判定检验结果是否符合标准。

7 标志、标签

7.1 包装袋上应有牢固、清晰的标志，内容包括：生产厂名、厂址、产品名称、级别、净含量、批号或生产日期、生产许可证编号、本标准编号以及GB 190—1990规定的“腐蚀品”标志和GB/T 191—2008规定的“怕雨”标志。

7.2 每批出厂的工业无水氯化铝都应附有质量证明书，内容包括：生产厂名、厂址、产品名称、级别、净含量、批号或生产日期、生产许可证编号、产品质量符合本标准的证明和本标准编号。

7.3 工业无水氯化铝的包装上应加贴或者拴挂符合GB 15258—1999规定的《化学品安全标签》。

8 包装、运输、贮存

8.1 工业无水氯化铝采用双层包装。外包装采用塑料桶或铁桶包装，包装材料符合《铁路危险货物运输管理规则》《汽车危险货物运输管理规则》的规定。内包装采用双层聚乙烯塑料袋。包装时将袋内空气排净后，扎紧袋口。每桶净含量50 kg或150 kg。工业无水氯化铝的包装质量必须符合《危险货物运输包装通用技术条件》规定的性能试验和检验。

8.2 工业无水氯化铝在运输过程中应有遮盖物，防止雨淋、受潮。严禁与食用物品、有机物及酸类物品混运。

8.3 工业无水氯化铝应贮存在通风、阴凉、干燥的库房内，防止雨淋、受潮。严禁与食用物品、有机物及酸类物品混贮。

8.4 在符合本标准贮存运输条件下，从出厂日期起，工业无水氯化铝产品保质期为六个月。

附　录　A
（资料性附录）
电位滴定终点的确定方法及数据记录示例

A.1　滴定终点时所消耗的标准滴定溶液体积的计算

滴定终点时所消耗的标准滴定溶液体积(V)按式(1)计算：

$$V = V_0 + V_1 \times \frac{b}{B} \qquad \cdots\cdots (\text{A.1})$$

式中：

V_0——电位增量值 $\Delta_1 E$ 达到最大值前所加入标准滴定溶液的体积，单位为毫升(mL)；

V_1——电位增量值 $\Delta_1 E$ 达到最大值前最后一次所加入标准滴定溶液的体积，单位为毫升(mL)；

b——$\Delta_2 E$ 最后一次正值；

B——$\Delta_2 E$ 最后一次正值和第一次负值的绝对值之和。

A.2　电位滴定数据记录格式

电位滴定数据记录格式示例如表1。

表1　电位滴定数据记录格式示例

标准滴定溶液的体积 V/mL	电位值 E/mV	$\Delta_1 E$/mV	$\Delta_2 E$/mV
4.80	176		
		35	
4.90	211		+37
		72	
5.00	283		−49
		23	
5.10	306		−10
		13	
5.20	319		−2
		11	
5.30	330		

注：第一、第二列分别记录所加入的标准滴定溶液的总体积和对应的电位值 E。第三列记录连续增加的电位值 $\Delta_1 E$，第四列记录增加的电位值 $\Delta_1 E$ 之间的差值 $\Delta_2 E$，此差值有正负。

示例：$V = 4.90 + 0.10 \times \frac{37}{37+49} = 4.94$

ICS 17.180.20
A 26

中华人民共和国国家标准

GB/T 3977—2008
代替 GB/T 3977—1997

颜色的表示方法

Specification of colors

2008-05-26 发布　　　　2008-11-01 实施

中华人民共和国国家质量监督检验检疫总局
中国国家标准化管理委员会　发布

前　言

本标准对应于国际照明委员会出版物CIE15:2004《色度学》,与CIE15:2004的一致程度是非等效,主要差异是三刺激值计算公式中色刺激函数的表示方法不同。

本标准代替GB/T 3977—1997《颜色的表示方法》。

本标准与GB/T 3977—1997相比主要变化如下:

——标准的英文名称由原标准的"Methods of colour specification"改为"Specification of colors";

——增加了"CIE标准照明体"、"三刺激值"和"色品坐标"、"色匹配函数"等定义(本标准的3.1~3.6);

——全文名词术语规范化并根据CIE15:2004的最新规定进行更新。将GB/T 3977—1997中"三色坐标"、"色度函数"、"紫轨迹"、"*XYZ*色度系统"、"$X_{10}Y_{10}Z_{10}$色度系统"、"CIE1964补充标准色度观察者"分别修改为"色品坐标"、"色匹配函数"、"紫红边界"、"CIE1931标准色度系统"和"CIE1964标准色度系统"、"CIE1964标准色度观察者";

——在5.2和5.4中给出CIE1931标准色度系统和CIE1964标准色度系统等能白光色品坐标;

——将CIE1931和CIE1964色品图与相应的标准色度观察者的内容合并成一章,修改CIE1931色品图中照明体D65与等能白光E的位置关系;

——修改三刺激值表达式,在6.1和6.2中给出通用公式(3)和(4),通过改变参量计算光源色、反射色和透射色的三刺激值;

——用求和计算代替式(1)~式(6)的积分计算。

本标准由全国颜色标准化技术委员会提出并归口。

本标准起草单位:中国计量科学研究院、深圳市海川实业股份有限公司。

本标准主要起草人:马煜、陈苹、林弋戈、何唯平、黄永衡。

本标准所代替标准的历次版本发布情况为:

本标准于1983年首次发布,1997年10月第一次修订。

颜色的表示方法

1 范围

本标准规定了采用CIE1931标准色度系统或CIE1964标准色度系统表示颜色的方法。

在1°～4°视场时，采用CIE1931标准色度系统的三刺激值和色品坐标表示颜色；在大于4°视场时，采用CIE1964标准色度系统的三刺激值和色品坐标表示颜色。

本标准适用于物体色(包括反射色和透射色)和光源色。

2 规范性引用文件

下列文件中的条款通过本标准的引用而成为本标准的条款。凡是注日期的引用文件，其随后所有的修改单(不包括勘误的内容)或修订版均不适用于本标准，然而鼓励根据本标准达成协议的各方研究是否可使用这些文件的最新版本。凡是不注日期的引用文件，其最新版本适用于本标准。

GB/T 3978　标准照明体及照明观测条件

GB/T 3979　物体色的测量方法

GB/T 5698　颜色术语

GB/T 7922　照明光源颜色的测量方法

3 术语和定义

GB/T 5698确立的以及下列术语和定义适用于本标准。

3.1

CIE标准照明体　CIE standard illuminants

由CIE规定的入射在物体上的一个特定的相对光谱功率分布。包括CIE标准照明体A和CIE标准照明体D65。

3.2

三刺激值　tristimulus values

在三色系统中，与待测色刺激达到色匹配所需的三种参照色刺激的量。在CIE1931标准色度系统中，用X、Y、Z表示三刺激值；在CIE1964标准色度系统中，用X_{10}、Y_{10}、Z_{10}表示三刺激值。

3.3

色品坐标　chromaticity coordinates

各个三刺激值与它们之和的比。

在CIE1931标准色度系统中，由三刺激值X、Y、Z可计算出色品坐标x、y、z；

在CIE1964标准色度系统中，由三刺激值X_{10}、Y_{10}、Z_{10}可计算出色品坐标x_{10}、y_{10}、z_{10}。

3.4

色匹配函数　color matching function

匹配等能光谱各波长所需要的参考色刺激[X]、[Y]、[Z](或[X_{10}]、[Y_{10}]、[Z_{10}])的一组归一化单色辐射三刺激值。

CIE1931标准色度系统中的色匹配函数用$\bar{x}(\lambda)$，$\bar{y}(\lambda)$，$\bar{z}(\lambda)$表示；

CIE1964标准色度系统中的色匹配函数用$\bar{x}_{10}(\lambda)$，$\bar{y}_{10}(\lambda)$，$\bar{z}_{10}(\lambda)$表示。

3.5

光源色　light source color

光源发出的光的颜色。

3.6

物体色　object color

光被物体反射或透射后的颜色。

4　颜色的表示方法

在 CIE1931 标准色度系统中，应采用刺激值 Y 和色品坐标 x、y 表示颜色；或采用三刺激值 X、Y、Z 表示颜色。

在 CIE1964 标准色度系统中，应采用刺激值 Y_{10} 和色品坐标 x_{10}、y_{10} 表示颜色；或采用三刺激值 X_{10}、Y_{10}、Z_{10} 表示颜色。

5　标准色度观察者

5.1　CIE1931 标准色度观察者

CIE1931 标准色度观察者色度特性与 CIE1931 标准色度系统中的色匹配函数 $\bar{x}(\lambda)$，$\bar{y}(\lambda)$，$\bar{z}(\lambda)$ 一致，适用于 1°～4°的视场范围。

注：CIE1931 标准色度观察者也叫做 2°标准色度观察者。

CIE 规定 $\bar{y}(\lambda)$ 值与光谱光视效率 $V(\lambda)$ 相同。

表 1 列出了波长从 380 nm 至 780 nm，间隔 5 nm 的色匹配函数 $\bar{x}(\lambda)$，$\bar{y}(\lambda)$，$\bar{z}(\lambda)$，并给出色品坐标 $x(\lambda)$，$y(\lambda)$。

5.2　CIE1931 色品图

根据色匹配函数 $\bar{x}(\lambda)$，$\bar{y}(\lambda)$，$\bar{z}(\lambda)$ 可以计算不同波长单色辐射的色品坐标，并绘制出 CIE1931 色品图，见图 1。

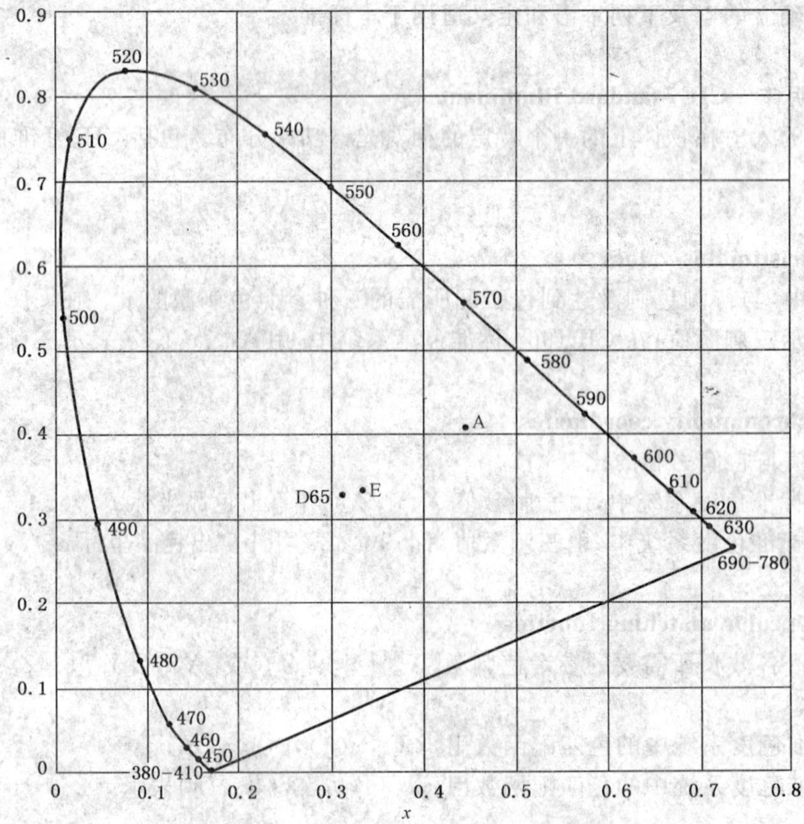

图 1　CIE1931 标准色度系统色品图

a) 图 1 中分别以色品坐标 x 和 y 为横坐标和纵坐标；

b) 图 1 中由各种单色辐射的色品坐标点连成的曲线是光谱轨迹；

c) 图 1 中光谱轨迹两端连接的直线是紫红边界。在光谱轨迹和紫红轨迹围成的马蹄形内，包含了所有在物理上能实现的颜色；

d) 图 1 中 A、D65 分别为标准照明体 A、D65 在 CIE1931 标准色度系统中的色品坐标点；

e) 图 1 中的 E 表示等能白光的色品坐标点。

等能白光在可见波段每一波长的辐射功率都相等，其色品坐标 x_E、y_E、z_E 见式(1)。

$$\left.\begin{aligned} x_E &= 0.333\,334 \\ y_E &= 0.333\,331 \\ z_E &= 0.333\,335 \end{aligned}\right\} \quad \cdots\cdots\cdots\cdots (1)$$

5.3 CIE1964 标准色度观察者

CIE1964 标准色度观察者色度特性与 CIE1964 标准色度系统中的色匹配函数 $\bar{x}_{10}(\lambda)$，$\bar{y}_{10}(\lambda)$，$\bar{z}_{10}(\lambda)$ 一致，适用于大于 4°的视场范围。

注：CIE1964 标准色度观察者也叫做 10°标准色度观察者。

表 2 列出了波长从 380 nm 至 780 nm，间隔 5 nm 的色匹配函数 $\bar{x}_{10}(\lambda)$，$\bar{y}_{10}(\lambda)$，$\bar{z}_{10}(\lambda)$，并给出相应的色品坐标 $x_{10}(\lambda)$，$y_{10}(\lambda)$。

5.4 CIE1964 色品图

根据色匹配函数 $\bar{x}_{10}(\lambda)$，$\bar{y}_{10}(\lambda)$，$\bar{z}_{10}(\lambda)$ 可以计算不同波长单色辐射的色品坐标，并绘制出 CIE1964 色品图，见图 2。

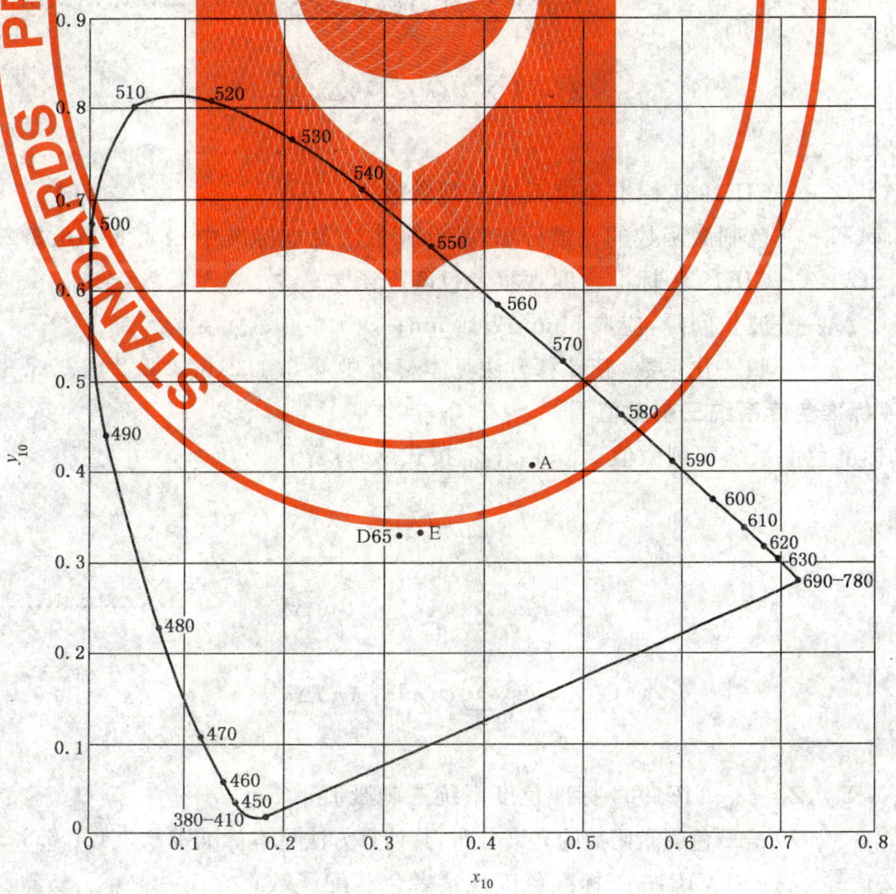

图 2 CIE1964 标准色度系统色品图

a) 图 2 中分别以色品坐标 x_{10} 和 y_{10} 为横坐标和纵坐标；

b) 图 2 中由各种单色辐射的色品坐标点连成的曲线是光谱轨迹；

c) 图 2 中光谱轨迹两端连接的直线是紫红边界；

d) 图 2 中 A、D65 分别是标准照明体 A、D65 在 CIE1964 标准色度系统中的色品坐标点；

e) 图 2 中的 E 表示等能白光的色品坐标点。

等能白光在可见波段每一波长的辐射功率都相等，其色品坐标 $x_{10,E}$、$y_{10,E}$、$z_{10,E}$ 见式(2)。

$$\left.\begin{aligned} x_{10,E} &= 0.333\,298 \\ y_{10,E} &= 0.333\,336 \\ z_{10,E} &= 0.333\,366 \end{aligned}\right\} \qquad \cdots\cdots(2)$$

6 三刺激值

三刺激值的计算方法是：将各波长上的色刺激函数 $\varphi(\lambda)$ 与每个 CIE 色匹配函数相乘，并在整个可见光谱范围内分别对这些乘积进行积分。

在实际计算时，用求和代替积分。

6.1 CIE1931 标准色度系统三刺激值

CIE1931 标准色度系统三刺激值 X、Y、Z 按式(3)计算：

$$\left.\begin{aligned} X &= k\sum_{380}^{780}\varphi(\lambda)\bar{x}(\lambda)\Delta\lambda \\ Y &= k\sum_{380}^{780}\varphi(\lambda)\bar{y}(\lambda)\Delta\lambda \\ Z &= k\sum_{380}^{780}\varphi(\lambda)\bar{z}(\lambda)\Delta\lambda \end{aligned}\right\} \qquad \cdots\cdots(3)$$

式中：

X、Y、Z——CIE1931 标准色度系统三刺激值；

$\varphi(\lambda)$——色刺激函数的光谱分布，其计算方法见本标准中 6.3.1.1、6.3.2.1 或 6.3.3.1；

$\bar{x}(\lambda)$、$\bar{y}(\lambda)$、$\bar{z}(\lambda)$——CIE1931 标准色度观察者色匹配函数；

$\Delta\lambda$——波长间隔，应取 5 nm 或 10 nm；

k——归一化系数，其计算方法见本标准中 6.3.1.2、6.3.2.2 或 6.3.3.2。

6.2 CIE1964 标准色度系统三刺激值

CIE1964 标准色度系统三刺激值 X_{10}、Y_{10}、Z_{10} 按式(4)计算：

$$\left.\begin{aligned} X_{10} &= k_{10}\sum_{380}^{780}\varphi(\lambda)\bar{x}_{10}(\lambda)\Delta\lambda \\ Y_{10} &= k_{10}\sum_{380}^{780}\varphi(\lambda)\bar{y}_{10}(\lambda)\Delta\lambda \\ Z_{10} &= k_{10}\sum_{380}^{780}\varphi(\lambda)\bar{z}_{10}(\lambda)\Delta\lambda \end{aligned}\right\} \qquad \cdots\cdots(4)$$

式中：

X_{10}、Y_{10}、Z_{10}——CIE1964 标准色度系统三刺激值；

$\varphi(\lambda)$——色刺激函数的光谱分布，其计算方法见本标准中 6.3.1.1、6.3.2.1 或 6.3.3.1；

$\bar{x}_{10}(\lambda)$、$\bar{y}_{10}(\lambda)$、$\bar{z}_{10}(\lambda)$——CIE1964 标准色度观察者色匹配函数；

$\Delta\lambda$——波长间隔，应取 5 nm 或 10 nm；

k_{10}——归一化系数，其计算方法见本标准中 6.3.1.2、6.3.2.2 或 6.3.3.2。

6.3 三刺激值计算中的色刺激函数和归一化系数

6.3.1 照明体或光源三刺激值计算中的色刺激函数和归一化系数

6.3.1.1 照明体或光源三刺激值计算中的色刺激函数

$$\varphi(\lambda) = S(\lambda) \qquad \cdots\cdots(5)$$

式中：

$S(\lambda)$为照明体或光源的相对光谱功率分布，按 GB/T 7922 规定的方法测量。

6.3.1.2 照明体或光源三刺激值计算中的归一化系数

对于照明体或光源，归一化系数 k 或 k_{10}的选取以方便计算为原则。在 CIE1931 标准色度系统中，当要求 Y 值与光度量绝对值相等时，$k=K_m=683\ \text{lm}\cdot\text{W}^{-1}$，且 $\varphi(\lambda)$应等于相应光度量的光谱辐射度量值。

6.3.2 反射物体三刺激值计算中的色刺激函数和归一化系数

6.3.2.1 反射物体三刺激值计算中的色刺激函数

$$\varphi(\lambda) = R(\lambda)S(\lambda) \qquad \cdots\cdots(6)$$

式中：

$R(\lambda)$——物体的光谱反射比、光谱反射因数或光谱辐亮度因数，按 GB/T 3979 规定的方法测量；

$S(\lambda)$——照明体的相对光谱功率分布，按 GB/T 3978 的规定取值，应尽可能使用 CIE 标准照明体 A 或 D65。

6.3.2.2 反射物体三刺激值计算中的归一化系数

k 和 k_{10}的计算公式分别见式(7)和式(8)：

$$k = \frac{100}{\sum S(\lambda)\bar{y}(\lambda)\Delta\lambda} \qquad \cdots\cdots(7)$$

$$k_{10} = \frac{100}{\sum S(\lambda)\bar{y}_{10}(\lambda)\Delta\lambda} \qquad \cdots\cdots(8)$$

6.3.3 透射物体三刺激值计算中的色刺激函数和归一化系数

6.3.3.1 透射物体三刺激值计算中的色刺激函数

$$\varphi(\lambda) = \tau(\lambda)S(\lambda) \qquad \cdots\cdots(9)$$

式中：

$\tau(\lambda)$——物体的光谱透射比，按 GB/T 3979 规定的方法测量；

$S(\lambda)$——照明体的相对光谱功率分布，按 GB/T 3978 的规定取值，应尽可能使用 CIE 标准照明体 A 或 D65。

6.3.3.2 透射物体三刺激值计算中的归一化系数

透射物体的归一化系数同 6.3.2.2 中式(7)、(8)。

7 色品坐标

7.1 CIE1931 标准色度系统的色品坐标

CIE1931 标准色度系统的色品坐标 x,y,z 按式(10)计算：

$$\left.\begin{aligned} x &= \frac{X}{X+Y+Z} \\ y &= \frac{Y}{X+Y+Z} \\ z &= \frac{Z}{X+Y+Z} = 1-x-y \end{aligned}\right\} \qquad \cdots\cdots(10)$$

式中：

X、Y、Z——CIE1931 标准色度系统中的三刺激值。

7.2 CIE1964 标准色度系统的色品坐标

CIE1964 标准色度系统的色品坐标 x_{10}、y_{10}、z_{10} 按式(11)计算。

$$\left.\begin{aligned} x_{10} &= \frac{X_{10}}{X_{10}+Y_{10}+Z_{10}} \\ y_{10} &= \frac{Y_{10}}{X_{10}+Y_{10}+Z_{10}} \\ z_{10} &= \frac{Z_{10}}{X_{10}+Y_{10}+Z_{10}} = 1 - x_{10} - y_{10} \end{aligned}\right\} \quad \cdots\cdots(11)$$

式中：

X_{10}、Y_{10}、Z_{10}——CIE1964 标准色度系统中的三刺激值。

表 1 CIE1931 标准色度系统色匹配函数及色品坐标(波长范围:380 nm～780 nm,波长间隔:5 nm)

波长/nm	色匹配函数			色品坐标	
	$\bar{x}(\lambda)$	$\bar{y}(\lambda)$	$\bar{z}(\lambda)$	$x(\lambda)$	$y(\lambda)$
380	0.001 368	0.000 039	0.006 450	0.174 110	0.004 960
385	0.002 236	0.000 064	0.010 550	0.174 010	0.004 980
390	0.004 243	0.000 120	0.020 050	0.173 800	0.004 920
395	0.007 650	0.000 217	0.036 210	0.173 560	0.004 920
400	0.014 310	0.000 396	0.067 850	0.173 340	0.004 800
405	0.023 190	0.000 640	0.110 200	0.173 020	0.004 780
410	0.043 510	0.001 210	0.207 400	0.172 580	0.004 800
415	0.077 630	0.002 180	0.371 300	0.172 090	0.004 830
420	0.134 380	0.004 000	0.645 600	0.171 410	0.005 100
425	0.214 770	0.007 300	1.039 050	0.170 300	0.005 790
430	0.283 900	0.011 600	1.385 600	0.168 880	0.006 900
435	0.328 500	0.016 840	1.622 960	0.166 900	0.008 560
440	0.348 280	0.023 000	1.747 060	0.164 410	0.010 860
445	0.348 060	0.029 800	1.782 600	0.161 100	0.013 790
450	0.336 200	0.038 000	1.772 110	0.156 640	0.017 700
455	0.318 700	0.048 000	1.744 100	0.150 990	0.022 740
460	0.290 800	0.060 000	1.669 200	0.143 960	0.029 700
465	0.251 100	0.073 900	1.528 100	0.135 500	0.039 880
470	0.195 360	0.090 980	1.287 640	0.124 120	0.057 800
475	0.142 100	0.112 600	1.041 900	0.109 590	0.086 840
480	0.095 640	0.139 020	0.812 950	0.091 290	0.132 700
485	0.057 950	0.169 300	0.616 200	0.068 710	0.200 720
490	0.032 010	0.208 020	0.465 180	0.045 390	0.294 980
495	0.014 700	0.258 600	0.353 300	0.023 460	0.412 700

表 1（续）

波长/nm	色匹配函数			色品坐标	
	$\bar{x}(\lambda)$	$\bar{y}(\lambda)$	$\bar{z}(\lambda)$	$x(\lambda)$	$y(\lambda)$
500	0.004 900	0.323 000	0.272 000	0.008 170	0.538 420
505	0.002 400	0.407 300	0.212 300	0.003 860	0.654 820
510	0.009 300	0.503 000	0.158 200	0.013 870	0.750 190
515	0.029 100	0.608 200	0.111 700	0.038 850	0.812 020
520	0.063 270	0.710 000	0.078 250	0.074 300	0.833 800
525	0.109 600	0.793 200	0.057 250	0.114 160	0.826 210
530	0.165 500	0.862 000	0.042 160	0.154 720	0.805 860
535	0.225 750	0.914 850	0.029 840	0.192 880	0.781 630
540	0.290 400	0.954 000	0.020 300	0.229 620	0.754 330
545	0.359 700	0.980 300	0.013 400	0.265 780	0.724 320
550	0.433 450	0.994 950	0.008 750	0.301 600	0.692 310
555	0.512 050	1.000 000	0.005 750	0.337 360	0.658 850
560	0.594 500	0.995 000	0.003 900	0.373 100	0.624 450
565	0.678 400	0.978 600	0.002 750	0.408 740	0.589 610
570	0.762 100	0.952 000	0.002 100	0.444 060	0.554 710
575	0.842 500	0.915 400	0.001 800	0.478 770	0.520 200
580	0.916 300	0.870 000	0.001 650	0.512 490	0.486 590
585	0.978 600	0.816 300	0.001 400	0.544 790	0.454 430
590	1.026 300	0.757 000	0.001 100	0.575 150	0.424 230
595	1.056 700	0.694 900	0.001 000	0.602 930	0.396 500
600	1.062 200	0.631 000	0.000 800	0.627 040	0.372 490
605	1.045 600	0.566 800	0.000 600	0.648 230	0.351 390
610	1.002 600	0.503 000	0.000 340	0.665 760	0.334 010
615	0.938 400	0.441 200	0.000 240	0.680 080	0.319 750
620	0.854 450	0.381 000	0.000 190	0.691 500	0.308 340
625	0.751 400	0.321 000	0.000 100	0.700 610	0.299 300
630	0.642 400	0.265 000	0.000 050	0.707 920	0.292 030
635	0.541 900	0.217 000	0.000 030	0.714 030	0.285 930
640	0.447 900	0.175 000	0.000 020	0.719 030	0.280 930
645	0.360 800	0.138 200	0.000 010	0.723 030	0.276 950
650	0.283 500	0.107 000	0.000 000	0.725 990	0.274 010
655	0.218 700	0.081 600	0.000 000	0.728 270	0.271 730
660	0.164 900	0.061 000	0.000 000	0.729 970	0.270 030
665	0.121 200	0.044 580	0.000 000	0.731 090	0.268 910

STANDARDS PRESS OF CHINA

表 1（续）

波长/nm	色匹配函数			色品坐标	
	$\bar{x}(\lambda)$	$\bar{y}(\lambda)$	$\bar{z}(\lambda)$	$x(\lambda)$	$y(\lambda)$
670	0.087 400	0.032 000	0.000 000	0.731 990	0.268 010
675	0.063 600	0.023 200	0.000 000	0.732 720	0.267 280
680	0.046 770	0.017 000	0.000 000	0.733 420	0.266 580
685	0.032 900	0.011 920	0.000 000	0.734 050	0.265 950
690	0.022 700	0.008 210	0.000 000	0.734 390	0.265 610
695	0.015 840	0.005 723	0.000 000	0.734 590	0.265 410
700	0.011 359	0.004 102	0.000 000	0.734 690	0.265 310
705	0.008 111	0.002 929	0.000 000	0.734 690	0.265 310
710	0.005 790	0.002 091	0.000 000	0.734 690	0.265 310
715	0.004 109	0.001 484	0.000 000	0.734 690	0.265 310
720	0.002 899	0.001 047	0.000 000	0.734 690	0.265 310
725	0.002 049	0.000 740	0.000 000	0.734 690	0.265 310
730	0.001 440	0.000 520	0.000 000	0.734 690	0.265 310
735	0.001 000	0.000 361	0.000 000	0.734 690	0.265 310
740	0.000 690	0.000 249	0.000 000	0.734 690	0.265 310
745	0.000 476	0.000 172	0.000 000	0.734 690	0.265 310
750	0.000 332	0.000 120	0.000 000	0.734 690	0.265 310
755	0.000 235	0.000 085	0.000 000	0.734 690	0.265 310
760	0.000 166	0.000 060	0.000 000	0.734 690	0.265 310
765	0.000 117	0.000 042	0.000 000	0.734 690	0.265 310
770	0.000 083	0.000 030	0.000 000	0.734 690	0.265 310
775	0.000 059	0.000 021	0.000 000	0.734 690	0.265 310
780	0.000 042	0.000 015	0.000 000	0.734 690	0.265 310

表 2　CIE1964 标准色度系统色匹配函数及色品坐标（波长范围：380 nm～780 nm，波长间隔：5 nm）

波长/nm	色匹配函数			色品坐标	
	$\bar{x}_{10}(\lambda)$	$\bar{y}_{10}(\lambda)$	$\bar{z}_{10}(\lambda)$	$x_{10}(\lambda)$	$y_{10}(\lambda)$
380	0.000 160	0.000 017	0.000 705	0.181 330	0.019 690
385	0.000 662	0.000 072	0.002 928	0.180 910	0.019 540
390	0.002 362	0.000 253	0.010 482	0.180 310	0.019 350
395	0.007 242	0.000 769	0.032 344	0.179 470	0.019 040
400	0.019 110	0.002 004	0.086 011	0.178 390	0.018 710
405	0.043 400	0.004 509	0.197 120	0.177 120	0.018 400
410	0.084 736	0.008 756	0.389 366	0.175 490	0.018 130
415	0.140 638	0.014 456	0.656 760	0.173 230	0.017 810

表 2（续）

波长/nm	色匹配函数			色品坐标	
	$\bar{x}_{10}(\lambda)$	$\bar{y}_{10}(\lambda)$	$\bar{z}_{10}(\lambda)$	$x_{10}(\lambda)$	$y_{10}(\lambda)$
420	0.204 492	0.021 391	0.972 542	0.170 630	0.017 850
425	0.264 737	0.029 497	1.282 500	0.167 900	0.018 710
430	0.314 679	0.038 676	1.553 480	0.165 030	0.020 280
435	0.357 719	0.049 602	1.798 500	0.162 170	0.022 490
440	0.383 734	0.062 077	1.967 280	0.159 020	0.025 730
445	0.386 726	0.074 704	2.027 300	0.155 390	0.030 020
450	0.370 702	0.089 456	1.994 800	0.151 000	0.036 440
455	0.342 957	0.106 256	1.900 700	0.145 940	0.045 220
460	0.302 273	0.128 201	1.745 370	0.138 920	0.058 920
465	0.254 085	0.152 761	1.554 900	0.129 520	0.077 870
470	0.195 618	0.185 190	1.317 560	0.115 180	0.109 040
475	0.132 349	0.219 940	1.030 200	0.095 730	0.159 090
480	0.080 507	0.253 589	0.772 125	0.072 780	0.229 240
485	0.041 072	0.297 665	0.570 060	0.045 190	0.327 540
490	0.016 172	0.339 133	0.415 254	0.020 990	0.440 110
495	0.005 132	0.395 379	0.302 356	0.007 300	0.562 520
500	0.003 816	0.460 777	0.218 502	0.005 590	0.674 540
505	0.015 444	0.531 360	0.159 249	0.021 870	0.752 580
510	0.037 465	0.606 741	0.112 044	0.049 540	0.802 300
515	0.071 358	0.685 660	0.082 248	0.085 020	0.816 980
520	0.117 749	0.761 757	0.060 709	0.125 240	0.810 190
525	0.172 953	0.823 330	0.043 050	0.166 410	0.792 170
530	0.236 491	0.875 211	0.030 451	0.207 060	0.766 280
535	0.304 213	0.923 810	0.020 584	0.243 640	0.739 870
540	0.376 772	0.961 988	0.013 676	0.278 590	0.711 300
545	0.451 584	0.982 200	0.007 918	0.313 230	0.681 280
550	0.529 826	0.991 761	0.003 988	0.347 300	0.650 090
555	0.616 053	0.999 110	0.001 091	0.381 160	0.618 160
560	0.705 224	0.997 340	0.000 000	0.414 210	0.585 790
565	0.793 832	0.982 380	0.000 000	0.446 920	0.553 080
570	0.878 655	0.955 552	0.000 000	0.479 040	0.520 960
575	0.951 162	0.915 175	0.000 000	0.509 640	0.490 360
580	1.014 160	0.868 934	0.000 000	0.538 560	0.461 440
585	1.074 300	0.825 623	0.000 000	0.565 440	0.434 560

表 2（续）

波长/nm	色匹配函数			色品坐标	
	$\bar{x}_{10}(\lambda)$	$\bar{y}_{10}(\lambda)$	$\bar{z}_{10}(\lambda)$	$x_{10}(\lambda)$	$y_{10}(\lambda)$
590	1.118 520	0.777 405	0.000 000	0.589 960	0.410 040
595	1.134 300	0.720 353	0.000 000	0.611 600	0.388 400
600	1.123 990	0.658 341	0.000 000	0.630 630	0.369 370
605	1.089 100	0.593 878	0.000 000	0.647 130	0.352 870
610	1.030 480	0.527 963	0.000 000	0.661 220	0.338 780
615	0.950 740	0.461 834	0.000 000	0.673 060	0.326 940
620	0.856 297	0.398 057	0.000 000	0.682 660	0.317 340
625	0.754 930	0.339 554	0.000 000	0.689 760	0.310 240
630	0.647 467	0.283 493	0.000 000	0.695 480	0.304 520
635	0.535 110	0.228 254	0.000 000	0.700 990	0.299 010
640	0.431 567	0.179 828	0.000 000	0.705 870	0.294 130
645	0.343 690	0.140 211	0.000 000	0.710 250	0.289 750
650	0.268 329	0.107 633	0.000 000	0.713 710	0.286 290
655	0.204 300	0.081 187	0.000 000	0.715 620	0.284 380
660	0.152 568	0.060 281	0.000 000	0.716 790	0.283 210
665	0.112 210	0.044 096	0.000 000	0.717 890	0.282 110
670	0.081 261	0.031 800	0.000 000	0.718 730	0.281 270
675	0.057 930	0.022 602	0.000 000	0.719 340	0.280 660
680	0.040 851	0.015 905	0.000 000	0.719 760	0.280 240
685	0.028 623	0.011 130	0.000 000	0.720 020	0.279 980
690	0.019 941	0.007 749	0.000 000	0.720 160	0.279 840
695	0.013 842	0.005 375	0.000 000	0.720 300	0.279 700
700	0.009 577	0.003 718	0.000 000	0.720 360	0.279 640
705	0.006 605	0.002 565	0.000 000	0.720 320	0.279 680
710	0.004 553	0.001 768	0.000 000	0.720 230	0.279 770
715	0.003 145	0.001 222	0.000 000	0.720 090	0.279 910
720	0.002 175	0.000 846	0.000 000	0.719 910	0.280 090
725	0.001 506	0.000 586	0.000 000	0.719 690	0.280 310
730	0.001 045	0.000 407	0.000 000	0.719 450	0.280 550
735	0.000 727	0.000 284	0.000 000	0.719 190	0.280 810
740	0.000 508	0.000 199	0.000 000	0.718 910	0.281 090
745	0.000 356	0.000 140	0.000 000	0.718 610	0.281 390
750	0.000 251	0.000 098	0.000 000	0.718 290	0.281 710
755	0.000 178	0.000 070	0.000 000	0.717 960	0.282 040

表 2（续）

波长/nm	色匹配函数			色品坐标	
	$\bar{x}_{10}(\lambda)$	$\bar{y}_{10}(\lambda)$	$\bar{z}_{10}(\lambda)$	$x_{10}(\lambda)$	$y_{10}(\lambda)$
760	0.000 126	0.000 050	0.000 000	0.717 610	0.282 390
765	0.000 090	0.000 036	0.000 000	0.717 240	0.282 760
770	0.000 065	0.000 025	0.000 000	0.716 860	0.283 140
775	0.000 046	0.000 018	0.000 000	0.716 460	0.283 540
780	0.000 033	0.000 013	0.000 000	0.716 060	0.283 940

STANDARDS PRESS OF CHINA

ICS 17.180.20
K 70

中华人民共和国国家标准

GB/T 3978—2008
代替 GB/T 3978—1994

标准照明体和几何条件

Standard illuminants and geometric conditions

2008-06-26 发布 2009-03-01 实施

中华人民共和国国家质量监督检验检疫总局
中国国家标准化管理委员会 发布

前 言

本标准对应于国际照明委员会出版物 CIE 15:2004《色度学》和 CIE S 005:1999《应用于色度学的标准照明体》,与 CIE15:2004 和 CIE S 005:1999 的一致程度是非等效,主要差异是在表 1、表 2、表 3 中增加了照明体 C 的光谱功率分布和色度值。

本标准代替 GB/T 3978—1994《标准照明体及照明观测条件》。

本标准与 GB/T 3978—1994 相比主要变化如下:

——修改标准名称为"标准照明体和几何条件";

——将范围修改为:"本标准适用于颜色测量、计算和评价中照明体和几何条件的应用和表示。";

——修改照明体、CIE 标准照明体、CIE 光源的定义(本标准的 3.1～3.3),增加几何条件、参考平面、采样孔径等定义(本标准的 3.4～3.10);

——修改原标准中的 6 种标准照明体为 2 种:A 和 D65(本标准的 4.1 和 4.2);

——增加计算 CIE 标准照明体 A 的相对光谱功率分布 $S_A(\lambda)$的式(1),并说明成立条件;

——增加照明体 D 的色品坐标和相对光谱功率分布计算方法(本标准的 4.3.3 和 4.3.4);

——修改"照明观测条件"为"几何条件";将原标准中 4 个反射测量几何条件增加为 10 个(6.1.1～6.1.10);4 个透射测量几何条件增加为 6 个(6.3.1～6.3.6),修改几何条件的表示方法和实现方式,增加应用说明(6.2 和 6.4);

——增加漫射:8°几何条件的积分球示意图(图 1)和 45°单方向/垂直几何条件示意图(图 2);

——按 GB/T 1.1—2000 对原标准进行编辑性修改。

本标准由全国颜色标准化技术委员会提出并归口。

本标准起草单位:中国计量科学研究院,深圳市海川实业股份有限公司。

本标准主要起草人:马煜、林弋戈、陈莘、何唯平、汤惠工。

本标准所代替标准的历次版本发布情况为:

——GB 3978—1983、GB/T 3978—1994。

标准照明体和几何条件

1 范围

本标准规定了色度学中的CIE标准照明体、代表照明体的人工光源和颜色测量仪器的几何条件。

本标准适用于颜色测量、计算和评价中照明体和几何条件的应用和表示。

2 规范性引用文件

下列文件中的条款通过本标准的引用而成为本标准的条款。凡是注日期的引用文件，其随后所有的修改单(不包括勘误的内容)或修订版均不适用于本标准，然而鼓励根据本标准达成协议的各方研究是否可使用这些文件的最新版本。凡是不注日期的引用文件，其最新版本适用于本标准。

GB/T 5698 颜色术语

3 术语和定义

GB/T 5698确立的以及下列术语和定义适用于本标准。

3.1

照明体 illuminant

在影响物体颜色知觉的波长范围内具有确定的相对光谱功率分布的辐射。

3.2

CIE标准照明体 CIE standard illuminants

CIE依据相对光谱功率分布定义的照明体A和照明体D65。

3.3

CIE光源 CIE sources

由CIE规定的人工光源，其相对光谱功率分布近似于CIE标准照明体的相对光谱功率分布。

3.4

几何条件 geometric conditions

颜色测量仪器的照明光源和探测器与物体色样品之间的几何关系，区别于目视评价中的照明观测条件。

3.5

参考平面 reference plane

测量过程中被测样品或参考标准放置的平面。

3.6

采样孔径 sampling aperture

参考平面上的照明区域或者接收器探测到通量的区域，两者之中以区域面积小的为准。当照明区域面积大于探测区域面积，称为“过充满”；当照明区域面积小于探测区域面积，称为“未充满”。

3.7

45°单方向入射 forty-five degree directional geometry

入射光以与法线成45°的某方向照明反射样品，符号为：45°x。

3.8

45°环带入射 forty-five degree annular geometry

光源从所有方位同时以与法线成45°角度照射反射样品，符号为：45°a。

STANDARDS PRESS OF CHINA

3.9

0°入射　zero degree directional geometry

入射光以与法线方向成0°角的方向照射反射样品，符号为：0°。

3.10

8°入射　eight degree geometry

入射光以与法线成8°角的方向照射反射样品，符号为：8°。

4　CIE 标准照明体

CIE 依据相对光谱功率分布规定了标准照明体 A 和标准照明体 D65，并推荐通常的色度计算优先采用标准照明体 A 和 D65。当不能用 D65 时，应根据照明光源的实际情况，选择 CIE 规定的其他照明体 D，如 D50、D55 或 D75。

4.1　CIE 标准照明体 A

4.1.1　CIE 规定标准照明体 A 的相对光谱功率分布由式(1)确定：

$$S_A(\lambda)=100\left(\frac{560}{\lambda}\right)^5\times\frac{\exp\frac{1.435\times10^7}{2\,848\times560}-1}{\exp\frac{1.435\times10^7}{2\,848\lambda}-1} \quad \cdots\cdots(1)$$

式中：

$S_A(\lambda)$——标准照明体 A 的相对光谱功率分布；

λ——真空波长，单位为纳米(nm)。

注1：标准照明体 A 的光谱功率分布在波长 560 nm 处归一化到 100。

注2：式(1)是基于真空条件下的普朗克公式，波长为真空波长，为了 CIE 标准照明体 A 能够与其他色度和光度数据相协调，可用标准空气(15 ℃，101 325 Pa，二氧化碳体积占 0.03%的干燥空气)下的波长数值替换。

4.1.2　表1第二列给出了标准照明体 A 在 300 nm～780 nm 之间，间隔 5 nm 的相对光谱功率分布。为满足较高精度的实际计算需要，可以根据式(1)计算标准照明体 A 的相对光谱功率分布数值。

4.1.3　表2第二列给出了标准照明体 A(380 nm～780 nm，5 nm 间隔)在 CIE 1931 标准色度观察者下的三刺激值和色品坐标；表3第二列给出了标准照明体 A(380 nm～780 nm，5 nm 间隔)在 CIE 1964 标准色度观察者下的三刺激值和色品坐标。

4.2　CIE 标准照明体 D65

4.2.1　CIE 标准照明体 D65 的相对光谱功率分布 $S_{D65}(\lambda)$ 由表1第三列给出的数值确定。

4.2.2　CIE 标准照明体 D65 的相对光谱功率分布是在昼光的实测数据的基础上进行外推得出的。代表相关色温大约为 6 500 K(也称作昼光照明体的名义相关色温)的昼光。

4.2.3　表1第三列给出了标准照明体 D65 在 300 nm～780 nm 之间，每间隔 5 nm 的相对光谱功率分布，该组数值可以满足大多数的实际计算需要。其他中间值可由已公布的数值，采用线性内插法计算得出。

4.2.4　表2第三列给出了标准照明体 D65(380 nm～780 nm，5 nm 间隔)在 CIE 1931 标准色度观察者下的三刺激值和色品坐标；表3第三列给出了标准照明体 D65 (380 nm～780 nm，5 nm 间隔)在 CIE 1964标准色度观察者下的三刺激值和色品坐标。

4.3　其他照明体 D

4.3.1　当不能使用 D65 时，推荐使用昼光照明体 D50、D55 或者 D75 中的一种。它们的光谱功率分布分别见表1的第四列、第五列、第六列；它们在 CIE 1931 标准色度观察者和 CIE 1964 标准色度观察者下的三刺激值和色品坐标分别见表2和表3的第四列、第五列、第六列。

4.3.2　当这些昼光照明体都不能使用时，可以用式(2)～式(7)计算出在某名义相关色温(T_{cp})下的昼光照明体。由这些公式给出的照明体，其相关色温近似等于名义值。

4.3.3 照明体 D 的色品坐标

4.3.3.1 昼光照明体(D)的 CIE 1931(x, y)色品坐标须满足以下关系:

$$y_D = -3.000x_D^2 + 2.870x_D - 0.275 \quad \cdots\cdots(2)$$

式中:

x_D数值在 0.250～0.380 之间。

4.3.3.2 昼光 D 的相关色温 T_{cp}与其坐标 x_D之间有如下关系:

a) 当相关色温在 4 000 K～7 000 K 之间,

$$x_D = -4.607\,0 \times \frac{10^9}{T_{cp}^3} + 2.967\,8 \times \frac{10^6}{T_{cp}^2} + 0.099\,11 \times \frac{10^3}{T_{cp}} + 0.244\,063 \quad \cdots\cdots(3)$$

b) 当相关色温在 7 000K～25 000 K 之间,

$$x_D = -2.006\,4 \times \frac{10^9}{T_{cp}^3} + 1.901\,8 \times \frac{10^6}{T_{cp}^2} + 0.247\,48 \times \frac{10^3}{T_{cp}} + 0.237\,040 \quad \cdots\cdots(4)$$

4.3.4 照明体 D 的相对光谱功率分布

昼光照明体(D)的相对光谱功率分布 $S(\lambda)$按照式(5)计算:

$$S(\lambda) = S_0(\lambda) + M_1S_1(\lambda) + M_2S_2(\lambda) \quad \cdots\cdots(5)$$

式中:

$S_0(\lambda)$、$S_1(\lambda)$、$S_2(\lambda)$是波长λ 的函数,其数据见表 4。

M_1和 M_2因子的量值与色品坐标 x_D、y_D有如下关系:

$$M_1 = \frac{-1.351\,5 - 1.770\,3x_D + 5.911\,4y_D}{0.024\,1 + 0.256\,2x_D - 0.734\,1y_D} \quad \cdots\cdots(6)$$

$$M_2 = \frac{0.030\,0 - 31.442\,4x_D + 30.071\,7y_D}{0.024\,1 + 0.256\,2x_D - 0.734\,1y_D} \quad \cdots\cdots(7)$$

注 1:季节和地理环境的变化会影响昼光在紫外光谱区域的光谱功率分布。在没有确定这些变化的信息之前,仍建议使用本标准中推荐的照明体。

注 2:本标准中推荐方法计算得到的昼光照明体 D 的光谱功率分布,是基于波长从 330 nm 到 700 nm 的实验观测数据,并在波长 300 nm～330 nm 和 700 nm～830 nm 范围内进行外推得到的。外推数据对色度学的应用是准确的,但不推荐用于其他用途。

5 CIE 光源

5.1 CIE 光源 A

5.1.1 相关色温为 2 856 K(c_2=1.438 8×10^{-2}m·K)的充气钨丝灯模拟标准照明体 A 的人工光源。

5.1.2 当光源 A 应用于紫外区时,应使用具有熔融石英玻壳或窗口的灯。

5.1.3 当需要光源的光谱功率分布更准确时,应对所使用的实际光源进行光谱辐射度校准。

5.2 代表标准照明体 D65 的人工光源

5.2.1 不推荐用于实现 CIE 标准照明体 D65 或其他照明体 D 的人工光源。

5.2.2 通过计算改变照明体的特殊同色异谱指数,可对应用于色度的昼光模拟器的品质进行描述和评价。当需要光源的光谱功率分布更准确时,应对所使用的实际光源进行光谱辐射度校准。

6 颜色测量仪器的几何条件

6.1 反射测量的几何条件

6.1.1 漫射:8°,包含镜面成分(符号为:*di*:8°)

采样孔径被以其平面为界的半球内表面从各个方向均匀地照明,测量区域过充满。探测器对采样孔径区域的响应均匀,反射光束轴线和样品中心法线成 8°角,在接收光束轴线 5°内的所有方向上,采样孔径反射的辐射是均匀的。

6.1.2　漫射:8°,排除镜面成分(符号为:*de*:8°)

满足 *di*:8°的条件,但将单面的平面反射镜放置于采样孔径处时,没有光反射到探测器方向,而且在这个方向的1°以内也没有镜面反射。

图1是实现漫射:8°几何条件示意图。分别使用反射平面与光陷阱,可以实现包含或排除镜面成分测量。

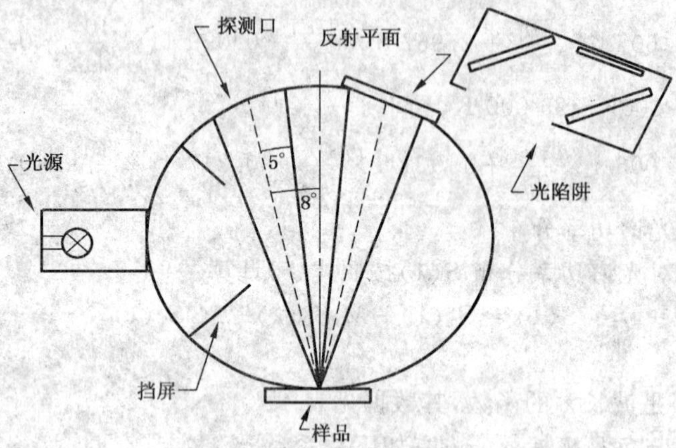

图1　漫射:8°几何条件示意图

6.1.3　8°:漫射,包含镜面成分(符号为:8°:*di*)

满足 *di*:8°的条件,但光路相反。采样孔径被与法线成8°角的光照明,以参考平面为界的半球收集采样孔径反射的各个角度的通量。

6.1.4　8°:漫射,排除镜反射成分(符号为:8°:*de*)

满足 *de*:8°的条件,但光路相反。

6.1.5　漫射/漫射(符号为:*d*:*d*)

照明满足 *di*:8°的条件,且以参考平面为界的半球收集采样孔径反射的各个角度通量。

6.1.6　备选的漫射几何条件(符号为:*d*:0°)

一个备选漫射几何条件是出射方向沿着样品法线,这是严格的不包含镜反射的几何条件。

6.1.7　45°环带/垂直(符号为:45°*a*:0°)

从顶点位于采样孔径中心,中心轴位于采样孔径法线上,半角分别为40°和50°的两个正圆锥之间各个方向射来的光均匀地照明采样孔径;探测器从顶点位于采样孔径中心,中心轴沿样品法线方向、半角为5°的正圆锥内均匀接收反射辐射。这种几何条件可以将样品质地和方向选择性反射影响降至最低。如果这种照明几何条件是由多个光源以接近于圆形排列来近似得到,或者由多根出光口排列成圆形且被单个光源照明的光纤束近似得到,形成的几何条件叫作圆周/垂直几何条件(符号为:45°*c*:0°)。

6.1.8　垂直/45°环带(符号为:0°:45°*a*)

角度和空间条件满足45°*a*:0°的条件,但光路相反。因此采样孔径被垂直照明,反射辐射被中心与法线成45°角的环带接收。

6.1.9　45°单方向/垂直(符号为:45°*x*:0°)

角度和空间条件满足45°*a*:0°的条件,但辐射只从一个方位角发出。排除镜反射,突出样品质地和方向性的影响。符号 *x* 表示入射光束从某任意方位照射参考平面。

图2是45°单方向/垂直几何条件示意图。

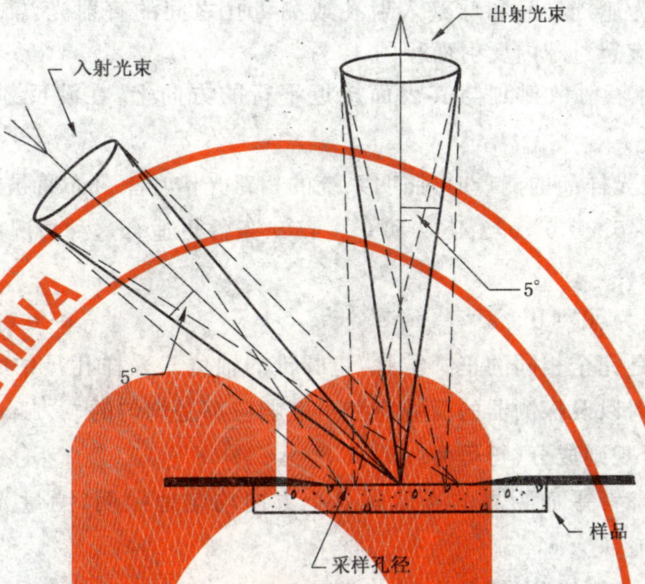

图 2　45°单方向/垂直几何条件示意图

6.1.10　**垂直/45°单方向(符号为:0°:45°x)**

角度和空间条件满足 45°x:0°的条件,但光路相反。因此样品表面被垂直照明,从与法线成 45°角的某个方位接收反射辐射。

6.2　应用反射测量几何条件的注意事项

6.2.1　当应用单光束积分球时,需要对由于样品的吸收而引起的积分球效率降低进行修正,否则仪器将给出非线性的测量结果。经修正的反射比见式(8):

$$\rho_s = R(\lambda)\frac{1-\rho_w(\lambda)\cdot\left(1-\sum_i f_i\right)}{1-\rho_w(\lambda)\cdot\left(1-\sum_i f_i\right)-f_s\cdot\left[\rho_r(\lambda)-R(\lambda)\right]} \qquad \cdots\cdots(8)$$

式中:

ρ_s——样品经修正的反射比;

$R(\lambda)$——样品相对于完全漫反射体未经修正的光谱反射比;

$\rho_w(\lambda)$——球壁在漫射/漫射条件下的光谱反射比;

f_i——积分球上第 i 个开孔面积与球总内表面的面积之比;

f_s——样品孔面积与球总内表面的面积之比;

$\rho_r(\lambda)$——参考标准的反射比。

式(8)是基于理想积分球的特性,除样品外其他开口的有效反射比均为 0。

6.2.2　几何条件符合 6.1.1、6.1.2、6.1.6、6.1.7、6.1.8、6.1.9、6.1.10 的情况下,测量的结果是反射因数,当测量张角足够小时,反射因数的量值与辐亮度因数的量值相同;符合 6.1.3 且积分球为理想积分球时,测量结果是反射比。

注:在 45°x:0°条件下测量结果是辐亮度因数 $\beta_{45:0}$;在 0°:45°x 条件下测量结果是辐亮度因数 $\beta_{0:45}$;在 di:8°条件下测量结果是辐亮度因数 $\beta_{di:8}$,与辐亮度因数 $\beta_{d:0}$ 接近;在 8°:di 条件的测量结果是反射比 ρ。

STANDARDS PRESS OF CHINA

6.2.3 测量某些类型的样品(诸如逆反射材料),需要不同的几何条件或宽容度。如果应用特殊的照明和测量条件,需要进行特别说明。

6.2.4 使用积分球时,为遮挡样品和球壁入射孔或测量孔之间的直射光,需要使用表面涂白的挡屏。积分球开口的总面积不应超过球内反射面积的10%。

6.2.5 漫射样品能够将辐射散射到与其表面接近平行的方向上,在漫反射比测量中应包含这部分辐射。

6.2.6 当积分球用于荧光样品的测量时,照明系统的相对光谱功率分布将被样品的反射功率和发射功率替换。因此45°*a*:0°、45°*x*:0°、0°:45°*a*和0°:45°*x*条件更适合这种情况的应用。

6.3 透射测量的几何条件

6.3.1 垂直/垂直(符号为:0°:0°)

入射与测量光束都是完全相同的正圆锥状,正圆锥的轴位于采样孔径中心的法线上,半角是5°,采样孔径的面辐射和角辐射以及探测器的面响应和角度响应都是均匀的。

6.3.2 漫射/垂直,包含规则成分(符号为:*di*:0°)

采样孔径被以第一参考平面为界的半球从各个方向均匀地照明,测量光束同0°:0°几何条件的规定。

6.3.3 漫射/垂直,排除规则成分(符号为:*de*:0°)

几何条件满足*di*:0°,但当开放采样孔径(例如不放置样品),测量采样孔径中心时,没有直射到探测器的光,并且在1°以内也没有直射光。

6.3.4 垂直/漫射,包含规则成分(符号为:0°:*di*)

几何条件与*di*:0°相反。

6.3.5 垂直/漫射,排除规则成分(符号为:0°:*de*)

几何条件与*de*:0°相反。

6.3.6 漫射/漫射(符号为:*d*:*d*)

采样孔径被以第一参考平面为界的半球从各个角度均匀地照明,透射通量被以第二参考平面为界的半球从各个角度均匀地接收。

注:在透射测量的几何条件的规定中,相对于入射光的参考平面,叫做第一参考平面;相对于透过样品的光的参考平面,叫做第二参考平面。两个参考平面之间是样品的厚度。本标准规定参考平面的定义中假设样品的厚度可以忽略。

6.4 应用透射测量几何条件的注意事项

6.4.1 以上透射测量几何条件中,排除规则成分条件下测量的量是透射因数,其余均为透射比。

6.4.2 测量某些类型的样品需要不同的几何条件或宽容度。如果应用了特殊的照明和测量条件,需要进行特别说明。

6.4.3 当使用积分球时,为遮挡样品和球壁入射孔或测量孔之间的直射光,需要使用表面涂白的挡屏。积分球开口的总面积不应超过球内反射面积的10%。

6.4.4 测量垂直/垂直条件的仪器的结构,照明和接收光束应完全相同。

6.4.5 漫射样品能够将辐射散射到与其表面接近平行的方向上,在漫透射比测量中包含了这部分辐射。

6.4.6 入射光束垂直于样品表面时,样品和入射光束光学元件之间的多次反射会引起测量误差,应略微倾斜一下样品来减弱测量误差。

表 1　CIE 标准照明体 A、D65 与其他照明体 D 以及照明体 C 的相对光谱功率分布

（波长范围：300 nm～780 nm，波长间隔：5 nm）

波长/nm	标准照明体 A	标准照明体 D65	照明体 D50	照明体 D55	照明体 D75	照明体 C
300	0.930 483	0.034 100	0.019	0.024	0.043	0.00
305	1.128 210	1.664 300	1.035	1.048	2.588	0.00
310	1.357 690	3.294 500	2.051	2.072	5.133	0.00
315	1.622 190	11.765 200	4.914	6.648	17.470	0.00
320	1.925 080	20.236 000	7.778	11.224	29.808	0.01
325	2.269 800	28.644 700	11.263	15.936	42.369	0.20
330	2.659 810	37.053 500	14.748	20.647	54.930	0.40
335	3.098 610	38.501 100	16.348	22.266	56.095	1.55
340	3.589 680	39.948 800	17.948	23.885	57.259	2.70
345	4.136 480	42.430 200	19.479	25.851	60.000	4.85
350	4.742 380	44.911 700	21.010	27.817	62.740	7.00
355	5.410 700	45.775 000	22.476	29.219	62.861	9.95
360	6.144 620	46.638 300	23.942	30.621	62.982	12.90
365	6.947 200	49.363 700	25.451	32.464	66.647	17.20
370	7.821 350	52.089 100	26.961	34.308	70.312	21.40
375	8.769 800	51.032 300	25.724	33.446	68.507	27.50
380	9.795 100	49.975 500	24.488	32.584	66.703	33.00
385	10.899 600	52.311 800	27.179	35.335	68.333	39.92
390	12.085 300	54.648 200	29.871	38.087	69.963	47.40
395	13.354 300	68.701 500	39.589	49.518	85.946	55.17
400	14.708 000	82.754 900	49.308	60.949	101.929	63.30
405	16.148 000	87.120 400	52.910	64.751	106.911	71.81
410	17.675 300	91.486 000	56.513	68.554	111.894	80.60
415	19.290 700	92.458 900	58.273	70.065	112.346	89.53
420	20.995 000	93.431 800	60.034	71.577	112.798	98.10
425	22.788 300	90.057 000	58.926	69.746	107.945	105.80
430	24.670 900	86.682 300	57.818	67.914	103.092	112.40
435	26.642 500	95.773 600	66.321	76.760	112.145	117.75
440	28.702 700	104.865 000	74.825	85.605	121.198	121.50
445	30.850 800	110.936 000	81.036	91.799	127.104	123.45
450	33.085 900	117.008 000	87.247	97.993	133.010	124.00
455	35.406 800	117.410 000	88.930	99.228	132.682	123.60

表 1（续）

波长/nm	标准照明体 A	标准照明体 D65	照明体 D50	照明体 D55	照明体 D75	照明体 C
460	37.812 100	117.812 000	90.612	100.463	132.355	123.10
465	40.300 200	116.336 000	90.990	100.188	129.838	123.30
470	42.869 300	114.861 000	91.368	99.913	127.322	123.80
475	45.517 400	115.392 000	93.238	101.326	127.061	124.09
480	48.242 300	115.923 000	95.109	102.739	126.800	123.90
485	51.041 800	112.367 000	93.536	100.409	122.291	122.92
490	53.913 200	108.811 000	91.963	98.078	117.783	120.70
495	56.853 900	109.082 000	93.843	99.379	117.186	116.90
500	59.861 100	109.354 000	95.724	100.680	116.589	112.10
505	62.932 000	108.578 000	96.169	100.688	115.146	106.98
510	66.063 500	107.802 000	96.613	100.695	113.702	102.30
515	69.252 500	106.296 000	96.871	100.341	111.181	98.81
520	72.495 900	104.790 000	97.129	99.987	108.659	96.90
525	75.790 300	106.239 000	99.614	102.098	109.552	96.78
530	79.132 600	107.689 000	102.099	104.210	110.445	98.00
535	82.519 300	106.047 000	101.427	103.156	108.367	99.94
540	85.947 000	104.405 000	100.755	102.102	106.289	102.10
545	89.412 400	104.225 000	101.536	102.535	105.596	103.95
550	92.912 000	104.046 000	102.317	102.968	104.904	105.20
555	96.442 300	102.023 000	101.159	101.484	102.452	105.67
560	100.000 000	100.000 000	100.000	100.000	100.000	105.30
565	103.582 000	98.167 100	98.868	98.608	97.808	104.11
570	107.184 000	96.334 200	97.735	97.216	95.616	102.30
575	110.803 000	96.061 100	98.327	97.482	94.914	100.15
580	114.436 000	95.788 000	98.918	97.749	94.213	97.80
585	118.080 000	92.236 800	96.208	94.590	90.605	95.43
590	121.731 000	88.685 600	93.499	91.432	86.997	93.20
595	125.386 000	89.345 900	95.593	92.926	87.112	91.22
600	129.043 000	90.006 200	97.688	94.419	87.227	89.70
605	132.697 000	89.802 600	98.478	94.780	86.684	88.83
610	136.346 000	89.599 100	99.269	95.140	86.140	88.40
615	139.988 000	88.648 900	99.155	94.680	84.861	88.19
620	143.618 000	87.698 700	99.042	94.220	83.581	88.10

表 1（续）

波长/nm	标准照明体 A	标准照明体 D65	照明体 D50	照明体 D55	照明体 D75	照明体 C
625	147.235 000	85.493 600	97.382	92.334	81.164	88.06
630	150.836 000	83.288 600	95.722	90.448	78.747	88.00
635	154.418 000	83.493 900	97.290	91.389	78.587	87.86
640	157.979 000	83.699 200	98.857	92.330	78.428	87.80
645	161.516 000	81.863 000	97.262	90.592	76.614	87.99
650	165.028 000	80.026 800	95.667	88.854	74.801	88.20
655	168.510 000	80.120 700	96.929	89.586	74.562	88.20
660	171.963 000	80.214 600	98.190	90.317	74.324	87.90
665	175.383 000	81.246 200	100.597	92.133	74.873	87.22
670	178.769 000	82.277 800	103.003	93.950	75.422	86.30
675	182.118 000	80.281 000	101.068	91.953	73.499	85.30
680	185.429 000	78.284 200	99.133	89.956	71.576	84.00
685	188.701 000	74.002 700	93.257	84.817	67.714	82.21
690	191.931 000	69.721 300	87.381	79.677	63.852	80.20
695	195.118 000	70.665 200	89.492	81.258	64.464	78.24
700	198.261 000	71.609 100	91.604	82.840	65.076	76.30
705	201.359 000	72.979 000	92.246	83.842	66.573	74.36
710	204.409 000	74.349 000	92.889	84.844	68.070	72.40
715	207.411 000	67.976 500	84.872	77.539	62.256	70.40
720	210.365 000	61.604 000	76.854	70.235	56.443	68.30
725	213.268 000	65.744 800	81.683	74.768	60.343	66.30
730	216.120 000	69.885 600	86.511	79.301	64.242	64.40
735	218.920 000	72.486 300	89.546	82.147	66.697	62.80
740	221.667 000	75.087 000	92.580	84.993	69.151	61.50
745	224.361 000	69.339 800	85.405	78.437	63.890	60.20
750	227.000 000	63.592 700	78.230	71.880	58.629	59.20
755	229.585 000	55.005 400	67.961	62.337	50.623	58.50
760	232.115 000	46.418 200	57.692	52.793	42.617	58.10
765	234.589 000	56.611 800	70.307	64.360	51.985	58.00
770	237.008 000	66.805 400	82.923	75.927	61.352	58.20
775	239.370 000	65.094 100	80.599	73.872	59.838	58.50
780	241.675 000	63.382 800	78.274	71.818	58.324	59.10

注：照明体 C：代表相关色温大约为 6 774 K 的平均昼光。照明体 C 不属于 CIE 推荐的昼光照明体，但在一些标准和应用中仍引用照明体 C，在此给出其相对光谱功率分布。

STANDARDS PRESS OF CHINA

表 2 CIE 照明体在 CIE 1931 标准色度观察者下的三刺激值和色品坐标

色度值	标准照明体 A	标准照明体 D65	照明体 D50	照明体 D55	照明体 D75	照明体 C
X	109.85	95.04	96.42	95.68	94.97	98.07
Y	100.00	100.00	100.00	100.00	100.00	100.00
Z	35.58	108.88	82.51	92.14	122.61	118.22
x	0.447 58	0.312 72	0.345 67	0.332 43	0.299 03	0.310 06
y	0.407 45	0.329 03	0.358 51	0.347 44	0.314 88	0.316 16
u'	0.255 97	0.197 83	0.209 16	0.204 43	0.193 53	0.200 89
v'	0.524 29	0.468 34	0.488 08	0.480 75	0.458 53	0.460 89
注：表中色度值为 CIE 照明体在波长范围为 380 nm～780 nm、波长间隔为 5 nm 下的计算值。						

表 3 CIE 照明体在 CIE 1964 标准色度观察者下的三刺激值和色品坐标

色度值	标准照明体 A	标准照明体 D65	照明体 D50	照明体 D55	照明体 D75	照明体 C
X_{10}	111.14	94.81	96.72	95.80	94.42	97.29
Y_{10}	100.00	100.00	100.00	100.00	100.00	100.00
Z_{10}	35.20	107.32	81.43	90.93	120.64	116.14
x_{10}	0.451 17	0.313 81	0.347 73	0.334 12	0.299 68	0.310 39
y_{10}	0.405 94	0.330 98	0.359 52	0.348 77	0.317 40	0.319 05
u'_{10}	0.258 96	0.197 86	0.210 15	0.205 07	0.193 05	0.200 00
v'_{10}	0.524 25	0.469 54	0.488 86	0.481 65	0.460 04	0.462 55
注：表中色度值为 CIE 照明体在波长范围为 380 nm～780 nm、波长间隔为 5 nm 下的计算值。						

表 4 应用于不同相关色温的 CIE 昼光照明体的相对光谱功率计算时的昼光成分 $S_0(\lambda)$、$S_1(\lambda)$、$S_2(\lambda)$（波长范围：300 nm～830 nm，波长间隔：5 nm）

波长/nm	$S_0(\lambda)$	$S_1(\lambda)$	$S_2(\lambda)$
300	0.04	0.02	0.00
305	3.02	2.26	1.00
310	6.00	4.50	2.00
315	17.80	13.45	3.00
320	29.60	22.40	4.00
325	42.45	32.20	6.25
330	55.30	42.00	8.50
335	56.30	41.30	8.15
340	57.30	40.60	7.80
345	59.55	41.10	7.25
350	61.80	41.60	6.70
355	61.65	39.80	6.00
360	61.50	38.00	5.30

表 4（续）

波长/nm	$S_0(\lambda)$	$S_1(\lambda)$	$S_2(\lambda)$
365	65.15	40.20	5.70
370	68.80	42.40	6.10
375	66.10	40.45	4.55
380	63.40	38.50	3.00
385	64.60	36.75	2.10
390	65.80	35.00	1.20
395	80.30	39.20	0.05
400	94.80	43.40	−1.10
405	99.80	44.85	−0.80
410	104.80	46.30	−0.50
415	105.35	45.10	−0.60
420	105.90	43.90	−0.70
425	101.35	40.50	−0.95
430	96.80	37.10	−1.20
435	105.35	36.90	−1.90
440	113.90	36.70	−2.60
445	119.75	36.30	−2.75
450	125.60	35.90	−2.90
455	125.55	34.25	−2.85
460	125.50	32.60	−2.80
465	123.40	30.25	−2.70
470	121.30	27.90	−2.60
475	121.30	26.10	−2.60
480	121.30	24.30	−2.60
485	117.40	22.20	−2.20
490	113.50	20.10	−1.80
495	113.30	18.15	−1.65
500	113.10	16.20	−1.50
505	111.95	14.70	−1.40
510	110.80	13.20	−1.30
515	108.65	10.90	−1.25
520	106.50	8.60	−1.20
525	107.65	7.35	−1.10
530	108.80	6.10	−1.00
535	107.05	5.15	−0.75

表 4（续）

波长/nm	$S_0(\lambda)$	$S_1(\lambda)$	$S_2(\lambda)$
540	105.30	4.20	−0.50
545	104.85	3.05	−0.40
550	104.40	1.90	−0.30
555	102.20	0.95	−0.15
560	100.00	0.00	0.00
565	98.00	−0.80	0.10
570	96.00	−1.60	0.20
575	95.55	−2.55	0.35
580	95.10	−3.50	0.50
585	92.10	−3.50	1.30
590	89.10	−3.50	2.10
595	89.80	−4.65	2.65
600	90.50	−5.80	3.20
605	90.40	−6.50	3.65
610	90.30	−7.20	4.10
615	89.35	−7.90	4.40
620	88.40	−8.60	4.70
625	86.20	−9.05	4.90
630	84.00	−9.50	5.10
635	84.55	−10.20	5.90
640	85.10	−10.90	6.70
645	83.50	−10.80	7.00
650	81.90	−10.70	7.30
655	82.25	−11.35	7.95
660	82.60	−12.00	8.60
665	83.75	−13.00	9.20
670	84.90	−14.00	9.80
675	83.10	−13.80	10.00
680	81.30	−13.60	10.20
685	76.60	−12.80	9.25
690	71.90	−12.00	8.30
695	73.10	−12.65	8.95
700	74.30	−13.30	9.60
705	75.35	−13.10	9.05
710	76.40	−12.90	8.50

表 4（续）

波长/nm	$S_0(\lambda)$	$S_1(\lambda)$	$S_2(\lambda)$
715	69.85	−11.75	7.75
720	63.30	−10.60	7.00
725	67.50	−11.10	7.30
730	71.70	−11.60	7.60
735	74.35	−11.90	7.80
740	77.00	−12.20	8.00
745	71.10	−11.20	7.35
750	65.20	−10.20	6.70
755	56.45	−9.00	5.95
760	47.70	−7.80	5.20
765	58.15	−9.50	6.30
770	68.60	−11.20	7.40
775	66.80	−10.80	7.10
780	65.00	−10.40	6.80
785	65.50	−10.50	6.90
790	66.00	−10.60	7.00
795	63.50	−10.15	6.70
800	61.00	−9.70	6.40
805	57.15	−9.00	5.95
810	53.30	−8.30	5.50
815	56.10	−8.80	5.80
820	58.90	−9.30	6.10
825	60.40	−9.55	6.30
830	61.90	−9.80	6.50

STANDARDS PRESS OF CHINA

ICS 17.180.20
A 26

中华人民共和国国家标准

GB/T 3979—2008
代替 GB/T 3979—1997

物体色的测量方法

Methods for the measurement of object color

2008-05-26 发布 2008-11-01 实施

中华人民共和国国家质量监督检验检疫总局
中国国家标准化管理委员会 发布

前言

本标准依据国际照明委员会技术报告 CIE 15:2004《色度学》的相关内容进行修订,与 CIE 15:2004《色度学》(英文版)的一致性程度为非等效。主要差异如下:

——增加了用光谱光度测色法进行反射和透射物体色测量的部分,主要为测量操作方法的内容;

——增加了用光电积分测色法进行反射和透射物体色测量的部分,主要为测量操作方法的内容;

——增加了用目视比较测量方法测量物体色的内容;

——增加了对光谱光度计、光电积分侧色仪器及标准白板的技术要求。

本标准代替 GB/T 3979—1997《物体色的测量方法》。

本标准与 GB/T 3979—1997 相比主要变化如下:

a) 修改了“适用范围”这部分内容,规定了物体色的测量的适用范围;

b) 将(7)色度计法修改为光电积分测色法,增加了光电积分法测色的卢瑟条件;

c) 增加了目视比较测量方法。

本标准由全国颜色标准化技术委员会提出并归口。

本标准起草单位:中国计量科学研究院、深圳市海川实业股份有限公司。

本标准主要起草人:陈苹、林弋戈、马煜、陈遐举、何唯平、汤惠工。

本标准所代替标准的历次版本发布情况为:

——GB/T 3979—1983、GB/T 3979—1997。

物体色的测量方法

1 范围

本标准规定了物体色的光谱光度测色法、光电积分测色法和目视比较测量方法。

本标准适用于反射物体色和透射物体色的测量，不适用于含荧光的物体色测量。

2 规范性引用文件

下列文件中的条款通过本标准的引用而成为本标准的条款。凡是注日期的引用文件，其随后所有的修改单(不包括勘误的内容)或修订版均不适用于本标准，然而，鼓励根据本标准达成协议的各方研究是否可使用这些文件的最新版本。凡是不注日期的引用文件，其最新版本适用于本标准。

GB/T 3977 颜色的表示方法

GB/T 3978 标准照明体及照明观测条件

GB/T 5698 颜色术语

GB/T 7921 均匀色空间和色差公式

GB/T 9086—2007 用于色度和光度测量的标准白板

ASTM E 308:2006 使用 CIE 系统计算物体色的标准规范(Standard practice for computing the colors of objects by using the CIE system)

3 术语和定义

GB/T 5698 确立的以及下列术语和定义适用于本标准。

3.1

物体色 object color

光被物体反射或透射后的颜色。

3.2

色刺激函数 color stimulus function

$\varphi_\lambda(\lambda)$

色刺激以辐亮度或辐射功率一类辐射度量作为波长函数的光谱密集度的表达式。

3.3

相对色刺激函数 relative color stimulus function

$\varphi(\lambda)$

色刺激函数的相对光谱功率分布。

3.4

CIE 1931 标准色度观察者 CIE 1931 standard colorimetric observer

一种其色度特性与 CIE 1931 标准色度系统中的色匹配函数 $\bar{x}(\lambda)$、$\bar{y}(\lambda)$、$\bar{z}(\lambda)$ 相一致的观察者。

3.5

CIE 1964 标准色度观察者 CIE 1964 standard colorimetric observer

一种其色度特性与 CIE 1964 标准色度系统中的色匹配函数 $\bar{x}_{10}(\lambda)$、$\bar{y}_{10}(\lambda)$、$\bar{z}_{10}(\lambda)$ 相一致的观察者。

3.6

标准白板　white standards

标准白板用于传递反射比、色度值或校准测色仪器；可分为传递标准白板、工作标准白板和参比白板。

4　标准白板的技术条件

传递标准白板、工作标准白板和参比白板技术要求应符合 GB/T 9086—2007 中 5.1、5.3 的规定。

5　物体色的测量方法的分类

分为光谱光度测色法、光电积分测色法和目视比较测量方法。

5.1　光谱光度测色法

5.1.1　照明体和几何条件

物体色反射和透射测量的照明体和几何条件应符合 GB/T 3978 的规定。

5.1.2　光谱光度计

用于测色的光谱光度计应满足以下条件：

a)　测量波长范围为 380 nm～780 nm，至少为 400 nm～700 nm；

b)　通带半宽度一般不大于 5 nm，最大不超过 10 nm；

c)　测光精度宜在测光范围内满刻度时的 0.5%以内；

d)　标称波长与实际仪器波长的偏离不大于 1.0 nm。

5.1.3　光谱光度测色法测量反射和透射物体色

5.1.3.1　反射样品光谱反射比的测量

测量反射样品的光谱反射比[1)]：

a)　使用双光路光谱光度计，参比和测量窗口放置相同的高反射比漫射白板，校准基线，测量窗口放置工作标准白板，测量其光谱响应值 $r_0(\lambda)$；由样品取代工作标准白板，测量样品光谱响应值 $r(\lambda)$；按式(1)计算得出样品的光谱反射比 $\rho(\lambda)$：

$$\rho(\lambda)=\frac{r(\lambda)}{r_0(\lambda)}\cdot\rho_0(\lambda) \qquad \cdots\cdots(1)$$

式中：

$\rho(\lambda)$——被测样品的光谱反射比；

$\rho_0(\lambda)$——工作标准白板的光谱反射比；

$r(\lambda)$——被测样品的光谱响应值；

$r_0(\lambda)$——工作标准白板的光谱响应值。

b)　使用单光路光谱光度计，校准基线，测量工作标准白板光谱响应值 $r_0(\lambda)$；由样品取代工作标准白板，测量样品光谱响应值 $r(\lambda)$；按式(1)计算得出样品的光谱反射比 $\rho(\lambda)$。

5.1.3.2　透射样品光谱透射比[2)]的测量

测量透射样品的光谱透射比，以与样品相同厚度的空气层作为参比标准进行比较测量。校准基线，参比标准置于参比光束一侧，样品置于测量光束，仪器测量透射样品的光谱透射比 $\tau(\lambda)$。

5.1.4　三刺激值和色品坐标的计算方法

5.1.4.1　CIE 三刺激值的计算为相对色刺激函数 $\varphi(\lambda)$ 乘以 CIE 色匹配函数，在可见光谱 380 nm～780 nm 波长范围对其乘积进行积分，得到 X、Y、Z 三刺激值。实际计算三刺激值采用求和方式代替积分完成。

---

1)　以 8°：*de* 条件光谱反射比的测量为例。需确认被测样品无荧光效应。

2)　以 0°：0°条件直透射测量为例。

CIE 1931 标准色度系统三刺激值 X、Y、Z 和 CIE 1964 标准色度系统三刺激值 X_{10}、Y_{10}、Z_{10} 的计算公式[3]如式(2)、式(3)：

$$\left.\begin{aligned} X &= k\sum_{\lambda}\varphi(\lambda)\bar{x}(\lambda)\Delta\lambda \\ Y &= k\sum_{\lambda}\varphi(\lambda)\bar{y}(\lambda)\Delta\lambda \\ Z &= k\sum_{\lambda}\varphi(\lambda)\bar{z}(\lambda)\Delta\lambda \end{aligned}\right\} \quad \cdots\cdots(2)$$

$$\left.\begin{aligned} X_{10} &= k_{10}\sum_{\lambda}\varphi(\lambda)\bar{x}_{10}(\lambda)\Delta\lambda \\ Y_{10} &= k_{10}\sum_{\lambda}\varphi(\lambda)\bar{y}_{10}(\lambda)\Delta\lambda \\ Z_{10} &= k_{10}\sum_{\lambda}\varphi(\lambda)\bar{z}_{10}(\lambda)\Delta\lambda \end{aligned}\right\} \quad \cdots\cdots(3)$$

式中：

X、Y、Z——CIE 1931 标准色度系统三刺激值；

k 和 k_{10}——归一化系数，见 5.1.4.3；

$\varphi(\lambda)$——相对色刺激函数；

$\bar{x}(\lambda)$、$\bar{y}(\lambda)$、$\bar{z}(\lambda)$——CIE 1931 标准色度观察者色匹配函数；

$\Delta\lambda$——波长间隔；

λ——波长，范围为 380 nm～780 nm；

X_{10}、Y_{10}、Z_{10}——CIE 1964 标准色度系统三刺激值；

$\bar{x}_{10}(\lambda)$、$\bar{y}_{10}(\lambda)$、$\bar{z}_{10}(\lambda)$——CIE 1964 标准色度观察者色匹配函数。

5.1.4.2 对于反射物体色测量见式(4)：

$$\varphi(\lambda) = R(\lambda)S(\lambda) \quad \cdots\cdots(4)$$

对于透射物体色测量见式(5)：

$$\varphi(\lambda) = \tau(\lambda)S(\lambda) \quad \cdots\cdots(5)$$

式中：

$\varphi(\lambda)$——相对色刺激函数；

$R(\lambda)$——物体色的光谱反射因数，或为光谱反射比或光谱辐亮度因数；

$S(\lambda)$——CIE 标准照明体或照明体的相对光谱功率分布；

$\tau(\lambda)$——物体色的光谱透射比。

5.1.4.3 测量反射物体色和透射物体色，对于在全部波长范围上 $R(\lambda)$或 $\tau(\lambda)$等于 1 的完全漫射体或完全透射体，k 或 k_{10} 的选择应使其 Y 或 Y_{10} 值等于 100，见式(6)～式(7)：

$$k = 100/\sum_{\lambda}S(\lambda)\bar{y}(\lambda)\Delta\lambda \quad \cdots\cdots(6)$$

式中：

k——归一化系数；

λ——波长，范围为 380 nm～780 nm。

$$k_{10} = 100/\sum_{\lambda}S(\lambda)\bar{y}_{10}(\lambda)\Delta\lambda \quad \cdots\cdots(7)$$

式中：

k_{10}——归一化系数；

λ——波长，范围为 380 nm～780 nm。

5.1.4.4 CIE 色度数据：

a) 物体色三刺激值的计算，推荐采用波长范围为 380 nm～780 nm，波长间隔 $\Delta\lambda$ 为 5 nm 的 CIE

---

3) 对于物体色反射和透射的测量，色刺激函数等同于相对色刺激函数。

色度数据。CIE 标准照明体及照明体的相对光谱功率分布，由表 1 给出；CIE 1931 标准色度观察者(色匹配函数)和 CIE 1964 标准色度观察者(色匹配函数)，由表 2 以及表 3 给出。

b) 当一般测量时，采用不同波长范围或采用不同波长间隔 10 nm 或 20 nm 的色度数据，见 ASTM E 308；

物体色三刺激值的测量、计算方法推荐采用等波长间隔法。

5.1.4.5 色品坐标的计算方法：

CIE 1931 标准色度系统色品坐标 x、y、z 计算公式见式(8)；CIE 1964 标准色度系统色品坐标 x_{10}、y_{10}、z_{10} 计算公式见式(9)：

$$\left.\begin{aligned} x &= \frac{X}{X+Y+Z} \\ y &= \frac{Y}{X+Y+Z} \\ z &= \frac{Z}{X+Y+Z} = 1-x-y \end{aligned}\right\} \qquad (8)$$

式中：

x、y、z——CIE 1931 标准色度系统色品坐标；

X、Y、Z——CIE 1931 标准色度系统中的三刺激值。

$$\left.\begin{aligned} x_{10} &= \frac{X_{10}}{X_{10}+Y_{10}+Z_{10}} \\ y_{10} &= \frac{Y_{10}}{X_{10}+Y_{10}+Z_{10}} \\ z_{10} &= \frac{Z_{10}}{X_{10}+Y_{10}+Z_{10}} = 1-x_{10}-y_{10} \end{aligned}\right\} \qquad (9)$$

式中：

x_{10}、y_{10}、z_{10}——CIE 1964 标准色度系统色品坐标；

X_{10}、Y_{10}、Z_{10}——CIE 1964 标准色度系统中的三刺激值。

5.2 光电积分测色法

5.2.1 光电积分测色仪器

光电积分测色仪器应满足以下条件：

a) 用光电积分元件探测，系统的总光谱灵敏度应尽量满足卢瑟条件，见式(10)：

$$\begin{aligned} K_1 S_w(\lambda)\tau_x(\lambda)\gamma(\lambda) &= S_s(\lambda)\bar{x}(\lambda) \\ K_2 S_w(\lambda)\tau_y(\lambda)\gamma(\lambda) &= S_s(\lambda)\bar{y}(\lambda) \\ K_3 S_w(\lambda)\tau_z(\lambda)\gamma(\lambda) &= S_s(\lambda)\bar{z}(\lambda) \end{aligned} \qquad (10)$$

式中：

K_1、K_2、K_3——与波长无关的常数；

$S_w(\lambda)$——仪器光源的相对光谱功率分布；

$S_s(\lambda)$——指定标准照明体或照明体的相对光谱功率分布；

$\tau_x(\lambda)$、$\tau_y(\lambda)$、$\tau_z(\lambda)$——仪器中拟合人眼色觉特性的修正滤光器的相对光谱透射比；

$\gamma(\lambda)$——仪器探测器加修正滤光器前的相对光谱响应值；

$\bar{x}(\lambda)$、$\bar{y}(\lambda)$、$\bar{z}(\lambda)$——选用某一标准色度观察者色匹配函数。

b) 仪器能直接测量物体的三刺激值和色品坐标。色差计算按 GB/T 7921 规定。

5.2.2 光电积分测色仪器的测量

测量方法：

a) 照明体和几何条件按 GB/T 3978 的规定。

b) 测量反射色时，使用黑板和工作标准白板对仪器进行校准。在需要高精度测量时，可采用与样品光谱反射比相近的工作标准色板对仪器进行校准。

c) 测量透射色时，以空气层作为标准。在需要高精度测量时，可采用与样品光谱透射比相近的透射工作标准色板(或参比液)，对仪器进行校准。

d) 仪器校准后，光电积分测色仪可直接测量出反射或透射物体色的三刺激值和色品坐标。

e) 用于仪器校准的反射工作标准白板或透射色板的三刺激值由光谱光度测色法测定。

5.3 目视比较测量方法

测量方法：

a) 正常色觉者使用目视色度计测量；

b) 测量时将被测样品放在样品视场，标准滤色片放在参比视场。人眼目视观察比较两个视场，调节参比视场的标准滤色片，使样品视场和参比视场的颜色和亮度达到匹配。

5.4 测量结果的包含信息和表示方法

5.4.1 测量结果的包含信息

测量条件：

a) 应记录测量时采用的测量几何条件，照明体，色度观察者。如采用特殊几何条件、测量方法及色度计算公式要明确加以说明或标注。

b) 有关样品的情况，如名称、材质等。测量时使用仪器的型号、波长范围和波长间隔。测试环境条件等。

5.4.2 测量结果的表示方法

测量结果：

a) 光谱光度测色法的测量结果应记录光谱反射因数(或光谱透射比)、三刺激值及色品坐标。

b) 光电积分测色法的测量结果应记录三刺激值及色品坐标；

测量值的表示按 GB/T 3977 的规定。一般情况在 CIE 1931 标准色度系统中，采用三刺激值或者刺激值 Y 和色品坐标 x、y 表示测量结果；在 CIE 1964 标准色度系统中，采用三刺激值或者刺激值 Y_{10} 和色品坐标 x_{10}、y_{10} 表示测量结果；也可按 GB/T 7921 的规定，用 CIE LAB 均匀色空间表示物体色的测量结果。

c) 目视比较测量法的测量结果应记录与被测样品相匹配的标准滤色片的色号；当被测样品与标准滤色片不完全匹配时，记录二者之间的颜色差异。

5.4.3 测量结果记录举例

测量结果的记录，宜采用符号形式以及文字说明。举例如下：

例 1：

测量条件：测量 Q 反射样品的物体色，使用光-3 型光谱测色仪，波长范围 380 nm～780 nm，采用 8°照明，漫射接收几何条件，排除镜反射成分，选用标准照明体 D65，CIE 1964 标准色度观察者，波长间隔 10 nm。环境条件：＊＊℃，＃＃ %RH。

测量结果记录：

使用光-3 型光谱测色仪，波长范围 380 nm～780 nm，$\Delta\lambda$＝10 nm；环境条件：＊＊℃，＃＃ %RH；

测量几何条件：8°：de，标准照明体 D65，10°标准色度观察者，

Q 样品：X＝76.49，Y＝ 81.15 ，Z＝ 81.12，x＝0.320 4，y＝0.339 9

例 2：

测量条件：测量 F 反射样品的物体色，使用某型号测色色差计，标准照明体 D65，CIE 1931 标准色度观察者，采用 45°照射，垂直接收的照明和几何条件。环境条件：＊＊℃，＃＃ %RH。

测量结果记录：

使用某型号测色色差计，测量几何条件：45°x： 0°，标准照明体 D65，2°标准色度观察者，

环境条件：＊＊℃，＃＃%RH。

F样品：X=81.7，Y=85.5，Z=92.0

表1 CIE标准照明体和照明体的相对光谱功率分布

波长范围380 nm～780 nm、波长间隔为5 nm						
波长 λ/nm	CIE标准照明体相对光谱功率分布		CIE照明体相对光谱功率分布			
	标准照明体A	标准照明体D65	照明体D50	照明体D55	照明体D75	照明体C
380	9.795 10	49.975 5	24.488	32.584	66.703	33.00
385	10.899 6	52.311 8	27.179	35.335	68.333	39.92
390	12.085 3	54.648 2	29.871	38.087	69.963	47.40
395	13.354 3	68.701 5	39.589	49.518	85.946	55.17
400	14.708 0	82.754 9	49.308	60.949	101.929	63.30
405	16.148 0	87.120 4	52.910	64.751	106.911	71.81
410	17.675 3	91.486 0	56.513	68.554	111.894	80.60
415	19.290 7	92.458 9	58.273	70.065	112.346	89.53
420	20.995 0	93.431 8	60.034	71.577	112.798	98.10
425	22.788 3	90.057 0	58.926	69.746	107.945	105.80
430	24.670 9	86.682 3	57.818	67.914	103.092	112.40
435	26.642 5	95.773 6	66.321	76.760	112.145	117.75
440	28.702 7	104.865 0	74.825	85.605	121.198	121.50
445	30.850 8	110.936 0	81.036	91.799	127.104	123.45
450	33.085 9	117.008 0	87.247	97.993	133.010	124.00
455	35.406 8	117.410 0	88.930	99.228	132.682	123.60
460	37.812 1	117.812 0	90.612	100.463	132.355	123.10
465	40.300 2	116.336 0	90.990	100.188	129.838	123.30
470	42.869 3	114.861 0	91.368	99.913	127.322	123.80
475	45.517 4	115.392 0	93.238	101.326	127.061	124.09
480	48.242 3	115.923 0	95.109	102.739	126.800	123.90
485	51.041 8	112.367 0	93.536	100.409	122.291	122.92
490	53.913 2	108.811 0	91.963	98.078	117.783	120.70
495	56.853 9	109.082 0	93.843	99.379	117.186	116.90
500	59.861 1	109.354 0	95.724	100.680	116.589	112.10
505	62.932 0	108.578 0	96.169	100.688	115.146	106.98
510	66.063 5	107.802 0	96.613	100.695	113.702	102.30
515	69.252 5	106.296 0	96.871	100.341	111.181	98.81
520	72.495 9	104.790 0	97.129	99.987	108.659	96.90
525	75.790 3	106.239 0	99.614	102.098	109.552	96.78
530	79.132 6	107.689 0	102.099	104.210	110.445	98.00
535	82.519 3	106.047 0	101.427	103.156	108.367	99.94
540	85.947 0	104.405 0	100.755	102.102	106.289	102.10
545	89.412 4	104.225 0	101.536	102.535	105.596	103.95
550	92.912 0	104.046 0	102.317	102.968	104.904	105.20

表 1（续）

波长范围 380 nm～780 nm、波长间隔为 5 nm						
波长 λ/nm	CIE 标准照明体相对光谱功率分布		CIE 照明体相对光谱功率分布			
	标准照明体 A	标准照明体 D65	照明体 D50	照明体 D55	照明体 D75	照明体 C
555	96.442 3	102.023 0	101.159	101.484	102.452	105.67
560	100.000 0	100.000 0	100.000	100.000	100.000	105.30
565	103.582 0	98.167 1	98.868	98.608	97.808	104.11
570	107.184 0	96.334 2	97.735	97.216	95.616	102.30
575	110.803 0	96.061 1	98.327	97.482	94.914	100.15
580	114.436 0	95.788 0	98.918	97.749	94.213	97.80
585	118.080 0	92.236 8	96.208	94.590	90.605	95.43
590	121.731 0	88.685 6	93.499	91.432	86.997	93.20
595	125.386 0	89.345 9	95.593	92.926	87.112	91.22
600	129.043 0	90.006 2	97.688	94.419	87.227	89.70
605	132.697 0	89.802 6	98.478	94.780	86.684	88.83
610	136.346 0	89.599 1	99.269	95.140	86.140	88.40
615	139.988 0	88.648 9	99.155	94.680	84.861	88.19
620	143.618 0	87.698 7	99.042	94.220	83.581	88.10
625	147.235 0	85.493 6	97.382	92.334	81.164	88.06
630	150.836 0	83.288 6	95.722	90.448	78.747	88.00
635	154.418 0	83.493 9	97.290	91.389	78.587	87.86
640	157.979 0	83.699 2	98.857	92.330	78.428	87.80
645	161.516 0	81.863 0	97.262	90.592	76.614	87.99
650	165.028 0	80.026 8	95.667	88.854	74.801	88.20
655	168.510 0	80.120 7	96.929	89.586	74.562	88.20
660	171.963 0	80.214 6	98.190	90.317	74.324	87.90
665	175.383 0	81.246 2	100.597	92.133	74.873	87.22
670	178.769 0	82.277 8	103.003	93.950	75.422	86.30
675	182.118 0	80.281 0	101.068	91.953	73.499	85.30
680	185.429 0	78.284 2	99.133	89.956	71.576	84.00
685	188.701 0	74.002 7	93.257	84.817	67.714	82.21
690	191.931 0	69.721 3	87.381	79.677	63.852	80.20
695	195.118 0	70.665 2	89.492	81.258	64.464	78.24
700	198.261 0	71.609 1	91.604	82.840	65.076	76.30
705	201.359 0	72.979 0	92.246	83.842	66.573	74.36
710	204.409 0	74.349 0	92.889	84.844	68.070	72.40
715	207.411 0	67.976 5	84.872	77.539	62.256	70.40
720	210.365 0	61.604 0	76.854	70.235	56.443	68.30
725	213.268 0	65.744 8	81.683	74.768	60.343	66.30
730	216.120 0	69.885 6	86.511	79.301	64.242	64.40
735	218.920 0	72.486 3	89.546	82.147	66.697	62.80

表 1（续）

波长范围 380 nm～780 nm、波长间隔为 5 nm						
波长 λ/nm	CIE 标准照明体相对光谱功率分布		CIE 照明体相对光谱功率分布			
	标准照明体 A	标准照明体 D65	照明体 D50	照明体 D55	照明体 D75	照明体 C
740	221.667 0	75.087 0	92.580	84.993	69.151	61.50
745	224.361 0	69.339 8	85.405	78.437	63.890	60.20
750	227.000 0	63.592 7	78.230	71.880	58.629	59.20
755	229.585 0	55.005 4	67.961	62.337	50.623	58.50
760	232.115 0	46.418 2	57.692	52.793	42.617	58.10
765	234.589 0	56.611 8	70.307	64.360	51.985	58.00
770	237.008 0	66.805 4	82.923	75.927	61.352	58.20
775	239.370 0	65.094 1	80.599	73.872	59.838	58.50
780	241.675 0	63.382 8	78.274	71.818	58.324	59.10

表 2　CIE 1931 标准色度观察者（色匹配函数）和色品坐标

波长范围 380 nm～780 nm、波长间隔为 5 nm					
波长 λ/nm	CIE 1931 标准色度观察者（色匹配函数）			色品坐标	
	$\bar{x}(\lambda)$	$\bar{y}(\lambda)$	$\bar{z}(\lambda)$	$x(\lambda)$	$y(\lambda)$
380	0.001 368	0.000 039	0.006 450	0.174 11	0.004 96
385	0.002 236	0.000 064	0.010 550	0.174 01	0.004 98
390	0.004 243	0.000 120	0.020 050	0.173 80	0.004 92
395	0.007 650	0.000 217	0.036 210	0.173 56	0.004 92
400	0.014 310	0.000 396	0.067 850	0.173 34	0.004 80
405	0.023 190	0.000 640	0.110 200	0.173 02	0.004 78
410	0.043 510	0.001 210	0.207 400	0.172 58	0.004 80
415	0.077 630	0.002 180	0.371 300	0.172 09	0.004 83
420	0.134 380	0.004 000	0.645 600	0.171 41	0.005 10
425	0.214 770	0.007 300	1.039 050	0.170 30	0.005 79
430	0.283 900	0.011 600	1.385 600	0.168 88	0.006 90
435	0.328 500	0.016 840	1.622 960	0.166 90	0.008 56
440	0.348 280	0.023 000	1.747 060	0.164 41	0.010 86
445	0.348 060	0.029 800	1.782 600	0.161 10	0.013 79
450	0.336 200	0.038 000	1.772 110	0.156 64	0.017 70
455	0.318 700	0.048 000	1.744 100	0.150 99	0.022 74
460	0.290 800	0.060 000	1.669 200	0.143 96	0.029 70
465	0.251 100	0.073 900	1.528 100	0.135 50	0.039 88
470	0.195 360	0.090 980	1.287 640	0.124 12	0.057 80
475	0.142 100	0.112 600	1.041 900	0.109 59	0.086 84
480	0.095 640	0.139 020	0.812 950	0.091 29	0.132 70
485	0.057 950	0.169 300	0.616 200	0.068 71	0.200 72
490	0.032 010	0.208 020	0.465 180	0.045 39	0.294 98

表 2（续）

波长范围 380 nm～780 nm、波长间隔为 5 nm					
波长 λ/nm	CIE 1931 标准色度观察者(色匹配函数)			色品坐标	
	$\bar{x}(\lambda)$	$\bar{y}(\lambda)$	$\bar{z}(\lambda)$	$x(\lambda)$	$y(\lambda)$
495	0.014 700	0.258 600	0.353 300	0.023 46	0.412 70
500	0.004 900	0.323 000	0.272 000	0.008 17	0.538 42
505	0.002 400	0.407 300	0.212 300	0.003 86	0.654 82
510	0.009 300	0.503 000	0.158 200	0.013 87	0.750 19
515	0.029 100	0.608 200	0.111 700	0.038 85	0.812 02
520	0.063 270	0.710 000	0.078 250	0.074 30	0.833 80
525	0.109 600	0.793 200	0.057 250	0.114 16	0.826 21
530	0.165 500	0.862 000	0.042 160	0.154 72	0.805 86
535	0.225 750	0.914 850	0.029 840	0.192 88	0.781 63
540	0.290 400	0.954 000	0.020 300	0.229 62	0.754 33
545	0.359 700	0.980 300	0.013 400	0.265 78	0.724 32
550	0.433 450	0.994 950	0.008 750	0.301 60	0.692 31
555	0.512 050	1.000 000	0.005 750	0.337 36	0.658 85
560	0.594 500	0.995 000	0.003 900	0.373 10	0.624 45
565	0.678 400	0.978 600	0.002 750	0.408 74	0.589 61
570	0.762 100	0.952 000	0.002 100	0.444 06	0.554 71
575	0.842 500	0.915 400	0.001 800	0.478 77	0.520 20
580	0.916 300	0.870 000	0.001 650	0.512 49	0.486 59
585	0.978 600	0.816 300	0.001 400	0.544 79	0.454 43
590	1.026 300	0.757 000	0.001 100	0.575 15	0.424 23
595	1.056 700	0.694 900	0.001 000	0.602 93	0.396 50
600	1.062 200	0.631 000	0.000 800	0.627 04	0.372 49
605	1.045 600	0.566 800	0.000 600	0.648 23	0.351 39
610	1.002 600	0.503 000	0.000 340	0.665 76	0.334 01
615	0.938 400	0.441 200	0.000 240	0.680 08	0.319 75
620	0.854 450	0.381 000	0.000 190	0.691 50	0.308 34
625	0.751 400	0.321 000	0.000 100	0.700 61	0.299 30
630	0.642 400	0.265 000	0.000 050	0.707 92	0.292 03
635	0.541 900	0.217 000	0.000 030	0.714 03	0.285 93
640	0.447 900	0.175 000	0.000 020	0.719 03	0.280 93
645	0.360 800	0.138 200	0.000 010	0.723 03	0.276 95
650	0.283 500	0.107 000	0.000 000	0.725 99	0.274 01
655	0.218 700	0.081 600	0.000 000	0.728 27	0.271 73
660	0.164 900	0.061 000	0.000 000	0.729 97	0.270 03
665	0.121 200	0.044 580	0.000 000	0.731 09	0.268 91
670	0.087 400	0.032 000	0.000 000	0.731 99	0.268 01
675	0.063 600	0.023 200	0.000 000	0.732 72	0.267 28

STANDARDS PRESS OF CHINA

表 2（续）

波长范围 380 nm～780 nm、波长间隔为 5 nm					
波长 λ/nm	CIE 1931 标准色度观察者(色匹配函数)			色品坐标	
	$\bar{x}(\lambda)$	$\bar{y}(\lambda)$	$\bar{z}(\lambda)$	$x(\lambda)$	$y(\lambda)$
680	0.046 770	0.017 000	0.000 000	0.733 42	0.266 58
685	0.032 900	0.011 920	0.000 000	0.734 05	0.265 95
690	0.022 700	0.008 210	0.000 000	0.734 39	0.265 61
695	0.015 840	0.005 723	0.000 000	0.734 59	0.265 41
700	0.011 359	0.004 102	0.000 000	0.734 69	0.265 31
705	0.008 111	0.002 929	0.000 000	0.734 69	0.265 31
710	0.005 790	0.002 091	0.000 000	0.734 69	0.265 31
715	0.004 109	0.001 484	0.000 000	0.734 69	0.265 31
720	0.002 899	0.001 047	0.000 000	0.734 69	0.265 31
725	0.002 049	0.000 740	0.000 000	0.734 69	0.265 31
730	0.001 440	0.000 520	0.000 000	0.734 69	0.265 31
735	0.001 000	0.000 361	0.000 000	0.734 69	0.265 31
740	0.000 690	0.000 249	0.000 000	0.734 69	0.265 31
745	0.000 476	0.000 172	0.000 000	0.734 69	0.265 31
750	0.000 332	0.000 120	0.000 000	0.734 69	0.265 31
755	0.000 235	0.000 085	0.000 000	0.734 69	0.265 31
760	0.000 166	0.000 060	0.000 000	0.734 69	0.265 31
765	0.000 117	0.000 042	0.000 000	0.734 69	0.265 31
770	0.000 083	0.000 030	0.000 000	0.734 69	0.265 31
775	0.000 059	0.000 021	0.000 000	0.734 69	0.265 31
780	0.000 042	0.000 015	0.000 000	0.734 69	0.265 31
以 5 nm 波长间隔求和：	$\sum\bar{x}(\lambda)=21.371\,524$； $\sum\bar{y}(\lambda)=21.371\,327$； $\sum\bar{z}(\lambda)=21.371\,540$。				

表 3　CIE 1964 标准色度观察者（色匹配函数）和色品坐标

波长范围 380 nm～780 nm、波长间隔为 5 nm					
波长 λ/nm	CIE 1964 标准色度观察者(匹配函数)			色品坐标	
	$\bar{x}_{10}(\lambda)$	$\bar{y}_{10}(\lambda)$	$\bar{z}_{10}(\lambda)$	$x_{10}(\lambda)$	$y_{10}(\lambda)$
380	0.000 160	0.000 017	0.000 705	0.181 33	0.019 69
385	0.000 662	0.000 072	0.002 928	0.180 91	0.019 54
390	0.002 362	0.000 253	0.010 482	0.180 31	0.019 35
395	0.007 242	0.000 769	0.032 344	0.179 47	0.019 04
400	0.019 110	0.002 004	0.086 011	0.178 39	0.018 71
405	0.043 400	0.004 509	0.197 120	0.177 12	0.018 40
410	0.084 736	0.008 756	0.389 366	0.175 49	0.018 13
415	0.140 638	0.014 456	0.656 760	0.173 23	0.017 81
420	0.204 492	0.021 391	0.972 542	0.170 63	0.017 85
425	0.264 737	0.029 497	1.282 500	0.167 90	0.018 71

表 3（续）

波长范围 380 nm～780 nm、波长间隔为 5 nm					
波长 λ/nm	CIE 1964 标准色度观察者(匹配函数)			色品坐标	
	$\bar{x}_{10}(\lambda)$	$\bar{y}_{10}(\lambda)$	$\bar{z}_{10}(\lambda)$	$x_{10}(\lambda)$	$y_{10}(\lambda)$
430	0.314 679	0.038 676	1.553 480	0.165 03	0.020 28
435	0.357 719	0.049 602	1.798 500	0.162 17	0.022 49
440	0.383 734	0.062 077	1.967 280	0.159 02	0.025 73
445	0.386 726	0.074 704	2.027 300	0.155 39	0.030 02
450	0.370 702	0.089 456	1.994 800	0.151 00	0.036 44
455	0.342 957	0.106 256	1.900 700	0.145 94	0.045 22
460	0.302 273	0.128 201	1.745 370	0.138 92	0.058 92
465	0.254 085	0.152 761	1.554 900	0.129 52	0.077 87
470	0.195 618	0.185 190	1.317 560	0.115 18	0.109 04
475	0.132 349	0.219 940	1.030 200	0.095 73	0.159 09
480	0.080 507	0.253 589	0.772 125	0.072 78	0.229 24
485	0.041 072	0.297 665	0.570 060	0.045 19	0.327 54
490	0.016 172	0.339 133	0.415 254	0.020 99	0.440 11
495	0.005 132	0.395 379	0.302 356	0.007 30	0.562 52
500	0.003 816	0.460 777	0.218 502	0.005 59	0.674 54
505	0.015 444	0.531 360	0.159 249	0.021 87	0.752 58
510	0.037 465	0.606 741	0.112 044	0.049 54	0.802 30
515	0.071 358	0.685 660	0.082 248	0.085 02	0.816 98
520	0.117 749	0.761 757	0.060 709	0.125 24	0.810 19
525	0.172 953	0.823 330	0.043 050	0.166 41	0.792 17
530	0.236 491	0.875 211	0.030 451	0.207 06	0.766 28
535	0.304 213	0.923 810	0.020 584	0.243 64	0.739 87
540	0.376 772	0.961 988	0.013 676	0.278 59	0.711 30
545	0.451 584	0.982 200	0.007 918	0.313 23	0.681 28
550	0.529 826	0.991 761	0.003 988	0.347 30	0.650 09
555	0.616 053	0.999 110	0.001 091	0.381 16	0.618 16
560	0.705 224	0.997 340	0.000 000	0.414 21	0.585 79
565	0.793 832	0.982 380	0.000 000	0.446 92	0.553 08
570	0.878 655	0.955 552	0.000 000	0.479 04	0.520 96
575	0.951 162	0.915 175	0.000 000	0.509 64	0.490 36
580	1.014 160	0.868 934	0.000 000	0.538 56	0.461 44
585	1.074 300	0.825 623	0.000 000	0.565 44	0.434 56

表 3（续）

波长范围 380 nm～780 nm、波长间隔为 5 nm					
波长 λ/ nm	CIE 1964 标准色度观察者（匹配函数）			色品坐标	
	$\bar{x}_{10}(\lambda)$	$\bar{y}_{10}(\lambda)$	$\bar{z}_{10}(\lambda)$	$x_{10}(\lambda)$	$y_{10}(\lambda)$
590	1.118 520	0.777 405	0.000 000	0.589 96	0.410 04
595	1.134 300	0.720 353	0.000 000	0.611 60	0.388 40
600	1.123 990	0.658 341	0.000 000	0.630 63	0.369 37
605	1.089 100	0.593 878	0.000 000	0.647 13	0.352 87
610	1.030 480	0.527 963	0.000 000	0.661 22	0.338 78
615	0.950 740	0.461 834	0.000 000	0.673 06	0.326 94
620	0.856 297	0.398 057	0.000 000	0.682 66	0.317 34
625	0.754 930	0.339 554	0.000 000	0.689 76	0.310 24
630	0.647 467	0.283 493	0.000 000	0.695 48	0.304 52
635	0.535 110	0.228 254	0.000 000	0.700 99	0.299 01
640	0.431 567	0.179 828	0.000 000	0.705 87	0.294 13
645	0.343 690	0.140 211	0.000 000	0.710 25	0.289 75
650	0.268 329	0.107 633	0.000 000	0.713 71	0.286 29
655	0.204 300	0.081 187	0.000 000	0.715 62	0.284 38
660	0.152 568	0.060 281	0.000 000	0.716 79	0.283 21
665	0.112 210	0.044 096	0.000 000	0.717 89	0.282 11
670	0.081 261	0.031 800	0.000 000	0.718 73	0.281 27
675	0.057 930	0.022 602	0.000 000	0.719 34	0.280 66
680	0.040 851	0.015 905	0.000 000	0.719 76	0.280 24
685	0.028 623	0.011 130	0.000 000	0.720 02	0.279 98
690	0.019 941	0.007 749	0.000 000	0.720 16	0.279 84
695	0.013 842	0.005 375	0.000 000	0.720 30	0.279 70
700	0.009 577	0.003 718	0.000 000	0.720 36	0.279 64
705	0.006 605	0.002 565	0.000 000	0.720 32	0.279 68
710	0.004 553	0.001 768	0.000 000	0.720 23	0.279 77
715	0.003 145	0.001 222	0.000 000	0.720 09	0.279 91
720	0.002 175	0.000 846	0.000 000	0.719 91	0.280 09
725	0.001 506	0.000 586	0.000 000	0.719 69	0.280 31
730	0.001 045	0.000 407	0.000 000	0.719 45	0.280 55
735	0.000 727	0.000 284	0.000 000	0.719 19	0.280 81
740	0.000 508	0.000 199	0.000 000	0.718 91	0.281 09

表 3（续）

波长范围 380 nm～780 nm、波长间隔为 5 nm					
波长 λ/nm	CIE 1964 标准色度观察者（匹配函数）			色品坐标	
	$\bar{x}_{10}(\lambda)$	$\bar{y}_{10}(\lambda)$	$\bar{z}_{10}(\lambda)$	$x_{10}(\lambda)$	$y_{10}(\lambda)$
745	0.000 356	0.000 140	0.000 000	0.718 61	0.281 39
750	0.000 251	0.000 098	0.000 000	0.718 29	0.281 71
755	0.000 178	0.000 070	0.000 000	0.717 96	0.282 04
760	0.000 126	0.000 050	0.000 000	0.717 61	0.282 39
765	0.000 090	0.000 036	0.000 000	0.717 24	0.282 76
770	0.000 065	0.000 025	0.000 000	0.716 86	0.283 14
775	0.000 046	0.000 018	0.000 000	0.716 46	0.283 54
780	0.000 033	0.000 013	0.000 000	0.716 06	0.283 94
以 5 nm 波长间隔求和：	$\sum\bar{x}_{10}(\lambda)=23.329\ 353$； $\sum\bar{y}_{10}(\lambda)=23.332\ 036$； $\sum\bar{z}_{10}(\lambda)=23.334\ 153$。				

ICS 23.040.80
Q 61

中华人民共和国国家标准

GB/T 3985—2008
代替 GB/T 3985—1995

石 棉 橡 胶 板

Compressed asbestos fibre jointing

2008-08-20 发布　　2009-04-01 实施

中华人民共和国国家质量监督检验检疫总局
中国国家标准化管理委员会　发布

前　言

本标准代替 GB/T 3985—1995《石棉橡胶板》。

本标准与 GB/T 3985—1995 相比，主要变化如下：

——将第 3 章“产品牌号及规格”修改为“分类和标记”，修改了“产品标记”，取消了产品厚度规定，将厚度偏差要求放在了第 4 章中，并重新作了规定；

——在产品“适用条件”中增加了“非油、非酸介质”的表述；

——增加了“XB510”等级牌号及其质量要求；

——对 XB200 及以上产品增加了“氮气泄漏率”质量要求和试验方法；

——将 XB450 横向拉伸强度由“≥19 MPa”修改为“≥18 MPa”；

——用“蠕变松弛率”名称代替“应力松弛率”，具体内容未变；

——将“蒸汽密封性”修改为“耐热耐压性”，试验方法作了微调；

——取消了厚度为 2.5 mm 以上者(包括 2.5 mm)不作柔软性试验的规定；

——修改了厚度测量方法；

——横向拉伸强度试验用 GB/T 20671.7 代替 GB/T 541；

——增加了老化系数试验方法，代替已作废的 GB 3987 及后来的 GB/T 541；

——烧失量试验用 GB/T 540 代替已作废的 GB 3986 及后来的 GB/T 541；

——压缩率回弹率试验用 GB/T 20671.2 代替已作废的 GB 3988 及后来的 GB/T 541，压头直径由 ϕ25 mm 改为 ϕ6.4 mm；

——密度试验用 GB/T 22308 代替已作废的 GB 544 及后来的 GB/T 541；

——取消了柔软性试验方法，用 GB/T 20671.8 代替；

——耐热耐压性试验用 GB/T 540 代替 GB/T 15520；

——将性能试验用样品每批抽样数量由“至少一张”修改为“三张”；

——取消了附录 A“应力松弛率试验方法”，用 GB/T 20671.5 代替；

——增加了附录 A“本标准所列的产品等级牌号对应 GB/T 20671.1 的编码”。

本标准附录 A 为资料性附录。

本标准由中国建筑材料联合会提出。

本标准由全国非金属矿产品及制品标准化技术委员会(SAC/TC 406)归口。

本标准负责起草单位：咸阳非金属矿研究设计院。

本标准参加起草单位：舟山市海山密封材料有限公司、成都俊马密封制品有限公司、河北亨达密封材料有限公司、吉林省海鸿密封制品有限公司。

本标准主要起草人：尚兴春、施中堂、侯立兵、沈小萍、刘绍忠、范国良、李宝瑾。

本标准首次发布于 1983 年，1995 年进行了第一次修订，本版是第二次修订。

石 棉 橡 胶 板

1 范围

本标准规定了石棉橡胶板的分类和标记、要求、试验方法、检验规则、标志、包装、运输、贮存。

本标准适用于以温石棉为增强纤维、以橡胶为粘合剂,经辊压形成的用于制造耐热耐压密封垫片的各类板材。这种板材制成的密封垫片也可参照采用。

2 规范性引用文件

下列文件中的条款通过本标准的引用而成为本标准的条款。凡是注日期的引用文件,其随后所有的修改单(不包括勘误的内容)或修订版均不适用于本标准,然而,鼓励根据本标准达成协议的各方研究是否可使用这些文件的最新版本。凡是不注日期的引用文件,其最新版本适用于本标准。

GB/T 191 包装储运图示标志

GB/T 540 耐油石棉橡胶板试验方法

GB/T 2828.1 计数抽样检验程序 第1部分:按接收质量限(AQL)检索的逐批检验抽样计划

GB/T 20671.1 非金属垫片材料分类体系及试验方法 第1部分:非金属垫片材料分类体系

GB/T 20671.2 非金属垫片材料分类体系及试验方法 第2部分:垫片材料压缩率回弹率试验方法

GB/T 20671.4 非金属垫片材料分类体系及试验方法 第4部分:垫片材料密封性试验方法

GB/T 20671.5 非金属垫片材料分类体系及试验方法 第5部分:垫片材料蠕变松弛率试验方法

GB/T 20671.7 非金属垫片材料分类体系及试验方法 第7部分:非金属垫片材料拉伸强度试验方法

GB/T 20671.8 非金属垫片材料分类体系及试验方法 第8部分:非金属垫片材料柔软性试验方法

GB/T 22308 密封垫板材料密度试验方法

3 分类和标记

3.1 分类

石棉橡胶板分为七个等级牌号,详见表1。

3.2 标记

石棉橡胶板产品可按下述两种标记方法的任一种方法进行标记。

3.2.1 按产品等级牌号和本标准编号顺序标记。

标记示例:石棉橡胶板,等级牌号为XB350,标记为:XB350—GB/T 3985。

3.2.2 根据产品的型号类别和物理机械性能按GB/T 20671.1规定的方法进行标记。

表1 石棉橡胶板等级牌号和推荐使用范围

等级牌号	表面颜色	推荐使用范围
XB510	墨绿色	温度510 ℃以下、压力7 MPa以下的非油、非酸介质
XB450	紫色	温度450 ℃以下、压力6 MPa以下的非油、非酸介质
XB400	紫色	温度400 ℃以下、压力5 MPa以下的非油、非酸介质

STANDARDS PRESS OF CHINA

表 1（续）

等级牌号	表面颜色	推荐使用范围
XB350	红色	温度 350 ℃以下、压力 4 MPa 以下的非油、非酸介质
XB300	红色	温度 300 ℃以下、压力 3 MPa 以下的非油、非酸介质
XB200	灰色	温度 200 ℃以下、压力 1.5 MPa 以下的非油、非酸介质
XB150	灰色	温度 150 ℃以下、压力 0.8 MPa 以下的非油、非酸介质

标记示例：

石棉橡胶板，等级牌号为 XB350，根据其产品的型号类别和物理机械性能标记为：GB/T 20671—ASTM F104(F119000—B7M5TZ)。

本标准所列的产品等级牌号对应 GB/T 20671.1 规定的编码在附录 A 给出。

4 要求

4.1 外观质量

4.1.1 石棉橡胶板的表面颜色应符合表 1 规定。如果用户对表面颜色有特殊要求时，按用户要求执行。

4.1.2 石棉橡胶板的表面应平滑，不允许有裂纹、气泡、分层、外来杂质和其他对使用有影响的缺陷。

4.2 尺寸偏差

4.2.1 石棉橡胶板的长度和宽度尺寸偏差不得大于±5%。如果用户有特殊要求时，按用户要求执行。

4.2.2 石棉橡胶板的厚度偏差应符合表 2 规定。如果用户对厚度偏差有特殊要求时，按用户要求执行。

表 2 石棉橡胶板的厚度允许偏差

公称厚度/mm	允许偏差/mm	同一张板厚度差/mm
≤0.41	$^{+0.13}_{-0.05}$	≤0.08
0.41～1.57(含)	±0.13	≤0.10
1.57～3.00(含)	±0.20	≤0.20
>3.00	±0.25	≤0.25

4.3 物理机械性能

石棉橡胶板的物理机械性能应符合表 3 规定。

5 试验方法

5.1 试样调节

除测定老化系数用的需放入老化箱的测试样品外，石棉橡胶板的其他物理机械性能测试用样品都应放在 100 ℃±2 ℃的烘箱内调节 1 h，然后移至装有无水氯化钙的干燥器中冷却至 21 ℃～30 ℃，再开始进行测试。

表 3 石棉橡胶板的物理机械性能

项　目		XB510	XB450	XB400	XB350	XB300	XB200	XB150
横向拉伸强度/MPa	≥	21.0	18.0	15.0	12.0	9.0	6.0	5.0
老化系数	≥	0.9						

表 3（续）

项　目		XB510	XB450	XB400	XB350	XB300	XB200	XB150
烧失量/% ≤		28.0			30.0			
压缩率/%		7～17						
回弹率/% ≥		45			40		35	
蠕变松弛率/% ≤		50						
密度/(g/cm³)		1.6～2.0						
常温柔软性		在直径为试样公称厚度12倍的圆棒上弯曲180°,试样不得出现裂纹等破坏迹象						
氮气泄漏率/[mL/(h· mm)] ≤		500						
耐热耐压性	温度/℃	500～510	440～450	390～400	340～350	290～300	190～200	140～150
	蒸汽压力/MPa	13～14	11～12	8～9	7～8	4～5	2～3	1.5～2
	要求	保持 30 min,不被击穿						
注：厚度大于 3 mm 的石棉橡胶板，不做拉伸强度试验。								

5.2　外观质量检查

外观质量采用目测方法检查。

5.3　尺寸测量

5.3.1　长度和宽度用分度值为 1 mm 的直尺或卷尺测量。在板材的两边分别测量，取其算术平均值作为报告值。

5.3.2　厚度测量按 GB/T 20671.1 的 1 型材料的规定执行。分别在板材的长度和宽度方向距边缘 10 mm～20 mm 的范围内各测量三点，相邻测点间的距离为 500 mm±10 mm(若长度或宽度不足 1 000 mm时，相邻测点间的距离为 250 mm±5 mm)。以六个测点的算术平均值作为厚度报告值。分别计算相距 500 mm 的两个测点的厚度差值，取其最大值作为同一张板厚度差的报告值。

5.4　横向拉伸强度的测定

横向拉伸强度的测定按 GB/T 20671.7 的方法 A 进行。

5.5　老化系数的测定

在进行 5.4 横向拉伸强度测定的同时，制备相同的试样三条。将这三条试样置于温度为 100 ℃±2 ℃的老化试验箱内，试样间距不得小于 10 mm，保持 24 h 后取出，在干燥器中放置 30 min，按 5.4 测定老化后试样的横向拉伸强度。

老化系数 K 按式(1)计算：

$$K = \frac{P_1}{P_0} \qquad \cdots\cdots(1)$$

式中：

P_1——三个试样老化后的横向拉伸强度平均值，单位为兆帕(MPa)；

P_0——三个试样未老化时的横向拉伸强度平均值，单位为兆帕(MPa)。

5.6　烧失量的测定

烧失量的测定按 GB/T 540 的规定进行。

5.7　压缩率、回弹率的测定

压缩率、回弹率的测定按 GB/T 20671.2 的程序 A 进行。

5.8 蠕变松弛率的测定

蠕变松弛率的测定按 GB/T 20671.5 的试验方法 B 进行。

5.9 密度的测定

密度的测定按 GB/T 22308 的规定进行。

5.10 柔软性的测定

柔软性的测定按 GB/T 20671.8 的规定进行。

5.11 氮气泄漏率测定

氮气泄漏率的测定按 GB/T 20671.4 的试验方法 B——气体泄漏率测试方法的规定进行。试样为内径 32.3 mm±0.1 mm、外径为 44.3 mm±0.1 mm 的环形，内外直径同圆心。试样厚度为产品实际厚度，计算泄漏率时用实际测试得出的泄漏率除以以毫米为单位的试样厚度。法兰压紧力为 20 MPa±1 MPa，试验介质为纯度 99%以上的氮气，介质压力为 0.98 MPa±0.02 MPa。

5.12 耐热耐压性试验

耐热耐压性试验按 GB/T 540 的规定进行，各等级牌号的温度和压力应符合表 3 规定。

6 检验规则

6.1 检验分类

6.1.1 出厂检验

石棉橡胶板的出厂检验项目为：外观、尺寸偏差、横向拉伸强度、老化系数、烧失量、压缩率、回弹率、密度、常温柔软性。

6.1.2 型式检验

石棉橡胶板的型式检验项目为第 4 章规定的所有项目。

有下列情况之一时，应进行型式检验：

a) 产品正式投产或定型时；

b) 正常生产时，每半年进行一次；

c) 原材料、工艺等发生较大变化，可能影响产品性能时；

d) 出厂检验结果与上次型式检验结果有较大差异时；

e) 产品停产 6 个月以上恢复生产时；

f) 国家质量监督机构或用户提出型式检验要求时。

6.2 组批原则

以同一批原材料生产的同等级牌号、同厚度规格的石棉橡胶板 2 000 kg 为一批，不足 2 000 kg 仍按一批计。

6.3 抽样方法

石棉橡胶板的外观和尺寸检查采用随机抽样，按 GB/T 2828.1，使用正常检查一次抽样方案，执行检查水平Ⅱ，合格质量水平为 6.5。不同批量所需的样本大小和合格批、不合格批的判定数应符合表 4 规定。

石棉橡胶板的物理机械性能检验用样品从外观和尺寸检查合格的样品中随机抽取三张（样品长宽尺寸较小、样量不够时可酌情多抽），每张制备各个检验项目用试件一份。每项检验用数值表示的以三个试件的算术平均值为测定结果；用感官（是或否）表示的三个试件均符合要求为合格，否则为不合格。

6.4 判定规则

石棉橡胶板的外观和尺寸偏差按表 4 检查判定。所检验的物理机械性能任何一项不符合第 4 章的要求时，应加倍抽样对该项进行复验，以复验结果为准。

除长宽尺寸外，其他各项质量指标全部符合本标准的要求时，判定该批产品合格，若有任何一项不符合本标准的要求时，判定该批产品不合格。

表 4　石棉橡胶板外观和尺寸检查抽样表

单位为张

批量	样本大小	合格判定数	不合格判定数
2～8	2	0	1
9～15	3	0	1
16～25	5	1	2
26～50	8	1	2
51～90	13	2	3
91～150	20	3	4
151～280	32	5	6

7　标志、包装、运输、贮存

7.1　标志

7.1.1　每张石棉橡胶板上应印刷制造厂名称和/或注册商标、产品标记。印刷必须清楚。

7.1.2　每个包装单元内应附有产品合格证明。内容包括：产品标记、公称厚度、物理机械性能指标及检验结果、制造日期和/或批号、检验员或检验机构名章、制造厂名称。

7.1.3　每个包装单元的外包装上应印刷制造厂名称、地址、电话、产品标记、公称厚度、净重、制造日期和/或批号等内容。外包装图示标志应符合 GB/T 191 规定。

7.2　包装

7.2.1　石棉橡胶板应以衬有防潮纸或塑料纸的箱装或捆装。净重偏差不得超过±2%。

7.2.2　每箱(捆)石棉橡胶板不允许超过两个取样口，只允许有不小于 500 mm×500 mm 的零散产品一张。

7.3　运输、贮存

7.3.1　石棉橡胶板应采用防雨防晒的交通工具运输。

7.3.2　石棉橡胶板应贮存在温度为 0 ℃～30 ℃的具有防雨防潮设施的仓库内，不允许日光直接照射，距离热源应在 1.5 m 以上，距离地面、墙壁应在 10 cm 以上。成批堆放时，如果外包装为软质材料，堆垛高度不得超过 10 层。

7.3.3　石棉橡胶板的贮存有效期从制造日起为 24 个月。

附　录　A
（资料性附录）
本标准所列的产品等级牌号对应 GB/T 20671.1 的编码

本标准所列的产品等级牌号对应 GB/T 20671.1 的编码见表 A.1。

表 A.1　产品等级牌号对应 GB/T 20671.1 的编码

本标准所列的产品等级牌号	对应 GB/T 20671.1 的编码
XB510	F119000—B7M7TZ
XB450	F119000—B7M6TZ
XB400	F119000—B7M6TZ
XB350	F119000—B7M5TZ
XB300	F119000—B7M4TZ
XB200	F119000—B7M3TZ
XB150	F119000—B7M3TZ

ICS 75.160.10
H 32

中华人民共和国国家标准

GB/T 4000—2008
代替 GB/T 4000—1996

焦炭反应性及反应后强度试验方法

Coke—Determination of reactivity and strength after reaction

2008-08-19 发布　　　　2009-04-01 实施

中华人民共和国国家质量监督检验检疫总局
中国国家标准化管理委员会　发布

前 言

本标准代替 GB/T 4000—1996《焦炭反应性及反应后强度试验方法》。

本标准与 GB/T 4000—1996 相比主要作了以下修改：

——焦炭试样的制样方法修订为颚破与手工修整相结合的制样方法；

——缩小焦炭试样的粒度控制范围；

——实验设备进行了改进，以便于维修。

本标准的附录 A 是资料性附录、附录 B 是规范性附录。

本标准由中国钢铁工业协会提出。

本标准由全国钢标准化技术委员会归口。

本标准起草单位：武汉钢铁(集团)公司、首钢总公司、冶金工业信息标准研究院、上虞市宏兴机械仪器制造有限公司。

本标准起草人：张前香、李东涛、薛改凤、王洪槐、刘尚超、白汉芳、孙伟。

本标准所代替标准的历次版本发布情况为：

——GB 4000—1983、GB/T 4000—1996。

焦炭反应性及反应后强度试验方法

STANDARDS PRESS OF CHINA

1 范围

本标准规定了测定焦炭反应性及反应后强度试验方法的原理、试验仪器、设备和材料、试样的采取与制备、试验步骤、结果的计算及精密度。

本标准适用高炉炼铁用焦的焦炭反应性及反应后强度的测定，其他用途焦炭可参照执行。

2 规范性引用文件

下列文件中的条款通过本标准的引用而成为本标准的条款。凡是注日期的引用文件，其随后所有的修改单（不包括勘误的内容）或修订版均不适用于本标准，然而，鼓励根据本标准达成协议的各方研究是否可使用这些文件的最新版本。凡是不注日期的引用文件，其最新版本适用于本标准。

GB/T 1997 焦炭试样的采取和制备

GB/T 2006 冶金焦炭机械强度的测定方法

3 原理

称取一定质量的焦炭试样，置于反应器中，在 1 100 ℃±5 ℃时与二氧化碳反应 2 h 后，以焦炭质量损失的百分数表示焦炭反应性（CRI）。

反应后焦炭，经Ⅰ型转鼓试验后，以大于 10 mm 粒级焦炭占反应后焦炭的质量分数表示焦炭反应后强度（CSR）。

4 试验仪器、设备和材料

4.1 电炉

电炉用电炉丝、碳化硅或其他能满足试验要求的加热元件加热均可。

4.1.1 底部封闭式加热电炉

炉体结构如图 1 所示。

单位为毫米

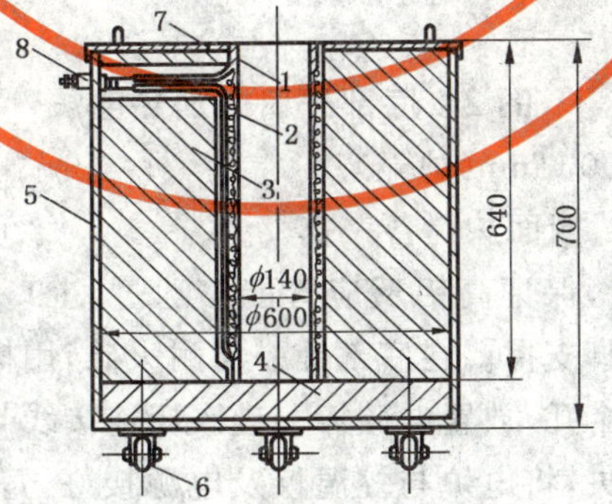

1——高铝外丝管；
2——铁铬铝炉丝；
3、4——轻质高铝砖；
5——炉壳；
6——脚轮；
7——炉盖；
8——绝缘子。

图 1 底部封闭式加热电炉

炉膛内径 140 mm,外径 160 mm,高度 640 mm(高铝质外丝管)。

加热元件:使用碳化硅加热元件或者电炉丝。

使用电炉丝时的电炉安装要点:炉壳底部封闭,上口敞开,预先在底板上装好脚轮。在底部铺一层耐火砖,将绕好电阻丝的外丝管立放于底板正中。在外丝管与炉壳间隙之间,填充轻质高铝砖预制件(由标准尺寸的轻质高铝砖切制)或者保温棉,炉丝由上下两端引出,与固定在炉壳上的绝缘子相联接。炉丝引出部分用单孔绝缘管保护好,切忌相互搭接,以免造成短路。控温电偶插入反应器中央,将电炉与控温仪及电源接好。每一台电炉安装完毕即测定恒温区,使炉膛内 1 100 ℃±5 ℃温度区长度不小于 150 mm。

使用碳化硅加热元件时的安装要点:可以使用硅碳管或者 6 到 8 根硅碳棒,接线时尽量在加热元件的同一端接电源,同时要注意露出的接线端的绝缘保护,防止触电。

4.1.2 底部开口式加热电炉

炉体结构如图 2 所示。

单位为毫米

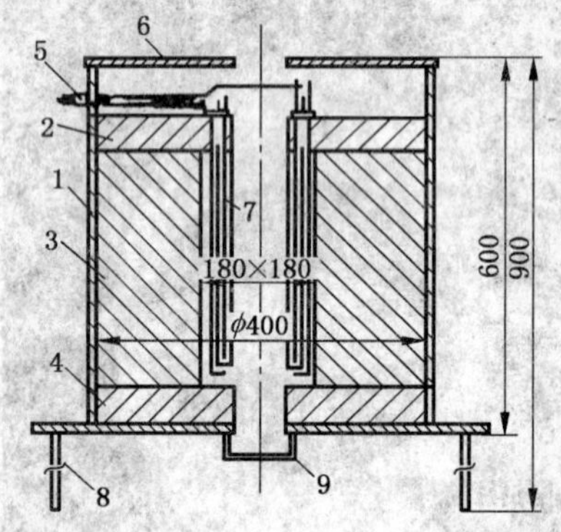

1——炉壳;
2、3、4——轻质高铝砖;
5——绝缘子;
6——炉盖;
7——硅碳棒;
8——炉脚;
9——反应器支架。

图 2 底部开口式加热电炉

炉膛:180 mm×180 mm,高 600 mm(炉壳)。

加热元件:U 型硅碳棒,四支,四面炉膛各一支。

电炉安装要点:炉壳底部开口,保证高铝反应管能够通过,上口敞开;底部下反应器支架中间开小孔,使进气管口能够通过,底板用脚支撑。在底部铺一层耐火砖,用标准尺寸的轻质高铝砖砌制炉膛,周围填充保温材料。炉膛顶部开四个孔,放置硅碳棒。硅碳棒连接线与固定在炉壳上的绝缘子相联接,盖好上盖。控温电偶插入反应器中央,将电炉与控温仪及电源接好,每一台电炉安装完毕即测定恒温区,使炉膛内 1 100 ℃±5 ℃温度区长度大于 150 mm。

4.2 反应器

反应器为耐高温合金钢反应器或刚玉质反应器。

4.2.1 耐高温合金钢反应器

结构见图 3,由耐高温合金钢制成(GH23 或 GH44)。

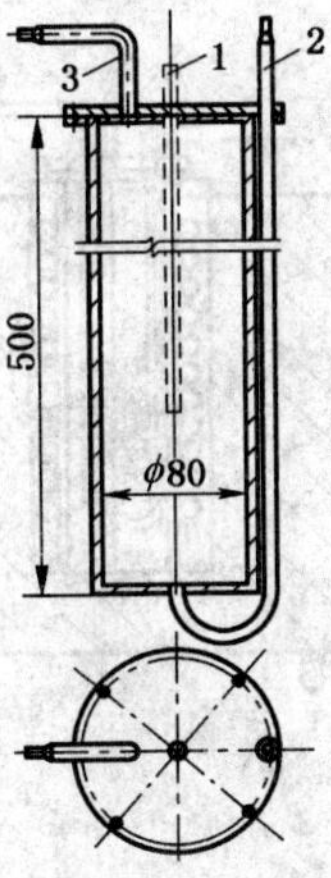

1——中心热电偶套管；

2——进气管；

3——排气管。

图3　耐高温合金钢反应器

4.2.2　刚玉质反应器

结构见图4，由耐高温刚玉管和耐高温合金钢（GH23或GH44）制作。反应筒用耐高温刚玉管，上盖下底用耐高温合金钢制作。与硅碳棒加热电炉配置。此反应器也可全部采用耐高温合金钢（GH23或GH44）制作。

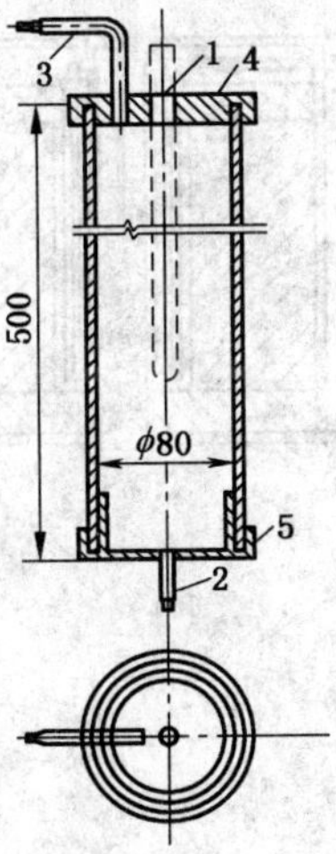

1——中心热电偶插孔；

2——进气管；

3——排气管；

4——盖子；

5——底座。

图4　刚玉质反应器

4.2.3　电炉与反应器组装图

电阻丝加热电炉与耐高温合金钢反应器组装图，见图5。

碳化硅加热电炉与刚玉质反应器或耐高温合金钢反应器组装图，见图6。

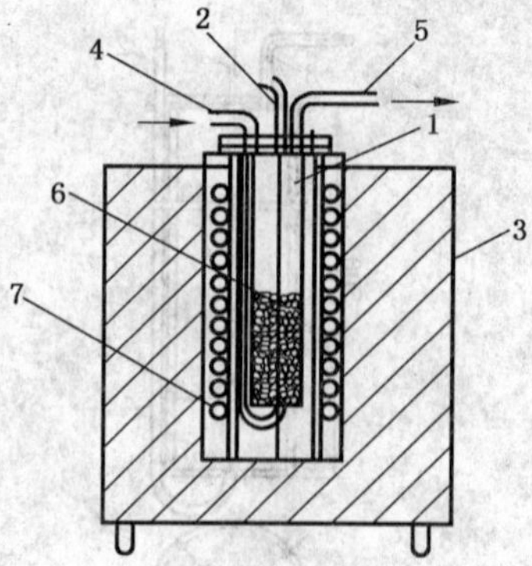

1——反应器；
2——控温热电偶；
3——电炉；
4——进气孔；
5——排气孔；
6——耐高温合金钢反应器；
7——电阻丝。

图5　电阻丝加热电炉

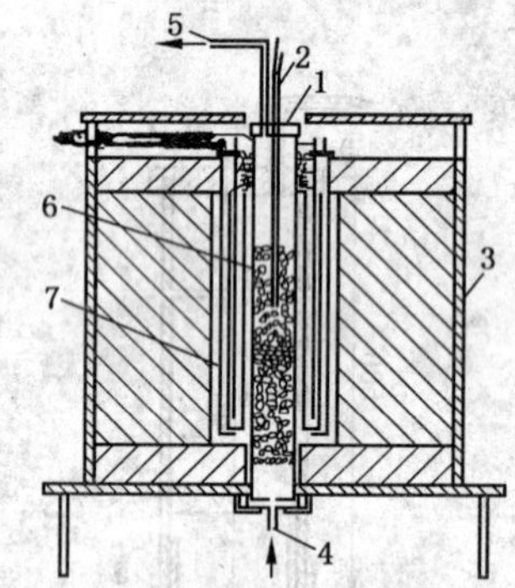

1——反应器；
2——控温热电偶；
3——电炉；
4——进气孔；
5——排气孔；
6——刚玉质反应器或耐高温合金钢反应器；
7——硅碳棒。

图6　硅碳棒加热电炉

4.3　反应后强度试验设备

4.3.1　Ⅰ型转鼓：装置见图7。转速 20 r/min±1 r/min。

4.3.1.1　鼓体：用外径 140 mm，厚 5 mm～6 mm 的无缝钢管加工而成。鼓内净长度 700 mm，鼓盖厚 5 mm～6 mm。

4.3.1.2　减速机：速比 50。

4.3.1.3　电机：0.75 kW，910 r/min。

4.3.2　转鼓控制器：总转数 600 r，时间 30 min±1 min。

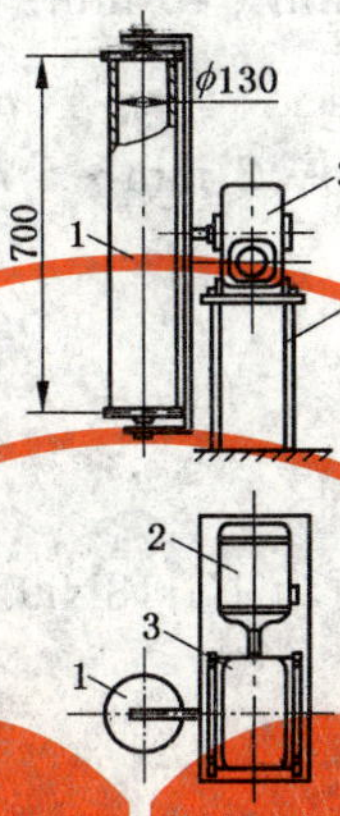

1——鼓体；

2——马达；

3——减速机；

4——机架。

图 7　转鼓控制器

4.4　二氧化碳供给系统

4.4.1　二氧化碳钢瓶及二氧化碳电加热减压阀。钢瓶内二氧化碳含量达 99.99%，二氧化碳电加热减压阀规格：220 V，0～25 MPa。

4.4.2　流量计：0.6 m^3/h。如使用的流量计不是二氧化碳气体流量计，要经过校正，换算成二氧化碳气体流量。

4.4.3　二氧化碳含量达不到要求时，可以使用附录 A 中二氧化碳净化措施进行二氧化碳的净化。

4.5　氮气供给系统

4.5.1　氮气钢瓶及氧压表。钢瓶内氮气含量达 99.99%。

4.5.2　流量计：0.25 m^3/h。

4.5.3　氮气含量达不到要求时，可以使用附录 A 中氮气净化措施进行氮气的净化。

4.6　ϕ 精密温度控制装置

温控范围 0 ℃～1 600 ℃，精度 0.5 级。

4.7　圆孔筛

ϕ10 mm 一个，筛框有效直径 200 mm。

ϕ23 mm 一个，筛框有效直径 300 mm。

ϕ25 mm 和 ϕ23 mm 各一个，筛面 400 mm×500 mm，按 GB/T 2006 中 4.2 圆孔筛规定制做。

4.8　干燥箱

工作室容积不小于 0.07 m^3。

最高使用温度：300 ℃。

4.9　天平

最大称量 500 g，感量 0.5 g。

4.10　铑-铂热电偶

直径 0.5 mm，长度 650 mm。

STANDARDS PRESS OF CHINA

高铝质热电偶保护管　A(ϕ7 mm×5 mm×400 mm)

高铝质双孔绝缘管　D(ϕ4 mm×1 mm×400 mm)

高铝质单孔绝缘管　C(ϕ1 mm×0.6 mm×10 mm)

4.11　板

材质为耐高温合金钢(GH23 或 GH44),厚 2 mm～5 mm,直径 79 mm,其上均匀钻直径 3 mm 的孔,孔间距离 5 mm。

4.12　高铝球

直径 20 mm。

4.13　架

托架见图 8。材质 Q235A,三个支管材质为 1Gr18Ni9Ti。

单位为毫米

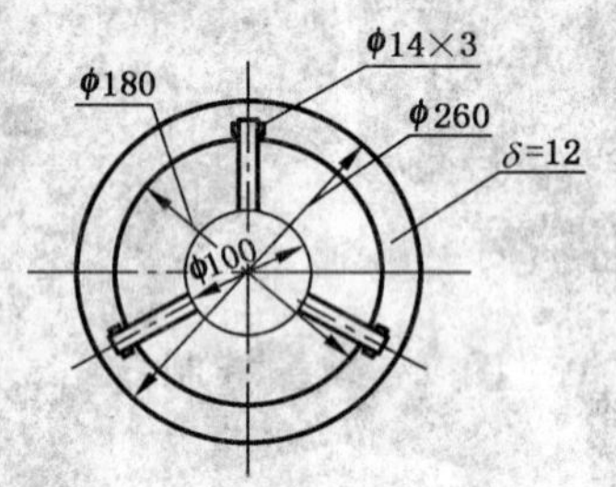

图 8　托架

4.14　反应器支架

承放反应器,尺寸、形式自定。

5　试样的采取与制备

5.1　按 GB/T 1997 规定的取样方法,按比例取不小于 25 mm 焦炭 20 kg,弃去泡焦和炉头焦。用颚式破碎机破碎、混匀、缩分出 10 kg,再用 ϕ25 mm、ϕ23 mm 圆孔筛筛分,大于 ϕ25 mm 焦块再破碎、筛分。取 ϕ23 mm 筛上物,去掉薄片状焦和细条状焦,保留较厚片状焦和较粗条状焦,并将较厚片状焦和较粗条状焦用手工修整成颗粒状焦块,用 ϕ23 mm 圆孔筛筛分后与未经过修整的颗粒状焦块混匀。缩分得焦块 2 kg,分两次(每次 1 kg)置于Ⅰ型转鼓中,以 20 r/min 的转速,转 50 r,取出后再用 ϕ23 mm 圆孔筛筛分,将筛上物缩分出 900 g 作为试样,用四分法将试样分成四份,每份不少于 220 g。

注:试验焦炉的焦炭可用 40 mm～60 mm 粒级的焦炭进行制样。

5.2　将制好的试样放入干燥箱,在 170 ℃～180 ℃温度下烘干 2 h,取出焦炭冷却至室温,用 ϕ23 mm 圆孔筛筛分,称取 200 g±0.5 g 待用。

6　试验步骤

试验流程见图 9。

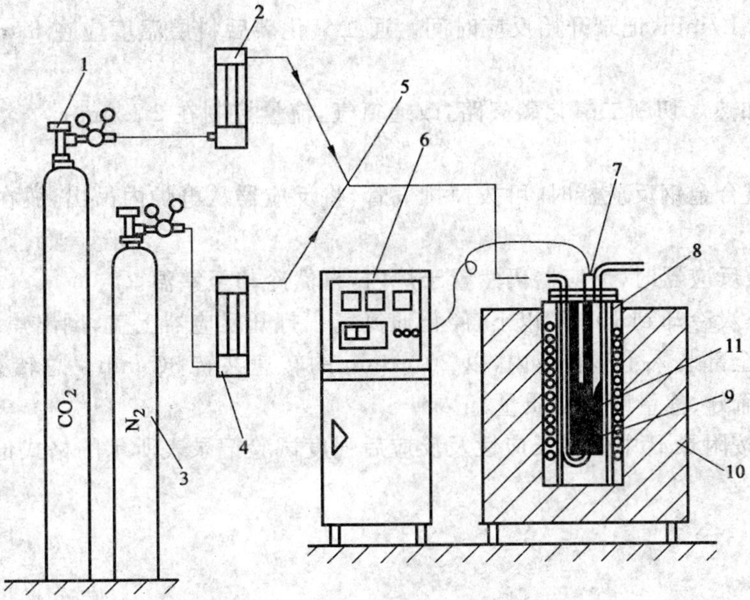

1——二氧化碳钢瓶；

2、4——流量计；

3——氮气钢瓶；

5——三通活塞；

6——精密温度控制装置；

7——热电偶；

8——托架；

9——反应器；

10——电炉；

11——试样。

图9 试验流程图

6.1 将反应器置于炉内，在反应器底部平放筛板，铺高铝球，确保焦炭装入时反应器内的焦炭层处于电炉恒温区内。

6.2 试样装入反应器

6.2.1 当使用耐高温合金钢反应器时，将已备好的焦炭试样 200 g±0.5 g 装入反应器，并记录焦块颗粒数。热电偶套管插入料层中心位置，然后将该反应器直立，用螺丝将盖与反应器筒体固定。将反应器置于炉顶的托架上吊放在电炉内，托架与电炉盖间放置石棉板隔热。在反应器法兰四周围上保温材料，减少散热。

6.2.2 当使用刚玉质反应器时，装入已备好的 200 g±0.5 g 焦炭试样约一半的颗粒，然后插入热电偶套管，再装入另一半焦炭，将热电偶套管穿过反应器盖子上的中心孔，盖上反应器盖子。四周围上保温材料，减少散热。

6.3 将测温热电偶插入反应器热电偶套管内（热电偶用高铝质双孔绝缘管及高铝质热电偶保护管保护）。

6.4 将反应器进气管、排气管分别与供气系统、排气系统连接。检查气路，保证严密。

6.5 接通电源，用精密温度控制仪调节电炉加热。升温速度为 8 ℃/min～16 ℃/min。当料层中心温度达到 400 ℃时，以 0.8 L/min 的流量通氮气，保护焦炭，防止其烧损。

6.6 当料层中心温度达到 1 050 ℃时，接通带预热装置的二氧化碳减压阀的电源插头，预热二氧化碳气瓶出口处，以保证二氧化碳气体稳定流出。当料层中心温度达到 1 100 ℃，稳定 10 min，切断氮气，改通二氧化碳，流量为 5 L/min，记录开始反应时间。通二氧化碳后料层温度应在 5 min～10 min 内恢复到 1 100 ℃±5 ℃。

6.7 反应 2 h，停止加热。切断二氧化碳气路，改通氮气，流量控制在 2 L/min。

6.8 试样的冷却

6.8.1 当使用耐高温合金钢反应器时，可拔掉排气管，将反应器从电炉内吊出，放在支架上继续通氮气冷却。

6.8.2 当使用刚玉质反应器时，反应器仍然置于炉内，自然冷却至室温。

6.9 至反应器中的焦炭冷却到 100 ℃以下，停止通氮气。打开反应器上盖，倒出焦炭，称量、记录。

6.10 反应后的焦炭全部装入Ⅰ型转鼓内，以 20 r/min 的转速共转 30 min。总转数为 600 r。然后取出用 ϕ10 mm 圆孔筛筛分、称量筛上物质量、记录。

6.11 试验原始数据按附录 B 中焦炭反应性及反应后强度试验记录表所示的格式记录。

7 结果计算

7.1 焦炭反应性

焦炭反应性指标以损失的焦炭质量占反应前焦样总质量的百分数表示。焦炭反应性(CRI)按(1)式计算，数值以%表示：

$$CRI(\%) = (m - m_1)/m \times 100 \quad \cdots\cdots(1)$$

式中：

m——焦炭试样质量，单位为克(g)；

m_1——反应后残余焦炭质量，单位为克(g)。

7.2 反应后强度

反应后强度指标以转鼓后大于 10 mm 粒级焦炭占反应后残余焦炭的质量百分数表示。反应后强度(CSR) 按(2)式计算，数值以%表示：

$$CSR(\%) = m_2/m_1 \times 100 \quad \cdots\cdots(2)$$

式中：

m_2——转鼓后大于 10 mm 粒级焦炭质量，单位为克(g)；

m_1——反应后残余焦炭的质量，单位为克(g)。

7.3 焦炭反应性及反应后强度的试验结果均取平行试验的算术平均值。

8 精密度

焦炭反应性(CRI)及反应后强度(CSR)的重复性 r 不得超过下列数值：

CRI：$r \leqslant 2.4\%$，

CSR：$r \leqslant 3.2\%$。

附 录 A
（资料性附录）
二氧化碳、氮气气体净化装置

A.1 二氧化碳气体净化装置

洗气瓶：容积 500 mL，内装浓硫酸（ρ=1.84 g/mL）。

干燥塔：容积 500 mL，内装无水氯化钙。

缓冲瓶：容积 6 000 mL。

A.2 氮气气体净化装置

洗气瓶：容积 500 mL，内装焦性没食子酸的碱性溶液。配制方法：5 g 焦性没食子酸溶于 15 mL 水，48 g 氢氧化钾溶于 32 mL 水，两者混合。配制时注意防止空气氧化。

干燥塔：容积 500 mL，内装无水块状氯化钙。

A.3 带二氧化碳、氮气气体净化装置的试验流程图（见图 A.1）

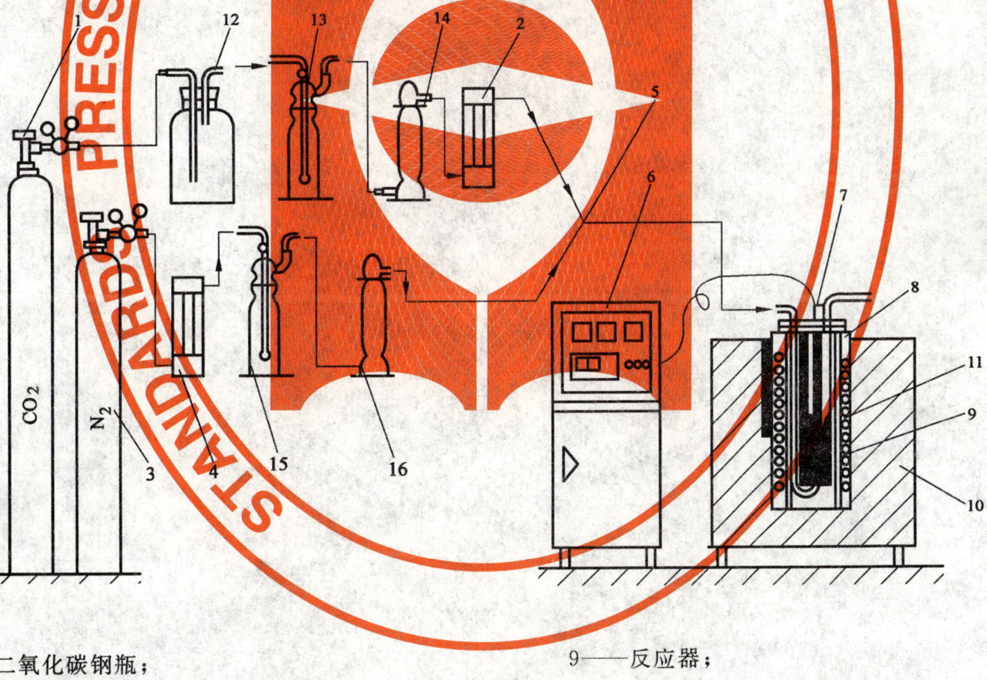

1——二氧化碳钢瓶；
2、4——流量计；
3——氮气钢瓶；
5——三通活塞；
6——精密温度控制装置；
7——热电偶；
8——托架；
9——反应器；
10——电炉；
11——试样；
12——缓冲瓶；
13——浓硫酸洗气瓶；
14、16——干燥塔；
15——焦性没食子酸洗气瓶。

图 A.1 带二氧化碳、氮气气体净化装置的试验流程图

STANDARDS PRESS OF CHINA

附　录　B
（规范性附录）
焦炭反应性及反应后强度试验记录表

<table>
<tr><td>试样名称</td><td colspan="3"></td><td rowspan="6">备注：</td></tr>
<tr><td>试验日期</td><td></td><td>开始试验时间</td><td></td></tr>
<tr><td>开始通二氧化碳时间</td><td></td><td>结束试验时间</td><td></td></tr>
<tr><td>反应后焦炭质量/g</td><td></td><td>反应性/%</td><td></td></tr>
<tr><td>转鼓后焦炭质量/g</td><td></td><td>反应后强度/%</td><td></td></tr>
<tr><td>焦炭颗数</td><td></td><td>操作者</td><td></td></tr>
<tr><td>反应性平均值/%</td><td colspan="2"></td><td colspan="2" rowspan="2">备注：</td></tr>
<tr><td>反应后强度平均值/%</td><td colspan="2"></td></tr>
</table>

ICS 77.100
H 42

中华人民共和国国家标准

GB/T 4008—2008
代替 GB/T 4008—1996

锰 硅 合 金

Ferromanganese-silicon

(ISO 5447:1980,Ferrosilicomanganese—Specification and conditions of delivery,MOD)

2008-08-05 发布 2009-04-01 实施

中华人民共和国国家质量监督检验检疫总局
中国国家标准化管理委员会 发布

前　言

本标准修改采用 ISO 5447:1980《锰硅合金——交货技术条件》(英文版)。

本标准根据 ISO 5447:1980 重新起草。为了方便比较,在附录 A 中列出了本标准章条编号和 ISO 5447:1980 章条编号的对照一览表。

考虑到我国国情,本标准在采用 ISO 5447:1980 时进行了修改。这些技术性差异用垂直单线标识在它们所涉及的条款的页边空白处。在附录 B 中给出了技术性差异及其原因的一览表以供参考。

为便于使用,对于 ISO 5447:1980,本标准还做了下列编辑性修改:

——将"本国际标准"一词改为"本标准";

——用小数点"."代替作为小数点的逗号",";

——删除 ISO 5447:1980 的前言。

本标准代替 GB /T 4008—1996《锰硅合金》。

本标准与 GB /T 4008—1996 相比主要变化如下:

——调整了 FeMn64Si16、FeMn64Si18、FeMn64Si23 三个牌号中的锰含量及 FeMn64Si16 牌号的硅含量,并按 GB/T 7738 对牌号重新命名;

——删除"表 1 的注:硫为保证元素,其余均为必测元素";

——调整了表 2 等级 4 的粒度范围;

——增加了附录 A 和附录 B。

本标准的附录 A 和附录 B 为资料性附录。

本标准由中国钢铁工业协会提出。

本标准由全国生铁及铁合金标准化技术委员会归口。

本标准起草单位:冶金工业信息标准研究院、山西晋能集团有限公司、中钢集团吉林铁合金股份有限公司、桂林康密劳铁合金有限公司。

本标准主要起草人:张瑞香、张耀、王爽、李永全。

本标准所代替标准的历次版本发布情况为:

——GB/T 4008—1983、GB/T 4008—1987、GB/T 4008—1996。

锰 硅 合 金

1 范围

本标准规定了锰硅合金的技术要求、试验方法、检验规则、包装、储运、标志和质量证明书。

本标准适用于炼钢及铸造作合金剂、复合脱氧剂和脱硫剂，冶炼中低碳锰铁作还原剂用的锰硅合金。

2 规范性引用文件

下列文件中的条款通过本标准的引用而成为本标准的条款。凡是注日期的引用文件，其随后所有的修改单(不包括勘误的内容)或修订版均不适用于本标准，然而，鼓励根据本标准达成协议的各方研究是否可使用这些文件的最新版本。凡是不注日期的引用文件，其最新版本适用于本标准。

GB/T 3650 铁合金验收、包装、储运、标志和质量证明书的一般规定

GB/T 4010 铁合金化学分析用试样的采取和制备(GB/T 4010—1994，neq ISO 4552:1987)

GB/T 5686.1 锰铁、锰硅合金、氮化锰铁和金属锰 锰含量的测定 电位滴定法、硝酸铵氧化滴定法及高氯酸氧化滴定法(GB/T 5686.1—2008，ISO 4159:1978，MOD)

GB/T 5686.2 锰铁、锰硅合金、氮化锰铁和金属锰 硅含量的测定 钼蓝光度法、氟硅酸钾滴定法和高氯酸重量法(GB/T 5686.2—2008，ISO 4158:1978，MOD)

GB/T 5686.4 锰铁、锰硅合金、氮化锰铁和金属锰 磷含量的测定 钼蓝光度法和碱量滴定法

GB/T 5686.5 锰铁、锰硅合金、氮化锰铁和金属锰 碳含量的测定 红外线吸收法、气体容量法、重量法和库仑法

GB/T 5686.7 锰铁、锰硅合金、氮化锰铁和金属锰 硫含量的测定 红外线吸收法和燃烧中和滴定法

GB/T 7738 铁合金产品牌号表示方法

GB/T 13247 铁合金产品粒度的取样和检测方法(GB/T 13247—1991，neq ISO 4551:1987)

3 技术要求

3.1 牌号及化学成分

3.1.1 锰硅合金按锰、硅及其杂质含量的不同，分为8个牌号，其化学成分应符合表1规定。

表1 牌号和化学成分

牌号	化学成分(质量分数)/%						
	Mn	Si	C	P			S
				Ⅰ	Ⅱ	Ⅲ	
			不大于				
FeMn64Si27	60.0～67.0	25.0～28.0	0.5	0.10	0.15	0.25	0.04
FeMn67Si23	63.0～70.0	22.0～25.0	0.7	0.10	0.15	0.25	0.04
FeMn68Si22	65.0～72.0	20.0～23.0	1.2	0.10	0.15	0.25	0.04
FeMn62Si23 (FeMn64Si23)	60.0～<65.0	20.0～25.0	1.2	0.10	0.15	0.25	0.04
FeMn68Si18	65.0～72.0	17.0～20.0	1.8	0.10	0.15	0.25	0.04

STANDARDS PRESS OF CHINA

表 1(续)

牌号	化学成分(质量分数)/%						
	Mn	Si	C	P			S
				Ⅰ	Ⅱ	Ⅲ	
			不大于				
FeMn62Si18 (FeMn64Si18)	60.0～<65.0	17.0～20.0	1.8	0.10	0.15	0.25	0.04
FeMn68Si16	65.0～72.0	14.0～17.0	2.5	0.10	0.15	0.25	0.04
FeMn62Si17 (FeMn64Si16)	60.0～<65.0	14.0～20.0	2.5	0.20	0.25	0.30	0.05
注：括号中的牌号为旧牌号。							

3.1.2 需方对表 1 化学成分或砷、锑、铋、锡、铅等元素有特殊要求时，由供需双方另行协商。

3.2 物理状态

3.2.1 锰硅合金以块状或粒状供货，其粒度范围及允许偏差应符合表 2 规定。

3.2.2 需方对粒度有特殊要求时，可由供需双方另行协商。

表 2 粒度要求

等级	粒度范围/mm	偏差(质量分数)/%	
		筛上物	筛下物
		不大于	
1	20～300	5	5
2	10～150	5	5
3	10～100	5	5
4	10～50	5	5

4 试验方法

4.1 化学分析

锰硅合金的化学分析方法应符合表 3 的规定。

表 3 化学分析方法

序号	元素	测定方法
1	Mn	GB/T 5686.1
2	Si	GB/T 5686.2
3	C	GB/T 5686.5
4	P	GB/T 5686.4
5	S	GB/T 5686.7

4.2 粒度检测

锰硅合金粒度检测按 GB/T 13247 的规定。

5 检验规则

5.1 组批

锰硅合金锰含量波动在 4%范围内的同牌号、同组级归为一批交货。

5.2 化学分析用试样的采取和制备

锰硅合金的化学分析用试样的采取和制备按 GB/T 4010 的规定。

5.3 质量检查与验收

锰硅合金的质量检查与验收应符合 GB/T 3650 的规定。

5.4 粒度的取样和验收

锰硅合金粒度的取样和验收按 GB/T 13247 的规定。

6 包装、储运、标志和质量证明书

6.1 包装

锰硅合金一般以散装供货，也可采用集装箱或袋装供货。如用集装箱或袋装供货时，包装件外应有明显标志。

6.2 储运、标志和质量证明书

锰硅合金的储运、标志和质量证明书应符合 GB/T 3650 的规定。

附　录　A
（资料性附录）
本标准章条编号与 ISO 5447:1980 章条编号对照

表 A.1 给出了本标准章条编号与 ISO 5447:1980 章条编号对照一览表。

表 A.1　本标准章条编号与 ISO 5447:1980 章条编号对照

本标准章条编号	对应 ISO 5447:1980 章条编号
1	1
2	2
—	3
—	4
3	5
3.1	5.2
3.1.1	5.2.1
3.1.2	5.2.2
—	5.2.3
3.2	5.3
3.2.1	5.3.1
3.2.2	5.3.2
—	5.4
4	6
—	6.1
—	6.2
4.1	6.2.1
4.2	6.1.1
5	—
5.1	5.1
5.2、5.4	6.1.1
5.3	6.1.2、6.1.3、6.2.3 的对应内容
6	7
6.1	—
6.2	6.2.2 的部分内容
附录 A	—
附录 B	—

附 录 B
（资料性附录）
本标准与 ISO 5447:1980 技术性差异及其原因

表 B.1 给出了本标准与 ISO 5447:1980 技术性差异及其原因的一览表。

表 B.1 本标准与 ISO 5447:1980 技术性差异及其原因

本标准的章条编号	技术性差异	原 因
1	用"适用于炼钢及铸造作合金剂、复合脱氧剂和脱硫剂，冶炼中低碳锰铁作还原剂用的锰硅合金"代替"适用于炼钢及铸造"	国际标准规定的适用领域仅是"通常"的，本标准规定的用途更具体
2	引用的是我国现行国家标准而非国际标准。其中 GB/T 5686.1、GB/T 5686.2 等同于 ISO 4139、ISO 4159；GB/T 4010 修改采用 ISO 3713、ISO 4552；GB/T 13247 修改采用 ISO 4551。 删除 ISO 5447:1980 中引用的 ISO 565	ISO 5447:1980 中没有具体给出锰硅合金碳、硫、磷化学成分和粒度的测定方法标准，不能满足使用。 本标准引用的 GB/T 13247 中已包含对试验用筛的要求
—	删除 ISO 5447:1980 第 3 章"定义"	GB/T 14984《铁合金术语》标准包有"锰硅合金"定义
2	删除 ISO 5447:1980 第 4 章"订货内容"	目前我国铁合金国家标准均将此项内容纳入到 GB/T 3650 标准的质量证明书中，每个标准没有必要再单列
3.1	以本标准"表 1"代替 ISO 5447:1980"表 1"。 以本标准表 1 的 8 个牌号代替 ISO 5447:1980 表 1 的 14 个牌号。 缩小了锰硅合金主元素（Mn、Si）的允许含量范围。例如，我国标准锰含量波动范围为"5.0%～7.0%"，硅含量波动范围为"3.0%～6.0%"；ISO 5447:1980 锰含量波动范围为"10.0%～15.0%"，硅含量波动范围为"5.0%～7.0%"。 对碳、磷、硫等杂质元素的允许含量进行了修改。 删除 ISO 5447:1980 中 5.2.3"表 1 所列化学成分受锰硅合金取样和分析方法精确度的影响（见第 6 章）"	作为锰硅合金的主元素，其含量波动范围大必然影响使用。目前锰硅合金的生产技术水平亦可以把产品的含锰、硅含量控制在较小的范围。同时，我国对杂质元素控制已到较高水平。 锰硅合金取样和分析方法对化学成分的影响是显而易见的
3.2	以本标准"表 2"代替 ISO 5447:1980"表 2"。 以本标准的四个粒度组别代替 ISO 5447:1980 的六个粒度级别。我国标准筛上物和筛下物为 5%，国际标准偏差总量 15%，下偏差 7%； 删去 ISO 5447:1980 中 5.3.1"过细粒度以给需方的交货点为准"和"规定的粒度系用方孔钢筛筛分，见 ISO 565"	我国标准依据生产及贸易的实际情况制定了四个粒度组别，筛上物和筛下物比国际标准要求严格。 此两项内容在本标准的引用标准 GB/T 13247 中已有相应规定

STANDARDS PRESS OF CHINA

表 B.1（续）

本标准的章条编号	技术性差异	原　因
4.1	以本标准的 4.1 代替 ISO 5447:1980 的 6.2.1“锰硅合金的化学分析最好用 ISO 4139、ISO 4158 和 ISO 4159 中规定的方法进行，但是也可以采用具有类似精确度的其他化学分析方法。 将 ISO 5447:1980 的 6.2.2“锰硅合金交货产品应附有供方提供的分析合格证，说明锰和硅含量，如经商定，也可说明表 1 中规定的或附加协议规定的其他元素含量，如果需方要求，应交付交货产品的代表性样品。”和 6.2.3“发生争议时，可采用下列两种方法中的一种方法解决”安排在本标准的 6.2 和 5.3 中规定，其具体内容按本标准的引用标准 GB/T 3650	ISO 5447:1980 没有具体给出锰硅合金化学成分测定方法，本标准则引用了测定锰硅合金化学成分的国家标准。 ISO 5447:1980 的 6.2.2 和 6.2.3 的规定不属于试验方法的范畴
5	增加第 5 章“检验规则”(国际标准中没有对应章节)。 将 ISO 5447:1980 中 5.1“组批”的内容对应在本标准的 5.1。以本标准的“按牌号、组级组批”代替 ISO 5447:1980 的“按炉、级、混合组批”，并规定了按牌号、组级组批的批量要求。 以我国 5.2“锰硅合金化学分析用试样的采取和制备应按 GB/T 4010 进行”和 5.4“锰硅合金粒度的取样方法和验收按 GB/T 13247 规定”代替 ISO 5447:1980 标准 6.1.1“化学分析和筛分的取样按 ISO 3713 或 ISO 4551 所规定方法进行，也可用其他有相似精度的取样方法”。 以我国 5.3“锰硅合金的质量检查与验收应符合 GB/T 3650 的规定”代替 ISO 5447:1980 中 6.1.2“除非另有协议，取样通常应在供方货场进行。无论在何处取样，均应有供需双方代表在场。”、6.1.3“如果需要仲裁取样，应由供需双方相互协商选定的仲裁者来进行。取样应按 ISO 3713[5)] 中规定的方法进行，也可以采用具有类似准确性的其他取样方法，但由供方、需方和仲裁者三方商定。”及 6.2.3	我国标准的组批更具有操作性。 GB/T 4010 标准是参照 ISO 3713 及 ISO 4552:1987《铁合金——用于化学分析的取样和制样》制定的。GB/T 13247 标准是参照 ISO 4551 制定的。 GB/T 3650《铁合金验收、包装、储运、标志和质量证明书的一般规定》有验收要求
6	以“包装、储运、标志和质量证明书”代替 ISO 5447:1980 标准第 7 章	GB/T 3650《铁合金验收、包装、储运、标志和质量证明书的一般规定》标准有包装要求

ICS 77.100
H 42

中华人民共和国国家标准

GB/T 4009—2008
代替 GB/T 4009—1989

硅 铬 合 金

Chromium silicon

(ISO 5449:1980,Ferrosilicochromium—
Specification and conditions of delivery,MOD)

2008-08-05 发布 2009-04-01 实施

中华人民共和国国家质量监督检验检疫总局
中国国家标准化管理委员会 发布

前　言

本标准修改采用ISO 5449:1980《硅铬合金——规格和交货条件》(英文版)。

本标准根据ISO 5449:1980重新起草。为了方便比较,在附录A中列出了本标准章条编号和ISO 5449:1980章条编号的对照一览表。

考虑到我国国情,本标准在采用ISO 5449:1980时进行了修改。这些技术性差异用垂直单线标识在它们所涉及的条款的页边空白处。在附录B中给出了技术性差异及其原因的一览表以供参考。

为便于使用,对于ISO 5449:1980,本标准还做了下列编辑性修改:

——将“本国际标准”一词改为“本标准”;

——用小数点“.”代替作为小数点的逗号“,”;

——删除ISO 5449:1980的前言。

本标准代替GB/T 4009—1989《硅铬合金》。

本标准与GB/T 4009—1989比较,主要变化如下:

——增加了标准的前言;

——增加了规范性引用文件;

——调整了组批的表述形式;

——增加了附录A和附录B。

本标准的附录A和附录B为资料性附录。

本标准由中国钢铁工业协会提出。

本标准由全国生铁及铁合金标准化技术委员会归口。

本标准起草单位:中钢集团吉林铁合金股份有限公司、冶金工业信息标准研究院。

本标准主要起草人:王爽、程志国、张瑞香。

本标准所代替标准的历次版本发布情况为:

——GB/T 4009—1983、GB/T 4009—1989。

硅 铬 合 金

1 范围

本标准规定了硅铬合金的技术要求、试验方法、检验规则以及包装、储运、标志和质量证明书。

本标准适用于炼钢及铸造时作为还原剂和合金剂，精炼铬铁时作为还原剂的硅铬合金。

2 规范性引用文件

下列文件中的条款通过本标准的引用而成为本标准的条款。凡是注日期的引用文件，其随后所有的修改单（不包括勘误的内容）或修订版均不适用于本标准，然而，鼓励根据本标准达成协议的各方研究是否可使用这些文件的最新版本。凡是不注日期的引用文件，其最新版本适用于本标准。

GB/T 3650 铁合金验收、包装、储运、标志和质量证明书的一般规定

GB/T 4010 铁合金化学分析用试样的采取和制备（GB/T 4010—1994，neq ISO 4552:1987）

GB/T 4699.2 铬铁与硅铬合金 铬含量的测定 过硫酸铵氧化滴定法和电位滴定法（GB/T 4699.2—2008，ISO 4140:1979，MOD）

GB/T 4699.3 铬铁、硅铬合金和氮化铬铁 磷含量的测定 铋磷钼蓝分光光度法和钼蓝分光光度法

GB/T 4699.4 铬铁、硅铬合金 碳含量的测定 红外线吸收法和重量法

GB/T 4699.6 铬铁、硅铬合金 硫含量的测定 红外线吸收法和燃烧中和滴定法

GB/T 5687.2 铬铁、硅铬合金和氮化铬铁 硅含量的测定 高氯酸脱水重量法（GB/T 5687.2—2007，ISO 4158:1978，MOD）

GB/T 13247 铁合金产品粒度的取样和检测方法（GB/T 13247—1991，neq ISO 4551:1987）

3 技术要求

3.1 牌号和化学成分

3.1.1 硅铬合金按硅和铬及其杂质含量不同，分为五个牌号，其化学成分应符合表1的规定。

表1 牌号和化学成分

牌 号	化学成分（质量分数）/%					
	Si	Cr	C	P		S
				Ⅰ	Ⅱ	
	不小于		不大于			
FeCr30Si40-A	40.0	30.0	0.02	0.02	0.04	0.01
FeCr30Si40-B	40.0	30.0	0.04	0.02	0.04	0.01
FeCr30Si40-C	40.0	30.0	0.06	0.02	0.04	0.01
FeCr30Si40-D	40.0	30.0	0.10	0.02	0.04	0.01
FeCr32Si35	35.0	32.0	1.0	0.02	0.04	0.01

3.1.2 需方对表1化学成分或砷、锑、铋、锡、铅等元素有特殊要求时，由供需双方另行协商。

3.2 粒度

3.2.1 硅铬合金以块状或粒状交货，其粒度要求应符合表2的规定。

表 2 粒度要求

粒度组别	粒度/mm	粒度偏差(质量分数)/%	
		筛上物	筛下物
一般粒度	10～200	不大于 5	不大于 10
中粒	10～100		
小粒	10～50		

3.2.2 需方对粒度有特殊要求,由供需双方另行商定。

4 试验方法

4.1 化学分析

硅铬合金的化学分析方法应符合表 3 的规定。

表 3 化学分析方法

序号	元素	分析方法
1	Si	GB/T 5687.2
2	Cr	GB/T 4699.2
3	P	GB/T 4699.3
4	C	GB/T 4699.4
5	S	GB/T 4699.6

4.2 粒度检测

硅铬合金粒度的检测按 GB/T 13247 的规定。

5 检验规则

5.1 组批

硅铬合金应按同一牌号、同一组级归为一批交货,分级批产品中硅或铬成分的任一种,含量极差不应大于 3%。

5.2 试样的采取和制备

硅铬合金化学分析用试样的采取和制备按 GB/T 4010 的规定。

5.3 质量检查和验收

硅铬合金的质量检查和验收应符合 GB/T 3650 的规定。

5.4 粒度的取样和验收

硅铬合金粒度的取样和验收按 GB/T 13247 的规定。

6 包装、储运、标志和质量证明书

产品的包装、储运、标志和质量证明书应符合 GB/T 3650 的规定。

附 录 A
（资料性附录）
本标准章条编号与 ISO 5449:1980(E)章条编号对照

表 A.1 给出了本标准章条编号与 ISO 5449:1980(E)章条编号对照一览表。

表 A.1 本标准章条编号与 ISO 5449:1980(E)章条编号对照

本标准章条编号	对应 ISO 5449:1980(E)章条编号
1	1
2	2
—	3
—	4
3	5
3.1	5.2
3.1.1	5.2.1、5.2.3
3.1.2	5.2.2
3.2	5.3
3.2.1	5.3.1
3.2.2	5.3.2
—	5.4
4	6
—	6.1
4.1	6.2、6.2.1
4.2	6.1.1
5	—
5.1	5.1、5.1.1、5.1.2、5.1.3
5.2、5.4	6.1.1
5.3	6.1.2、6.1.3、6.2.2、6.2.3 的对应内容
6	7
附录 A	—
附录 B	—

附 录 B
（资料性附录）
本标准与 ISO 5449:1980(E)技术性差异及其原因

表 B.1 给出了本标准与 ISO 5449:1980(E)技术性差异及其原因的一览表。

表 B.1 本标准与 ISO 5449:1980(E)技术性差异及其原因

本标准的章条编号	技术性差异	原 因
1	增加了“精炼铬铁时作为还原剂的硅铬合金”。	符合需要
2	引用了我国标准而非国际标准。“GB/T 4699、GB/T 10323”和“GB/T 4010、GB/T 13247”与国际及国外标准一致性程度分别为“等效和非等效”。 删除 ISO 5449:1980 引用的“ISO 565:1990 试验用筛——金属丝网和孔板——公称孔径、ISO 3713:1987 铁合金——取样和试样的制备——总则、ISO 4139 硅铁-铝含量测定——原子吸收法、ISO 4140 铬铁和硅铬合金-铬含量测定——电位滴定法、ISO 4158 硅铁、锰硅合金和硅铬合金-硅含量测定——重量法”	以适应我国标准体系。 ISO 5449:1980 中没有具体给出化学成分和粒度的测定方法标准，不能满足使用。 本标准引用的 GB/T 13247 中已包含对试验用筛的要求
—	删除 ISO 5449:1980 第 3 章“定义”	GB/T 14984《铁合金术语》标准有“硅铬合金”定义
—	删除 ISO 5449:1980 第 4 章“订货讯息”	本标准引用了 GB/T 3650《铁合金验收、包装、储运、标志和质量证明书的一般规定》标准，有相应规定
3.1	以本标准“表 1”代替 ISO 5449:1980“表 1”	符合需要
3.2	以本标准“表 2”代替 ISO 5449:1980“表 2”	保留原标准粒度要求
4.1	以本标准的 4.1 代替 ISO 5449:1980 的 6.2.1“硅铬合金的化学分析最好用 ISO 4139、ISO 4140、ISO 4158 规定的方法进行，但是也可以采用具有类似精确度的其它化学分析方法”	ISO 5449:1980 没有具体给出硅铬合金化学成分测定方法，本标准则引用了测定硅铬合金化学成分的国家标准
4.2	增加“硅铬合金粒度检查应按 GB/T 13247 的规定”	GB/T 13247《铁合金产品粒度的取样和检测方法》有检验用筛、及筛分方法要求
5	增加第 5 章“检验规则”	符合需要
5.1	删除 ISO 5449:1980 标准 5.1“硅铬合金应按下列两种方法之一交货”；5.1.1“按炉组批法：按炉组批法是一批交货产品由一炉(或连续出炉的若干部分)硅铬合金组成”；5.1.3“混合组批法：按混合组批法是一批交货产品由一种牌号的若干(或连续出炉的若干部分)硅铬合金组成”；“其产品应破碎成粒度小于 Xmm，并混匀。构成一批交货产品的各炉(或连续出炉的各部分)主要成分应在交货对应牌号所要求的最大值和最小值之间波动”。 以“硅铬合金应按同一牌号、同一组级归为一批交货，分极批产品中硅或铬成分的任一种，含量极差不应大于 3%。”代替 ISO 5449:1980 标准“5.1.2 按级组批法：按级组批法是一批交货产品由一种牌号的若干(或连续出炉的若干部分)硅铬合金组成；构成一批交货产品的各炉(或连续出炉的各部分)之间铬、硅含量之差绝对值不得大于 3%”	与 ISO 5449:1980 标准 5.1.2按级组批法等效

表 B.1（续）

本标准的章条编号	技术性差异	原　因
5.2、5.4	以5.2“硅铬合金化学分析用试样的采取和制备应按GB/T 4010进行”和5.4“硅铬合金粒度的取样方法和验收按GB/T 13247的规定”代替ISO 5449:1980标准6.1.1“化学分析和筛分析的取样按ISO 3713所规定方法进行，但也可用其他有相似精度的取样方法”。 删除ISO 5449:1980标准6.1.2、6.1.3	GB/T 4010标准是参照ISO 3713及ISO 4552:1987《铁合金——用于化学分析的取样和制样》制定的。GB/T 13247标准是参照ISO 4551制定的
5.3	删除ISO 5449:1980标准6.2.3“仲裁测试”。 增加“硅铬合金的质量检查与验收应符合GB/T 3650的规定”	GB/T 3650《铁合金验收、包装、储运、标志和质量证明书的一般规定》标准有验收、仲裁要求
6	以“包装、储运、标志和质量证明书”代替ISO 5449:1980标准第7章	GB/T 3650《铁合金验收、包装、储运、标志和质量证明书的一般规定》标准有包装要求，适合中国国情

STANDARDS PRESS OF CHINA

ICS 39.040.10
Y 11

中华人民共和国国家标准

GB/T 4048—2008/ISO 3765:1998
代替 GB/T 4048—1983

计时仪器
手表壳与表带连接部位的尺寸系列

Timekeeping instruments—Wristwatches—Dimensions of bracelet-to-case fastening elements

(ISO 3765:1998,IDT)

2008-07-31 发布　　2009-05-01 实施

中华人民共和国国家质量监督检验检疫总局
中国国家标准化管理委员会　发布

前　言

本标准等同采用 ISO 3765:1998《计时仪器　手表　表带连接部位的尺寸系列》(英文版)。

为便于使用,本标准做了下列编辑性修改:

——“本国际标准”一词改为“本标准”;

——用小数点“.”代替作为小数点的逗号“,”;

——删除 ISO 3765:1998 的前言;

——对于 ISO 3765:1998 引用的其他国际标准中有被等同采用为我国标准的,本标准引用我国的这些国家标准代替对应的国际标准,其余未被等同采用为我国标准的国际标准,在本标准中均被直接引用(本版的第 2 章)。

本标准代替 GB/T 4048—1983《手表表壳与表带连接部位的尺寸系列》。

本标准与 GB/T 4048—1983 相比,主要变化如下:

——增加了第 2 章“规范性引用文件”,增加 ISO 286-1《极限与配合的 ISO 体系　第 1 部分:公差、偏差和配合的基础》和 GB/T 14256《计时学术语　第 2 部分:技术和商业用定义》两个引用文件;

——增加了第 3 章“术语和定义”;

——增加了第 4 章“分类”,对手表壳进行重新分类并增加三种类型弹簧表带栓的分类内容;

——第 5 章中各类手表壳的示意图根据 ISO 3765:1998 中的示意图作相应更改,同时增加三种类型弹簧表带栓的示意图;

——第 6 章表 1 中增加了手表壳“孔有效深度”和“孔深度”的内容;补充壳角间距尺寸系列;增加了壳角孔直径与轴径的换算公式;

——第 6 章增加了表 2,规定了“弹簧表带栓”相关尺寸系列。

本标准由中国轻工业联合会提出。

本标准由全国钟表标准化技术委员会归口。

本标准起草单位:深圳市飞亚达精密计时制造有限公司、轻工业钟表研究所、福建漳州市恒丽电子有限公司。

本标准主要起草人:陈杰、金英淑、邵跃明、唐海元、巫玲坚、赵卫海。

本标准所代替标准的历次版本发布情况为:

——GB/T 4048—1983。

计时仪器
手表壳与表带连接部位的尺寸系列

1 范围

本标准规定了用弹簧表带栓将表带连接到表壳上的尺寸。

本标准适用于两种类型的表壳和三种类型的弹簧表带栓。

2 规范性引用文件

下列文件中的条款通过本标准的引用而成为本标准的条款。凡是注日期的引用文件，其随后所有的修改单(不包括勘误的内容)或修订版均不适用于本标准，然而，鼓励根据本标准达成协议的各方研究是否可使用这些文件的最新版本。凡是不注日期的引用文件，其最新版本适用于本标准。

GB/T 14256 计时学术语 第2部分：技术和商业用定义(GB/T 9820.2—2008，ISO 6426-2:2002，IDT)

ISO 286-1 极限与配合的ISO体系 第1部分：公差、偏差和配合的基础

3 术语和定义

GB/T 14256中确立的以及下列术语和定义适用于本标准。

3.1

手表壳 case

用于安装手表机心的保护壳。

3.2

壳角 lug

表壳上通过弹簧表带栓连接表带的有孔部分。

3.3

弹簧表带栓 spring bar

连接表壳与表带的有簧部件。

4 分类

4.1 手表壳

手表壳分为两种类型：

——Ⅰ型：两边各有两个壳角的表壳，用弹簧表带栓将表带连接在两个壳角之间(图1和图2)；

——Ⅱ型：与Ⅰ型表壳相似，但两壳角共用一个挡盖，用弹簧表带栓将表带连接在两个壳角之间(图3)。

4.2 弹簧表带栓

本标准适用于三种类型的弹簧表带栓：

——Ⅰ型：双头活动销弹簧表带栓(图4)；

——Ⅱ型：单头活动销弹簧表带栓(图5)；

——Ⅲ型：弯曲弹簧表带栓(图6)。

5 连接件的结构和尺寸

5.1 手表壳类型

Ⅰ型盲孔壳角表壳、Ⅰ型通孔壳角表壳和Ⅱ型带挡盖表壳，见图1～图3。

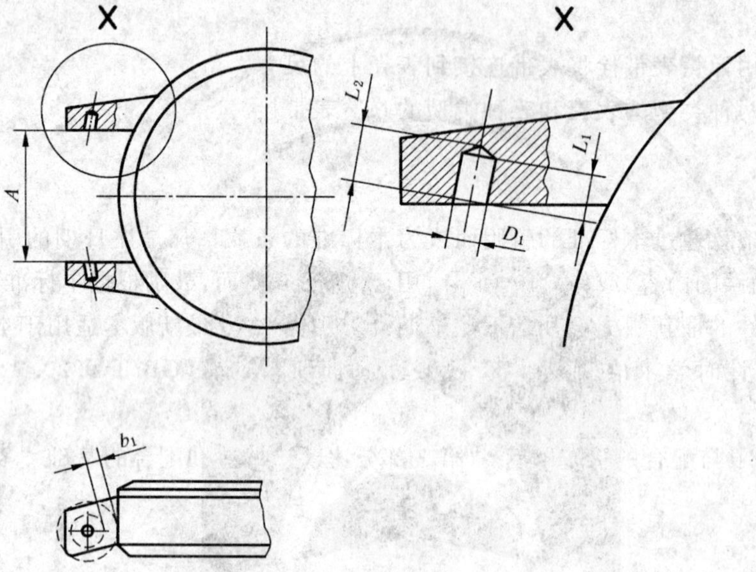

图1 Ⅰ型盲孔壳角表壳

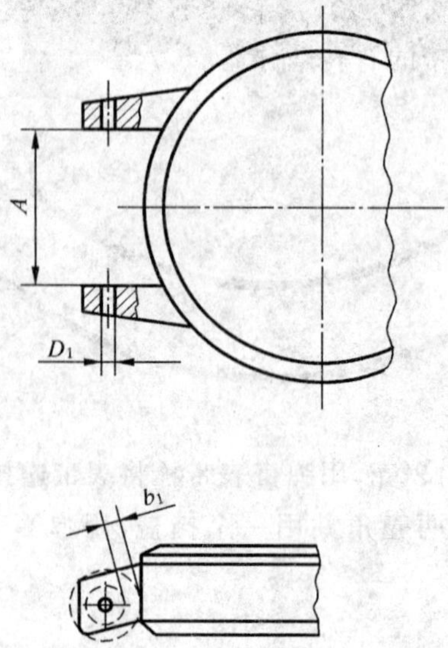

图2 Ⅰ型通孔壳角表壳

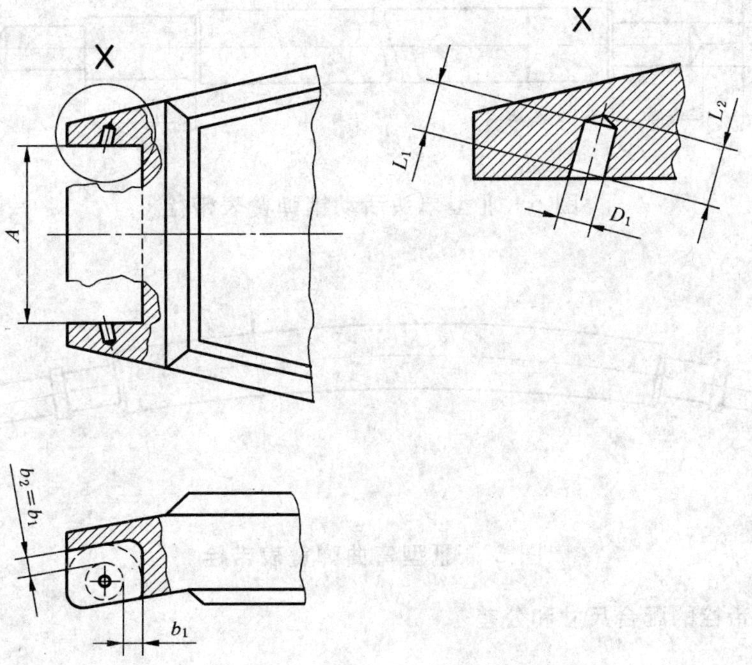

图 3 Ⅱ型带挡盖表壳

5.2 弹簧表带栓的类型

Ⅰ型双头活动销弹簧表带栓、Ⅱ型单头活动销弹簧表带栓和Ⅲ型弯曲弹簧表带栓，见图 4～图 6。

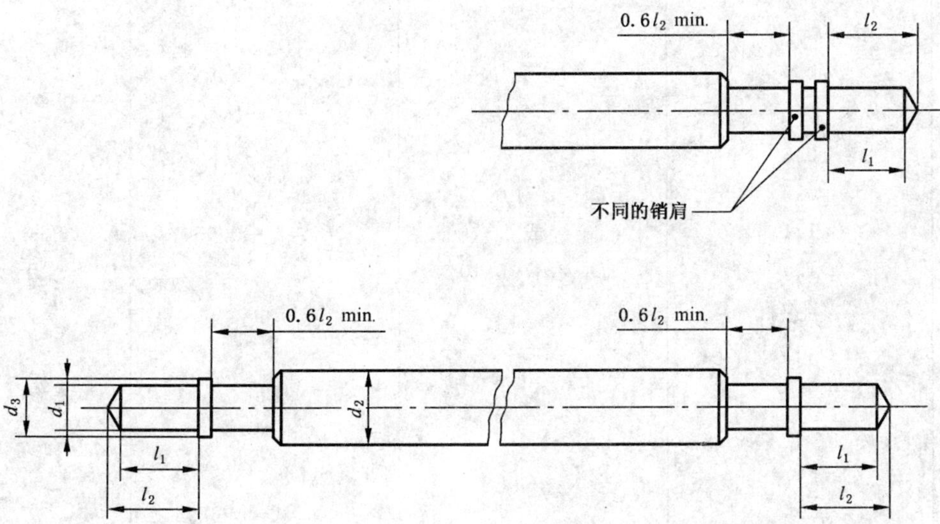

图 4 Ⅰ型双头活动销弹簧表带栓

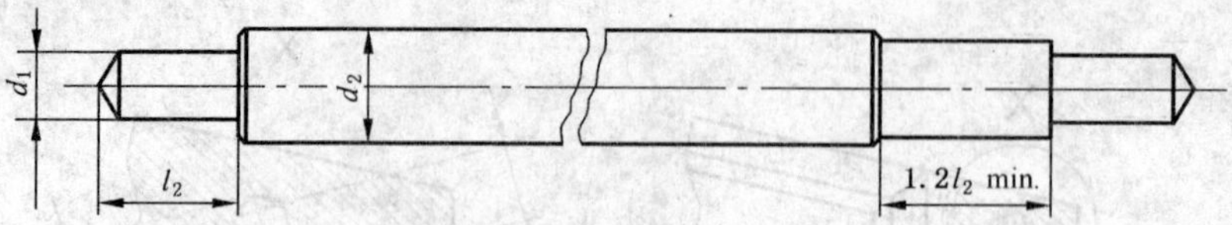

图 5 Ⅱ型单头活动销弹簧表带栓

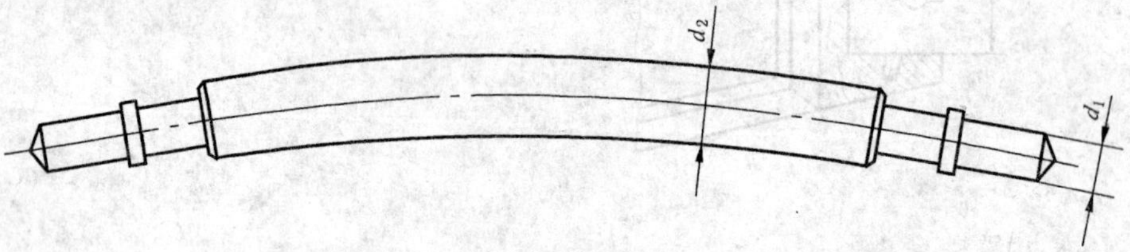

图 6 Ⅲ型弯曲弹簧表带栓

6 手表壳和弹簧表带栓的配合尺寸和公差

见表 1 和表 2。

表 1 手表壳的配合尺寸和公差

单位为毫米

壳角间距 A H13[a]	弹簧表带栓间距($b_1=b_2$) H15[a]	壳角孔直径 D_1 H11[a]	孔有效深度 L_1 最小	孔深度 L_2 最大
5				
6				
7				
8				
9				
10				
11	0.5			
12	0.7	$D_1=d_1+0.05$		
13	1.1	或	$L_1=l_2+0.05$	$L_2=l_2+0.10$
14	1.5	$D_1=d_1+0.10$		
15	2.0			
16				
17				
18				
19				
20				
22				
24				

[a] 见 ISO 286-1。

表 2　弹簧表带栓的配合尺寸和公差

单位为毫米

栓销直径 d_1 h11[a]	栓体直径 d_2 h11[a]	栓肩直径 d_3 js11[a]	栓销有效长度 l_1 最小	栓销长度 l_2 最大
0.56	1.00	0.8	$l_1=0.85l_2$	0.70 0.80
0.75	1.30 1.50 1.80	1.20 1.40		0.80
0.80	1.20 1.50 1.80	1.05 1.20 1.30		0.95
0.90	1.80	1.70		1.00
1.00	2.00	1.60		1.10
1.20	2.50	1.80		1.20

[a] 见 ISO 286-1。

ICS 87.020
A 29

中华人民共和国国家标准

GB/T 4054—2008
代替 GB/T 4054—1983

涂料涂覆标记

Representation of coating

2008-12-15 发布　　2009-10-01 实施

中华人民共和国国家质量监督检验检疫总局
中国国家标准化管理委员会　发布

前 言

本标准代替 GB/T 4054—1983《涂料涂覆标记》。

本标准与 GB/T 4054—1983 相比主要有如下技术差异：

——标准的结构根据 GB/T 1.1—2000 要求做了大的调整；

——第 7 章例 4、例 5 中前处理的标记方法根据标准 GB/T 13911—1992 做了相应的修改。

本标准由国家安全生产监督管理总局提出。

本标准由全国安全生产标准化技术委员会涂装作业分技术委员会(SAC/TC 288/SC 6)归口。

本标准负责起草单位：江苏省安全生产科学研究院，浙江明泉工业涂装有限公司。

本标准主要起草人：胡义铭、柏萍、张丽、黄立明、赵瑛、茅立安。

本标准所代替标准的历次版本发布情况为：

——GB/T 4054—1983。

涂料涂覆标记

1 范围

本标准规定了金属、非金属制品表面涂料涂覆标记的方法。

本标准适用于金属、非金属制品表面涂料涂覆的标记。

2 规范性引用文件

下列文件中的条款通过本标准的引用而成为本标准的条款。凡是注日期的引用文件，其随后所有的修改单（不包括勘误的内容）或修订版均不适用于本标准，然而，鼓励根据本标准达成协议的各方研究是否可使用这些文件的最新版本。凡是不注日期的引用文件，其最新版本适用于本标准。

GB/T 2705 涂料产品分类和命名

GB/T 3181 漆膜颜色标准

GB/T 13911 金属镀覆和化学处理标识方法

3 术语和定义

下列术语和定义适用于本标准。

3.1

涂料涂覆 representation of coating

将涂料按施工要求施涂在金属、非金属制品表面，使其形成覆盖层的过程。

3.2

外观等级 visual levels

涂膜的外观质量情况分级。

3.3

使用环境条件 environmental condition

涂膜接触的介质、气候及工作条件。

3.4

涂装前处理 surface treating before coating

涂装前的表面处理，如除油、除锈、氧化、磷化及电镀等。

3.5

美术涂覆 art-coating

具有美术特点的涂料涂覆，如花纹、斑点或皱纹等。

3.6

机械杂质 foreign mechanical matter

涂膜中存在的颗粒、纤维等杂质。

3.7

修整痕迹 finishing tracks

修饰涂膜外表时遗留的色差、擦拭痕迹等。

4 基本组成

涂料涂覆标记由涂覆符号、涂料颜色（或代号）型号（或名称）、外观等级和使用环境条件等四部分组成。每部分之间以圆点“·”相连接。

排列顺序如下：

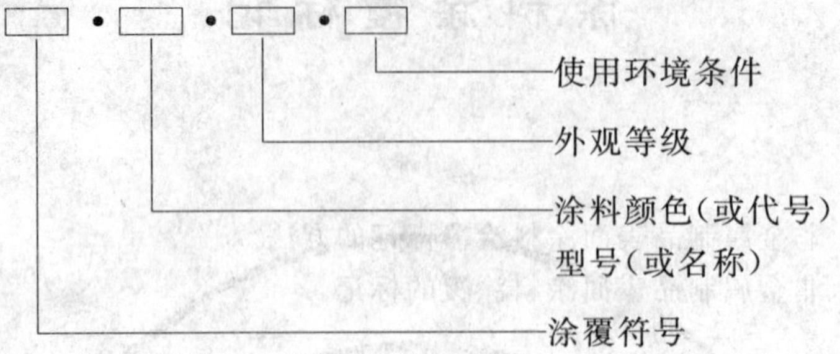

5 表示方法

5.1 涂覆符号用“涂”字汉语拼音第一个字母“T”表示。

5.2 涂料颜色(或代号)、型号(或名称)一般是指面层涂料。

5.2.1 涂料颜色按国家标准 GB/T 3181 的规定。

5.2.2 涂料型号按国家标准 GB/T 2705 和其他的规定执行。

5.3 外观等级分为四级,用罗马数字Ⅰ、Ⅱ、Ⅲ、Ⅳ分别表示。外观等级见表1。

表1 外观等级

等级	代号	特征
一级	Ⅰ	a) 涂膜表面丰满、光亮(无光、半光涂料除外)、平整、光滑,色泽一致,美观,几何形状修饰精细。基本无机械杂质,无修整痕迹及其他缺陷,美术涂覆还应纹理清晰、分布均匀、特征突出,具有强烈的美术效果。 b) 用于高级精饰要求的制品涂覆
二级	Ⅱ	a) 涂膜基本平整、光滑。色泽基本一致,几何形状修饰较好,机械杂质较少,无显著的修整痕迹及其他缺陷,无影响防护性能的疵病,美术涂覆还应纹理清晰,分布比较均匀、具有美术特点。 b) 用于装饰性要求较高的制品涂覆
三级	Ⅲ	a) 涂膜完整、色泽无显著的差异。表面允许有少量细小的机械杂质、修整痕迹及其他缺陷。无影响防护性能的疵病。美术涂覆还应具有美术特点。 b) 用于装饰性要求一般的制品涂覆
四级	Ⅳ	a) 涂膜完整。允许有不影响防护性能的缺陷。 b) 用于无装饰性要求的制品涂覆

5.4 使用环境条件分为一般、恶劣、海洋、特殊等四种,用汉语拼音字母 Y、E、H、T 分别表示。使用环境条件见表2。

表2 使用环境条件

等级	代号	特征
一般	Y	a) 温度在−40 ℃～+55 ℃之间; b) 当温度高于 30 ℃时,相对湿度不超过 90%;当相对湿度超过 90%时,温度应低于 30 ℃; c) 不受雨、雪、海水等的直接影响,没有或仅有少量工业气体、海雾及日照影响的工作环境。如:在机房或试验室(化学试验室除外)内的工作环境;在室外条件下,不受雨、雪、海雾日照等的直接影响的工作环境等
恶劣	E	a) 温度在+55 ℃～+85 ℃之间,或−40 ℃～−55 ℃之间,或−40 ℃～+55 ℃之间温差剧变的条件; b) 相对湿度可达 90%以上,同时温度高于 30 ℃; c) 受雨、雪、风沙、日照等直接影响的工作环境。如:在室外暴露条件下的工作环境等

表 2（续）

等级	代号	特征
海洋	H	受海水的直接影响或处于海洋气候条件下的工作环境。如：在海水中或舰船甲板上的工作环境等
特殊	T	a）直接受水（特别是高温水）的连续或周期性影响； b）有酸、碱溶液或酸性、碱性气体的直接影响； c）有＋80 ℃～＋155 ℃高温的连续影响或＋155 ℃以上高温的直接影响，或者－55 ℃以下低温的直接影响； d）有电弧和放电的短期影响； e）有射线辐照影响等的特殊工作环境，如： 1）耐水涂覆； 2）耐酸、耐碱涂覆； 3）耐油和汽油涂覆； 4）耐高温、耐低温涂覆； 5）绝缘涂覆； 6）防辐照涂覆； 7）其他特殊作用的涂覆等

6 标注要求

6.1 如果被涂制品内、外面涂层的涂覆要求不同时，则不同部分用横线“—”区分，线上为外表面涂层的涂覆要求，线下为内表面涂层的涂覆要求。

6.2 涂装前处理若必须表示时，以斜线“/”将前处理表示方法与涂料涂覆标记隔开。斜线左面为前处理表示方法，右面为涂料涂覆标记。前处理表示方法按国家标准 GB/T 13911 的规定执行。

6.3 复合涂层的层次一般不应在涂覆标记中反映。在必要时，允许将需要表示的层次按涂装顺序表示。层次间用斜线“/”隔开。

6.4 若对涂料涂覆有特殊要求，用上述方法不能清楚地表达时，允许用文字说明。

7 标记示例

例 1 使用于一般环境条件下的制品，表面涂深绿色（G05）A04-9 氨基烘干磁漆，并按Ⅲ级外观等级加工，标记：

T·深绿 A04-9·Ⅲ·Y

例 2 外表面涂层处于一般环境条件，内表面涂层处于需要耐油的特殊环境使用的制品，外表面涂淡灰色（B03）G04-9 过氯乙烯磁漆，并按Ⅱ级外观等级加工；内表面涂铁红色（R01）C54-31 醇酸耐油漆，并按Ⅳ级外观等级加工，标记：

$$\mathrm{T}\cdot\frac{\text{淡灰 G04-9}\cdot\text{Ⅱ}\cdot\mathrm{Y}}{\text{铁红 C54-31}\cdot\text{Ⅳ}\cdot\mathrm{T}}$$

例 3 使用于一般环境条件下的制品，表面涂淡黄色（Y06）C04-42 醇酸磁漆，外表面按Ⅱ级外观等级加工，内表面按Ⅳ级外观等级加工，标记：

$$\mathrm{T}\cdot(\mathrm{Y06})\ \mathrm{C04\text{-}42}\cdot\frac{\text{Ⅱ}}{\text{Ⅳ}}\cdot\mathrm{Y}$$

例 4 使用于海洋环境的制品，内外表面均涂天（铁）兰色（PB10）G52-31 过氯乙烯防腐漆，并按Ⅲ级外观等级加工。前处理采用喷砂，并必须表示时，标记：

SB/T·（PB10）G52-31·Ⅲ·H

例 5　使用于恶劣环境下的制品，内、外表面均涂奶油色（Y03）B04-9 丙烯酸磁漆，用 B01-3 丙烯酸清漆罩光，并按Ⅱ级外观等级加工。前处理采用电化学氧化后铬酸盐封闭，并必须表示时，标记：

Et・O・Cs/T・白 B04-9/B01-3・Ⅱ・E

ICS 29.080.10
K 48

中华人民共和国国家标准

GB/T 4056—2008/IEC 60120:1984
代替 GB/T 4056—1994

绝缘子串元件的球窝连接尺寸

Ball and socket coupling dimensions of string insulator units

（IEC 60120:1984,IDT）

2008-06-18 发布　　2009-03-01 实施

中华人民共和国国家质量监督检验检疫总局
中国国家标准化管理委员会　发布

前 言

本标准等同采用 IEC 60120:1984《绝缘子串元件的球窝连接尺寸》(英文版)并只代替 GB/T 4056—1994的球窝连接尺寸部分。

为了便于使用,本标准做了下列编辑性修改:

——用小数点符号“.”代替了逗号“,”;

——增加了图和表的编号;

——删除国际标准的前言。

本标准的附录 A、附录 B 均为规范性附录。

本标准由中国电器工业协会提出。

本标准由全国绝缘子标准化技术委员会归口。

本标准起草单位:西安电瓷研究所。

本标准主要起草人:王云鹏、丁京玲。

本标准所代替标准的历次版本发布情况为:

——GB 4056—1983、GB/T 4056—1994。

绝缘子串元件的球窝连接尺寸

1 范围

本标准适用于盘形和长棒形绝缘子串元件及其金属附件。

2 目的

本标准的目的是规定使用标准锁紧销(见 IEC 60372:1984《绝缘子串元件球窝联接用锁紧销——尺寸和试验》和修改件 2:2003)的标准球窝联接系列尺寸,以便使不同的制造者供应的绝缘子或金属附件能装配在一起。

注:本标准仅涉及安装所必需的尺寸,不规定材料性能和工作负荷。尺寸与强度等级的配合,在 GB/T 7253—2005《盘形悬式绝缘子元件的特性》和 IEC 60433《长棒形绝缘子元件的特性》中规定。

3 标准的方案

本标准包括以脚杆的公称直径为标记的六种标准尺寸。这六种标准尺寸构成本标准的基础。每种标准尺寸由第 9 章～第 11 章中所规定的脚球、帽窝和连接"通"规的尺寸来确定。连接二个帽窝的双脚球的尺寸在第 12 章中规定。间隙和锁紧条件在第 13 章和第 14 章中规定。锁紧销的销孔尺寸在第 15 章和第 16 章中规定。

所有尺寸均以毫米表示。

脚球和帽窝的尺寸适用于经任何表面处理后的成品。

脚球在帽窝中的极端位置见附录 A。

4 脚球

脚球应符合第 9 章中所规定的尺寸。控制脚球形状的主要尺寸是 h_1、d_2、r_1 和 r_2。给出的尺寸 r_3 作参考用,因其精确值只有作图才能获得。此外,脚杆的连接长度在联接"通"规中 H_3(见 11)的范围内,脚杆直径 d_1 不得超过规定值。

5 帽窝

帽窝内腔应符合第 10 章中所规定的尺寸,并且也规定了锁紧销的最小厚度。

注 1:符合本章所述的帽窝为平底。具有曲率半径不小于脚球尺寸 r_2 的圆形底面的帽窝也可以使用。在此情况下,尺寸 R_5 必须相应地减小。

注 2:符合第 10 章中规定的 16 mm 标准尺寸有两种可供选择的帽窝。其理由是:既需要一种帽窝准确地与标准脚球以及 r_1=23 mm 的原有脚球相配合(A 型);也需要另一种帽窝准确地与标准脚球以及 r_1=50 mm 的脚球相配合(B 型)。A 型和 B 型除尺寸 H_1、H_2 和 T 外,其余尺寸均相同。当无需要求脚球与 B 型帽窝相配合时,采用较小尺寸的 A 型帽窝更为可取。

6 连接"通"规

帽窝的外部尺寸未予规定,但此帽窝应能通过符合第 11 章中规定的连接"通"规。

7 绝缘子伞下部分

绝缘子伞下部分的形状应能使符合第 6 章中规定的具有最大外部尺寸的帽窝装配上。

8 锁紧销

锁紧销，即 R 型销或 W 型销，应设计成在最大尺寸的帽窝中能锁紧最小尺寸的脚球。如果采用 IEC 60372 中的标准化的锁紧销，则这个要求可以满足。

9 脚球尺寸

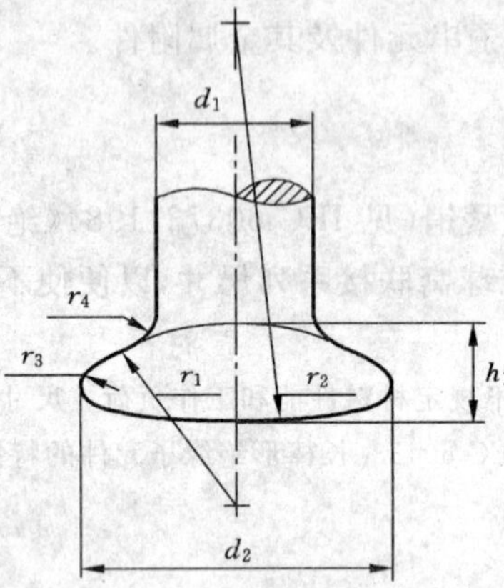

图 1 脚球尺寸

表 1 脚球尺寸

尺寸单位为毫米

连接标记	d_1	d_2	h_1	r_1	r_2	r_3 [a]	r_4
11	$11.9_{-1.1}^{0}$	$22.8_{-1.3}^{0}$	$9.1_{-1.2}^{0}$	35	35	3.5	1.5_{0}^{+1}
16	$17_{-1.2}^{0}$	$33.3_{-1.5}^{0}$	$13.4_{-1.3}^{0}$	23	50	3	$3_{-0.5}^{+1.0}$
20	$21_{-1.3}^{0}$	$41_{-1.6}^{0}$	$19.5_{-1.4}^{0}$	27	60	5.7	3.5 ± 1
24	$25_{-1.4}^{0}$	$49_{-1.8}^{0}$	$21_{-1.7}^{0}$	40	70	6.6	$4_{-1.0}^{+1.5}$
28	$29_{-1.5}^{0}$	$57_{-1.9}^{0}$	$23.5_{-1.8}^{0}$	55	80	8	$4.5_{-1.0}^{+1.5}$
32	$33_{-1.6}^{0}$	$65_{-2.1}^{0}$	$27_{-1.9}^{0}$	70	90	10	$5_{-1.0}^{+1.5}$

[a] 供参考。

10 帽窝尺寸

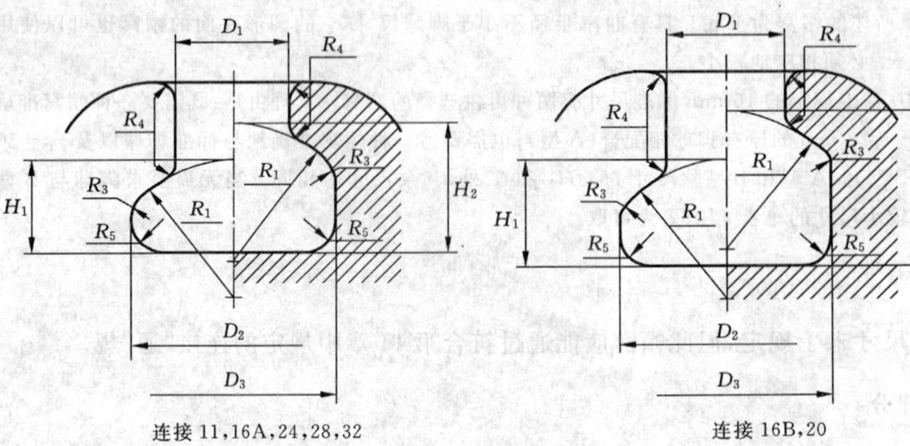

连接 11,16A,24,28,32　　　连接 16B,20

图 2 帽窝尺寸

表 2 帽窝尺寸

尺寸单位为毫米

连接标记	D_1	D_2 min	D_3 min	H_1	H_2[c] 用 W 型销 min	H_2[c] 用 R 型销[c] min	R_1	R_3	R_4	R_5	T[b]
11	$12.5^{+1.3}_{0}$	24.5	24.5	$10.5^{+1.3}_{0}$	15.5	16.3	35	4	1.5	4	4.8
16A[a]	$19.2^{+1.6}_{0}$	34.5	34.5	$14.5^{+1.6}_{0}$	20.5	21.6	23	3	3	5	5.5
16B[a]	$19.2^{+1.6}_{0}$	34.5	34.5	$17^{+1.6}_{0}$	25.0	25.5	23	3	3	5	7.9
20	$23^{+2.1}_{0}$	42.5	42.5	$20.5^{+2.1}_{0}$	28.5	29.3	27	6	3.5	7	7.0
24	$27.5^{+2.5}_{0}$	51	51	$23.5^{+2.5}_{0}$	32.5	33.5	40	5	4	10	8.7
28	$32^{+2.9}_{0}$	59	59	$26^{+2.9}_{0}$	36.5	37.4	55	8	4.5	12	10
32	$36^{+3.3}_{0}$	67.5	67.5	$30^{+3.3}_{0}$	42.0	43.0	70	10	5	14	11.5

a 见第 5 章中注 2。

b 锁紧销的厚度。

c 有些情况下，R 型销不总是处在帽窝的底部，所以给出一个比较大的值。标准 R 型销的位置由孔的中心位置 H_3 和孔的直径 D_4（见第 15 章）以及尺寸 F_2（见 IEC 60372）来确定，同时也受到与帽窝接触的销腿末端的影响。H_2 值保证了 R 型销的正确间隙。

11 连接通规尺寸

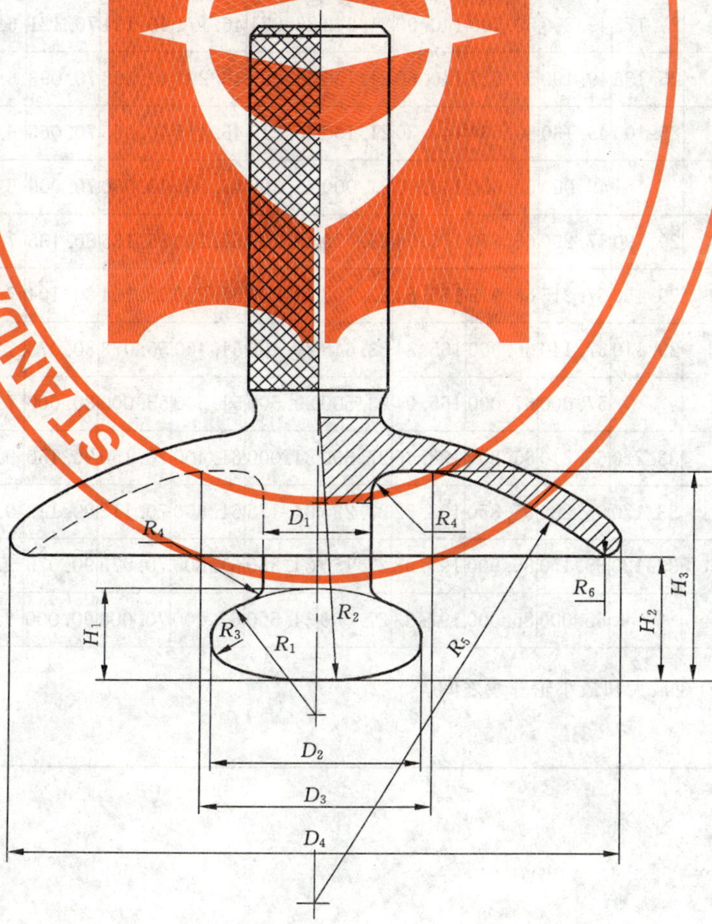

图 3 连接通规尺寸

STANDARDS PRESS OF CHINA

表 3　连接通规尺寸

尺寸单位为毫米

连接标记	量规		D_1	D_2	D_3	D_4	H_1	H_2	H_3	R_1	R_2	R_3	R_4	R_5	R_6
11	新的	最大轮廓线[a]	12.000	22.950	25.322	60.15	9.250	17.775	23.775	35.075	35.075	3.631	1.450	49.70	2.80
		公称轮廓线	11.980	22.920	25.348	59.95	9.220	17.860	23.860	35.060	35.060	3.616	1.460	49.80	2.70
		最小轮廓线[a]	11.960	22.890	25.374	59.75	9.190	17.945	23.945	35.045	35.045	3.601	1.470	49.90	2.60
	已磨损的[b]		11.900	22.800	25.400	59.55	9.100	18.000	24.000	35.000	35.000	3.556	1.500	50.00	2.50
16	新的	最大轮廓线[a]	17.122	33.490	35.326	90.59	13.572	20.686	31.786	23.086	50.086	3.071	2.939	71.70	2.80
		公称轮廓线	17.096	33.450	35.351	90.39	13.536	20.768	31.868	23.068	50.068	3.055	2.952	71.80	2.70
		最小轮廓线[a]	17.070	33.410	35.376	90.19	13.500	20.850	31.950	23.050	50.050	3.039	2.965	71.90	2.60
	已磨损的[b]			33.300	35.400	89.99	13.400	20.900	32.000	23.000	50.000	2.993	3.000	72.00	2.50
20	新的	最大轮廓线[a]	21.150	41.220	45.484	120.95	19.702	25.551	42.151	27.101	60.101	5.845	3.425	89.55	3.45
		公称轮廓线	21.120	41.170	45.523	120.65	19.656	25.678	42.278	27.078	60.078	5.824	3.440	89.70	3.30
		最小轮廓线[a]	21.090	41.120	45.561	120.35	19.610	25.805	42.405	27.055	60.055	5.803	3.455	89.85	3.15
	已磨损的[b]			41.000	45.600	120.05	19.500	25.900	42.500	27.000	60.000	5.753	3.500	90.00	3.00
24	新的	最大轮廓线[a]	25.172	49.250	50.490	140.90	21.242	25.971	46.171	40.121	70.121	6.732	3.914	104.55	3.45
		公称轮廓线	25.136	49.190	50.527	140.60	21.186	26.093	46.293	40.093	70.093	6.706	3.932	104.70	3.30
		最小轮廓线[a]	25.100	49.130	50.564	140.30	21.130	26.215	46.415	40.065	70.065	6.680	3.950	104.85	3.15
	已磨损的[b]			49.000	50.600	140.00	21.000	26.300	46.500	40.000	70.000	6.615	4.000	105.00	3.00
28	新的	最大轮廓线[a]	29.190	57.290	66.870	165.94	23.770	29.100	51.100	55.135	80.135	7.994	4.414	129.55	3.45
		公称轮廓线	29.150	57.215	66.915	165.64	23.708	29.250	51.250	55.104	80.104	7.967	4.432	129.70	3.30
		最小轮廓线[a]	29.110	57.140	66.960	165.34	23.646	29.400	51.400	55.073	80.073	7.938	4.450	129.85	3.15
	已磨损的[b]			57.000	67.000	165.04	23.500	29.500	51.500	55.000	80.000	7.864	4.500	130.00	3.00
32	新的	最大轮廓线[a]	33.220	65.310	85.800	198.45	27.300	34.000	61.400	70.150	90.150	9.719	4.914	149.55	3.45
		公称轮廓线	33.170	65.230	85.850	198.22	27.225	34.175	61.600	70.112	90.113	9.683	4.932	149.70	3.30
		最小轮廓线[a]	33.120	65.150	85.900	197.98	27.150	34.350	61.800	70.075	90.075	9.647	4.950	149.85	3.15
	已磨损的[b]			65.000	86.000	197.83	27.000	34.500	62.000	70.000	90.000	9.572	5.000	150.00	3.00

[a] 新量规的轮廓线应在最大和最小轮廓线之间。

[b] 见附录 B.1。

12　双脚球尺寸

其他尺寸见第 9 章。

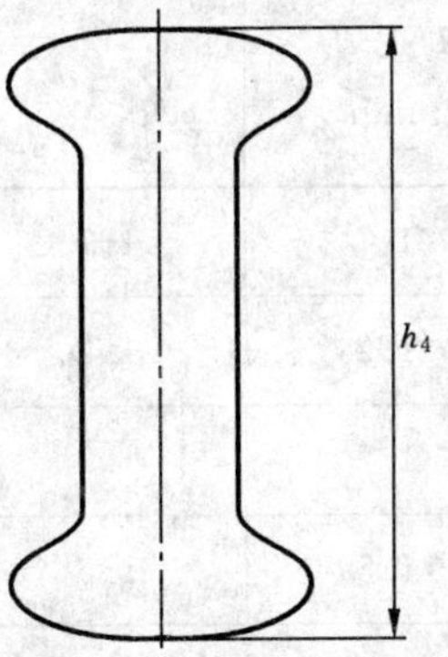

图 4　双脚球尺寸

表 4　双脚球尺寸

尺寸单位为毫米

联接的标记尺寸	h_4
11	$47_{-2.5}^{0}$
16	$63_{-3.0}^{0}$
20	$83_{-3.2}^{0}$
24	$90_{-3.5}^{0}$
28	$97_{-3.5}^{0}$
32	$120_{-4.0}^{0}$

13　脚球和帽窝间的间隙

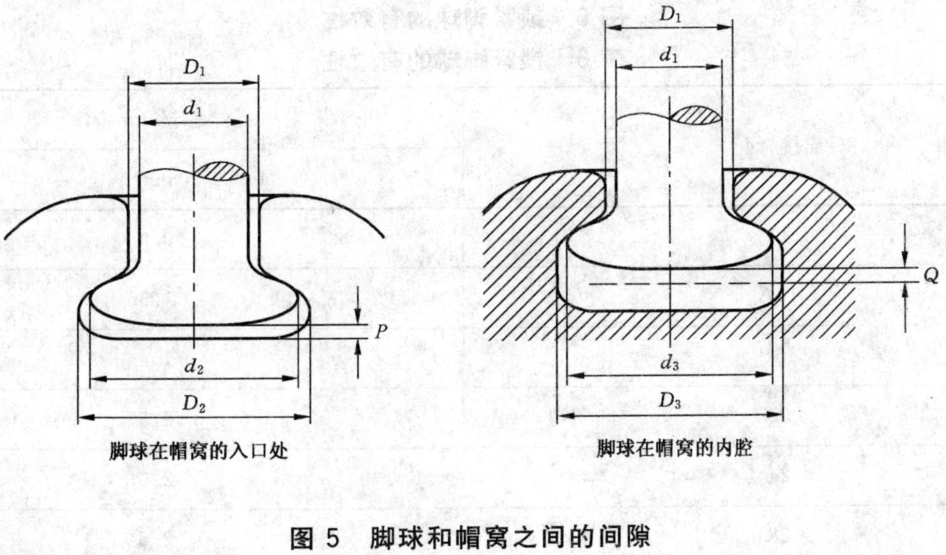

图 5　脚球和帽窝之间的间隙

表 5　脚球和帽窝之间的间隙

尺寸单位为毫米

连接标记	D_1-d_1		D_2-d_2	D_3-d_3	P		Q[a]
	min	max	min		min	max	min
11	0.6	3.0	1.7	1.7	1.4	3.9	1.6
16A	2.2	5.0	1.2	1.2	1.1	4.0	1.6
16B	2.2	5.0	1.2	1.2	3.6	6.5	3.7
20	2.0	5.4	1.5	1.5	1.0	4.5	2.0
24	2.5	6.4	2.0	2.0	2.5	6.7	2.8
28	3.0	7.4	2.0	2.0	2.5	7.2	3.0
32	3.0	7.9	2.5	2.5	3.0	8.2	3.5

[a] 脚球和锁紧销之间的间隙。

14　锁紧脚球的有效性

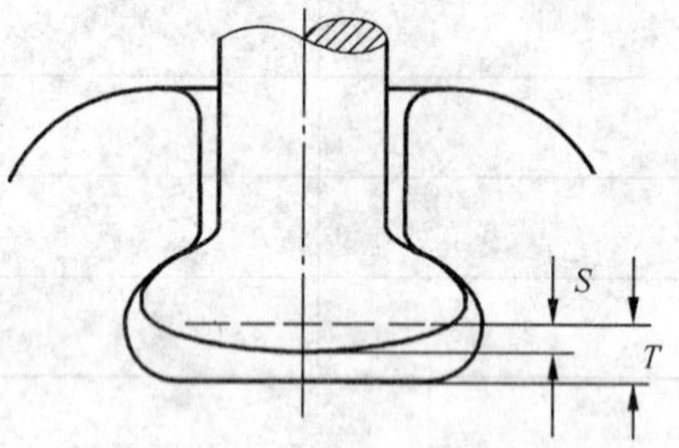

T＝锁紧销最小厚度

S＝锁紧有效性

图 6　锁紧脚球的有效性

表 6　锁紧脚球的有效性

连接标记	S/mm
	min
11	0.9
16A	1.5
16B	1.4
20	2.5
24	2.0
28	2.8
32	3.3

15 R 型销的销孔尺寸

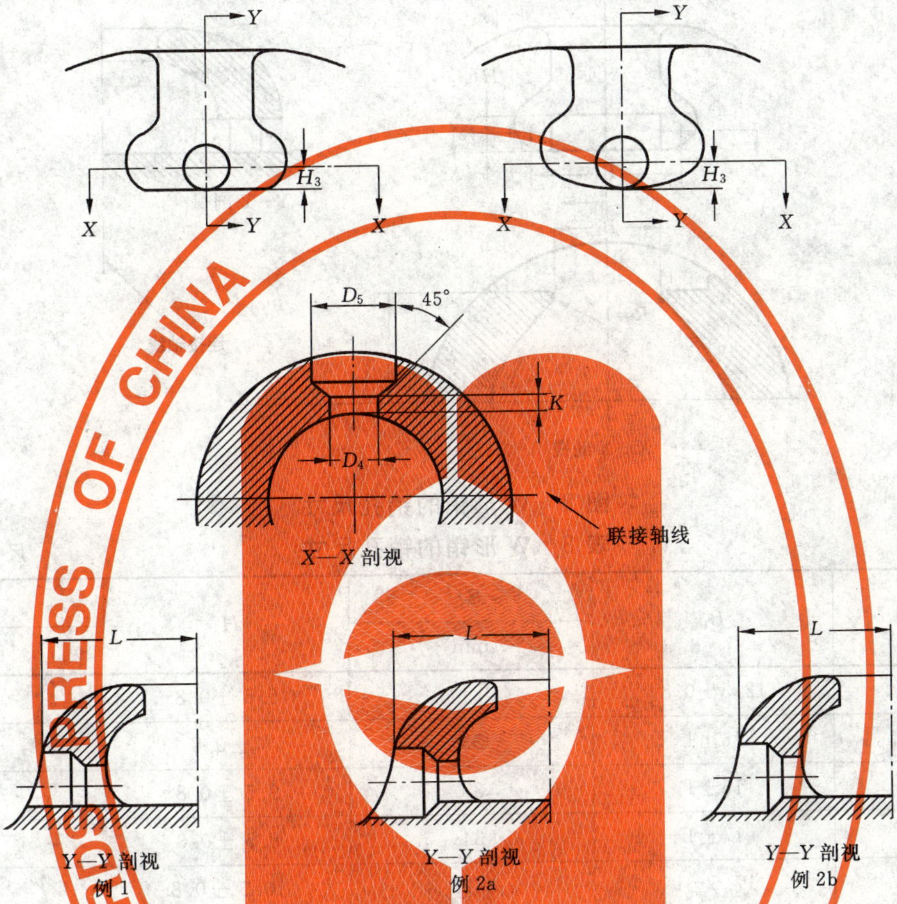

STANDARDS PRESS OF CHINA

图 7 R 型销的销孔尺寸

表 7 R 型销的销孔尺寸

尺寸单位为毫米

连接标记	D_4	D_5	H_3	K	L
		min		min	max
11	7.5±0.4	13.5	3.75^{+1}_{0}	3.5±0.6	24
16A	9.5±0.5	16.0	4.75^{+1}_{0}	4±0.7	32
16B	10±0.5	18.0	5^{+1}_{0}	5±1	32
20	10±0.5	18.0	$5^{+1.2}_{0}$	5±1	40
24	12±0.5	21.5	$6^{+1.5}_{0}$	6±1	51
28	13±0.5	24.0	$6.5^{+1.5}_{0}$	7±1.2	59
32	15±0.5	28.0	$7.5^{+1.5}_{0}$	8±1.4	68

这些销孔尺寸适用于标准型和供选择型的两种 R 型销(见 IEC 60372)。

16 W 型销的销孔尺寸

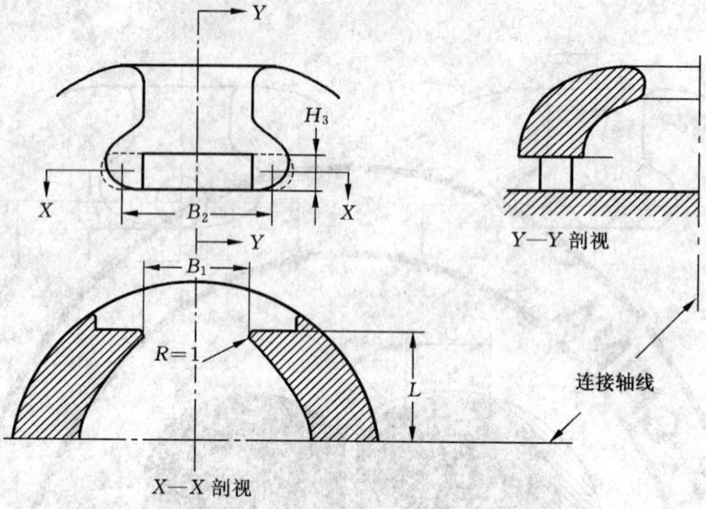

图 8 W 形销的销孔尺寸

表 8 W 形销的销孔尺寸

尺寸单位为毫米

连接标记	B_1	B_2	H_3	L
		min		max
11	12.5±0.8	24	6.5 ±0.8	18
16A	16±1	33	7±0.8	24
16B	16±1	33	9.5 ±0.8	24
20	17±1	34	8.5 ±0.8	29
24	17.5±1	34.5	10.5 ±0.8	34
28	20±1	39	11.5 ±0.8	42
32	22±1	42	13.0 ±0.8	48

尺寸 B_2 是凹槽中高度必须保持 H_3 的那部分的长度。在 B_2 范围外，其凹槽的形状就不重要了。

附 录 A
（规范性附录）
脚球在帽窝中的滑动位置和倾斜位置

A.1 脚球在帽窝中的滑动位置

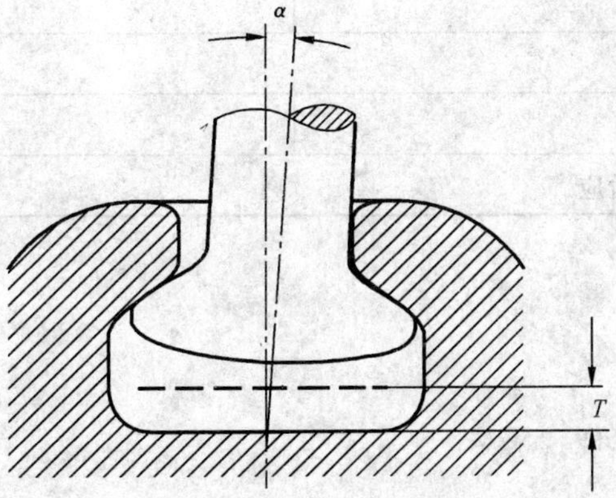

图 A.1

表 A.1

连接标记	α/(°)，平均值
11	1.3
16A	4.0
16B	4.0
20	3.3
24	2.7
28	2.5
32	2.0

A.2 脚球在帽窝中的倾斜位置

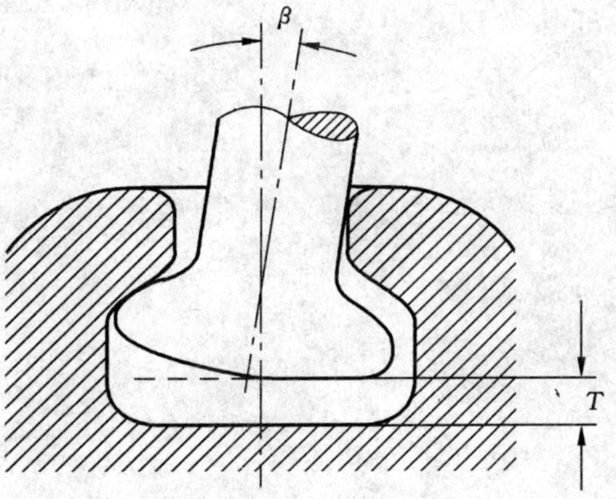

图 A.2

表 A.2

连接标记	β/(°)[a],平均值
11	12.0
16A	9.5
16B	12.0
20	9.0
24	10.0
28	9.0
32	9.0

[a] β值应与 H_2 的适当公差相适应。

附 录 B
（规范性附录）
推 荐 量 规

B.1 公差制度

量规的公差应遵循，即“止”规仅具有制造公差，该公差与连接部分相应公差限有关，并对称地布置。“通”规具有磨损留量和落在连接部分公差带内的制造公差。

注：对于“通”规，由每个制造者去选择所采用的磨损留量，以增大所建议的制造公差。量规磨损到超过对磨损量规规定的任一极限时，不应再使用。

B.2 量规的结构特征

材料的选择、硬度、表面粗糙度、表面处理和制造方法，每个制造者可能各不相同。因此，下列推荐仅作为一般导则：

——脚的量规厚度不应小于 5 mm；

——具有圆孔的量规应稍厚些；

——材料应是经油淬火的不收缩钢；

——洛氏 C 级硬度的数值应为 62～63，以减少变形和磨损；

——表面粗糙度应小于 4 μm；

——在一定情况下，表面镀硬质铬可增强耐磨性。

注：帽窝量规应有一个直径为 D_1 的磨光的颈或定心缺口，以便于量规的操作。此定心缺口切除了一部分曲面，这就简化了制造公差。

B.3 脚球的检查

a） 球和杆应至少在一个方向能通过球高、杆径和杆长“通”规（见 B.5）。

b） 球应能通过球径“通”规（见 B.6）。

c） 球和杆在任何方向都不应该通过球高“止”规（见 B.7）。

d） 球在任何方向不应该通过球径“止”规（见 B.8）。

e） 杆在任何方向不应通过杆径“止”规（见 B.9）。

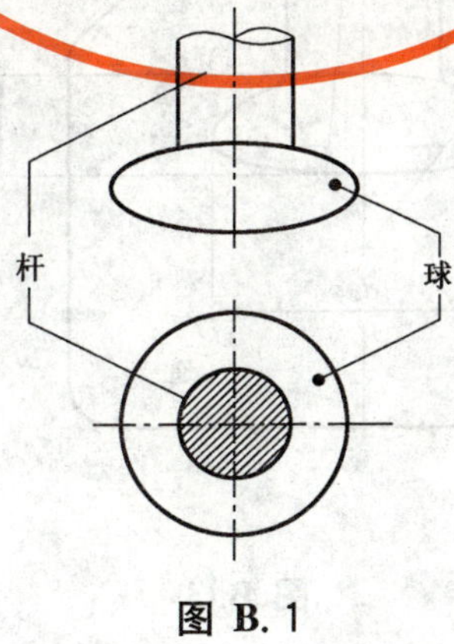

图 B.1

B.4 帽窝的检查

a) 窝入口应能容纳入口高度、入口宽度和颈部宽度“通”规(见 B.10)。

b) 窝的内部高度和内部直径应能允许内部高度和内部直径“通”规在帽窝内旋转 180°(见 B.11)。

c) 窝入口高度不应通过入口高度“止”规(见 B.12)。

d) 窝入口不应通过颈部宽度“止”规(见 B.13)。

注：标有(—·-·-·—·-·-·—)的轮廓线部位应能容纳联接“通”规(见 11)。

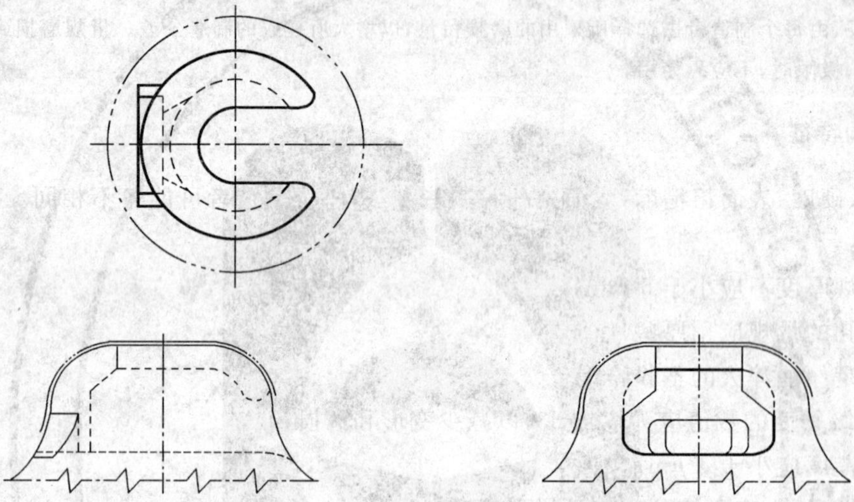

图 B.2

B.5 脚球的球高、杆径和杆长“通”规

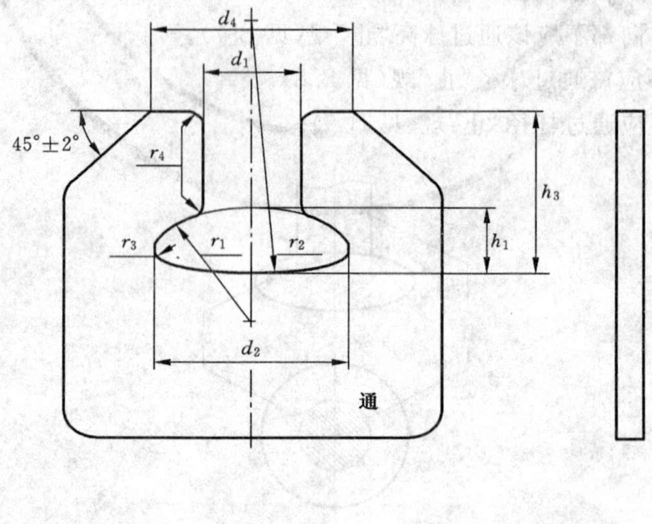

图 B.3

表 B.1　脚球的球高、杆径和杆长“通”规

尺寸单位为毫米

连接标记	量　规		d_1	d_2	d_4	h_1	h_3	r_1	r_2	r_3	r_4
11	新的	最小轮廓线[a]	11.826	22.712	25.5	9.008	24.11	34.954	34.954	3.509	2.537
		公称轮廓线	11.836	22.728	25.0	9.024	24.08	34.962	34.962	3.517	2.532
		最大轮廓线[a]	11.846	22.744	24.5	9.040	24.05	34.970	34.970	3.525	2.527
	已磨损的[b]		11.900	22.800	24.0	9.100	24.00	35.000	35.000	3.556	2.500
16	新的	最小轮廓线[a]	16.922	33.204	35.5	13.304	32.14	22.952	49.952	2.945	4.039
		公称轮廓线	16.932	33.222	35.0	13.320	32.10	22.960	49.960	2.952	4.034
		最大轮廓线[a]	16.942	33.240	34.5	13.336	32.06	22.968	49.968	2.959	4.029
	已磨损的[b]		17.000	33.300	34.0	13.400	32.00	23.000	50.000	2.993	4.000
20	新的	最小轮廓线[a]	20.916	40.900	45.5	19.400	42.64	26.950	59.950	5.703	4.542
		公称轮廓线	20.928	40.920	45.0	19.418	42.60	26.959	59.959	5.711	4.536
		最大轮廓线[a]	20.940	40.940	44.5	19.436	42.56	26.968	59.968	5.719	4.530
	已磨损的[b]		21.000	41.000	44.0	19.500	42.50	27.000	60.000	5.753	4.500
24	新的	最小轮廓线[a]	24.912	48.890	50.5	20.888	46.65	39.944	69.944	5.558	5.544
		公称轮廓线	24.924	48.912	50.0	20.908	46.61	39.954	69.954	6.567	5.538
		最大轮廓线[a]	24.936	48.934	49.5	20.928	46.57	39.964	69.964	6.577	5.532
	已磨损的[b]		25.000	49.000	49.0	21.000	46.50	40.000	70.000	6.615	5.500
28	新的	最小轮廓线[a]	28.906	56.811	68.5	23.380	51.66	54.940	79.940	7.803	6.044
		公称轮廓线	28.919	56.905	68.0	23.402	51.62	54.951	79.951	7.814	6.038
		最大轮廓线[a]	28.932	56.929	67.5	23.424	51.58	54.962	79.962	7.825	6.032
	已磨损的[b]		29.000	57.000	67.0	23.500	51.50	55.000	80.000	7.864	6.000
32	新的	最小轮廓线[a]	32.899	64.871	87.5	26.868	62.16	69.934	89.934	9.506	6.544
		公称轮廓线	32.913	64.897	87.0	26.892	62.12	69.946	89.946	9.517	6.538
		最大轮廓线[a]	32.927	64.923	86.5	26.916	62.08	69.958	89.958	9.528	6.532
	已磨损的[b]		33.000	65.000	86.0	27.000	62.00	70.000	90.000	9.572	6.500

[a] 新量规的轮廓线应在最小和最大轮廓线之间。

[b] 见 B.1。

B.6 脚球的球径“通”规

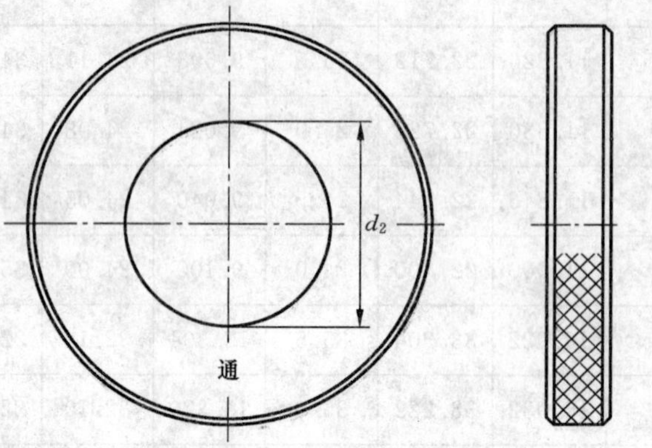

图 B.4

表 B.2 脚球的球径“通”规

连接标记	量规	d_2/mm
11	新的	22.728±0.011
	已磨损的[a]	22.800
16	新的	33.223±0.012
	已磨损的[a]	33.300
20	新的	40.920±0.013
	已磨损的[a]	41.000
24	新的	48.913±0.014
	已磨损的[a]	49.000
28	新的	56.908±0.015
	已磨损的[a]	57.000
32	新的	64.903±0.016
	已磨损的[a]	65.000

[a] 见 B.1。

B.7 脚球的球高“止”规

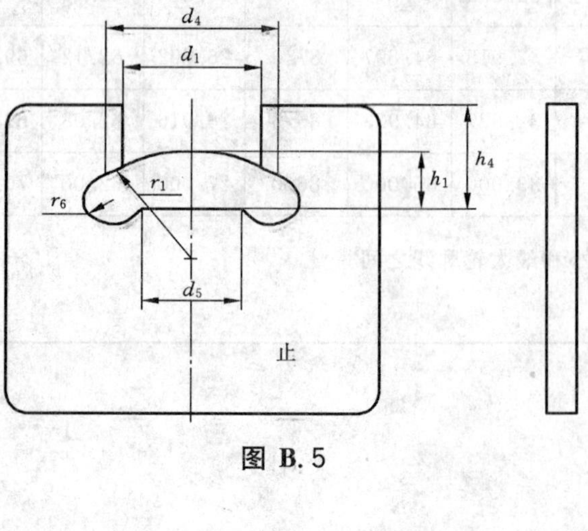

图 B.5

表 B.3 脚球的球高“止”规

尺寸单位为毫米

连接标记	量 规	d_1	d_4	d_5	h_1	h_4	r_1	r_6
11	最小轮廓线[a]	16.08	18.60	12.3	7.884	15.5	34.992	3.7
	公称轮廓线	16.10	18.40	12.0	7.900	16.0	35.000	4.0
	最大轮廓线[a]	16.12	18.20	11.7	7.916	16.5	35.008	4.3
16	最小轮廓线[a]	23.66	30.3	18.3	12.084	21.5	22.992	4.7
	公称轮廓线	23.70	30.0	18.0	12.100	22.0	23.000	5.0
	最大轮廓线[a]	23.74	29.7	17.7	12.116	22.5	23.008	5.3
20	最小轮廓线[a]	28.36	36.3	23.3	18.082	29.5	26.991	6.7
	公称轮廓线	28.42	36.0	23.0	18.100	30.0	27.000	7.0
	最大轮廓线[a]	28.48	35.7	22.7	18.118	30.5	27.009	7.3
24	最小轮廓线[a]	34.48	42.3	28.3	19.280	31.5	39.990	7.7
	公称轮廓线	34.54	42.0	28.0	19.300	32.0	40.000	8.0
	最大轮廓线[a]	34.60	41.7	27.7	19.320	32.5	40.010	8.3
28	最小轮廓线[a]	36.90	47.3	32.3	21.678	44.5	54.989	9.7
	公称轮廓线	37.00	47.0	32.0	21.700	45.0	55.000	10.0
	最大轮廓线[a]	37.10	46.7	31.7	21.722	45.5	55.011	10.3
32	最小轮廓线[a]	40.88	52.3	36.3	25.076	47.5	69.988	11.7
	公称轮廓线	41.00	52.0	36.0	25.100	48.0	70.000	12.0
	最大轮廓线[a]	41.12	51.7	35.7	25.124	48.5	70.012	12.3

[a] 量规的轮廓线应在最小和最大轮廓线之间。

STANDARDS PRESS OF CHINA

B.8 脚球的球径“止”规

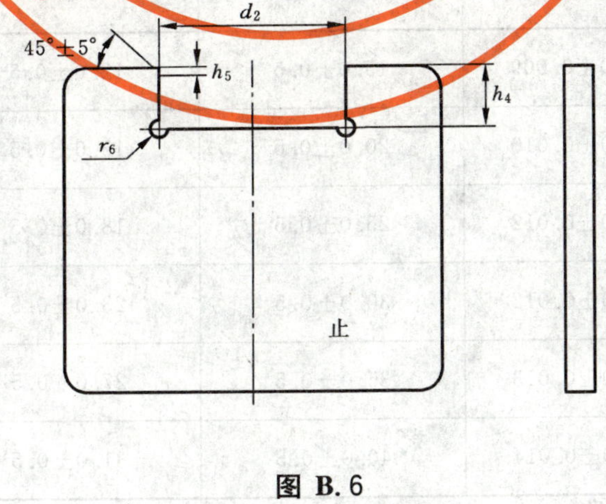

图 B.6

表 B.4 脚球的球径"止"规

尺寸单位为毫米

连接标记	d_2	h_4	h_5	r_6
11	21.500±0.011	10.0±0.5	1.0±0.3	1.5±0.5
16	31.800±0.012	12.0±0.5	1.0±0.3	1.5±0.5
20	39.400±0.013	18.0±0.5	1.0±0.3	1.5±0.5
24	47.200±0.014	20.0±0.5	1.0±0.3	1.5±0.5
28	55.100±0.015	22.0±0.5	1.0±0.3	1.5±0.5
32	62.900±0.016	25.0±0.5	1.0±0.3	1.5±0.58

B.9 脚球的杆径"止"规

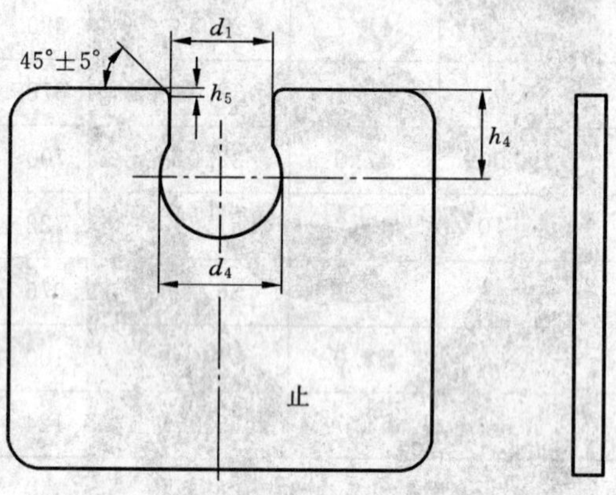

图 B.7

表 B.5 脚球的杆径"止"规

尺寸单位为毫米

连接标记	d_1	d_4	h_4	h_5
11	10.800±0.009	15.0±0.5	12.0±0.5	1.0±0.3
16	15.800±0.010	20.0±0.5	15.0±0.5	1.0±0.3
20	19.700±0.012	25.0±0.5	18.0±0.5	1.0±0.3
24	23.600±0.012	30.0±0.5	23.0±0.5	1.0±0.3
28	27.500±0.013	35.0±0.5	27.0±0.5	1.0±0.3
32	31.400±0.014	40.0±0.5	31.0±0.5	1.0±0.3

B.10 帽窝的入口高度、入口宽度和颈部宽度"通"规

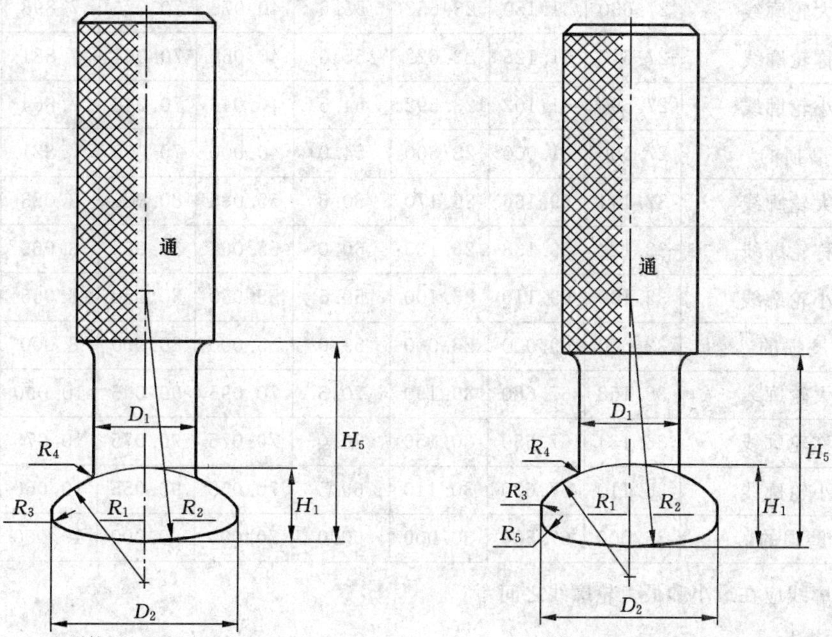

联接11、16A、24　　联接16B、20、28、32

图 B.8

表 B.6 帽窝的入口高度、入口宽度和颈部宽度"通"规

尺寸单位为毫米

连接标记	量规		D_1	D_2	H_1	H_5	R_1	R_2	R_3	R_4	R_5
11	新的	最大轮廓线[a]	12.584	24.590	10.596	30.5	35.048	35.048	4.222	1.458	—
		公称轮廓线	12.572	24.578	10.580	30.0	35.040	35.040	4.213	1.464	—
		最小轮廓线[a]	12.560	24.566	10.564	29.5	35.032	35.032	4.205	1.470	—
	已磨损的[c]		12.500	24.500	10.500	29.0	35.000	35.000	4.173	1.500	—
16A[b]	新的	最大轮廓线[a]	19.294	34.602	14.608	40.5	23.054	50.054	3.338	2.953	—
		公称轮廓线	19.280	34.588	14.588	40.0	23.044	50.044	3.325	2.960	—
		最小轮廓线[a]	19.266	34.574	14.568	39.5	23.034	50.034	3.311	2.967	—
	已磨损的[c]		19.200	34.500	14.500	30.0	23.000	50.000	3.281	3.000	—
16B[b]	新的	最大轮廓线[a]	19.294	34.602	17.108	40.5	23.054	50.054	3.051	2.953	3.051
		公称轮廓线	19.280	34.588	17.088	40.0	23.044	50.044	3.044	2.960	3.044
		最小轮廓线[a]	19.266	34.574	17.068	39.5	23.034	50.034	3.037	2.967	3.037
	已磨损的[c]		19.200	34.500	17.000	39.0	23.000	50.000	3.000	3.000	3.000
20	新的	最大轮廓线[a]	23.116	42.630	20.632	50.5	27.066	60.066	6.065	3.442	5.565
		公称轮廓线	23.098	42.610	20.606	50.0	27.053	60.053	6.055	3.451	5.555
		最小轮廓线[a]	23.080	42.590	20.580	49.5	27.040	60.040	6.045	3.460	5.545
	已磨损的[c]		23.000	42.500	20.500	49.0	27.000	60.000	6.000	3.500	5.500

表 B.6（续）

尺寸单位为毫米

连接标记	量规		D_1	D_2	H_1	H_5	R_1	R_2	R_3	R_4	R_5
24	新的	最大轮廓线[a]	27.630	51.150	23.652	55.5	40.076	70.076	7.898	3.935	—
		公称轮廓线	27.610	51.126	23.622	55.0	40.061	70.061	7.881	3.945	—
		最小轮廓线[a]	27.590	51.102	23.592	54.5	40.046	70.046	7.864	3.955	—
	已磨损的[c]		27.500	51.000	23.500	54.0	40.000	70.000	7.821	4.000	—
28	新的	最大轮廓线[a]	32.144	59.166	26.170	60.5	55.085	80.085	8.083	4.429	10.083
		公称轮廓线	32.122	59.138	26.135	60.0	55.067	80.063	8.069	4.440	10.069
		最小轮廓线[a]	32.100	59.110	26.100	59.5	55.050	80.050	8.055	4.451	10.055
	已磨损的[c]		32.000	59.000	26.000	59.0	55.000	80.000	8.000	4.500	10.000
32	新的	最大轮廓线[a]	36.158	67.680	30.190	70.5	70.095	90.095	10.090	4.923	11.890
		公称轮廓线	36.134	67.650	30.150	70.0	70.075	90.075	10.075	4.935	11.875
		最小轮廓线[a]	36.110	67.620	30.110	69.5	70.055	90.055	10.060	4.947	11.860
	已磨损的[c]		36.000	67.500	30.000	60.0	70.000	90.000	10.000	5.000	11.800

[a] 新量规的轮廓线应在最小和最大轮廓线之间。

[b] 见第5章中注2。

[c] 见B.1。

B.11 帽窝的内部高度和内部直径"通"规

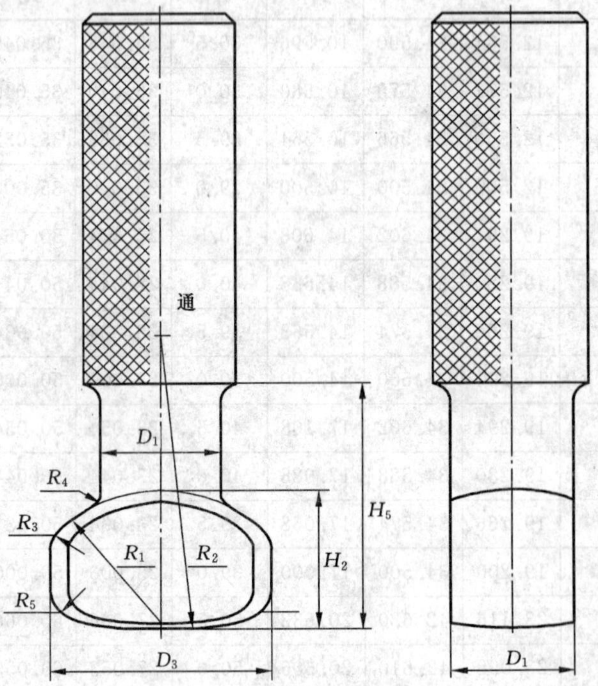

图 B.9

表 B.7 帽窝的内部高度和内部直径“通”规

尺寸单位为毫米

连接标记	量规		D_1	D_3	H_2		H_5	R_1	R_2	R_3	R_4	R_5
					W 型销	标准 R 型销[d]						
11	新的	最大轮廓线[a]	12.584	24.590	15.596	16.396	30.5	35.048	35.048	4.045	1.458	4.045
		公称轮廓线	12.572	24.578	15.580	16.380	30.0	35.040	35.040	4.039	1.464	4.039
		最小轮廓线[a]	12.560	24.566	15.564	16.364	29.5	35.032	35.032	4.033	1.470	4.033
	已磨损的[c]		12.500	24.500	15.500	16.300	29.0	35.000	35.000	4.000	1.500	4.000
16A[b]	新的	最大轮廓线[a]	19.294	34.602	20.608	21.708	40.5	23.054	50.054	3.051	2.953	3.051
		公称轮廓线	19.280	34.588	20.588	21.688	40.0	23.044	50.044	3.044	2.960	3.044
		最小轮廓线[a]	19.266	34.574	20.568	21.668	39.5	23.034	50.034	3.037	2.967	3.037
	已磨损的[c]		19.200	34.500	20.500	21.600	39.0	23.000	50.000	3.000	3.000	3.000
16B[b]	新的	最大轮廓线[a]	19.294	34.602	25.108	25.608	40.5	23.054	50.054	3.051	2.953	3.051
		公称轮廓线	19.280	34.588	25.088	25.588	40.0	23.044	50.044	3.044	2.960	3.044
		最小轮廓线[a]	19.266	34.574	25.068	25.568	39.5	23.034	50.034	3.037	2.967	3.037
	已磨损的[c]		19.200	34.500	25.000	25.500	39.0	23.000	50.000	3.000	3.000	3.000
20	新的	最大轮廓线[a]	23.116	42.630	28.632	29.432	50.5	27.066	60.066	6.065	3.442	6.065
		公称轮廓线	23.098	42.610	28.606	29.406	50.0	27.053	60.053	6.053	3.451	6.055
		最小轮廓线[a]	23.080	42.590	28.580	29.380	49.5	27.040	60.040	6.045	3.460	6.045
	已磨损的[c]		23.000	42.500	28.500	29.300	49.0	27.000	60.000	6.000	3.500	6.000
24	新的	最大轮廓线[a]	27.630	51.150	32.652	33.652	55.5	40.076	70.076	5.075	3.935	8.075
		公称轮廓线	27.610	51.126	32.622	33.622	55.0	40.061	70.061	5.063	3.945	8.063
		最小轮廓线[a]	27.590	51.102	32.592	33.592	54.5	40.046	70.046	5.051	3.955	8.051
	已磨损的[c]		27.500	51.000	32.500	33.500	54.0	40.000	70.000	5.000	4.000	8.000
28	新的	最大轮廓线[a]	32.144	59.166	36.670	37.570	60.5	55.085	80.085	8.083	4.429	8.083
		公称轮廓线	32.122	59.138	36.635	37.533	60.0	55.067	80.068	8.069	4.440	8.069
		最小轮廓线[a]	32.100	59.110	36.600	37.500	59.5	55.050	80.050	8.055	4.451	8.055
	已磨损的[c]		32.000	59.000	36.500	37.400	59.0	55.000	80.000	8.000	4.500	8.000
32	新的	最大轮廓线[a]	36.158	67.680	42.190	43.190	70.5	70.095	90.095	10.090	4.923	10.090
		公称轮廓线	36.134	67.650	42.150	43.150	70.0	70.075	90.075	10.075	4.935	10.075
		最小轮廓线[a]	36.110	67.620	42.110	43.110	69.5	70.055	90.055	10.060	4.967	10.060
	已磨损的[c]		36.000	67.500	42.000	43.000	69.0	70.000	90.000	10.000	5.000	10.000

[a] 新量规的轮廓线应在最小和最大轮廓线之间。

[b] 见第 5 章中注 2。

[c] 见 B.1。

[d] 当采用标准 R 型销的帽窝时，可以使用用于检查 W 型销的帽窝量规，但要附加一个板规，使总高度相应符合采用 R 型销帽窝的 H_2 值。

STANDARDS PRESS OF CHINA

B.12 帽窝的入口高度"止"规

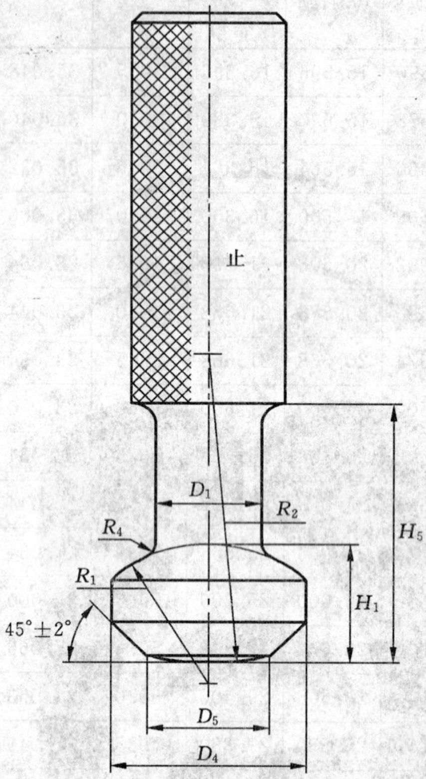

图 B.10

表 B.8 帽窝的入口高度"止"规

尺寸单位为毫米

连接标记	量 规	D_1	D_4	D_5	H_1	H_5	R_1	R_2	R_4
11	最大轮廓线[a]	10.9	17.05	12.3	11.816	30.5	35.008	35.008	1.8
	公称轮廓线	10.8	17.00	12.0	11.800	30.0	35.000	35.000	1.5
	最小轮廓线[a]	10.7	16.95	11.7	17.784	29.5	34.992	34.992	1.2
16A	最大轮廓线[a]	15.9	30.1	18.3	16.120	40.5	23.010	50.010	3.3
	公称轮廓线	15.8	30.0	18.0	16.100	40.0	23.000	50.000	3.0
	最小轮廓线[a]	15.7	29.9	17.7	16.080	39.5	22.990	49.990	2.7
16B	最大轮廓线[a]	15.9	30.1	18.3	18.620	40.5	23.010	50.010	3.3
	公称轮廓线	15.8	30.0	18.0	18.600	40.0	23.000	50.000	3.0
	最小轮廓线[a]	15.7	29.9	17.7	18.580	39.5	22.990	49.990	2.7
20	最大轮廓线[a]	19.8	36.1	23.3	22.626	50.5	27.013	60.013	3.8
	公称轮廓线	19.7	36.0	23.0	22.600	50.0	27.000	60.000	3.5
	最小轮廓线[a]	19.6	35.9	22.7	22.574	49.5	26.987	59.987	3.2
24	最大轮廓线[a]	23.7	42.1	28.3	26.030	55.5	40.015	70.015	4.3
	公称轮廓线	23.6	42.0	28.0	26.000	55.0	40.000	70.000	4.0
	最小轮廓线[a]	23.5	41.9	27.7	25.970	54.5	39.985	69.985	3.7

表 B.8（续）

尺寸单位为毫米

连接标记	量　规	D_1	D_4	D_5	H_1	H_5	R_1	R_2	R_4
28	最大轮廓线[a]	27.6	47.1	32.3	28.935	60.5	55.018	80.018	4.8
	公称轮廓线	27.5	47.0	32.0	28.900	60.0	55.000	80.000	4.5
	最小轮廓线[a]	27.4	46.9	31.7	28.865	59.5	54.982	79.982	4.2
32	最大轮廓线[a]	31.5	52.1	36.3	33.340	70.5	70.020	90.020	5.3
	公称轮廓线	31.4	52.0	36.0	33.300	70.0	70.000	90.000	5.0
	最小轮廓线[a]	31.3	51.9	35.7	33.260	69.5	69.980	89.980	4.7

[a] 新量规的轮廓线应在最小和最大轮廓线之间。

B.13　帽窝的颈部宽度“止”规

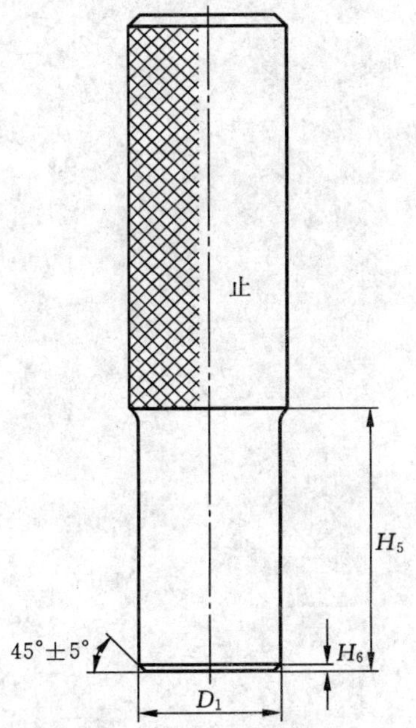

图 B.11

表 B.9　帽窝的颈部宽度“止”规

尺寸单位为毫米

连接标记	D_1	H_5	H_6
11	13.800±0.011	30.0±0.5	1.0±0.3
16	20.800±0.014	40.0±0.5	1.0±0.3
20	25.100±0.018	50.0±0.5	1.0±0.3
24	30.000±0.020	55.0±0.5	1.0±0.3
28	34.900±0.023	60.0±0.5	1.0±0.3
32	39.300±0.026	70.0±0.5	1.0±0.3

ICS 29.060.01
K 12

GB

中华人民共和国国家标准

GB/T 4074.1—2008/IEC 60851-1:1996
代替 GB/T 4074.1—1999

绕组线试验方法　第1部分:一般规定

Winding wires—Test methods—Part 1: General

(IEC 60851-1:1996,IDT)

STANDARDS PRESS OF CHINA

2008-04-23 发布　　　　2008-12-01 实施

中华人民共和国国家质量监督检验检疫总局
中国国家标准化管理委员会　发布

前言

GB/T 4074—2008《绕组线试验方法》分为八个部分：

——第1部分：一般规定；

——第2部分：尺寸测量；

——第3部分：机械性能；

——第4部分：化学性能；

——第5部分：电性能；

——第6部分：热性能；

——第7部分：测定漆包绕组线温度指数的试验规程(考虑中)；

——第8部分：测定漆包绕组线温度指数的试验规程　快速法(考虑中)。

本部分为GB/T 4074的第1部分。

本部分等同采用IEC 60851-1:1996《绕组线试验方法—第1部分：一般规定》第2.0版(英文版)和第1号修改单(2003年)。为便于使用，本部分做了下列修改：

——用小数点“.”代替作为小数点的逗号“,”；

——补充了“正常视力”的定义；

——补充了“型式试验”、“抽样试验”和“例行试验”的定义；

——纠正了IEC原文中的如下错误：

a) 将附录A中第5部分第7章的“试验方法22”改为“试验方法23”；

b) 修改了附录A中第6部分第4章试验方法10“软化击穿”试验的适用范围。

本部分自实施之日起代替GB/T 4074.1—1999。

本部分与GB/T 4074.1—1999相比，主要变化如下：

——将附录A中第3部分的5.5.4“薄膜绕包线的附着性试验方法”适用范围改为仅适用于黏结性薄膜绕包线；

——将附录A中第3部分第7章中的试验方法18“热黏合和溶剂黏合试验”改为“热黏合”；

——在附录A中第3部分增加资料性附录B“摩擦试验方法”；

——将附录A中第5部分第6章的介质损耗因数适用范围改为“适用于漆包线和束线”；

——在附录A中第5部分电性能试验中增加4.6“丝包圆线”，增加规范性附录A“损耗因数法”；

——修改了附录A中第6部分第4章中试验方法10“软化击穿”试验的适用范围；

——将提示性的附录A改为资料性附录A。

本部分的附录A为资料性附录。

本部分由中国电器工业协会提出。

本部分由全国电线电缆标准化技术委员会归口。

本部分负责起草单位：上海电缆研究所。

本部分参加起草单位：福州大通机电有限公司、铜陵精达特种电磁线股份有限公司、上海申茂电磁线有限公司、上海裕生特种线材有限公司、广东蓉胜超微线材股份有限公司、天津耐克森电磁线有限公司。

本部分主要起草人：李福、刘冰、郑守国、刘明福、邵武军、刘贵忠、袁卫国。

本部分所代替标准的历次版本发布情况为：

——GB/T 4074.1—1983、GB/T 1343.1—1984、GB/T 4074.1—1999。

绕组线试验方法　第1部分:一般规定

1　范围

GB/T 4074 的本部分为绕组线试验方法的一般规定,同时也给出了 GB/T 4074 中使用的术语和定义。GB/T 4074.2～GB/T 4074.6 的内容一览表见附录 A。

2　规范性引用文件

下列文件中的条款通过 GB/T 4074 的本部分的引用而成为本部分的条款。凡是注日期的引用文件,其随后所有的修改单(不包括勘误的内容)或修订版均不适用于本部分,然而,鼓励根据本部分达成协议的各方研究是否可使用这些文件的最新版本。凡是不注日期的引用文件,其最新版本适用于本部分。

GB/T 4074.2　绕组线试验方法　第 2 部分:尺寸测量(GB/T 4074.2—2008,IEC 60851-2:1997,IDT)

GB/T 4074.3　绕组线试验方法　第 3 部分:机械性能(GB/T 4074.3—2008,IEC 60851-3:1997,IDT)

GB/T 4074.4　绕组线试验方法　第 4 部分:化学性能(GB/T 4074.4—2008,IEC 60851-4:2005,IDT)

GB/T 4074.5　绕组线试验方法　第 5 部分:电性能(GB/T 4074.5—2008,IEC 60851-5:2004,IDT)

GB/T 4074.6　绕组线试验方法　第 6 部分:热性能(GB/T 4074.6—2008,IEC 60851-6:1996,IDT)

IEC 60317　特种绕组线产品标准

3　定义和试验方法总则

3.1　定义

下列定义适用于 GB/T 4074 的各个部分。

3.1.1

自粘层　bonding layer

一种涂覆于漆包线表面的材料,具有使漆包线相互粘合的特定功能。

3.1.2

束线　bunched wire

由多根细直径绝缘线不按预定几何位置束合在一起的一种绕组线,此束线可以有外包覆层也可以没有外包覆层。

3.1.3

热级　class

用温度指数和热冲击温度来表示的绕组线的热性能。

3.1.4

漆层　coating

用适当方法涂覆于导体或绝缘线上的材料,然后烘干和(或)固化。

3.1.5

导体　conductor

除去绝缘层后的裸金属线。

3.1.6

包覆层　covering

缠绕、绕包或编织在裸或绝缘导体上的材料。

3.1.7

开裂　crack

绝缘层上的裂口，在规定放大倍数下可看到导体。

3.1.8

复合漆层　dual coating

由两种不同材料，即底漆层和表面漆层组成的绝缘层。

3.1.9

漆包线　enamelled wire

涂覆固化树脂绝缘的绝缘线。

3.1.10

级　grade

成品线绝缘厚度范围。

3.1.11

绝缘　insulation

导体表面具有耐电压特定功能的涂层或包覆层。

3.1.12

导体标称直径　nominal conductor dimension

根据 IEC 60317 规定的导体尺寸标称值。

3.1.13

单一漆层　sole coating

由一种材料组成的绝缘层。

3.1.14

绕组线　winding wire

用于绕组以实现电磁能转换的绝缘线。

3.1.15

线　wire

涂覆或包覆绝缘的导体。

3.1.16

正常视力　normal vision

20/20 视力，若必要，用镜片校正。

3.1.17

型式试验(T)　type test

型式试验是制造厂在提供产品标准中某一种绕组线之前所进行的试验。型式试验的特点是，在做过一次之后一般不再重做，但在绕组线所用材料、结构和主要工艺有了变更而影响绕组线性能时，应重复进行试验；或者在产品标准中另有规定时，如定期进行等，也应按规定重复进行。

3.1.18

抽样试验(S)　sample test

抽样试验是制造厂按制造批量抽取成轴的绕组线并从其上截取试样进行的试验。

3.1.19

例行试验(R)　routine test

例行试验是制造厂对全部绕组线成品进行的试验。

3.2　试验方法总则

除非另有规定,所有试验应在温度为15℃～35℃,相对湿度为45%～75%的条件下进行。试验前,试样应在上述环境条件下放置足够的时间进行预处理,使试样达到稳定状态。

试验用绕组线从包装上取下时,不应承受张力或不必要的弯曲。每次试验前,应除去足够的绕组线,以确保试样不包含损坏的线段。

试验方法所有强制性的要求,通常在相应的条款中作了规定,附图只是表示进行该试验可能采用的一种装置。

当绕组线相应产品标准与GB/T 4074有矛盾时,应以产品标准为准。

当试验仅限于某种类型绕组线时,将与试验方法一起规定。

附录A中标注*号的GB/T 4074.2、GB/T 4074.3、GB/T 4074.4、GB/T 4074.5和GB/T 4074.6中的试验项目为型式试验,根据用户要求,这些试验按协议的时间间隔进行。

GB/T 4074.2、GB/T 4074.3、GB/T 4074.4、GB/T 4074.5和GB/T 4074.6中的试验方法编号与IEC 60317条文号相对应。

STANDARDS PRESS OF CHINA

附 录 A
（资料性附录）
GB/T 4074.2～GB/T 4074.6 试验方法目录

注：本目录不是全部。

第 2 部分：尺寸测量

1 范围

2 规范性引用文件

3 试验方法 4：尺寸测量

3.1 量具
3.1.1 圆线和扁线
3.1.2 束线
3.2 试验程序
3.2.1 导体尺寸
3.2.1.1 圆线
3.2.1.2 扁线
3.2.2 导体不圆度
3.2.3 扁线圆角
3.2.4 绝缘厚度
3.2.4.1 圆线
3.2.4.2 扁线
3.2.5 外形尺寸
3.2.5.1 圆线
3.2.5.2 扁线
3.2.5.3 束线
3.2.6 漆包圆线自粘层厚度

第 3 部分：机械性能

1 范围

2 规范性引用文件

3 试验方法 6：伸长率

3.1 断裂伸长率
3.2 抗张强度

4 试验方法 7：回弹性

4.1 导体标称直径大于或等于 0.080 mm 小于或等于 1.600 mm 的圆线

第 5 部分:电性能

1 范围

2 规范性引用文件

3 试验方法 5:电阻

4 试验方法 13:击穿电压

4.1 试验原理

4.2 试验设备

4.3 导体标称直径小于或等于 0.100 mm 的漆包圆线

4.4 导体标称直径大于 0.100 mm 小于或等于 2.500 mm 的漆包圆线

4.5 导体标称直径大于 2.500 mm 的圆线

4.6 丝包圆线

4.7 扁线

5 试验方法 14:漆膜连续性(适用于漆包圆线和薄膜绕包圆线)

6 试验方法 19:介质损耗因数 tanδ(适用于漆包线和束线)

7 试验方法 23:针孔试验

附录 A(规范性附录)损耗因数法

第 6 部分:热性能

1 范围

2 规范性引用文件

3 试验方法 9:热冲击(适用于漆包线和薄膜绕包线)

3.1 试样制备

3.1.1 圆线

3.1.2 扁线

3.2 试验程序

3.3 试验结果

4 试验方法 10 *:软化击穿(适用于漆包圆线和薄膜绕包圆线)

5 试验方法 15 *:温度指数

5.1 漆包线

5.2 薄膜绕包线

6 试验方法 21 *:失重(适用于漆包圆线)

附录 A(资料性附录)试验方法 22:高温失效试验(适用于漆包圆线)

ICS 29.060.01
K 12

中华人民共和国国家标准

GB/T 4074.2—2008/IEC 60851-2:1997
代替 GB/T 4074.2—1999

绕组线试验方法 第2部分:尺寸测量

Winding wires—Test methods—
Part 2: Determination of dimensions

(IEC 60851-2:1997,IDT)

2008-04-23 发布

2008-12-01 实施

中华人民共和国国家质量监督检验检疫总局
中国国家标准化管理委员会
发布

前　言

GB/T 4074—2008《绕组线试验方法》分为八个部分：

——第1部分：一般规定；

——第2部分：尺寸测量；

——第3部分：机械性能；

——第4部分：化学性能；

——第5部分：电性能；

——第6部分：热性能；

——第7部分：测定漆包绕组线温度指数的试验规程（考虑中）；

——第8部分：测定漆包绕组线温度指数的试验规程　快速法（考虑中）。

本部分为GB/T 4074的第2部分。

本部分等同采用IEC 60851-2:1997《绕组线试验方法——第2部分：尺寸测量》第2.1版（英文版）和第2号修改单（2003年）。

为便于使用，本部分做了下列编辑性修改：

——用小数点“.”代替作为小数点的逗号“,”。

本部分自实施之日起代替GB/T 4074.2—1999。

本部分与GB/T 4074.2—1999相比，主要变化如下：

——3.1中允许使用两种类型的量具，即机械接触式千分尺或光学非接触式测径仪；

——对3.1.1千分尺的测力作了新的规定，将表1分为表1a和表1b。

本部分由中国电器工业协会提出。

本部分由全国电线电缆标准化技术委员会归口。

本部分负责起草单位：上海电缆研究所。

本部分参加起草单位：大通清江机电有限公司、保定天威电力线材有限公司、上海杨行铜材有限公司、东港电磁线有限公司、成都西南电工有限公司、先登电工器材股份有限公司。

本部分主要起草人：李福、郑启荣、高素霞、刘顺荣、毋德书、戴建崇、孟祥富。

本部分所代替标准的历次版本发布情况为：

——GB/T 4074.2—1983、GB/T 1343.2—1984、GB/T 1343.10—1984、GB/T 4074.2—1999。

绕组线试验方法
第2部分:尺寸测量

STANDARDS PRESS OF CHINA

1 范围

GB/T 4074 的本部分规定了下列试验方法:

——试验方法 4:尺寸测量。

定义、试验方法总则和绕组线试验方法一览表见 GB/T 4074.1。

2 规范性引用文件

下列文件中的条款通过 GB/T 4074 的本部分的引用而成为本部分的条款。凡是注日期的引用文件,其随后所有的修改单(不包括勘误的内容)或修订版均不适用于本部分,然而,鼓励根据本部分达成协议的各方研究是否可使用这些文件的最新版本。凡是不注日期的引用文件,其最新版本适用于本部分。

GB/T 4074.1 绕组线试验方法 第1部分:一般规定(GB/T 4074.1—2008, IEC 60851-1:1996, IDT)

GB/T 4074.5—2008 绕组线试验方法 第5部分:电性能(IEC 60851-5:2004, IDT)

3 试验方法 4:尺寸测量

3.1 量具

3.1.1 圆线和扁线

当绕组线尺寸大于 0.200 mm 时,量具的精度应高于 2 μm;当绕组线尺寸小于或等于 0.200 mm 时,量具的精度应高于 1 μm。机械接触式千分尺和光学非接触式测径仪均可使用。如果使用机械接触式千分尺,其测力和测座直径之比值 P 应符合表 1a 和表 1b 的规定。测杆和测座的直径范围见表 1a 和表 1b。若需使用其他特殊量具,应由供需双方协商同意。

表 1a 漆包圆线

绕组线种类	导体标称直径/mm	测座直径/mm	$P(\text{N/mm})=\dfrac{测力(\text{N})}{测座直径(\text{mm})}$
漆包圆线	≤0.100 $0.100<d\leqslant 0.45$ >0.45	2~8 5~8 5~8	$0.01\leqslant P\leqslant 0.16$ $0.16<P\leqslant 0.32$ $0.32<P\leqslant 0.80$

表 1b 除漆包圆线以外的绕组线

绕组线种类	导体标称直径/mm	测座直径/mm	测力/N
薄膜绕包圆线	≥0.100	5~8	1~8
漆包扁线和薄膜绕包扁线	—	5~8	2~4
纤维包覆线	—	5~8	2~4
纸包线	—	5~8	8~14

3.1.2 束线

束线外径应用抛光锥棒测量，锥棒尺寸如图1所示。

单位为毫米

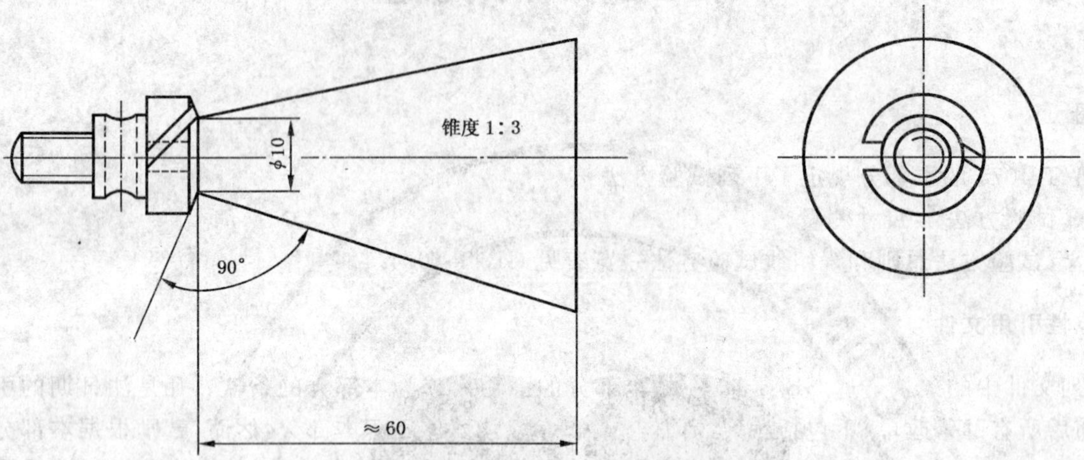

图1 锥棒

3.2 试验程序

3.2.1 导体尺寸

3.2.1.1 圆线

见表2。

表2 导体直径测量

导体标称直径	测量方法	条文号
$d \leqslant 0.063$ mm	电阻	GB/T 4074.5—2008中第3章
$d > 0.063$ mm	尺寸	3.2.1.1
注：如果供需双方同意，导体标称直径大于0.063 mm小于或等于1.000 mm的绕组线也可采用电阻测量法。		

3.2.1.1.1 导体标称直径大于0.063 mm小于或等于0.200 mm

在一根校直试样上相距各1 m的三个位置上，用不损伤导体的任何方法除去绝缘层，各测一次导体直径。

记录三个测量值，取其平均值作为导体直径。

3.2.1.1.2 导体标称直径大于0.200 mm

在一根校直试样上，用不损伤导体的任何方法除去绝缘层，在沿导体圆周均分的三个位置上各测量一次裸导体直径。

记录三个测量值，取其平均值作为导体直径。

3.2.1.2 扁线

用不损伤导体的任何方法在按3.2.5.2规定的三个位置上除去绝缘层，在每个位置各测量一次宽边和窄边尺寸。

记录三个宽边和窄边尺寸测量值，取其平均值分别作为导体宽边和窄边尺寸。

3.2.2 导体不圆度

导体不圆度为在导体每个截面上按3.2.1.1规定测量的任何两个导体直径读数的最大差值。

记录导体不圆度。

3.2.3 扁线圆角

为了做好本试验，应制备绝缘线的截面，并在足够放大倍数下测量。

将三根校直扁线试样在不影响绝缘性能的适当树脂中进行浇铸。固化后，树脂的颜色应与绝缘的颜色呈反差。

沿垂直于扁线轴线方向切断嵌在固化树脂中的三根扁线试样，用适当的方法仔细研磨抛光截面。在能正确判断圆角圆度的适当放大倍数下检查抛光表面。

记录导体圆弧及与平面连接情况，任何毛刺、粗糙和凸缘亦应记录。

3.2.4 绝缘厚度

绝缘厚度是外形尺寸与导体尺寸之差。

3.2.4.1 圆线

按 3.2.1.1 和 3.2.5.1 的规定测量外径和导体直径，二者之差即为绝缘厚度。

3.2.4.2 扁线

按 3.2.1.2 和 3.2.5.2 的规定测量扁线宽边外形尺寸和导体宽边尺寸，二者之差即为窄边绝缘厚度；测得的扁线窄边外形尺寸和导体窄边尺寸之差即为宽边绝缘厚度。

3.2.5 外形尺寸

3.2.5.1 圆线

3.2.5.1.1 导体标称直径小于或等于 0.200 mm

在一根校直试样相距各 1 m 的三个位置上，各测一次外径。

记录三个测量值，取其平均值作为外径。

3.2.5.1.2 导体标称直径大于 0.200 mm

在一根校直试样相距 1 m 的两个位置上，每个位置沿绝缘线圆周均分测量三次外径。

记录六个测量值，取其平均值作为外径。

在有关产品标准中，导体直径测量方法采用表 2 规定的方法。

3.2.5.2 扁线

在一根校直试样相距至少 100 mm 的三个位置上，每个位置各测量一次宽边和窄边外形尺寸。若试样外形尺寸比千分尺测杆直径大，则应在试样表面中间和边缘各测一次；若两个测量值不同，应取较大值。

记录三个宽边和窄边外形尺寸的测量值，取其平均值分别作为宽边外形尺寸和窄边外形尺寸。

3.2.5.3 束线

注：下述测量方法测得的是实际有用的值，而不是精确的外径。

束线外径为卷绕在锥棒上的束线层宽度除以卷绕圈数。束线应以一定张力紧密卷绕在如图 1 所示的锥棒上，张力(N)为束线各导体标称截面积(mm^2)之和的 65 倍。

外径小于或等于 0.5 mm 的束线的卷绕宽度应不小于 10 mm，外径大于 0.5 mm 的束线的卷绕宽度应不小于 20 mm，测量精度应为 0.5 mm。

测量一次。记录外径，并修约到 0.01 mm。

3.2.6 漆包圆线自粘层厚度

自粘层厚度是自粘性漆包线外径与除去自粘层后的漆包线外径的差值。

自粘性漆包线外径应按 3.2.5.1 测量，用溶剂或其他任何合适的试剂以及不损伤底漆的任何方法除去自粘层后再次测量其外径，其差值即为自粘层厚度。

ICS 29.060.01
K 12

中华人民共和国国家标准

GB/T 4074.3—2008/IEC 60851-3:1997
代替 GB/T 4074.3—1999

绕组线试验方法 第3部分:机械性能

Winding wires—Test methods—Part 3:Mechanical properties

(IEC 60851-3:1997,IDT)

2008-04-23 发布　　　　2008-12-01 实施

中华人民共和国国家质量监督检验检疫总局
中国国家标准化管理委员会
发布

前言

GB/T 4074—2008《绕组线试验方法》分为八个部分：

——第1部分：一般规定；

——第2部分：尺寸测量；

——第3部分：机械性能；

——第4部分：化学性能；

——第5部分：电性能；

——第6部分：热性能；

——第7部分：测定漆包绕组线温度指数的试验规程(考虑中)；

——第8部分：测定漆包绕组线温度指数的试验规程　快速法(考虑中)。

本部分为GB/T 4074的第3部分。

本部分等同采用IEC 60851-3:1997《绕组线试验方法　第3部分：机械性能》第2.1版(英文版)和第2号修改单(2003年)。

为便于使用，本部分做了下列编辑性修改：

——用小数点"."代替作为小数点的逗号","。

本部分自实施之日起代替GB/T 4074.3—1999。

本部分与GB/T 4074.3—1999相比，主要变化如下：

——对5.5.4薄膜绕包圆线和扁线的附着性试验限定仅适用于粘结性薄膜绕包线产品；

——在试验方法18中取消了GB/T 4074.3—1999中关于溶剂粘合的要求和相应的说明及注1的规定；

——修改了图10"螺旋线圈粘结力试验设备"；

——将提示性附录A和提示性附录B改为资料性附录A和资料性附录B。

本部分的附录A和附录B为资料性附录。

本部分由中国电器工业协会提出。

本部分由全国电线电缆标准化技术委员会(SAC/TC 213)归口。

本部分负责起草单位：上海电缆研究所。

本部分参加起草单位：铜陵精达特种电磁线股份有限公司、湖南宇航科技实业有限公司、诸暨市露笑电磁线有限公司、山东赛特电工材料有限公司、无锡环宇电磁线有限公司、浙江洪波线缆股份有限公司。

本部分主要起草人：李福、郑守国、任京湘、鲁小均、和军、汪文亚、曹恒泰。

本部分所代替标准的历次版本发布情况为：

——GB/T 4074.3～GB/T 4074.10—1983、GB/T 4074.14—1983、GB/T 4074.27—1983、GB/T 1343.3～GB/T 1343.7—1984、GB/T 4074.3—1999。

绕组线试验方法 第3部分:机械性能

1 范围

GB/T 4074 的本部分规定了下列试验方法:

——试验方法 6:伸长率;

——试验方法 7:回弹性;

——试验方法 8:柔韧性和附着性;

——试验方法 11:耐刮;

——试验方法 18:热粘合。

定义、试验方法总则和绕组线试验方法一览表见 GB/T 4074.1。

2 规范性引用文件

下列文件中的条款通过 GB/T 4074 的本部分的引用而成为本部分的条款。凡是注日期的引用文件,其随后所有的修改单(不包括勘误的内容)或修订版均不适用于本部分,然而,鼓励根据本部分达成协议的各方研究是否可使用这些文件的最新版本。凡是不注日期的引用文件,其最新版本适用于本部分。

GB/T 4074.1 绕组线试验方法 第1部分:一般规定(GB/T 4074.1—2008,IEC 60851-1:1996,IDT)

GB/T 4074.2—2008 绕组线试验方法 第2部分:尺寸测量(IEC 60851-2:1997,IDT)

IEC 61033:1991 测定漆包线用浸渍剂粘结强度的试验方法

ISO 178:2001 塑料—曲挠性能测试方法

3 试验方法 6:伸长率

3.1 断裂伸长率

伸长率是长度增加值与原长度之比,用百分比表示。

在伸长仪或拉力试验机上,以(5±1) mm/s 的速率将一根自由测试长度为 200 mm~250 mm 的校直试样拉伸至导体断裂点,计算断裂时长度线性增量与自由测试长度之比,用百分比表示。

测试三个试样,记录三个测试值,取其平均值作为断裂伸长率。

3.2 抗张强度

抗张强度是导体断裂时拉断力与其原始截面积之比。

在拉力试验机上,以(5±1) mm/s 的速率将一根自由测试长度为 200 mm~250 mm 的校直试样拉伸至导体断裂点,记录断裂时拉断力。

测试三个试样,记录原始截面积与三个拉断力测试值,取拉断力与原始截面积之比的平均值作为抗张强度。

4 试验方法 7:回弹性

回弹性是卷绕成螺旋线圈或弯曲成一个角度的试样回弹后所测得的角度。

4.1 导体标称直径大于或等于 0.080 mm 小于或等于 1.600 mm 的圆线

4.1.1 试验原理

将一根校直试样在圆棒上卷绕五圈,圆棒直径和卷绕时张力应符合有关产品标准的规定。回弹性测量即是第五圈试样末端回弹的角度读数。

4.1.2 试验设备

试验设备示例如图 1,圆棒的结构和尺寸见图 2 和表 1。采用图 2 中的螺旋槽便于卷绕,但是否使用不作强制性规定。刻度盘上标有 72 等分刻度,这样卷绕五圈,读数即是试样每一圈回弹的度数。

表 1 回弹性试验用圆棒

圆棒直径[a] mm	尺寸[b] mm					
	a	b	c	d	e	f
5	6.0	7.5	32	0.30	0.05	0.13
7	6.0	9.0	34	0.40	0.07	0.18
10	6.0	9.0	34	0.60	0.10	0.25
12.5	6.0	9.0	40	0.80	0.14	0.35
19	10.0	11.0	45	1.20	0.20	0.50
25	12.5	12.5	45	2.00	0.28	0.70
37.5	12.5	14.5	47	2.40	0.40	1.00
50	12.5	17.5	50	3.00	0.80	2.00

a 如是螺旋槽,即为槽底直径。

b 见图 2。

4.1.3 试验程序

在试验设备上将规定尺寸的圆棒装好并锁定在与其轴线成水平的位置上,固定试样的槽或孔应对准刻度盘的零位。圆棒上应抹些滑石粉,以免粘住漆包线。

在长约 1 m 的校直试样的一端,挂上规定的负荷。松开旋转圆棒的手柄,将试样的另一端插入圆棒的固定槽或固定孔中,使足够长度的试样伸出圆棒的另一侧,这样试样就紧贴在圆棒上。慢慢放下负荷,使试样垂直悬挂在圆棒下面。刻度零位和固定槽或固定孔也垂直向下。

固定试样自由端,逆时针旋转圆棒五整圈及以上(看刻度盘)直到刻度盘零位垂直向上,然后锁住手柄。保持试样在圆棒上的位置,除去负荷。在第五圈端部以外约 25 mm 处剪断试样。应将该端部弯成垂直位置以与刻度盘零位重合,作为指针。

在试样该端部的左边放一铅笔或类似的工具,以防止试样突然回弹,然后让线圈无跳动地缓慢松开。

注:如果试样突然回弹,可能得到错误的结果。

松开圆棒和刻度盘的锁紧装置,顺时针旋转,使指针垂直向上。指针指示的刻度盘读数即为回弹角。若漆包线弹性很大,指针可能回弹一整圈以上。在这种情况下,每回弹一整圈,刻度盘读数加 72。

测试三个试样,记录三个读数,取其平均值作为回弹角。

4.2 导体标称直径大于 1.600 mm 的圆线和扁线

4.2.1 试验原理

将一根校直试样弯成 30°,除去力后漆包线回弹的角度读数即是回弹角。

4.2.2 试验设备

试验设备示例如图 3,其基本组件包括:一个固定夹钳(2),一个活动夹钳(1)和一个扇形刻度盘(5),单位为度。刻度盘在 0°~10°范围内其刻度以 0.5°为增量。扇形刻度盘为圆弧形,置于与夹钳面成 90°的平面上,其中心(3)在固定夹钳的外侧边缘。手柄可以在垂直平面上的扇形刻度盘上移动,其支点位于刻度盘圆弧的中心。

手柄应有指针或标记,能正确读出回弹角的读数。手柄约 305 mm 长,具有毫米刻度,起点在弧形刻度盘中心,手柄上有一个带刀口的滑块(4)。

4.2.3 试样制备

从线盘上取下至少1 200 mm长的试样,并尽可能避免弯曲,然后用手校直试样并切成400 mm长的三根试样。不应采用工具拉伸,应避免不必要的弯曲以免引起试样变硬。

4.2.4 试验程序

滑块在手柄上的位置应是导体直径或导体窄边尺寸的40倍。拉紧两夹钳之间的试样至刚好防止滑动。试样的拉紧方向应与其在线盘上的卷绕方向相同。试样的自由端应伸出滑块刀口(12±2) mm。

从起始点(30°刻度,位置1)开始用手柄弯曲试样30°(0°刻度,位置2),弯曲时间应控制在2 s~5 s。试样在位置2的时间最多保持2 s,然后将手柄以相同角速度反方向退回直到滑块刀口滑离试样。再次移动手柄直到滑块刀口刚好接触试样而不弯曲试样。手柄指针(位置3)在扇形刻度盘上的读数即为回弹角。

测试三个试样,记录三个读数,取其平均值作为回弹角。

5 试验方法8:柔韧性和附着性

柔韧性和附着性反映了绕组线经受拉伸、卷绕、弯曲或扭绞等外作用力时,其绝缘不发生开裂或失去附着性的能力。

5.1 圆棒卷绕试验

5.1.1 圆线

将一根校直试样在抛光圆棒上连续紧密卷绕10圈,圆棒直径在有关产品标准中规定。圆棒应以1 r/s~3 r/s的速度卷绕,卷绕时线承受的张力刚好使线与圆棒接触。应避免线受到拉伸和扭绞。应使用符合上述要求的设备。

5.1.1.1 导体标称直径小于或等于1.600 mm的漆包圆线

若产品标准规定卷绕之前需预先拉伸,试样应按第3章的要求拉伸至规定的百分比。卷绕后,用倍数如表2规定的放大镜检查是否开裂。

测试三个试样。发现的任何开裂均应记录在报告中。

表2 检查开裂的放大镜倍数

导体标称直径 mm		放大镜倍数[a]
大于	小于或等于	
—	0.040	10倍~15倍
0.040	0.500	6倍~10倍
0.500	1.600	1倍~6倍

[a] 1倍表示用正常视力。

5.1.1.2 纤维包覆圆线

卷绕后,用正常视力或6倍以下放大镜检查试样是否露出裸导体。

测试三个试样。露出裸导体应记录在报告中。

5.1.1.3 纤维包覆漆包圆线

卷绕后,用正常视力或6倍以下放大镜检查试样是否露出裸导体或底漆层。

测试三个试样。露出裸导体或底漆层均应记录在报告中。

5.1.1.4 薄膜绕包圆线

卷绕后,用正常视力或6倍以下放大镜检查试样是否露出裸导体或分层。

测试三个试样。露出裸导体或分层均应记录在报告中。

STANDARDS PRESS OF CHINA

5.1.2 扁线

将一根长约400 mm的校直试样在抛光圆棒上沿两个方向各弯曲180°,形成一个伸长的S形,圆棒直径在有关标准中规定。U形弯头之间的直线部分至少应为150 mm。注意确保试样不翘曲,弯头平整。合适的试验设备如图4所示。

弯曲后,用6倍～10倍放大镜检查:对于漆包线,应检查是否开裂;对于纤维包覆线,应检查是否露出裸导体或底漆层;对于薄膜绕包线,应检查是否露出裸导体或分层。

弯曲六个试样,分别是三个宽边弯曲(用窄边尺寸)和三个窄边弯曲(用宽边尺寸)。如果试样有开裂、分层、露出导体或底漆层,则应记录在报告中。

5.1.3 包覆束线

将一根校直试样在抛光圆棒上连续卷绕10圈,圆棒直径在有关产品标准中规定,张力按GB/T 4074.2—2008中3.2.5.3的规定。注意每次卷绕时不可扭绞试样。

卷绕后,用正常视力检查试样的包覆层是否开口。

测试一个试样,如果包覆层紧密度未达到要求,则应记录在报告中。

5.2 拉伸试验(适用于导体标称直径大于1.600 mm的漆包圆线)

按第3章的规定将一根校直试样拉伸至有关产品标准规定的百分比。拉伸后,用正常视力或6倍以下放大镜检查试样是否开裂或失去附着性。

测试三个试样,如果试样开裂和(或)失去附着性,应记录在报告中。

5.3 急拉断试验(适用于导体标称直径小于或等于1.000 mm的漆包圆线)

将一根校直试样急速拉伸至断裂点或有关产品标准规定的伸长率,试验设备如图5所示,其自由测试长度为200 mm～250 mm。拉伸后,应用倍数如表2规定的放大镜检查试样是否开裂或失去附着性。断头2 mm内不做考核。

测试三个试样,如果试样开裂和(或)失去附着性,则应记录在报告中。

5.4 剥离试验(适用于导体标称直径大于1.000 mm的漆包圆线)

将一根校直试样置于如图6所示的试验设备上,两个夹具位于同一轴线上并相距500 mm,其中一个能旋转,另一个则不能,但可以轴向移动并加挂负荷施加张力来扭绞试样,负荷按表3规定。

表3 剥离试验用负荷

导体标称直径 mm		负荷 N
大于	小于或等于	
1.000	1.400	25
1.400	1.800	40
1.800	2.240	60
2.240	2.800	100
2.800	3.550	160
3.550	4.500	250
4.500	5.000	400

使用如图7所示的刮刀轴向刮去试样两侧的漆膜直至露出导体,如图8所示。刮刀的压力应足以刮去漆膜并在漆膜和导体界面留下清洁光滑的表面,但不可刮去太多的导体材料。从距离夹具10 mm的两处剥离漆膜。旋转设备的起动速度应为60 r/min～100 r/min,直至达到有关产品标准规定的转数R。

剥离和扭绞后,应检查试样是否失去附着性。如果能毫无困难地将漆膜从试样上剥去(例如用指甲),即使不能完全分离,也应认为失去附着性。

测试一个试样,如果失去附着性,则应记录在报告中。

5.5 附着性试验

按第3章的规定将一根约300 mm长的校直试样拉伸至有关产品标准规定的百分比。

5.5.1 漆包扁线

拉伸前,应在测量长度中间切割试样一圈直至导体。拉伸后,应检查试样是否失去附着性。

测试一个试样,如果失去附着性,则应记录在报告中,并从切割点开始单向测量失去附着性距离。测量试样每侧的失去附着性距离,记录最大值。

5.5.2 浸渍纤维包覆圆线和扁线

拉伸前,从试样上除去所有绝缘但保留中间100 mm的绝缘。拉伸后,应检查试样是否失去附着性。

测试一个试样,如果失去附着性,则应记录在报告中。对圆线如绝缘在导体上滑动,对扁线如绝缘在试样上分离,则认为失去附着性。

5.5.3 纤维包覆漆包圆线和扁线

拉伸前,应在测量长度中间相距100 mm的两处切割试样一圈直至导体。拉伸后,应检查试样是否失去附着性。

测试一个试样,如果失去附着性,则应记录在报告中。

5.5.4 薄膜绕包圆线和扁线(仅适用于粘结性薄膜)

拉伸前,应在测量长度中间切割试样一圈直至导体。拉伸后,应检查试样是否失去附着性。

6 试验方法11:耐刮(适用于漆包圆线)

耐刮是用不断增加压力的刮针刮漆包线所能承受的最大刮破力表示。

6.1 试验原理

一根校直试样经受单向刮漆试验,用针刮漆包线表面,并在针上不断增加负荷。使针和导体电气接通的力即为刮破力。

6.2 试验设备

应使用如图9所示的试验设备,其机械装置应能产生速率为(400±40) mm/min的单向刮力。刮漆装置应包括一个抛光的琴钢丝或直径为(0.23±0.01) mm的针,置于两夹头之间。夹头可牢固地夹住琴钢丝或针,使其不下垂或弯曲并与刮漆方向成直角。刮漆方向即为漆包线的轴线方向。为放置试样,试验设备的支撑台上应有两个夹头,当试样插入夹头之间并校直时支撑台可下降。

试验设备应能产生(6.5±0.5) V的直流电压,施加在导体和琴钢丝或刮针之间。应将短路电流限制在20 mA以内,可使用串联电阻或继电器实现。该电路应能检测短路电流,并当刮针刮到导体约3 mm时停止刮漆。

试验设备的杠杆下部边缘上应有一刻度标尺,所指示出的系数乘以施加在琴钢丝或针上的起始负荷即为刮破力。

6.3 试验程序

将一根用最大1%的伸长校直的试样擦拭干净后置于试验设备中,然后用夹头固定试样,调整支撑台使之接触试样。施加在刮漆设备上的起始作用力应不大于有关产品标准规定的最小刮破力的90%,并应使刮针和导体之间短路,短路点距离固定支点150 mm～200 mm。荷重的刮漆装置应慢慢下降至漆包线表面,然后开始刮漆。

刮针停止刮漆时,从杠杆下部边缘的刻度尺上读出此时的系数。记录该系数和起始作用力的乘积。

试验应在同一试样上再重复进行两次,一次距离原位置120°,一次距离原位置240°。记录试验结果。

测试一个试样。记录三个试验值。取其平均值作为平均刮破力。

7 试验方法 18:热粘合(适用于导体标称直径大于 0.050 mm 小于或等于 2.000 mm 的漆包圆线)

热粘合反映了线圈绕组在热作用下粘合在一起的能力。

7.1 垂直螺旋线圈粘结力

垂直螺旋线圈粘结力反映了在粘合线圈下端加挂负荷时保持粘合的能力。

7.1.1 导体标称直径小于或等于 0.050 mm

试验方法由供需双方协商决定。

7.1.2 导体标称直径大于 0.050 mm 小于或等于 2.000 mm

7.1.2.1 试验原理

在圆棒上卷绕成螺旋线圈,然后加负荷压紧,并在热作用下粘合。粘合后,从圆棒上取下线圈试样并垂直悬挂,在其下端挂上负荷来测定试样是否能承受规定的负荷。在高温下重复试验。

7.1.2.2 试样制备

将一根校直试样卷绕在直径如表 4 规定的抛光圆棒上[1]。线圈最小长度应为 20 mm。卷绕时的张力应不超过表 4 规定值,卷绕速率应控制在 1 r/s～3 r/s 之间。为方便线圈自由松开,试样末端不应固定。圆棒上的线圈应如图 10a 所示垂直放置,并按表 4 的规定施加负荷。重物应不粘着圆棒,其间应有间隙。然后将此装置放入强迫通风的烘箱中,烘箱温度按有关产品标准的规定,放置时间:

——导体标称直径小于或等于 0.710 mm 的漆包线,为 30 min;

——除非供需双方另有协议,导体标称直径大于 0.710 mm 小于或等于 2.000 mm 的漆包线,为 1 h。

冷却至室温后,从圆棒上取下线圈。

表 4 螺旋线圈的制备

导体标称直径 mm		圆棒直径 mm	卷绕时最大张力 N	粘合时加在线圈上的负荷 N
大于	小于或等于			
0.050	0.071	1	0.05	0.05
0.071	0.100	1	0.05	0.05
0.100	0.160	1	0.12	0.15
0.160	0.200	1	0.30	0.25
0.200	0.315	2	0.80	0.35
0.315	0.400	3	0.80	0.50
0.400	0.500	4	2.00	0.75
0.500	0.630	5	2.00	1.25
0.630	0.710	6	5.00	1.75
0.710	0.800	7	5.00	2.00
0.800	0.900	8	5.00	2.50
0.900	1.000	9	5.00	3.25
1.000	1.120	10	12.00	4.00
1.120	1.250	11	12.00	4.50
1.250	1.400	12	12.00	5.50
1.400	1.600	14	12.00	6.50
1.600	1.800	16	30.00	8.00
1.800	2.000	18	30.00	10.00

1) 对于直径较大的漆包线用钢棒合适。对于直径较小的漆包线用铜棒,因为铜棒可拉伸以缩小直径而有助于取下线圈。

7.1.2.3 室温下的试验程序

如图 10b 所示将线圈试样的一端悬挂起来，另一端施加有关产品标准规定的负荷。负荷的施加方式应能避免任何附加的冲击。

测试三个试样。如果线圈分离(第一圈和最后一圈除外)，则应记录在报告中。粘合线圈的温度也应记录。

7.1.2.4 高温下的试验程序

如图 10b 所示将线圈试样的一端悬挂起来，另一端施加如表 5 规定的负荷。负荷的施加方式应能避免任何附加的冲击。将带负荷的试样放入强迫通风的烘箱内 15 min，烘箱温度按有关产品标准的规定。

测试三个试样。如果线圈分离(第一圈和最后一圈除外)，则应记录在报告中。粘合线圈的温度也应记录。

表 5 高温下的粘结力

导体标称直径 mm		负荷 N	导体标称直径 mm		负荷 N
大于	小于或等于		大于	小于或等于	
0.050	0.071	0.04	0.800	0.900	2.60
0.071	0.100	0.06	0.900	1.000	3.20
0.100	0.160	0.08	1.000	1.120	3.80
0.160	0.200	0.19	1.120	1.250	4.40
0.200	0.315	0.25	1.250	1.400	4.90
0.315	0.400	0.55	1.400	1.600	6.40
0.400	0.500	0.80	1.600	1.800	7.90
0.500	0.630	1.20	1.800	2.000	7.90
0.630	0.710	1.70			
0.710	0.800	2.10			

7.2 扭绞线圈粘结强度

粘结强度是破坏扭绞线圈所需的最大作用力。

7.2.1 试验原理

随机卷绕的漆包线线圈形成椭圆形，扭绞后通直流电流使之粘结并制成棒状试样。将棒状试样水平放置在拉力试验机上，测量破坏该棒状试样所需的最大压弯力。在高温下重复该试验。

注：本试验方法类似于 IEC 1033 中 2.1 的方法 A"扭绞线圈试验"，其原理相同，但在扭绞和粘结试样及漆包线规格上有所不同。本试验适用于不同规格的漆包线，而 IEC 1033 中方法 A 只适用于导体标称直径为 0.315 mm 的漆包线。

7.2.2 试验设备

本试验应使用下列设备：

——如图 11a 和图 11b 所示的线圈卷绕机；

——如图 13 所示的线圈扭绞机；

——符合 ISO 178:2001 的拉力试验机，所用支架如图 13 所示；

——能产生恒定电流的直流电源，最小容量为 50 V 和 15 A；

——与拉力试验机配套的强迫通风的烘箱，该烘箱应确保试验温度偏差为±2℃，并应能在5 min～10 min 之内同时加热至少五个试样至试验温度。

7.2.3 试样制备

使用如图 11a 和图 11b 所示的卷绕机将漆包线试样随机卷绕成一个线圈。卷绕圈数应按下式计算：

STANDARDS PRESS OF CHINA

$$N=\frac{100\times 0.315^2}{d^2}$$

式中：

d——漆包线试样导体标称直径。

注：对于导体标称直径 $d=0.315$ mm，N 为 100 圈；对于其他直径 d，可通过上述公式得到 N 值，而其导体总截面积与 $N=100$ 和 $d=0.315$ mm 时的导体总截面积相同。

为防止线圈从卷绕机上取下时松开，应将漆包线每一端（或用短段漆包线）在线圈相对两处绕 2 圈～3 圈，因此卷绕机上应有合适的槽口（见图 11b）。

卷绕线圈采用如下尺寸：

——卷绕直径：(57±0.1) mm；

——槽宽：(5±0.5) mm。

从卷绕机上取下线圈，形成椭圆形（见图 12），然后如图 13 所示在扭绞机上沿其纵轴扭绞。该扭绞机应能在扭绞及粘结试样的同时对试样施加机械负荷，负荷应为 100 N。线圈应先扭绞 2.5 圈，然后在相反方向回扭半圈。在扭绞机上保持机械负荷的同时，应在漆包线试样上通以恒定的直流电流使之粘结，电流的大小应能使线圈试样在 30 s～60 s 的时间内粘合。

注：因为使用直流电流可方便测量加热结束后线圈试样的平均温度（见附录 A）。

试样为直径约 7 mm，长度 85 mm～90 mm 的圆棒。

7.2.4 试验程序

如图 14 所示将试样正确放在支架上，调节十字头的速度使之在 1 min 内达到最大弯力，测量试样的粘结强度。

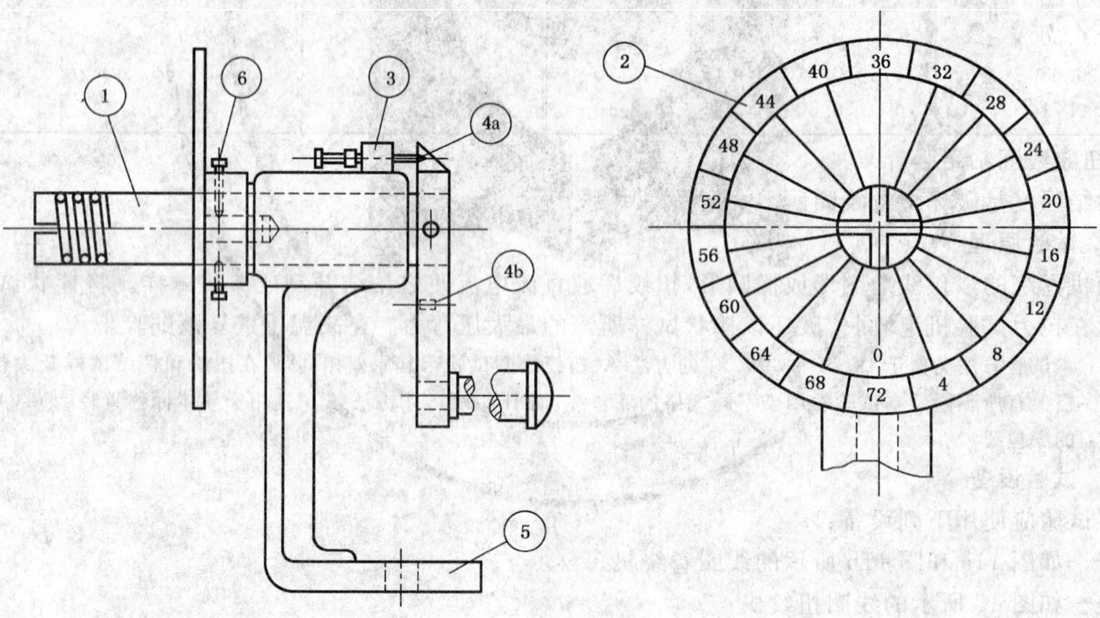

1——圆棒；

2——刻度盘；

3——锁紧装置；

4——锁紧装置；

5——底座；

6——圆棒固定螺丝

图 1 回弹试验仪

对于高温下的试验，应先将试样放入预热到规定温度的烘箱中。在试样达到烘箱温度但放入烘箱时间不超过 15 min 之内测量试样的粘结强度。

7.2.5 试验结果

在每一温度应测五个试样。记录对应于每个温度的五个数值。取其平均值作为粘结强度。试样的导体标称直径、线圈的圈数和粘结条件也应记录。

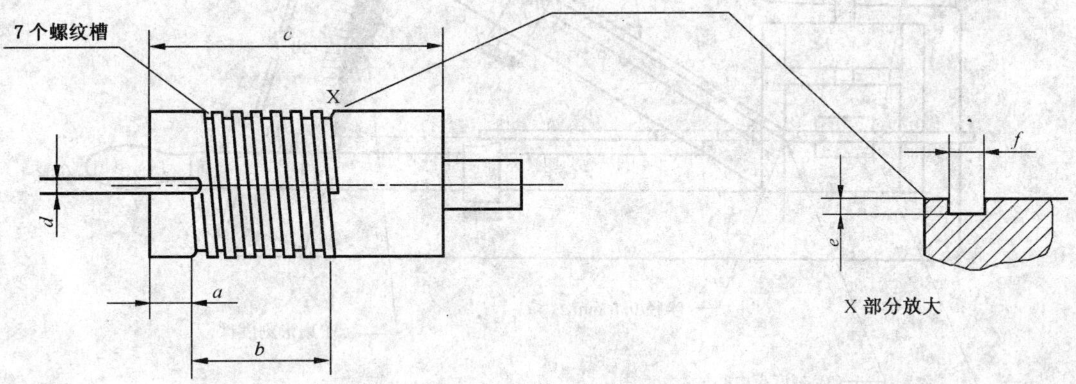

图 2　圆棒结构和尺寸(见表 1)

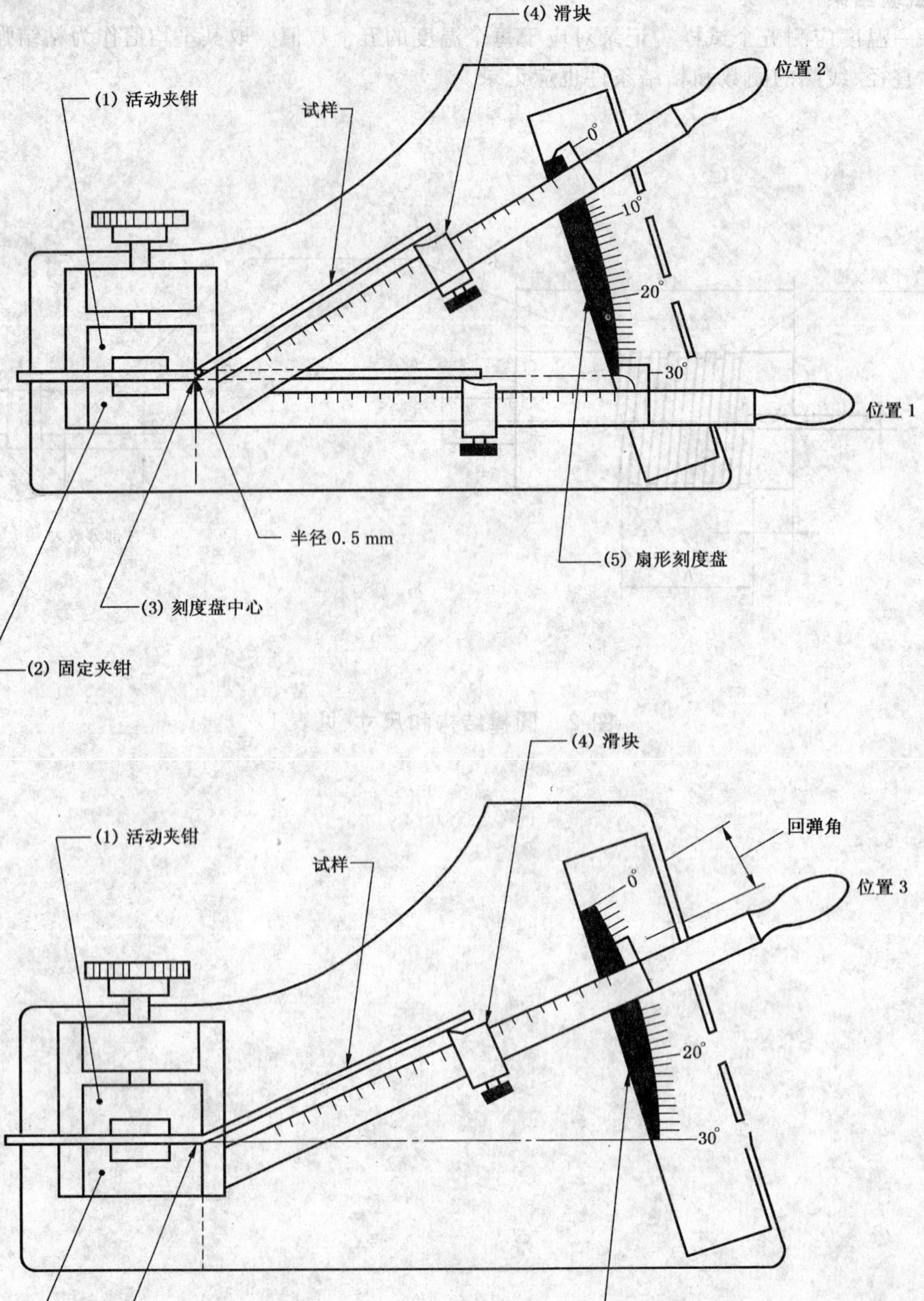
(4) 滑块
位置 2
(1) 活动夹钳
试样
0°
10°
20°
30°
位置 1
半径 0.5 mm
(5) 扇形刻度盘
(3) 刻度盘中心
(2) 固定夹钳
(4) 滑块
回弹角
(1) 活动夹钳
试样
位置 3
0°
20°
30°
(3) 刻度盘中心
(5) 扇形刻度盘
(2) 固定夹钳

图 3 回弹试验仪

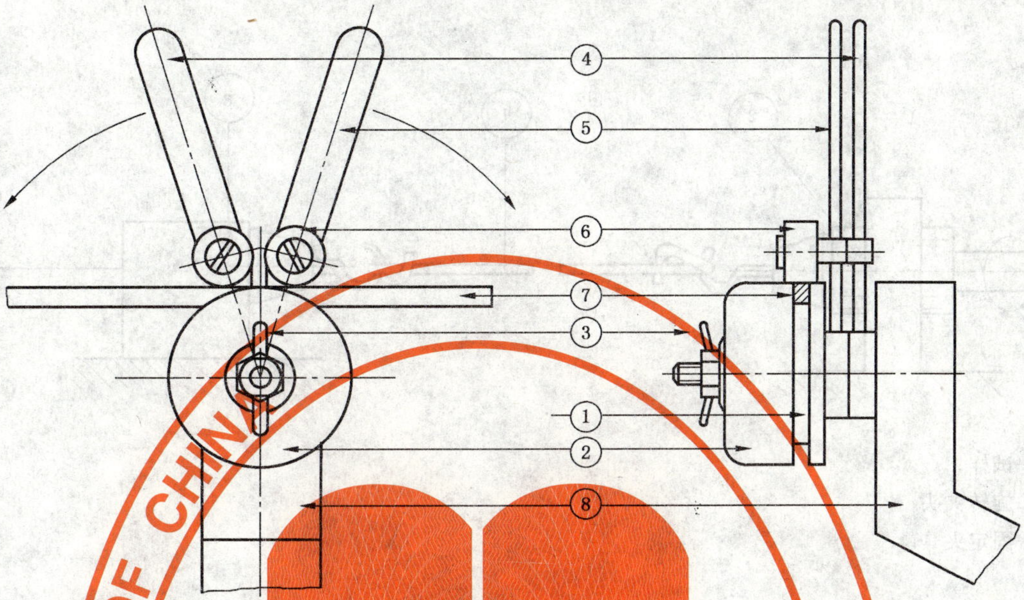

1——圆棒；
2——圆棒夹板；
3——翼形夹紧螺母；
4——手柄；
5——手柄；
6——滚珠轴承；
7——试样；
8——支架

图 4　圆棒弯曲试验装置

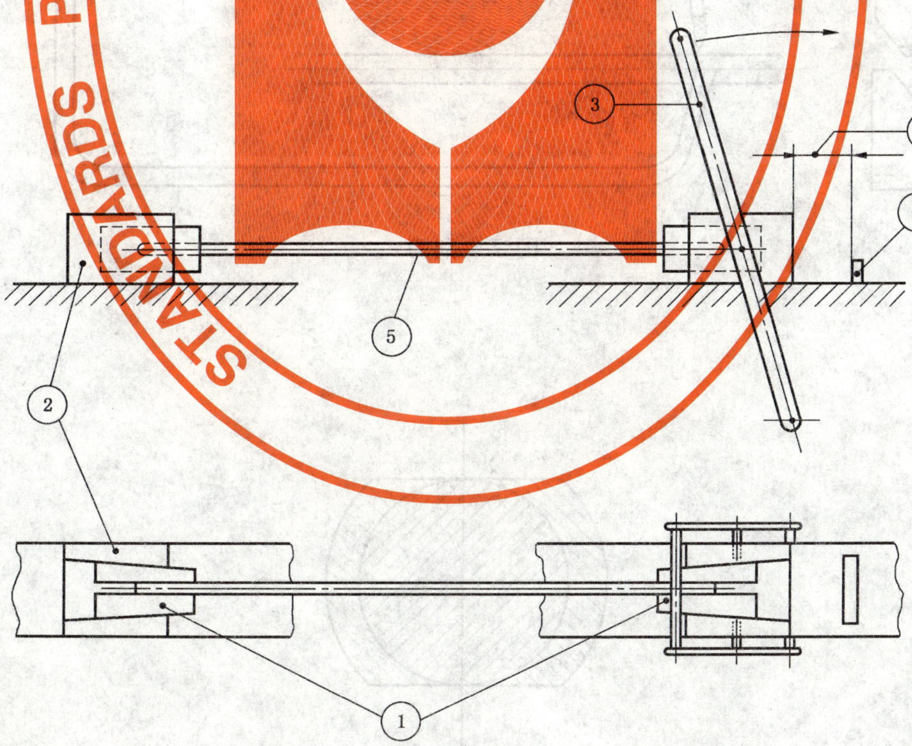

1——楔形夹头；
2——固定夹具；
3——手柄；
4——可调挡板；
5——试样；
6——规定伸长

图 5　急拉断试验仪

STANDARDS PRESS OF CHINA

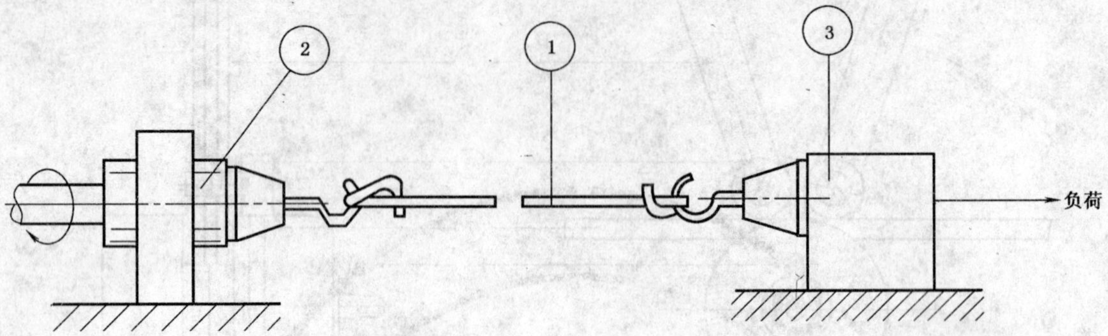

1——试样；

2——旋转夹头；

3——固定夹具

图 6 剥离试验仪

图 7 刮刀

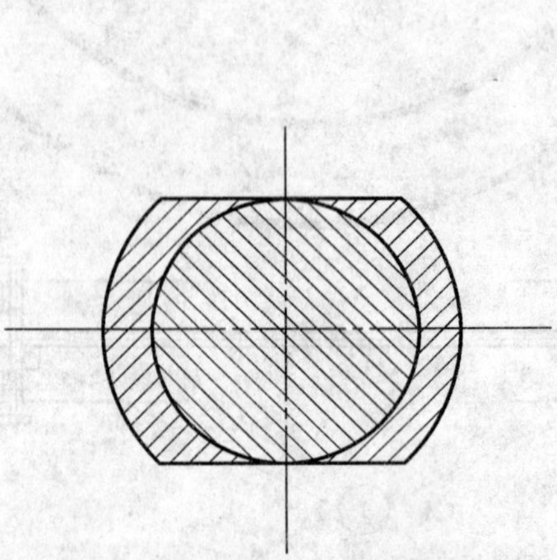

图 8 刮去漆膜后漆包线截面

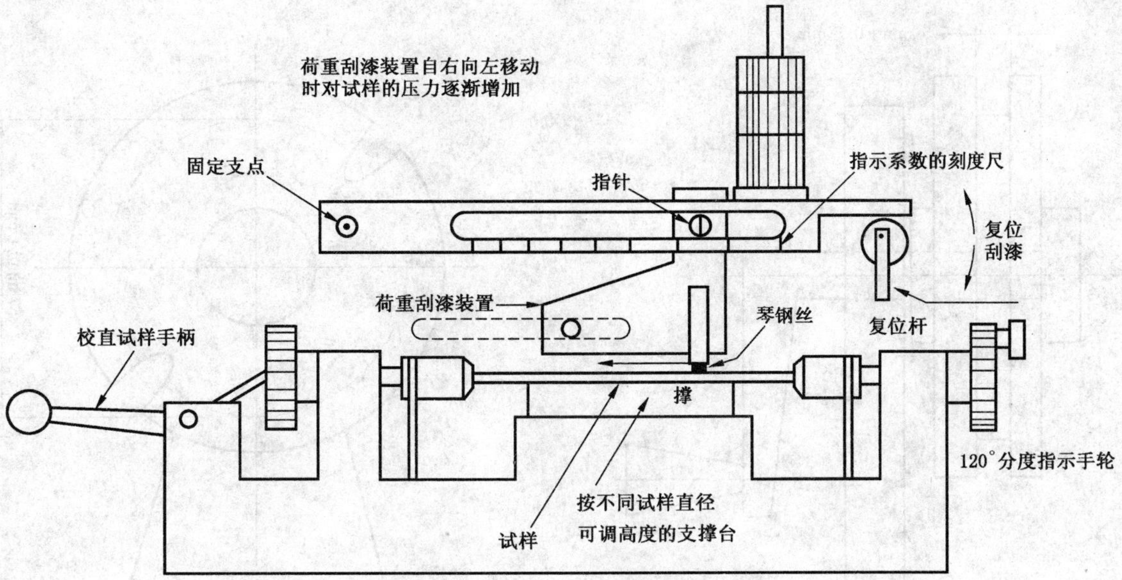

图 9　单向刮漆试验仪

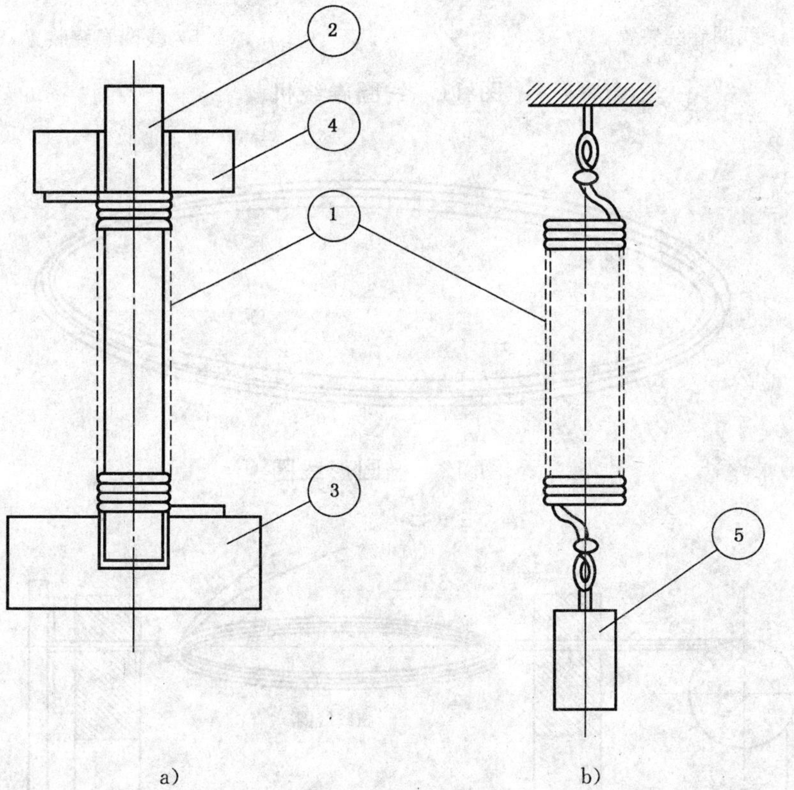

1——线圈；

2——圆棒；

3——圆棒底座；

4——压紧负荷；

5——分离负荷

图 10　螺旋线圈粘结力试验设备

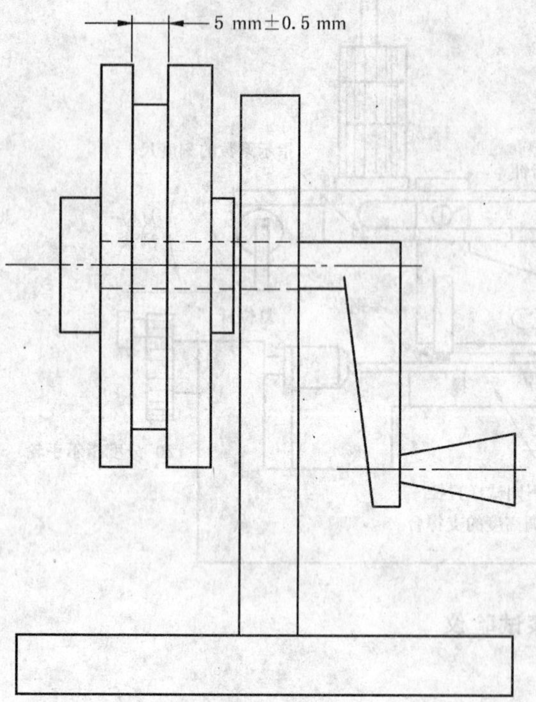

a) 线圈卷绕装置

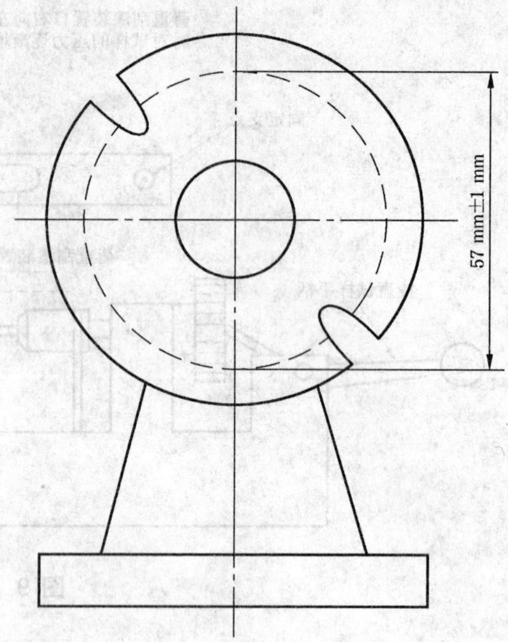

b) 线圈卷绕装置,正视图

图 11　线圈卷绕机

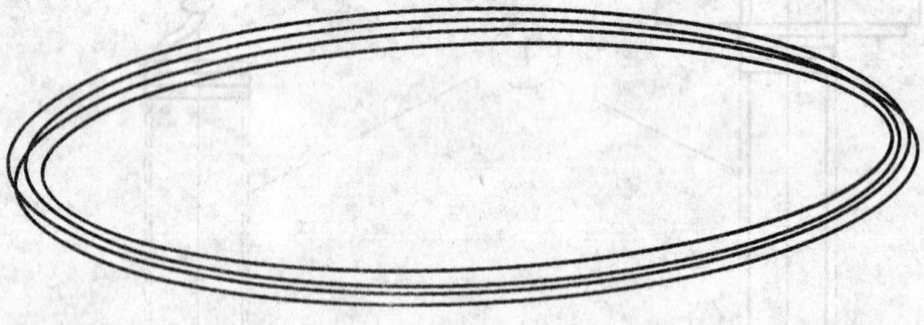

图 12　椭圆形线圈

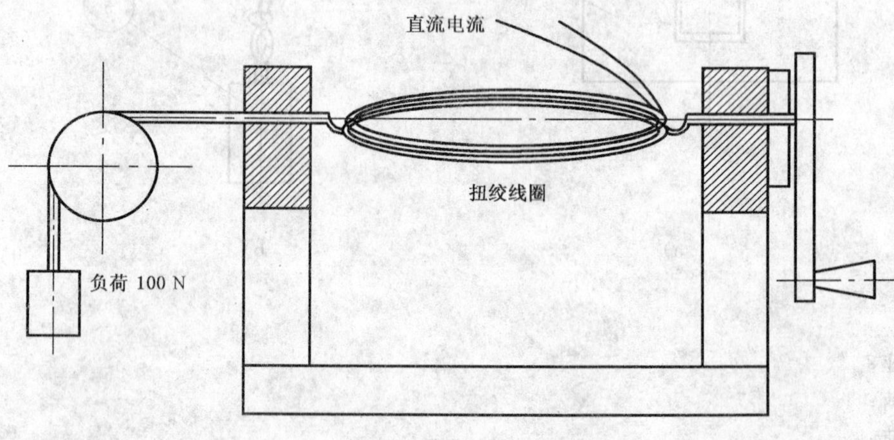

图 13　对扭绞线圈试样施加负荷的扭绞装置

单位为毫米

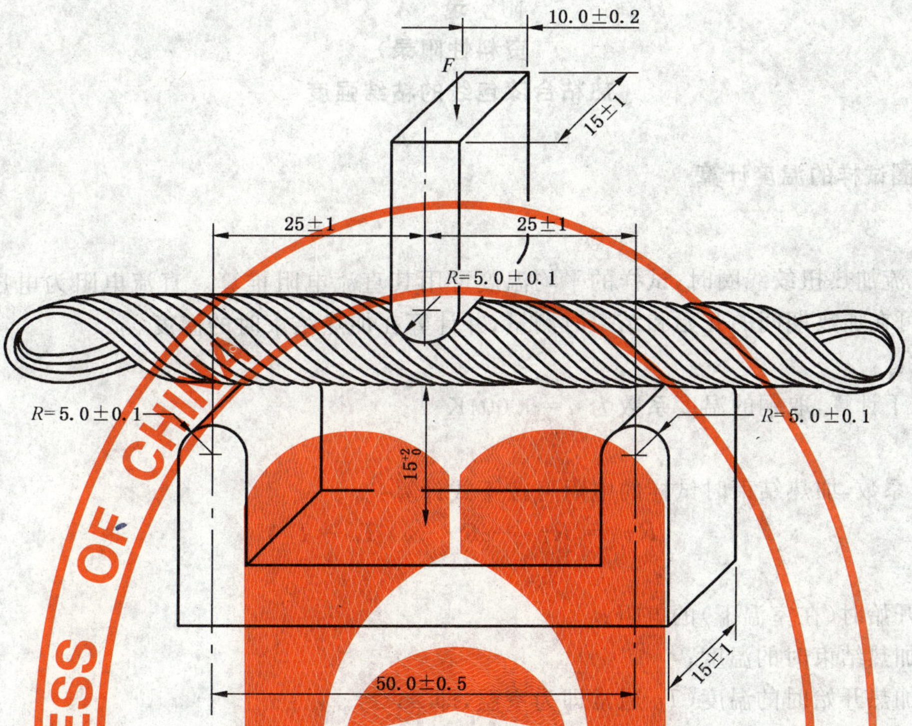

图 14 支架的安放尺寸

STANDARDS PRESS OF CHINA

附 录 A
（资料性附录）
热粘合漆包线的粘结强度

A.1 扭绞线圈试样的温度计算

方法：

用直流电流加热扭绞线圈时，试样的平均温度可用其直流电阻推算。直流电阻为电压和施加的恒定电流之比，可在加热期间的开始和结束时测量，并计算在加热结束时的温度。

温度系数：

为方便以下计算，取铜的温度系数为 $a=0.004\mathrm{K}^{-1}$。

计算：

按此温度系数，加热结束时试样的电阻可按下式计算：

$$R_{T_t} = R_{T_0} + \alpha R_{T_0} \times (T_t - T_0)$$

式中：

R_{T_0}——开始时（在室温下）的电阻；

T_t——加热结束时的温度；

T_0——加热开始时的温度（T_0 通常即为室温，即 23℃）。

下标 t 代表加热结束时的值。

如果电流是恒定的，下列公式适用：

$$\frac{R_{T_t}}{R_{T_0}} = \frac{U_t}{U_0}$$

式中：

U_t——加热结束时的电压；

U_0——加热开始时的电压。

加热结束时温度为：

$$T_t = T_0 + [250 \times (U_t/U_0 - 1)] \quad (℃)$$

A.2 加热时间的确定

电压-时间曲线

用恒定电流加热扭绞线圈时，电阻随着温度的上升而增加。为保持电流恒定，恒定电流变压器的输出电压也相应增加，这样就可以画出直流输出电压对时间的曲线，并提供关于加热期间的时间 t 的资料。可在同一张图上画出不同电流的不同曲线图。

最高温度时的电压

在特定情况下可能需要在某一温度下（但不超过这个温度）粘结试样。如果确定了这个最高温度，可使用 A.1 中的最后一个公式计算用一个特殊加热电流来达到该温度所需的电压：

$$U_t = U_0 + 0.004 \times (T_t - T_0) U_0$$

电压-时间曲线与 Y 轴的交点即为 U_0 值。有了这个读数，可使用最后一个公式计算达到试样加热结束时的温度所需的电压。该电压值与 X 轴的交点即为达到温度 T_t 的加热时间。

如果对每根电压-时间曲线在同一个温度 T_t 下作相同的计算，可得到一条与电压-时间曲线相交的等温线。如果在不同温度下重复此计算，可在最终的曲线图中很方便地选择加热电流（A）和加热时间（s）来加热试样至选择的温度 T_t。

图 A.1～图 A.4 分别是规格为 0.300 mm,0.315 mm,0.355 mm 和 0.500 mm 的漆包线的完整的曲线图示例。

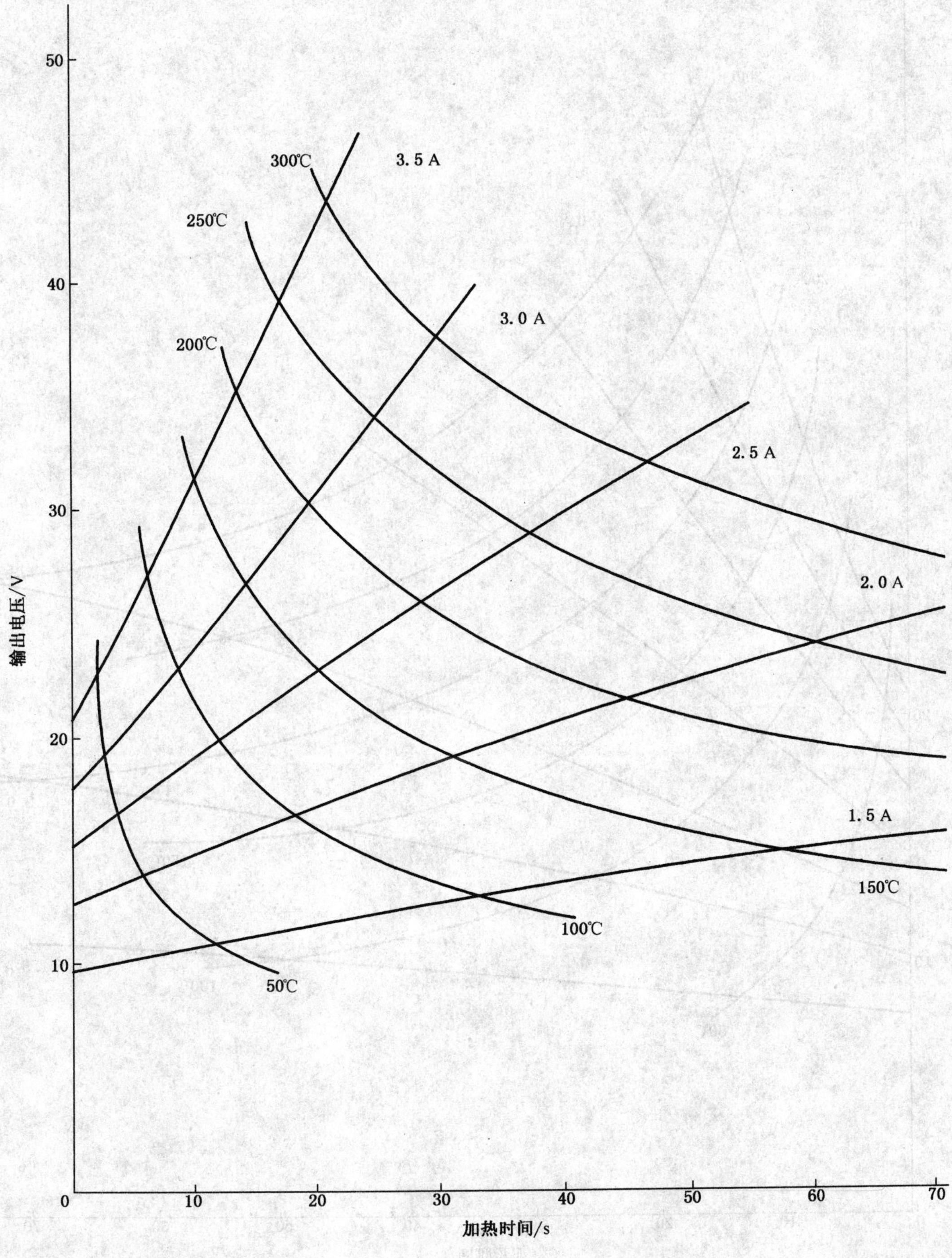

图 A.1　导体标称直径 0.300 mm 扭绞线圈试样的电压-时间曲线实例

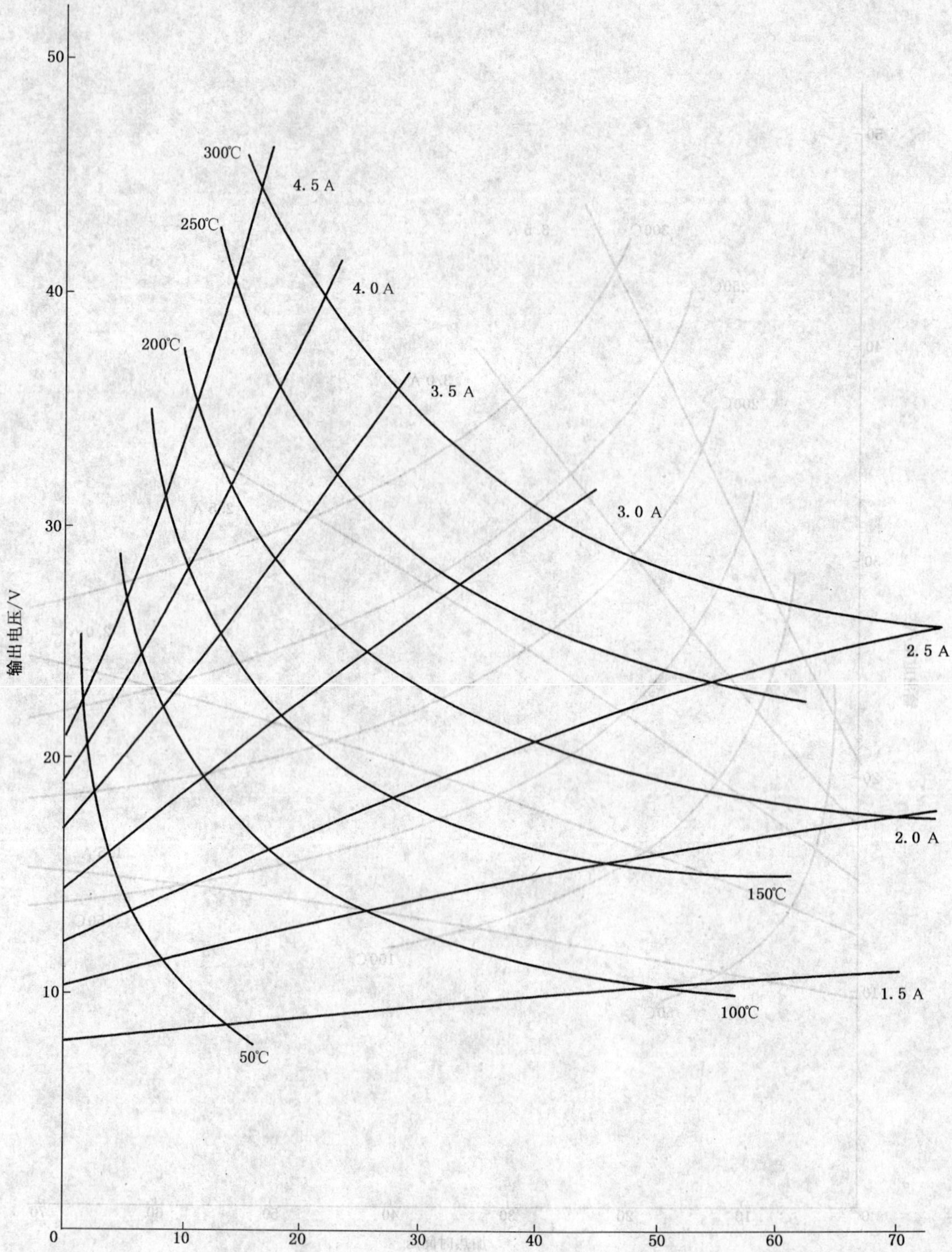

图 A.2 导体标称直径 0.315 mm 扭绞线圈试样的电压-时间曲线实例

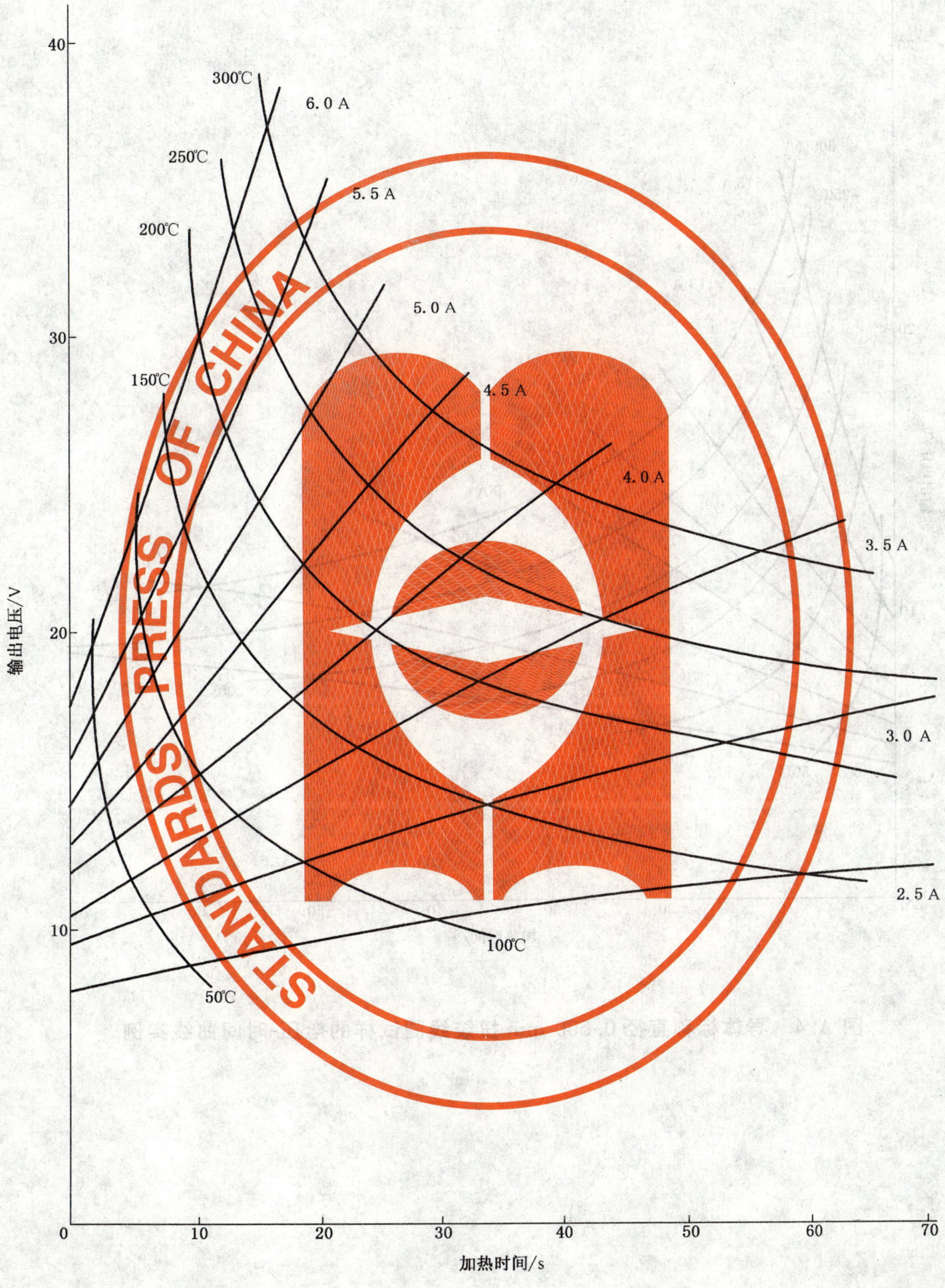

图 A.3　导体标称直径 0.355 mm 扭绞线圈试样的电压-时间曲线实例

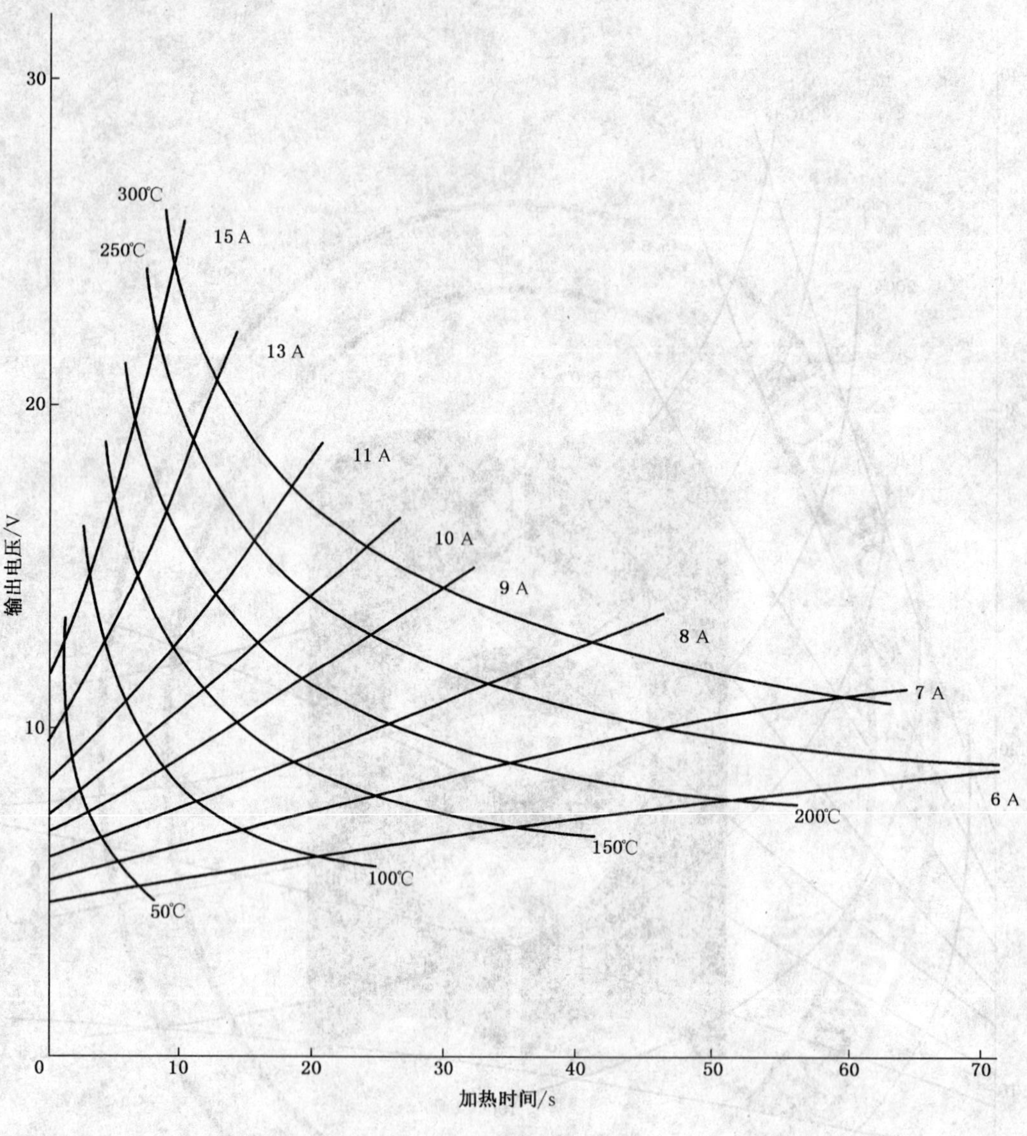

图 A.4　导体标称直径 0.500 mm 扭绞线圈试样的电压-时间曲线实例

附 录 B
（资料性附录）
摩擦试验方法

B.1 概述

本附录为推荐的绕组线供需双方可采用的绕组线摩擦试验方法。

B.2 试验方法 A:静摩擦系数试验方法

B.2.1 试验方法(适用于导体标称直径大于或等于 0.050 mm 小于或等于 1.600 mm 的漆包圆线)

静摩擦系数(μ_s)为一块滑块从漆包线试样做成的轨道上开始滑下的瞬间所测得的滑板的倾斜角(α)。从交货盘上放线取下漆包线试样。如果漆包线表面被灰尘或脏物污染,则应在试验前除去此盘的最外层漆包线。校直一部分漆包线试样,用两个线柱和两个夹头固定在滑板上组成滑轨。然后用类似的方法将其他漆包线试样固定在滑块上。

将带有试样的滑块放在滑板的轨道上,使滑块上的漆包线和滑板上的漆包线在接触点上成直角交叉。

然后慢慢倾斜滑板(约 1°/s)直到滑块从滑轨上开始滑下。此时刻度尺上的读数即为倾斜角(α)。

按下式计算静摩擦系数:

$$\mu_s = \tan \alpha$$

B.2.2 试验设备

通常的试验设备安装图见图 B.1。

试验设备包括一个滑板(1),该滑板可绕轴心(8)旋转倾斜成一个角度(α)。支架(9)上连着标有倾斜角(α)或摩擦系数(μ_s)的刻度尺(7)。

该滑板可固定漆包线试样(3),比如用两个线柱(5)和两个夹头(6),漆包线试样的平行部分应间隔 110 mm,并在刻度尺一端和滑板轴心之间组成滑轨。

滑块(2)上的夹头和接线柱可用来固定第二个漆包线试样(4)。试样平行部分应间隔 60 mm。滑块的尺寸应使其夹头和接线柱不接触滑板(1)以避免附加的摩擦力。滑块重量应:

——对于导体标称直径小于或等于 0.150 mm 的漆包线,约为 50 g;

——对于导体标称直径大于 0.150 mm 的漆包线,约为 500 g。

不严格要求滑块的质量,因为它会随着第二个漆包线试样质量的改变而改变。

可用电动装置慢慢改变滑块和滑板的倾斜角。

B.3 试验方法 B:第 1 种动摩擦系数试验方法

B.3.1 试验原理

摩擦系数 μ_d 可通过测量漆包线在已知质量的压块 E 的压力下移动时产生的摩擦力 C 获得:

$$\mu_d = \frac{C}{9.81 \times E}$$

B.3.2 试验方法

通常的试验设备安装图见图 B.2。

漆包线经导轮和制动器(D)通过金属板(B)。经另一个导轮,漆包线被牵引至金属板(B)下,然后与第一道线平行,再次在金属板上反向通过(见图 B.2)。用牵引轮(A)控制漆包线牵引速度为 0.25 m/s。将压块(E)放在金属板(B)的漆包线上,并与测力表(C)连接。

测力表与线性记录仪(测量范围为 1 mV～250 mV)连接。该线性记录仪可指示漆包线长距离上的光滑度的分布和水平。

B.4　试验方法 C:第 2 种动摩擦系数试验方法

B.4.1　试验方法(适用于导体标称直径大于或等于 0.050 mm 小于或等于 1.600 mm 的漆包圆线)

在试验负荷下牵引漆包线试样。在漆包线表面和负荷之间产生摩擦力,并传送至适用的测量仪,动摩擦系数(μ_d)为测力仪读数(单位为 N)与负荷(单位为 N)之比。

从交货盘、线桶或线轴上放线取下漆包线试样。如果漆包线试样表面被灰尘或脏物污染,则应在试验前除去此盘的最外层漆包线。

按图 B.4,用水平地脚螺丝(2)和水平仪(8)校准光滑表面(6)的水平面。

调节力的电子传感器(5)(图 B.4)的灵敏度至合适的范围,并用校准质量(9)(图 B.3)按被测漆包线规格满量程设置绘图仪。传感器和绘图仪调节完毕后取下校准质量。

如果使用的是机械测力计(5)(图 B.4),则测力应根据漆包线规格调节至下述正确范围:

——导体标称直径大于或等于 0.050 mm 小于或等于 0.125 mm:0 N～0.49 N;

——导体标称直径大于 0.125 mm 小于或等于 1.600 mm:0 N～1.96 N。

用合适的清洁剂擦洗接触漆包线的负荷压块(3)上的蓝宝石表面(见图 B.4),并完全干燥。

将阻尼棒(4)(图 B.4)降至油中:

——导体标称直径大于 0.224 mm 小于或等于 1.600 mm 的漆包线,完全浸没;

——导体标称直径大于或等于 0.050 mm 小于或等于 0.224 mm 的漆包线,浸到阻尼棒的一半。

将漆包线试样穿过合适的导轮(图 B.3 的(4)和图 B.4 的(9))使其能接触两个蓝宝石表面。

施加合适的试验负荷(7)(图 B.4):

——导体标称直径大于 0.050 mm 小于或等于 0.071 mm 的漆包线,0.98 N;

——导体标称直径大于 0.071 mm 小于或等于 0.125 mm 的漆包线,1.96 N;

——导体标称直径大于 0.125 mm 小于或等于 0.450 mm 的漆包线,5.88 N;

——导体标称直径大于 0.450 mm 小于或等于 1.600 mm 的漆包线,9.87 N。

试验负荷(7)(图 B.4)放在试验台(6)(图 B.4)上的位置应使力转换器或测力计没有读数指示。如果使用的是机械测力计,则使其读数为零。

调节校准旋钮(1)(图 B.4)使试验负荷平行于试验台表面。开动试验仪牵引漆包线。

以轻微张力(1)(图 B.3)牵引漆包线平稳运行。

允许经一段时间使起动产生的波动稳定。应在起动至少 15 s 后记录测力仪读数,修约为整数(单位为 N)。

按下式计算平均摩擦系数(μ_d):

$$\mu_d = \frac{F}{L}$$

式中:

F——测力仪平均读数,单位为牛顿(N);

L——试验负荷,单位为牛顿(N)。

B.4.2　试验设备

通常的试验设备安装图见图 B.3、图 B.4 和图 B.5。

采用电动收线装置(6)(图 B.3)使电机(3)(图 B.3)以 15 m/min 的速度牵引漆包线试样穿过试验台上的光滑表面(10)(图 B.3)。

宜具备可变负荷(7)(图 B.4),能产生 0.98 N～9.81 N 的力。负荷表面应是人造蓝宝石,其粗糙度不大于 0.5 μm,蓝宝石的尺寸及放置方式如图 B.5 所示。

若必要,应能牵引漆包线(图 B.3(4)和图 B.4(9))并保持轻微张力(图 B.3 中的(1)和(5))。

B.4.3 测量装置

测量装置包括:

——电子测力装置或传感器(2)(图 B.3),与绘图仪组成摩擦力测量装置。电子测力装置应能记录漆包线表面力的最大变化值。力传感器的范围为 0 N～0.49 N,绘图仪的范围为 0 V～5 V,满量程响应时间为 0.5 s。

——使用机械测力仪(5)(图 B.4)以代替力的电子传感器和绘图仪。两个测力仪的范围分别是 0 N～0.49 N 和 0 N～1.96 N。

——由一根阻尼棒和充满 5 mm 深的油的容器组成阻尼系统(4)(图 B.4),25℃时油的黏度约为10 200 mPa・s。

——用于清除润滑剂的适用的清洗剂。

B.5 试验方法 D:扭绞线对法测摩擦力

B.5.1 导体标称直径大于或等于 0.100 mm 小于或等于 1.500 mm 的漆包圆线

按 GB/T 4074.5—2008 中 4.4 试验方法 13(击穿电压)中使用的方法将漆包线试样制备成一个扭绞线对。将第一根绞合漆包线的一端固定在夹头上,在第二根绞合漆包线的另一端施加拉力。牵拉(比如使用测力仪)第二根漆包线使之自由滑动但不旋转。分离两根绞合漆包线的力即为滑动力。

B.5.2 试验方法

将长约 400 mm 的试样对折后在扭绞机上扭绞成 125 mm 的扭绞线对,如图 B.6 所示。扭绞时施加在线对上的力(重量)和扭绞数见表 B.1 的规定。

剪断环形端部,使剪开的两端间距尽可能大。

在剪断端或其他未扭绞端的任何弯曲都应保证漆包线之间的间距足够大,但应避免突然弯曲或损伤绝缘。

应将扭绞线对中的一根漆包线的一端紧固在一个夹头上,而在另一根漆包线的另一端施加拉力(重量)使漆包线滑动但不旋转。测试三个试样。

表 B.1 扭绞线对法

导体标称直径 mm		施加在扭绞线对上的力 N	每 125 mm 的扭绞数
大于	小于或等于		
0.100	0.250	0.85	17
0.250	0.315	1.40	15
0.315	0.400	2.40	13
0.400	0.500	3.40	12
0.500	0.710	6.00	11
0.710	0.800	8.50	10
0.800	0.900	10.00	9
0.900	1.000	12.50	8
1.000	1.120	15.00	7
1.120	1.250	20.00	6
1.250	1.500	27.00	5

B.6 参考文献

GB/T 4074.5—2008 绕组线试验方法 第 5 部分:电性能(IEC 60851-5:2004,IDT)

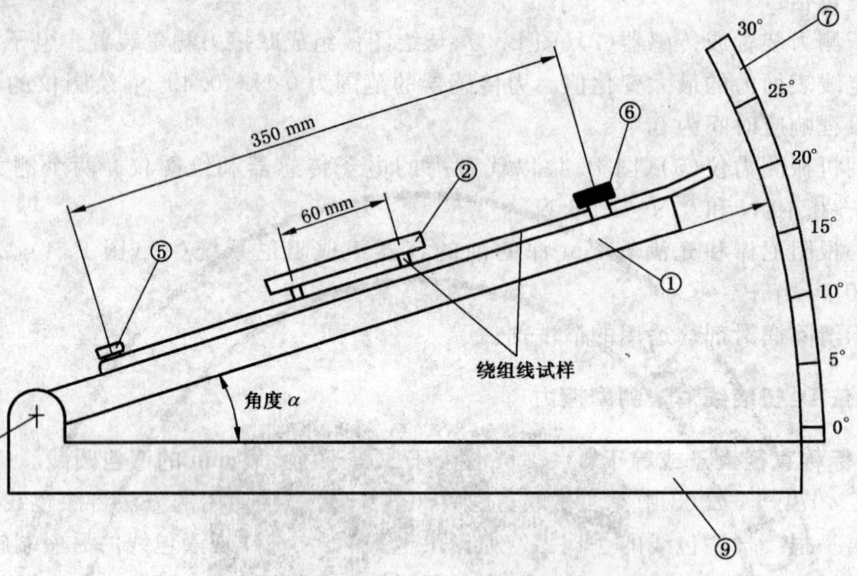

a）侧视图

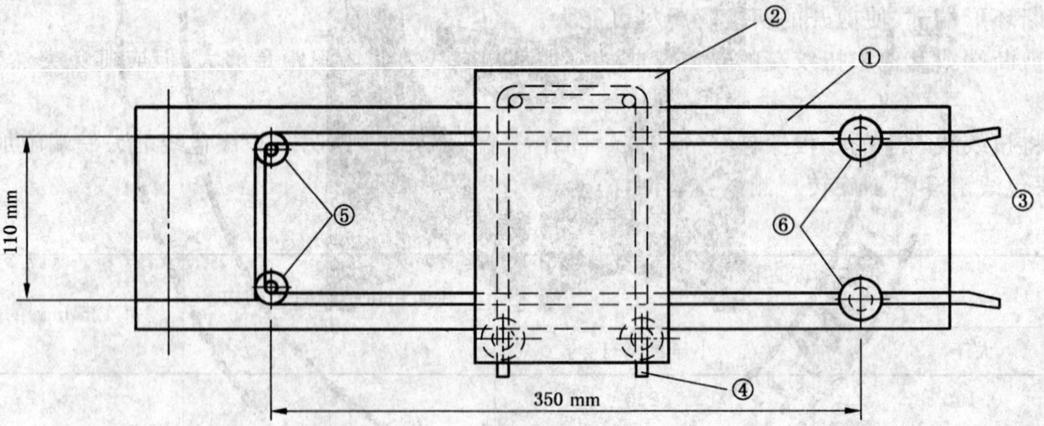

b）俯视图

1——滑板；
2——滑块；
3——试样；
4——试样；
5——接线柱；
6——夹头；
7——刻度尺；
8——轴心；
9——支架

图 B.1　静摩擦系数试验仪

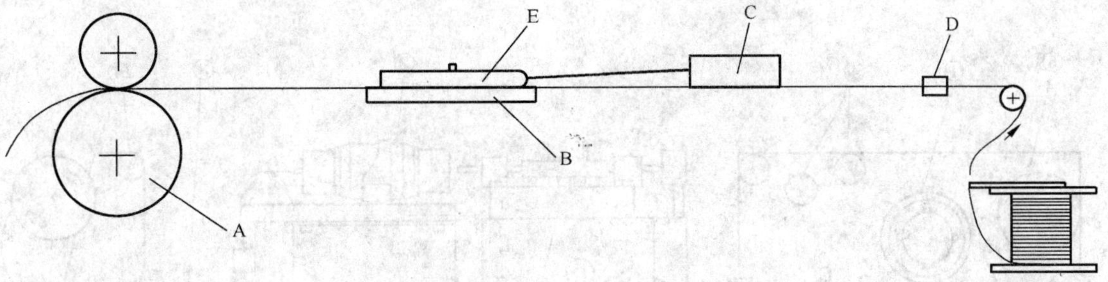

a）侧视图

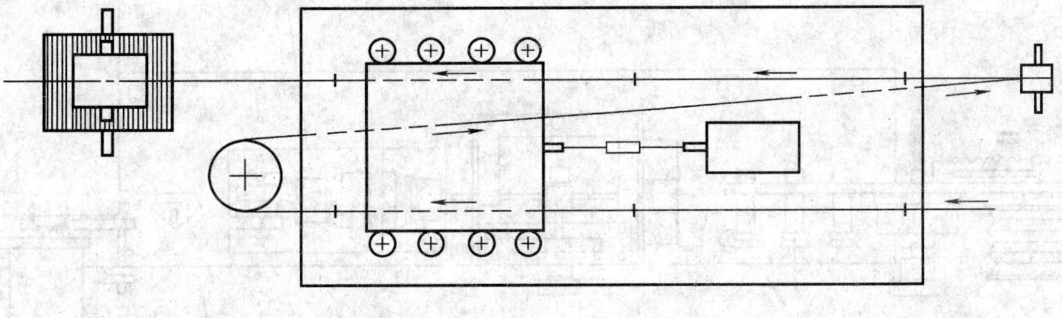

b）俯视图

A——牵引轮；
B——金属板；
C——测力计；
D——制动器；
E——压块

图 B.2　动摩擦系数试验仪

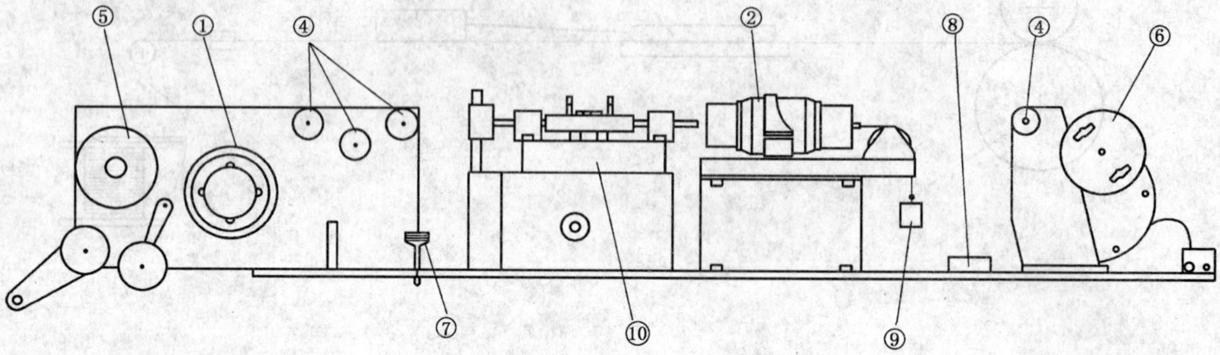

a）侧视图

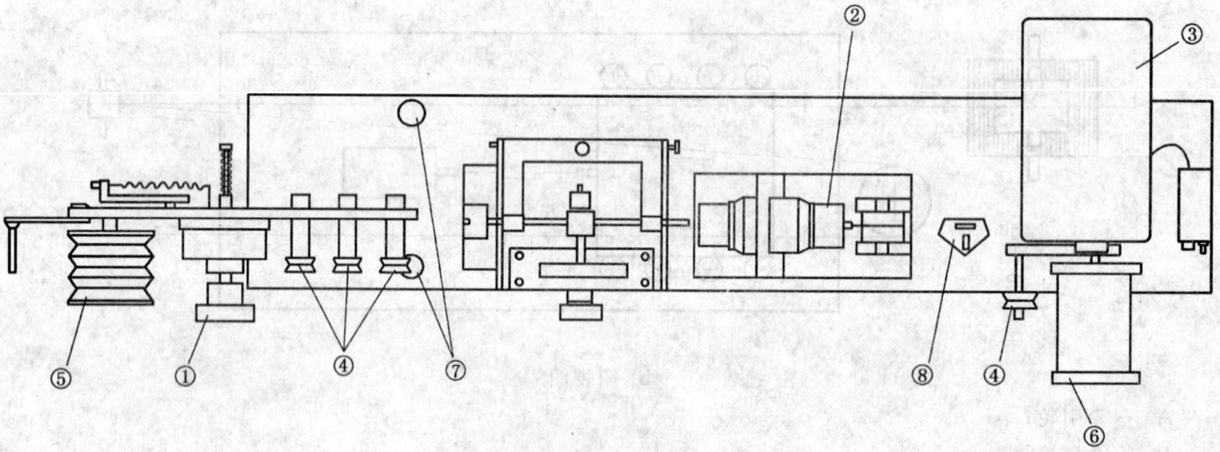

b）俯视图

1——张力轮；
2——力传感器；
3——电机；
4——导轮；
5——放线轮；
6——收线装置；
7——地脚螺丝；
8——水平仪；
9——校正重量；
10——试验台(按线径由两部分组成)

图 B.3　动摩擦系数试验仪

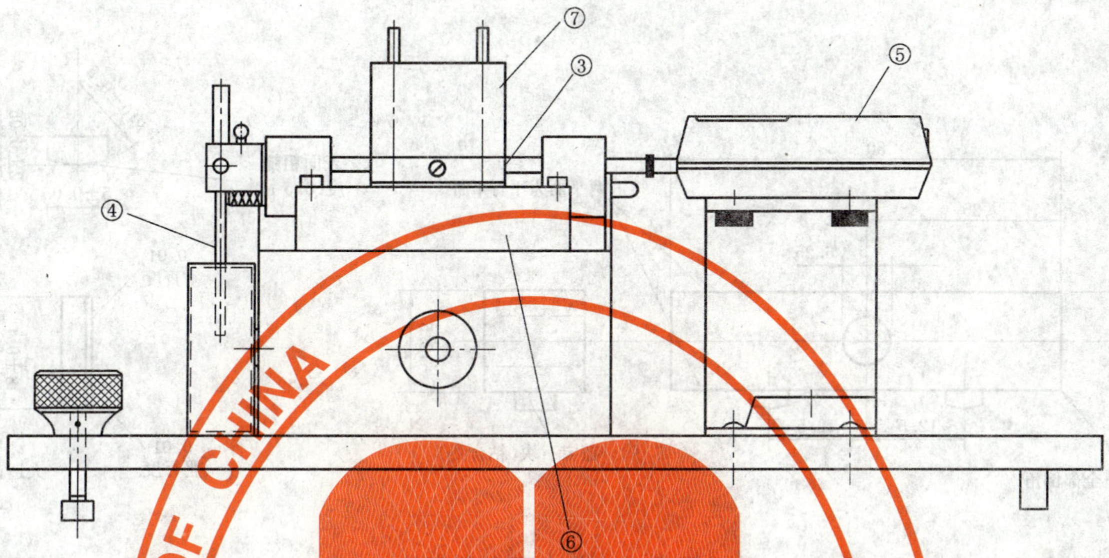

a）侧视图

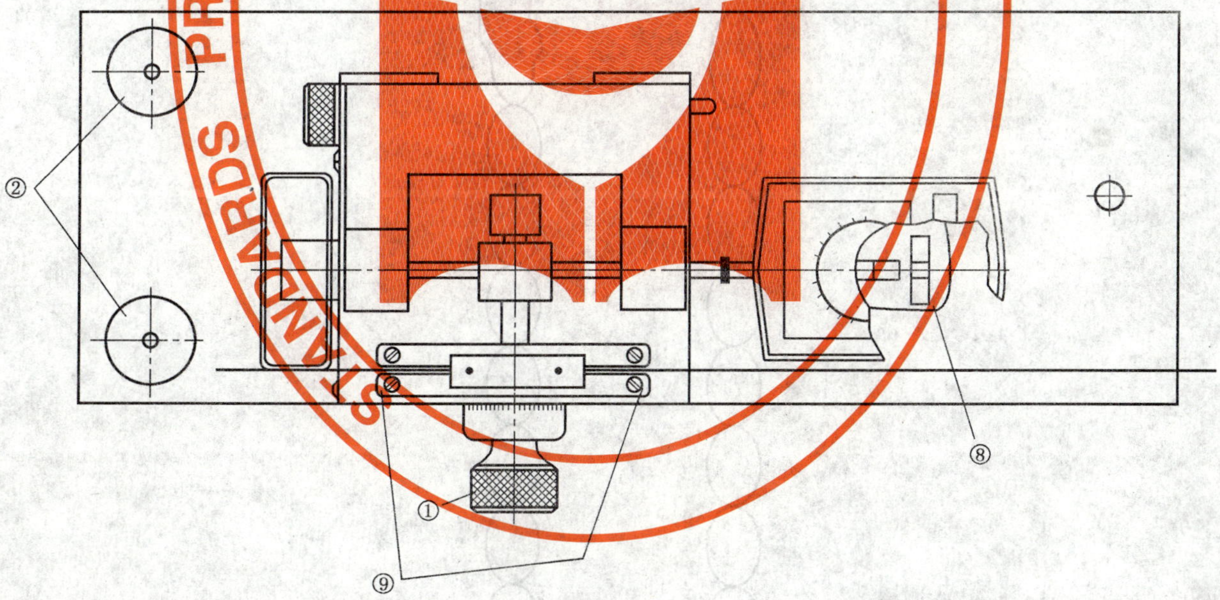

b）俯视图

1——调节校正试验负荷和试验台平行度的旋钮；
2——水平地脚螺丝；
3——负荷压块(见图 B.5)；
4——阻尼系统；
5——测力计；
6——试验台；
7——试验负荷；
8——水平仪；
9——试验导轮

图 B.4　带机械测力计的摩擦试验设备明细表

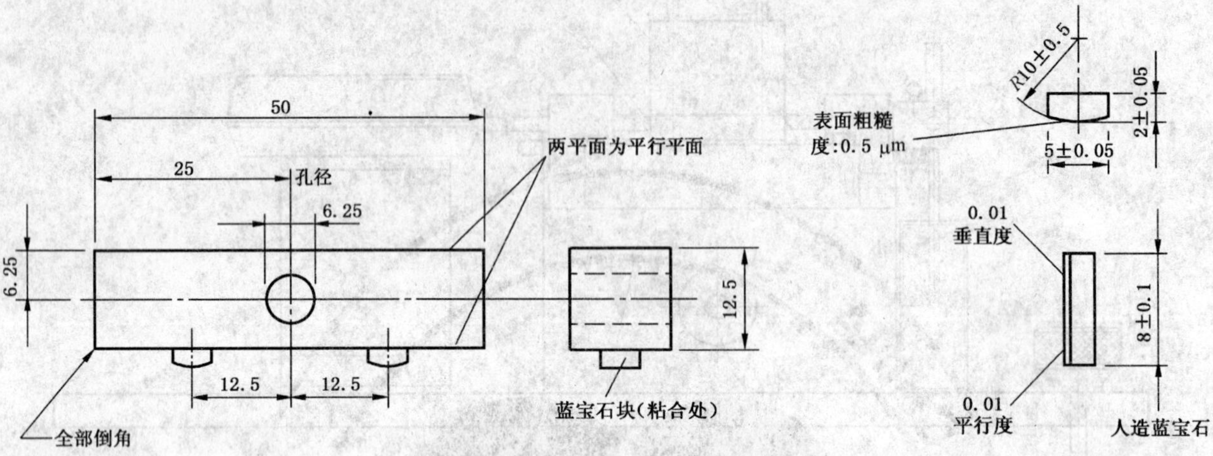

图 B.5 蓝宝石负荷压块

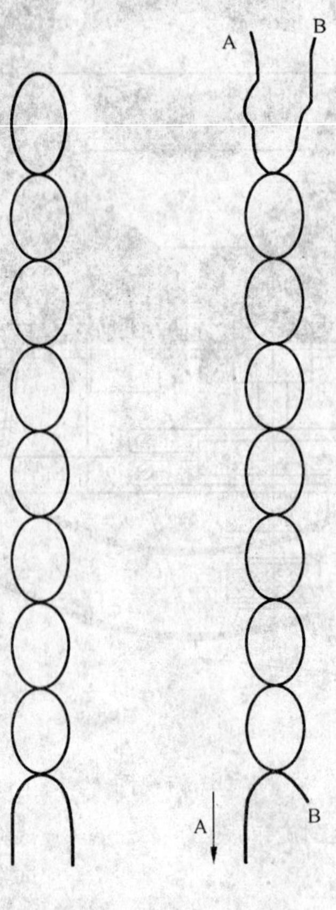

图 B.6 扭绞试样

ICS 29.060.01
K 12

中华人民共和国国家标准

GB/T 4074.4—2008/IEC 60851-4:2005
代替 GB/T 4074.4—1999

绕组线试验方法
第4部分:化学性能

Winding wires—Test methods—
Part 4: Chemical properties

(IEC 60851-4:2005,IDT)

2008-04-23 发布　　2008-12-01 实施

中华人民共和国国家质量监督检验检疫总局
中国国家标准化管理委员会　发布

前言

GB/T 4074—2008《绕组线试验方法》分为八个部分：

——第1部分：一般规定；

——第2部分：尺寸测量；

——第3部分：机械性能；

——第4部分：化学性能；

——第5部分：电性能；

——第6部分：热性能；

——第7部分：测定漆包绕组线温度指数的试验规程（考虑中）；

——第8部分：测定漆包绕组线温度指数的试验规程 快速法（考虑中）。

本部分为GB/T 4074的第4部分。

本部分等同采用IEC 60851-4:2005《绕组线试验方法 第4部分：化学性能》第2.2版（英文版）。

为便于使用，本部分做了下列修改：

——用小数点“.”代替作为小数点的逗号“,”；

——在试验方法16“耐冷冻剂”试验中，补充了脚注1；

——纠正了IEC原文中的如下错误：

a) 在试验方法17“直焊性”试验中，补充了试验所必需的5.2“试样制备”；

b) 在6.2扁线耐水解试验中，将“玻璃管法”改为“压力釜法”，与圆线的耐水解试验方法相一致；

c) 在图1“耐溶剂试验的铅笔和试样”中补充了标注号对应的名称。

本部分自实施之日起代替GB/T 4074.4—1999。

本部分与GB/T 4074.4—1999相比，主要变化如下：

——修改了4.1.4“萃取试验”的试验程序，补充了试验参数的公差范围和冷冻剂的环保和回收；

——增加了5.1“直焊性”试验中焊锡缸表面的去渣要求；

——修改了第6章试验方法20中的漆包圆线和扁线的耐水解试验，由“玻璃管法”改为“压力釜法”，试验参数和程序也作了修改；

——修改了第6章耐变压器油试验的试验程序、明确了参数的公差范围。

本部分由中国电器工业协会提出。

本部分由全国电线电缆标准化技术委员会（SAC/TC 213）归口。

本部分负责起草单位：上海电缆研究所。

本部分参加起草单位：上海裕生特种线材有限公司、金田电工材料有限公司、浙江先登电工器材股份有限公司、诸暨市露笑电磁线有限公司、福州大通机电有限公司、大通清江机电有限公司。

本部分主要起草人：陈惠民、邵武军、董千里、孟祥富、鲁小均、刘冰、郑启荣。

本部分所代替标准的历次版本发布情况为：

——GB/T 4074.16—1983、GB/T 4074.23—1983、GB/T 4074.26—1983、GB/T 4074.28～4074.31—1983、GB/T 4074.4—1999。

绕组线试验方法 第4部分:化学性能

1 范围

GB/T 4074的本部分规定了下列试验方法:

——试验方法12:耐溶剂;

——试验方法16:耐冷冻剂;

——试验方法17:直焊性;

——试验方法20:耐水解和耐变压器油。

定义、试验方法总则和绕组线试验方法一览表见GB/T 4074.1。

2 规范性引用文件

下列文件中的条款通过GB/T 4074的本部分的引用而成为本部分的条款。凡是注日期的引用文件,其随后所有的修改单(不包括勘误的内容)或修订版均不适用于本部分,然而,鼓励根据本部分达成协议的各方研究是否可使用这些文件的最新版本。凡是不注日期的引用文件,其最新版本适用于本部分。

GB/T 4074.1 绕组线试验方法 第1部分:一般规定(GB/T 4074.1—2008,IEC 60851-1:1996,IDT)

GB/T 4074.3—2008 绕组线试验方法 第3部分:机械性能(IEC 60851-3:1997,IDT)

GB/T 4074.5—2008 绕组线试验方法 第5部分:电性能(IEC 60851-5:2004,IDT)

IEC 60296:1982 变压器和开关设备用未用过的矿物绝缘油规范

IEC 60554-1:1977 电工用纤维素纸规范—第1部分:定义和一般要求

3 试验方法12:耐溶剂(适用于导体标称直径大于0.250 mm的漆包圆线和漆包扁线)

本试验对导体标称直径小于或等于0.250 mm的漆包圆线不适用。

耐溶剂是用经溶剂处理后的漆包线的铅笔硬度表示。

3.1 试验设备

应使用下列溶剂:

——如下规定的标准溶剂,或

——供需双方协商同意的溶剂。

标准溶剂应为按如下配比(体积比)的混合物:

——60%石油溶剂,其芳香组份最大含量为18%;

——30%二甲苯;

——10%丁醇。

所使用的铅笔硬度应符合有关产品标准的规定。每次试验前,应将铅笔尖用细锉磨尖,并按图1所示磨成对称于其轴心的60°角。

3.2 试验程序

将一根约150 mm长的漆包线校直试样放在强迫通风的(130±3)℃烘箱中预处理(10±1)min。然后将有效长度试样浸入盛有标准溶剂的玻璃容器中(30±3)min,溶剂温度为(60±3)℃。然后从溶剂中取出试样。应在取出试样后30s内测试其表面的硬度。

将试样按图1所示放在光滑硬表面上。对于扁线,试验应在其宽边上进行。铅笔应以(60±5)°的

STANDARDS PRESS OF CHINA

角度斜置于漆包线表面，并且铅笔尖应以(5±0.5)N的压力沿漆包线表面缓慢推移。

测试三次。如果漆膜被刮掉，露出导体，则应记录在报告中。

注1：本试验方法也适用于耐其他溶剂，比如油。

注2：如果要测漆膜硬度，以刚好不能将导体表面的绝缘除去的铅笔硬度作为漆包线表面的硬度，用铅笔硬度表示。铅笔硬度系列如下：

6B	5B	4B	3B	2B	B	HB	H	2H	3H	4H	5H	6H	7H	8H	9H
4	5	6	7	8	9	10	11	12	13	14	15	16	17	18	19

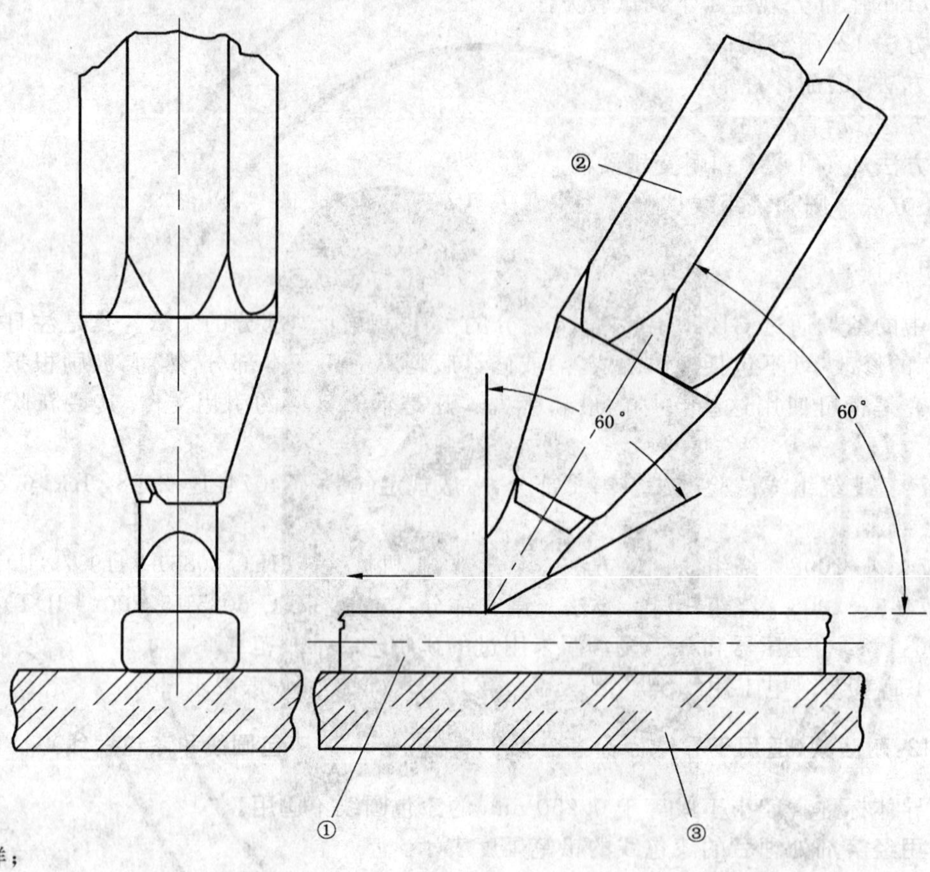

1——试样；

2——铅笔；

3——光滑的硬表面。

注：角度公差为±5°。

图1 耐溶剂试验的铅笔和试样

4 试验方法16：耐冷冻剂(适用于漆包圆线)

耐冷冻剂性能是用置于冷冻剂中的漆包线漆膜的萃取物数量和击穿电压表示。

注1：本试验使用一氯二氟甲烷[1)]（冷冻剂R22）作为冷冻剂。也可以使用其他冷冻剂，在这种情况下，宜获取这种溶剂的临界数据，并按改变的试验条件设计压力釜。

注2：类似于一氯二氟甲烷的冷冻剂和三氯三氟乙烷(R113)的淋洗液是消耗臭氧的化学试剂(ODC)。冷冻剂和淋洗液的选用需经过供需双方协商同意。

4.1 萃取

4.1.1 试验原理

将盛有漆包线试样的虹吸杯置于压力釜中。测量置于高温和压力作用下的冷冻剂中的漆包线试样

1) R22冷冻剂工作压力为3 MPa～3.7 MPa，临界压力为5 MPa。

的萃取物。

4.1.2 试验设备

应使用下列试验设备：

——如图 2 所示的虹吸杯，至虹吸水平的容积为 450 mL；

——容积为 2 000 mL 的压力釜，其内径约为 100 mm，耐压 20 MPa。最好是无焊缝结构，并带有加热控制系统；

——带冷凝器的压力釜顶盖，如图 3 所示；

——强迫通风烘箱。

杯高：(82±5)mm；杯的直径：(84±5)mm；管径：(5±1)mm。

图 2 冷冻剂萃取试验虹吸杯

图 3 线圈状冷凝器

4.1.3 试样

将每个含有(0.6±0.1)g 漆膜的八个漆包线试样分别卷绕成 70 圈的线圈。试样应脱脂并在(150±3)℃的强迫通风烘箱中处理 15 min。冷却 30 min 后，称重八个试样，精确至 0.000 1 g，记录初始总质量 M_1。

4.1.4 试验程序

将八个试样置于虹吸杯中，将虹吸杯悬挂在压力釜顶盖的冷凝器下面(25±5)mm 处。然后装好压力釜，在压力釜中注入(700±25)g 经蒸馏过后无润滑剂成分的冷冻剂。连接冷凝器进出水管，用加热控制系统加热压力釜至(75±5)℃。如需满足所涉及的临界压力要求，可降低压力釜温度。调节冷凝器的水流量，使虹吸杯的回流次数保持在每小时 20 次至 25 次。萃取时间应为 6 h。

压力釜内的压力不应超过冷冻剂预计临界压力的 75%。因此在使用前，应检查过压控制阀(安全阀)以确保其正常工作。

注：如果压力超过冷冻剂预计临界压力的 75%或通过冷凝器的水流量中止，推荐使用能自动切断的加热系统。

萃取结束后，冷却压力釜。用冷冻剂压缩机和回收系统等方法从压力釜中取出并回收冷却剂，然后排气并打开压力釜。

对于以下操作，淋洗液应蒸馏后使用。

用约定的淋洗液淋洗试样和虹吸杯，将淋洗液倒入压力釜中，并用淋洗液连续两次冲洗压力釜壁，每次 100 mL。然后蒸发淋洗液直至压力釜底部剩余(5±1)mm 的淋洗液，并用安全的方法将其回收。

将上述萃取液倒入预先干燥并称重的铝质称量皿中；用 15 mL 淋洗液冲洗压力釜，并将淋洗液倒入铝质称量皿中，然后在(150±3)℃温度下干燥蒸发 60 min～65 min。在干燥器中冷却称量皿至室温。称重盛有残留萃取物的称量皿，精确至 0.000 1 g，所称得的质量减去同一只称量皿的最初质量，其差值即为八个试样的萃取物总质量 M_2。

用不损伤导体的适当的化学方法除去线圈试样上的绝缘。将裸导体在(150±3)℃温度下干燥(15±1)min，然后在干燥器中冷却至室温。称重并精确至 0.000 1 g，八个导体总质量为 M_3。

4.1.5 试验结果

萃取物含量按下式计算：

$$萃取物含量 = \frac{M_2}{M_1 - M_3} \times 100\%$$

做一次试验。记录 M_1、M_2 和 M_3，记录冷冻剂、淋洗液、温度、压力釜的压力和萃取物百分比。

4.2 击穿电压

4.2.1 试验原理

将按 GB/T 4074.5—2008 中 4.4.1 制备的试样放在 4.2.2 规定的压力釜中，测量置于高温和压力作用下的冷冻剂中的试样的击穿电压。

4.2.2 试验程序

将试样放在(150±3)℃烘箱中处理 4 h，然后置于注入(1 400±50) g 冷冻剂的压力釜中。将压力釜按 4.1.4 规定加热(72±1)h。

试验结束后，按 4.1.4 规定冷却压力釜并排气。当压力釜内的压力小于 0.2 MPa 绝对值时，打开压力釜并在 25 s～30 s 内将试样转移至(150±3)℃的烘箱内，加热(10±1)min。从烘箱中取出试样并冷却至室温后，按 GB/T 4074.5—2008 中 4.4.1 测量击穿电压。

4.2.3 试验结果

测试五个试样。记录五个测试值。

5 试验方法 17：直焊性（适用于漆包圆线和束线）

直焊性是用试样浸入焊锡缸中除去漆膜并镀上锡层所需时间来表示。

安全警告：化学品危险——铅是法定的危险物质。主要危害途径是吸入和摄取。当使用、操作或处置铅、锡、焊剂和酒精产品时，必须提供其材料安全数据表(MSDS)。焊锡缸蒸气的排放与各种可焊性绝缘体分解气体的排放都应遵守环保法规。

安全警告：高温危险——从焊锡缸中取出试样时，注意避免烫伤皮肤。

5.1 试验设备

应使用下列试验设备：

——可控温焊锡缸。当试样在有关产品标准规定的温度下浸入时，焊锡缸容积应足以保持恒定的焊锡温度。焊锡组份：锡和铅的重量比应为 60/40。每次试验前应除去焊锡表面的任何焊渣，温度应能保持在标准规定温度的±5℃范围内。

——夹持装置。浸入焊锡缸时夹持试样，并在夹持点之间至少有(35±5)mm 自由长度（如图 4 所示）。试样夹持装置的材料不应污染焊锡缸，其尺寸应确保在浸入期间不会明显影响焊锡缸的温度。

注：因焊锡或铜的氧化引起的污染可能影响试验结果。

STANDARDS PRESS OF CHINA

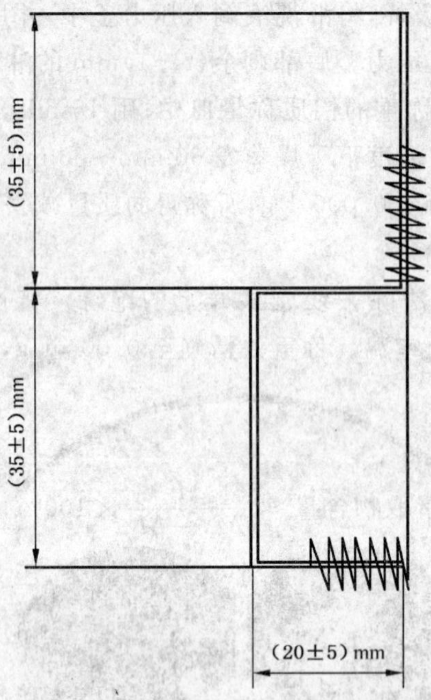

图 4　直焊性试验夹持装置示例

5.2　试样制备

5.2.1　导体标称直径小于或等于 0.050 mm

将八根校直漆包线试样无不正常张力地绞合在一起，然后绕在试样夹持装置上。

5.2.2　导体标称直径大于 0.050 mm 小于或等于 0.100 mm

将一根校直漆包线试样绕在试样夹持装置上。

5.2.3　导体标称直径大于 0.100 mm

准备一根 200 mm 校直漆包线试样。

5.2.4　外径小于或等于 0.250 mm 的束线

将一根束线在一根导体标称直径为 0.800 mm、长为 200 mm 的干净校直镀锡铜线的一端卷绕 15 mm～20 mm 的长度。圈数为 5 圈～10 圈，每圈之间稍有间隙。

5.2.5　外径大于 0.250 mm 的束线

准备一根约 200 mm 长的校直束线。

5.3　试验程序

将试样垂直放在焊锡缸中间，焊锡缸温度按有关产品标准的规定。将试样下端头置于焊锡缸液面下(35±5)mm 处。试样浸入的位置应距离温度测量点 10 mm 以内。在有关产品标准规定的浸入时间结束后，应将试样侧移然后取出。

用 6 倍～10 倍的放大镜检查镀锡线表面。对于导体标称直径小于或等于 0.100 mm 的漆包线，检查应限定在支架上试样中间的(25±2.5)mm 自由长度范围内；对于导体标称直径大于 0.100 mm 的漆包线和束线，检查应限定在浸入焊锡缸液面 15 mm 以下的部分。

测试三个试样。记录漆包线表面状况。

6　试验方法 20：耐水解和耐变压器油(适用于漆包线)

耐水解是用置于高温和压力下的含水变压器油中的试样的外观和附着性的变化来表示。

耐变压器油是用置于高温和压力下的变压器油中的试样的击穿电压和柔韧性来表示。

注：漆膜可能受到水解和(或)吸收的影响。如果只发生吸收，在击穿电压试验前，试样在(125±3)℃温度下干燥 30 min 就可恢复。为便于处理试样和做试验，通常使用导体标称直径为 0.800 mm～1.500 mm 的漆包线。

6.1 圆线

6.1.1 试验设备

应使用下列试验设备：

——400mL～500 mL 不锈钢压力釜，耐压 6×10^6 Pa，最好是无焊缝结构，并带有加热控制系统；

——符合 IEC 60296 的变压器油；

——符合 IEC 60554-1 中Ⅰ型的纸。

6.1.2 试样制备

应制备下列试样：

——12 根长度约为压力釜内部高度 2/3 的校直漆包线试样；

——导体标称直径小于或等于 2.500 mm 时，用 10 根按 GB/T 4074.5—2008 中 4.4.1 制备的扭绞线对试样；导体标称直径大于 2.500 mm 时，用 10 根按 GB/T 4074.5—2008 中 4.5.1 制备的校直试样；

——导体标称直径小于或等于 1.600 mm 时，用三根按 GB/T 4074.3—2008 中 5.1.1 制备的圆棒卷绕试样；导体标称直径大于 1.600 mm 时，用三根按 GB/T 4074.3—2008 中 5.2 制备的校直试样。

6.1.3 试验程序

6.1.3.1 耐水解

在压力釜中放置按 6.1.2 制备的六个校直试样和(52.5±2.5)%压力釜容积的脱气干燥变压器油。应将密封的压力釜在(150±3)℃下加热(24±1)h，然后在打开压力釜之前将压力釜冷却至室温。用正常视力检查试样。在压力釜中加入变压器油体积(0.3±0.1)%的水，重复该试验。

做一次试验。记录试样外观和附着性的任何变化。

6.1.3.2 耐变压器油

表 1 混合物质组份

组份	容积 %
变压器油	65±5
纸	4±1
漆膜	0.275±0.075
钢	*
* 供需双方协商决定。	

根据导体标称直径，按 6.1.2 规定，在压力釜中放置 10 个扭绞线对或校直试样，三个圆棒卷绕或校直试样和外加的漆包线，以达到表 1 规定的漆膜含量[2)]。按表 1 规定，在压力釜内加入其他组份。加入前，应将变压器油和纸烘干，并在 2 kPa 压力和(90±3)℃温度下干燥(16±1)h 或在(105±3)℃的温度下干燥(4±0.30)h。

---

2) 达到规定的漆膜量所需的漆包线总质量(单位为克)可按下式计算：

$$M=\frac{Y\times V}{600\times\delta\times D}$$

式中：

V——压力容器的容积，单位为毫升(mL)；

Y——1m 漆包线质量，单位为克(g)；

δ——漆膜厚度，单位为毫米(mm)；

D——漆包线外径，单位为毫米(mm)。

将封闭的压力釜加热到相应漆包线热级的温度±3℃,若相应漆包线热级的温度高于150℃,则加热到(150±3)℃保持(1 000±10)h。然后冷却至室温,排气并打开压力釜。10个试样中的五个应根据导体标称直径,按GB/T 4074.5—2008中4.4.2或4.5.2规定在(105±3)℃温度下在空气中进行击穿电压试验。剩余的五个试样应在(125±3)℃温度下干燥(30±5)min,冷却至室温,然后根据导体标称直径,按GB/T 4074.5—2008中4.4.2或4.5.2规定在(105±3)℃温度下在空气中进行击穿电压试验。

根据导体标称直径,按GB/T 4074.3—2008中5.1.1.1或5.2检查三个试样是否开裂。

做一次试验。记录每个击穿电压值和任何开裂。

6.2 扁线

6.2.1 试验设备

应使用符合6.1.1的试验设备。

6.2.2 试样制备

应制备下列试样:

——10根长度约为压力釜内壁高度2/3的校直漆包线试样;

——四根按GB/T 4074.5—2008中4.7.1制备的U形试样;

——两根按GB/T 4074.3—2008中5.1.2制备的“S”形弯曲试样(宽边、窄边弯曲各一个)。

6.2.3 试验程序

6.2.3.1 耐水解

在压力釜中放置符合6.2.2规定的五个校直试样和(52.5±2.5)%压力釜容积的脱气干燥变压器油。将密封的压力釜在(150±3)℃下加热(24±1)h,然后在打开压力釜之前将压力釜冷却至室温。用正常视力检查试样。在压力釜中加入变压器油体积(0.3±0.1)%的水,重复该试验。

做一次试验。记录试样外观和附着性的任何变化。

6.2.3.2 耐变压器油

在压力釜中放置四个U形试样、两个“S”形弯曲试样和外加的漆包线以达到表1规定的漆膜量[3)]。按表1规定的量,在压力釜内加入其他组份。加入前,应将变压器油和纸分别烘干,并在2 kPa压力和(90±3)℃的温度下干燥(16±1)h或在(105±3)℃温度下干燥(4±0.10)h。将封闭的压力釜加热到相应漆包线热级的温度±3℃,若相应漆包线热级的温度高于150℃,加热到(150±3)℃保持(1 000±10)h。然后冷却至室温,排气并打开压力釜。两个U形试样应按GB/T 4074.5—2008中4.7.2规定在(105±3)℃温度下在空气中进行击穿电压试验。剩余的两个U形试样应在(125±3)℃温度下干燥(30±5)min,冷却至室温,按GB/T 4074.5—2008中4.7.2规定在(105±3)℃温度下在空气中进行击穿电压试验。

---

3) 达到规定的漆膜量所需的漆包线总质量(单位为克)可按下式计算:

$$M=\frac{Y\times V}{385\times\delta\times(B+A)}$$

式中:

V——压力釜的容积,单位为毫升(mL);

Y——1 m漆包线质量,单位为克(g);

δ——漆膜厚度,单位为毫米(mm);

B——漆包扁线宽边外形尺寸,单位为毫米(mm);

A——漆包扁线窄边外形尺寸,单位为毫米(mm)。

按 GB/T 4074.3—2008 中 5.1.2 检查两个“S”形弯曲试样是否开裂。

做一次试验。记录每个击穿电压值和任何开裂。

ICS 29.060.01
K 12

中华人民共和国国家标准

GB/T 4074.5—2008/IEC 60851-5:2004
代替 GB/T 4074.5—1999

绕组线试验方法 第5部分:电性能

Winding wires—Test methods—Part 5:Electrical properties

(IEC 60851-5:2004,IDT)

2008-04-23 发布　　2008-12-01 实施

中华人民共和国国家质量监督检验检疫总局
中国国家标准化管理委员会　发布

前言

GB/T 4074—2008《绕组线试验方法》分为八个部分：

——第1部分：一般规定；

——第2部分：尺寸测量；

——第3部分：机械性能；

——第4部分：化学性能；

——第5部分：电性能；

——第6部分：热性能；

——第7部分：测定漆包绕组线温度指数的试验规程(考虑中)；

——第8部分：测定漆包绕组线温度指数的试验规程　快速法(考虑中)。

本部分为GB/T 4074的第5部分。

本部分等同采用IEC 60851-5:2004《绕组线试验方法　第5部分：电性能》第3.2版(英文版)。

为便于使用，本部分做了下列编辑性修改：

——用小数点“.”代替作为小数点的逗号“,”；

——对图3a和图5的标注错误进行了修正。

本部分自实施之日起代替GB/T 4074.5—1999。

本部分与GB/T 4074.5—1999相比，主要变化如下：

——增加试验方法23：针孔试验；

——对所有试验参数均规定了公差；

——在试验方法13“击穿电压”中：

a) 修改了部分试验设备规定；

b) 将玻璃丝包线的击穿电压试验从扁线中单独列出；

——在漆膜连续性试验中，调整了部分低压连续性试验设备的参数；

——增加了规范性附录A；

——对介质损耗因数试验方法规定A和B两种方法，并在附录A中做了进一步的规定和说明。

本部分的附录A为规范性附录。

本部分由中国电器工业协会提出。

本部分由全国电线电缆标准化技术委员会(SAC/TC 213)归口。

本部分负责起草单位：上海电缆研究所。

本部分参加起草单位：广东蓉胜超微线材股份有限公司、长沙湘鸿仪器机械有限公司、浙江洪波线缆股份有限公司、上海申茂电磁线有限公司、上海杨行铜材有限公司、保定天威电力线材有限公司。

本部分主要起草人：陈惠民、刘贵忠、梁月明、曹恒泰、刘明福、刘顺荣、高素霞。

本部分所代替标准的历次版本发布情况为：

——GB/T 4074.17～4074.19—1983、GB/T 4074.22—1983、GB/T 1343.8～1343.9—1984、GB/T 4074.20—1991、GB/T 4074.5—1999。

绕组线试验方法
第5部分:电性能

1 范围

GB/T 4074的本部分规定了下列试验方法:

——试验方法5:电阻;

——试验方法13:击穿电压;

——试验方法14:漆膜连续性;

——试验方法19:介质损耗因数;

——试验方法23:针孔。

定义、试验方法总则和绕组线试验方法一览表见GB/T 4074.1。

2 规范性引用文件

下列文件中的条款通过GB/T 4074的本部分的引用而成为本部分的条款。凡是注日期的引用文件,其随后所有的修改单(不包括勘误的内容)或修订版均不适用于本部分,然而,鼓励根据本部分达成协议的各方研究是否可使用这些文件的最新版本。凡是不注日期的引用文件,其最新版本适用于本部分。

GB/T 4074.1 绕组线试验方法 第1部分:一般规定(GB/T 4074.1—2008,IEC 60851-1:1996,IDT)

3 试验方法5:电阻

电阻是20℃时1 m长绕组线的直流电阻。

所用试验方法的测量精度应为0.5%。

对于束线,其长度应不超过10 m,并应在测量前将两端头焊锡。当测量电阻是为了检查断股情况时,应使用10 m长的束线。

如果电阻R_t是在温度t而不是在20℃时测量,20℃时的电阻R_{20}应按下式计算:

$$R_{20}=\frac{R_t}{1+\alpha(t-20)}$$

式中:

t——测量时的实际摄氏温度,℃;

α——温度系数,K^{-1}。

在15℃至25℃的温度范围内,所使用的温度系数应为:

——铜:$\alpha_{20}=3.96\times10^{-3}K^{-1}$;

——铝:$\alpha_{20}=4.07\times10^{-3}K^{-1}$。

做一次试验。记录电阻。

4 试验方法13:击穿电压

4.1 试验原理

试验电压应是标称频率为50 Hz或60 Hz的交流电压。从零开始施加试验电压,然后按表1规定的恒定速率升压。

表 1 试验电压升压速率

击穿电压/V		升压速率/(V/s)
大于	小于或等于	
—	500	20
500	2 500	100
2 500	—	500

4.2 试验设备

应使用下列试验设备：

——额定功率至少为 500 VA 的试验变压器。在试验条件下能输出近似正弦波形的交流电压，峰值系数为$\sqrt{2}\times(1\pm5\%)$(1.34～1.48)，其容量能保证输出 5 mA 电流时的最大电压降为 2%；

——泄漏电流检测回路，电流大于或等于 5 mA 时动作；

——能以规定速率升压的试验电压装置；

——强迫通风烘箱；

——直径为(25±1) mm 的抛光金属圆棒，轴向水平安装(见图 1)，并与试验电源的一个接线柱电气连接；

——图 2 所示的扭绞装置，能扭绞 125 mm 长的两根漆包线试样；

——6 mm 宽的金属箔和 12 mm 宽的压敏带；

——盛有不锈钢珠或镀镍铁珠的容器，金属珠直径应不超过 2 mm，应定期用合适方法清洗金属珠；

——直径为(50±2) mm 的金属圆棒；

——直径为(25±1) mm 的金属圆棒。

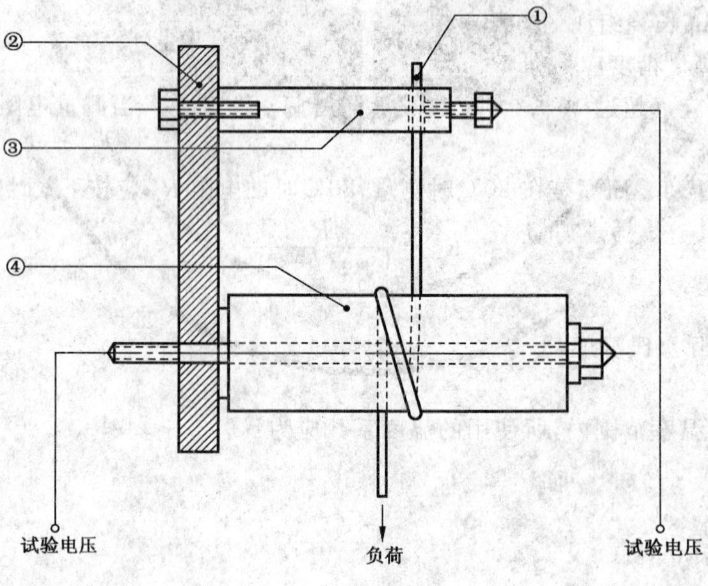

1——试样；

2——绝缘体；

3——接线柱；

4——圆棒。

图 1 击穿电压试样用圆棒和试样的放置方式

4.3 导体标称直径小于或等于 0.100 mm 的漆包圆线

将一根校直漆包线试样的一端除去绝缘，按图 1 所示接到上接线端，然后在金属圆棒上绕一圈。在漆包线的下端施加符合表 2 规定的负荷，以保持试样与金属圆棒紧密接触。

按 4.1 规定在漆包线导体和金属圆棒之间施加试验电压。试验应在室温下进行。

测试五个试样。记录五个击穿电压值。

表 2 施加在漆包线上的负荷

导体标称直径/mm		负荷 N	导体标称直径/mm		负荷 N
大于	小于或等于		大于	小于或等于	
—	0.018	0.013	0.040	0.045	0.080
0.018	0.020	0.015	0.045	0.050	0.100
0.020	0.022	0.020	0.050	0.056	0.120
0.022	0.025	0.025	0.056	0.063	0.150
0.025	0.028	0.030	0.063	0.071	0.200
0.028	0.032	0.040	0.071	0.080	0.250
0.032	0.036	0.050	0.080	0.090	0.300
0.036	0.040	0.060	0.090	0.100	0.400

4.4 导体标称直径大于 0.100 mm 小于或等于 2.500 mm 的漆包圆线

4.4.1 室温下试验

将一根约 400 mm 长的漆包线试样两端除去绝缘，对折后在图 2 所示的扭绞机上扭绞成(125±5)mm 的线对，将两端并紧。扭绞时施加在线对上的力和扭绞数应符合表 3 的规定。在两处剪断扭绞部分端环，并使剪断处端头间距最大。可弯曲端头使其间距合适，但应避免过分弯曲或损伤漆膜。

按 4.1 规定在漆包线两根导体之间施加试验电压。

测试五个试样。记录五个击穿电压值。

表 3 施加在线对上的负荷和扭绞数

导体标称直径/mm		负荷 N	扭 绞 数
大于	小于或等于		
0.100	0.250	0.85	33
0.250	0.355	1.70	23
0.355	0.500	3.40	16
0.500	0.710	7.00	12
0.710	1.060	13.50	8
1.060	1.400	27.00	6
1.400	2.000	54.00	4
2.000	2.500	108.00	3

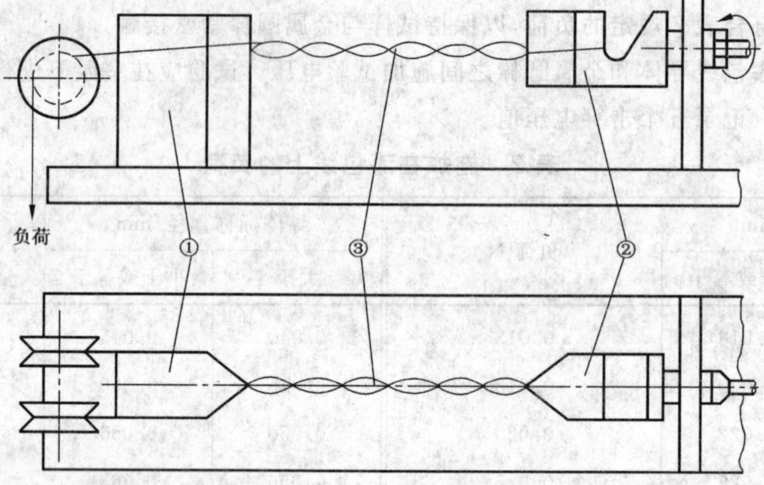

1——分隔器；

2——旋转钩；

3——试样。

图 2　击穿电压试验用试样扭绞装置

4.4.2　高温下试验

将按 4.4.1 制备的试样置于预热到规定的试验温度±3℃的烘箱中。试样至少放置 15 min 后，按 4.1 规定在漆包线两根导体之间施加试验电压。试验应在 30 min 内完成。

测试五个试样。记录五个击穿电压值。

4.5　导体标称直径大于 2.500 mm 的圆线

4.5.1　室温下试验

将一根足够长的校直试样的一端除去绝缘，然后按图 3 所示在圆棒上弯曲。

圆棒直径应为(50±2)mm。

将试样放在容器中，周围至少应保持有 5 mm 厚金属珠填充。试样端部应伸出足够长以避免闪络。

将金属珠轻轻地倒入容器直至试样至少覆盖 90 mm 深的金属珠。金属珠直径应不大于 2 mm；使用不锈钢珠、镍珠或镀镍铁珠比较合适。应定期用合适的溶剂清洗金属珠，比如 1,1,1-三氯乙烷。

按 4.1 规定在导体和金属珠之间施加试验电压。

注：如果供需双方经协商同意，试验可在油中进行。

测试五个试样。记录五个击穿电压值。

单位为毫米

图 3 击穿电压试验用试样(试样置于金属珠槽内)

4.5.2 高温下试验

将按 4.5.1 制备的试样置于预热到规定的试验温度±3℃的烘箱中。将金属珠和容器放入规定试验温度的烘箱中预热,放入试样时应保持该温度。放入试样时应避免对其损伤。

试样至少在烘箱中放置 15 min 后,按 4.1 规定在导体和金属珠之间施加试验电压。试验应在 30 min内完成。

试验温度的波动应控制在±3℃以内。

测试五个试样。记录五个击穿电压值。

4.6 丝包圆线

4.6.1 室温下试验

将一根足够长的校直试样的一端除去绝缘，然后按图 3a 所示在圆棒上卷绕 10 圈。圆棒直径应：

——标称直径小于或等于 2.500 mm，为(25±1)mm；

——标称直径大于 2.500 mm，为(50±2)mm。

如图 3a 所示，将试样放入容器中，周围至少应保持有 5 mm 厚金属珠填充。试样端部应伸出足够长以避免闪络。

将金属珠轻轻地倒入容器，直至试样至少覆盖 90 mm 深的金属珠。金属珠直径应不大于 2 mm；使用不锈钢珠、镍珠或镀镍铁珠比较合适。金属珠应每年清洗一次。

按 4.1 规定在导体和金属珠之间施加试验电压。

注：如果供需双方协商决定，试验可在油中进行。

测试五个试样。记录五个击穿电压值。

单位为毫米

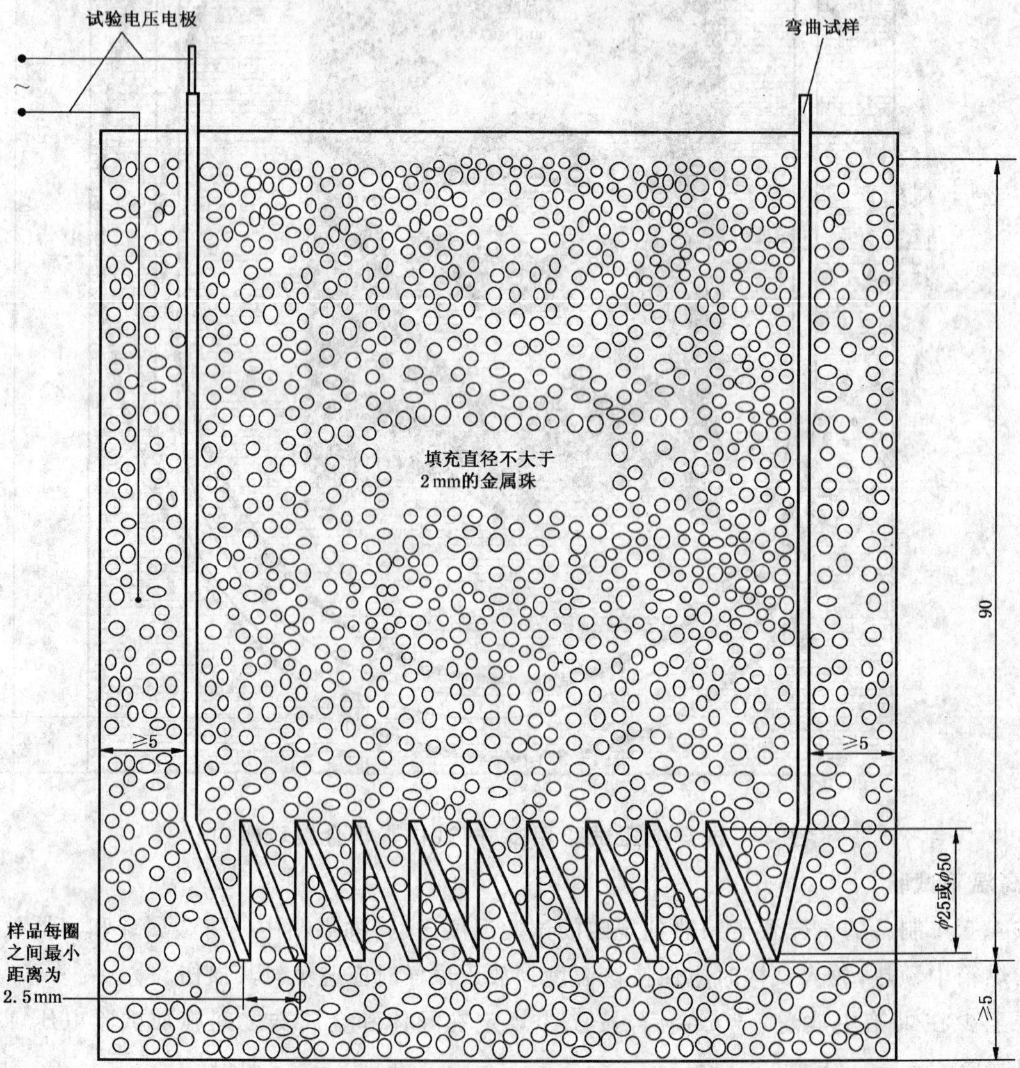

图 3a 击穿电压试验用试样

4.6.2 高温下试验

将按 4.6.1 制备的试样置于预热到规定的试验温度±3℃的烘箱中。将金属珠和容器放入规定试验温度的烘箱中预热，放入试样时应保持该温度。放入试样时应避免对其损伤。试样至少在烘箱中放置 15 min 后，按 4.1 规定在导体和金属珠之间施加试验电压。试验应在 30 min 内完成。

试验温度的波动应控制在±3℃以内。

测试五个试样。记录五个击穿电压值。

4.7 扁线

4.7.1 室温下试验

将一根约 350 mm 长的校直试样的一端除去绝缘，然后按图 3 所示在圆棒上宽边弯曲。圆棒直径应：

——标称窄边尺寸小于或等于 2.500 mm，为(25±1)mm；

——标称窄边尺寸大于 2.500 mm，为(50±2)mm。

将试样放入容器中，周围至少应保持有 5 mm 厚金属珠填充。试样端部应伸出足够长以避免闪络。

将金属珠轻轻地倒入容器，直至试样至少覆盖 90 mm 深的金属珠。金属珠直径应不大于 2 mm；使用不锈钢珠、镍珠或镀镍铁珠比较合适。金属珠应定期清洗。

按 4.1 规定在导体和金属珠之间施加试验电压。

注：如果供需双方协商决定，试验可在油中进行。

测试五个试样。记录五个击穿电压值。

4.7.2 高温下试验

将按 4.7.1 制备的试样置于预热到规定的试验温度±3℃的烘箱中。将金属珠和容器放入规定试验温度的烘箱中预热，放入试样时应保持该温度。放入试样时应避免对其损伤。试样至少在烘箱中放置 15 min 后，按 4.1 规定在导体和金属珠之间施加试验电压。试验应在 30 min 内完成。

试验温度的波动应控制在±3℃以内。

测试五个试样。记录五个击穿电压值。

5 试验方法 14：漆膜连续性（适用于漆包圆线和薄膜绕包圆线）

漆膜连续性是用单位长度绕组线通过电气试验回路检测出的针孔数表示。

5.1 低压连续性试验（导体标称直径小于或等于 0.050 mm）

使一根(30±1)m 试样以(275±25)mm/s 的速度在两块毛毡之间通过，毛毡应浸在浓度为 30 g/L 的硫酸钠电解质溶液中，试样导体和电解质溶液接入电气回路，其开路直流输出电压为(50±3)V(见图 4)。施加在试样上的力应不超过 0.03 N。应使用带计数器的合适的继电器测量针孔数。当试样的绝缘电阻小于 10 kΩ 的时间大于或等于 0.04 s 时，计数器应动作。当试样的绝缘电阻等于 15 kΩ 或更大时，计数器不应动作。针孔检测回路应以(5±1)ms 速度响应，当以裸线检测时，计数器显示为每分钟(500±25)个。

做一次试验。记录每 30 m 长试样的针孔数。

单位为毫米

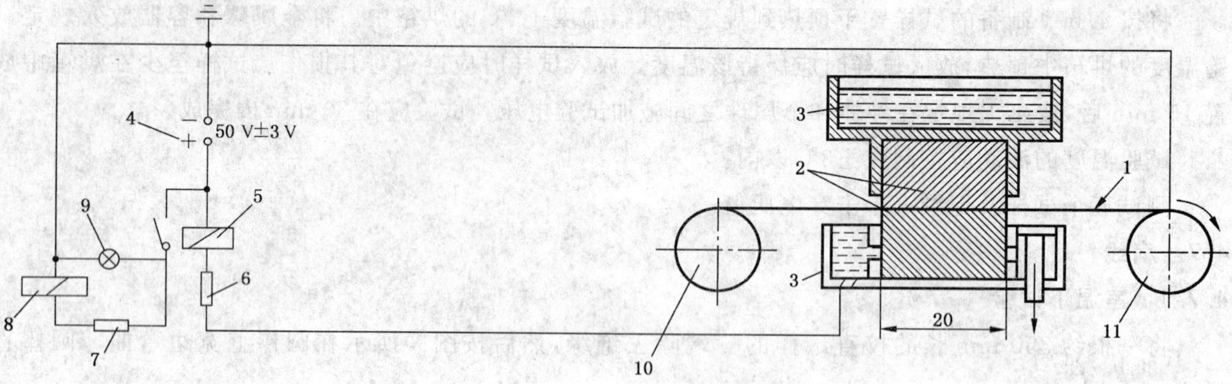

1——线；

2——毛毡；

3——电介质溶液（浓度为 30 g/L 的 Na_2SO_4 水溶液）；

4——直流电源；

5——继电器；

6——50 kΩ 电阻；

7——50 kΩ 电阻；

8——记数器；

9——指示灯；

10——带有绕组线的放线盘；

11——收线盘。

图 4　低压漆膜连续性试验仪

5.2　高压连续性试验（导体标称直径大于 0.050 mm 小于或等于 1.600 mm）

5.2.1　试验原理

使一根导体接地的试样以恒定速度通过一个“V”形槽电极（导轮）。在电极和接地之间施加直流试验电压。检测试样的针孔并用计数器计数。试验结果用每 30 m 长试样的针孔数表示。

5.2.2　试验设备

应使用下列试验设备：

——高压电源。能输出经滤波的平滑直流电压，波动小于 5%，其开路试验电压可在 350 V～2 000 V之间调节，任何试验电压下的阀值电流为（25±5）μA。如果针孔处的电阻为 50 MΩ，电压降应不超过 75%；

——针孔检测回路。当阀值电流达到表 4 规定值时该回路动作，其响应速度为（5±1）ms。如果是裸线试样，针孔计数器的重复计数频率为每分钟（500±25）次；

——两个高压电极导轮。由不锈钢制成，如图 5 所示。每个电极导轮与试样的接触长度为 $25_{-2.5}^{\ 0}$ mm；

——如图 6 所示的高压电极导轮由不锈钢制成，与试样的接触长度为 25 mm～30 mm；

——如图 5 和图 6 所示的接地导轮。尺寸与电极导轮相同，按相关图示安装；

——4.7×（1±10%）MΩ 的脉冲阻尼电阻。接入高压线路中。

注：高压电极的接地绝缘宜是非吸湿性的、不产生漏痕并容易清洗的高电阻率材料。其绝缘间隔应能承受 3 000 V 的连续电压。由于在开关和计数过程中要求的是最小对地电容，因此高压引线不宜屏蔽。驱动电机宜是无刷型，其功率足以达到 1.600 mm 试样所需的牵引速度。

表 4　阈值电流

试验电压(直流)/V	阈值电流/μA
2 000	12
1 500	10
1 000	8
750	7
500	6
350	5

单位为毫米

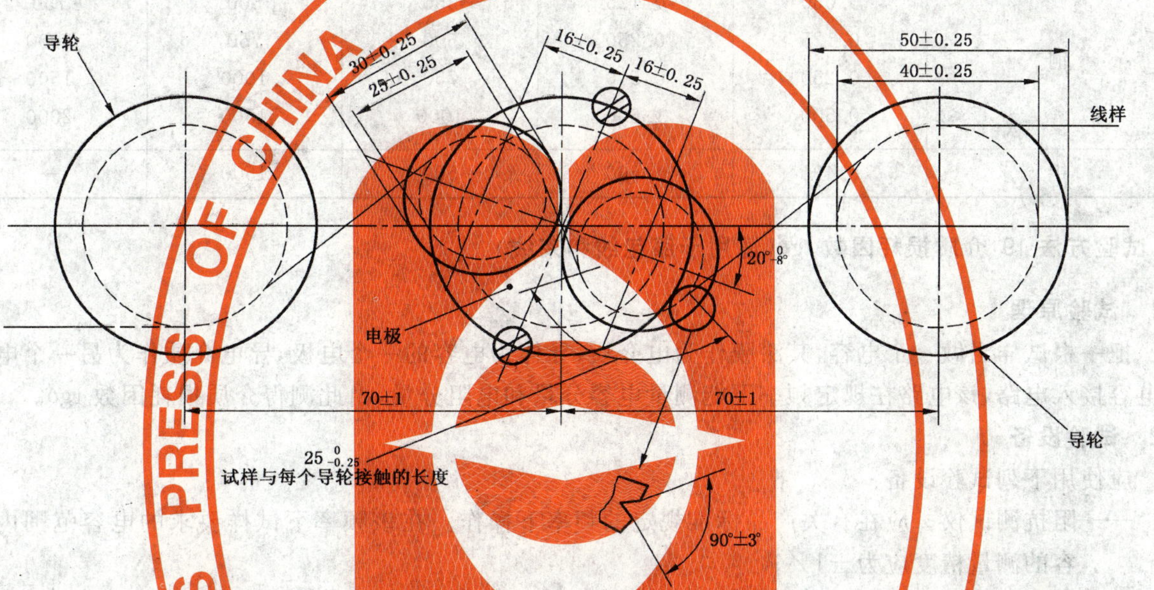

图 5　高压直流漆膜连续性试验仪(适用于线径 0.050 mm～0.250 mm 的导轮)

单位为毫米

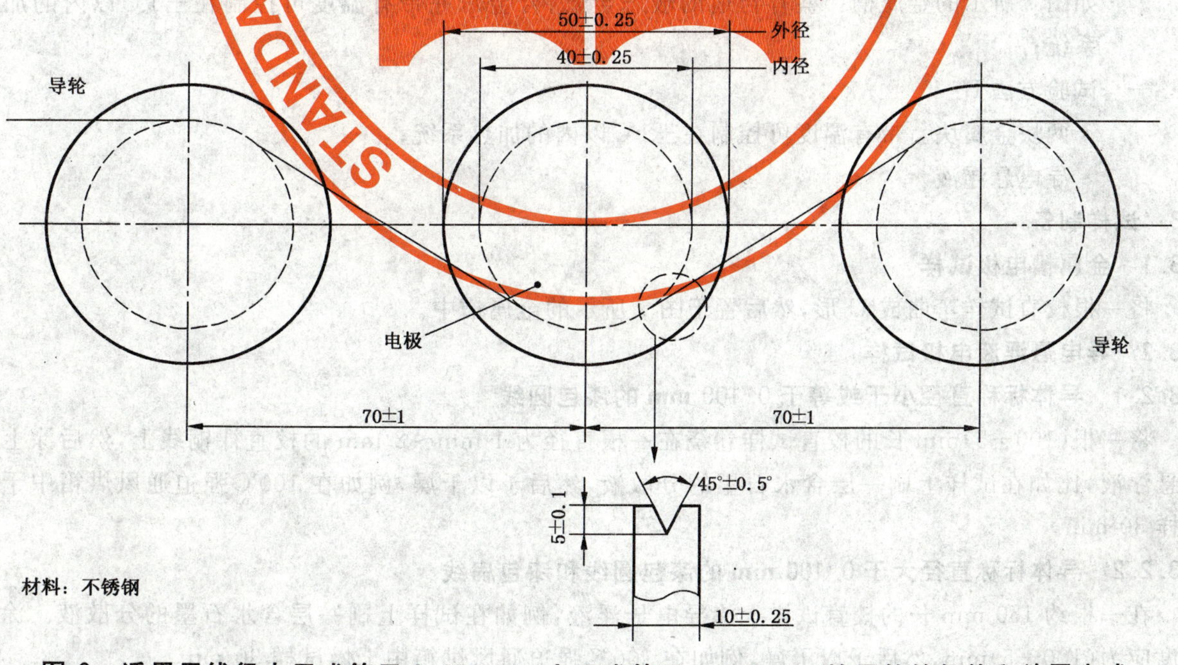

图 6　适用于线径大于或等于 0.250 mm 小于或等于 1.600 mm 的导轮的规格和放置方式

STANDARDS PRESS OF CHINA

5.2.3 试验程序

使一根(30±1)m 的试样以(275±25)mm/s 的速度从高压电极轮上通过。试样导体和电极接入电气回路。将开路直流试验电压调到表 5 的规定值，允许公差为±5%。试样的接地导体应接正极。

5.2.4 试验结果

做一次试验。记录每 30 m 长试样的针孔数。

表 5 试验电压

导体类型	导体标称直径/mm		直流电压/V		
	大于	小于或等于	1 级	2 级	3 级
铜	0.050	0.125	350	500	750
	0.125	0.250	500	750	1000
	0.250	0.500	750	1000	1500
	0.500	1.600	1000	1500	2000
铝	0.400	1.600	500	1500	—

6 试验方法 19：介质损耗因数 tgδ(适用于漆包线和束线)

6.1 试验原理

把一根试样当做一个电容，其漆膜作为电介质，导体为电容的一个电极，导电介质作为另一个电极。将电容接入电路，该电路在规定频率下能测量电容分量和电阻分量，由此测得介质损耗因数 tgδ。

6.2 试验设备

应使用下列试验设备：

——阻抗测试仪。应在有关产品标准规定的频率下操作。在该频率下试样要求的电容范围内，电容的测量精度应为±1%；

——频率发生器。在有关产品标准规定的频率下能输出正弦波电压；

——试验方法 A：

如图 7 所示的金属槽。盛有合适的液态金属(合金)，并带有温度可控制在±1℃以内的加热系统；

——试验方法 B：

· 两块金属块。带有温度可控制在±1℃以内的加热系统；

· 导电悬浮液。

6.3 试样制备

6.3.1 金属槽电极试样

将一根校直试样弯曲成 U 形，然后置于图 7 所示的金属槽中。

6.3.2 导电悬浮液电极试样

6.3.2.1 导体标称直径小于或等于 0.100 mm 的漆包圆线

将一根(100±5)mm 长的校直试样卷绕在一根直径为 1 mm～2 mm 的校直裸铜线上，然后涂上导电悬浮液，比如在试样上刷一层含水石墨的分散液，然后予以干燥，例如在 100℃强迫通风烘箱中干燥试样 30 min。

6.3.2.2 导体标称直径大于 0.100 mm 的漆包圆线和漆包扁线

在一根约 150 mm 长的校直试样上涂导电悬浮液，例如在试样上刷一层含水石墨的分散液。涂层长度应为(100±5)mm，然后予以干燥，例如在 100℃强迫通风烘箱中干燥试样 30 min。

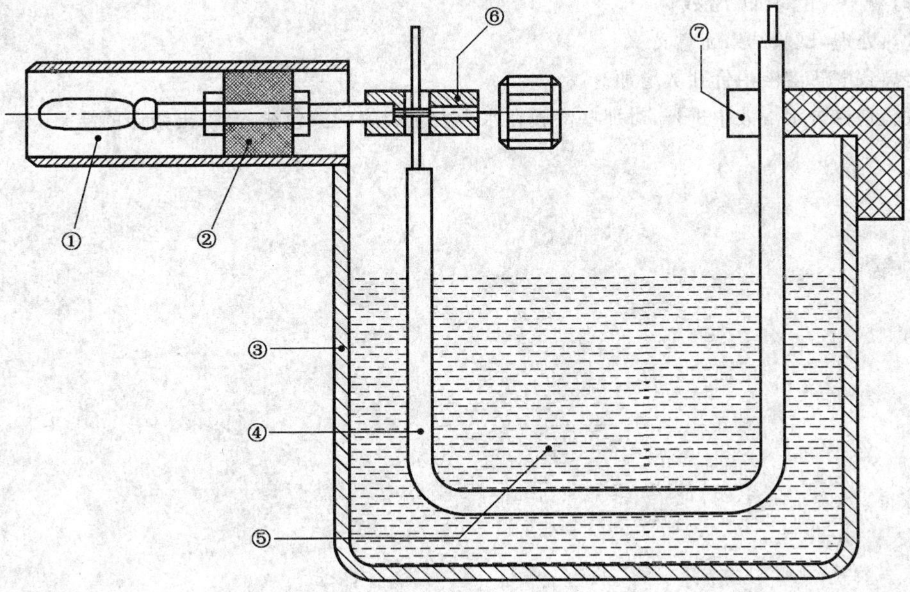

1——电插头；

2——绝缘材料；

3——金属容器；

4——试样；

5——电极；

6——接线柱；

7——绝缘夹头。

图 7　介质损耗因数 tgδ 试验用电极的安装

6.4　试验程序

试验方法 A：将按 6.3.1 制备的试样置于如图 7 所示的金属槽中。

试验方法 B：将按 6.3.2 制备的试样放在两块金属块之间。将试样与阻抗仪连接，并应使其达到规定的试验温度。然后直接从阻抗测试仪读出介质损耗因数。

6.5　试验结果

测试一个试样。记录介质损耗因数、试验频率和试验温度。

7　试验方法 23：针孔试验

本试验目的为检查经盐水处理后绝缘的缺陷。类似于 5.2 规定的高压连续性试验。

若导体标称直径小于 0.07 mm，取一根长约 1.5 m 的试样；若导体标称直径大于或等于 0.07 mm，取一根长约 6 m 的试样。

若导体标称直径小于 0.07 mm，将一根(1±0.05)m 长的试样弯曲成直径为(100±50)mm 的圆环。

若导体标称直径大于或等于 0.07 mm，将一根(5±0.2)m 长的试样弯曲成直径为(300±100)mm 的圆环。

如有关产品中无规定，则试样应在(125±3)℃的空气循环烘箱中处理 10 min(见注 1)。

热处理后，在不弯曲或拉伸试样的情况下将试样冷却至室温(见注 2)，然后浸入浓度为 2 g/L 的氯化钠溶液中，并在溶液中加入适量浓度为 30 g/L 的酚酞乙醇溶液，以易于观察到针孔(溶液中会出现淡红色流束)。试样导体和电解质溶液接入电气回路,其开路直流输出电压为(12±2)V。

以试样为负极接入溶液中,施加电压 1 min。为防止过度发热,短路电流应不大于 500 mA。

用正常视力观察,记录针孔数。

注 1:未经过热处理,试验结果无意义。

注 2:拉伸会导致电解溶液中针孔数增加。

注 3:因本试验是在含水溶液中进行,对那些漆膜在水中发生裂解的漆包线,会得出错误的结果。

附 录 A
（规范性附录）
损耗因数法

A.1 正切角——交点

有一些准确有效的方法，这些方法在示例中可见。

试验原理：将一个漆包线试样作为电容器，以试样导体作为一个电极，以干燥的石墨涂层或容器内的熔融金属作为另一个电极。样品温度以可控的、均匀的速率升高，确定损耗因数（d），以损耗因数（正切角）相对于温度作图。分析试验所得曲线，可以得到一个温度值，这一温度直接关系到漆膜的固化程度。也可使用另一类方法，在这类方法中，是将样品由高温冷却至低温。

A.2 试验方法

A.2.1 试验方法 A——使用熔融金属合金

应使用一个可直接确定 d 值的电桥。

用软布将漆包线试样擦拭干净后固定在夹具上。将试样连同夹具一起浸入预先调至最低温度的熔融液态金属槽内。以试样的导体作为一个电极，熔融液态金属作为另一极，将试样接在电桥上。以稳定的速率将装置从室温加热至某一温度，以温度为一个坐标轴，以正切角或正切角的对数为另一个坐标轴作图。得出一条曲线。准确读出正切角和温度的数值。因为读数变化很快，所以适合使用自动图表记录仪或电脑系统来记录读数。虽然自动记录系统的引入可使试验在较快温升的情况下进行，但试验过程中仍需小心确认读数相对于实际温度之间是否有明显的滞后现象。实际试验过程中，仪器、温升和试验结果的整理宜经供需双方协商决定。

A.2.2 试验方法 B——线样涂覆导电涂层

应使用一个可直接确定 d 值的电桥。

以试样的导体作为一个电极，石墨涂层作为另一极，将试样接在电桥上。

以稳定的速率将装置从室温加热至某一温度，温度通过检测仪接触试样测出。温度检测仪的位置和接触方式的不同会得出不同的结果。以温度为一个坐标轴，以正切角或正切角的对数为另一个坐标轴作图，得出一条曲线。准确读出正切角和温度的数值。因为读数变化很快，所以适合使用自动图表记录仪或电脑系统来记录读数。虽然自动记录系统的引入可使试验在较快温升的情况下进行，但试验过程中仍需小心确认读数相对于实际温度之间是否有明显的滞后现象。实际试验过程中，仪器、温升和试验结果的整理宜经供需双方协商决定。

A.3 试验结果分析

正切角曲线可以用两种方式在图表中表示。

可用 d 值或 d 值的对数作为 Y 轴。对于这两种方法，用两种不同的方式计算 $\mathrm{tg}\delta$ 值。得出结果时应明确指出使用的是哪种方法。下面所给出的图例仅用来理解试验方法，并不表示对材料的具体要求。

A.3.1 线性法

在正切角相对于温度的曲线中，在第一段上升曲线的最陡处作切线。在曲线上，过供需双方同意的 Y 值的点作平行线。可以确定平行线与上述切线交点处的温度值。这个值表示为 $\mathrm{tg}\delta=\times\times\times$℃(lin)。

A.3.2 对数法

过供需双方同意的两个 Y 值的点作两条平行线。过两条平行线与曲线的交点作一条直线，直线与

过曲线上最小 Y 值的点的平行线相交。可以确定交点处的温度值。这个值表示为 tgδ=×××℃(log)。

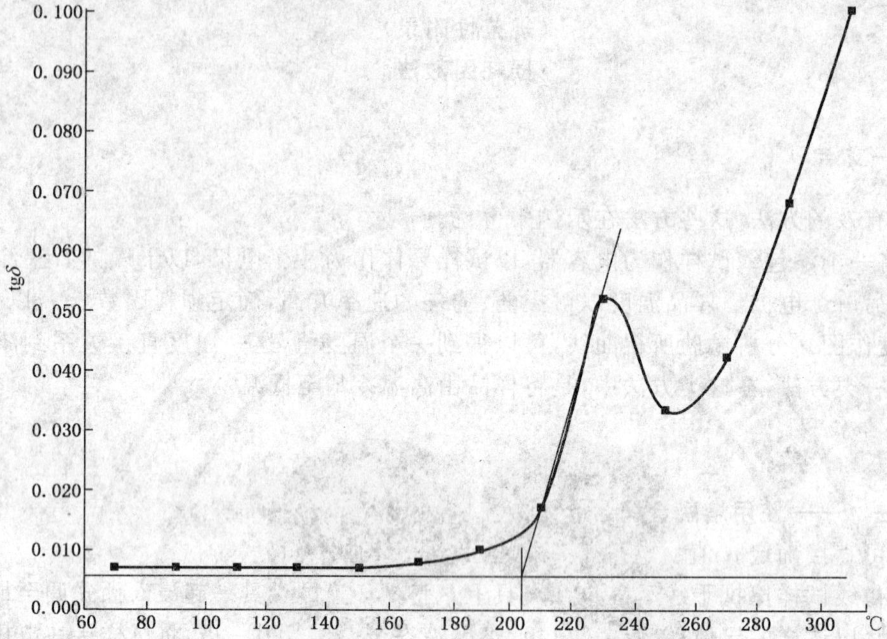

图 A.1 线性法示例

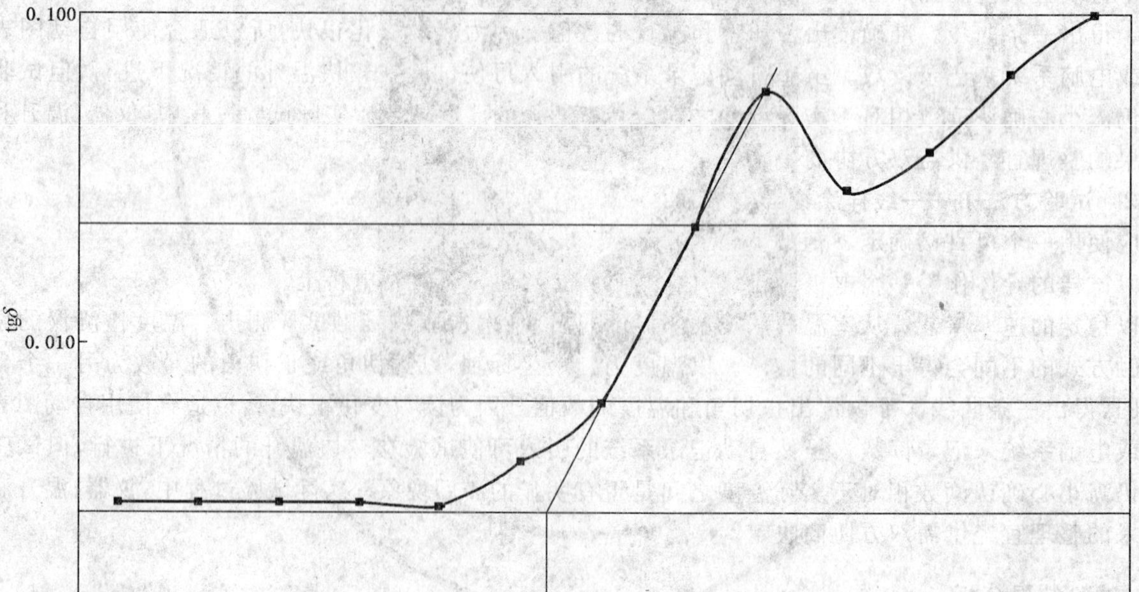

图 A.2 对数法示例

ICS 29.060.01
K 12

中华人民共和国国家标准

GB/T 4074.6—2008/IEC 60851-6:1996
代替 GB/T 4074.6—1999

绕组线试验方法 第6部分:热性能

Winding wires—Test methods— Part 6:Thermal properties

(IEC 60851-6:1996,IDT)

2008-04-23 发布 2008-12-01 实施

中华人民共和国国家质量监督检验检疫总局
中国国家标准化管理委员会 发布

前　言

GB/T 4074—2008《绕组线试验方法》分为八个部分：

——第1部分：一般规定；

——第2部分：尺寸测量；

——第3部分：机械性能；

——第4部分：化学性能；

——第5部分：电性能；

——第6部分：热性能；

——第7部分：测定漆包绕组线温度指数的试验规程（考虑中）；

——第8部分：测定漆包绕组线温度指数的试验规程　快速法（考虑中）。

本部分为GB/T 4074的第6部分。

本部分等同采用IEC 60851-6:1996《绕组线试验方法　第6部分：热性能》第2.0版（英文版）、第1号修改单（1997）和第2号修改单（2003）。

为便于使用，本部分做了下列修改：

——用小数点'.'代替作为小数点的逗号','；

——纠正了IEC原文中的如下错误：

a) 修改了试验方法10"软化击穿"试验的适用范围；

b) 对试验方法15"温度指数"，漆包扁线和薄膜绕包线按IEC 60172的第1号修改单（1998）规定进行修订。

本部分自实施之日起代替GB/T 4074.6—1999。

本部分与GB/T 4074.6—1999相比，主要变化如下：

——修改了表1中的放大倍数；

——将第4章软化击穿试验设备中的黄铜或铝金属块改为黄铜或铜质金属块；

——将提示性附录A改为资料性附录A。

本部分的附录A为资料性附录。

本部分由中国电器工业协会提出。

本部分由全国电线电缆标准化技术委员会（SAC/TC 213）归口。

本部分负责起草单位：上海电缆研究所。

本部分参加起草单位：天津耐克森电磁线有限公司、无锡环宇电磁线有限公司、成都西南电工有限公司、东港电磁线有限公司、山东赛特电工材料有限公司、金田电工材料有限公司。

本部分主要起草人：李福、袁卫国、汪文亚、戴建崇、毋德书、和军、董千里。

本部分所代替标准的历次版本发布情况为：

——GB/T 4074.11～GB/T 4074.13—1983、GB/T 4074.21—1983、GB/T 4074.24～GB/T 4074.25—1983、GB/T 4074.6—1999。

绕组线试验方法
第6部分:热性能

1 范围

GB/T 4074 的本部分规定了下列试验方法:

——试验方法 9:热冲击;

——试验方法 10:软化击穿;

——试验方法 15:温度指数;

——试验方法 21:失重。

定义、试验方法总则和绕组线试验方法一览表见 GB/T 4074.1。

2 规范性引用文件

下列文件中的条款通过 GB/T 4074 的本部分的引用而成为本部分的条款。凡是注日期的引用文件,其随后所有的修改单(不包括勘误的内容)或修订版均不适用于本部分,然而,鼓励根据本部分达成协议的各方研究是否可使用这些文件的最新版本。凡是不注日期的引用文件,其最新版本适用于本部分。

GB/T 4074.1 绕组线试验方法 第1部分:一般规定(GB/T 4074.1—2008, IEC 60851-1:1996, IDT)

GB/T 4074.3—2008 绕组线试验方法 第3部分:机械性能(IEC 60851-3:1997, IDT)

GB/T 4074.5—2008 绕组线试验方法 第5部分:电性能(IEC 60851-5:2004, IDT)

IEC 60172:1987 测量漆包线温度指数的试验方法

3 试验方法 9:热冲击(适用于漆包线和薄膜绕包线)

热冲击反映了试样被拉伸和(或)在圆棒上卷绕或弯曲后所能承受温度的能力。

3.1 试样制备

3.1.1 圆线

应按下述规定制备试样:

——对于导体标称直径小于或等于 1.600 mm 的漆包线,按 GB/T 4074.3—2008 中 5.1.1 规定;

——对于导体标称直径大于 1.600 mm 的漆包线,按 GB/T 4074.3—2008 中 5.2 规定;

——对于导体标称直径小于或等于 1.600 mm 的薄膜绕包线,按 GB/T 4074.3—2008 中 5.1.1 规定;

——对于导体标称直径大于 1.600 mm 的薄膜绕包线,按 GB/T 4074.3—2008 中 5.5.4 规定。

3.1.2 扁线

按 GB/T 4074.3—2008 中 5.1.2 规定制备试样,但只能宽边弯曲(用窄边尺寸)。

3.2 试验程序

将试样放在强迫通风烘箱中加热 30 min,温度为有关产品标准规定的温度±5℃。从烘箱中取出试样冷却至室温,然后用表 1 规定的放大镜检查绝缘是否开裂。

STANDARDS PRESS OF CHINA

3.3 试验结果

对于圆线，测试三个试样；对于扁线，测试两个试样。应记录任何检出的开裂。

表 1 放大倍数

试样尺寸	放大倍数
导体标称直径小于或等于 0.040 mm 的圆线	10 倍～15 倍
导体标称直径大于 0.040 mm 小于或等于 0.500 mm 的圆线	6 倍～10 倍
导体标称直径大于 0.500 mm 的圆线	1 倍～6 倍
扁线	6 倍～10 倍

4 试验方法 10：软化击穿（适用于漆包圆线和薄膜绕包圆线）

使两根线样垂直相交，在交点上施加规定的负荷，软化击穿用试样之间产生短路电流时的温度表示。

注：在很多情况下，软化击穿温度指示绝缘分解的温度。

4.1 试验设备

应使用下列试验设备：

——黄铜或铜质金属块。具有电气加热和测温控温装置，上面有两个插孔可以插入两根在金属块中央垂直交叉的试样，并有一个用来在交点上施加负荷的陶瓷压杆，如图 1 所示；

——容量至少为 100 VA、能输出(100±10)V 交流试验电压的变压器，并与电流为(5±1) mA 时动作的过电流装置、以及用来限定电流使其不超过 50 mA 的限流电阻连接。

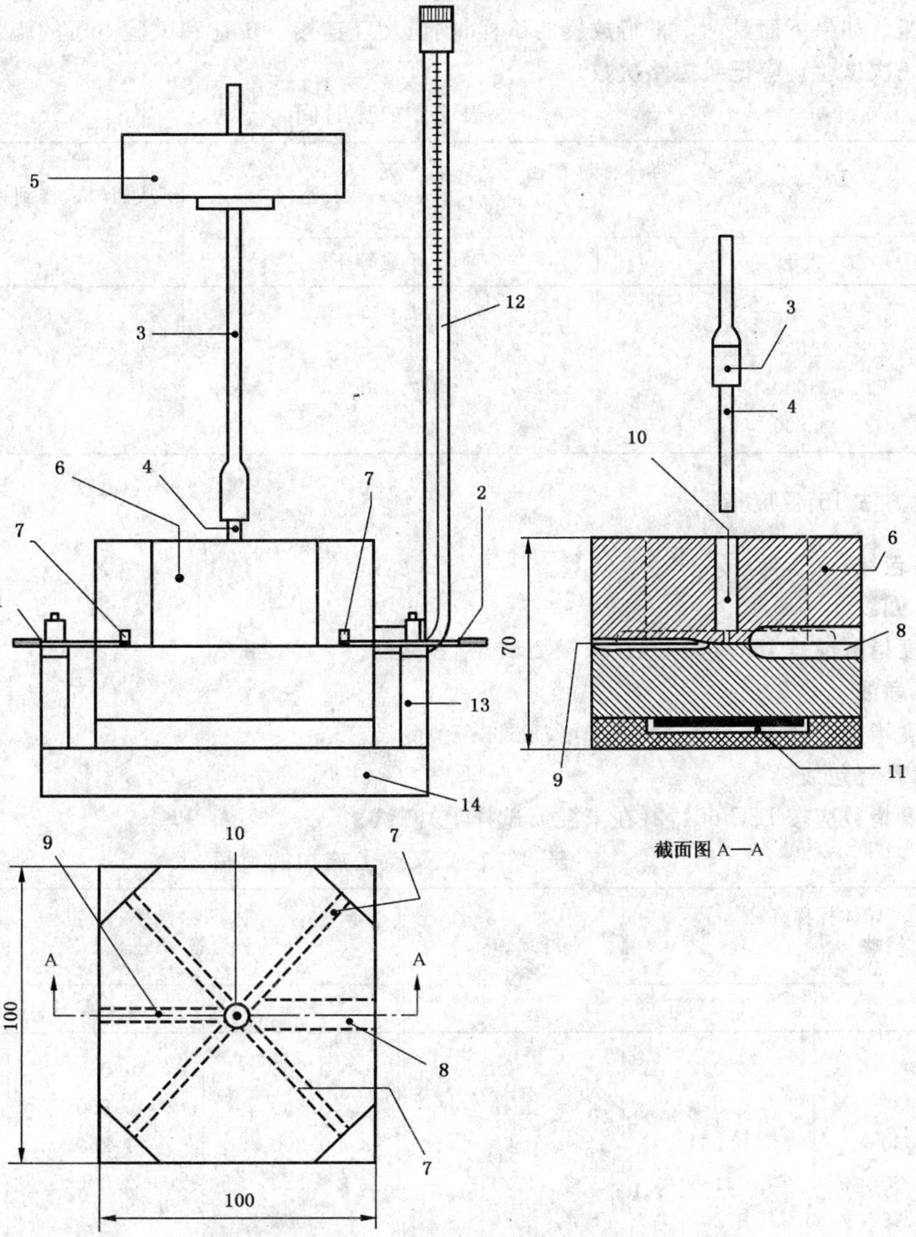

1——试样；
2——试样；
3——压杆；
4——陶瓷压杆；
5——负荷；
6——金属块(铜或黄铜)；
7——试样插孔；
8——温度控制器插入孔；
9——热电偶插入孔；
10——负荷压杆插入孔；
11——电加热装置；
12——温度控制器；
13——与试样接触的绝缘材料；
14——绝缘底板。

图 1　软化击穿试验仪示意图

4.2　试验程序

在预热到有关产品标准规定温度的金属块中插入两根垂直相交的校直试样。应尽可能靠近交叉点测量温度，测量值应在规定值±3℃范围内。交叉点应在压杆下的中央。对于导体标称直径小于0.200 mm的试样，将两根试样先平行插入插孔，将第三根试样垂直放在前两根试样上，其交叉点应对称于压杆轴线。

按表2规定的加热时间结束后,用压杆施加如表3规定的负荷,然后立刻在上下两个试样之间施加试验电压。如果下面是两个平行放置的试样,则应相互连接。负荷和试验电压的施加时间应为2 min。

做三次试验。应记录短路次数。

表2 加热时间

导体标称直径 mm		从插入试样到施加负荷的时间间隔 min
大于	小于或等于	
—	1.000	1
1.000	2.000	2
2.000	3.000	3
3.000	—	5

5 试验方法15:温度指数

5.1 漆包线

5.1.1 圆线

温度指数应按IEC 60172(在未浸渍试样上)测试。

5.1.2 扁线

温度指数应按IEC 60172(在未浸渍试样上)测试。

5.2 薄膜绕包线

温度指数应按IEC 60172(在未浸渍试样上)测试。

表3 在交叉点上施加的负荷

导体标称直径 mm		负荷 N	导体标称直径 mm		负荷 N
大于	小于或等于		大于	小于或等于	
0.020	0.032	0.25	0.315	0.500	4.50
0.032	0.050	0.40	0.500	0.800	9.00
0.050	0.080	0.70	0.800	1.250	10.00
0.080	0.125	1.25	1.250	2.000	36.00
0.125	0.200	2.20	2.000	—	70.00
0.200	0.315	2.20			

6 试验方法21:失重(适用于漆包圆线)

失重是与漆包线漆膜的固化度有关的性能。

6.1 试样制备

用不影响漆膜的适当方法将一根漆膜含量不小于0.5 g的试样擦洗干净。将试样放在(130±3)℃的强迫通风烘箱中加热1 h。从烘箱中取出试样后,置于干燥器中至少用30 min冷却至室温。然后称重试样,精确至0.1 mg(M_1)。

6.2 试验程序

将坩锅在(150±3)℃温度下加热2 h。然后将盛有试样的坩锅置于强迫通风的烘箱中2 h,烘箱温度为有关产品标准规定的温度±3℃。从烘箱中取出试样后,置于干燥器中至少用30 min冷却至室温。然后称重试样,精确至0.1 mg(M_2)。

用适当的化学方法除去漆膜，但不能损伤导体。在(150±3)℃温度下干燥裸导体(15±1)min，然后置于干燥器中至少用30 min冷却至室温。称重裸导体，精确至0.1 mg(M_3)。

失重应按下式计算：

$$\Delta M = \frac{M_1 - M_2}{M_1 - M_3} \times 100\%$$

做两次试验。记录两个失重值。

附　录　A
（资料性附录）
高温失效试验
（适用于漆包圆线）

高温失效试验是用试样在高温下承受试验电压的失效时间表示。

注：本试验旨在考核漆包线在450℃及以下过载时承受电压的能力。本试验不适用于失效时间只有几秒或几分钟的漆包线，因为本试验要求的最小失效时间为15 min，如果需要上述短时失效性能，应采用其他试验方法。

A.1　试验设备

使用下列试验设备：

——最高温度为450℃的烘箱（强迫通风或非强迫通风）。设定的温度偏差为±5℃。该烘箱应能使试样在3 min内达到设定的温度±1%。烘箱配有合适的接线柱，可以施加符合表1的试验电压。

——容量至少为100 VA、能输出符合表A.1规定的50 Hz或60 Hz交流试验电压的变压器，并与过电流为(10±5)mA时动作的过电流装置连接。为避免过电压冲击，应在变压器的次级接线柱上并联一个1 μF到2 μF的电容器。过电流装置能指示失效并断开相应的计时器。

表A.1　试验电压

绝缘厚度 mm		试验电压（交流） V
大于	小于或等于	
0.024	0.035	65
0.035	0.050	85
0.050	0.070	115
0.070	0.090	165
0.090	0.130	200

A.2　试样制备

按GB/T 4074.5—2008中4.4制备试样。经验表明，导体标称直径约1 mm的2级漆膜厚度的漆包圆线最便于操作。

A.3　试验程序

将试样接到接线柱上，并置于预热到试验温度的烘箱中。立刻施加试验电压并开始计时。

测试五个试样。记录失效时间。失效时间在15 min以内的可认为试验无效。

ICS 27.120
F 81

中华人民共和国国家标准

GB/T 4078—2008
代替 GB/T 4078—1991、GB/T 4080—1983、GB/T 8996—1988

放射性测量用样品托盘、瓶子和试管的尺寸

Dimension of sample planchets、vials and test tubes for radioactivity measurement

2008-06-19 发布　　2009-04-01 实施

中华人民共和国国家质量监督检验检疫总局
中国国家标准化管理委员会　发布

前　言

本标准是对 GB/T 4078—1991《液体闪烁计数用的瓶子尺寸》、GB/T 4080—1983《用于放射性测量的试管尺寸》和 GB/T 8996—1988《核电子仪器用样品盘尺寸》的合并修订。

本标准与 GB/T 4078—1991、GB/T 4080—1983 和 GB/T 8996—1988 相比主要变化如下：

本标准第 3 章“核仪器用样品盘和尺寸”(原 GB/T 8996—1988)采用了 IEC 60248:1984 的样品盘尺寸，少量修改和补充包括：

1) 在井型样品盘尺寸中，增加直径 21 mm 档，增加高度 2 mm 档；
2) 将井型样品盘直径 77 mm～200 mm 的公差由“$^{0}_{-0.2}$”改为“$^{0}_{-0.3}$”；
3) 直径大于 60 mm，高度大于或等于 2 mm 时，其壁厚最大由 0.6 mm 改为“0.8 mm”；
4) “平面度误差在表面上不应超过 0.1 mm”改为“平面度误差在表面上任意直径 20 mm 圆面积范围不应超过 0.1 mm”；
5) 在本标准中规定了井型、平板型和碟型样品盘的尺寸，在特殊情况下不排除使用其他尺寸或形状的样品盘。

本标准由中国核工业集团公司提出。

本标准由全国核仪器仪表标准化技术委员会归口。

本标准起草单位：西安核仪器厂。

本标准主要起草人：孙力平、梁平。

本标准所代替标准的历次版本发布情况为：

GB/T 4078—1991、GB/T 4080—1983、GB/T 8996—1988。

放射性测量用样品托盘、瓶子和试管的尺寸

STANDARDS PRESS OF CHINA

1 范围

本标准规定了液体闪烁计数用瓶子、用于放射性测量的试管(包括管塞)和核电子仪器用样品盘的尺寸。

本标准适用于液体闪烁计数用瓶子、用于放射性测量的试管(包括管塞)和核电子仪器用样品盘尺寸的设计检验与制造及质量控制。

2 规范性引用文件

下列文件中的条款通过本标准的引用而成为本标准的条款。凡是注日期的引用文件,其随后所有的修改单(不包括勘误的内容)或修订版均不适用于本标准,然而,鼓励根据本标准达成协议的各方研究是否可使用这些文件的最新版本。凡是不注日期的引用文件,其最新版本适用于本标准。

GB/T 10259 液体闪烁计数系统

3 核仪器用样品盘的尺寸

3.1 井型样品盘的尺寸

3.1.1 直径

井型样品盘直径及其公差见表1和图1。

表1 井型样品盘的直径

单位为毫米

<table>
<tr><th>直径 D</th><th>公 差</th></tr>
<tr><td>12.7</td><td rowspan="7">$D_{-0.2}^{0}$</td></tr>
<tr><td>21.0</td></tr>
<tr><td>25.4</td></tr>
<tr><td>30.0</td></tr>
<tr><td>38.1</td></tr>
<tr><td>50.8</td></tr>
<tr><td>60.0</td></tr>
<tr><td>77.0</td><td rowspan="4">$D_{-0.3}^{0}$</td></tr>
<tr><td>100.0</td></tr>
<tr><td>140.0</td></tr>
<tr><td>200.0</td></tr>
</table>

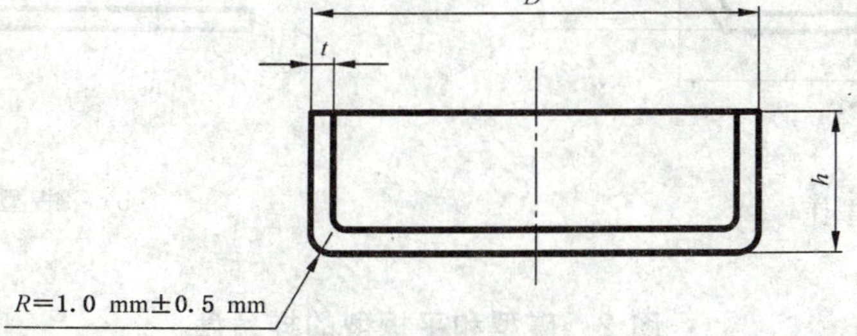

图1 井型样品盘

3.1.2 高度

井型样品盘高度尺寸及其公差见图 1 和表 2。

表 2 井型样品盘的高度尺寸

单位为毫米

高度 h	公 差
1.2	$h_{-0.2}^{0}$
2.0	
3.2	
4.9	
6.4	
8.0	
12.0	
12.8	

3.1.3 壁厚 t

直径小于或等于 60 mm，其壁厚 t 最大为 0.6 mm；直径大于 60 mm，且高度大于或等于 2 mm 时，其壁厚最大为 0.8 mm。

3.2 碟型和平板型样品盘

样品盘尺寸见图 2 和表 3。

3.3 平面度

平面度误差在表面上任意直径 20 mm 圆面积范围不应超过 0.1 mm。

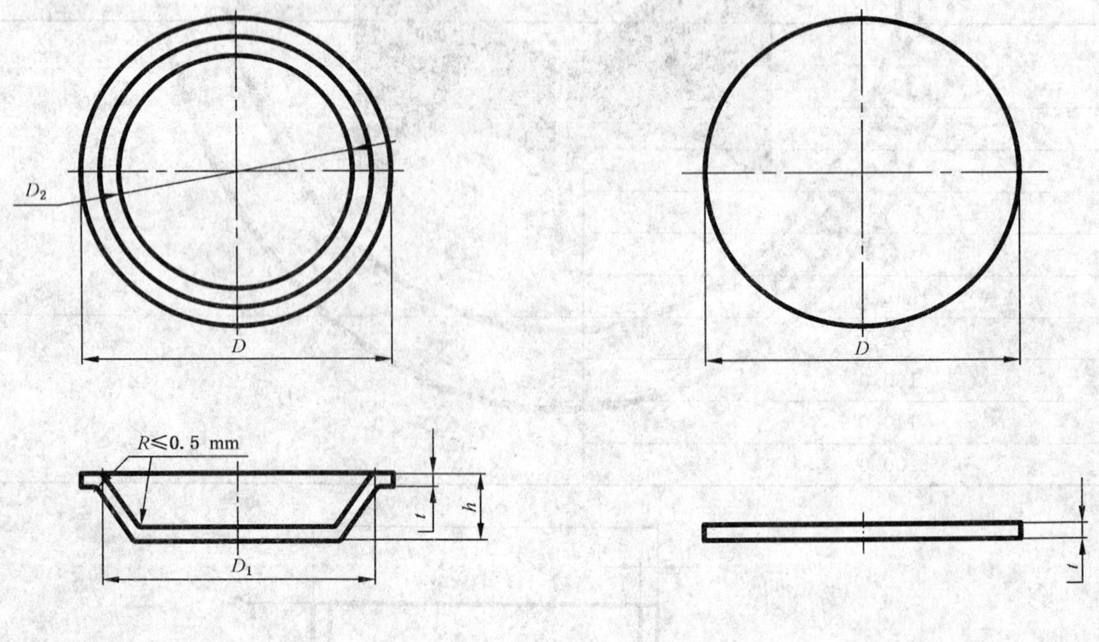

a）碟型样品盘

b）平板型样品盘

图 2 碟型和平板型的样品盘

表 3　碟型和平板型的样品盘的尺寸

单位为毫米

名称	形状	直径 D	直径 D_1	直径(最小)D_2	高度(最大)h	壁厚(最大)t
25R2	碟型	25.4	21.2	15.0	2.0	0.6
25R3					3.2	
25R6					6.4	
50R3		50.8	46.6	40.0	3.2	0.6
50R6					6.4	
38R2[a]	碟型	38.1	33.9	2.0	2.0	0.6
60R2[b]		60.0	55.8	2.0	2.0	
25F	平板型	25.4	—	—	—	0.6

注：直径 D、D_1、h 的尺寸公差为 $^{0}_{-0.2}$ mm。

a 用于 25.4 mm(1″)过滤器。

b 用于 50.8 mm(2″)过滤器。

4　液体闪烁计数用的瓶子的尺寸

液体闪烁计数用的塑料瓶和玻璃瓶(见图 3)的尺寸，应符合表 4 的规定，该尺寸也适用于 GB/T 10259 在规定的环境条件下由原始尺寸变化所造成的改变。任何特定壁厚的偏差，对塑料瓶不应超过±0.2 mm，对玻璃瓶不应超过±0.1 mm。壁厚尺寸及其偏差只适用于瓶子肩下面的圆柱部分。表 4 中 V 是瓶子肩下面圆柱部分的最小容积，对 t_1、t_2、t_3 和 t_4 的要求并不意味着规定了瓶盖或瓶子边缘的形状。

符合本标准的瓶底，应使瓶子保持稳定的直立位置，瓶盖的垂直投影，不应超过直径 D 的最大规定值。

在液体闪烁计数中，若使用其他尺寸的瓶子，可用一个模拟Ⅲ型瓶子的转换器使之相配合。

表 4　液体闪烁计数用的瓶子的尺寸

名　称	尺　寸					
	Ⅰ型		Ⅱ型		Ⅲ型	
	最小值	最大值	最小值	最大值	最小值	最大值
D/mm	13.1	—	17.0	—	22.0	—
D/mm	13.5	14.5	18.5	20.0	26.0	28.0
H/mm	52.0	58.0	55.0	60.0	58.5	63.0
t_1、t_2、t_3、t_4/mm	0.2	1.0	0.4	1.5	0.5	2.0
δ(塑料)/mm	0.8	1.2	0.8	1.7	0.8	2.0
δ(玻璃)/mm	0.7	1.1	0.7	1.1	0.7	1.1
V(塑料)/mL	3.5		8.0		15.0	
V(玻璃)/mL	3.5		8.0		17.0	

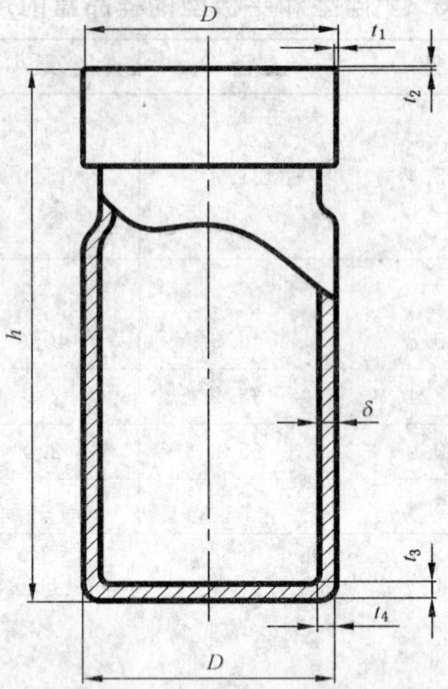

图 3　液体闪烁计数用的瓶子示意图

5　用于放射性测量试管的尺寸

5.1　对试管的要求

放射性测量用的玻璃或塑料做的试管，其标准尺寸应符合表 5 中和图 4 中的规定。试管并不强求圆底，例如，本标准也允许使用满足所有其他要求的平底试管。试管顶部允许有边缘或凸缘（尺寸可另给），但不应影响试管插入样品交换器或其他装置。表 5 中厚度公差只适用于试管的圆柱部分，对塑料试管，任何特定壁厚的公差不应超过±0.2 mm。

表 5　试管的尺寸

D/mm		10　12　14 ±0.5			16　20　25 ±1.0		
L/mm		对所有的直径 55±3　75±4　100±5					
t/mm 塑料		对所有的直径 最小值 0.6　最大值 1.5（包括公差）					
t/mm 玻璃		对直径 10～16 0.8±0.1				对直径 20～25 1.0±0.1	
近似容积/mL	L=55 mm	3.0	4.7	6.6	9.0	15	24
	L=75 mm	4.2	6.2	9.0	12	20	32
	L=100 mm	5.6	8.3	12	16	26	43

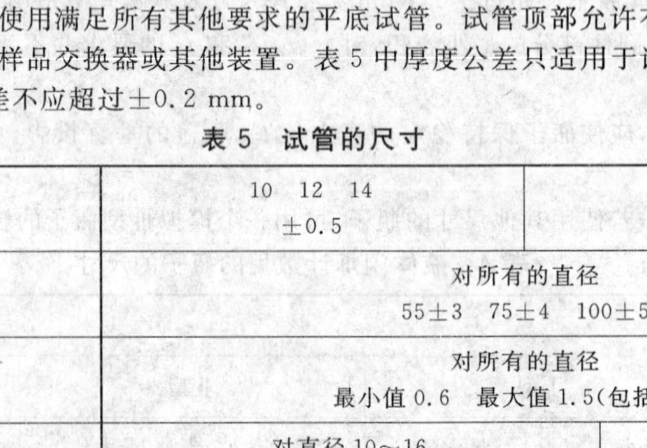

图 4　放射性测量的试管图

5.2 **管塞的尺寸**

5.2.1 **直径**

管塞的最大直径不应超过所用试管的外径(如果试管有边缘,包括不超过其边缘)。

5.2.2 **高度**

管塞伸出试管上端面至少 10 mm,但不大于 15 mm。

STANDARDS PRESS OF CHINA

ICS 03.120.30
A 41

中华人民共和国国家标准

GB/T 4088—2008
代替 GB/T 4087.1—1983,GB/T 4087.2—1983,GB/T 4088—1983

数据的统计处理和解释 二项分布参数的估计与检验

Statistical interpretation of data—Estimation and hypothesis test of parameter in binomial distribution

2008-07-16 发布 2009-01-01 实施

中华人民共和国国家质量监督检验检疫总局
中国国家标准化管理委员会 发布

前　言

本标准是在 GB/T 4087.1—1983《数据的统计处理和解释　二项分布参数的点估计》、GB/T 4087.2—1983《数据的统计处理和解释　二项分布参数的区间估计》和 GB/T 4088—1983《数据的统计处理和解释　二项分布参数的检验》的基础上整合而成。

本标准代替 GB/T 4087.1—1983、GB/T 4087.2—1983 和 GB/T 4088—1983。

本标准与 GB/T 4087.1—1983、GB/T 4087.2—1983、GB/T 4088—1983 相比较，技术内容的变化主要包括：

——按 GB/T 1.1—2000《标准化工作导则　第 1 部分：标准的结构和编写规则》的要求对标准格式进行了修改；

——增加了 p 值检验。

本标准的附录 A、附录 B、附录 C、附录 D、附录 E、附录 F、附录 G 与附录 H 均为规范性附录。

本标准由全国统计方法应用标准化技术委员会(SAC/TC 21)提出并归口。

本标准起草单位：中国标准化研究院、北京大学、广州市产品质量监督检验所、海南省产品质量监督检验所。

本标准主要起草人：于振凡、孙山泽、吴玉銮、邓穗兴、丁文兴、黄艳、蔡玮红、侯向昶、房祥忠。

本标准所代替标准的历次版本发布情况为：

——GB/T 4087.1—1983；

——GB/T 4087.2—1983；

——GB/T 4088—1983。

引 言

从事科学研究、工农业制造以及管理工作都离不开数据,而对这些数据的整理、分析和解释都离不开统计方法。统计学是研究数字资料的整理、分析和正确解释的一门学科。人们各自从不同的来源取得各种数字资料,这些数字资料通常都是杂乱无章的,必须经过整理和简缩才能利用,使用完善的统计方法就可使数据整理、排列的有条有理,用图形或少量的几个重要参数,就可把一大堆数据的特征表达出来,这样既可避免不正确的解释,又可将获得满意数据的成本降到最低限度,提高了经济效益。

《数据的统计处理和解释》含有多项国家标准,它们是:

——统计容忍区间的确定(GB/T 3359)

——均值的估计和置信区间(GB/T 3360)

——在成对观测值情形下两个均值的比较(GB/T 3361)

——二项分布参数的估计与检验(GB/T 4088)

——泊松分布参数的估计与检验(GB/T 4089)

——正态性检验(GB/T 4882)

——正态样本离群值的判断和处理(GB/T 4883)

——正态分布均值和方差的估计与检验方法(GB/T 4889)

——正态分布均值和方差检验的功效(GB/T 4890)

——Ⅰ型极值分布样本离群值的判断和处理(GB/T 6380)

——伽玛分布(皮尔逊Ⅲ型分布)的参数估计(GB/T 8055)

——指数分布样本离群值的判断和处理(GB/T 8056)

数据的统计处理和解释
二项分布参数的估计与检验

1 范围

本标准规定了二项分布参数的估计与检验方法。

设总体中的部分个体具有某种特性，p 是总体具有此种特性的个体的比率。例如 p 可以是一批产品中不合格品的比率。从总体中随机地、独立地抽取若干个个体作为样本。本标准规定了基于这类样本，对总体的参数 p 作点估计、区间估计及检验的方法。

对有限总体，设其大小为 N(N 应充分大)，样本量为 n。当抽取是有放回时，或当抽取是无放回的，但 $\frac{n}{N}<0.1$ 时，n 次抽取可以认为是独立的。

2 规范性引用文件

下列文件中的条款通过本标准的引用而成为本标准的条款。凡是注日期的引用文件，其随后所有的修改单(不包括勘误的内容)或修订版均不适用于本标准，然而，鼓励根据本标准达成协议的各方研究是否可使用这些文件的最新版本。凡是不注日期的引用文件，其最新版本适用于本标准。

GB/T 4086.2　统计分布数值表　χ^2 分布

GB/T 4086.4　统计分布数值表　F 分布

ISO 3534-1:2006　统计学词汇及符号　第 1 部分:一般统计术语与用于概率的术语

ISO 3534-2:2006　统计学词汇及符号　第 2 部分:应用统计

3 术语、定义和符号

ISO 3534-1:2006、ISO 3534-2:2006 和 GB/T 19000—2000 确定的术语和定义以及下列术语、定义和符号适用于本标准。为便于参考，某些术语和符号直接引自上述标准。

n　样本量

p　总体中具有指定特性的个体的比率

p_L　p 的区间估计的置信下限

p_U　p 的区间估计的置信上限

$1-\alpha$　区间估计的置信水平

x　样本中具有指定特性的个体的个数

α　显著性检验的第一类错误概率

β　显著性检验的第二类错误概率

α'　当原假设为真时，拒绝原假设的概率

β'　当原假设错误时，没有拒绝原假设的概率

H_0　显著性检验的原假设

H_1　显著性检验的备择假设

$P\{A\}$　事件 A 的概率

N　有限总体所含的个体数量

STANDARDS PRESS OF CHINA

4 二项分布参数的点估计

4.1 经典估计法

4.1.1 样本的抽取方式

样本量 n 是事先规定的。样本从总体中随机地、独立地抽取。此时样本中具有某种特性的个体的个数 x 是服从二项分布的随机变量 X 的一次观测值。X 取值 x 的概率为

$$P\{X=x|n,p\}=\binom{n}{x}p^x(1-p)^{n-x},x=0,1,2,\cdots,n$$

4.1.2 估计量

p 的估计量记为 $\hat{p}$

$$\hat{p}=\frac{x}{n} \qquad \cdots\cdots(1)$$

式中：

n——样本量。其确定方法可参见附录 A 公式(A.1)；

x——样本中具有指定特性的个体的个数。

4.1.3 例子

为估计一批产品(约 1 000 件)的不合格品率，从中随机地抽取 40 件为样本，其中有 5 件不合格品。则

$$n=40$$

$$x=5$$

$$\hat{p}=\frac{x}{n}=\frac{5}{40}=12.5\%$$

4.2 序贯样本估计法

4.2.1 样本的抽取方式

事先不规定样本量，而是从总体中顺序地、随机地、独立地抽取个体。每抽取一个个体，立即检查该个体是否具有指定的特性，不断累计具有指定特性的个体的个数，当具有指定特性的个体数达到事先规定的数 c(大于或等于 2 的整数)时，停止抽样。此时，累计抽取的个体的总个数 n 是一个服从负二项分布的随机变量，n 取值 k 的概率为：

$$p\{n=k|c,p\}=\binom{k-1}{c-1}p^c(1-p)^{k-c},k=c,c+1,\cdots$$

4.2.2 估计量

$$\hat{p}=\frac{c-1}{n-1} \qquad \cdots\cdots(2)$$

式中：

c——事先规定的具有指定特性的个体达到的个数。其确定方法可参见附录 A 公式(A.2)；

n——达到 c 个具有指定特性的个体时，累计抽取的个体总数。

4.2.3 例子

为估计一批产品(约 1 000 件)的不合格品率，顺序地逐个抽样检验，规定发现 5 件不合格品时停止抽样，当抽到第 35 件时，发现了第 5 件不合格品，则

$$c=5$$

$$n=35$$

$$\hat{p}=\frac{c-1}{n-1}=\frac{4}{34}=11.8\%$$

5 二项分布参数的区间估计

5.1 比率 p 的双侧置信区间和单侧置信区间

p 的双侧置信区间是(p_L,p_U)，这里 $0\leqslant p_L<p_U\leqslant 1$。$p_L$称为置信下限，$p_U$称为置信上限。

p 的单侧置信区间有如下两种形式：

a) 仅有置信下限 $p_L(0\leqslant p_L<1)$的置信区间$(p_L,1]$。

b) 仅有置信上限 $p_U(0<p_U\leqslant 1)$的置信区间$[0,p_U)$。

这些区间必然包含 p 的点估计 $\hat{p}=\dfrac{x}{n}$。

选用哪种类型的区间，要根据具体问题的性质而定，不依赖于观测值 x。

p_L 和 p_U 是观测值的两个函数，本标准采用的置信区间所满足的条件为：所求得的置信区间包含真正的 p 值这个事件发生的频率约等于置信水平 $1-\alpha$。具体地说，双侧区间应满足

$$P\{p_L<p<p_U\}=1-\alpha$$

单侧区间应满足

$$P\{p_L<p\}=1-\alpha$$

$$\text{或 } P\{p<p_U\}=1-\alpha$$

概率 $1-\alpha$ 称为置信水平。根据不同的要求，$1-\alpha$ 的数值通常从 0.90，0.95，0.99 中选取。由于二项分布的离散性，不一定都能求得使上述等式成立的 p_L，p_U，这时可取 p_L，p_U满足

$$P\{p_L<p<p_U\}\geqslant 1-\alpha \qquad \text{(双侧情形)}$$

$$\text{或 } P\{p_L<p\}\geqslant 1-\alpha \qquad \text{(单侧下限)}$$

$$\text{或 } P\{p<p_U\}\geqslant 1-\alpha \qquad \text{(单侧上限)}$$

这个置信区间包含真值 p 的实际概率称为这个区间的“置信水平的实际值”。

5.2 置信区间的求法

5.2.1 当 $n<10$ 时，置信区间一般太宽，实际上使用的很少。

5.2.2 当 $n\geqslant 10$，公式(3)、(4)近似给出了置信水平为 $1-\alpha$ 的单侧置信限。

单侧置信下限

$$p_L=\frac{\nu_2}{\nu_2+\nu_1 F_{1-\alpha}(\nu_1,\nu_2)} \qquad \cdots\cdots(3)$$

式中：$\nu_1=2(n-x+1)$，$\nu_2=2x$。

单侧置信上限

$$p_U=\frac{\nu_2}{\nu_2+\nu_1 F_{1-\alpha}(\nu_2,\nu_1)} \qquad \cdots\cdots(4)$$

式中：$\nu_1=2(n-x)$，$\nu_2=2(x+1)$。

此处的 $F_{1-\alpha}(\nu_1,\nu_2)$是自由度为$(\nu_1,\nu_2)$的 F 分布的 $1-\alpha$ 分位数，它的值可由 F 分布表(见 GB/T 4086.4)中查得。

5.2.3 当 $n\geqslant 10$，下面的公式近似给出了置信水平为 $1-\alpha$ 的双侧置信限。

置信下限

$$p_L=\frac{\nu_2}{\nu_2+\nu_1 F_{1-\alpha/2}(\nu_1,\nu_2)} \qquad \cdots\cdots(5)$$

式中：$\nu_1=2(n-x+1)$，$\nu_2=2x$；

置信上限

$$p_U=\frac{\nu_2}{\nu_2+\nu_1 F_{1-\alpha/2}(\nu_2,\nu_1)} \qquad \cdots\cdots(6)$$

式中：$\nu_1=2(n-x)$，$\nu_2=2(x+1)$。

此处的 $F_{1-\alpha}(\nu_1,\nu_2)$ 是自由度为 (ν_1,ν_2) 的 F 分布的 $1-\alpha$ 分位数，它的值可由 F 分布表(见 GB/T 4086.4)中查得。

为了方便使用，本标准给出了当 $10\leqslant n\leqslant 30$ 时，相应于不同置信水平的置信限的数值表(见附录 C 中表 C.1)。

单侧置信区间或双侧置信区间的置信上限 p_U 的值可从表 C.1 中直接读出。

对于单侧置信区间或双侧置信区间的置信下限 p_L，只需用 $x'=n-x$ 代替 x，从表 C.1 中读出相应于 x 的值，记为 h，$1-h$ 就是相应于 x 的 p_L 值。

例：某试验中：若 $n=20, x=8$，取 $1-\alpha=0.95$

a) 求单侧置信区间 $[0, p_U)$。

$n=20, x=8$；

从表 C.1 中读出与 n、x 相应的 $p_U=0.606$，

单侧置信区间为 $[0, 0.606)$。

b) 求单侧置信区间 $(p_L, 1]$。

$n=20, x=8, x'=n-x=20-8=12$；

从附录 C 中表 C.1($n=20$)中得到 n、x' 相应的 $h=0.783$，

$$p_L=1-h=1-0.783=0.217,$$

单侧置信区间为 $(0.217, 1]$。

c) 求双侧置信区间 (p_L, p_U)。

$n=20, x=8, x'=n-x=12$；

从附录 C 的表 C.1($n=20$)中得到 n、x 相应的 $h=0.639$，

$p_U=h=0.637$；

从附录 C 的表 C.1($n=20$)中得到 n、x' 相应的 $h=0.809$，

$p_L=1-h=1-0.809=0.191$；

双侧置信区间为 $(0.191, 0.639)$。

5.2.4 当 $n>30$，且 $0.1<\frac{x}{n}<0.9$ 时，置信水平为 $1-\alpha$ 的置信限由下面的近似公式(7)、(8)给出：

$$p_L=p_*-u\sqrt{p_*(1-p_*)/(n+2d)} \quad \cdots\cdots(7)$$

$$p_U=p^*+u\sqrt{p^*(1-p^*)/(n+2d)} \quad \cdots\cdots(8)$$

式中：

$$p_*=\frac{x+d-0.5}{n+2d}$$

$$p^*=\frac{x+d+0.5}{n+2d}$$

u, d 为常数。对不同的置信水平，u, d 的取值见表 1。

表 1

置信水平 $1-\alpha$	单侧		双侧	
	u	d	u	d
0.90	1.282	0.7	1.645	1
0.95	1.645	1	1.960	1.5
0.99	2.326	2	2.576	2.5

例：某试验中：$n=40, x=12$，取 $1-\alpha=0.95$，

a) 求单侧置信区间$[0,p_U)$。

$1-\alpha=0.95$ 查表1得 $u=1.645$，$d=1$，

$n=40$，$x=12$，

$$p^*=\frac{x+d+0.5}{n+2d}=\frac{12+1+0.5}{40+2\times1}=0.321$$

$$\sqrt{p^*(1-p^*)/(n+2d)}=0.072$$

$$p_U=p^*+u\sqrt{p^*(1-p^*)/(n+2d)}=0.321+1.645\times0.072=0.439$$

单侧置信区间是$[0,0.439)$。

b) 求单侧置信区间$(p_L,1]$。

$1-\alpha=0.95$，查表1得 $u=1.645$，$d=1$，

$n=40$，$x=12$

$$p_*=\frac{x+d-0.5}{n+2d}=\frac{12+1-0.5}{40+2\times1}=0.298$$

$$\sqrt{p_*(1-p_*)/(n+2d)}=0.071$$

$$p_L=p_*-u\sqrt{p_*(1-p_*)/(n+2d)}=0.298-1.645\times0.071=0.181$$

单侧置信区间是$(0.181,1]$。

c) 求双侧置信区间(p_L,p_U)。

$1-\alpha=0.95$，查表1得 $u=1.960$，$d=1.5$

$n=40$，$x=12$

$$p_*=\frac{x+d-0.5}{n+2d}=\frac{12+1.5-0.5}{40+2\times1.5}=0.302$$

$$p^*=\frac{x+d+0.5}{n+2d}=\frac{12+1.5+0.5}{40+2\times1.5}=0.326$$

$$\sqrt{p_*(1-p_*)/(n+2d)}=0.070$$

$$p_L=p_*-u\sqrt{p_*(1-p_*)/(n+2d)}=0.302-1.960\times0.070=0.165$$

$$\sqrt{p^*(1-p^*)/(n+2d)}=0.071$$

$$\begin{aligned}p_U&=p^*+u\sqrt{p^*(1-p^*)/(n+2d)}\\&=0.326+1.960\times0.071\\&=0.466\end{aligned}$$

双侧置信区间是$(0.165,0.466)$。

5.2.5 当 $n>30$，且 $\frac{x}{n}\leqslant0.1$ 或 $\frac{x}{n}\geqslant0.9$ 时，可采用泊松近似。这种近似需要利用 χ^2 分布表(见 GB/T 4086.2)。这时置信下限为

$$p_L=\begin{cases}\dfrac{2\lambda}{2n-x+1+\lambda} & \text{当}\dfrac{x}{n}\text{接近于}0\\[2ex] \dfrac{n+x-\lambda'}{n+x+\lambda'} & \text{当}\dfrac{x}{n}\text{接近于}1\end{cases}\qquad\cdots\cdots(9)$$

对于单侧置信区间，式中

$$\lambda=\frac{1}{2}\chi_\alpha^2(2x)$$

$$\lambda'=\frac{1}{2}\chi_{1-\alpha}^2[2(n-x)+2]$$

对于双侧置信区间，式中

$$\lambda=\frac{1}{2}\chi^2_{\alpha/2}(2x)$$

$$\lambda'=\frac{1}{2}\chi^2_{1-\alpha/2}[2(n-x)+2]$$

置信上限为

$$p_U=\begin{cases}\dfrac{2\lambda}{2n-x+\lambda} & \text{当}\dfrac{x}{n}\text{接近于 0}\\[2ex] \dfrac{n+x+1-\lambda'}{n+x+1+\lambda'} & \text{当}\dfrac{x}{n}\text{接近于 1}\end{cases} \quad\cdots\cdots\cdots\cdots\cdots(10)$$

对于单侧置信区间，式中

$$\lambda=\frac{1}{2}\chi^2_{1-\alpha}(2x+2)$$

$$\lambda'=\frac{1}{2}\chi^2_{\alpha}[2(n-x)]$$

对于双侧置信区间，式中

$$\lambda=\frac{1}{2}\chi^2_{1-\alpha/2}(2x+2)$$

$$\lambda'=\frac{1}{2}\chi^2_{\alpha/2}[2(n-x)]$$

这里，$\chi^2_{\alpha}(\nu)$ 表示自由度为 ν 的 χ^2 分布的 α 分位数。

例：某试验中：$n=50, x=5$，取 $1-\alpha=0.95$，

a) 求单侧置信区间 $[0, p_U)$。

$n=50, x=5, \frac{x}{n}=0.1$，用接近于零的公式。

$$\lambda=\frac{1}{2}\chi^2_{1-\alpha}(2x+2)=\frac{1}{2}\chi^2_{0.95}(12)$$

$$=\frac{1}{2}\times 21.026=10.513$$

$$p_U=\frac{2\lambda}{2n-x+\lambda}=\frac{2\times 10.513}{2\times 50-5+10.513}=0.199$$

单侧置信区间是 $[0.0.199)$。

b) 求单侧置信区间 $(p_L, 1]$

$n=50, x=5, \frac{x}{n}=0.1$，用接近于零的公式。

$$\lambda=\frac{1}{2}\chi^2_{1-\alpha}(2x)=\frac{1}{2}\chi^2_{0.95}(10)$$

$$=\frac{1}{2}\times 3.940=1.970$$

$$p_L=\frac{2\lambda}{2n-x+1+\lambda}=\frac{2\times 1.970}{2\times 50-5+1+1.970}=0.040$$

单侧置信区间是 $(0.040, 1]$

c) 求双侧置信区间 (p_L, p_U)。

$n=50, x=5, \frac{x}{n}=0.1$，用接近于零的公式。

对 p_L，有

$$\lambda=\frac{1}{2}\chi^2_{\alpha/2}(2x)=\frac{1}{2}\chi^2_{0.025}(10)$$

$$=\frac{1}{2}\times 3.247=1.624$$

$$p_L=\frac{2\lambda}{2n-x+1+\lambda}=\frac{2\times 1.624}{2\times 50-5+1+1.624}=0.033$$

对 p_U，有

$$\lambda=\frac{1}{2}\chi^2_{1-\alpha/2}(2x+2)=\frac{1}{2}\chi^2_{0.975}(12)$$

$$=\frac{1}{2}\times 23.337=11.669$$

$$p_U=\frac{2\lambda}{2n-x+\lambda}=\frac{2\times 11.669}{2\times 50-5+11.669}=0.219$$

双侧置信区间是(0.033,0.219)。

6　二项分布参数的检验

6.1　原假设与备择假设

用 H_0 表示原假设，H_1 表示备择假设。p_0 是给定值，$0\leqslant p_0\leqslant 1$。本标准处理常见的三种情况：

$H_0: p=p_0, H_1: p\neq p_0$　（双侧检验）

$H_0: p\leqslant p_0, H_1: p>p_0$　（单侧检验）

$H_0: p\geqslant p_0, H_1: p<p_0$　（单侧检验）

选用哪种类型的检验，要根据具体问题的需要而定。

6.2　双侧检验　$H_0: p=p_0, H_1: p\neq p_0$

6.2.1　实施步骤

a)　由 p_0、样本量 n 及给定的检验的显著性水平 α，确定拒绝域的临界值 c_1、c_2（c_1、c_2 的确定见 6.2.2）。

b)　累计抽取的 n 个个体中具有该种特性的个体的个数 x。

c)　当 $x\leqslant c_1$ 或 $x\geqslant c_2$ 时，拒绝 H_0；
　　当 $c_1<x<c_2$ 时，不拒绝 H_0。

6.2.2　拒绝域的临界值 c_1、c_2 的确定

拒绝域是这样一些值的集合，如果观测值 x 是这些值中的一个，则拒绝原假设 H_0。

拒绝域的临界值 c_1、c_2 由 p_0、n 及检验的显著性水平 α 确定。

c_1 是满足下式的最大整数

$$P\{X\leqslant c_1 \mid n, p_0\}=\sum_{x=0}^{c_1}\binom{n}{x}p_0^x(1-p_0)^{n-x}\leqslant\frac{\alpha}{2}$$

c_2 是满足下式的最小整数

$$P\{X\geqslant c_2 \mid n, p_0\}=\sum_{x=c_2}^{n}\binom{n}{x}p_0^x(1-p_0)^{n-x}\leqslant\frac{\alpha}{2}$$

相应的两类错误的概率的计算见附录 F。

附录 E 中的表 E.2、E.3、E.5 分别给出了 $\alpha=0.10, 0.05, 0.01$ 时，双侧检验的拒绝域的上侧临界值。根据给定的显著性水平 α，选择相应的表，c_2 的值可按 n 及 p_0 从表中直接读出。在求拒绝域的下侧临界值 c_1 时，可以用 $q_0=1-p_0$ 替代 p_0，按 n 及 q_0 从表中查出 c，$n-c$ 即为所求的 c_1 值。

对附录 E 中未列出的 α、n、p_0，可以用表 2 给出的方法确定临界值 c_1 和 c_2。

表 2

原假设和拒绝域的形式	$H_0: p=p_0$	$x \leqslant c_1$ 或 $x \geqslant c_2$
查表法	c_1 是满足下式的最大整数 $P\{X \leqslant c_1 \mid n, p_0\} \leqslant \frac{\alpha}{2}$	c_2 是满足下式的最小整数 $P\{X \geqslant c_2 \mid n, p_0\} \leqslant \frac{\alpha}{2}$
用 F 分布表法	c_1 是使下列式子成立的最大整数 $F_{1-\alpha/2}(\gamma_1, \gamma_2) \leqslant \frac{\gamma_2 p_0}{\gamma_1 q_0}$ ……（11） 其中 $\gamma_1=2(c_1+1), \gamma_2=2(n-c_1)$	c_2 是使下列式子成立的最小整数 $F_{1-\alpha/2}(\gamma_1, \gamma_2) \leqslant \frac{\gamma_2 q_0}{\gamma_1 p_0}$ …（12） 其中 $\gamma_1=2(n-c_2+1), \gamma_2=2c_2$
简单正态近似法	$c_1 \leqslant np_0-0.5-u_{1-\alpha/2}\sqrt{np_0q_0}$ ………（13）	$c_2 \geqslant np_0+0.5+u_{1-\alpha/2}\sqrt{np_0q_0}$ ……（14）
平方根正态近似	$2(\sqrt{(n-c_1)p_0}-\sqrt{(c_1+1)q_0}) \geqslant u_{1-\alpha/2}$………（15）	$2(\sqrt{c_2q_0}-\sqrt{(n-c_2+1)p_0}) \geqslant u_{1-\alpha/2}$………（16）

表中 $q_0=1-p_0$，$u_{1-\alpha/2}$ 为标准正态分布的 $1-\alpha/2$ 分位数，$F_{1-\alpha/2}(\gamma_1,\gamma_2)$ 为自由度为 (γ_1,γ_2) 的 F 分布的 $1-\alpha/2$ 分位数。

注：① 简单正态近似的误差较大，一般不宜采用。

② 使用 F 分布表或平方根正态近似确定 c_1、c_2 时，可以先利用简单正态近似确定一个 c_1、c_2 的预估值，然后再用相应的公式找 c_1、c_2，这样比较方便。

6.2.3 示例

考虑 $n=50$，$\alpha=0.10$，原假设 $H_0: p=p_0=0.10$，求拒绝域的临界值 c_1，c_2。

下面按照 6.2.2 中给出的各种方法计算 c_1，c_2。

6.2.3.1 查表法

本例 $n=50$，$\alpha=0.10$，$\alpha/2=0.05$，$p_0=0.10$，求双侧检验拒绝域临界值。查相应的表 E.2，由 $n=50$，$p_0=0.10$ 得 $c_2=10$；再由 $q_0=1-p_0=0.90$，$n=50$ 查得 $c=49$，得 $c_1=n-c=50-49=1$。

6.2.3.2 简单正态近似法

本例 $n=50$，$p_0=0.10$，$q_0=0.90$，$u_{1-\alpha/2}=u_{0.95}=1.645$，

$np_0-0.5-u_{0.95}\sqrt{np_0q_0}=1.01$，

c_1 是不大于 1.01 的最大整数，

所以 $c_1=1$。

$np_0+0.5+u_{0.95}\sqrt{np_0q_0}=8.99$，

c_2 是不小于 8.99 的最小整数，

所以 $c_2=9$（比准确值 10 小）。

6.2.3.3 用 F 分布表法

c_1 是满足下式的最大整数

$$F_{1-\alpha/2}(\gamma_1,\gamma_2) \leqslant \frac{\gamma_2 p_0}{\gamma_1 q_0}$$

$\gamma_1=2(c_1+1)$，$\gamma_2=2(n-c_1)$

本例 $n=50$，$p_0=0.10$，$q_0=0.90$，以上面简单正态近似的 $c_1=1$，$c_2=9$ 为预估值。

$\gamma_1=2(c_1+1)=4$

$\gamma_2=2(n-c_1)=98$

查 F 分布表（见 GB/T 4086.4）得 0.95 分位数如下：

$F_{0.95}(4,90)=2.47$

$F_{0.95}(4,100)=2.46$

近似取 $F_{0.95}(4,98)=2.46$

$\frac{\gamma_2 p_0}{\gamma_1 q_0}=2.72(>2.46)$，满足(11)式，

再计算 $c_1=2$，此时

$\gamma_1=2(c_1+1)=6$

$\gamma_2=2(n-c_1)=96$

查 F 分布表得：

$F_{0.95}(6,90)=2.20$

$F_{0.95}(6,100)=2.19$

近似取 $F_{0.95}(6,96)=2.19$

$\frac{\gamma_2 p_0}{\gamma_1 q_0}=1.78(<2.19)$，不满足(11)式，

因此满足要求的最大整数为 1，所以 $c_1=1$。

c_2 是满足下式的最小整数

$F_{1-\alpha/2}(\gamma_1,\gamma_2)\leqslant\frac{\gamma_2 q_0}{\gamma_1 p_0}$

$\gamma_1=2(n-c_2+1)$，$\gamma_2=2c$

本例 $n=50$，$p_0=0.10$，$q_0=0.90$，以上面简单正态近似的 $c_1=1$，$c_2=9$ 为预估值。

$\gamma_1=2(n-c_2+1)=84$

$\gamma_2=2c_2=18$

查 F 分布表(见 GB/T 4086.4)得 0.95 分位数如下：

$F_{0.95}(80,18)=1.99$

$F_{0.95}(90,18)=1.98$

近似取 $F_{0.95}(84,18)=1.99$

$\frac{\gamma_2 q_0}{\gamma_1 p_0}=1.93(<1.99)$，不满足(12)式，

再计算 $c_2=10$，此时

$\gamma_1=2(n-c_2+1)=82$

$\gamma_2=2c_2=20$

查 F 分布表得：

$F_{0.95}(80,20)=1.92$

$F_{0.95}(90,20)=1.91$

近似取 $F_{0.95}(82,20)=1.92$

$\frac{\gamma_2 q_0}{\gamma_1 p_0}=2.20(>1.92)$，满足(12)式，

因此满足要求的最小整数为 10，所以 $c_2=10$

6.2.3.4 平方根正态近似法

先以 $c_1=1$，$c_2=9$ 作预估值，$u_{0.95}=1.645$，

$c_1=1$

$2(\sqrt{(n-c_1)p_0}-\sqrt{(c_1+1)q_0})$

$=2(\sqrt{49\times0.10}-\sqrt{2\times0.90})$

$=1.744(>1.645)$，满足(15)式，

再算 $c_1=2$，

STANDARDS PRESS OF CHINA

$2(\sqrt{(n-c_1)p_0}-\sqrt{(c_1+1)q_0})$

$=2(\sqrt{48\times0.10}-\sqrt{3\times0.90})$

$=1.095(<1.645)$，不满足(15)式

所以 $c_1=1$。

$c_2=9$

$2(\sqrt{c_2q_0}-\sqrt{(n-c_2+1)p_0})$

$=2(\sqrt{9\times0.90}-\sqrt{42\times0.10})$

$=1.593(<1.645)$，不满足(16)式

再算 $c_2=10$，

$2(\sqrt{c_2q_0}-\sqrt{(n-c_2+1)p_0})$

$=2(\sqrt{10\times0.90}-\sqrt{41\times0.10})=1.950(>1.645)$，满足(16)式，

所以 $c_2=10$。

6.3 上限单侧检验

$H_0: p\leqslant p_0$　　　　$H_1: p>p_0$

6.3.1 实施步骤

a) 由 p_0、样本量 n 及给定的检验的显著性水平 α，确定拒绝域的临界值 c_2（c_2 的确定见 6.3.2）。

b) 累计抽取的 n 个个体中，具有该种特性的个体的个数 x。

c) 当 $x\geqslant c_2$ 时，拒绝 H_0，

当 $x<c_2$ 时，不拒绝 H_0。

6.3.2 拒绝域临界值 c_2 的确定

拒绝域的临界值 c_2 由 p_0、n 及显著性水平 α 确定。c_2 是满足下式的最小整数

$$P\{X\geqslant c_2\mid n,p_0\}=\sum_{x=c_2}^{n}\binom{n}{x}p_0^x(1-p_0)^{n-x}\leqslant\alpha$$

相应的两类错误的概率的计算见附录 F(规范性附录)。

附录 E 中的表 E.1，E.2，E.4 分别给出了 $\alpha=0.10,0.05,0.01$ 时，单侧检验拒绝域的上侧临界值。根据给定的显著性水平 α，选择相应的表，c_2 的值可按 n 及 p_0 从表中直接读出。

对附录 E 未列出 α、n、p_0 可以用表 3 给出的方法确定临界值 c_2。

表 3

原假设和拒绝域的形式	$H_0: p\leqslant p_0$
查表法	c_2 是满足下式的最小整数 $P\{X\geqslant c_2\mid n,p_0\}\leqslant\alpha$
用 F 分布表法	c_2 是使下列式子成立的最小整数 $F_{1-\alpha}(\gamma_1,\gamma_2)\leqslant\frac{\gamma_2 q_0}{\gamma_1 p_0}$ ………………………… (17) 式中，$\gamma_1=2(n-c_2+2)$，$\gamma_2=2c_2$
简单正态近似法	$c_2\geqslant np_0+0.5+u_{1-\alpha}\sqrt{np_0q_0}$ …………………… (18)
平方根正态近似法	$2(\sqrt{c_2q_0}-\sqrt{(n-c_2+1)p_0})\geqslant u_{1-\alpha}$ ………………… (19)

6.4 下限单侧检验

$H_0: p\geqslant p_0$　　　　$H_1: p<p_0$

6.4.1 实施步骤

a) 由 p_0、样本量 n 及给定的检验的显著性水平 α 确定拒绝域的临界值 c_1（c_1 的确定见 6.4.2）。

b) 累计抽取的 n 个个体中，具有该种特性的个体的个数 x。

c) 当 $x \leqslant c_1$ 时，拒绝 H_0；

当 $x > c_1$ 时，不拒绝 H_0。

6.4.2 拒绝域临界值 c_1 的确定

拒绝域的临界值 c_1 由 p_0、n 及显著性水平 α 确定。

c_1 是满足下式的最大整数

$$P\{X \leqslant c_1 \mid n, p_0\} = \sum_{x=0}^{c_1} \binom{n}{x} p_0^x (1-p_0)^{n-x} \leqslant \alpha$$

相应的两类错误的概率的计算见附录 F。

附录 E 中的表 E.1、E.2、E.4，分别给出了 $\alpha = 0.10, 0.05, 0.01$ 时，单侧检验的拒绝域的上侧临界值。在求拒绝域的下侧临界值 c_1 时，根据给定的显著性水平 α，选择相应的表，计算 $q_0 = 1 - p_0$，按 n 及 q_0 从表中查出 c，$n-c$ 即为所求的 c_1 值。

对附录 E 未列出的 α、n、p_0 可以用表 4 中给出的方法确定 c_1。

表 4

原假设和拒绝域的形式	$H_0: p \geqslant p_0$ $x \leqslant c_1$
查表法	c_1 是满足下式的最大整数 $P\{X \leqslant c_1 \mid n, p_0\} \leqslant \alpha$
用 F 分布表法	c_1 是使下列式子成立的最大整数 $F_{1-\alpha}(\gamma_1, \gamma_2) \leqslant \frac{\gamma_2 p_0}{\gamma_1 q_0}$ …………………… (20) 式中 $\lambda_1 = 2(c_1+1)$，$\lambda_2 = 2(n-c_1)$
简单正态近似法	$c_1 \leqslant np_0 - 0.5 - \upsilon_{1-\alpha}\sqrt{np_0 q_0}$ …………………… (21)
平方根正态近似法	$2(\sqrt{(n-c_1)p_0} - \sqrt{(c_1+1)q_0}) \geqslant u_{1-\alpha}$ ……………… (22)

附　录　A
（规范性附录）
根据对点估计的绝对误差限确定 *n* 及 *c* 的方法

当近似地以 $1-\alpha$ 的概率保证所得的点估计 $\hat{p}$ 与被估计值 p 的绝对误差限不超过 δ，即

$$P\{|\hat{p}-p|\leqslant\delta\}\approx 1-\alpha$$

时，可根据以往的记录或经验确定一个 p 的粗估计值 p_0。此时，经典估计法中的 n 可如下确定：

$$n\approx\left(\frac{u_{1-\alpha/2}}{\delta}\right)^2 p_0(1-p_0) \quad\text{…………………………（A.1）}$$

序贯样本估计法中的 c 可如下确定：

$$c\approx\left(\frac{u_{1-\alpha/2}}{\delta}\right)^2 p_0^2(1-p_0) \quad\text{…………………………（A.2）}$$

式中：

α——由所要求的保证概率 $1-\alpha$ 确定；

$u_{1-\alpha/2}$——标准正态分布的 $1-\alpha/2$ 分位数。

附 录 B
（规范性附录）
其他几种估计方法

除标准正文中的估计方法之外，这里再给出两种估计方法。在使用者各方协商一致和主管部门同意的情况下，可以采用这些估计方法。

B.1 贝叶斯估计

B.1.1 使用条件

掌握 p 的先验知识；p 服从 β 分布，其概率密度函数为

$$f(x)=\begin{cases}\dfrac{\Gamma(a+b)}{\Gamma(a)\Gamma(b)}x^{a-1}(1-x)^{b-1} & \text{当 } 0\leqslant x\leqslant 1\\ 0 & \text{当 } x<0 \text{ 或 } x>1\end{cases}$$

式中 a,b 为未知参数，并且已知 p 的经验均值 μ 与方差 ν。例如当有大批以往的可靠的 p 的数值记载时，可根据这些历史资料算出 p 的经验均值 μ 与方差 ν。

B.1.2 样本的抽取方式

样本量是事先规定的。样本从总体中随机地、独立地抽取。

B.1.3 估计量

由 μ 与 ν 计算 a、b 的数值如下

$$a=\mu\left[\frac{\mu(1-\mu)}{\nu}-1\right] \quad \cdots\cdots\cdots\cdots (\text{B.1})$$

$$b=(1-\mu)\left[\frac{\mu(1-\mu)}{\nu}-1\right] \quad \cdots\cdots\cdots\cdots (\text{B.2})$$

$$\hat{p}=\frac{x+a}{n+a+b} \quad \cdots\cdots\cdots\cdots (\text{B.3})$$

式中：

n——样本量；

x——样本中具有指定特性的个体的个数。

B.2 极小极大估计

B.2.1 使用条件

当样本量 n 比较小、并且 p 值在 1/2 左右时，经典估计会引起较大的均方误差。这时采用极小极大估计能使极大均方误差达到极小值。

B.2.2 样本的抽取方式

样本量 n 是事先规定的。样本从总体中随机地、独立地抽取。

B.2.3 估计量

$$\hat{p}=\frac{x+\frac{1}{2}\sqrt{n}}{n+\sqrt{n}} \quad \cdots\cdots\cdots\cdots (\text{B.4})$$

式中：

n——样本量；

x——样本中具有指定特性的个体的个数。

STANDARDS PRESS OF CHINA

附　录　C
（规范性附录）
置信上限表（ n=10(1) 30 ）

表 C.1　置信上限表

$n=10$

x \ $1-\alpha$	双侧			单侧		
	0.90	0.95	0.99	0.90	0.95	0.99
0	0.259	0.308	0.411	0.206	0.259	0.369
1	0.394	0.445	0.544	0.337	0.394	0.504
2	0.507	0.556	0.648	0.450	0.507	0.612
3	0.607	0.652	0.735	0.552	0.607	0.703
4	0.696	0.738	0.809	0.646	0.696	0.782
5	0.778	0.813	0.872	0.733	0.778	0.850
6	0.850	0.878	0.923	0.812	0.850	0.907
7	0.913	0.933	0.963	0.884	0.913	0.952
8	0.963	0.975	0.989	0.945	0.963	0.984
9	0.995	0.997	0.999	0.990	0.995	0.999
10	1.000	1.000	1.000	1.000	1.000	1.000

$n=11$

x \ $1-\alpha$	双侧			单侧		
	0.90	0.95	0.99	0.90	0.95	0.99
0	0.238	0.285	0.382	0.189	0.238	0.342
1	0.364	0.413	0.509	0.310	0.364	0.470
2	0.470	0.518	0.608	0.415	0.470	0.572
3	0.564	0.610	0.693	0.511	0.564	0.660
4	0.650	0.692	0.767	0.599	0.650	0.738
5	0.729	0.766	0.831	0.682	0.729	0.806
6	0.800	0.833	0.886	0.759	0.800	0.866
7	0.865	0.891	0.931	0.831	0.865	0.916
8	0.921	0.940	0.967	0.895	0.921	0.957
9	0.967	0.977	0.990	0.951	0.967	0.986
10	0.995	0.998	1.000	0.990	0.995	0.999
11	1.000	1.000	1.000	1.000	1.000	1.000

表 C.1（续）

$n=12$

x \ $1-\alpha$	双侧 0.90	双侧 0.95	双侧 0.99	单侧 0.90	单侧 0.95	单侧 0.99
0	0.221	0.265	0.357	0.175	0.221	0.319
1	0.339	0.385	0.477	0.287	0.339	0.440
2	0.438	0.484	0.573	0.386	0.438	0.537
3	0.527	0.572	0.655	0.475	0.527	0.622
4	0.609	0.651	0.728	0.559	0.609	0.698
5	0.685	0.723	0.791	0.638	0.685	0.765
6	0.755	0.789	0.848	0.712	0.755	0.825
7	0.819	0.848	0.897	0.781	0.819	0.879
8	0.877	0.901	0.938	0.846	0.877	0.924
9	0.928	0.945	0.970	0.904	0.928	0.961
10	0.970	0.979	0.991	0.955	0.970	0.987
11	0.996	0.998	1.000	0.991	0.996	0.999
12	1.000	1.000	1.000	1.000	1.000	1.000

$n=13$

x \ $1-\alpha$	双侧 0.90	双侧 0.95	双侧 0.99	单侧 0.90	单侧 0.95	单侧 0.99
0	0.206	0.247	0.335	0.162	0.206	0.298
1	0.316	0.360	0.449	0.268	0.316	0.413
2	0.410	0.454	0.541	0.360	0.410	0.506
3	0.495	0.538	0.621	0.444	0.495	0.588
4	0.573	0.614	0.691	0.523	0.573	0.661
5	0.645	0.684	0.755	0.598	0.645	0.727
6	0.713	0.749	0.811	0.669	0.713	0.787
7	0.776	0.808	0.862	0.736	0.776	0.841
8	0.834	0.861	0.906	0.799	0.834	0.889
9	0.887	0.909	0.943	0.858	0.887	0.931
10	0.934	0.950	0.972	0.912	0.934	0.964
11	0.972	0.981	0.992	0.958	0.972	0.988
12	0.996	0.998	1.000	0.992	0.996	0.999
13	1.000	1.000	1.000	1.000	1.000	1.000

表 C.1（续）

$n=14$

x \ $1-\alpha$	双侧			单侧		
	0.90	0.95	0.99	0.90	0.95	0.99
0	0.193	0.232	0.315	0.152	0.193	0.280
1	0.297	0.339	0.424	0.251	0.297	0.389
2	0.385	0.428	0.512	0.337	0.385	0.478
3	0.466	0.508	0.589	0.417	0.466	0.557
4	0.540	0.581	0.658	0.492	0.540	0.627
5	0.610	0.649	0.720	0.563	0.610	0.692
6	0.675	0.711	0.777	0.631	0.675	0.751
7	0.736	0.770	0.828	0.695	0.736	0.805
8	0.794	0.823	0.873	0.757	0.794	0.854
9	0.847	0.872	0.913	0.815	0.847	0.898
10	0.896	0.916	0.947	0.869	0.896	0.936
11	0.939	0.953	0.974	0.919	0.939	0.967
12	0.974	0.982	0.992	0.961	0.974	0.989
13	0.996	0.998	1.000	0.993	0.996	0.999
14	1.000	1.000	1.000	1.000	1.000	1.000

$n=15$

x \ $1-\alpha$	双侧			单侧		
	0.90	0.95	0.99	0.90	0.95	0.99
0	0.181	0.218	0.298	0.142	0.181	0.264
1	0.279	0.319	0.402	0.236	0.279	0.368
2	0.363	0.405	0.486	0.317	0.363	0.453
3	0.440	0.481	0.561	0.393	0.440	0.529
4	0.511	0.551	0.627	0.464	0.511	0.597
5	0.577	0.616	0.688	0.532	0.577	0.660
6	0.640	0.677	0.744	0.596	0.640	0.718
7	0.700	0.734	0.795	0.658	0.700	0.771
8	0.756	0.787	0.841	0.718	0.756	0.821
9	0.809	0.837	0.883	0.774	0.809	0.865
10	0.858	0.882	0.920	0.828	0.858	0.906
11	0.903	0.922	0.951	0.878	0.903	0.941
12	0.943	0.957	0.976	0.924	0.943	0.969
13	0.976	0.983	0.993	0.964	0.976	0.990
14	0.997	0.998	1.000	0.993	0.997	0.999
15	1.000	1.000	1.000	1.000	1.000	1.000

表 C.1(续)

$n=16$

$1-\alpha$ / x	双侧			单侧		
	0.90	0.95	0.99	0.90	0.95	0.99
0	0.171	0.206	0.282	0.134	0.171	0.250
1	0.264	0.302	0.381	0.222	0.264	0.349
2	0.344	0.383	0.463	0.300	0.344	0.430
3	0.417	0.456	0.534	0.371	0.417	0.503
4	0.484	0.524	0.599	0.439	0.484	0.569
5	0.548	0.587	0.658	0.504	0.548	0.630
6	0.609	0.646	0.713	0.565	0.609	0.687
7	0.667	0.701	0.764	0.625	0.667	0.739
8	0.721	0.753	0.810	0.682	0.721	0.788
9	0.773	0.802	0.853	0.737	0.773	0.834
10	0.822	0.848	0.891	0.790	0.822	0.875
11	0.868	0.890	0.925	0.839	0.868	0.912
12	0.910	0.927	0.955	0.886	0.910	0.945
13	0.947	0.960	0.978	0.929	0.947	0.971
14	0.977	0.984	0.993	0.966	0.977	0.990
15	0.997	0.998	1.000	0.993	0.997	0.999
16	1.000	1.000	1.000	1.000	1.000	1.000

$n=17$

$1-\alpha$ / x	双侧			单侧		
	0.90	0.95	0.99	0.90	0.95	0.99
0	0.162	0.195	0.268	0.127	0.162	0.237
1	0.250	0.287	0.363	0.210	0.250	0.332
2	0.326	0.364	0.441	0.284	0.326	0.410
3	0.396	0.434	0.510	0.352	0.396	0.480
4	0.461	0.499	0.573	0.416	0.461	0.543
5	0.522	0.560	0.631	0.478	0.522	0.603
6	0.580	0.617	0.685	0.537	0.580	0.658
7	0.636	0.671	0.734	0.594	0.636	0.709
8	0.689	0.722	0.781	0.650	0.689	0.758
9	0.740	0.770	0.824	0.703	0.740	0.803
10	0.788	0.816	0.863	0.754	0.788	0.845
11	0.834	0.858	0.899	0.803	0.834	0.883
12	0.876	0.897	0.930	0.849	0.876	0.918
13	0.915	0.932	0.957	0.893	0.915	0.948
14	0.950	0.962	0.979	0.933	0.950	0.973
15	0.979	0.985	0.994	0.968	0.979	0.991
16	0.997	0.999	1.000	0.994	0.997	0.999
17	1.000	1.000	1.000	1.000	1.000	1.000

STANDARDS PRESS OF CHINA

表 C.1（续）

$n=18$

x \ $1-\alpha$	双侧			单侧		
	0.90	0.95	0.99	0.90	0.95	0.99
0	0.153	0.185	0.255	0.120	0.153	0.226
1	0.238	0.273	0.346	0.199	0.238	0.316
2	0.310	0.347	0.422	0.269	0.310	0.391
3	0.377	0.414	0.488	0.334	0.377	0.458
4	0.439	0.476	0.549	0.396	0.439	0.520
5	0.498	0.535	0.605	0.455	0.498	0.577
6	0.554	0.590	0.658	0.512	0.554	0.631
7	0.608	0.643	0.707	0.567	0.608	0.681
8	0.659	0.692	0.753	0.620	0.659	0.729
9	0.709	0.740	0.795	0.671	0.709	0.774
10	0.756	0.785	0.835	0.721	0.756	0.816
11	0.801	0.827	0.872	0.769	0.801	0.855
12	0.844	0.867	0.905	0.815	0.844	0.890
13	0.884	0.903	0.935	0.858	0.884	0.923
14	0.920	0.936	0.960	0.899	0.920	0.951
15	0.953	0.964	0.980	0.937	0.953	0.975
16	0.980	0.986	0.994	0.970	0.980	0.992
17	0.997	0.999	1.000	0.994	0.997	0.999
18	1.000	1.000	1.000	1.000	1.000	1.000

$n=19$

x \ $1-\alpha$	双侧			单侧		
	0.90	0.95	0.99	0.90	0.95	0.99
0	0.146	0.176	0.243	0.114	0.146	0.215
1	0.226	0.260	0.331	0.190	0.226	0.302
2	0.296	0.331	0.404	0.257	0.296	0.374
3	0.359	0.396	0.468	0.319	0.359	0.439
4	0.419	0.456	0.527	0.378	0.419	0.498
5	0.476	0.512	0.582	0.434	0.476	0.554
6	0.530	0.566	0.633	0.489	0.530	0.606
7	0.582	0.616	0.681	0.541	0.582	0.655
8	0.632	0.665	0.726	0.592	0.632	0.702
9	0.680	0.711	0.768	0.642	0.680	0.746
10	0.726	0.756	0.808	0.690	0.726	0.788
11	0.770	0.797	0.845	0.737	0.770	0.827
12	0.812	0.837	0.879	0.782	0.812	0.863
13	0.853	0.874	0.910	0.825	0.853	0.897
14	0.890	0.909	0.938	0.866	0.890	0.927
15	0.925	0.939	0.962	0.905	0.925	0.954
16	0.956	0.966	0.981	0.941	0.956	0.976
17	0.981	0.987	0.994	0.972	0.981	0.992
18	0.997	0.999	1.000	0.994	0.997	0.999
19	1.000	1.000	1.000	1.000	1.000	1.000

表 C.1（续）

$n=20$

x \ $1-\alpha$	双侧 0.90	双侧 0.95	双侧 0.99	单侧 0.90	单侧 0.95	单侧 0.99
0	0.139	0.168	0.233	0.109	0.139	0.206
1	0.216	0.249	0.317	0.181	0.216	0.289
2	0.283	0.317	0.387	0.245	0.283	0.358
3	0.344	0.379	0.449	0.304	0.344	0.421
4	0.401	0.437	0.507	0.361	0.401	0.478
5	0.456	0.491	0.560	0.415	0.456	0.532
6	0.508	0.543	0.610	0.467	0.508	0.583
7	0.558	0.592	0.657	0.518	0.558	0.631
8	0.606	0.639	0.701	0.567	0.606	0.677
9	0.653	0.685	0.743	0.615	0.653	0.720
10	0.698	0.728	0.782	0.662	0.698	0.761
11	0.741	0.769	0.819	0.707	0.741	0.800
12	0.783	0.809	0.854	0.751	0.783	0.837
13	0.823	0.846	0.886	0.793	0.823	0.871
14	0.860	0.881	0.915	0.834	0.860	0.902
15	0.896	0.913	0.942	0.873	0.896	0.931
16	0.929	0.943	0.964	0.910	0.929	0.956
17	0.958	0.968	0.982	0.944	0.958	0.977
18	0.982	0.988	0.995	0.973	0.982	0.992
19	0.997	0.999	1.000	0.995	0.997	0.999
20	1.000	1.000	1.000	1.000	1.000	1.000

$n=21$

x \ $1-\alpha$	双侧 0.90	双侧 0.95	双侧 0.99	单侧 0.90	单侧 0.95	单侧 0.99
0	0.133	0.161	0.223	0.104	0.133	0.197
1	0.207	0.238	0.304	0.173	0.207	0.277
2	0.271	0.304	0.372	0.234	0.271	0.344
3	0.329	0.363	0.432	0.291	0.329	0.404
4	0.384	0.419	0.488	0.345	0.384	0.460
5	0.437	0.472	0.539	0.397	0.437	0.512
6	0.487	0.522	0.588	0.448	0.487	0.561
7	0.536	0.570	0.634	0.497	0.536	0.608
8	0.583	0.616	0.677	0.544	0.583	0.653
9	0.628	0.660	0.718	0.590	0.628	0.695
10	0.672	0.702	0.758	0.636	0.672	0.736
11	0.714	0.743	0.795	0.679	0.714	0.774
12	0.755	0.782	0.829	0.722	0.755	0.811
13	0.794	0.819	0.862	0.764	0.794	0.845
14	0.832	0.854	0.892	0.804	0.832	0.878
15	0.868	0.887	0.920	0.842	0.868	0.908
16	0.901	0.918	0.945	0.879	0.901	0.935
17	0.932	0.946	0.966	0.914	0.932	0.959
18	0.960	0.970	0.983	0.946	0.960	0.978
19	0.983	0.988	0.995	0.974	0.983	0.993
20	0.998	0.999	1.000	0.995	0.998	1.000
21	1.000	1.000	1.000	1.000	1.000	1.000

表 C.1（续）

$n=22$

$1-\alpha$ / x	双侧			单侧		
	0.90	0.95	0.99	0.90	0.95	0.99
0	0.127	0.154	0.214	0.099	0.127	0.189
1	0.198	0.228	0.292	0.166	0.198	0.266
2	0.259	0.292	0.358	0.224	0.259	0.330
3	0.316	0.349	0.416	0.279	0.316	0.389
4	0.369	0.403	0.470	0.331	0.369	0.443
5	0.420	0.454	0.520	0.381	0.420	0.493
6	0.468	0.502	0.567	0.430	0.468	0.541
7	0.515	0.549	0.612	0.477	0.515	0.587
8	0.561	0.593	0.655	0.523	0.561	0.630
9	0.605	0.636	0.695	0.568	0.605	0.672
10	0.647	0.678	0.734	0.611	0.647	0.712
11	0.689	0.718	0.771	0.654	0.689	0.750
12	0.729	0.756	0.805	0.695	0.729	0.786
13	0.767	0.793	0.838	0.736	0.767	0.821
14	0.804	0.828	0.869	0.775	0.804	0.853
15	0.840	0.861	0.898	0.813	0.840	0.884
16	0.874	0.893	0.924	0.850	0.874	0.912
17	0.906	0.922	0.947	0.885	0.906	0.938
18	0.935	0.948	0.968	0.918	0.935	0.961
19	0.962	0.971	0.984	0.949	0.962	0.979
20	0.984	0.989	0.995	0.976	0.984	0.993
21	0.998	0.999	1.000	0.995	0.998	1.000
22	1.000	1.000	1.000	1.000	1.000	1.000

$n=23$

$1-\alpha$ / x	双侧			单侧		
	0.90	0.95	0.99	0.90	0.95	0.99
0	0.122	0.148	0.206	0.095	0.122	0.181
1	0.190	0.219	0.281	0.159	0.190	0.256
2	0.249	0.280	0.345	0.215	0.249	0.318
3	0.304	0.336	0.401	0.268	0.304	0.374
4	0.355	0.388	0.453	0.318	0.355	0.427
5	0.404	0.437	0.502	0.366	0.404	0.476
6	0.451	0.484	0.548	0.413	0.451	0.522
7	0.496	0.529	0.592	0.459	0.496	0.567
8	0.540	0.573	0.634	0.503	0.540	0.609
9	0.583	0.615	0.674	0.546	0.583	0.650
10	0.625	0.655	0.712	0.589	0.625	0.689
11	0.665	0.694	0.748	0.630	0.665	0.727
12	0.704	0.732	0.782	0.670	0.704	0.763
13	0.742	0.768	0.815	0.710	0.742	0.797
14	0.778	0.803	0.846	0.748	0.778	0.829
15	0.814	0.836	0.875	0.786	0.814	0.860
16	0.848	0.868	0.903	0.822	0.848	0.889
17	0.880	0.898	0.927	0.857	0.880	0.916
18	0.910	0.925	0.950	0.890	0.910	0.941
19	0.938	0.950	0.969	0.922	0.938	0.962
20	0.963	0.972	0.985	0.951	0.963	0.980
21	0.984	0.989	0.995	0.977	0.984	0.993
22	0.998	0.999	1.000	0.995	0.998	1.000
23	1.000	1.000	1.000	1.000	1.000	1.000

表 C.1（续）

$n=24$

$1-\alpha$ / x	双侧			单侧		
	0.90	0.95	0.99	0.90	0.95	0.99
0	0.117	0.142	0.198	0.091	0.117	0.175
1	0.183	0.211	0.271	0.153	0.183	0.246
2	0.240	0.270	0.332	0.207	0.240	0.307
3	0.292	0.324	0.387	0.258	0.292	0.361
4	0.342	0.374	0.438	0.306	0.342	0.412
5	0.389	0.422	0.485	0.352	0.389	0.460
6	0.435	0.467	0.530	0.398	0.435	0.505
7	0.479	0.511	0.573	0.442	0.479	0.548
8	0.521	0.553	0.614	0.484	0.521	0.590
9	0.563	0.594	0.653	0.526	0.563	0.630
10	0.603	0.634	0.690	0.567	0.603	0.668
11	0.642	0.672	0.726	0.608	0.642	0.705
12	0.681	0.709	0.760	0.647	0.681	0.740
13	0.718	0.744	0.793	0.685	0.718	0.774
14	0.754	0.779	0.824	0.723	0.754	0.806
15	0.788	0.812	0.854	0.759	0.788	0.837
16	0.822	0.844	0.881	0.795	0.822	0.867
17	0.854	0.874	0.907	0.830	0.854	0.894
18	0.885	0.902	0.931	0.863	0.885	0.920
19	0.914	0.929	0.952	0.895	0.914	0.943
20	0.941	0.953	0.971	0.925	0.941	0.964
21	0.965	0.973	0.985	0.953	0.965	0.981
22	0.985	0.990	0.996	0.978	0.985	0.994
23	0.998	0.999	1.000	0.996	0.998	1.000
24	1.000	1.000	1.000	1.000	1.000	1.000

STANDARDS PRESS OF CHINA

表 C.1（续）

$n=25$

x \ 1－α	双侧 0.90	双侧 0.95	双侧 0.99	单侧 0.90	单侧 0.95	单侧 0.99
0	0.113	0.137	0.191	0.088	0.113	0.168
1	0.176	0.204	0.262	0.147	0.176	0.237
2	0.231	0.260	0.321	0.199	0.231	0.296
3	0.282	0.312	0.374	0.248	0.282	0.349
4	0.330	0.361	0.424	0.295	0.330	0.398
5	0.375	0.407	0.470	0.340	0.375	0.444
6	0.420	0.451	0.514	0.383	0.420	0.488
7	0.462	0.494	0.555	0.426	0.462	0.531
8	0.504	0.535	0.595	0.467	0.504	0.571
9	0.544	0.575	0.633	0.508	0.544	0.610
10	0.583	0.613	0.670	0.548	0.583	0.648
11	0.621	0.651	0.705	0.587	0.621	0.684
12	0.659	0.687	0.739	0.625	0.659	0.719
13	0.695	0.722	0.772	0.662	0.695	0.752
14	0.730	0.756	0.803	0.699	0.730	0.784
15	0.764	0.789	0.832	0.735	0.764	0.815
16	0.798	0.820	0.860	0.770	0.798	0.845
17	0.830	0.851	0.887	0.804	0.830	0.873
18	0.861	0.879	0.911	0.837	0.861	0.899
19	0.890	0.906	0.934	0.869	0.890	0.923
20	0.918	0.932	0.954	0.899	0.918	0.946
21	0.943	0.955	0.972	0.928	0.943	0.966
22	0.966	0.975	0.986	0.955	0.966	0.982
23	0.986	0.990	0.996	0.979	0.986	0.994
24	0.998	0.999	1.000	0.996	0.998	1.000
25	1.000	1.000	1.000	1.000	1.000	1.000

表 C.1（续）

$n=26$

x \ $1-\alpha$	双侧 0.90	双侧 0.95	双侧 0.99	单侧 0.90	单侧 0.95	单侧 0.99
0	0.109	0.132	0.184	0.085	0.109	0.162
1	0.170	0.196	0.253	0.142	0.170	0.229
2	0.223	0.251	0.310	0.192	0.223	0.286
3	0.272	0.302	0.362	0.239	0.272	0.337
4	0.318	0.349	0.410	0.284	0.318	0.385
5	0.363	0.394	0.455	0.328	0.363	0.430
6	0.405	0.436	0.498	0.370	0.405	0.473
7	0.447	0.478	0.538	0.411	0.447	0.514
8	0.487	0.518	0.578	0.451	0.487	0.554
9	0.526	0.557	0.615	0.491	0.526	0.592
10	0.564	0.594	0.651	0.529	0.564	0.628
11	0.602	0.631	0.686	0.567	0.602	0.664
12	0.638	0.666	0.719	0.604	0.638	0.698
13	0.673	0.701	0.751	0.641	0.673	0.731
14	0.708	0.734	0.782	0.676	0.708	0.763
15	0.742	0.766	0.811	0.711	0.742	0.794
16	0.774	0.798	0.839	0.746	0.774	0.823
17	0.806	0.828	0.866	0.779	0.806	0.851
18	0.837	0.857	0.891	0.812	0.837	0.878
19	0.866	0.884	0.915	0.843	0.866	0.903
20	0.894	0.910	0.936	0.874	0.894	0.927
21	0.921	0.934	0.956	0.903	0.921	0.948
22	0.946	0.956	0.973	0.931	0.946	0.967
23	0.968	0.976	0.987	0.957	0.968	0.983
24	0.986	0.991	0.996	0.979	0.986	0.994
25	0.998	0.999	1.000	0.996	0.998	1.000
26	1.000	1.000	1.000	1.000	1.000	1.000

表 C.1（续）

$n=27$

x \ $1-\alpha$	双侧 0.90	双侧 0.95	双侧 0.99	单侧 0.90	单侧 0.95	单侧 0.99
0	0.105	0.128	0.178	0.082	0.105	0.157
1	0.164	0.190	0.245	0.137	0.164	0.222
2	0.215	0.243	0.300	0.185	0.215	0.277
3	0.263	0.292	0.351	0.231	0.263	0.326
4	0.308	0.337	0.397	0.275	0.308	0.373
5	0.351	0.381	0.441	0.317	0.351	0.417
6	0.392	0.423	0.483	0.358	0.392	0.458
7	0.432	0.463	0.523	0.397	0.432	0.498
8	0.471	0.502	0.561	0.436	0.471	0.537
9	0.509	0.540	0.597	0.475	0.509	0.574
10	0.547	0.576	0.633	0.512	0.547	0.610
11	0.583	0.612	0.667	0.549	0.583	0.645
12	0.618	0.647	0.700	0.585	0.618	0.679
13	0.653	0.681	0.731	0.620	0.653	0.711
14	0.687	0.713	0.762	0.655	0.687	0.743
15	0.720	0.745	0.791	0.689	0.720	0.773
16	0.752	0.776	0.819	0.723	0.752	0.802
17	0.783	0.806	0.846	0.756	0.783	0.831
18	0.814	0.835	0.872	0.788	0.814	0.857
19	0.843	0.862	0.896	0.819	0.843	0.883
20	0.871	0.889	0.918	0.849	0.871	0.907
21	0.899	0.914	0.939	0.879	0.899	0.930
22	0.924	0.937	0.958	0.907	0.924	0.950
23	0.948	0.958	0.974	0.934	0.948	0.968
24	0.969	0.976	0.987	0.958	0.969	0.983
25	0.987	0.991	0.996	0.980	0.987	0.994
26	0.998	0.999	1.000	0.996	0.998	1.000
27	1.000	1.000	1.000	1.000	1.000	1.000

表 C.1（续）

$n=28$

$1-\alpha$ / x	双侧 0.90	双侧 0.95	双侧 0.99	单侧 0.90	单侧 0.95	单侧 0.99
0	0.101	0.123	0.172	0.079	0.101	0.152
1	0.159	0.183	0.237	0.132	0.159	0.215
2	0.208	0.235	0.291	0.179	0.208	0.268
3	0.254	0.282	0.340	0.223	0.254	0.316
4	0.298	0.327	0.385	0.265	0.298	0.361
5	0.339	0.369	0.428	0.306	0.339	0.404
6	0.380	0.410	0.469	0.346	0.380	0.445
7	0.419	0.449	0.508	0.385	0.419	0.484
8	0.457	0.487	0.545	0.422	0.457	0.521
9	0.494	0.524	0.581	0.459	0.494	0.558
10	0.530	0.559	0.616	0.496	0.530	0.593
11	0.565	0.594	0.649	0.532	0.565	0.627
12	0.600	0.628	0.681	0.567	0.600	0.660
13	0.634	0.661	0.713	0.601	0.634	0.692
14	0.667	0.694	0.743	0.635	0.667	0.723
15	0.699	0.725	0.772	0.669	0.699	0.753
16	0.731	0.755	0.800	0.701	0.731	0.782
17	0.762	0.785	0.827	0.733	0.762	0.810
18	0.792	0.814	0.852	0.765	0.792	0.837
19	0.821	0.841	0.877	0.796	0.821	0.863
20	0.849	0.868	0.900	0.826	0.849	0.888
21	0.876	0.893	0.921	0.855	0.876	0.911
22	0.902	0.917	0.941	0.883	0.902	0.932
23	0.927	0.939	0.959	0.911	0.927	0.952
24	0.950	0.960	0.975	0.936	0.950	0.969
25	0.970	0.977	0.988	0.960	0.970	0.984
26	0.987	0.991	0.996	0.981	0.987	0.995
27	0.998	0.999	1.000	0.996	0.998	1.000
28	1.000	1.000	1.000	1.000	1.000	1.000

STANDARDS PRESS OF CHINA

表 C.1（续）

$n=29$

x \ $1-\alpha$	双侧 0.90	双侧 0.95	双侧 0.99	单侧 0.90	单侧 0.95	单侧 0.99
0	0.098	0.119	0.167	0.076	0.098	0.147
1	0.153	0.178	0.230	0.128	0.153	0.208
2	0.202	0.228	0.282	0.173	0.202	0.260
3	0.246	0.274	0.330	0.216	0.246	0.307
4	0.288	0.317	0.374	0.257	0.288	0.350
5	0.329	0.358	0.416	0.297	0.329	0.392
6	0.368	0.397	0.455	0.335	0.368	0.432
7	0.406	0.435	0.493	0.372	0.406	0.470
8	0.443	0.472	0.530	0.409	0.443	0.507
9	0.479	0.508	0.565	0.445	0.479	0.542
10	0.514	0.543	0.599	0.481	0.514	0.577
11	0.549	0.577	0.632	0.515	0.549	0.610
12	0.583	0.611	0.664	0.550	0.583	0.643
13	0.616	0.643	0.695	0.583	0.616	0.674
14	0.648	0.675	0.724	0.616	0.648	0.705
15	0.680	0.706	0.753	0.649	0.680	0.734
16	0.711	0.736	0.781	0.681	0.711	0.763
17	0.741	0.765	0.808	0.712	0.741	0.791
18	0.771	0.793	0.833	0.743	0.771	0.818
19	0.800	0.821	0.858	0.774	0.800	0.843
20	0.828	0.847	0.881	0.803	0.828	0.868
21	0.855	0.873	0.904	0.832	0.855	0.892
22	0.881	0.897	0.924	0.860	0.881	0.914
23	0.906	0.920	0.944	0.888	0.906	0.935
24	0.930	0.942	0.961	0.914	0.930	0.954
25	0.951	0.961	0.976	0.938	0.951	0.970
26	0.971	0.978	0.988	0.961	0.971	0.985
27	0.988	0.992	0.996	0.982	0.988	0.995
28	0.998	0.999	1.000	0.996	0.998	1.000
29	1.000	1.000	1.000	1.000	1.000	1.000

表 C.1（续）

$n=30$

$1-\alpha$ / x	双侧			单侧		
	0.90	0.95	0.99	0.90	0.95	0.99
0	0.095	0.116	0.162	0.074	0.095	0.142
1	0.149	0.172	0.223	0.124	0.149	0.202
2	0.195	0.221	0.274	0.168	0.195	0.252
3	0.239	0.265	0.320	0.209	0.239	0.298
4	0.280	0.307	0.363	0.249	0.280	0.340
5	0.319	0.347	0.404	0.287	0.319	0.381
6	0.357	0.386	0.443	0.325	0.357	0.420
7	0.394	0.423	0.480	0.361	0.394	0.457
8	0.430	0.459	0.516	0.397	0.430	0.493
9	0.465	0.494	0.550	0.432	0.465	0.527
10	0.499	0.528	0.583	0.466	0.499	0.561
11	0.533	0.561	0.616	0.500	0.533	0.594
12	0.566	0.594	0.647	0.533	0.566	0.626
13	0.598	0.626	0.677	0.566	0.598	0.657
14	0.630	0.657	0.707	0.599	0.630	0.687
15	0.661	0.687	0.735	0.630	0.661	0.716
16	0.692	0.717	0.763	0.662	0.692	0.744
17	0.721	0.745	0.789	0.692	0.721	0.772
18	0.750	0.773	0.815	0.723	0.750	0.799
19	0.779	0.801	0.840	0.752	0.779	0.824
20	0.807	0.827	0.863	0.782	0.807	0.849
21	0.834	0.853	0.886	0.810	0.834	0.873
22	0.860	0.877	0.907	0.838	0.860	0.896
23	0.885	0.901	0.927	0.865	0.885	0.917
24	0.909	0.923	0.946	0.891	0.909	0.937
25	0.932	0.944	0.962	0.917	0.932	0.955
26	0.953	0.962	0.977	0.941	0.953	0.972
27	0.972	0.979	0.988	0.963	0.972	0.985
28	0.988	0.992	0.996	0.982	0.988	0.995
29	0.998	0.999	1.000	0.996	0.998	1.000
30	1.000	1.000	1.000	1.000	1.000	1.000

附 录 D
（规范性附录）
图 解 法

D.1 在精度要求不很高的情况下，可采用图解法。这种方法简便快速。

D.2 本标准给出了单侧置信区间和双侧置信区间的置信水平分别为 0.95(95%)，0.90(90%)；0.975(97.5%)，0.95(95%)；0.995(99.5%)，0.99(99%)的三张图（见图 D.1、D.2、D.3）。对于给定的置信水平 α 和固定的样本量 n（在 8 到 200 之间），以及观测到的具有某种特性的个体频率 x/n，可以按以下方法从图中直接读出置信上限 p_U 和置信下限 p_L。

D.3 单侧区间的置信限的确定

D.3.1 置信上限 p_U 值的确定

选择相应于单侧区间的置信水平为 $1-\alpha$ 的图。根据观测到的具有某种特性的个体的频率 x/n，取图中上面一组曲线，在左方刻度上读出相应的 p_U 值。

D.3.2 置信下限 p_L 值的确定

选择相应于单侧置信区间的置信水平为 $1-\alpha$ 的图，根据观测到的具有某种特性的个体的频率 x/n，取图中下面一组曲线，在左方刻度上读出相应的 p_L 值。

D.3.3 对于图中标出的 n 值之间的其他 n 值可以使用 $1/\sqrt{n}$ 作为插值变量通过曲线之间的线性插值找到近似的 p_L 和 p_U 值。具体作法如下：

以确定 p_U 为例。设 n_0 所对应的曲线没有在图中标出。n_1，n_2 与 n_0 相邻，其对应的曲线已经在图中标出（$n_1<n_0<n_2$）。根据观测到的具有某种特性的个体的频率 x/n_0，在 n_1，n_2 所对应的曲线上，读出相应的两个不同的置信上限 p_{U1}，p_{U2} 的值，利用公式

$$\frac{p_U-p_{U1}}{p_{U2}-p_{U1}}=\frac{1/\sqrt{n_0}-1/\sqrt{n_1}}{1/\sqrt{n_2}-1/\sqrt{n_1}} \quad\cdots\cdots(\text{D.1})$$

即可求出 n_0 所对应的 p_U 值

$$p_U=\left[\frac{1/\sqrt{n_0}-1/\sqrt{n_1}}{1/\sqrt{n_2}-1/\sqrt{n_1}}\right](p_{U2}-p_{U1})+p_{U1} \quad\cdots\cdots(\text{D.2})$$

类似可确定 p_L 的值

$$p_L=\left[\frac{1/\sqrt{n_0}-1/\sqrt{n_1}}{1/\sqrt{n_2}-1/\sqrt{n_1}}\right](p_{L2}-p_{L1})+p_{L1} \quad\cdots\cdots(\text{D.3})$$

式中 p_{L1} 和 p_{L2} 分别是根据 x/n_0 在与 n_0 相邻的 n_1，n_2（$n_1<n_0<n_2$）所对应的曲线上读出的相应的两个位置置信限的值。

D.4 双侧置信区间的置信限的确定

在求双侧置信区间时，必须确定两个置信限 p_L 和 p_U。选择相应于双侧区间的置信水平为 $1-\alpha$ 的图，置信限 p_L 和 p_U 的值的具体确定方法与单侧情形相同。

例：取 $n=40$，$x=12$，$1-\alpha=0.95$

求双侧置信区间（p_L，p_U）。

选择相应于双侧置信区间的置信水平为 0.95 的图（见图 D.1）。$n_0=40$，从图中找出与 40 相邻的 $n_1=30$，$n_2=50$，

从图 D.2 中查得 $$\frac{x}{n_0}=\frac{12}{40}=30\%$$

$$p_{U1}\approx 0.49 \qquad p_{L1}\approx 0.14$$

$$p_{U2}\approx 0.44 \qquad p_{L2}\approx 0.18$$

$$p_U=\left[\frac{1/\sqrt{n_0}-1/\sqrt{n_1}}{1/\sqrt{n_2}-1/\sqrt{n_1}}\right](p_{U2}-p_{U1})+p_{U1}$$

$$=\left[\frac{1/\sqrt{40}-1/\sqrt{30}}{1/\sqrt{50}-1/\sqrt{30}}\right](0.44-0.49)+0.49=0.46$$

$$p_L=\left[\frac{1/\sqrt{n_0}-1/\sqrt{n_1}}{1/\sqrt{n_2}-1/\sqrt{n_1}}\right](p_{L2}-p_{L1})+p_{L1}$$

$$=\left[\frac{1/\sqrt{40}-1/\sqrt{30}}{1/\sqrt{50}-1/\sqrt{30}}\right](0.18-0.14)+0.14=0.16$$

双侧区间:置信水平 0.90(90%)

单侧区间:置信水平 0.95(95%)

图 D.1 比率 p 的置信限

双侧区间:置信水平 0.95(95%)

单侧区间:置信水平 0.975(97.5%)

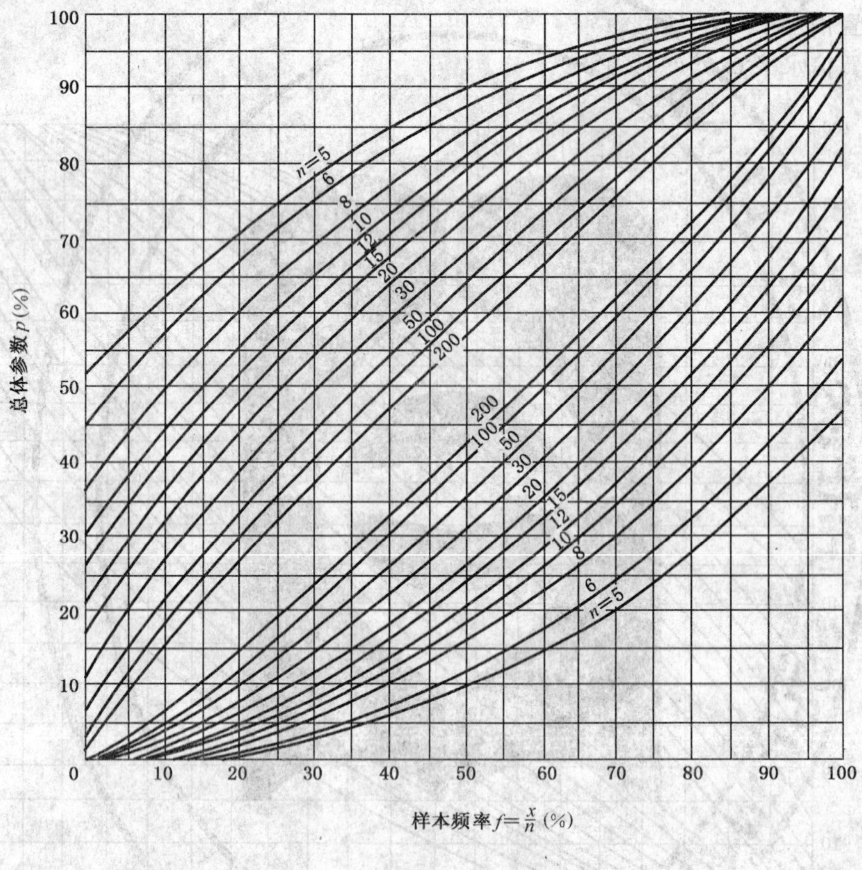

图 D.2 比率 p 的置信限

双侧区间:置信水平 0.99(99%)

单侧区间:置信水平 0.995(99.5%)

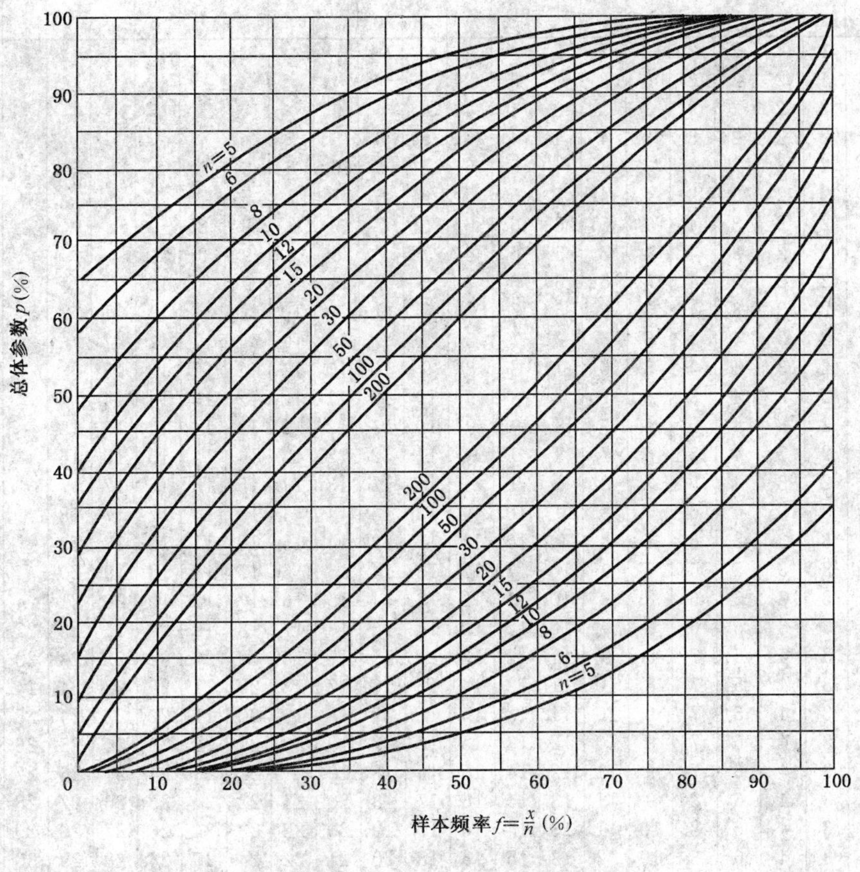

图 D.3 比率 p 的置信限

附　录　E
（规范性附录）
拒绝域上侧临界值表

表 E.1　单侧检验 α＝0.10

p / c / n	0.01	0.02	0.03	0.05	0.10	0.15	0.20	0.25	0.30	0.35	0.40	0.45	0.50	0.55	0.60	0.65	0.70	0.75	0.80	0.85	0.90	0.95	0.97	0.98	0.99
2	1	1	1	1	2	2	2	2	2																
3	1	1	1	2	2	2	3	3	3	3	3	3													
4	1	1	2	2	2	3	3	3	3	4	4	4	4	4											
5	1	1	2	2	2	3	3	4	4	4	4	5	5	5	5										
6	1	2	2	2	3	3	3	4	4	5	5	5	6	6	6	6									
7	1	2	2	2	3	3	4	4	5	5	5	6	6	7	7	7	7								
8	1	2	2	2	3	4	4	5	5	6	6	6	7	7	8	8	8								
9	1	2	2	2	3	4	4	5	5	6	6	7	7	8	8	9	9	9							
10	1	2	2	2	3	4	5	5	6	6	7	8	8	8	9	9	10	10							
11	2	2	2	3	3	4	5	6	6	7	7	8	9	9	10	10	11	11	11						
12	2	2	2	3	4	4	5	6	7	7	8	9	9	10	10	11	11	12	12						
13	2	2	2	3	4	4	5	6	7	8	8	9	10	10	11	12	12	13	13						
14	2	2	2	3	4	5	6	7	7	8	9	10	10	11	12	12	13	14	14						
15	2	2	2	3	4	5	6	7	8	9	9	10	11	12	12	13	14	14	15	15					
16	2	2	2	3	4	5	6	7	8	9	10	11	12	12	13	14	14	15	16	16					
17	2	2	2	3	4	5	7	8	9	9	10	11	12	13	14	15	15	16	17	17					
18	2	2	3	3	4	6	7	8	9	10	11	12	13	14	14	15	16	17	17	18					
19	2	2	3	3	5	6	7	8	9	10	11	12	13	14	15	16	17	18	18	19					
20	2	2	3	3	5	6	7	9	10	11	12	13	14	15	16	17	18	18	19	20					
21	2	2	3	3	5	6	8	9	10	11	12	13	14	15	16	17	18	19	20	21					
22	2	2	3	3	5	6	8	9	10	12	13	14	15	16	17	18	19	20	21	22	22				
23	2	2	3	4	5	7	8	9	11	12	13	14	15	17	18	19	20	21	22	23	23				
24	2	2	3	4	5	7	8	10	11	12	14	15	16	17	18	20	21	22	23	24	24				
25	2	2	3	4	5	7	9	10	11	13	14	15	17	18	19	20	21	22	23	24	25				
26	2	2	3	4	6	7	9	10	12	13	15	16	17	19	20	21	22	23	24	25	26				
27	2	3	3	4	6	7	9	11	12	14	15	16	18	19	20	22	23	24	25	26	27				
28	2	3	3	4	6	8	9	11	13	14	16	17	18	20	21	22	24	25	26	27	28				
29	2	3	3	4	6	8	10	11	13	14	16	17	19	20	22	23	24	26	27	28	29				
30	2	3	3	4	6	8	10	12	13	15	16	18	20	21	22	24	25	26	28	29	30				
31	2	3	3	4	6	8	10	12	14	15	17	19	20	22	23	25	26	27	29	30	31				
32	2	3	3	4	6	8	10	12	14	16	17	19	21	22	24	25	27	28	29	31	32				
33	2	3	3	4	7	9	11	12	14	16	18	20	21	23	24	26	27	29	30	32	33				
34	2	3	3	4	7	9	11	13	15	16	18	20	22	23	25	27	28	30	31	32	34				
35	2	3	3	4	7	9	11	13	15	17	19	21	22	24	26	27	29	30	32	33	35				
36	2	3	3	5	7	9	11	13	15	17	19	21	23	25	26	28	30	31	33	34	36				
37	2	3	3	5	7	9	12	14	16	18	20	22	23	25	27	29	30	32	34	35	37				
38	2	3	4	5	7	10	12	14	16	18	20	22	24	26	28	29	31	33	34	36	37				
39	2	3	4	5	7	10	12	14	16	18	21	23	24	26	28	30	32	34	35	37	38				
40	2	3	4	5	7	10	12	15	17	19	21	23	25	27	29	31	33	34	36	38	39				
41	2	3	4	5	8	10	13	15	17	19	21	24	26	28	30	32	33	35	37	39	40				
42	2	3	4	5	8	10	13	15	17	20	22	24	26	28	30	32	34	36	38	40	41				
43	2	3	4	5	8	11	13	15	18	20	22	25	27	29	31	33	35	37	39	40	42				
44	2	3	4	5	8	11	13	16	18	20	23	25	27	29	32	34	36	38	40	41	43				
45	2	3	4	5	8	11	13	16	18	21	23	26	28	30	32	34	36	38	40	42	44	45			
46	2	3	4	5	8	11	14	16	19	21	24	26	28	31	33	35	37	39	41	43	45	46			
47	2	3	4	5	8	11	14	17	19	22	24	27	29	31	33	36	38	40	42	44	46	47			
48	2	3	4	5	9	11	14	17	20	22	25	27	29	32	34	36	39	41	43	45	47	48			
49	2	3	4	5	9	12	14	17	20	22	25	28	30	32	35	37	39	42	44	46	48	49			
50	2	3	4	6	9	12	15	17	20	23	25	28	31	33	35	38	40	42	45	47	49	50			

表 E.2 单侧检验 $\alpha=0.05$,双侧检验 $\alpha=0.10$

n \ c \ p	0.01	0.02	0.03	0.05	0.10	0.15	0.20	0.25	0.30	0.35	0.40	0.45	0.50	0.55	0.60	0.65	0.70	0.75	0.80	0.85	0.90	0.95	0.97	0.98	0.99
2	1	1	2	2	2	2	2																		
3	1	2	2	2	2	3	3	3	3	3															
4	1	2	2	2	3	3	3	4	4	4	4	4													
5	1	2	2	2	3	3	4	4	4	5	5	5	5												
6	2	2	2	2	3	3	4	4	5	5	5	6	6	6	6										
7	2	2	2	2	3	4	4	5	5	6	6	6	7	7	7	7									
8	2	2	2	3	3	4	5	5	6	6	6	7	7	8	8	8									
9	2	2	2	3	4	4	5	5	6	7	7	7	8	8	9	9	9								
10	2	2	2	3	4	4	5	6	6	7	8	8	9	9	9	10	10								
11	2	2	2	3	4	5	6	6	7	8	8	9	9	10	10	11	11	11							
12	2	2	2	3	4	5	6	7	7	8	9	9	10	10	11	11	12	12							
13	2	2	3	3	4	5	6	7	8	8	9	10	10	11	12	12	13	13							
14	2	2	3	3	4	5	6	7	8	9	10	10	11	12	12	13	13	14	14						
15	2	2	3	3	5	6	7	8	9	9	10	11	12	12	13	14	14	15	15						
16	2	2	3	3	5	6	7	8	9	10	11	11	12	13	14	14	15	16	16						
17	2	2	3	4	5	6	7	8	9	10	11	12	13	14	14	15	16	17	17						
18	2	2	3	4	5	6	8	9	10	11	12	13	13	14	15	16	17	17	18						
19	2	3	3	4	5	7	8	9	10	11	12	13	14	15	16	17	17	18	19	19					
20	2	3	3	4	5	7	8	9	10	12	13	14	15	16	17	17	18	19	20	20					
21	2	3	3	4	6	7	8	10	11	12	13	14	15	16	17	18	19	20	21	21					
22	2	3	3	4	6	7	9	10	11	12	14	15	16	17	18	19	20	21	21	22					
23	2	3	3	4	6	7	9	10	12	13	14	15	16	18	19	20	21	21	22	23					
24	2	3	3	4	6	8	9	11	12	13	15	16	17	18	19	20	21	22	23	24					
25	2	3	3	4	6	8	9	11	12	14	15	16	18	19	20	21	22	23	24	25					
26	2	3	3	4	6	8	10	11	13	14	16	17	18	19	21	22	23	24	25	26					
27	2	3	3	4	6	8	10	12	13	15	16	17	19	20	21	23	24	25	26	27					
28	2	3	4	4	7	8	10	12	13	15	16	18	19	21	22	23	24	26	27	28					
29	2	3	4	5	7	9	10	12	14	15	17	18	20	21	23	24	25	26	28	29	29				
30	2	3	4	5	7	9	11	13	14	16	17	19	20	22	23	25	26	27	28	29	30				
31	2	3	4	5	7	9	11	13	15	16	18	20	21	23	24	25	27	28	29	30	31				
32	2	3	4	5	7	9	11	13	15	17	18	20	22	23	25	26	28	29	30	31	32				
33	2	3	4	5	7	9	12	13	15	17	19	21	22	24	25	27	28	30	31	32	33				
34	2	3	4	5	7	10	12	14	16	18	19	21	23	24	26	28	29	30	32	33	34				
35	2	3	4	5	8	10	12	14	16	18	20	22	23	25	27	28	30	31	33	34	35				
36	3	3	4	5	8	10	12	14	16	18	20	22	24	26	27	29	31	32	34	35	36				
37	3	3	4	5	8	10	13	15	17	19	21	23	24	26	28	30	31	33	34	36	37				
38	3	3	4	5	8	10	13	15	17	19	21	23	25	27	29	30	32	34	35	37	38				
39	3	3	4	5	8	11	13	15	17	20	22	24	26	28	29	31	33	35	36	38	39				
40	3	3	4	5	8	11	13	16	18	20	22	24	26	28	30	32	34	35	37	38	40				
41	3	3	4	6	8	11	14	16	18	20	23	25	27	29	31	33	34	36	38	39	41				
42	3	4	4	6	9	11	14	16	19	21	23	25	27	29	31	33	35	37	39	40	42				
43	3	4	4	6	9	11	14	17	19	21	24	26	28	30	32	34	36	38	40	41	43				
44	3	4	4	6	9	12	14	17	19	22	24	26	28	31	33	35	37	39	40	42	44				
45	3	4	4	6	9	12	15	17	20	22	24	27	29	31	33	35	37	39	41	43	45				
46	3	4	4	6	9	12	15	17	20	22	25	27	30	32	34	36	38	40	42	44	45				
47	3	4	5	6	9	12	15	18	20	23	25	28	30	32	35	37	39	41	43	45	46				
48	3	4	5	6	9	12	15	18	21	23	26	28	31	33	35	38	40	42	44	46	47				
49	3	4	5	6	10	13	16	18	21	24	26	29	31	34	36	38	40	43	45	47	48				
50	3	4	5	6	10	13	16	19	21	24	27	29	32	34	37	39	41	43	45	47	49				

STANDARDS PRESS OF CHINA

表 E.3　双侧检验 α=0.05

n \ c \ p	0.01	0.02	0.03	0.05	0.10	0.15	0.20	0.25	0.30	0.35	0.40	0.45	0.50	0.55	0.60	0.65	0.70	0.75	0.80	0.85	0.90	0.95	0.97	0.98	0.99
2	1	2	2	2	2	2																			
3	2	2	2	2	3	3	3	3																	
4	2	2	2	2	3	3	4	4	4	4															
5	2	2	2	2	3	4	4	4	5	5	5	5													
6	2	2	2	3	3	4	4	5	5	5	6	6	6												
7	2	2	2	3	4	4	5	5	6	6	6	7	7	7											
8	2	2	2	3	4	4	5	6	6	7	7	7	8	8	8										
9	2	2	3	3	4	5	5	6	7	7	8	8	8	9	9	9									
10	2	2	3	3	4	5	6	6	7	8	8	9	9	9	10	10									
11	2	2	3	3	4	5	6	7	7	8	9	9	10	10	11	11	11								
12	2	2	3	3	5	5	6	7	8	9	9	10	10	11	11	12	12								
13	2	3	3	3	5	6	7	7	8	9	10	10	11	12	12	13	13	13							
14	2	3	3	4	5	6	7	8	9	9	10	11	12	12	13	13	14	14							
15	2	3	3	4	5	6	7	8	9	10	11	12	12	13	14	14	15	15							
16	2	3	3	4	5	6	8	9	10	10	11	12	13	14	14	15	16	16							
17	2	3	3	4	5	7	8	9	10	11	12	13	13	14	15	16	16	17	17						
18	2	3	3	4	6	7	8	9	10	11	12	13	14	15	16	16	17	18	18						
19	2	3	3	4	6	7	8	10	11	12	13	14	15	16	16	17	18	19	19						
20	2	3	3	4	6	7	9	10	11	12	13	14	15	16	17	18	19	19	20						
21	2	3	3	4	6	8	9	10	12	13	14	15	16	17	18	19	20	20	21						
22	2	3	4	4	6	8	9	11	12	13	14	15	17	18	19	19	20	21	22						
23	2	3	4	5	6	8	10	11	12	14	15	16	17	18	19	20	21	22	23	23					
24	2	3	4	5	7	8	10	11	13	14	15	17	18	19	20	21	22	23	24	24					
25	3	3	4	5	7	9	10	12	13	15	16	17	18	20	21	22	23	24	25	25					
26	3	3	4	5	7	9	10	12	14	15	16	18	19	20	21	22	24	25	25	26					
27	3	3	4	5	7	9	11	12	14	15	17	18	20	21	22	23	24	25	26	27					
28	3	3	4	5	7	9	11	13	14	16	17	19	20	21	23	24	25	26	27	28					
29	3	3	4	5	7	9	11	13	15	16	18	19	21	22	23	25	26	27	28	29					
30	3	3	4	5	8	10	12	13	15	17	18	20	21	23	24	25	27	28	29	30					
31	3	3	4	5	8	10	12	14	15	17	19	20	22	23	25	26	27	29	30	31					
32	3	4	4	5	8	10	12	14	16	18	19	21	23	24	25	27	28	30	31	32					
33	3	4	4	5	8	10	12	14	16	18	20	21	23	25	26	28	29	30	32	33					
34	3	4	4	6	8	10	13	15	17	18	20	22	24	25	27	28	30	31	32	34					
35	3	4	4	6	8	11	13	15	17	19	21	23	24	26	28	29	31	32	33	34					
36	3	4	4	6	8	11	13	15	17	19	21	23	25	27	28	30	31	33	34	35	36				
37	3	4	4	6	9	11	13	16	18	20	22	24	25	27	29	31	32	34	35	36	37				
38	3	4	5	6	9	11	14	16	18	20	22	24	26	28	30	31	33	34	36	37	38				
39	3	4	5	6	9	11	14	16	18	21	23	25	27	28	30	32	34	35	37	38	39				
40	3	4	5	6	9	12	14	17	19	21	23	25	27	29	31	33	34	36	38	39	40				
41	3	4	5	6	9	12	14	17	19	21	24	26	28	30	32	33	35	37	38	40	41				
42	3	4	5	6	9	12	15	17	20	22	24	26	28	30	32	34	36	38	39	41	42				
43	3	4	5	6	9	12	15	18	20	22	25	27	29	31	33	35	37	39	40	42	43				
44	3	4	5	6	10	13	15	18	20	23	25	27	29	32	34	36	38	39	41	43	44				
45	3	4	5	6	10	13	15	18	21	23	26	28	30	32	34	36	38	40	42	44	45				
46	3	4	5	7	10	13	16	18	21	24	26	28	31	33	35	37	39	41	43	44	46				
47	3	4	5	7	10	13	16	19	21	24	26	29	31	33	36	38	40	42	44	45	47				
48	3	4	5	7	10	13	16	19	22	24	27	29	32	34	36	38	41	43	44	46	48				
49	3	4	5	7	10	14	17	19	22	25	27	30	32	35	37	39	41	43	45	47	49				
50	3	4	5	7	10	14	17	20	23	25	28	30	33	35	38	40	42	44	46	48	50				

表 E.4 单侧检验 $\alpha=0.01$

p c n	0.01	0.02	0.03	0.05	0.10	0.15	0.20	0.25	0.30	0.35	0.40	0.45	0.50	0.55	0.60	0.65	0.70	0.75	0.80	0.85	0.90	0.95	0.97	0.98	0.99
2	2	2	2	2	2																				
3	2	2	2	2	3	3	3																		
4	2	2	2	3	3	4	4	4	4																
5	2	2	2	3	3	4	4	5	5	5															
6	2	2	3	3	4	4	5	5	6	6	6	6													
7	2	2	3	3	4	5	5	6	6	6	7	7	7												
8	2	3	3	3	4	5	6	6	7	7	7	8	8	8											
9	2	3	3	3	4	5	6	6	7	8	8	8	9	9											
10	2	3	3	4	5	5	6	7	8	8	9	9	10	10	10										
11	2	3	3	4	5	6	7	7	8	9	9	10	10	11	11	11									
12	2	3	3	4	5	6	7	8	8	9	10	10	11	11	12	12									
13	2	3	3	4	5	6	7	8	9	10	10	11	12	12	13	13	13								
14	2	3	3	4	5	7	8	9	9	10	11	12	12	13	13	14	14								
15	2	3	3	4	6	7	8	9	10	11	11	12	13	14	14	15	15								
16	3	3	4	4	6	7	8	9	10	11	12	13	14	14	15	15	16								
17	3	3	4	4	6	7	9	10	11	12	13	13	14	15	16	16	17	17							
18	3	3	4	5	6	8	9	10	11	12	13	14	15	16	16	17	18	18							
19	3	3	4	5	6	8	9	10	12	13	14	15	15	16	17	18	19	19							
20	3	3	4	5	7	8	9	11	12	13	14	15	16	17	18	19	19	20							
21	3	3	4	5	7	8	10	11	12	14	15	16	17	18	19	19	20	21	21						
22	3	3	4	5	7	9	10	11	13	14	15	16	17	18	19	20	21	22	22						
23	3	4	4	5	7	9	10	12	13	15	16	17	18	19	20	21	22	23	23						
24	3	4	4	5	7	9	11	12	14	15	16	17	19	20	21	22	23	23	24						
25	3	4	4	5	7	9	11	13	14	15	17	18	19	20	21	22	23	24	25						
26	3	4	4	5	8	10	11	13	14	16	17	19	20	21	22	23	24	25	26						
27	3	4	4	6	8	10	12	13	15	16	18	19	20	22	23	24	25	26	27						
28	3	4	4	6	8	10	12	14	15	17	18	20	21	22	24	25	26	27	28						
29	3	4	5	6	8	10	12	14	16	17	19	20	22	23	24	26	27	28	29	29					
30	3	4	5	6	8	10	12	14	16	18	19	21	22	24	25	26	27	29	30	30					
31	3	4	5	6	8	11	13	15	16	18	20	21	23	24	26	27	28	29	30	31					
32	3	4	5	6	9	11	13	15	17	19	20	22	24	25	26	28	29	30	31	32					
33	3	4	5	6	9	11	13	15	17	19	21	22	24	26	27	29	30	31	32	33					
34	3	4	5	6	9	11	14	16	18	20	21	23	25	26	28	29	31	32	33	34					
35	3	4	5	6	9	12	14	16	18	20	22	24	25	27	29	30	31	33	34	35					
36	3	4	5	6	9	12	14	16	18	20	22	24	26	28	29	31	32	34	35	36					
37	3	4	5	6	9	12	14	17	19	21	23	25	26	28	30	31	33	34	36	37					
38	3	4	5	7	10	12	15	17	19	21	23	25	27	29	31	32	34	35	37	38					
39	3	4	5	7	10	12	15	17	20	22	24	26	28	30	31	33	35	36	37	39					
40	3	4	5	7	10	13	15	18	20	22	24	26	28	30	32	34	35	37	38	40					
41	3	4	5	7	10	13	16	18	20	23	25	27	29	31	33	34	36	38	39	41					
42	3	4	5	7	10	13	16	18	21	23	25	27	29	31	33	35	37	39	40	41					
43	3	5	5	7	10	13	16	19	21	23	26	28	30	32	34	36	38	39	41	42					
44	3	5	5	7	11	14	16	19	21	24	26	28	31	33	35	37	38	40	42	43	44				
45	4	5	6	7	11	14	17	19	22	24	27	29	31	33	35	37	39	41	43	44	45				
46	4	5	6	7	11	14	17	20	22	25	27	30	32	34	36	38	40	42	44	45	46				
47	4	5	6	7	11	14	17	20	23	25	28	30	32	35	37	39	41	43	44	46	47				
48	4	5	6	7	11	14	17	20	23	26	28	31	33	35	37	40	42	44	45	47	48				
49	4	5	6	8	11	15	18	21	23	26	29	31	34	36	38	40	42	44	46	48	49				
50	4	5	6	8	11	15	18	21	24	27	29	32	34	37	39	41	43	45	47	49	50				

表 E.5 双侧检验 α=0.01

p / c / n	0.01	0.02	0.03	0.05	0.10	0.15	0.20	0.25	0.30	0.35	0.40	0.45	0.50	0.55	0.60	0.65	0.70	0.75	0.80	0.85	0.90	0.95	0.97	0.98	0.99
2	2	2	2	2																					
3	2	2	2	3	3	3																			
4	2	2	3	3	3	4	4	4																	
5	2	2	3	3	4	4	5	5	5																
6	2	3	3	3	4	5	5	5	6	6	6														
7	2	3	3	3	4	5	5	6	6	7	7	7													
8	2	3	3	4	5	5	6	6	7	7	8	8	8												
9	2	3	3	4	5	6	6	7	7	8	8	9	9	9											
10	2	3	3	4	5	6	7	7	8	8	9	9	10	10											
11	3	3	3	4	5	6	7	8	8	9	10	10	11	11	11										
12	3	3	3	4	5	6	7	8	9	10	10	11	11	12	12										
13	3	3	4	4	6	7	8	9	9	10	11	11	12	12	13	13									
14	3	3	4	4	6	7	8	9	10	11	11	12	13	13	14	14									
15	3	3	4	5	6	7	8	9	10	11	12	13	13	14	15	15	15								
16	3	3	4	5	6	8	9	10	11	12	12	13	14	15	15	16	16								
17	3	3	4	5	6	8	9	10	11	12	13	14	15	15	16	17	17								
18	3	4	4	5	7	8	9	11	12	13	14	14	15	16	17	17	18								
19	3	4	4	5	7	8	10	11	12	13	14	15	16	17	18	18	19	19							
20	3	4	4	5	7	9	10	11	13	14	15	16	17	17	18	19	20	20							
21	3	4	4	5	7	9	10	12	13	14	15	16	17	18	19	20	21	21							
22	3	4	4	5	7	9	11	12	13	15	16	17	18	19	20	21	21	22							
23	3	4	4	5	8	9	11	12	14	15	16	17	19	20	21	21	22	23							
24	3	4	5	6	8	10	11	13	14	16	17	18	19	20	21	22	23	24	24						
25	3	4	5	6	8	10	12	13	15	16	17	19	20	21	22	23	24	25	25						
26	3	4	5	6	8	10	12	14	15	17	18	19	20	22	23	24	25	26	26						
27	3	4	5	6	8	10	12	14	15	17	18	20	21	22	23	25	26	26	27						
28	3	4	5	6	8	11	12	14	16	17	19	20	22	23	24	25	26	27	28						
29	3	4	5	6	9	11	13	15	16	18	19	21	22	24	25	26	27	28	29						
30	3	4	5	6	9	11	13	15	17	18	20	22	23	24	26	27	28	29	30						
31	3	4	5	6	9	11	13	15	17	19	21	22	24	25	26	28	29	30	31						
32	3	4	5	6	9	12	14	16	18	19	21	23	24	26	27	28	30	31	32						
33	3	4	5	7	9	12	14	16	18	20	22	23	25	26	28	29	30	32	33	33					
34	3	4	5	7	10	12	14	16	18	20	22	24	25	27	28	30	31	32	33	34					
35	4	5	5	7	10	12	15	17	19	21	23	24	26	28	29	31	32	33	34	35					
36	4	5	5	7	10	12	15	17	19	21	23	25	27	28	30	31	33	34	35	36					
37	4	5	5	7	10	13	15	17	20	22	24	25	27	29	31	32	34	35	36	37					
38	4	5	6	7	10	13	15	18	20	22	24	26	28	30	31	33	34	36	37	38					
39	4	5	6	7	10	13	16	18	20	23	25	27	28	30	32	34	35	37	38	39					
40	4	5	6	7	11	13	16	18	21	23	25	27	29	31	33	34	36	37	39	40					
41	4	5	6	7	11	14	16	19	21	23	26	28	30	32	33	35	37	38	40	41					
42	4	5	6	7	11	14	17	19	22	24	26	28	30	32	34	36	38	39	41	42					
43	4	5	6	8	11	14	17	19	22	24	27	29	31	33	35	37	38	40	41	43					
44	4	5	6	8	11	14	17	20	22	25	27	29	31	34	35	37	39	41	42	44					
45	4	5	6	8	11	14	17	20	23	25	28	30	32	34	36	38	40	42	43	45					
46	4	5	6	8	11	15	18	20	23	26	28	30	33	35	37	39	41	42	44	46					
47	4	5	6	8	12	15	18	21	23	26	29	31	33	35	38	40	42	43	45	46					
48	4	5	6	8	12	15	18	21	24	27	29	31	34	36	38	40	42	44	46	47					
49	4	5	6	8	12	15	18	21	24	27	30	32	34	37	39	41	43	45	47	48					
50	4	5	6	8	12	16	19	22	25	27	30	33	35	37	40	42	44	46	48	49					

附 录 F
（规范性附录）
显著性检验中的两类错误

F.1 第一类错误概率

第一类错误概率 α' 是原假设为真时，拒绝原假设的概率。它可表为拒绝域的临界值的函数。

$H_0: p=p_0$ 情形：$\alpha'=P\{X\leqslant c_1|n,p_0\}+P\{X\geqslant c_2|n,p_0\}$

$=P\{X\leqslant c_1|n,p_0\}+1-P\{X\leqslant c_2-1|n,p_0\}$

$H_0: p\leqslant p_0$ 情形：$\alpha'=P\{X\geqslant c_1|n,p_0\}=1-P\{X\leqslant c_2-1|n,p_0\}$

（当 $0\leqslant p\leqslant p_0$ 时，总有 $\alpha'\geqslant P\{X\geqslant c_2|n,p\}$）

$H_0: p\geqslant p_0$ 情形：$\alpha'=P\{X\leqslant c_1|n,p_0\}$

（当 $p_0\leqslant p\leqslant 1$ 时，总有 $\alpha'\geqslant p\{X\leqslant c_1|n,p\}$）

第一类错误概率（$H_0: p=p_0$ 情形）或其最大值（$H_0: p\leqslant p_0$ 和 $H_0: p\geqslant p_0$ 情形）都用 α' 表示。因为拒绝域的临界值是整数，所以 α' 通常比给定的显著性水平 α 小，因此有必要求出 α' 的值。如果 α' 比 α 小得太多，常常“加宽”拒绝域，

在 $H_0: p=p_0$ 时，c_1 用 c_1+1 替代，c_2 用 c_2-1 替代；

在 $H_0: p\leqslant p_0$ 时，c_2 用 c_2-1 替代；

在 $H_0: p\geqslant p_0$ 时，c_1 用 c_1+1 替代。

这样的替代将会导致第一类错误的概率加大。在后两种情形，第一类错误概率的最大值肯定大于 α；而在第一种情形，如果 c_1 和 c_2 均被“加宽”，第一类错误概率的值也将大于 α。但这个增大的第一类错误的概率可以更接近 α。并且由于拒绝域的“加宽”，减少了第二类错误概率（见 F.2）。因此，在使用者各方协商一致或主管部门批准的情况下，可以采用“加宽”了的拒绝域。

F.2 第二类错误概率

第二类错误的概率 β' 是当原假设错误时，没有拒绝原假设的概率。它可表为拒绝域的临界值和所考虑的备择假设中的特定的 p_1 值的函数。

$H_0: p=p_0$ 情形： $\beta'=P\{c_1<X<c_2|n,p_0\}$

$=P\{X<c_2|n,p_1\}-P\{X\leqslant c_1-1|n,p_1\}$

$H_0: p\leqslant p_0$ 情形： $\beta'=P\{X<c_2|n,p_1\}$

$H_0: p\geqslant p_0$ 情形： $\beta'=P\{X>c_1|n,p_1\}=1-P\{X<c_1|n,p_1\}$

对备择假设 p 的各个值 p_1，检验的操作特性曲线（OC 曲线）给出了对应的第二类错误的概率 β' 的值，在图 F.1 中 β' 的值用实线表示。

STANDARDS PRESS OF CHINA

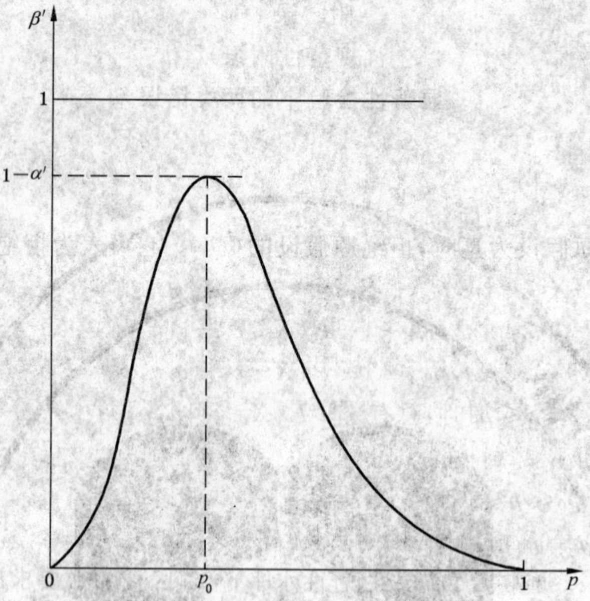

$H_0: p = p_0$

$H_1: p \neq p_0$

图 F.1

$H_0: p \leqslant p_0$

$H_1: p > p_0$

图 F.2

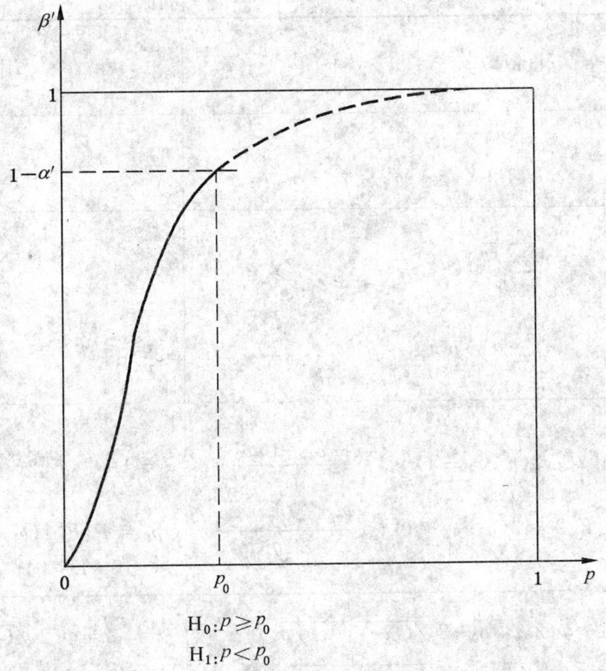

图 F.3

F.3 第一类错误概率 α' 和第二类错误概率 β' 的计算

在给定 H_0、α、n 的情况下，确定出拒绝域的临界值，进一步计算

a） 实际的第一类错误的概率 α'。

b） 对应于特别指定的备择假设 $p=p_1$，第二类错误的概率的值 β'。

c） 与指定第二类错误的概率的值 β 相对应的 p_1 值。

表 F.1 给出了计算 α' 和 β' 的几种方法。

在指定第二类错误的概率 β 时，求相应的 p_1 值，使用 F 分布表比较方便，其公式列于表 F.2。

表 F.1

原假设和拒绝域的形式	$H_0: p=p_0$　　　$x \leqslant c_1$ 或 $x \geqslant c_2$
两类错误的定义	$\alpha'=P\{X \leqslant c_1 \mid n, p_0\}+P\{X \geqslant c_2 \mid n, p_0\}$ $\beta'=P\{X \leqslant c_2 \mid n, p_1\}-P\{X \leqslant c_1 \mid n, p_1\}$
用二项分布表	$\alpha'=\sum_{x=0}^{c_1}\binom{n}{x} p_0^x(1-p_0)^{n-x}+\sum_{x=c_2}^{n}\binom{n}{x} p_0^x(1-p_0)^{n-x}$ $\beta'=\sum_{x=0}^{c_2-1}\binom{n}{x} p_1^x(1-p_1)^{n-x}-\sum_{x=0}^{c_1}\binom{n}{x} p_1^x(1-p_1)^{n-x}$
用 F 分布表	$\alpha'=P\{F[2c_2, 2(n-c_2+1)]<\frac{(n-c_2+1)p_0}{c_2 q_0}\}+[1-p\{F[2(c_1+1), 2(n-c_1)]<\frac{(n-c_1)p_0}{(c_1+1)q_0}\}]$ $\beta'=P\{F[2(c_1+1), 2(n-c_1)]<\frac{(n-c_1)p_1}{(c_1+1)q_1}\}-P\{F-[2c_2, 2(n-c_2+1)]\leqslant\frac{(n-c_2+1)p_1}{c_2 q_1}\}$
平方根正态近似	$\alpha'=[1-\Phi(2\sqrt{c_2 q_0}-2\sqrt{(n-c_2+1)p_0})]+\Phi(2\sqrt{(c_1+1)q_0}-2\sqrt{(n-c_1)p_0})$ $\beta'=\Phi(2\sqrt{c_2 q_1}-2\sqrt{(n-c_2+1)p_1})-\Phi(2\sqrt{(c_1+1)q_1}-2\sqrt{(n-c_1)p_1})$

表 F.1（续）

原假设和拒绝域的形式	$H_0: p\leqslant p_0 \quad x\geqslant c_2$	$H_0: p\geqslant p_0 \quad x\leqslant c_1$
两类项分布表	$\alpha'=P\{X\geqslant c_2 \mid n,p_0\}$ $\beta'=P\{X<c_2 \mid n,p_1\}$	$\alpha'=P\{X\leqslant c_1 \mid n,p_0\}$ $\beta'=P\{X>c_1 \mid n,p_1\}$
用二项分布表	$\alpha'=\sum_{x=c_2}^{n}\binom{n}{x}p_0^x(1-p_0)^{n-x}$ $\beta'=\sum_{x=0}^{c_2-1}\binom{n}{x}p_1^x(1-p_1)^{n-x}$	$\alpha'=\sum_{x=0}^{c_1}\binom{n}{x}p_0^x(1-p_0)^{n-x}$ $\beta'=\sum_{x=c_1+1}^{n}\binom{n}{x}p_1^x(1-p_1)^{n-x}$
用 F 分布表	$\alpha'=P\{F[2c_2,2(n-c_2+1)]<\frac{(n-c_2+1)p_0}{c_2q_0}\}$ $\beta'=1-P\{F[2c_2,2(n-c_2+1)]<\frac{(n-c_2+1)p_1}{c_2q_1}\}$	$\alpha'=1-P\{F[2(c_1+1),2(n-c_1)]<\frac{(n-c_1)p_0}{(c_1+1)q_0}\}$ $\beta'=P\{F[2(c_1+1),2(n-c_1)]<\frac{(n-c_1)p_1}{(c_1+1)q_1}\}$
平方根正态近似	$\alpha'=1-\Phi(2\sqrt{c_2q_0}-2\sqrt{(n-c_2+1)p_0})$ $\beta'=\Phi(2\sqrt{c_2q_1}-2\sqrt{(n-c_2+1)p_1})$	$\alpha'=\Phi(2\sqrt{(c_1+1)q_0}-2\sqrt{(n-c_1)p_0})$ $\beta'=1-\Phi(2\sqrt{(c_1+1)q_1}-2\sqrt{(n-c_1)p_1})$

注：表中 $q_0=1-p_0$，$q_1=1-p_1$，$\Phi(x)$ 表示标准正态分布的分布函数 $\Phi(x)=\frac{1}{\sqrt{2\pi}}\int_{-\infty}^{x}e^{-\frac{t^2}{2}}\,dt$，$F(\nu_1,\nu_2)$ 表示服从自由度为 (ν_1,ν_2) 的 F 分布的随机变量。

表 F.2

原假设及拒绝域的形式	$H_0: p=p_0$ $x\leqslant c_1$ 或 $x\geqslant c_2$	$H_0: p\leqslant p_0$ $x\geqslant c_2$	$H_0: p\geqslant p_0$ $x\leqslant c_1$
利用 F 分布的计算公式	双侧检验与给定的 β 相对应的 p_1 有两个值 $p_1'(>p_0)$ 和 $p_1''(<p_0)$。 $p_1'=\frac{\nu_1F_{1-\beta}(\nu_1,\nu_2)}{\nu_2+\nu_1F_{1-\beta}(\nu_1,\nu_2)}$ 式中：$\nu_1=2c_2$ $\nu_2=2(n-c_2+1)$ $p_1''=\frac{\nu_2}{\nu_2+\nu_1F_{1-\beta}(\nu_1,\nu_2)}$ 式中：$\nu_1=2(n-c_1)$ $\nu_2=2(c_1+1)$	$p_1=\frac{\nu_1F_{1-\beta}(\nu_1,\nu_2)}{\nu_2+\nu_1F_{1-\beta}(\nu_1,\nu_2)}$ 式中：$\nu_1=2c_2$ $\nu_2=2(n-c_2+1)$	$p_1=\frac{\nu_2}{\nu_2+\nu_1F_{1-\beta}(\nu_1,\nu_2)}$ 式中：$\nu_1=2(n-c_1)$ $\nu_2=2(c_1+1)$

注 1：表中 $F_{1-\beta}(\nu_1,\nu_2)$ 表自由度为 (ν_1,ν_2) 的 F 分布的 $1-\beta$ 分位数。

注 2：对表中 $H_0: p=p_0$ 的情形，计算 p_1' 和 p_1'' 的通常距 p_0 较远，所以忽略了 $P\{X\leqslant c_1 \mid n,p_1'\}$ 和 $P\{X\geqslant c_2 \mid n,p_1''\}$。

F.4 示例

考虑双侧检验 $n=50$，$c_1=1$，$c_2=10$，$p_0=0.1$，$p_1=0.2$。

F.4.1 用二项分布表

$$\alpha' = \sum_{x=c_2}^{n}\binom{n}{x}p_0^x(1-p_0)^{n-x} + \sum_{x=0}^{c_1}\binom{n}{x}p_0^x(1-p_0)^{n-x}$$

$$= \sum_{x=10}^{50}\binom{50}{x}(0.1)^x(0.9)^{50-x} + \sum_{x=0}^{1}\binom{50}{x}(0.1)^x(0.9)^{50-x}$$

$$=0.024\,5+0.033\,8=0.058\,3$$

$$\beta' = \sum_{x=0}^{c_2-1}\binom{n}{x}p_1^x(1-p_1)^{n-x} - \sum_{x=0}^{c_1}\binom{n}{x}p_1^x(1-p_1)^{n-x}$$

$$= \sum_{x=0}^{9}\binom{50}{x}(0.2)^x(0.8)^{50-x} - \sum_{x=0}^{1}\binom{50}{x}(0.2)^x(0.8)^{50-x}$$

$$=0.443\,8-0.000\,2=0.443\,6$$

F.4.2 平方根正态近似

$$\alpha'=[1-\Phi(2\sqrt{c_2q_0}-2\sqrt{(n-c_2+1)p_0})]+(2\sqrt{(c_1+1)q_0}-2\sqrt{(n-c_1)p_0})$$

$$=[1-\Phi(1.95)]+\Phi(-1.74)$$

$$=[1-0.974]+0.041=0.067$$

$$\beta'=\Phi(2\sqrt{c_2q_1}-2\sqrt{(n-c_2+1)p_1})-\Phi(2\sqrt{(c_1+1)q_0}-2\sqrt{(n-c_1)p_0})$$

$$=\Phi(-0.07)-\Phi(-3.37)$$

$$=0.472-0.000=0.472$$

F.4.3 给定 $\boldsymbol{\beta}=0.1$，用 F 分布求相应的 p_1 值

双侧检验相应于 $\beta=0.1$ 的 p_1 有两个值 $p_1'(>p_0)$ 和 $p_1''(<p_0)$，它们分别位于 p_0 的两侧

$$p_1'=\frac{\nu_1F_{1-\beta}(\nu_1,\nu_2)}{\nu_2+\nu_1F_{1-\beta}(\nu_1,\nu_2)}$$

式中 $\nu_1=2c_2=20$，$\nu_2=2(n-c_2+1)=82$，

$$F_{1-\beta}(\nu_1,\nu_2)=F_{0.99}(20,82)\approx1.51$$

所以

$$p_1'=\frac{20\times1.51}{82+20\times1.51}=0.27$$

而

$$p_1''=\frac{\nu_2}{\nu_2+\nu_1F_{1-\beta}(\nu_1,\nu_2)}$$

式中 $\nu_1=2(n-c_1)=98$，$\nu_2=2(c_1+1)=4$

$$F_{1-\beta}(\nu_1,\nu_2)=F_{0.90}(98,4)\approx3.78$$

所以

$$p_1''=\frac{4}{4+98\times3.78}\approx0.01$$

STANDARDS PRESS OF CHINA

附 录 G
（规范性附录）
检验 H_0的等效方法

G.1 利用置信区间的方法

求出当样本量为 n，X 的观测值为 x 时，比率 p 的置信水平为 $1-\alpha$ 的置信区间。

在 $H_0: p=p_0$ 情形，求双侧置信区间 (p_L, p_U)；

在 $H_0: p\leqslant p_0$ 情形，求单侧置信区间 $(p_L, 1]$；

在 $H_0: p\geqslant p_0$ 情形，求单侧置信区间 $[0, p_U)$。

当 p_0 值在置信区间内时，不拒绝 H_0；当 p_0 值不在置信区间内时，拒绝 H_0。置信区间的求法见本标准的第 5 章。

G.2 计算 P 值的方法

G.2.1 单侧检验

当样本量为 n，X 的观测值为 x，显著性水平取为 α 时，

在 $H_0: p\leqslant p_0$ 情形，计算下列概率值，

$$P=\sum_{t=x}^{n}\binom{n}{t}p_0^t(1-p_0)^{n-t}$$

在 $H_0: p\geqslant p_0$ 情形，计算下列概率值，

$$P=\sum_{t=0}^{x}\binom{n}{t}p_0^t(1-p_0)^{n-t}$$

当值 $P\leqslant\alpha$ 时，拒绝 H_0；当值 $P>\alpha$ 时，不拒绝 H_0。

G.2.2 双侧检验

$H_0: p=p_0$，

在观测值 x 接近 n 时，计算下列概率值，

$$P=\sum_{t=x}^{n}\binom{n}{t}p_0^t(1-p_0)^{n-t}$$

在观测值 x 接近 0 时，计算下列概率值，

$$P=\sum_{t=0}^{x}\binom{n}{t}p_0^t(1-p_0)^{n-t}$$

当值 $P\leqslant(\alpha/2)$ 时，拒绝 H_0；当值 $P>(\alpha/2)$ 时，不拒绝 H_0。

附　录　H
（规范性附录）
给定第一、第二类错误时样本量 n 的估算

给定原假设 H_0，显著性水平 α，特定的备择假设 $p=p_1$，以及相应的第二类错误的概率 β。问样本量 n 应取多大。才能使相应的拒绝域较好地满足上述的给定条件？

这里介绍一种用诺模图粗略地估算 n 的方法，考虑下列四种情形。

$H_0: p=p_0$，　　　　且 $p_1>p_0$；

$H_0: p=p_0$，　　　　且 $p_1<p_0$；

$H_0: p\leqslant p_0$，　　　　$p_1>p_0$；

$H_0: p\geqslant p_0$，　　　　$p_1<p_0$。

H.1　$H_0: p=p_0$，且 $p_1>p_0$ 的情形

n、c_1、c_2 是满足下列条件的三个整数：

a)　$P\{X\leqslant c_1|n,p_0\}\approx\alpha/2$

b)　$P\{X\leqslant c_2-1|n,p_0\}\approx1-\alpha/2$

c)　$P\{X\leqslant c_2-1|n,p_1\}\approx\beta$

首先确定 n、c_2 满足 b)和 c)在诺模图上连结 p_0（p 尺度）和 $1-\alpha/2$（P 尺度），及 p_1（p 尺度）和 β（P 尺度），这两条直线的交点的 n 坐标就是估算的 n 值，x 坐标就是 c_2-1。其次再确定 c_1，使满足 a)，连结 p_0（p 尺度）和 $\alpha/2$（P 尺度），找出这条直线与前面确定的 n 值所决定的曲线的交点，这个交点的 x 坐标即为 c_1。

H.2　$H_0: p=p_0$，且 $p_1<p_0$ 的情形

n、c_1、c_2 是满足下列条件的三个整数。

a)　$P\{X\leqslant c_1|n,p_0\}\approx\alpha/2$

b)　$P\{X\leqslant c_2-1|n,p_0\}\approx1-\alpha/2$

c)　$P\{X\leqslant c_1|n,p_1\}\approx1-\beta$

首先确定 n 和 c_1 满足 a)和 c)，在诺模图上连结 p_0（p 尺度）和 $\alpha/2$（P 尺度），及 p_1（p 尺度）和 $1-\beta$（P 尺度），这两条直线的交点的 n 坐标就是估算的 n 值，x 坐标就是 c_1。其次再确定 c_2 使满足 b)，连接 p_0（p 尺度）和 $1-\alpha/2$（P 尺度），找出这条直线与前面确定的 n 值所决定的曲线的交点，这个交点的 x 坐标就是 c_2-1。

H.3　$H_0: p\leqslant p_0$，$p_1>p_0$ 的情形

n 和 c_2 是满足下列条件的两整数

a)　$P\{X\leqslant c_2-1|n,p_0\}\approx1-\alpha$

b)　$P\{X\leqslant c_2-1|n,p_1\}\approx\beta$

连接 p_0（p 尺度）和 $1-\alpha$（P 尺度），以及 p_1（p 尺度）和 β（P 尺度），这两条直线的交点的 n 坐标就是估算的 n 值，x 坐标就是 c_2-1。

H.4 $H_0:p \geqslant p_0, p_1 < p_0$的情形

n和c_1是满足下列条件的两整数

a) $P\{X \leqslant c_1 | n, p_0\} \approx \alpha$

b) $P\{X \leqslant c_1 | n, p_1\} \approx 1-\beta$

连接p_0(p尺度)和α(P尺度),以及p_1(p尺度)和$1-\beta$(P尺度),这两条直线的交点的n坐标就是估算的n值,x坐标就是c_1。

注:对于按照给定的条件从诺模图上读出n, c_1, c_2的值,其精度是无法判定的。在数值较大时(比如几十或几百),差几个单位对实际应用关系不大。但是如果数值较小,那么从诺模图上读出的n和x的坐标要取邻近的整数值。究竟哪个邻近值好,要在估算了它们对应的α'和β'之后取舍。从诺模图上找出的n, c_1, c_2只是一个估算,最好能用表F.1的方法算出它们对应的α'和β',和给定的α'、β'进行比较,以此验证n, c_1, c_2的正确性。

H.5 示例

考虑$H_0:p=p_0=0.1, H_1:p=p_1=0.2, \alpha=0.1, \beta=0.2$,用诺模图估算$n$。

因为$p_1=0.2>p_0=0.1$,所以本例属于H.1的情形。

n、c_1、c_2是满足下式的三个整数。

$$P\{X \leqslant c_1 | n, p_0\} \approx \alpha/2=0.05$$
$$P\{X \leqslant c_2-1 | n, p_0\} \approx 1-\alpha/2=0.95$$
$$P\{X \leqslant c_2-1 | n, p_1\} \approx \beta=0.2$$

连接0.10(p尺度)和0.95(P尺度),及0.20(p尺度)和0.20(P尺度),找出这两条直线的交点,此点的坐标约为$(n,x)=(75,11)$,所以估算出$n=75$,而c_2为12,再连接0.10(p尺度)和0.05(P尺度),这条直线与$n=75$的曲线的交点的x坐标为3,所以估算$c_1=3$。(见图H.1)

最后,用平方根正态近似计算相应的α'和β',以此检查所估算的n、c_1、c_2是否适宜。这里,$n=75$,$c_1=3, c_2=12, p_0=0.1, p_1=0.2$

$$\alpha'=[1-\Phi(1.51)]+\Phi(-1.57)$$
$$=[1-0.934]+0.058=0.124$$
$$\beta'=\Phi(-0.96)-\Phi(-4.01)$$
$$=0.169-0.000=0.169$$

取$n=75, c_1=3, c_2=12$基本上满足问题的要求,只是α'稍大一些。

$$P(x;n,p)=\sum_{i=0}^{x}\binom{n}{i}p^{i}(1-p)^{n-i}$$

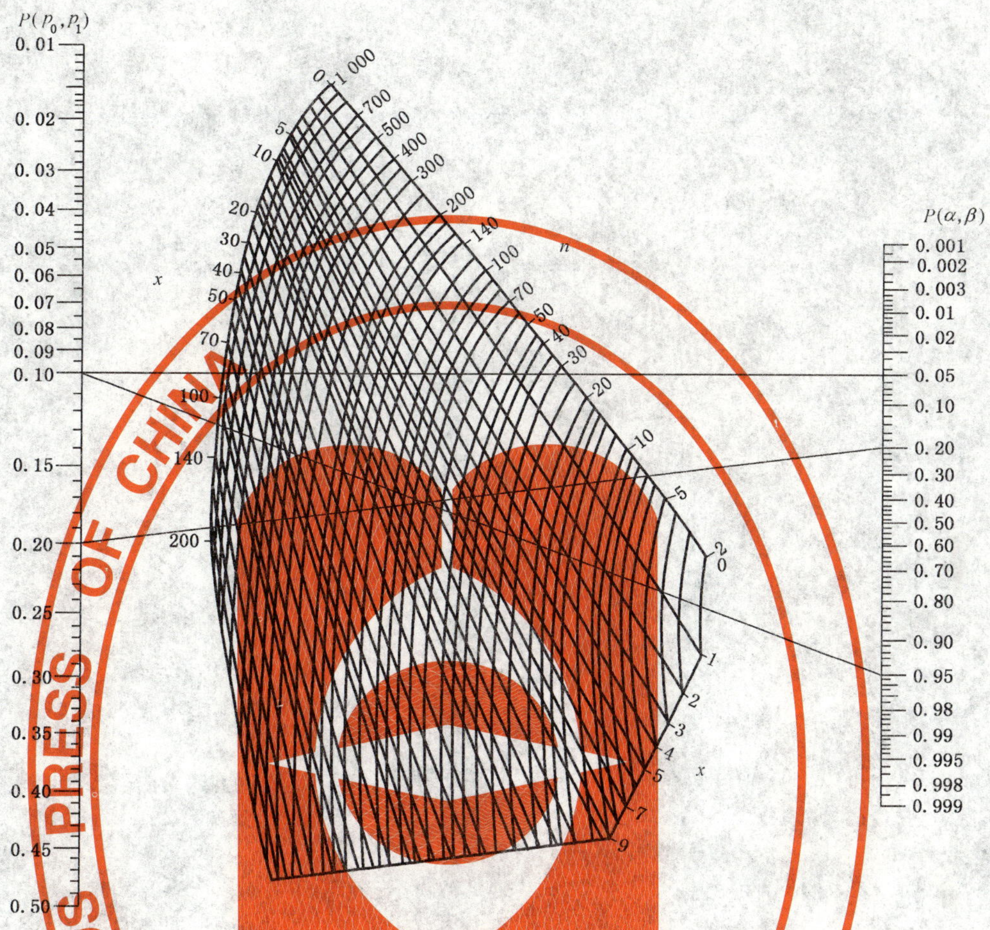

图 H.1 用累积二项分布诺模图估算 *n*

STANDARDS PRESS OF CHINA